John McMurry・Tadhg Begley

マクマリー 生化学反応機構
—ケミカルバイオロジーによる理解—

第 2 版

長野哲雄 監訳

井上英史・浦野泰照・小島宏建
鈴木紀行・平野智也 訳

東京化学同人

The Organic Chemistry of Biological Pathways

SECOND EDITION

John E. McMurry
Cornell University

Tadhg P. Begley
Texas A&M University

The Organic Chemistry of Biological Pathways, 2e. First published in the United States by Roberts & Company (successor, W. H. Freeman and Company). Copyright © 2016 by W. H. Freeman and Company. All rights reserved.
本書はアメリカ合衆国において Roberts & Company 社から出版され，その著作権は継承者 W. H. Freeman 社が所有する。© 2016 by W. H. Freeman and Company.

われわれの生活をいつも豊かで
楽しいものにしてくれる妻と子供たち
Susan, Peter, David, and Paul McMurry,
Liz, Peter, and Eileen Begley に
本書を捧げる

生物学や医学の現在の驚異的な進展は
彼らにも他のすべての人たちにも
恩恵を与えているであろう

序

　本書は研究者向けの学術書ではなく，学生向けの教科書として企画されたものである．生体内で起こる反応を理解したいと考えている学部後期課程の学生や大学院生を対象としており，学部前期課程で有機化学を1年間履修していることを前提にしている．本書は有機化学の反応機構の考え方に基づいて，主要な生化学の反応経路を理解できるように試みた．もちろん酵素は生体反応において非常に重要である．しかし，本書では基質分子の反応を類別化すること，および個々の反応機構を有機化学でよく用いられる"巻矢印"で説明することに重点をおいた．

　分子レベルに焦点をおいた生化学研究，いまや日常的に得られる酵素の結晶構造解析データ，あるいはコンピュータープログラムを用いた酵素と基質の相互作用の可視化，これらによって，今日の学生は化学に基づいて生体の仕組みを理解できる素晴しい機会に恵まれている．本書においては，生体反応が化学実験室で起こる化学反応と同じ化学的原理，同じ反応機構に従って進行することを理解できるように心掛けた．生体分子の変換は決して不可思議な反応ではない．反応が進行する理由は化学反応で十分に説明できる．生体における反応は一般に化学実験室での類似の化学反応に比べて特異的であり，制御されている．しかしその原理に違いはない．

　最初の章において生化学経路で通常見られる基本的な反応機構を概説した．この反応機構に続いて主要な生体分子を紹介した．その後，本書の心臓部とも呼ぶべき章が続く．すなわち，脂質，炭水化物，タンパク質，ヌクレオチド，二次代謝物など主要な生体分子の代謝過程について各章に分け詳細に解説した．各章の中で共通の補酵素に説明を加え，生体分子の変換過程の例を示し，最終的に生物有機化学の中にある変換のパターンが理解できるように編集されている．第8章では生体分子の変換を生じる反応パターンと反応機構をまとめた．最終章では酵素触媒についてもその化学的原理について述べた．この第2版ではすべての反応機構が見直されており，さらに詳細を学びたい学生に役立つように最近の文献を含む数百の参考文献を掲載した．

われわれは大いに楽しんで本書を執筆した．そして，読者の方々が本書を読んで，生体で起こる魅惑的な反応を一層深く理解できるようになるとともに興味をもってくれるようになることを望んでいる．皆様の勉学が進展することを祈念している．

John McMurry
Cornell University

Tadhg Begley
Texas A&M University

査 読 者

第2版 Bruce Branchaud, University of Oregon
Joe Chihade, Carleton College
Keri Colabroy, Muhlenberg College
Russell Cox, University of Bristol
David Dalton, Temple University
Chris Hamilton, Hillsdale College
Bryan Hanson, DepPauw University
David Hilmey, St. Bonaventure University
Kathie McReynolds, Sacramento State University
Ryan Mehl, Oregon State University
Jason Reddick, University of North Carolina, Greensboro
James Stivers, Johns Hopkins
Erika Taylor, Wesleyan University
Robert White, Virginia Tech

初 版 Charles H. Clapp, Bucknell University
Alan H. Fairlamb, University of Dundee
Malcolm D. E. Forbes, University of North Caroline at Chapel Hill
Bernard T. Golding, University of Newcastle
Charles B. Grissom, University of Utah
Ahamindra Jain, University of California, Berkeley
Jennifer Kohler, Stanford University
Brian R. Linton, Bowdoin College
Hung-wen Liu, University of Texas at Austin
Lara K. Mahal, University of Texas at Austin
Ryan Mehl, Franklin and Marshall College
Walter G. Niehaus, Virginia Polytechnic Institute and State University
Ronald J. Parry, Rice University
Nigel Richards, University of Florida
Steven Rokita, University of Maryland
David H. Sherman, University of Michigan
James Stivers, Johns Hopkins School of Medicine
Sean Taylor, The Ohio State University
Peter Tipton, University of Missouri—Columbia
Michael S. VanNieuwenhze, University of California, San Diego
Robert H. White, Virginia Polytechnic Institute and State University
Susan White, Bryn Mawr College
Christian P. Whitman, University of Texas at Austin

初版 学生の査読者
| Amy Augustine | Keri Colabroy | Pieter Dorrestein |
| Brian Lawhorn | Collen McGrath | Guangxing Sun |

著者略歴

John E. McMurry はハーバード大学で B.A. を，コロンビア大学の Gilbert Stork 教授のもとで Ph.D. を取得した．McMurry 博士は米国科学振興協会（American Association for the Advancement of Science）および Alfred P. Sloan 研究基金の会員である．米国国立衛生研究所（National Institutes of Health）の Career Development Award, Alexander von Humboldt Senior Scientist Award, Max Planck Research Award などの賞を受賞している．本書に加えて，著書として "Organic Chemistry"（伊東 椛ほか訳，"マクマリー有機化学"，東京化学同人），"Fundamentals of Organic Chemistry",（伊東 椛ほか訳，"マクマリー有機化学概説"，東京化学同人），"Chemistry"（Robert Fay と共著；荻野 博ほか訳，"マクマリー一般化学"，東京化学同人）がある．現在，コーネル大学の Chemistry and Chemical Biology の名誉教授である．

Tadhg P. Begley は現在 Robert A. Welch 基金の会長であり，テキサス A&M 大学の教授（Derek Barton Professor）を務めている．コーク市のアイルランド国立大学で B.Sc., カルフォルニア工科大学で Ph.D. を取得した．Begley 博士はアイルランド国立大学から名誉博士，オックスフォード大学の客員教授（Newton-Abraham Visiting Professorship），米国化学会から Repligen 賞など多数の栄誉を授与されている．彼の研究は補因子の生合成機構に関する酵素学であり，特にチアミン，NAD, モリブドプテリン，メナキノン，ピリドキサールリン酸，ビタミン B_{12}, 補酵素 A, デアザフラビン F_{420} に関する成果は生合成過程を理解するうえで重要な寄与があった．Begley 博士は本書のほかに，"Cofactor Biosynthesis: A Mechanistic Perspective, Encyclopedia of Chemical Biology" を編集，"Comprehensive Natural Products Chemistry" では補因子に関する章を編集している．

訳 者 序

　本書は後期課程の学部学生あるいは大学院生に向けて書かれた教科書である．今回，第2版の翻訳に携わって，改めて本書は新分野であるケミカルバイオロジーの教科書に相応しいと感じている．専門の学術書ではなく，この分野を新たに学ぶ学部学生，大学院生を対象とした信頼性の高い教科書として価値がある．

　本書は10余年前の2005年に初版が刊行され，このたび第2版が出版されることになった．第2版では，初版の教科書としてのコンセプト，枠組み，章立てはそのまま踏襲している．これは初版が優れた構想のもとに企画され，それが読みやすさ，わかりやすさにつながっていることによるもので，第2版において大幅な変更がないことは望ましいことと訳者は考えている．しかしながら，ケミカルバイオロジー分野のこの10年の進展はめざましく，個々の内容で加筆すべき点，修正すべき点などがそれなりに生じてきた．これらの最新の知見を盛り込んだのがこの第2版である．

　ケミカルバイオロジーは"ケミストリー（化学）を用いて生命現象を解明する学問"と定義されている．長足の進歩を遂げた化学をツールとして酵素や受容体などのタンパク質，核酸，炭水化物などの生体分子の機能を制御できる化合物の創製，あるいはそれらの生体分子の動的挙動を明らかにするものであり，その知見に基づいて生命現象を解明することを目的にしている．

　このケミカルバイオロジー分野に携わる研究者はますます増加しており，学会あるいはシンポジウムが国内外で頻繁に開催されている．ケミカルバイオロジー研究は年々盛んになってきているが，本書の初版が刊行されるまでは，この分野に関する講義は複数の講師を招いてご自身の研究をトピックスとしてオムニバス的に話すことが多く，学部・大学院教育において教科書を用いて講義することはあまり行われてこなかった．そのような状況下，本書はまさにケミカルバイオロジーの教科書とよぶに相応しく，生体における代謝反応過程を化学で汎用される"巻矢印"を用いた反応機構で書き表しており，"化学により生命現象を理解する"方針で編集

されている．実際，初版はいくつかの大学でケミカルバイオロジーの教科書として使用されている．このユニークな特徴は高く評価されるであろう．

本書は有機反応のタイプ別ではなく，脂質，炭水化物，アミノ酸，核酸，天然化合物が代謝経路別に章立てされている．このようにすることで，特定の反応ではなく，代謝反応の全体の流れ，つまり生体の仕組みを理解できるようになる．もちろん，化学を用いて生命現象を理解する観点からは共通の反応タイプ別に分けることも必要なので，著者らは第8章においてそのような観点からまとめ直している．そして今回の第2版では，触媒である酵素による反応を化学原理に基づいて最終章に新たに書き加えた．付録では，Protein Data Bank (PDB) ファイルによるタンパク質可視化のプログラム（PyMOL）を用いて酵素の活性部位を描き出す方法をわかりやすく紹介している．この付録を読みながら誰でも酵素と基質の結合の三次元構造をコンピューター上に描き出せるであろう．これは分子レベルで生体反応を考えるうえでかなり有用なので，ぜひ初心者も試みていただきたい．このような生体における事象を化学反応機構のレベルで理解できる本書はまさに画期的な教科書といえる．

日米の多くの大学で使用されている有機化学の教科書を執筆してきたMcMurryとBegleyによる本書は，有機化学の教科書と同様に平易に書かれており，学部学生・大学院生にとっても読みやすいであろう．化学および生物学の両方に精通した融合領域の研究者がこれからの生命科学研究に求められており，そのような人材養成に欠かすことができない1冊である．

終わりにあたり，本書の刊行に一方ならぬご配慮，お世話をいただいた東京化学同人の池尾久美子氏，井野未央子氏に心から御礼申し上げる次第である．

訳者を代表して
長 野 哲 雄

目 次

1. 生物化学の有機反応機構 …………………………………………… 1
1・1 生物化学で登場する官能基 …………………………………………… 3
1・2 酸と塩基，求電子剤と求核剤 ………………………………………… 5
　　ブレンステッド–ローリーの酸と塩基 ………………………………… 5
　　ルイスの酸と塩基 ……………………………………………………… 8
　　求電子剤と求核剤 ……………………………………………………… 10
1・3 アルケンへの求電子付加反応の機構 ………………………………… 10
1・4 芳香族求電子置換反応の機構 ………………………………………… 13
1・5 求核脂肪族置換反応の機構 …………………………………………… 14
1・6 求核カルボニル付加反応の機構 ……………………………………… 17
　　アルコール生成 ………………………………………………………… 19
　　イミン（シッフ塩基）生成 …………………………………………… 19
　　アセタール生成 ………………………………………………………… 21
　　共役(1,4)求核付加 ……………………………………………………… 23
1・7 求核アシル置換反応の機構 …………………………………………… 24
1・8 カルボニル縮合反応の機構 …………………………………………… 26
1・9 脱離反応の機構 ………………………………………………………… 29
1・10 ラジカル反応の機構 ………………………………………………… 32
1・11 ペリ環状反応の機構 ………………………………………………… 33
1・12 酸化と還元 …………………………………………………………… 34
1・13 生体内反応と実験室内反応との比較 ……………………………… 36

2. 生体分子とそのキラリティー ……………………………………… 43
2・1 キラリティーと生体化学 ……………………………………………… 44
　　鏡像異性体 ……………………………………………………………… 45
　　ジアステレオマー，エピマー，メソ化合物 ………………………… 47
　　プロキラリティー ……………………………………………………… 49

2・2 生体分子：脂 質 ……………………………………………………………52
　　　ワックス（ろう）……………………………………………………………52
　　　リン脂質 ………………………………………………………………………52
　　　トリアシルグリセロール ……………………………………………………53
　　　テルペノイド，ステロイド，エイコサノイド ……………………………55
2・3 生体分子：炭水化物 …………………………………………………………58
　　　炭水化物の立体化学 …………………………………………………………59
　　　単糖のアノマー ………………………………………………………………60
　　　二糖と多糖 ……………………………………………………………………62
　　　デオキシ糖，アミノ糖 ………………………………………………………63
2・4 生体分子：アミノ酸，ペプチド，タンパク質 ……………………………65
　　　アミノ酸 ………………………………………………………………………65
　　　ペプチドとタンパク質 ………………………………………………………69
2・5 生体分子：核 酸 ……………………………………………………………72
　　　DNA：デオキシリボ核酸 ……………………………………………………75
　　　RNA：リボ核酸 ………………………………………………………………76
2・6 生体分子：酵素，補酵素 ……………………………………………………77
　　　酵　　素 ………………………………………………………………………77
　　　補 酵 素 ………………………………………………………………………80
2・7 高エネルギー化合物と共役反応 ……………………………………………80

3. 脂質とその代謝 ……………………………………………………………………95
3・1 トリアシルグリセロールの消化と輸送 ……………………………………96
　　　トリアシルグリセロールの加水分解 ………………………………………97
　　　トリアシルグリセロールの再合成 …………………………………………100
　　　　ノート：酵素の三次元構造を表示する …………………………………99
3・2 トリアシルグリセロールの異化：グリセロールの運命 …………………103
3・3 トリアシルグリセロールの異化：脂肪酸の酸化 …………………………107
3・4 脂肪酸の生合成 ………………………………………………………………113
3・5 テルペノイドの生合成 ………………………………………………………122
　　　イソペンテニル二リン酸へのメバロン酸経路 ……………………………123
　　　イソペンテニル二リン酸への
　　　　$2C$-メチル-D-エリトリトール 4-リン酸経路 ……………………………127
　　　イソペンテニル二リン酸のテルペノイドへの変換 ………………………136

3・6　ステロイドの生合成 ……………………………………………………………141
　　　ファルネシル二リン酸のスクアレンへの変換 ……………………………141
　　　スクアレンのラノステロールへの変換 ……………………………………142

4. 炭水化物とその代謝 …………………………………………………………159
4・1　多糖類の消化と加水分解 ………………………………………………………161
4・2　グルコースの代謝：解　糖 ……………………………………………………164
4・3　ピルビン酸の変換 ………………………………………………………………175
　　　ピルビン酸から乳酸へ ………………………………………………………175
　　　ピルビン酸からエタノールへ ………………………………………………176
　　　ピルビン酸からアセチル CoA へ …………………………………………178
4・4　クエン酸回路 ……………………………………………………………………180
4・5　グルコースの生合成：糖新生 …………………………………………………187
4・6　ペントースリン酸経路 …………………………………………………………195
4・7　光合成：還元的ペントースリン酸回路（カルビン回路） …………………203

5. アミノ酸代謝 ……………………………………………………………………215
5・1　アミノ酸の脱アミノ ……………………………………………………………217
　　　アミノ酸のアミノ基転移反応 ………………………………………………217
　　　グルタミン酸の酸化的脱アミノ反応 ………………………………………220
5・2　尿素回路 …………………………………………………………………………221
5・3　アミノ酸炭素鎖の異化反応 ……………………………………………………225
　　　アラニン，セリン，グリシン，システイン，トレオニン ………………225
　　　アスパラギン，アスパラギン酸 ……………………………………………234
　　　グルタミン，グルタミン酸，アルギニン，ヒスチジン，プロリン ……235
　　　バリン，イソロイシン，ロイシン …………………………………………239
　　　メチオニン ……………………………………………………………………241
　　　リ　シ　ン ……………………………………………………………………245
　　　フェニルアラニン，チロシン，トリプトファン …………………………247
　　　　ノート：ピリドキサールリン酸の関与する反応 ………………………232
　　　　ノート：鉄錯体の酸化状態 ………………………………………………259
5・4　非必須アミノ酸の生合成 ………………………………………………………260
　　　アラニン，アスパラギン酸，グルタミン酸，アスパラギン，グルタミン，
　　　　アルギニン，プロリン ……………………………………………………260
　　　セリン，システイン，グリシン ……………………………………………263

5・5 必須アミノ酸の生合成 ……………………………………………264
　　リシン，メチオニン，トレオニン ……………………………264
　　イソロイシン，バリン，ロイシン ……………………………271
　　トリプトファン，フェニルアラニン，チロシン ……………273
　　ヒスチジン ………………………………………………………282

6. ヌクレオチド代謝 …………………………………………………291

6・1 ヌクレオチドの異化：ピリミジン ……………………………292
　　シチジン …………………………………………………………292
　　ウリジン …………………………………………………………294
　　チミジン …………………………………………………………296
6・2 ヌクレオチドの異化：プリン …………………………………297
　　アデノシン ………………………………………………………297
　　グアノシン ………………………………………………………298
6・3 ピリミジンリボヌクレオチドの生合成 ………………………299
　　ウリジン一リン酸 ………………………………………………299
　　シチジン三リン酸 ………………………………………………302
6・4 プリンリボヌクレオチドの生合成 ……………………………304
　　イノシン一リン酸 ………………………………………………304
　　アデノシン一リン酸とグアノシン一リン酸 …………………309
6・5 デオキシリボヌクレオチドの生合成 …………………………310
　　デオキシアデノシン，デオキシグアノシン，デオキシシチジン，
　　　　デオキシウリジン二リン酸 ………………………………310
　　チミジン一リン酸 ………………………………………………313

7. 天然物の生合成 ……………………………………………………321

7・1 非リボソーム依存型ポリペプチドの生合成：
　　　　　　ペニシリンとセファロスポリン ………………………324
　　ペニシリン ………………………………………………………325
　　セファロスポリン ………………………………………………331
7・2 アルカロイドの生合成：モルヒネ ……………………………333
7・3 脂肪酸由来化合物の生合成：
　　　　　　プロスタグランジンとその他のエイコサノイド ……342
7・4 ポリケチドの生合成：エリスロマイシン ……………………346
7・5 酵素補因子の生合成：ヘム ……………………………………355

8. 生体内変換反応のまとめ 373
8・1 加水分解,エステル化,チオエステル化,アミド化 374
8・2 カルボニル縮合 376
8・3 カルボキシ化と脱炭酸 377
8・4 アミノ化と脱アミノ 381
8・5 一炭素転移 382
8・6 転　位 383
8・7 異性化とエピマー化 385
8・8 カルボニル化合物の酸化と還元 386
8・9 金属錯体によるヒドロキシ化と他の酸化反応 388

9. 酵素触媒反応の化学的原理 393
9・1 酵素反応速度論入門 394
9・2 遷移状態の安定化による酵素の触媒反応の加速 396
　　フマラーゼの機構 396
　　マンデル酸ラセマーゼの機構 398
9・3 補因子を用いて反応機構を変えることによる酵素触媒 399
　　ピルビン酸脱炭酸酵素の機構 399
　　アラニンラセマーゼの機構 400
9・4 高エネルギー反応中間体を介する触媒反応 403
9・5 今後の展望 405

付　録
付録A　PyMOLを用いた酵素活性部位の探求 407
付録B　KEGGデータベースの使い方 417
付録C　章末問題の解答 423
付録D　本書で用いる略号 461

索　引 465

1

生物化学の有機反応機構

カテコール *O*-メチル基転移酵素（PDB コード 1vid）

生体内で起こっている化学反応は実験室で起こる反応とまったく同じルールに従っている．

1. 生物化学の有機反応機構

- 1・1 生物化学で登場する官能基
- 1・2 酸と塩基,求電子剤と求核剤
  - ブレンステッド-ローリーの酸と塩基
  - ルイスの酸と塩基
  - 求電子剤と求核剤
- 1・3 アルケンへの求電子付加反応の機構
- 1・4 芳香族求電子置換反応の機構
- 1・5 求核脂肪族置換反応の機構
- 1・6 求核カルボニル付加反応の機構
  - アルコール生成
  - イミン(シッフ塩基)生成
  - アセタール生成
  - 共役(1,4)求核付加
- 1・7 求核アシル置換反応の機構
- 1・8 カルボニル縮合反応の機構
- 1・9 脱離反応の機構
- 1・10 ラジカル反応の機構
- 1・11 ペリ環状反応の機構
- 1・12 酸化と還元
- 1・13 生体内反応と実験室内反応との比較

20世紀の後半は科学革命の幕開けであった.われわれが新たに手にした能力,すなわちデオキシリボ核酸(DNA)の配列を決定し,合成し,取扱う能力によって,われわれの体内の約2万個の遺伝子の一つ一つを取出し,調べ,そして改変する道筋が開かれている.薬はより安全に,かつ効果的,特異的になるであろうし,鎌状赤血球貧血や嚢胞性線維症のような怖い遺伝子病も治療されるであろうし,寿命も延び,心疾患やがんも克服されて生活の質が向上するであろう.

この革命は詳細な化学知識なくして起こりえない.なぜなら,この革命を可能にし,将来にわたって推進してゆくのは,生命のプロセスを分子レベルで理解することによるからである.生化学的プロセスは神秘的なものではない.生体中のタンパク質,酵素,核酸,多糖,その他の物質の多くは非常に複雑であることは確かであるが,複雑であっても,やはりそれらも分子である.他のすべての分子とまったく同じ化学法則に従い,またその反応は,はるかに単純な分子とまったく同じ反応原理に従って,同じ機構で進行するのである.

本書は化学的視点から生化学的プロセスを解説することに焦点をあてている.第1章では有機化学の簡単な復習から始め,まず生体分子でよくみられる官能基,そして有機分子の反応の基本的な機構に目を向けてみよう.有機分子の反応性を概観した後は,第2章では脂質,炭水化物,タンパク質,核酸,酵素といった主要な生体分子の構造と化学的な特徴を見ていこう.第3章以降から,核心である生体分子の変換反応に有機化学から迫って,重要な生化学経路が"どのようにして",そして"なぜ"起こるのかを理解できるように詳細に解説したい.そうすれば生物化学をより深く理解でき,生体機能が驚くほど精妙なものであることがきっとわかるであろう.

1・1　生物化学で登場する官能基

　化学者は，有機化合物を構造的特徴に基づくグループに分類でき，そしてそのグループが同じ化学反応性をもつことを経験的に知っている．分類可能な構造的特徴は"官能基"とよばれている．**官能基**（functional group）は1分子内の原子のグループであり，特色ある化学的な挙動を示す．官能基はどの分子の中でも化学的にほとんど同じ挙動を示す．たとえば，エステル（RCO_2R）は多くの場合，加水分解反応を受け，カルボン酸（RCO_2H）とアルコール（ROH）を生じる．また，チオール（RSH）は酸化反応を受け，ジスルフィド（RSSR）などを生じる．表1・1に生体分子中の代表的な官能基をあげる．

　アルコール，エーテル，アミン，チオール，スルフィド，ジスルフィド，リン酸は，すべて電気陰性の原子が一重結合した炭素原子をもっている．アルコール，エーテル，有機リン酸は酸素に結合した炭素原子，アミンは窒素に結合した炭素原子，チオール，スルフィド，ジスルフィドは硫黄に結合した炭素原子をもつ．すべての結合に極性があり，炭素原子は電子欠損的で部分的な正電荷（δ+）を帯び，それに対して電気陰性の原子は電子が豊富な状態にあり部分的な負電荷（δ-）を帯びる．これらの極性様式を図1・1に示す．

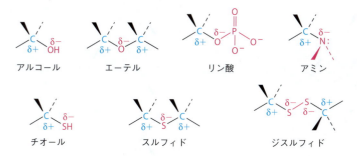

図1・1　代表的な官能基の極性の様式　電気陰性の原子（OやN, S）は部分的負電荷（δ−）を帯び，それらについた炭素原子は部分的正電荷（δ+）を帯びている．

　表1・1において特に注意してほしいのは**カルボニル基**（carbonyl group, **C＝O**）を含む化合物群である．カルボニル基は大多数の生体分子に存在する．これらの化合物は多くの点で同じように振る舞うが，カルボニル基の炭素に結合した原子の性質によって若干異なる．アルデヒドは少なくとも一つの水素原子がC＝Oに結合する．ケトンは二つの炭素が，カルボン酸は-OH基が，エステルはエーテル様の酸素（-OR）が，チオエステルはスルフィド様の硫黄（-SR）が，アミドはアミン様の窒素（-NH_2, -NHR, -NR_2）が，アシルリン酸はリン酸基（-OPO_3^{2-}）がC＝Oに結合する．アシルリン酸は構造的に（化学的にも）無水カルボン酸に近い．

1. 生物化学の有機反応機構

表1・1 生体分子中の代表的な官能基

構造[†]	名前	構造[†]	名前
C=C	アルケン（二重結合）	C=N:	イミン（シッフ塩基）
(benzene ring)	アレーン（芳香環）	C=O:	カルボニル基
C–OH	アルコール	H–C=O	アルデヒド
C–O–C	エーテル	C–C(=O)–C	ケトン
C–N:	アミン	C–C(=O)–OH	カルボン酸
C–SH	チオール	C–C(=O)–O–C	エステル
C–S–C	スルフィド	C–C(=O)–S–C	チオエステル
C–S–S–C	ジスルフィド	C–C(=O)–N	アミド
C–O–PO₃²⁻	一リン酸	C–C(=O)–O–PO₃²⁻	アシルリン酸
C–O–P(O)–O–P(O)–O⁻	二リン酸	C=C–O–PO₃²⁻	エノールリン酸
C–O–P–O–P–O–P–O⁻	三リン酸		

† 結合先を記していない結合は分子の残りの部分の炭素原子や水素原子に結合しているものとする．

1・2 酸と塩基，求電子剤と求核剤

図1・2に示すようにカルボニル化合物には極性があり，部分的正電荷を帯びた電子欠損的 C=O 炭素原子と部分的負電荷を帯びた電子豊富な酸素原子をもつ．

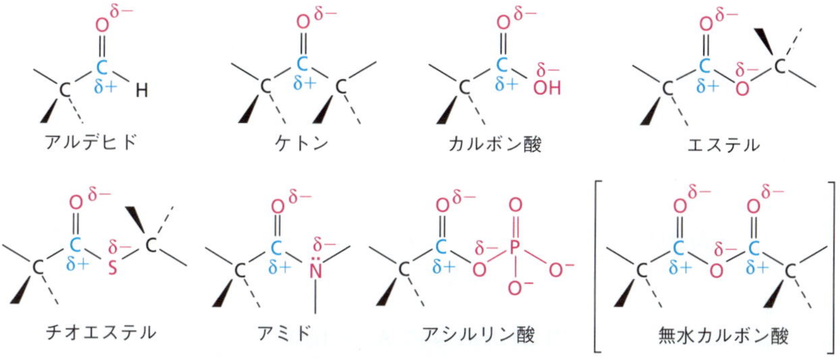

アルデヒド　　ケトン　　カルボン酸　　エステル

チオエステル　　アミド　　アシルリン酸　　無水カルボン酸

図1・2　カルボニルを含む官能基における極性の様式　カルボニル炭素原子は電子欠損的($\delta+$)な状態，酸素原子は電子豊富($\delta-$)な状態にある．

1・2　酸と塩基，求電子剤と求核剤

酸と塩基は生化学において非常に重要である．大多数の生体分子の変換反応は酸や塩基で触媒されるので，酸-塩基の化学を知ることはどのように反応が起こるのかを理解するうえで重要なのである．状況によりブレンステッド-ローリー（Brønsted-Lowry）の定義とルイス（Lewis）の定義といった二つの酸と塩基の定義がよく用いられる．それではそれらを見てみよう．

ブレンステッド-ローリーの酸と塩基

ブレンステッド-ローリーの定義によれば，**酸**（acid）は水素イオン（プロトン，H^+）を供与する物質であり，**塩基**（base）は自分の電子対を使ってプロトンを受容し，プロトンとの結合を形成する物質のことである．酢酸のようなカルボン酸はその-OH のプロトンをメチルアミンのような塩基に可逆的に供与できる．すなわち**プロトン移動反応**（proton-transfer reaction）である．酸が H^+ を失った生成物は酸の**共役塩基**（conjugate base）であり，塩基に H^+ が付加した生成物は塩基の**共役酸**（conjugate acid）である．

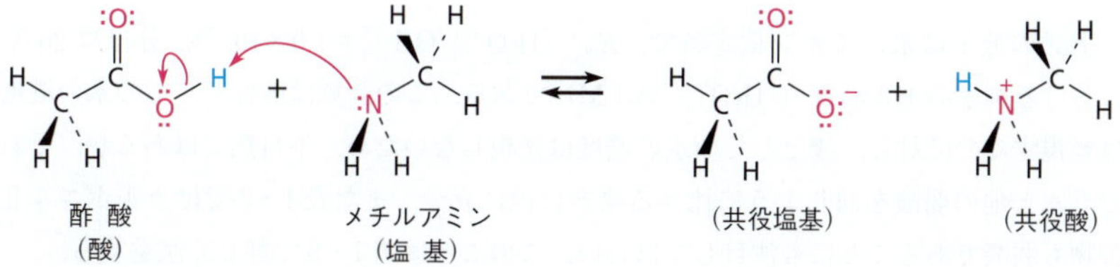

酢酸　　　　メチルアミン　　　　（共役塩基）　　　　（共役酸）
（酸）　　　　（塩基）

このプロトン移動反応がどのようにして起こるのかを示すのに用いられる表記法に注意してほしい．赤い曲がった矢印（巻矢印）は電子対が"矢印の根元の原子（メチルアミンの塩基性の窒素）から矢印の先の原子（酢酸の酸性の水素）へ"移動することを示している．つまり，新しいN–H結合を形成するのに使われる電子が塩基から酸へ流れたのである．2番目の巻矢印が示すように，N–H結合が形成されると，O–H結合が開裂してその電子は酸素に留まる．以上のように巻矢印は原子ではなく，電子の移動を示すのである．

酸にはプロトンの供与能力に違いがある．水溶液における酸HAの強さはその**pK_a**, すなわちその**酸性度定数**（acidity constant）K_a の負の常用対数で示される．強い酸は大きな K_a で小さい pK_a, 弱い酸は小さな K_a で大きい pK_a をもつ．

$$HA + H_2O \rightleftarrows A^- + H_3O^+$$

の式に対し，

$$K_a = \frac{[H_3O^+][A^-]}{[HA]}$$

$$pK_a = -\log K_a$$

強 酸: 大きな K_a で小さい pK_a
弱 酸: 小さな K_a で大きい pK_a

表1・2に生化学でよく出てくる典型的な酸の pK_a の値を並べた．表に示している水の pK_a は15.74であることに注意してほしい．なお，この数値は次のようにして計算される．水は酸としても溶媒としても作用するので，平衡式は下記となる．

$$H_2O + H_2O \rightleftarrows OH^- + H_3O^+$$
（酸）　（溶媒）

$$K_a = \frac{[H_3O^+][A^-]}{[HA]} = \frac{[H_3O^+][OH^-]}{[H_2O]}$$

$$= \frac{[1.0 \times 10^{-7}][1.0 \times 10^{-7}]}{[55.4]} = 1.8 \times 10^{-16}$$

$$pK_a = 15.74$$

上式の分子は水のイオン積定数で，$K_w = [H_3O^+][OH^-] = 1.0 \times 10^{-14}$, 分母は25℃における純水のモル濃度（$[H_2O] = 55.4$ M）である．この計算は溶媒としての水の濃度は無視するのに対し，酸としての水の濃度は無視しないため，不自然ではあるが，それでも水と他の弱酸を同じように比べる場合に役に立つ．また表1・2ではカルボニル化合物も弱酸であることにも注目してほしい．このことは§1・8で詳しく議論する．

1・2 酸と塩基，求電子剤と求核剤

酸のプロトン供与能が異なるように，塩基もプロトン受容能が異なる．塩基 B の水溶液中での強度は，酸の酸性度定数と同様に"塩基性度定数（basicity constant: K_b）"で表すことができる．しかし塩基の強さは通常，その共役酸 BH^+ の酸性度を考えれば

表 1・2 酸の相対強度

官能基	例	pK_a	
リン酸	H_3PO_4	2.16	強酸 ↑
カルボン酸	CH_3COOH	4.76	
イミダゾリウムイオン		6.95	
リン酸二水素イオン	$H_2PO_4^-$	7.21	
アンモニウムイオン	NH_4^+	9.26	
フェノール	C_6H_5OH	9.89	
チオール	CH_3SH	10.3	
アルキルアンモニウムイオン	$CH_3NH_3^+$	10.66	
β-ケトエステル	$CH_3COCH_2COCH_3$	10.6	
水	H_2O	15.74	
アルコール	CH_3CH_2OH	16.00	
ケトン	CH_3COCH_3	19.3	
チオエステル	CH_3COSCH_3	21	
エステル	CH_3COOCH_3	25	弱酸

わかる.つまり,

$$B + H_2O \rightleftarrows BH^+ + OH^-$$

の反応に対し,

$$K_b = \frac{[BH^+][OH^-]}{[B]}$$

$$BH^+ + H_2O \rightleftarrows B + H_3O^+$$

の反応に対し,

$$K_a = \frac{[B][H_3O^+]}{[BH^+]}$$

したがって,

$$K_a \times K_b = \left(\frac{[B][H_3O^+]}{[BH^+]}\right)\left(\frac{[BH^+][OH^-]}{[B]}\right)$$
$$= [H_3O^+][OH^-] = K_w = 1.00 \times 10^{-14}$$

であるから,

$$K_a = \frac{K_w}{K_b}, \quad K_b = \frac{K_w}{K_a}$$

したがって,

$$pK_a + pK_b = 14, \quad pK_b = 14 - pK_a$$

強塩基: BH^+ の pK_a 大
弱塩基: BH^+ の pK_a 小

　これらの式は,塩基 B の塩基性度を,その共役酸である BH^+ の K_a から決定できることを示している.強塩基は強固に H^+ を保持するので,弱共役酸(大きな pK_a)をもち,弱塩基は H^+ を弱く保持するので,強い共役酸(小さな pK_a)をもつ.つまり,酸 BH^+ の pK_a が大きいほど塩基 B は強く,酸 BH^+ の pK_a が小さいほど塩基 B は弱いということである.

　表 1・3 に生化学でみられる典型的な塩基をあげた.水はそのプロトンを渡して OH^- になるか,プロトンを受取って H_3O^+ となるかによって,弱酸としても弱塩基としても機能できる.同様に,イミダゾール,アルコール,カルボニル化合物もそれらの化合物が存在する環境しだいでプロトンを供与することも受容することもできる.

ルイスの酸と塩基

　ブレンステッド–ローリーによる酸と塩基の定義は H^+ の受渡しをする化合物にしか

表 1・3 塩基の相対強度

官能基	例		BH^+ の pK_a
水酸化物イオン	:ÖH⁻	H₂O	15.74
グアニジノ	:NH ‖ H₂NCNHCH₂CH₃	⁺NH₂ ‖ H₂NCNHCH₂CH₃	12.5
アミン	CH₃ṄH₂	CH₃ṄH₃⁺	10.66
アンモニア	:NH₃	⁺NH₄	9.26
イミダゾール	:N⌐N—H	H-N⁺⌐N—H	6.95
水	H₂Ö:	H₃O⁺	
アルコール	CH₃ÖH	CH₃ÖH₂⁺	−2.05
ケトン	:O: ‖ CH₃CCH₃	⁺OH ‖ CH₃CCH₃	−7.5

強塩基 ↑ 弱塩基

当てはまらない．ところがルイスによる定義は，より一般的に適用できる．**ルイス酸**（Lewis acid）は塩基から電子対を受取る物質であり，**ルイス塩基**（Lewis base）は酸へ電子対を与える物質である．実際にはルイス塩基もブレンステッド-ローリー塩基もどちらも酸に電子対を与えるので同じものである．しかし，ルイス酸とブレンステッド-ローリー酸は必ずしも同じではない．

ルイス酸は電子対の受容能が必要なので，空の低エネルギー軌道をもっていなければならない．ルイスによる酸の定義はブレンステッド-ローリーの定義よりもずっと広く，H^+のほかにも多くのものが含まれる．たとえば，Mg^{2+}，Zn^{2+}やFe^{3+}のようなさまざまな金属カチオンや遷移金属化合物はルイス酸である．

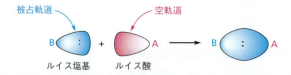

ルイス酸は，酵素の触媒過程において補因子として，非常に多くの生体反応に関わっている．Mg^{2+}やZn^{2+}のような金属カチオンは特によく出てくるが，鉄-硫黄クラスターのような錯体も見いだされる．クエン酸回路（§4・4）の一反応であるクエン酸が酸触媒による脱水を受け，*cis*-アコニット酸を生成する例を示す．

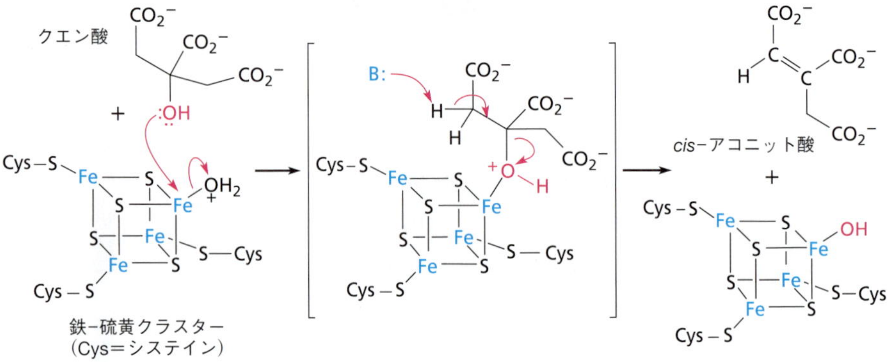

求電子剤と求核剤

酸と塩基に密接に関連するのが"求電子剤"と"求核剤"である．**求電子剤**（electrophile，求電子試薬ともいう）は"電子が好きな"物質である．求電子剤は正の極性を帯びた電子欠損原子をもち，電子豊富な原子から電子対を受取り，結合をつくることができる．逆に，**求核剤**（nucleophile，求核試薬ともいう）は"核が好きな"物質である．求核剤は負の極性を帯びており，電子豊富な原子をもち，電子欠損的原子に電子対を供与することで結合を形成する．このように求電子剤は本質的にルイス酸と同じで，求核剤はルイス塩基と同じである．しかし実際には"酸"，"塩基"という用語は電子がH^+や金属イオンに渡されるときに一般的に用いられ，"求電子剤"，"求核剤"という用語は有機化学において電子が炭素原子に渡されるときに用いられる．

求電子剤は正に帯電しているか中性で，求核剤や塩基から電子対を受容できる正の極性をもつ電子欠損的原子をもっている．酸（H^+供与体）であるトリアルキルスルホニウム化合物（R_3S^+）やカルボニル化合物がその例である（図1・3）．

求核剤は負に帯電しているか中性で，求電子剤や酸に与えることのできる電子対をもつ．アミンや水，水酸化物イオン，アルコキシドイオン（RO^-），チオラートイオン（RS^-）がその例である．

1・3 アルケンへの求電子付加反応の機構

生体内で起こる化学反応は実験室で起こる反応とまったく同じ反応原理に従っている．多くの場合，溶媒はたいてい異なり，温度もたいてい異なって，触媒ももちろん異なっているが，反応は同じ基本的な機構に従って起こっている．ただし，すべての生物有機反応に明確に対応する実験室の反応があるといっているのではない．化学的に最も興味深い生体分子の変換反応は，実験室では非常に多くの副反応を伴うため，再現する

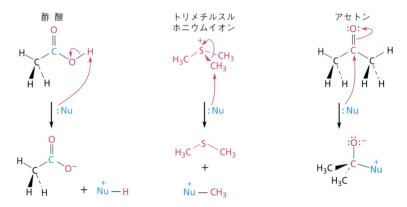

図 1・3　求電子剤とそれらの求核剤(:Nu)との反応

ことはできないが，生体分子の変換反応の反応機構は理解できるし，有機化学で説明できる．§1・3以降では，C＝C結合への求電子付加反応を取上げ，いくつかの基本的な有機化学反応機構を説明する．

アルケンへの求電子付加反応（electrophilic alkene addition reaction）は，二重結合に求電子剤が付加することで始まり，飽和生成物が形成される．たとえば，実験室での反応では，水が酸触媒存在下で2-メチルプロペンに求電子付加を起こし，2-メチル-2-プロパノールを生成する．反応は3段階で進行し，**カルボカチオン**（carbocation）という3価で正電荷を帯びた炭素をもつ中間体を経て起こる（図1・4）．（本書ではこれ以降，中間体を［　］に入れて示す．）

反応の最初のステップでは求核的な C＝C 結合からの π 電子が求電子的な H_3O^+ の水素原子を攻撃し，C—H 結合を形成してカルボカチオンを生成する．そして，ステップ2でカルボカチオン中間体が求核剤の水と反応して，プロトン化されたアルコールを生成する．続くステップ3で H_3O^+ を再生するプロトン移動の後，中性アルコールを生成する．最初のプロトン化は置換基の少ない二重結合の炭素上で起こる．つまり，安定なカルボカチオン中間体は，より多くの置換基をもつ炭素上に生成することに注意してほしい．

生体での求電子付加反応の例はあまり多くないが，ステロイドや他のテルペノイドの生合成経路でよくみられる．この反応における求電子剤は正に帯電しているか，正の極性をもつ炭素原子で，同一分子内の C＝C 結合に付加することが多い．例として，マツの木の油に含まれ，香料に用いられる α-テルピネオールは分子内求電子付加反応によってリナリル二リン酸から生合成される（図1・5）．二リン酸（ここでは PPO と略す）の解離によってアリルカルボカチオンの生成の後，もう一方の分子の端にある求核的な C＝C 結合へ付加が起こり，求核的な水と反応する二つ目のカルボカチオンが得ら

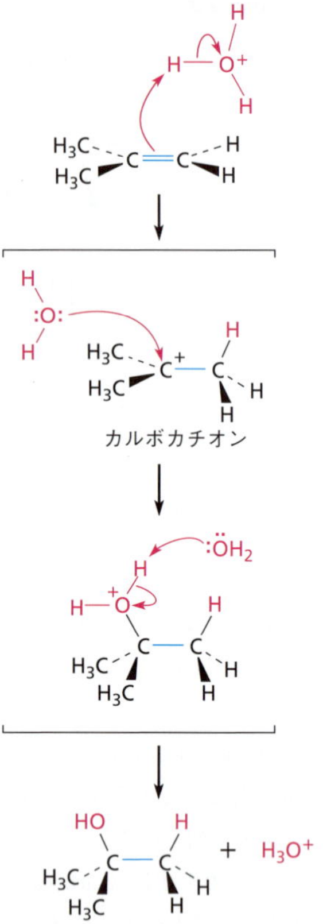

ステップ1
二重結合が求核的に求電子剤 H_3O^+ を攻撃し、C-H 結合を形成すると同時に、カルボカチオン中間体を生じる

カルボカチオン

ステップ2
求核剤 H_2O が求電子的なカルボカチオンを攻撃して C-O 結合を形成し、プロトン化したアルコールを生成する

ステップ3
水とのプロトン移動反応により H_3O^+ を再生し、アルコール生成物を与える

$+ H_3O^+$

図1・4 水の2-メチルプロペンへの酸触媒求電子付加反応の機構 反応には [ ] 内に示すカルボカチオン中間体が関わる．

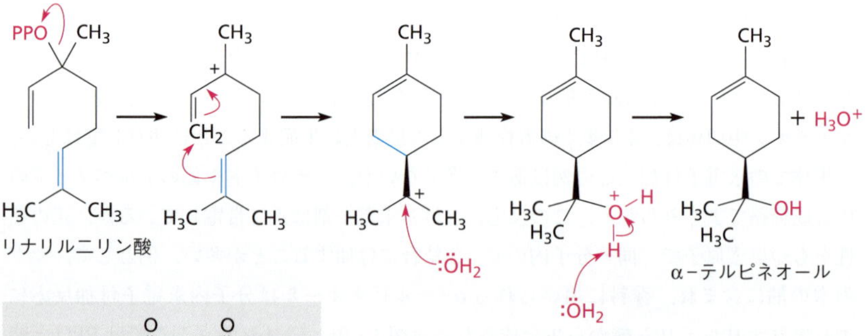

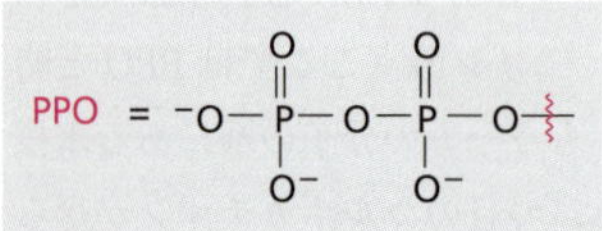

リナリルニリン酸 → → → → α-テルピネオール $+ H_3O^+$

PPO = $^-O-\overset{O}{\underset{O^-}{P}}-O-\overset{O}{\underset{O^-}{P}}-O-\xi$

図1・5 リナリルニリン酸からの α-テルピネオール生合成 鍵となるステップはカルボカチオンから C=C への分子内求電子付加反応である．

れる．プロトン化したアルコールからプロトンが移動し，α-テルピネオールを生成する．このような例は§3・6でのステロイド生合成においてもみられる．

1・4 芳香族求電子置換反応の機構

芳香族求電子置換反応（electrophilic aromatic substitution reaction）と求電子アルケン付加反応はともに求電子剤 E^+ が，まず求核的な C=C 結合に反応し，カルボカチオン中間体を形成するという点で関連がある．しかし，独立した二重結合の二つの π 電子が関わるアルケンの反応とは異なり，芳香族の反応は芳香環の二つの π 電子が求電子剤に攻撃したときにひき起こされる．芳香族反応で生じた共鳴安定化されたカルボカチオン中間体は次に求核剤や塩基と反応して正電荷の隣接位から H^+ を失い，付加生成物ではなく，置換生成物を生成するのである．

求電子置換反応は実験室ではおなじみで，多くの種類の求電子剤が用いられる．求電子剤が正電荷に帯電もしくは分極したハロゲン原子（Br^+，Cl^+，I^+）の場合，ブロモ，クロロ，ヨード置換された芳香族生成物を与える．求電子剤が NO_2^+ の場合には，ニトロ置換生成物（$Ar-NO_2$）が形成される．SO_3 あるいは HSO_3^+ の場合には，芳香族スルホン酸（$Ar-SO_3H$）が生成する．カルボカチオン（R^+）が求電子剤の場合にはアルキル置換生成物（$Ar-R$）が生じる．

生体中で起こる求電子置換反応は実験室での反応よりもはるかに低頻度だが，それでもハロゲン化は，特に海洋生物の生成物のような多くの物質の生合成に関わっている．ヒトにおいてもホルモンであるチロキシン（thyroxine）は甲状腺でアミノ酸のチロシンの求電子ヨウ化反応から始まる一連の反応により生合成される．さらに他の例も以降の章で出てくる．

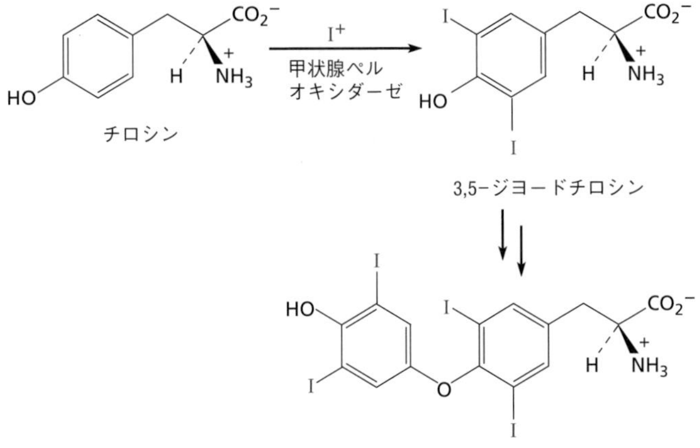

チロシン　　→（I^+ / 甲状腺ペルオキシダーゼ）→　3,5-ジヨードチロシン

↓↓

チロキシン（甲状腺ホルモン）

1・5　求核脂肪族置換反応の機構

　求核脂肪族置換反応（nucleophilic aliphatic substitution reaction）は飽和した sp^3 混成炭素原子上で，ある求核剤（"脱離基"）が別のものに置き換わる（たとえば Br^- が OH^- に置換する）ことである．実験室では，これらの求核置換反応は反応基質や溶媒，pHなどにより，**S_N1 機構**（S_N1 mechanism）か，あるいは **S_N2 機構**で進行する．S_N1 反応は，たいていの場合，第三級基質かアリル型基質あるいはベンジル型基質で起こり，カルボカチオン中間体を経て2段階で起こる．S_N2 反応は，多くの場合，第一級基質で起こり，中間体を経ずに1段階で起こる．

　典型的な S_N1 反応の機構を図1・6に示す．基質はカルボカチオン中間体を形成する自発的な解離が起こり，その中間体は求核置換体と反応し，生成物を与える．

　典型的な S_N2 反応の機構を，(S)-2-ブロモブタンと水酸化物イオンの反応を例に，図1・7に示す．孤立電子対をもつ求核剤がハロゲン化アルキルの炭素に対して C—Br 結合の180°反対の方向から攻撃する．OH^- がやってきて，新しい O—C 結合を形成し始めると同時に C—Br 結合が切れ始め，やがて Br^- が離れる．出入りする求核剤はそれぞれ分子の反対側にあるため，反応中心の立体化学は S_N2 反応の間に反転する．たとえば，(S)-2-ブロモブタンは (R)-2-ブタノールを生成する．（反転によって，立体中心の帰属が R から S，あるいは S から R に必ず変わるわけではない．というのも，立体中心についた四つの基の命名のための相対的な優先順位が反転によって変わることがあるためである．）

　S_N1 と S_N2 反応の生化学的な例は多くの経路において起こっている．たとえば，ゲラニル二リン酸からゲラニオール（geraniol，バラに含まれ，香水に用いられる芳香性のアルコール）に生物変換される際に S_N1 反応は起こる．二リン酸の解離によって安定

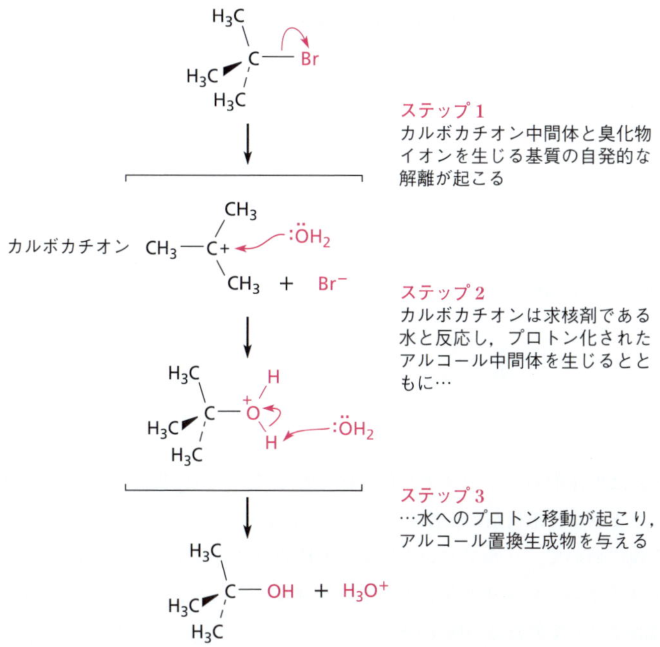

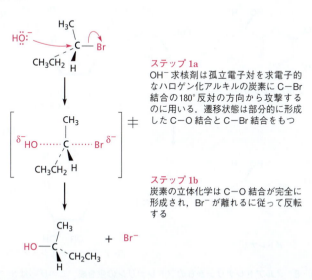

図 1・6　2-ブロモ-2-メチルプロパンと水から 2-メチル-2-プロパノールを生じる S_N1 反応の機構　反応はカルボカチオン中間体を生じる自発的な解離によって起こり，中間体は水と反応する．

図 1・7　(S)-2-ブロモブタンと水酸化物イオンの反応により，(R)-2-ブタノールを生成する S_N2 反応の機構　反応する炭素原子での立体化学反転を伴う 1 段階の反応で起こる．

なアリルカルボカチオンが生じ，求核剤の水と反応し，その後，プロトンが移動し，ゲラニオールを生成する．

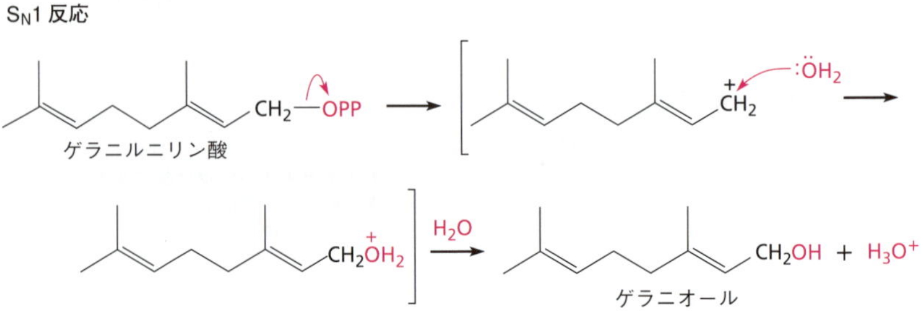

S$_N$1 反応

ゲラニル二リン酸

ゲラニオール

S$_N$2 反応は生体中の多くのメチル化反応で起こる．$-CH_3$ 基は $S-$アデノシルメチオニンからさまざまな求核剤に転移する．たとえばノルアドレナリンのアドレナリンへの生合成変換において，ノルアドレナリンの求核的なアミノ窒素原子が S$_N$2 反応で $S-$アデノシルメチオニンのメチル炭素原子を攻撃する．そして，$S-$アデノシルホモシステインが脱離基として外れる（図 1・8）．

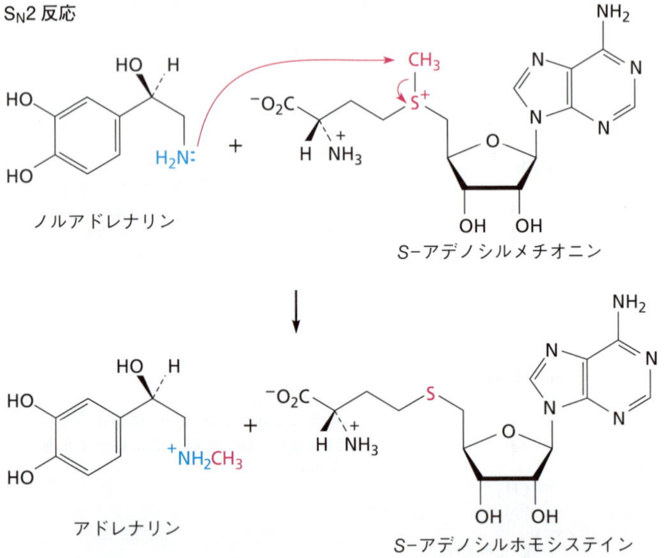

S$_N$2 反応

ノルアドレナリン

$S-$アデノシルメチオニン

アドレナリン

$S-$アデノシルホモシステイン

図 1・8 ノルアドレナリンからのアドレナリンの生合成 この反応は $S-$アデノシルホモシステインを脱離基とするノルアドレナリンの $S-$アデノシルメチオニンとの S$_N$2 反応で起こる．

1・6 求核カルボニル付加反応の機構

カルボニル基はきわめて多数の生体分子に存在し,ほとんどすべての生化学経路においてカルボニル基が関与する反応に出くわす.カルボニル基の化学を論じる場合,カルボニル基をもつ化合物を2種類に分けて考えることが重要である.一つはアルデヒドとケトンで,それらのカルボニル炭素は負電荷を"安定化できない"原子(HやC)に結合しており,したがって付加反応における脱離基として機能しない.もう1種類はカルボン酸とその誘導体で,それらのカルボニル炭素は負電荷を"安定化することができる"電気陰性原子(OやN,S)に結合しており,付加反応における"脱離基として機能できる".

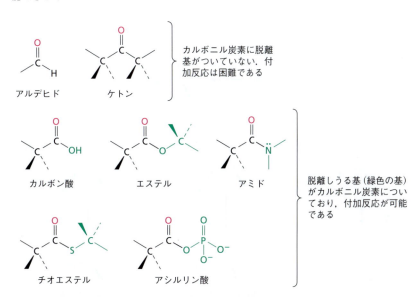

構造によらず,どのカルボニル化合物のC=O結合も酸素が負に,炭素が正に分極している.結果として,カルボニル酸素は求核的で,酸や求電子剤と反応するのに対し,炭素は求電子的で,塩基や求核剤と反応する.これらの反応様式は多くの生体反応にみられる.

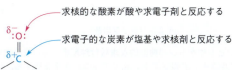

求核カルボニル付加反応(nucleophilic carbonyl addition reaction)は求核剤(:Nu)によるアルデヒドやケトンの炭素への付加である.電子対をもつ求核剤が炭素と結合をつ

くると，C＝O結合から電子対が酸素の方へ移動し，アルコキシドイオン(RO^-)を生成する．カルボニル炭素はその過程でsp^2からsp^3に再混成し，アルコキシド生成物は四面体配置をとる．

求核付加反応

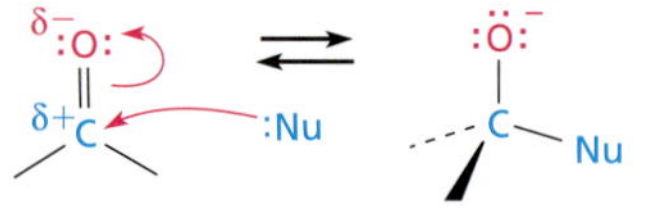

四面体アルコキシドイオンがいったん形成されると図1・9に示すように，いろいろなことが起こる．ヒドリドイオン(H^-)やカルボアニオン(R_3C^-)のような求核剤を加えると，アルコキシドイオンはプロトン化して安定なアルコールとなる（図1・9a）．第

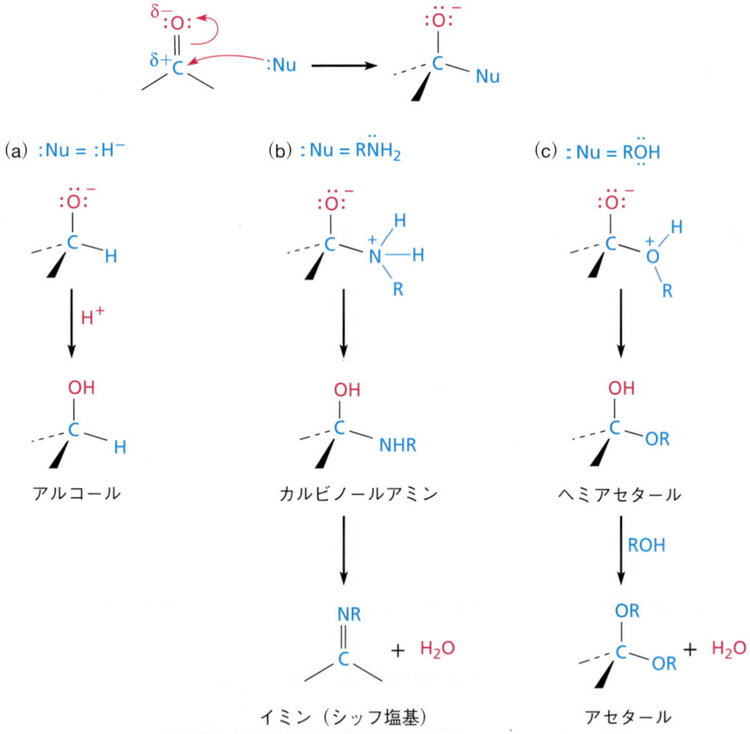

(a) :Nu = :H⁻ 　　(b) :Nu = RN̈H₂ 　　(c) :Nu = RÖH

アルコール　　　　カルビノールアミン　　　ヘミアセタール

イミン（シッフ塩基）　　　　　アセタール

図1・9　アルデヒドやケトンの典型的な求核付加反応　(a) 求核剤がヒドリドイオンの場合，アルコキシドのプロトン化でアルコールを生成する．(b) 求核剤がアミンの場合，プロトン移動と脱水でイミンを生じる．(c) 求核剤がアルコールの場合，プロトン移動でヘミアセタールを生成し，もう1分子のアルコールとさらに反応してアセタールになる．

一級アミン求核剤(RNH_2)が加わると,アルコキシドイオンはプロトン移動して**カルビノールアミン**(carbinolamine)を生成する.そしてカルビノールアミンは水を失って,生化学で通常**シッフ塩基**(Schiff base)とよばれる**イミン**(imine, $R'_2C=NR$)を生成する(図1・9b).アルコール求核剤(ROH)が加わると,アルコキシドはプロトン移動し,**ヘミアセタール**(hemiacetal)を生成し,さらに2分子目のアルコールと反応し,水を失って**アセタール**(acetal, $R'_2C(OR)_2$)を生成する(図1・9c).これ以降の反応では,酸塩基触媒の役割に注意してほしい.

アルコール生成

実験室では,一般的にアルデヒドやケトンのアルコールへの変換は求核的なヒドリドイオン供与体として$NaBH_4$を用いて行う.しかし,生体反応においてはNADPH(還元型ニコチンアミドアデニンジヌクレオチドリン酸)がヒドリドイオン供与体としてよく出てくる.脂肪酸の生合成経路でアセトアセチルACP (acyl carrier protein;アシルキャリヤータンパク質)が3-ヒドロキシブチリルACPに変換される際にその一例が起こる.アルコール生成については§1・12でも解説する.

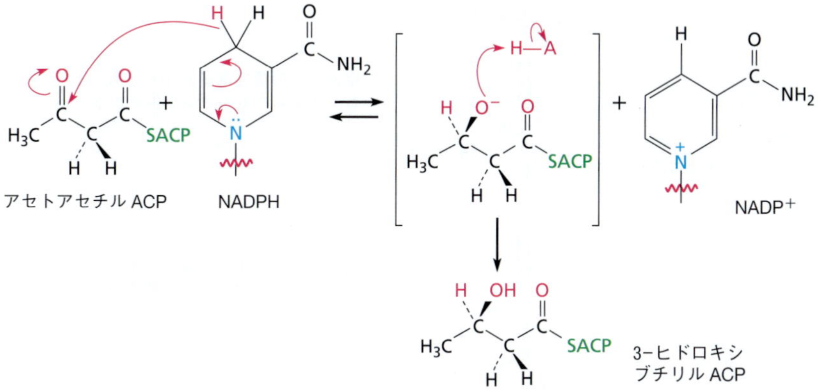

イミン(シッフ塩基)生成

イミンは図1・10に示すように可逆的な酸触媒過程で生成する.この反応は最初のステップで第一級アミンのアルデヒドやケトンのカルボニル基への求核的付加で始まる.この付加生成物はステップ2でNからH^+を取除き,別のH^+をOに取付ける速いプロトン移動を起こし,カルビノールアミンを生成する.そしてカルビノールアミンはステップ3で酸触媒によって酸素原子にプロトン化を受ける.このプロトン化の効果は$-OH$をはるかによい脱離基である$-OH_2^+$に変換することであり,それにより,ステップ4での窒素上の電子による追い出しを可能にする.その結果生じたイミニウムイオン

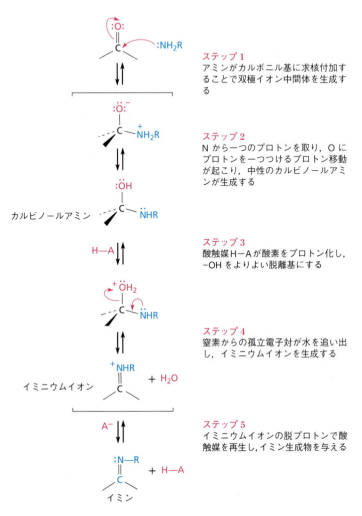

図 1・10 アルデヒドやケトンの第一級アミン RNH_2 との反応による酸触媒イミン（シッフ塩基）生成の機構

の脱プロトンでイミン生成物が得られる．

　ケトンからイミンへの変換は体内でアミノ酸の合成を含む多くの生合成経路にみられる．その例は，アミノ酸のアラニンの生成時に起こる．ピルビン酸のカルボニル基とビタミン B_6 誘導体であるピリドキサミンリン酸のアミノ基がイミンを形成して，異なるイミンへの異性化と水との反応を経て，アラニンとなるのである．詳細は §5・1 で述べる．

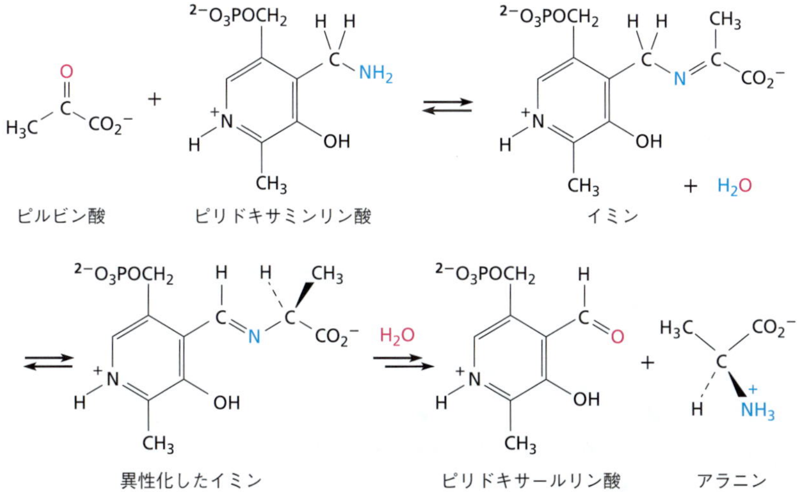

アセタール生成

　アセタールもイミンのように可逆的な酸触媒により生成する（図1・11）．反応は，ステップ1で反応性を増すためにカルボニル酸素のプロトン化に始まり，ステップ2のアルコールの求核付加に続く．そして，脱プロトンが中性のヘミアセタールを生成し，ヒドロキシ基の酸素に再プロトン化がステップ3で起こり，よりよい脱離基に変換する．それにより，隣の-OR の電子によって脱離が促進されてステップ4でオキソニウムイオンが生成できるようになる．このオキソニウムイオンは第一段階のプロトン化されたカルボニル基とほぼ同じように振る舞い，ステップ5でアルコールの二つ目の求核付加を受ける．そして最後の脱プロトンがアセタール生成物を与える．

　ヘミアセタールとアセタールの生成は炭水化物の化学で特に重要である．たとえば，グルコースは開環体（アルデヒド＋アルコール）と閉環体（環状ヘミアセタール）の間

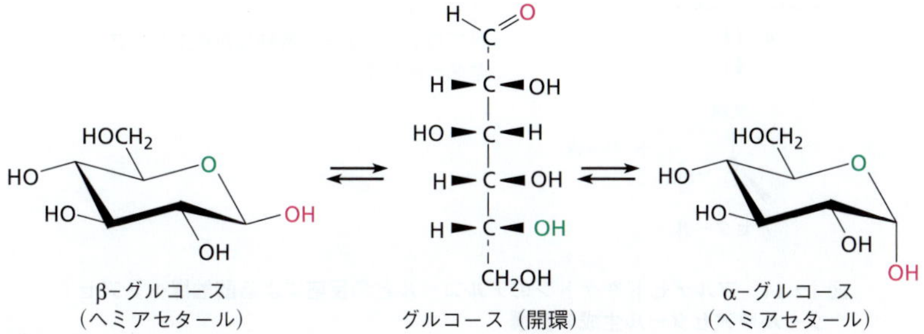

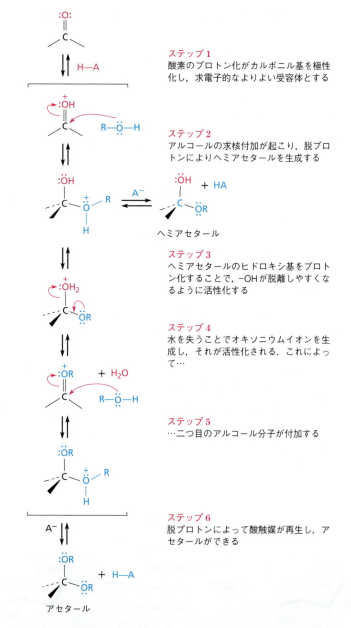

図1・11 アルデヒドやケトンのアルコールとの反応による酸触媒ヘミアセタールやアセタール生成の機構

で可逆的平衡状態にある．そして多くのグルコース分子はデンプンやセルロース（§4・1参照）を形成するアセタール結合によってつながっている．

共役（1,4）求核付加

アルデヒドやケトンの C＝O 結合への求核剤による直接的(1,2)付加と密接に関連するのが，α, β-不飽和カルボニルの C＝C 結合への求核剤による**共役(1,4)求核付加**（conjugate(1,4)addition），すなわち**マイケル反応**（Michael reaction）である．最初の生成物である共鳴安定化された**エノラートイオン**（enolate ion）は一般的にα炭素（C＝O の隣の炭素）をプロトン化して飽和カルボニル生成物を与える．

直接的(1,2)付加

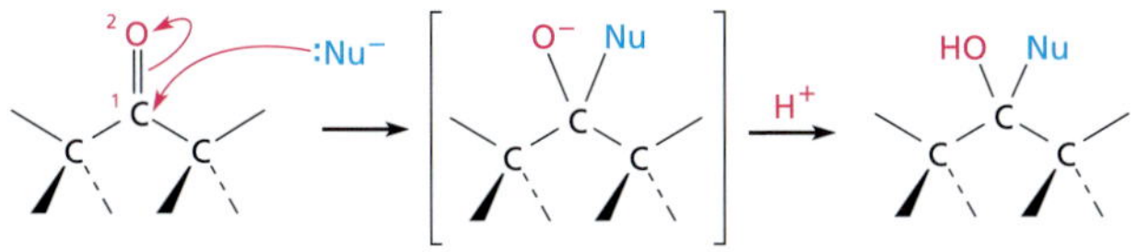

共役的(1,4)付加
（マイケル反応）

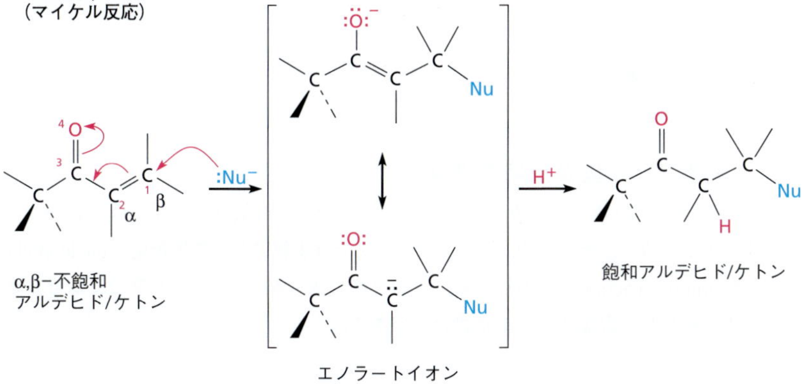

α,β-不飽和
アルデヒド/ケトン

エノラートイオン

飽和アルデヒド/ケトン

この共役付加反応は §1・3 で議論したアルケンへの求電子付加と同様の結果を最終的に与える．ただし，二つの過程の機構はまったく異なっている．独立したアルケンは"求電子剤"と反応してカルボカチオン中間体を形成するが，α, β-不飽和カルボニル化合物の方は"求核剤"と反応してエノラートイオン中間体を形成する．α, β-不飽和カルボニル化合物の電気陰性の酸素原子が β 炭素から電子を引抜くため，共役付加が起こる．それによって，通常のアルケン C＝C 結合よりも電子欠損的，求電子的になる．

飽和ケトン

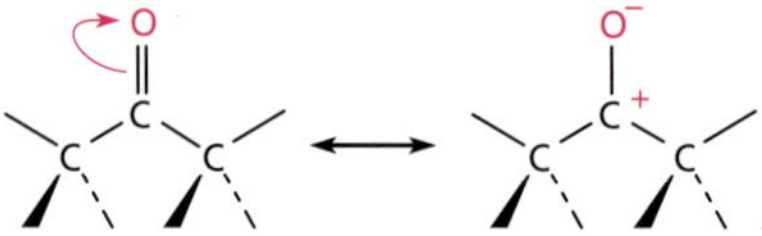

α,β-不飽和ケトン

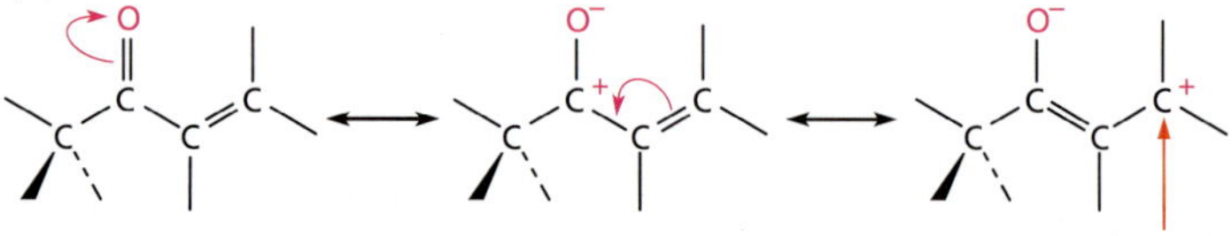

求電子的

共役付加に分類される多数の生体分子の反応があるが，酢酸が CO_2 に代謝されるクエン酸回路の一つの段階であるフマル酸のリンゴ酸への変換もこの例で，この反応は水の付加である．

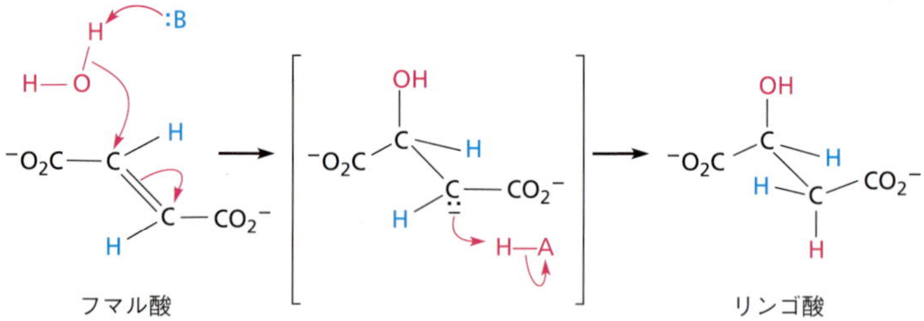

フマル酸　　　　　　　　　　　　　　　　　　　　　　リンゴ酸

1・7　求核アシル置換反応の機構

カルボン酸とその誘導体はカルボニル炭素に結合した電気陰性原子（O, N, S）が存在するのが特徴で，そのため，これらの化合物では**求核アシル置換反応**（nucleophilic acyl substitution reaction）が進行する．この反応は求核剤（:Nu⁻）の攻撃によるカルボニル炭素に結合した脱離基（:Y）の置換反応である．

求核アシル置換反応

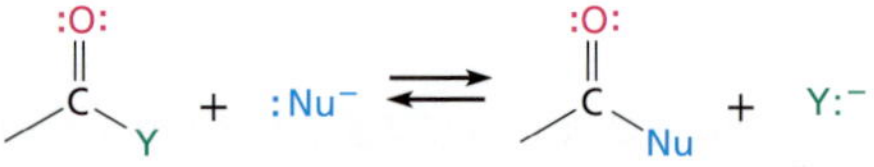

酢酸メチルと OH⁻ の反応を表した図1・12に示すように，求核アシル置換反応は求核剤のカルボニル炭素への付加によって開始される．しかし，四面体のアルコキシド中間体は単離されずに，脱離基の追い出しと新しいカルボニル化合物の生成反応が進行する．求核アシル置換の最終的な結果は求核剤による脱離基の交換であって，§1・5で論じた求核"アルキル"置換と同様で，機構が違うだけである．

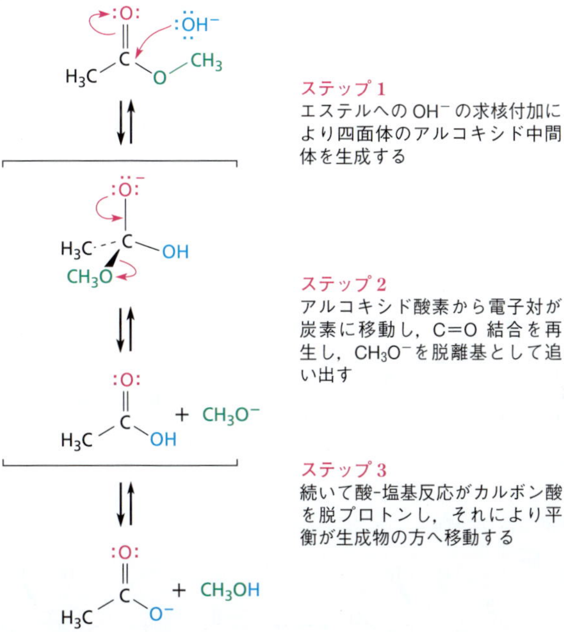

1・7 求核アシル置換反応の機構

図 1・12 酢酸イオンを生成する酢酸メチルとの OH⁻ の求核アシル置換反応の機構 反応はカルボニル基への求核付加によって起こり，ステップ 2 で脱離基を追い出し，その後脱プロトンする．

ステップ 1 エステルへの OH⁻ の求核付加により四面体のアルコキシド中間体を生成する

ステップ 2 アルコキシド酸素から電子対が炭素に移動し，C＝O 結合を再生し，CH₃O⁻ を脱離基として追い出す

ステップ 3 続いて酸-塩基反応がカルボン酸を脱プロトンし，それにより平衡が生成物の方へ移動する

付加の段階と脱離の段階の両方とも求核アシル置換反応全体の速度に影響しうる．しかし，一般的に最初の段階が律速である．カルボニル化合物の安定性が高ければ高いほど，反応性は低くなる．したがって，生体内で一般的に見いだされるカルボニルを含む官能基のうち，アミドは共鳴安定化で最も反応性が低く，エステルはやや反応性を増し，チオエステルやアシルリン酸が最も置換に対する反応性が高いことがわかる（アシルリン酸は一般的に Mg^{2+} のようなルイス酸金属カチオンとの錯形成でさらに置換に対して活性化される）．

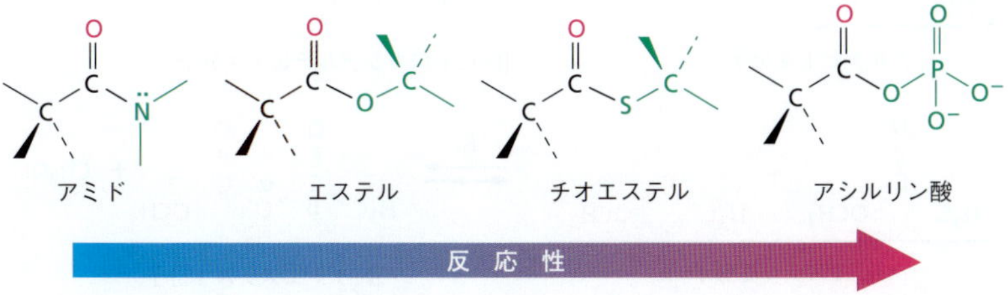

アミド　エステル　チオエステル　アシルリン酸

反 応 性 →

求核アシル置換反応は生化学においてしばしばみられる．たとえば，タンパク質内のC末端アミド結合のカルボキシペプチダーゼで触媒される加水分解はこの反応の一つである．なお，本反応機構は四面体のアルコキシド中間体の生成を明示しない省略形で示せる．その代わりにカルボニル酸素の周りにハート形の矢印のようにして，完全な機構を示すつもりで電子の動きが表される．生化学者は紙面の節約のためにこの形を用いることが多いが，本書ではあまり使わないことにしたい．

完全な機構

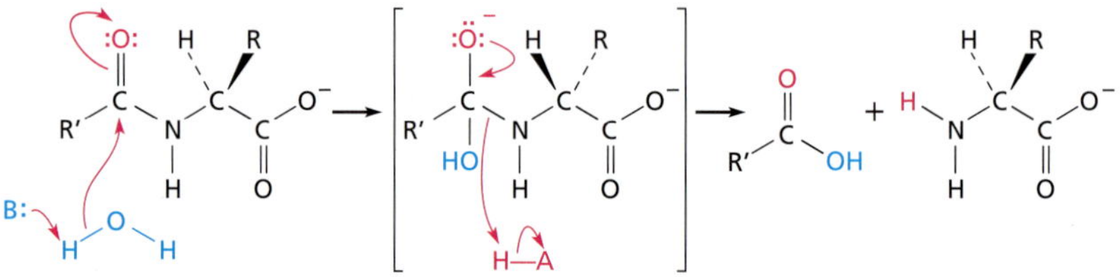

省略形で示した機構

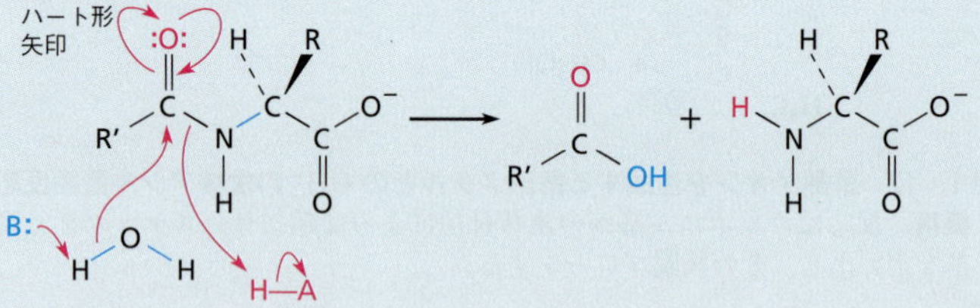

1・8 カルボニル縮合反応の機構

カルボニル化合物の三つ目の主要な反応は**カルボニル縮合**（carbonyl condensation）であり，二つのカルボニル化合物が結合し，単一生成物になる際に起こる．たとえば，アルデヒドが塩基で処理されたときに，2分子が結合して，β-ヒドロキシアルデヒド生

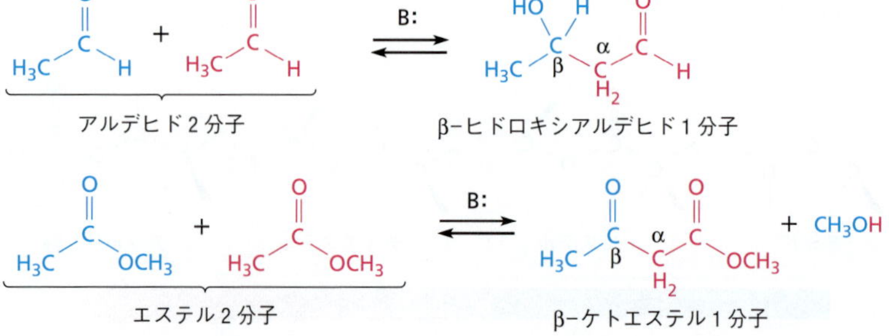

成物を得る．同様に，エステルを塩基で処理した際も，2 分子が結合して，β−ケトエステル生成物を得る．

カルボニル縮合は，片方のカルボニル炭素と，もう一方のカルボニル化合物の α 炭素との結合を形成する．カルボニル化合物の α 水素が弱酸性なので，塩基と反応して取除かれ，エノラートイオンを生成するために，この反応は起こる．他の陰イオンと同様，エノラートイオンは求核性である．

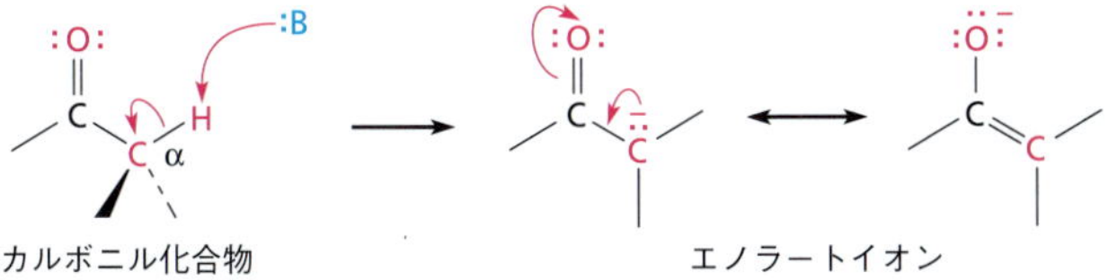

カルボニル化合物の酸性度はエノラートイオンの共鳴安定化による．それにより，負電荷が α 炭素と電気陰性のカルボニル酸素との間で共有される．表 1・4 に示すように，

表 1・4　カルボニル化合物の酸性度定数

カルボニル化合物	例	pK_a	
カルボン酸	CH_3COH (C=O)	4.7	強 酸
1,3−ジケトン	$CH_3CCH_2CCH_3$ (C=O, C=O)	9.0	
β−ケトエステル	$CH_3CCH_2COCH_3$ (C=O, C=O)	10.6	
1,3−ジエステル	$CH_3OCCH_2COCH_3$ (C=O, C=O)	12.9	
アルデヒド	CH_3CH (C=O)	17	
ケトン	CH_3CCH_3 (C=O)	19.3	
チオエステル	CH_3CSCH_3 (C=O)	21	
エステル	CH_3COCH_3 (C=O)	25	
アミド	$CH_3CN(CH_3)_2$ (C=O)	30	弱 酸

アルデヒドやケトンは最も強い酸性のモノカルボニル化合物であり，チオエステル，エステル，アミドの順に弱くなる．しかし，すべてのなかで最も酸性なのが，"1,3-ジカルボニル"化合物（β-ジカルボニル化合物とよくよばれる）で二つの隣接カルボニル基で挟まれたα位をもっている．

アルデヒドやケトンの縮合は**アルドール反応**（aldol reaction）とよばれ，図1・13に示される機構で起こる．一つの分子が塩基と反応して求核的なエノラートイオンを生成する．そして，もう1分子に求核的に付加する．最初に生成されるアルコキシドイオンがプロトン化され，中性のβ-ヒドロキシアルデヒドやケトン生成物を生じる．この縮合は可逆的なので，β-ヒドロキシアルデヒドやケトンは塩基処理で分解されて2分子のアルデヒドやケトンを生じうる．

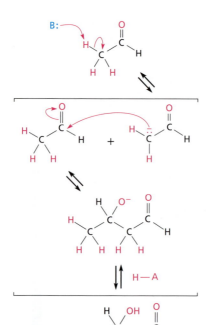

ステップ1
塩基がアルデヒドの脱プロトンを行い，エノラートイオンが生成し…

ステップ2
…エノラートイオンが二つ目のアルデヒドのカルボニル基へ求核剤として付加し，アルコキシドイオンを生成する

ステップ3
アルコキシドイオンがプロトン化され，β-ヒドロキシカルボニル生成物を生じる

β-ヒドロキシカルボニル化合物

図1・13 アルドール反応の機構 アルデヒドやケトンの2分子間の可逆的塩基触媒縮合反応で，β-ヒドロキシカルボニル化合物を生じる．鍵となるのはステップ2で，エノラートイオンのC＝O結合への求核付加である．

エステルの縮合は**クライゼン縮合反応**（Claisen condensation reaction）とよばれ，図 1・14 に示す機構で行われる．一つの分子が塩基と反応し，求核的なエノラートイオンを生じて，もう一つの分子に求核アシル置換反応で付加する．最初に生成するアルコキシドイオンは CH_3O^- を脱離基として追い出し，C=O 結合を再生し，β-ケトエステル生成物を形成する．しかし，塩基性反応条件下ではこのβ-ケトエステルは脱プロトンして陰イオンを形成するので，反応の終了時に水溶性の酸を加えて再度プロトン化しなければならない．アルドール反応と同様，クライゼン縮合も可逆反応であり，β-ケトエステルは塩基で処理すれば二つのエステル分子に分解しうる．

カルボニル縮合反応は体内のほとんどすべての生化学経路に関わり，生体の炭素−炭素結合の生成と切断の基本的な方法である．たとえば，ピルビン酸からグルコースを生合成する一つの段階がグリセルアルデヒド 3-リン酸のジヒドロキシアセトンリン酸とのアルドール反応である．別の例では，テルペノイドやステロイドの生合成経路はチオエステルアセチル CoA（補酵素 A）のクライゼン縮合で始まり，アセトアセチル CoA を生じる．グルコースの生合成の詳細は§4・5 で，ステロイドの生合成は§3・6 で解説する．

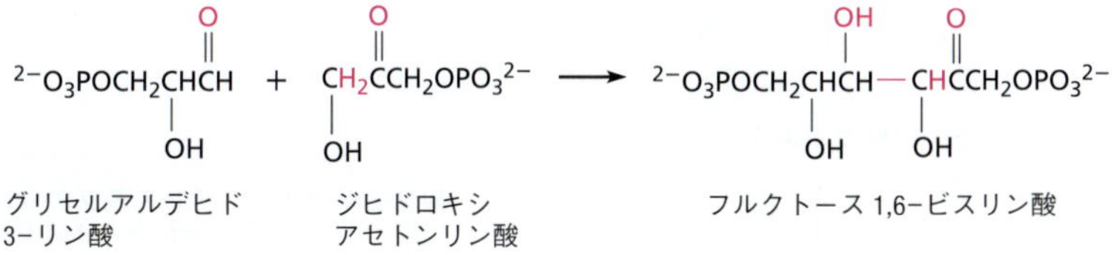

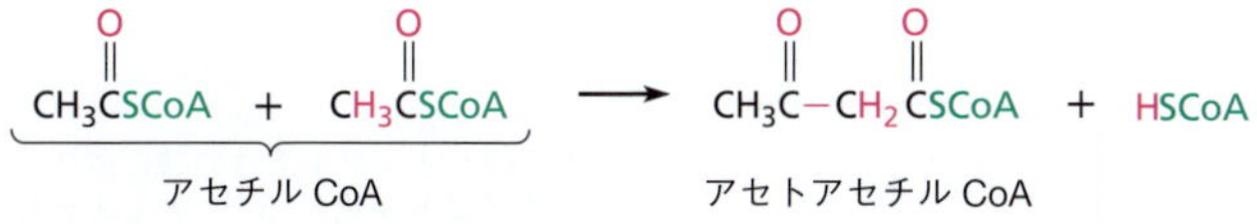

1・9 脱離反応の機構

アルケンを生成する H_2O や HX の脱離は，単純に§1・3 で述べたアルケンへの求電子付加の逆と考えられるが，実際は，**脱離反応**（elimination reaction）は付加反応よりもずっと複雑で，いろいろな機構で起こりうる．実験室では，最も一般的な三つの経路（E1, E2, E1cB 反応）があり，各経路で C−H や C−X 結合が切れるタイミングが異なる．

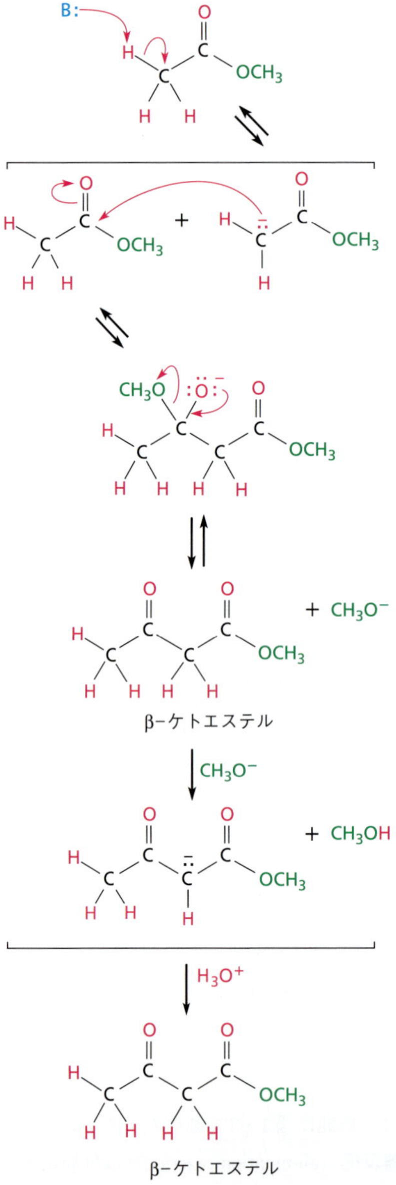

ステップ 1
塩基がエステルの脱プロトンを行い，エノラートイオンを生成し…

ステップ 2
…エノラートイオンが二つ目のエステル分子に求核剤としてつき，アルコキシドイオンを生成する

ステップ 3
アルコキシドイオンは CH_3O^- を脱離基として追い出し，β-ケトエステルを生成する

ステップ 4
酸性のβ-ケトエステルの脱プロトンで陰イオンが生じ，全反応が終結する方向に進む

ステップ 5
その陰イオンが水溶性の酸の添加によってプロトン化し，β-ケトエステルを再び生成する

図 1・14 クライゼン縮合反応の機構 2分子のケトン間の可逆的塩基触媒縮合反応でβ-ケトエステルを生成する．鍵となるステップはアルコキシド脱離基の追い出しを伴う，エノラートイオンの求核アシル置換である．

E1 反応では C—X 結合がまず切れ，カルボカチオン中間体を与え，塩基による H^+ 引抜きでアルケンを生じる．したがって E1 反応は求電子付加反応の逆のメカニズムである．E2 反応では塩基による C—H 結合切断が C—X 結合切断と同時に起こり，アルケンを 1 段階で生じる．E1cB（cB は "conjugate base＝共役塩基" のこと）反応では塩基によるプロトン引抜きが起こり，カルボアニオン中間体を生じ，その次の段階で X^- を失い，アルケンを生成する．

E1 反応：C—X 結合がまず切れ，カルボカチオン中間体を生成し，ついで塩基によるプロトン引抜きでアルケンを生成する

カルボカチオン

E2 反応：C—H 結合と C—X 結合が同時に切れ，中間体を生成せずに 1 段階でアルケンを生成する

E1cB 反応：C—H 結合がまず切れ，カルボアニオン中間体を生成し，X^- を失ってアルケンを生成する

カルボアニオン

三つの反応の例はすべて生体内反応でもみられるが，E1cB 反応は特によく起こる．基質は普通，アルコール（X＝OH）かプロトン化されたアルコール（X＝OH_2^+）で，引抜かれる H 原子がカルボニル基に隣接し，酸性化していることが多い．このように β–ヒドロキシカルボニル化合物（アルドール反応生成物）はしばしば E1cB 脱離反応により α, β–不飽和カルボニル化合物に変換される．一つの例が，脂肪酸生合成で起こる β–ヒドロキシチオエステルの不飽和チオエステルへの脱水反応である（§3・4）．この反応での塩基は酵素中のヒスチジン残基で，脱離はルイス酸として働くプロトン化されたヒ

スチジンに–OH 基が錯形成することで促進される．なお，この反応に限ってはシンの立体化学で起こる．つまり，–H 基や–OH 基が分子の同じ側から脱離をする．

β-ヒドロキシチオエステル → 不飽和チオエステル

1・10 ラジカル反応の機構

これまでに見てきた反応はすべて官能基上で正に分極化された原子と負に分極化された原子との間の電気的誘引によってひき起こされる**極性反応**（polar reaction）であった．極性反応は偶数個の電子をもつ化合物が関与して，電子対の動きによって結合が変わる特徴がある．

極性反応に対し，**ラジカル反応**（radical reaction）は奇数個の電子をもつ一つ以上の化合物が関わって，不対電子（単電子）の動きに応じて結合が変化する特徴がある．ラジカル分子はその軌道の一つに不対電子をもっていて，貴ガスのようなオクテットではなく，完全に満たされていない原子価殻をもつ．したがって，電子を一つ得て，オクテットの原子価殻になる反応を起こす傾向にある．たとえば，ラジカル分子は反応相手の分子から原子と結合性電子一つを取去って，安定な置換生成物となり，新たなラジカル分子を生成するかもしれないし，あるいは，π電子を一つだけとって，一つのπ電子を残したまま二重結合に付加するかもしれない．ラジカル反応での単電子の動きは極性反応で用いられる通常の矢印ではなく，片羽の"釣り針"巻矢印（⌒）を用いて表されることに注意してほしい．

ラジカル置換反応

Rad· + A:B ⟶ Rad:A + ·B
ラジカル反応物　　　　　置換生成物　　ラジカル生成物

ラジカル付加反応

Rad· + C=C ⟶ Rad–C–C·
ラジカル反応物　アルケン　　付加ラジカル生成物

実験室の化学ではラジカル反応は極性反応よりもはるかに頻度が小さい．というのも，ラジカル反応の高い反応性を制御することはより困難で，生成物が混合物となってしまうことが多い．しかし，生物化学ではラジカルを反応基質の近くに位置させることで，酵素は反応をコントロールできるのである．たとえば，水素原子の引抜き反応は生物化学で最もよくあるラジカル置換反応であり，酵素が有機ラジカルを生成するのに最も広く使われている機構である．この機構はプロスタグランジンの生合成のような過程にみられ，その過程は二重結合へのラジカル付加反応も関係している（§7・3参照）．

水素引抜きによるラジカル置換反応

$$\dot{R}_1 \quad H—R_2 \longrightarrow R_1—H \; + \; \dot{R}_2$$

50年前，ラジカルは生体分子に非特異的なダメージを媒介する制御不能な中間体と見なされており，たいていの酵素学者は酵素が介在する化学においてはラジカルの出番はないと信じていた．現在ではこの見方は完全に変わっている．生体系はラジカルの反応性を形づくって，コントロールする効果的な戦略を進化させてきたことがわかっている．どのようにして酵素がラジカル化学を媒介しているかを理解することは，重要で活発な研究分野となっている．

1・11 ペリ環状反応の機構

極性反応とラジカル反応に加え，あまり出てこない機構ではあるが，三つ目の**ペリ環状反応**（pericycle reaction）とよばれるものがある．ペリ環状反応は中間体を生じない1ステップで起こり，環状の遷移状態を経て結合性電子が再分配されることが特徴となっている．一例が**クライゼン転位**（Claisen rearrangement）で，アリルビニルエーテルが熱により，γ,δ-不飽和アルデヒドやケトンに自発的に転位する反応である．

アリルビニルエーテル　　　γ,δ-不飽和ケトン

ペリ環状反応は生体分子の反応過程よりはおもに実験室の化学で用いられているが，生体分子の反応過程でいくつかの例がよく知られている．たとえば，アミノ酸であるチ

ロシンの生合成において，クライゼン転位はコリスミ酸をプレフェン酸に変換する鍵となるステップである（図1・15）（詳細は§5・5参照）．

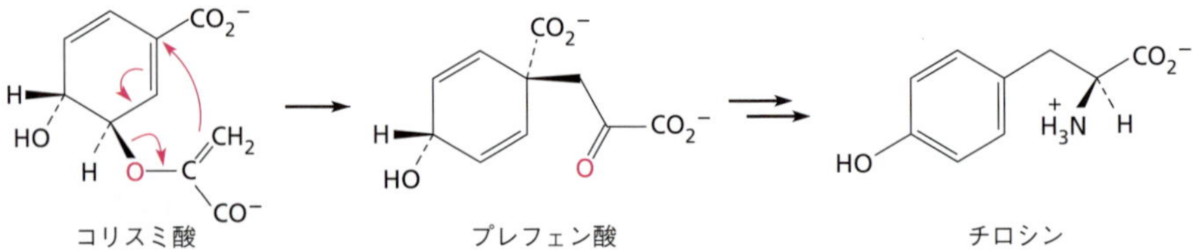

図1・15　コリスミ酸からのチロシンの生合成　鍵となるステップはコリスミ酸からプレフェン酸へ変換するクライゼン転位である．

1・12　酸化と還元

酸化還元，すなわち**レドックス**（redox）の化学は実験室でも生体分子の経路でも複雑ではあるが，とても重要なトピックである．しかし，ここでは詳細にはふれず，アルコールのカルボニル化合物への酸化とカルボニル化合物のアルコールへの還元という，より一般的に生体内の酸化還元経路で起こる二つの機構に絞って説明し，その他の生体酸化の機構は，後の章で個々の反応経路を議論する際に必要が生じたら見ることにする．

実験室では，アルコールの酸化は，脱離基 X（多くの場合，Cr(VI) や Mn(VII) のような高次の酸化状態にある金属）が酸素原子へ結合するという機構で起こる．そして E2 反応のような脱離反応で C=O 結合を生じ，より低次の酸化状態の金属が追い出される．C−H 結合の水素は脱離の段階で H^+ として塩基によって取除かれる．

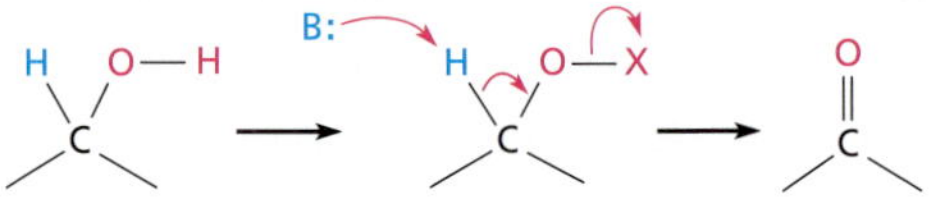

同様の機構は生体分子の反応経路でもときおりみられるが，多くのアルコールの生体内酸化は§1・6に出てきた $NADP^+$ の類縁である NAD^+（酸化型ニコチンアミドアデニンジヌクレオチド）が関与するヒドリド転移で起こる．図1・16に示すように，反応は中間体を経ずに1段階で進行する．まず，塩基（B:）が酸性の O−H のプロトンを引抜き，O−H 結合からの電子が C=O 結合を形成するように動く．そして，炭素に結合した水素が NAD^+ に移り，NADH（還元型 NAD）を生成する．プロトン（H^+）として除かれる典型的な実験室の酸化に対して，C−H 水素はヒドリドイオン（$H:^-$）として移ることに注意してほしい．また，ちょうど水が α,β-不飽和ケトンの C=C−C=O 部分（§1・6）に付加することがあるように，ヒドリドイオンが共役求核付加反応により NAD^+ の C=C−C=N^+ 部分につくことにも注意してほしい．

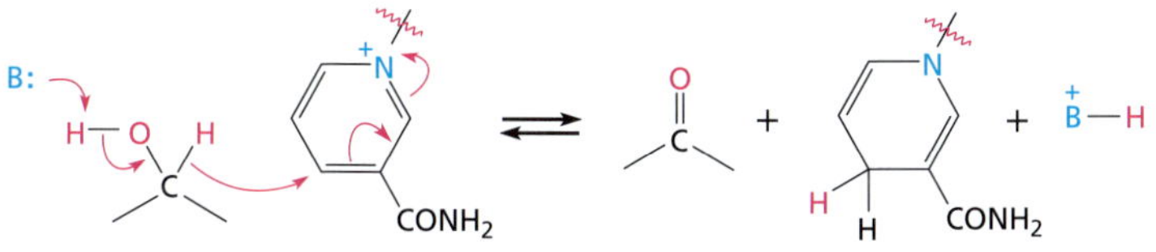

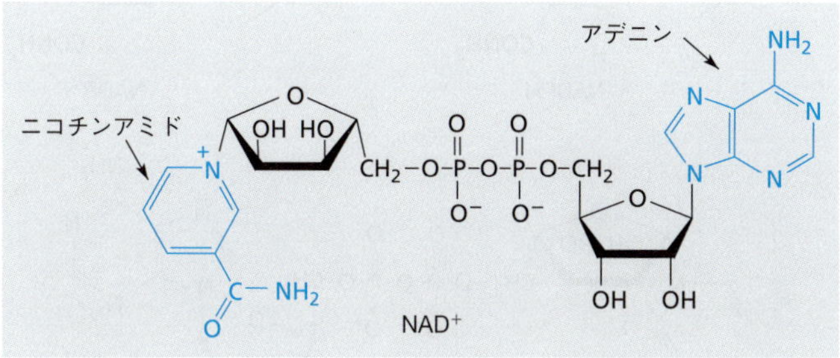

図 1・16　NAD$^+$によるアルコールの酸化

　ヒドリドイオンを失う反応は実験室の化学ではあまりみられない．というのは§1・6のはじめに述べたように，ヒドリドイオンは弱い脱離基であるからだが，実験室で起こる反応と類似の生体分子反応がカニッツァロ反応（Cannizzaro reaction）で，芳香族アルデヒドを塩基で処理した際の不均化が関わっている．たとえば，ベンズアルデヒドは NaOH と反応してベンジルアルコールと安息香酸の混合物に変わる．水酸化物イオンは，まずアルデヒドのカルボニル基につき，アルコキシド中間体を生じる．そしてヒドリドイオンが二つ目のアルデヒド分子に移る．したがって，はじめのアルデヒドは酸化され，二つ目のアルデヒドは還元される．

カニッツァロ反応

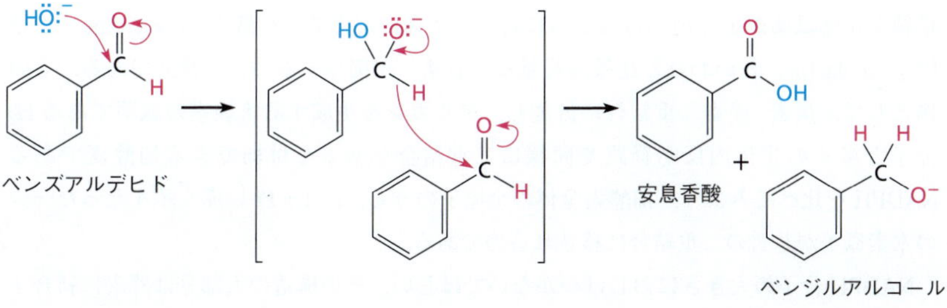

生体内還元は酸化の逆であるが，NADH ではなく NADPH が一般的に用いられる．§1・6 で述べたように，NAPDH はヒドリドイオンを求核付加反応でカルボニル基に移し，アルコキシド中間体はプロトン化される（図1・17）．

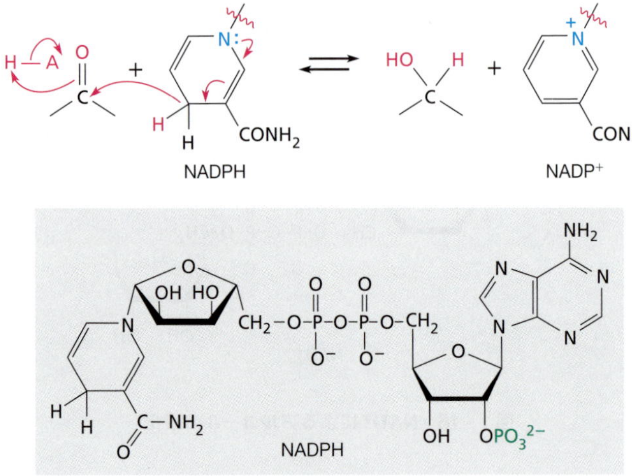

図1・17　NADPH によるカルボニル基還元の機構　この機構は図1・16 のアルコールの酸化と逆である．

1・13　生体内反応と実験室内反応との比較

　第3章から本書の終わりまで多くの生体内反応を見ていくことになるが，それらの多くには対応する反応が実験室の化学にある．生体内反応と実験室内反応を比べるといくつかの違いは明らかにある．違いの一つとして，生体内反応は細胞内で水を溶媒として起こるのに対し，実験室の反応は通常，反応剤を溶解して接触させるべく，有機溶媒中で行われることである．二つ目の違いとしては，生体内反応は体温で迅速に進み，酵素が触媒するのに対し，実験室反応は触媒なしで広い温度範囲で行われている．

　さらなる違いとして，実験室の反応では，H_2 や HCl，$NaBH_4$ といった比較的小さく単純な反応試薬がよく用いられるのに対し，生体内反応では補酵素（coenzyme）や補因子（cofactor）といわれる比較的複雑な"試薬"が関与することが普通である．その例として，炭素-炭素二重結合に付加し，アルカンを生成する実験室の試薬である H_2 分子と多くの生体内反応経路で同様に二重結合へ水素を付加できる補酵素である NADPH を比べてみよう．補酵素全体の全原子のうち，図1・17 に赤く示したった一つの水素原子が基質の二重結合に移されるのである．

　NADPH 分子の大きさにおじけづかないでほしい．その構造の大部分は酵素に結合す

るための全体的な形状や適切な溶解物性を示すためのものである．生体内分子を見るときには，化学的変化が起こる小さな部分に注目すればよい．

表 1・5　生体反応と実験室内反応の比較

	生体内反応	実験室内反応
溶　媒	細胞内の水溶媒環境	有機溶媒
温　度	体温	広範囲
触　媒	大きく，複雑な酵素	無または非常に単純なもの
反応剤の大きさ	比較的複雑な補酵素	小さく単純
反応速度	非常に速い	きわめて多様
特異性	基質に高い特異性	低い特異性

最後に生体内反応と実験室内反応のもう一つの違いとして，特異性があげられる．実験室で触媒は多くの異なった物質の反応触媒として用いられているだろうが，酵素は特定の形をもつ特異な基質分子とのみ結合しうるため，特定の反応のみ通常は触媒する．この精巧な特異性のおかげで生化学がきわめて驚異的なものとなり，生命の営みが可能になっているのである．表 1・5 に生体内反応と実験室内反応の違いをまとめた．

問　題

1・1　次の物質のうち，状況しだいで酸としてでも塩基としてでも作用できるものはどれか．
(a) CH_3SH　　(b) Ca^{2+}　　(c) NH_3　　(d) CH_3SCH_3
(e) NH_4^+　　(f) $H_2C=CH_2$　　(g) $CH_3CO_2^-$　　(h) $H_3N^+CH_2CO_2^-$

1・2　1-ブテンと 3-ブテン-2-オンのどちらの C=C 結合がより求核的だと考えられるか，説明しなさい．

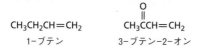

1-ブテン　　　3-ブテン-2-オン

1・3　次の化合物を酸性度の増す順に並べなさい．
(a) アセトン，$pK_a=19.3$　　　　(b) フェノール，$pK_a=9.9$
(c) メタンチオール，$pK_a=10.3$　(d) ギ酸，$K_a=1.99\times10^{-4}$
(e) アセト酢酸エチル，$K_a=2.51\times10^{-11}$

1・4　次の化合物を塩基性度の増す順に並べなさい．
(a) アニリン，$pK_{a(BH^+)}=4.63$　　(b) ピロール，$pK_{a(BH^+)}=0.4$
(c) ジメチルアミン，$pK_{a(BH^+)}=10.5$　(d) アンモニア，$K_{a(BH^+)}=5.5\times10^{-10}$

1・5 H$_2$SO$_4$による酢酸のプロトン化は二つの酸素原子のいずれにも起こりうる．考えられる両方の生成物の共鳴構造を書き，なぜ二重結合している酸素の方にプロトン化が起こりやすいのかを説明しなさい．

1・6 グアニジノ化合物のプロトン化は単結合している窒素よりも二重結合している窒素の方に起こりやすい．考えられる三つのプロトン化生成物の共鳴構造を書き，結果を説明しなさい．

1・7 矢印で示された電子の流れを理解して，生体反応の生成物を予想しなさい．

1・8 電子の流れを示す矢印を書き加え，次の生体反応機構を完成しなさい．

問　題

(c) [反応スキーム: トリエン → H—A → カチオン中間体 → 二環性カチオン → デカリン型カチオン → :B による脱プロトン → 二環性生成物 + BH⁺]

1・9 脂肪酸の分解のためのβ酸化経路のうち，次に示す段階の機構を考えなさい．HSCoA は補酵素 A（チオール体）の略である．

$$RCH_2CH_2\overset{O}{\underset{\|}{C}}CH_2\overset{O}{\underset{\|}{C}}SCoA \xrightarrow{HSCoA} RCH_2\overset{O}{\underset{\|}{C}}SCoA + CH_3\overset{O}{\underset{\|}{C}}SCoA$$

1・10 フルクトース 1,6-二リン酸からジヒドロキシアセトンリン酸とグリセルアルデヒド 3-リン酸への変換は炭水化物を分解する解糖系の一反応である．機構を考えなさい．

[構造式: フルクトース 1,6-ビスリン酸 → ジヒドロキシアセトンリン酸 + グリセルアルデヒド 3-リン酸]

1・11 解糖系の一反応である 2-ホスホグリセリン酸からホスホエノールピルビン酸への変換の機構を考えなさい．

$$HOCH_2\underset{\underset{OPO_3^{2-}}{|}}{CH}CO_2^- \longrightarrow H_2C=\underset{\underset{OPO_3^{2-}}{|}}{C}CO_2^-$$

2-ホスホグリセリン酸　　ホスホエノールピルビン酸

1・12 アルデヒドからチオエステルへの生体反応は次の2段階で起こる．(1) ヘミチオアセタールを生成するチオールの求核付加と，(2) NAD⁺によるヘミチオアセタールの酸化．ヘミチオアセタール中間体の構造を示し，両方の段階の機構を考えなさい．

$$\underset{\text{RCH}_2\text{CH}}{\overset{\overset{\text{O}}{\|}}{}} \xrightarrow{\text{R'SH}} \text{ヘミチオアセタール} \xrightarrow{\text{NAD}^+} \underset{\text{RCH}_2\text{CSR'}}{\overset{\overset{\text{O}}{\|}}{}}$$

1・13 3-オキソ酸（β-ケト酸）からの CO_2 の消失（脱炭酸）はしばしば生体内で起こり，逆アルドール反応によく似た機構で行われる．クエン酸回路で起こる次の反応の機構を考えなさい．

<化学構造式>
3-オキソ酸 (β-ケト酸): ^-O_2C-β-CO-α-CH($CH_2CO_2^-$)-CO_2^- + H^+ → 2-オキソグルタル酸 (α-ケトグルタル酸): ^-O_2C-CO-CH_2-CH_2-CO_2^- + CO_2

1・14 アミンからケトンへ変換する生体反応の一つは次の二つの段階が関わっている．(1) イミンを生成する NAD^+ によるアミンの酸化と，(2) ケトンとアンモニアを生成するイミンの加水分解．たとえばグルタミン酸はこの経路で2-オキソグルタル酸（α-ケトグルタル酸）に変換される．イミン中間体の構造を示し，両方の段階の機構を考えなさい．

<化学構造式>
グルタミン酸: ^-O_2C-CH_2-CH_2-CH($^+NH_3$)-CO_2^- $\xrightarrow{NAD^+}$ イミン $\xrightarrow{H_2O}$ 2-オキソグルタル酸: ^-O_2C-CH_2-CH_2-CO-CO_2^- + NH_3

1・15 次の反応はピルビン酸がアセチル CoA に変換される経路の一部である．機構を考え，どのような種類の反応が起こっているのかを述べなさい．

<化学構造式：チアゾリウム環のエナミン形 + リポアミド + H^+ → 付加体>

1・16 アミノ酸のメチオニンはホモシステインの N-メチルテトラヒドロ葉酸によるメチル化反応によって生成する．反応の立体化学は水素の同位体である重水素(D)やトリチウム(T)を含む"キラルなメチル基"供与体を使った変換を行うことで検討されてきた．メチル化反応は立体反転，立体保持のどちらで起こるだろうか．どのような機構が推論できるかを述べなさい．

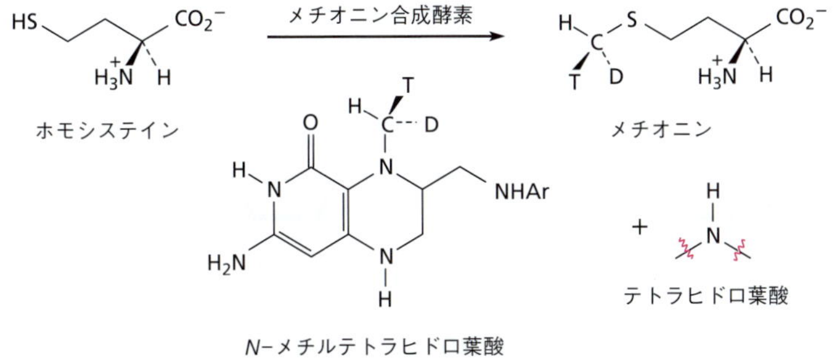

問　題

ホモシステイン　→（メチオニン合成酵素）→ メチオニン ＋ テトラヒドロ葉酸

（N-メチルテトラヒドロ葉酸）

1・17 エピアリストロケンの生合成で起こる次の反応機構を考えなさい．

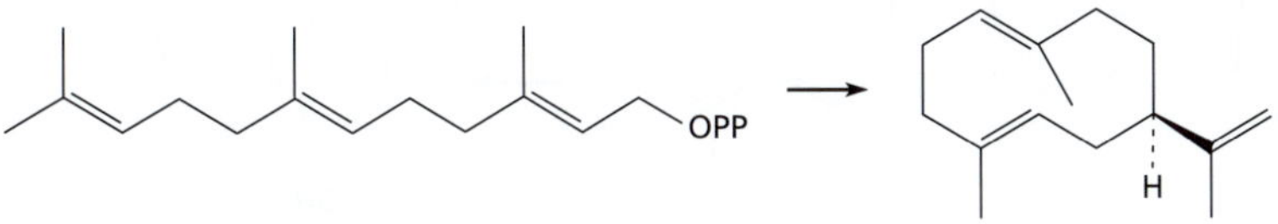

1・18 ユビキノンの生合成で起こる次の反応機構を考えなさい．

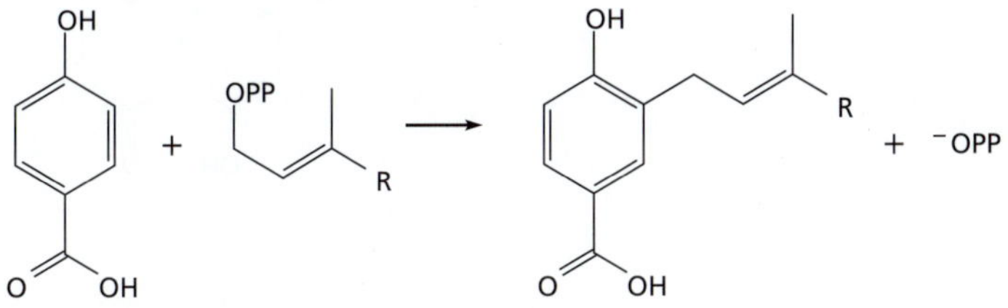

1・19 メナキノンの生合成で起こる次の反応機構を考えなさい．

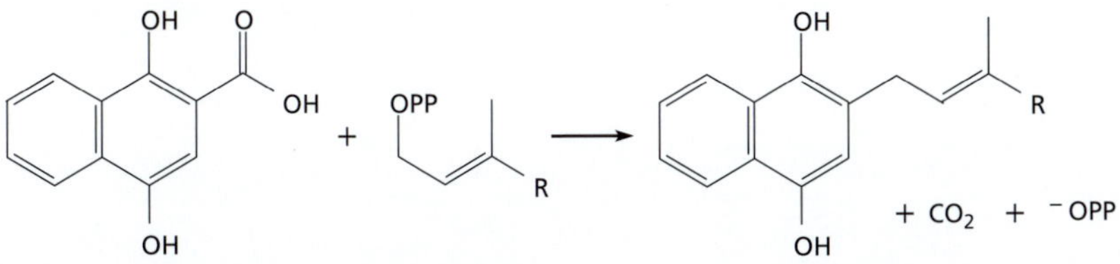

1・20 次の反応を触媒する酵素は NAD^+ （§1・12参照）を補酵素として要するが，NAD^+ は全反応過程で消費はされていない．この変換の機構を考えなさい．

1・21 次の反応はカルコンとよばれる化合物の生合成で起こるものである．両ステップの機構を考えなさい．

2
生体分子とそのキラリティー

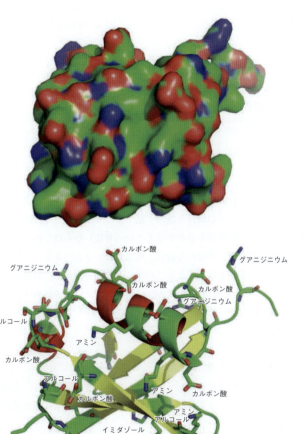

多くの生体分子は構造的には複雑であるが，その化学的な振る舞いはよく理解された官能基の有機化学に従う．上図はユビキチン（PDBコード 1UBQ）表面上の電荷をもつアミノ酸残基の分布を，下図は表面からアクセス可能な反応性アミノ酸の構造を示す．

2・1 キラリティーと生体化学
　・鏡像異性体
　・ジアステレオマー，エピマー，メソ化合物
　・プロキラリティー
2・2 **生体分子：脂質**
　・ワックス（ろう）
　・リン脂質
　・トリアシルグリセロール
　・テルペノイド，ステロイド，エイコサノイド
2・3 **生体分子：炭水化物**
　・炭水化物の立体化学
　・単糖のアノマー
　・二糖と多糖
　・デオキシ糖，アミノ糖
2・4 **生体分子：アミノ酸，ペプチド，タンパク質**
　・アミノ酸
　・ペプチドとタンパク質
2・5 **生体分子：核酸**
　・DNA：デオキシリボ核酸
　・RNA：リボ核酸
2・6 **生体分子：酵素，補酵素**
　・酵素
　・補酵素
2・7 高エネルギー化合物と共役反応

　これまでに一般的な有機化学反応機構をいくつか見てきたが，ここからも重要な背景をなすトピックスについての概観を続けて見ていこう．まず，本質的にはすべての生体分子の性質や振る舞いに影響するキラリティー（掌性）からはじめて，次に生体分子のいくつかの一般的な分類，すなわち脂質，炭水化物，タンパク質，核酸について簡単に概観していく．多くの分子はきっとなじみ深いものだと思うが，有機化学の入門的な教科書では軽くしか扱われないものもなかにはあるので，ここで概観することは必要だと思う．特に§2・1で扱う立体化学，そのなかでもプロキラリティーの項目はよく読んでほしい．

2・1 キラリティーと生体化学

　生体分子の大部分は**キラリティー**（chirality，掌性）をもっている．このキラリティーのおかげで，選択性の高い分子間相互作用が可能となり，酵素反応における異常なまでに高い反応選択性が実現されている．

　分子のキラリティーが存在する要因として最もよくみられるのは，四つの異なる原子団が一つの炭素原子に結合している場合で，いわゆる**立体中心**あるいは**キラル中心**（chiral center）をもつ場合である．たとえばアミノ酸であるアラニンは，中心炭素に水素原子，メチル基，アミノ基，カルボキシ基が一つずつ結合している（以下，本書の分子モデル図では，水素原子は薄い灰色，炭素原子は濃い灰色，酸素原子は赤色，窒素原子は紫色，硫黄原子は黄色で表すことにする）．

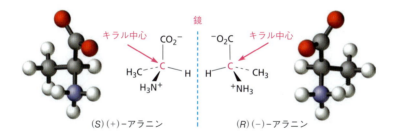

(S)(+)-アラニン   (R)(−)-アラニン

鏡像異性体

　右手と左手が同一ではない鏡像の関係であるように，キラルな分子は**鏡像異性体** (enantiomer，鏡像体，エナンチオマーともいう) とよばれる，同一ではない鏡像の関係にある構造として存在する．鏡像異性体の物理的性質は，"平面偏光" に対する挙動を除いてまったく同一である．キラル分子の溶解した溶液中を平面偏光が通過する際，**左旋性** (levorotatory) の鏡像異性体の場合，光の偏光面は左（反時計回り，記号では (−) と表す）に回転し，**右旋性** (dextrorotatory) の鏡像異性体では右（時計回り，記号では (+) と表す）に回転する．二つの鏡像の関係にある鏡像異性体を 1：1 で等量混合した（記号では (±)）ものを**ラセミ混合物** (racemic mixture) あるいは**ラセミ体** (racemate) とよぶ．ラセミ体は，二つの鏡像異性体が偏光面の回転をちょうど打消し合うため，偏光面の回転は観測されない．

　キラル中心における三次元的な配置，すなわち**立体配置** (configuration) は，四つの結合している原子団に対する優先順位を定めた**カーン–インゴールド–プレローグ則** (Cahn–Ingold–Prelog sequence rules) に従ってまず定義される．対象とする分子の四つの原子団のうち一番優先順位の低い原子団を自分から一番遠い位置に，その他の三つの原子団が手前にくるように置く．すると三つの原子団は車のハンドルの 3 本スポークのような形状となる．もしその三つの原子団の優先順位 (1→2→3) が時計回りとなるならば，キラル中心は ***R* 配置** (*R* configuration) となる (*R* はラテン語の *rectus* (右) に由来する)．もし優先順位 (1→2→3) が反時計回りとなるならば，キラル中心は ***S* 配置** (*S* configuration) である (*S* はラテン語の *sinister* (左) に由来する)．

　カーン–インゴールド–プレローグ則の優先順位決定の規則は以下のとおりである．

規則 1: キラル中心の炭素原子に直接結合している四つの原子の原子番号に着目し，その原子番号順に優先順位をつける．最も大きな原子番号をもつ原子を優先順位 1 とし，最も小さな原子番号をもつ原子（多くの場合は水素）を優先順位 4 とする．もし同一原子の同位体が存在する場合は，原子量の大きい方を優先順位で上とする．この規則に従うと，生体分子でよく登場する原子の優先順位は，$S > P > O > N > C > {}^2H > {}^1H$，となる．

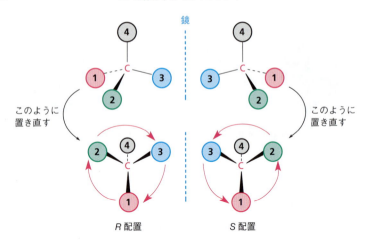

規則2：規則1では同一の優先順位となる原子団が存在する場合，規則1で対象とした原子に結合する次の原子に着目し比較する．必要があればさらにそれに結合する原子まで入れて，差がつくまで比較する．たとえば，$-CH_3$ 基と $-CH_2OH$ 基は規則1では同一順位だが，規則2を適用すると，$-CH_2OH$ 基の炭素原子には酸素原子が結合しているのに対し，$-CH_3$ 基の炭素原子には水素原子しか結合していないため，$-CH_2OH$ 基の方が優先順位が高いことになる．

規則3：多重結合で結合している原子については，多重度と同じ数だけ，一重結合でその原子が結合しているものとして考える．たとえば以下のようになる．

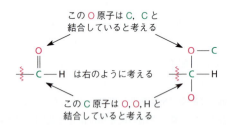

前のページに図示した $(+)$-アラニンが S 配置であること，$(-)$-アラニンは R 配置であることを実際に確認してほしい．このとき注意してほしいのは，旋光度の符号が $(+)$ か $(-)$ かということと，R 体か S 体かということにはまったく相関がない点である．旋光度の符号は実験的に決まるものであるが，R,S 表記は上記の一連の規則を適用することで決まるものである．

ジアステレオマー,エピマー,メソ化合物

アラニンは一つのキラル中心しかもたないため,二つの立体異性体(鏡像異性体)しか存在しない.多くの生体分子は二つ以上のキラル中心をもち,たくさんの立体異性体をもつ.一般的に,n 個のキラル中心をもつ分子は,最大で 2^n 個の立体異性体をもちうるが,後述するようにそれよりも少ない場合もある.たとえば,簡単な糖である 2,3,4-トリヒドロキシブタナールを考えてみよう.この分子は二つのキラル中心をもつので,$2^2=4$ 個の立体異性体が存在する(図2・1).四つの立体異性体は2組の鏡像異性体のペアとして存在する:一つは $2S,3S$ と $2R,3R$ のペア(エリトロースとよばれる),もう一つは $2R,3S$ と $2S,3R$ のペア(トレオースとよばれる)である.では互いに鏡像異性体の関係にない二つの立体異性体,たとえば $2S,3S$ と $2R,3S$ の関係はどのようなものであろうか?

上述した $2S,3S$ と $2R,3S$ トリヒドロキシブタナールといった鏡像の関係にない立体異性体の関係をジアステレオマー(diastereomer)とよぶ.鏡像異性体間では,"すべて"のキラル中心が逆の配置をもつのに対して,ジアステレオマー間ではすべてではなく,

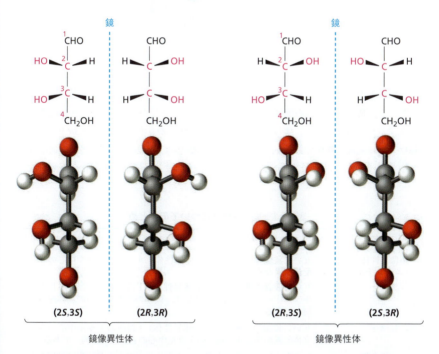

図2・1 二つのキラル中心をもつ 2,3,4-トリヒドロキシブタナールは,2組の鏡像異性体からなる,4種類の立体異性体が存在する

いくつかのキラル中心の配置が異なり，その他のキラル中心の配置は同じである．

ある特殊な関係にある二つのジアステレオマー，すなわちすべてのキラル中心のうち一つの位置のみの配置が異なっていて，残りはすべて同じ場合，この二つの化合物を**エピマー**（epimer）とよぶ．たとえばコレスタノールとコプロスタノールは，両者ともヒトの大便の中に存在し，九つのキラル中心をもつ．このうち八つのキラル中心の立体配置は同一だが，ただ1箇所 C5 位の立体配置のみが異なる．このように，コレスタノールとコプロスタノールは C5 位において"エピマーの関係"にある．同様の定義で，"エピメラーゼ"とよばれる一群の酵素は，基質の1箇所の立体配置のみを反転させる生物学的な機能をもち，それゆえ反応基質のエピマーを生成する．

コレスタノール　　　　コプロスタノール
エピマー

一つ以上のキラル中心をもつ化合物の別の例として，酒石酸（2,3-ジヒドロキシコハク酸）を見てみよう．酒石酸は二つのキラル中心をもっており，4種類の立体異性体が存在する可能性があるが，実は3種類の立体異性体しか存在しない．2R,3R 体と 2S,3S 体は互いに鏡像異性体であるが，2S,3R 体と 2R,3S 体は，片方の化合物を 180° 回転させてやると，もう片方の化合物になってしまうため，"まったく同一の"化合物であるこ

表 2・1　立体異性体についてのまとめ

名　前	解　説
鏡像異性体（エナンチオマー）	互いに鏡像の関係にある立体異性体；すべてのキラル中心の立体配置が異なる
ジアステレオマー	互いに鏡像の関係にない立体異性体；1箇所あるいはそれ以上のキラル中心の立体配置が異なり，残りのキラル中心の立体配置は同一である
エピマー	互いに鏡像の関係にない立体異性体；1箇所のキラル中心のみの立体配置が異なり，残りのキラル中心の立体配置は同一である
メソ化合物	二つあるいはそれ以上のキラル中心をもつが，分子内に対称面を併せもつため，分子全体としてはキラリティーを示さない

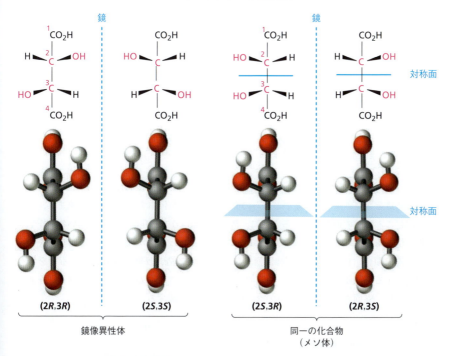

図 2・2　酒石酸の立体異性体　酒石酸は二つのキラル中心をもつが3種類の立体異性体，すなわち1対の鏡像異性体と一つのメソ体しか存在しない．メソ体は分子内に対称面（鏡面）をもっており，分子の上半分が下半分の鏡像となっている．

とに注意したい．このような現象は C2—C3 結合の間に鏡面をもつために起こるものであり，分子の半分が残りの半分の鏡像体となっている（図2・2）．この例のような，複数のキラル中心をもつものの，いくつかの立体構造として分子内に対称面も併せもつ立体異性体は，アキラル分子（achiral，キラリティーを示さない分子）であり，**メソ化合物**（meso compound）とよばれる．異なる種類の立体異性体について表2・1にまとめた．

プロキラリティー

キラリティーという概念にきわめて近い概念として，"プロキラリティー"がある．あるアキラルな分子が単一の化学反応の結果，キラル分子となりうる場合，その分子を**プロキラルな**（prochiral）分子とよぶ．たとえば，アキラルなケトンである 2-ブタノンは，還元されることでキラリティーをもつ分子である 2-ブタノールとなるため，プ

ロキラルである．つまり三つの異なる原子団と結合している 2-ブタノンの sp^2 炭素原子は，2-ブタノールでは四つの異なる原子団と結合している sp^3 炭素原子となる．

2-ブタノン
（プロキラル）

2-ブタノール
（キラル）

2-ブタノンの還元反応により 2-ブタノールのどちらの鏡像異性体が生成するかは，平面構造をもつカルボニル基のどちらの面に水素原子が付加するかによって決まる．反応が起こる二つの面を区別するために，*Re* と *Si* という立体化学の記号を用いる．正三角形構造をとる平面構造の sp^2 炭素原子に結合している三つの原子団に優先順位をつけ，優先順位（1 → 2 → 3）が時計回りに見える面を ***Re***，反時計回りに見える面を ***Si*** と定義する．前述の 2-ブタノンの例では，*Re* 面からの還元反応は (*S*)-2-ブタノールを生成し，*Si* 面からの反応は (*R*)-2-ブタノールを生成する．

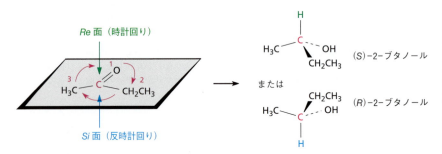

平面構造をもつ sp^2 炭素原子をもつ化合物だけでなく，四面体構造をもつ sp^3 炭素原子をもつ化合物もプロキラルとなりうる．そこに結合している一つの原子団を変えることで，キラル中心となりうる sp^3 混成軌道をもつ原子を**プロキラル中心**（prochiral center）とよぶ．エタノールの $-CH_2OH$ 基の炭素原子は，たとえば結合している水素原子を置き換えるとキラル中心となることから，プロキラル中心である．

2・1 キラリティーと生体化学

プロキラル中心に結合している二つの同一原子（あるいは原子団）を区別するために，片方の原子（あるいは原子団）の優先順位をもう片方の同一原子（あるいは原子団）より上げた場合を考えてみる．このとき，他の置換基との優先順位の関係は変えてはいけない．たとえばエタノールの$-CH_2OH$基構造で，一つの^1H（水素原子）を^2H（重水素原子）に置き換えたと考えてみる．この新たに導入した^2Hは^1Hより優先順位が高いが，他の二つの原子団よりも優先順位が低い．二つの同一の原子あるいは原子団のうち，優先順位が少し高い原子(団)に変えることによりR配置のキラル中心を生成する場合，それを ***pro-R*** とよび，S配置を生成するものを ***pro-S*** とよぶ．

プロキラル分子を対象とする生物反応は多く存在する．たとえば食物代謝のクエン酸回路の一反応として，フマル酸に水を加えてリンゴ酸とする反応がある．$-OH$基の付加がフマル酸炭素の Si 面で起こった場合，(S)-リンゴ酸が生成する．

他の例として，酵母のアルコール脱水素酵素が触媒するNAD^+（酸化型ニコチンアミドアデニンジヌクレオチド）によるエタノールの酸化反応では，エタノールの ***pro-R*** の水素原子が選択的に引抜かれ，付加反応はNAD^+の Re 面で選択的に起こることが，重水素標識した基質を用いた実験から明らかにされている．

2・2 生体分子: 脂質

　脂質 (lipid) は，水溶性が低く，生物体から非極性有機溶媒で抽出することで単離されうる自然界で生成する分子，と化学的には定義される．すなわち脂質は，その構造よりも，化学的な性質（溶解性）によって特徴づけられる．より細かい分類としては，ワックス（ろう），リン脂質，脂肪（トリアシルグリセロール），テルペノイド，ステロイド，エイコサノイド，などがあげられる．

ワックス（ろう）

　フルーツやベリー類，葉，動物の毛皮における保護的なコーティングの役割をもつ**ワックス**（ろう，wax）は，主として長鎖カルボン酸と長鎖第一級アルコールからなるエステルの混合物である．そのカルボン酸の多くは C_{16}〜C_{36} の偶数個の炭素原子をもち，アルコールは C_{24}〜C_{36} の偶数個の炭素原子をもつ．たとえばみつろうの主成分は，パルミチン酸ミリシルと一般的にはよばれるヘキサデカン酸トリアコンチルである．

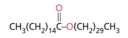

ヘキサデカン酸トリアコンチル（パルミチン酸ミリシル）

リ ン 脂 質

　リン脂質 (phospholipid) は，細胞膜の主要構成成分として，植物組織・動物組織の双方に存在する．リン脂質はリン酸 (H_3PO_4) のエステルであり，グリセロリン脂質とスフィンゴリン脂質（スフィンゴミエリン）の 2 種類が存在する．

　グリセロリン脂質 (glycerophospholipid) は，1 位と 2 位の炭素が長鎖カルボン酸との，3 位の炭素がリン酸とのエステルになったグリセロール（1,2,3-プロパントリオール，別名 グリセリン）を分子骨格にもつ．エステルとして C1 位に存在する酸は一般に飽和カルボン酸であり，C2 位の酸は通常 *Z* あるいはシス (*cis*) 配置の不飽和カルボン酸である．C3 位に存在するリン酸は，さらにエタノールアミン ($HOCH_2CH_2NH_2$) やコリン [$HOCH_2CH_2N(CH_3)_3$]$^+$，あるいはセリン [$HOCH_2CH(NH_2)CO_2H$] といった二炭素アミノアルコールとのエステルとなっている．グリセロリン脂質は光学活性な化合物であり，グリセロールの C2 位は *R* 体となっている．ホスファチジルコリンは特に豊富に存在し，核膜の 50% 近くを構成している．

スフィンゴミエリン（sphingomyelin）は，グリセロールの代わりに長鎖のジヒドロキシアミンであるスフィンゴシンを骨格としてもつ．C2位の-NH$_2$基は長鎖脂肪酸とアミド結合を形成し，C1位の-OH基はリン酸とのエステルとなっている．グリセロリン脂質と同様に，リン酸はさらにコリンやエタノールアミンとのエステルとなっている．スフィンゴミエリンは動物細胞の細胞膜を構成しており，特に脳や神経組織に豊富に存在する．

トリアシルグリセロール

動物性油脂と植物油は最も一般的な脂質である．両者ともに"トリグリセリド"，すなわち**トリアシルグリセロール**（triacylglycerol）であり，グリセロールと三つの**脂肪酸**（fatty acid）とよばれる長鎖カルボン酸とのトリエステルである．

生合成経路に由来して，これらの脂肪酸は通常，分枝構造をもたず，12～20の間の偶数個の炭素をもつ．一つあるいはそれ以上の二重結合をもつ場合は，通常はZあるいはシス配置である．表2・2に一般的な脂肪酸の構造を，表2・3にいくつかの動物性油脂と植物油の構成を示す．動物性油脂は飽和脂肪酸をかなり多く含み，植物油には不飽和脂肪酸がより多く含まれることに注意してほしい．

100種類を超える脂肪酸が知られており，うち約40種類がよく登場する．いくつかの不飽和脂肪酸は二つ以上の二重結合をもつ．特にリノレン酸は三つの二重結合をもち，ω3脂肪酸とよばれるが，これは脂肪酸のカルボキシ基から最も遠い二重結合が，端から3番目の炭素原子に存在するからである．ω3脂肪酸は，心疾患や自己免疫疾患にかかりにくくなるなど，健康によいさまざまな効果をもつと考えられている．

リノレン酸（ω3脂肪酸）

表2・2に示したとおり，不飽和脂肪酸は飽和脂肪酸に比べて一般的に融点が低い．これはその不規則な立体構造が結晶中できれいな配向をもって並ぶためには不利なためである．同様の傾向がトリアシルグリセロールにおいてもみられる．不飽和脂肪酸を多く含むため，植物油は一般的に融点が低く，一方で不飽和脂肪酸の少ない動物性油脂の融点は一般に高い．

動物において脂肪は，長期にわたる貯蔵が可能なエネルギー源としての役割をもち，同質量のグリコーゲン（炭水化物）の約6倍もの代謝エネルギーをもつ．脂質代謝の化

表2・2 一般的な脂肪酸の構造

名前	炭素数	融点(℃)	構造
飽和脂肪酸			
ラウリン酸	12	43.2	$CH_3(CH_2)_{10}CO_2H$
ミリスチン酸	14	53.9	$CH_3(CH_2)_{12}CO_2H$
パルミチン酸	16	63.1	$CH_3(CH_2)_{14}CO_2H$
ステアリン酸	18	68.8	$CH_3(CH_2)_{16}CO_2H$
アラキジン酸	20	76.5	$CH_3(CH_2)_{18}CO_2H$
不飽和脂肪酸			
パルミトレイン酸	16	-0.1	$(Z)\text{-}CH_3(CH_2)_5CH=CH(CH_2)_7CO_2H$
オレイン酸	18	13.4	$(Z)\text{-}CH_3(CH_2)_7CH=CH(CH_2)_7CO_2H$
リノール酸	18	-12	$(Z,Z)\text{-}CH_3(CH_2)_4(CH=CHCH_2)_2(CH_2)_6CO_2H$
リノレン酸	18	-11	(全Z)-$CH_3CH_2(CH=CHCH_2)_3(CH_2)_6CO_2H$
アラキドン酸	20	-49.5	(全Z)-$CH_3(CH_2)_4(CH=CHCH_2)_4(CH_2)_2CO_2H$

表2・3 動物性油脂と植物油の構成要素

	飽和脂肪酸（％）				不飽和脂肪酸（％）	
	C_{12} ラウリン酸	C_{14} ミリスチン酸	C_{16} パルミチン酸	C_{18} ステアリン酸	C_{18} オレイン酸	C_{18} リノール酸
動物性油脂						
ラード	─	1	25	15	50	6
バター	2	10	25	10	25	5
ヒトの脂肪	1	3	25	8	46	10
クジラの脂肪	─	8	12	3	35	10
植物油						
キャノーラ油	─	─	4	2	63	21
コーン油	─	1	10	4	35	45
オリーブ油	─	1	5	5	80	7
ピーナッツ油	─	─	7	5	60	20

学的な詳細は §3・1～§3・3 で，脂肪酸の生合成に関しては §3・4 でそれぞれ議論する．

テルペノイド，ステロイド，エイコサノイド

　もともとは植物，細菌，菌類に由来する**テルペノイド**（terpenoid）は，非常に多様な構造をもつ脂質群である．大分子量のもの，小分子量のもの，炭化水素類のもの，酸素原子や窒素原子をもつもの，直鎖のもの，環状のものなどさまざまであり，その代表的な構造を図2・3に示す．35,000 種類以上のテルペノイドが知られているが，その構造多様性に比べて類似した性質をもつ．テルペノイドは，五炭素分子であるイソペンテニル二リン酸から生合成される．その詳細は §3・5 で述べることにする．

　ステロイド（steroid）は六員環三つが一つの五員環と縮合した四環骨格をもつ脂質である．左下から順にA環～D環と名づけ，炭素番号はA環から始める．五員環中のC17位に結合している置換基は"側鎖"とよばれ，また一般的にC3位には酸素原子を含む置換基であるヒドロキシ基またはカルボニル基が存在する．

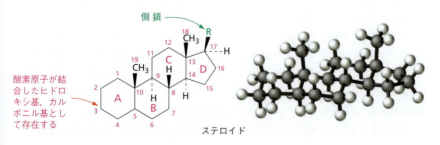

ステロイド

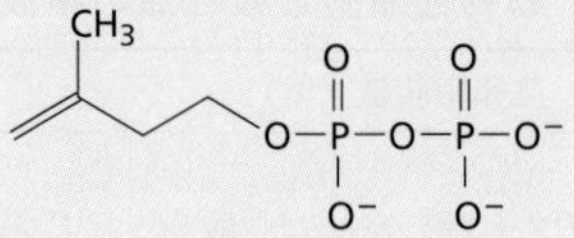

イソペンテニル二リン酸

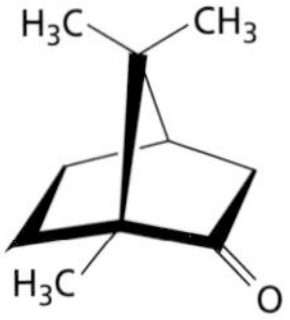

ショウノウ
(モノテルペン, C_{10})

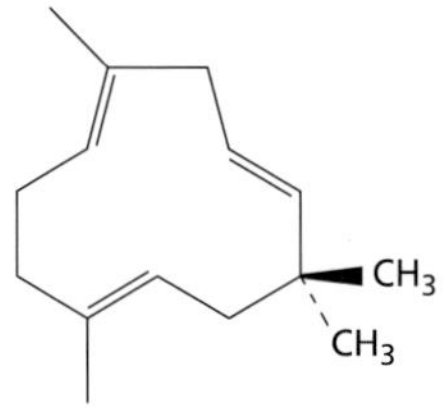

フムレン
(セスキテルペン, C_{15})

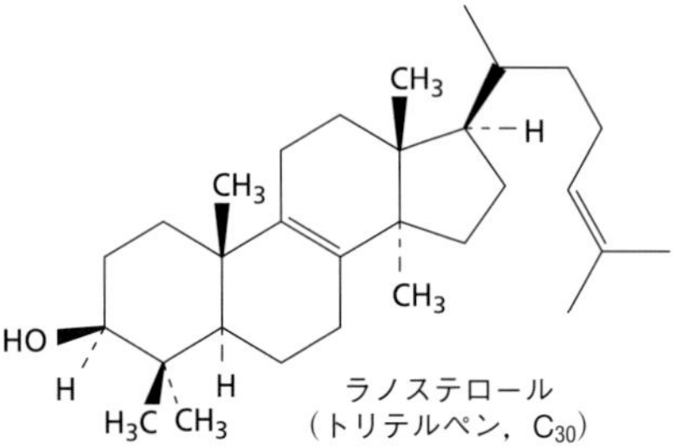

ラノステロール
(トリテルペン, C_{30})

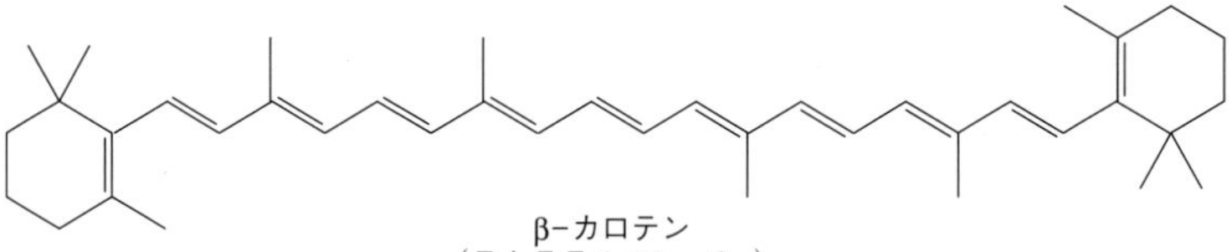

β-カロテン
(テトラテルペン, C_{40})

図2・3 代表的なテルペノイドの構造

　ステロイド類は構造多様性が高く，また多くの生物機能をもっている（図2・4）．たとえばコレステロールはすべてのステロイドホルモンの前駆体であり，それ自体が細胞膜の構成要素である．コール酸などの胆汁酸は，水に不溶の食物を乳化させ，その消化を助けている．エストラジオールやテストステロンなどの性ホルモンは，組織の成長，成熟，再生を制御している．ヒドロコルチゾンなどの副腎皮質ホルモンは，グルコース代謝や炎症などのさまざまな生理機能を制御している．ステロイド類がどのようにして生合成されているかについては §3・6 で述べることにする．

　エイコサノイド（eicosanoid）は，四つの二重結合をもつ C_{20} 脂肪酸である 5,8,11,14-エイコサテトラエン酸，一般的にはアラキドン酸とよばれる脂肪酸から生物学的に誘導される脂質である．エイコサノイドはさらに，プロスタグランジン類，トロンボキサン類，ロイコトリエン類に分類される．**プロスタグランジン類**（**PG**: prostaglandin）は二つの長い側鎖をもつ五員環をもち，**トロンボキサン類**（**TX**: thromboxane）は二つの側鎖をもつ六員環をもち，**ロイコトリエン類**（**LT**: leukotriene）は非環状構造をもつ．いくつかの代表的な構造を図2・5に示す．

　プロスタグランジン類は，非常に多様な生理作用をもっていることが知られていて，

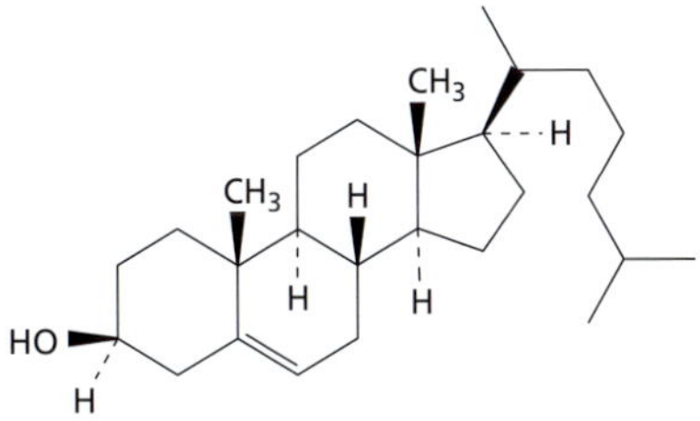

コレステロール

コール酸

エストラジオール

テストステロン

ヒドロコルチゾン

図2・4　代表的なステロイドの構造

アラキドン酸

プロスタグランジン E_1(PGE$_1$)

プロスタグランジン I_2(PGI$_2$)
(プロスタサイクリン)

トロンボキサン B_2(TXB$_2$)

ロイコトリエン E_4(LTE$_4$)

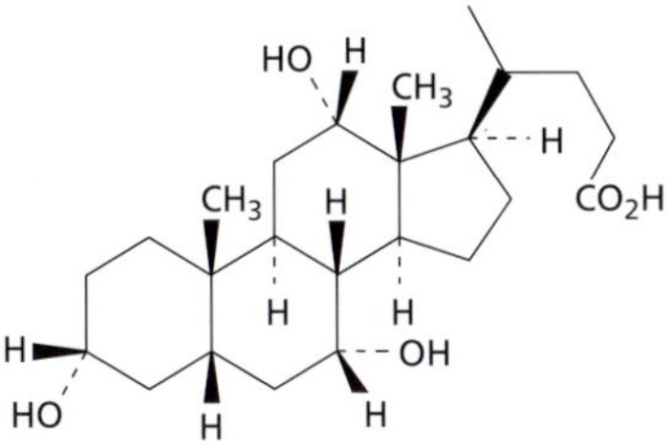

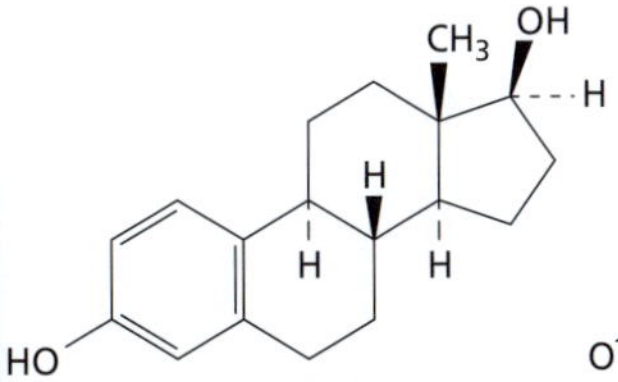

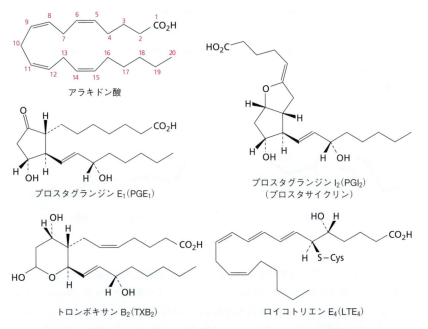

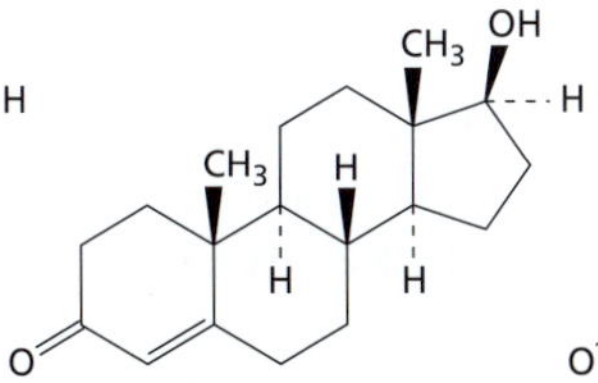

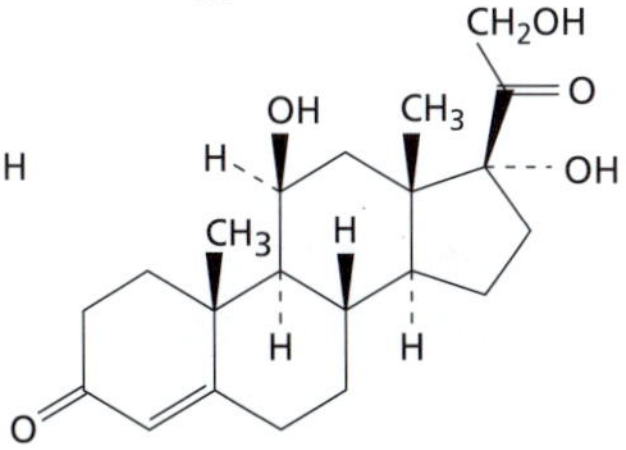

図2・5　代表的なエイコサノイドの構造　これらはすべて，C_{20} 脂肪酸であるアラキドン酸から生物学的に得られる．

血圧降下や血液凝固，腎機能，炎症の制御，胃液分泌の抑制，出産時の子宮収縮の制御に関与している（生合成経路の詳細は§7・3参照）．ロイコトリエン類は，炎症応答や気管支収縮の原因や増強，喘息症状に深く関与していることが知られている．

2・3 生体分子：炭水化物

一般的に"糖"とよばれる**炭水化物**（carbohydrate）は単純な糖と複雑な糖に分類される．グルコース，フルクトース，リボース，セドヘプツロースなどといった**単純な炭水化物**（**単糖**, monosaccharide）は，直鎖のポリヒドロキシアルデヒド，あるいはケトンである．これはすべて多数のキラル中心をもち，よって多くの立体異性体が存在する．2種類以上の単糖からなる**複雑な炭水化物**（complex carbohydrate）は，アセタール結合（グリコシド結合）によって互いに結合している．二糖であるスクロース，多糖であるセルロースなどがそれらの例である（図2・6）．

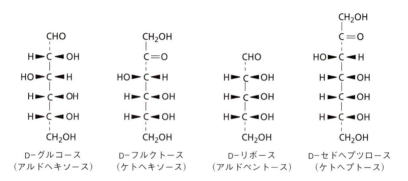

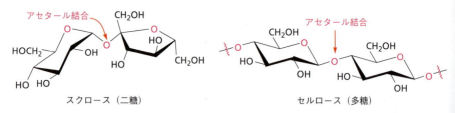

図2・6 代表的な炭水化物の構造

単糖はカルボニル基の種類や炭素数によってさらに細分化されて記述される．アルデヒド基をもつ糖は**アルドース**（aldose）と，ケトンをもつ糖は**ケトース**（ketose）とよばれる．ここでオース（-ose）は炭水化物を示す語尾である．たとえばグルコースは"アルドヘキソース"であり，フルクトースは"ケトヘキソース"，リボースは"アルドペントース"である．

炭水化物の立体化学

　直鎖炭水化物の立体化学を記述する標準的な方法は，4本の手をもつ炭素原子を十字として記述する**フィッシャー投影式**（Fischer projection）を用いる方法である．水平方向の線は紙面から上に（観測者側に）浮かび上がってくることを示し，垂直方向の線は紙面奥に（観測者と反対方向に）突き出していることを示す．炭水化物を開環鎖の形で示すときは，カルボニル基の炭素を上にもってきて，他の炭素を縦に並べて記述する（図2・7）．

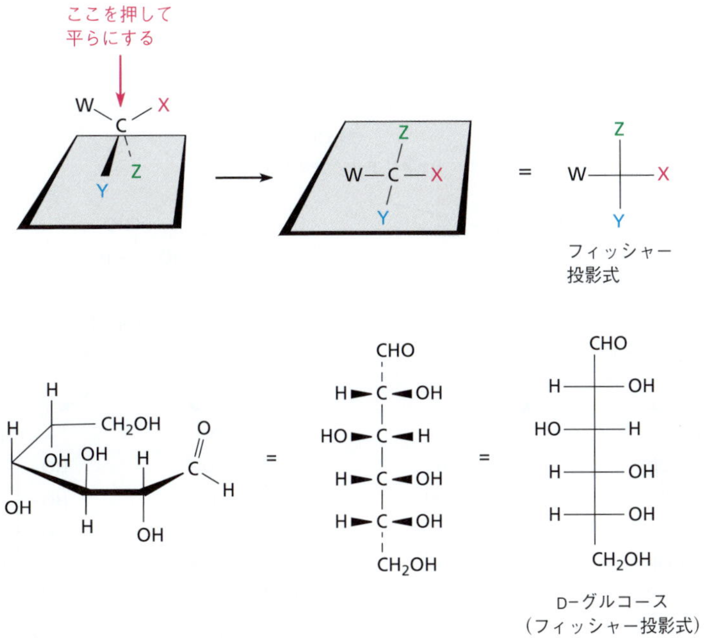

図2・7　フィッシャー投影式　炭水化物は開環鎖の形で記述し，カルボニル炭素を上に書き，各炭素原子を縦に並べて記述する．水平方向の線は紙面から上に浮かび上がってくることを示し，垂直方向の線は紙面奥に突き出していることを示す．

　アルドテトロースは二つのキラル中心をもち，$2^2=4$ 種類の立体異性体（2組の鏡像異性体）が存在する．アルドペントースは三つのキラル中心をもち，8種の立体異性体（4組の鏡像異性体）が，アルドヘキソースは四つのキラル中心をもち，16種の立体異性体（8組の鏡像異性体）が存在する．歴史的な理由により，これらの鏡像異性体の最もカルボニル基から遠いキラル中心につくヒドロキシ基がフィッシャー投影式で"右"を向いているものを **D糖** とよび，これが"左"を向いているものを **L糖** とよぶ．二つ

のD-アルドテトロース，四つのD-アルドペントース，八つのD-アルドヘキソースの名前と構造を図2・8に示す．すべてのD体には，すべてのキラル中心が反対の立体配置をもつ鏡像体であるL体が存在する（構造は示してない）．

単糖のアノマー

図2・8に示すような開環鎖状構造での表記は立体化学的な相違を表すのに便利であるが，実際に存在する分子の形とは大きく異なる．事実，単糖は，分子中のいずれかのヒドロキシ基がアルデヒドあるいはケトンのカルボニル基に酸触媒によって可逆的に求

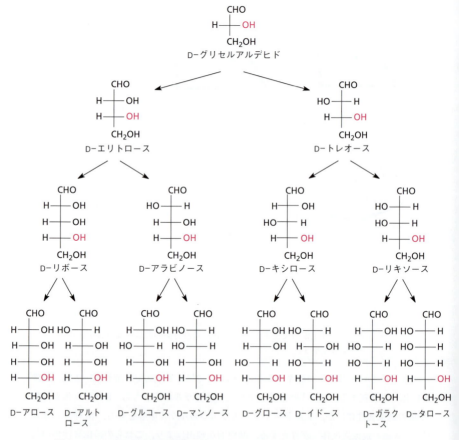

図2・8 D-アルドースの構造 新たなキラル中心をアルデヒド炭素のすぐ下に挿入するやり方で，1段下に進むと2組の構造ができるように書かれている．各D糖にはその鏡像体であるL糖が存在するが，その構造は示していない．

核反応することで生成する．環状ヘミアセタールとして，そのほとんどが存在する．

この環化反応が起こることにより，新たなキラル中心がもとのカルボニル炭素上に出現し，**アノマー**（anomer）とよばれる1対のジアステレオマーを生成する．新たに生成したヒドロキシ基が，フィッシャー投影式で一番下に位置するキラル中心炭素原子につく酸素原子と"シス"の配置をとる場合，これを**α-アノマー**（α anomer）とよび，"トランス（*trans*）"の配置をとる場合，これを**β-アノマー**（β anomer）とよぶ（図2・9）．たとえばD-グルコースは，水溶液中で，α-アノマー：β-アノマーが37：63の比率で存在する．糖の環状ヘミアセタール構造が六員環の場合，これを**ピラノース**（pyranose）形とよぶため，D-グルコースの二つのアノマーはα-D-グルコピラノース，β-D-グルコピラノースとよばれる．

いくつかの単糖は五員環の環状ヘミアセタール構造でも存在し，一つの酸素原子を含

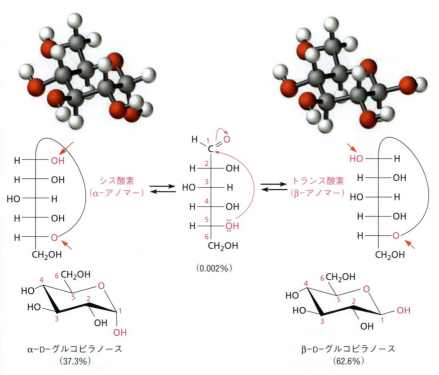

図2・9 ピラノース形グルコースのα-アノマー，β-アノマーの構造　アノメリックヒドロキシ基がフィッシャー投影式で一番下の炭素原子（赤色）につく酸素原子とシスの位置関係にある分子はα-アノマーとよばれる．同様にトランスの位置関係にあるものはβ-アノマーとよばれる．

む五員環であるフラン構造をもつことから，これを**フラノース**（furanose）形とよぶ．たとえばD-フルクトースは水溶液中で，70％がβ-ピラノース形，2％がα-ピラノース形，0.7％が直鎖形，23％がβ-フラノース形，5％がα-フラノース形でそれぞれ存在する．ピラノース形はC6位のヒドロキシ基が，フラノース形はC5位のヒドロキシ基がカルボニル基に付加した構造である（図2・10）．

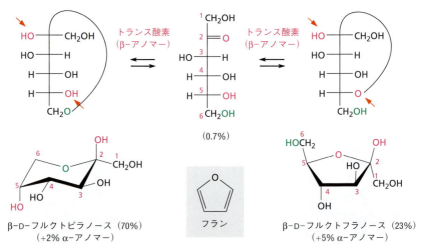

図2・10 ピラノース形とフラノース形のフルクトース　ピラノース形はC6位のヒドロキシ基が，フラノース形はC5位のヒドロキシ基がカルボニル基に付加した構造である．

二糖と多糖

　ヘミアセタールは酸触媒によりアルコールと反応してアセタールを生成することを学んだ（§1・6）．そのヘミアセタールが環状の単糖であった場合，そのアセタール生成物は**グリコシド**（glycoside）とよばれる．反応するアルコールも糖であった場合，グリコシド生成物はラクトースやスクロースといった**二糖**（disaccharide）となる．この結合をつぎつぎと行うことで，植物に普遍的に存在するセルロースやデンプンに含まれるアミロースのような**多糖**（polysaccharide）が生成する（図2・11）．

　単糖間のグリコシド結合は二つ目の糖のどのヒドロキシ基とでも形成可能であり，またヘミアセタールを形成するアノマー中心での結合ではαとβの立体異性も存在する．最も一般的な構造はC4位のヒドロキシ基との結合であるが，これ以外の結合も数多く存在する．図2・11に示したとおり，その結合のパターンは多様性に富んでいる．ラクトースでは二つの異なる単糖（ガラクトースとグルコース）が，ガラクトースのアノ

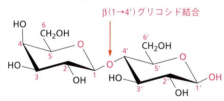
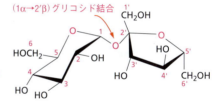
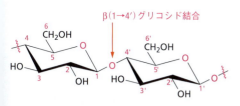
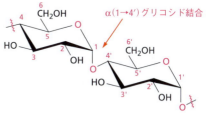

図2・11 代表的な二糖と多糖の構造 (a) ラクトースは，ガラクトースとグルコースがβ(1→4)グリコシド結合したものである．(b) スクロースは，グルコースとフルクトースが両者のアノマー中心で(1α→2β)グリコシド結合した構造をもつ．(c) セルロースと(d) アミロースは，たくさんのグルコースがそれぞれβ(1→4)結合，α(1→4)結合で連なった重合体である．

マーC1位の炭素とグルコースのC4位のヒドロキシ基との間でβグリコシド結合により結合した構造である．このように，系統的に名前をつけるならば，ラクトースはβ-D-ガラクトピラノシル-(1→4)-β-D-グルコピラノースとなる．スクロースは，グルコースとフルクトースが両者のアノマー炭素で結合しており，系統的な名前はα-D-グルコピラノシル-(1→2)-β-D-フルクトフラノースとなる．グルコース側はα，フルクトース側はβのアノマー構造をもつ．セルロースとアミロースは数百のグルコースが(1→4)結合で連なったものであるが，両者はアノマー中心における立体構造が異なっている．

デオキシ糖，アミノ糖

これまでに紹介した純粋な炭水化物に加え，生化学において重要な役割をもつ糖誘導体が存在する．たとえば**デオキシ糖**（deoxy sugar）は，酸素原子が通常の糖よりも一つだけ少ない構造をもつ．最も有名な例は，DNAの構成成分である2-デオキシリボースであるが，これは水中においてフラノース形とピラノース形の平衡混合物として存在することに注意してほしい．

α-D-2-デオキシリボピラノース（40%）（+35% β-アノマー）

1個の酸素原子が欠けている

(0.7%)

α-D-2-デオキシリボフラノース（13%）（+12% β-アノマー）

1個の酸素原子が欠けている

アミノ糖（amino sugar）は鎖状構造中のどこか一つの-OH基が-NH₂基に置き換わった構造をもつ．たとえば，D-グルコサミン（D-2-アミノ-2-デオキシグルコース）では，グルコースのC2位の-OH基が-NH₂基に置き換わっている．D-グルコサミンのアセトアミド誘導体は，キチン質を構成するモノマーユニットである．キチン質は長鎖重合体であり，甲殻類の殻や昆虫の外骨格を形成している．

β-D-グルコサミン

アミノ糖はストレプトマイシンなどの抗生物質や，軟骨やその他の結合組織をつくるグリコサミノグリカンや糖タンパク質の構成成分でもある．一般的な糖タンパク質における多糖とタンパク質との結合は，N-アセチルガラクトサミンとタンパク質ペプチド鎖中のセリンやトレオニンのヒドロキシ基との間のαグリコシド結合である．そのほか，アミノ酸のアスパラギンの窒素原子を介して糖と結合している例も数多く存在する．

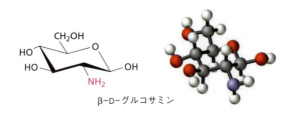

α-D-N-アセチルガラクトサミン
ペプチド鎖
セリン
糖タンパク質

2・4 生体分子: アミノ酸, ペプチド, タンパク質

タンパク質 (protein) の語源は, ギリシャ語の *proteios* であり, これは"第一番目の"という意をもつ. これはすべての生命体で最も重要な構成成分であることを示す意味で, 適切な表現といえよう. タンパク質は非常に多くの種類があり, 多種多様な機能をもっている. 実際, ヒト体内に存在するタンパク質の種類は 200 万を超えることが知られている. これらはすべてアミノ酸がアミド結合を介して結合した長鎖高分子である.

アミノ酸

アミノ酸 (amino acid) はその名の示すとおり, 塩基性のアミノ基 ($-NH_2$) と酸性のカルボキシ基 ($-CO_2H$) という二つの機能性部位を併せもつ分子である. 塩基と酸を併せもつことから, 分子内酸塩基反応が進行し, 水中では**両性イオン**〔amphoteric ion, +と−の電荷を一つずつもつ. 双性イオン (zwitter ion) ともいう〕とよばれる双極形でおもに存在する.

(電荷をもたない)　アラニン　(両性イオン)

酸性溶液中ではアミノ酸両性イオンは塩基として働き, カルボキシラト基 ($-COO^-$) がプロトン化する. 塩基性溶液中では両性イオンは酸として働き, アンモニウム部位からの脱プロトンが起こる. ここで注意すべきは, プロトン化される (塩基性を呈する) のはアミノ基ではなくカルボキシラト基であり, プロトンを放出する (酸性を呈する) のはカルボキシ基ではなくアンモニウム基であることである.

酸性溶液中

塩基性溶液中

タンパク質中に一般的に存在する 20 種類のアミノ酸の構造, 略号, pK_a 値を表 2・4 にまとめた. 各構造は, 生理的条件である pH 7.3 の細胞中に最も多く存在する形で示

表2・4 タンパク質中に存在する代表的な20種類のアミノ酸

名称	略号		分子量	構造	pK_a α-CO_2H	pK_a α-NH_3^+	pK_a 側鎖
中性アミノ酸							
アラニン	Ala	A	89		2.34	9.69	—
アスパラギン	Asn	N	132		2.02	8.80	—
システイン	Cys	C	121		1.96	10.28	8.18
グルタミン	Glu	Q	146		2.17	9.13	—
グリシン	Gly	G	75		2.34	9.60	—
イソロイシン	Ile	I	131		2.36	9.60	—
ロイシン	Leu	L	131		2.36	9.60	—
メチオニン	Met	M	149		2.28	9.21	—
フェニルアラニン	Phe	F	165		1.83	9.13	—
プロリン	Pro	P	115		1.99	10.60	—
セリン	Ser	S	105		2.21	9.15	—

表 2・4（つづき）

名称	略号		分子量	構造	pK_a α-CO$_2$H	pK_a α-NH$_3^+$	pK_a 側鎖
中性アミノ酸							
トレオニン	Thr	T	119		2.09	9.10	—
トリプトファン	Trp	W	204		2.83	9.39	—
チロシン	Tyr	Y	181		2.20	9.11	10.07
バリン	Val	V	117		2.32	9.62	—
酸性アミノ酸							
アスパラギン酸	Asp	D	133		1.88	9.60	3.65
グルタミン酸	Glu	E	147		2.19	9.67	4.25
塩基性アミノ酸							
アルギニン	Arg	R	174		2.17	9.04	12.48
ヒスチジン	His	H	155		1.82	9.17	6.00
リシン	Lys	K	146		2.18	8.95	10.53

してある．この 20 のアミノ酸は，すべてカルボニル炭素の隣の炭素にアミノ基をもつ**α-アミノ酸**（α-amino acid）である．20 のうちの 19 は第一級アミン（$-NH_2$ 基をもつ）であり，α 炭素につく**側鎖**（side chain）の構造のみが異なる．プロリンは唯一の第二級アミンであり，かつ窒素原子が環状構造の一部となっている唯一の例でもある．

第一級 α-アミノ酸　　　　プロリン（第二級 α-アミノ酸）

タンパク質中に存在する 20 種類のアミノ酸に加えて，セレノシステインとピロリシンという 2 種のアミノ酸が，いくつかの生物でみられるが普遍的ではない．たとえば，すべての動物でセレノシステインが合成されており，ヒトは 2 ダース程度のセレン含有タンパク質をもっているが，細菌でこれを合成しているのはわずか数％であり，これを合成する植物は存在しない．ピロリシンはさらに一般的でなく，動物には存在せず，1 種の細菌といくつかのメタン合成古細菌にのみみられる．セレノシステインとピロリシンに加えて，700 種類を超える非タンパク質性のアミノ酸が天然には存在する．たとえば，γ-アミノ酪酸（γ-aminobutyric acid：GABA）は脳内に存在し，神経伝達物質としての役割をもち，またホモシステインは血中に存在し，冠状動脈性心疾患と密接に関係している．さらにチロキシンは甲状腺に存在し，ホルモンとしての役割をもつアミノ酸である．

セレノシステイン　　　ピロリシン　　　γ-アミノ酪酸

ホモシステイン　　　チロキシン

2・4 生体分子: アミノ酸, ペプチド, タンパク質

グリシンを除いて, アミノ酸の α 炭素はキラル中心となる. 自然界に多量に存在する鏡像異性体は, 炭水化物にならってフィッシャー投影式を用いて, $-CO_2^-$ 基を上に, 側鎖を下側に書いた場合, アミノ基は左側にくる. この立体配置は L 糖と同じであるため, 天然に存在するアミノ酸は L–アミノ酸と表記する. 19 個あるキラルな L–アミノ酸のうちの 18 個は S 体であり, システインのみが R 体である. この現象はもちろん, システインだけが他のアミノ酸と異なる立体配置をもつわけではなく, カーン–インゴールド–プレローグ則に基づく優先順位づけにおいて, 唯一システインの $-CH_2SH$ 基のみが, $-CO_2^-$ 基よりも優先順位が高くなることに由来するものである. すなわち, この優先順位の逆転が, R/S の逆転の原因である.

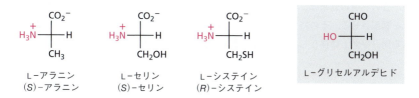

代表的な 20 種類のアミノ酸は, その側鎖の性質によって, 中性アミノ酸, 酸性アミノ酸, 塩基性アミノ酸に細分化される. 15 種類のアミノ酸は電荷的に中性の側鎖をもち, 酸性のカルボキシ基を側鎖にもつものが 2 種類, 塩基性のアミノ基を側鎖にもつものが 3 種類存在する. ここでシステインとチロシンは, 通常, 中性アミノ酸に分類されるが, 弱い酸性を示す側鎖をもつため, 十分に高い pH においては脱プロトンしうることに注意しておく必要がある. 細胞内の pH 7.3 においては, グルタミン酸, アスパラギン酸の側鎖末端のカルボキシ基は脱プロトンしており, またリシン, アルギニンの側鎖末端のアミノ基はプロトン化している. 一方, ヒスチジンの側鎖末端のイミダゾール複素環は, pH 7.3 でプロトン化するほどの高い塩基性はない. しかしながら確かにその塩基性は弱いが, 酸–塩基酵素化学的には十分な塩基性であり, ヒスチジンはよく酵素反応に関与している.

ペプチドとタンパク質

2 個以上のアミノ酸は, 一方の α–NH_2 基と他方の α–COOH 基との間でアミド結合 [あるいは**ペプチド結合** (peptide bond) ともいう] を形成し, 直鎖状の高分子となりうる. 50 アミノ酸以下程度の長さのものを**ペプチド** (peptide) とよび, それ以上の長さのものを一般には**タンパク質** (protein) とよぶ. $-N-CH-CO-$ と繰返される直鎖状の長い構造を**主鎖** (backbone) とよび, おのおののアミノ酸を通常, **残基** (residue) と称する. 慣習として, ペプチド, タンパク質の **N 末端アミノ酸** (N-terminal amino acid, 結合していない遊離アミノ基が存在するアミノ酸) を左端に, **C 末端アミノ酸**

（C-terminal amino acid，遊離カルボキシ基が存在するアミノ酸）を右端に記す．ここで直鎖状のペプチドを左右に伸ばした形で記した場合，各アミノ酸の側鎖は交互に上下に位置し，また交互に紙面の上と下に出る形になる．

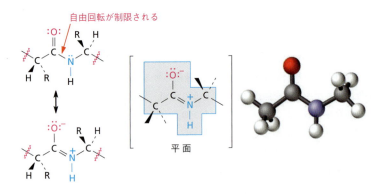

アミド基の窒素原子は孤立電子対が隣のカルボニル基と共鳴するため塩基性を示さない．この共鳴の効果は，C—N 結合にある程度の二重結合性を帯びさせ，結合の自由回転を制限させる．その結果，炭素原子，窒素原子とこれに結合する四つの原子はすべてある同一平面上に存在し，N—H 結合と C＝O 結合は互いに反対を向くことになる．

アミド結合はアミノ酸同士を結ぶ最も基本的な結合であるが，次によくみられる結合様式として，二つのシステイン残基の側鎖-SH 基がジスルフィド結合（RS-SR）で結合する例がある．二つの異なるペプチド鎖上の二つのシステイン残基がジスルフィド結合で結合すると，2 本のペプチド鎖を一つにすることができる．また 1 本のペプチド鎖上の二つのシステイン残基間でジスルフィド結合が形成されると，1 本のペプチド鎖にループ（環状構造）を形成することになる．

2・4 生体分子: アミノ酸, ペプチド, タンパク質

本書ではタンパク質の構造についての詳細な記述は行わないが、これまでに学んできたように、大きく分けて四つのレベルでタンパク質の構造が記述されることを思い出してほしい。まず**一次構造**（primary structure）とは、タンパク質を構成するアミノ酸がどんな順番でつながっているかを示したものである。**二次構造**（secondary structure）とは、タンパク質の局所部分構造を体系的に捉えるための構造をさす。**三次構造**（tertiary structure）とは、あるタンパク質全体の立体構造をさし、最後に**四次構造**（quaternary structure）とは、各タンパク質分子が互いに集まり合ってより大きな複合体を形成している様子を表す概念である。

小さなペプチドの一次構造は、質量分析装置を用いた手法、あるいはエドマン分解法、すなわち N 末端アミノ酸から順次 1 アミノ酸ずつ切出す反応を用いた自動タンパク質シークエンサーによる決定が一般的である。より大きなタンパク質の場合は、相当する遺伝子の DNA 塩基配列から間接的に一次構造を決定することも多い。

二次, 三次構造は X 線結晶解析法を用いて決定する。これはある一次配列をもつタンパク質がどのような立体構造で折りたたまれるかを正確に予測する一般性の高い方法が、現在までに確立されていないことによる。最も代表的な二次構造は、αヘリックスとβシートである。**αヘリックス**（α-helix）はタンパク質の骨組みをつくる右巻きのらせん構造体で、その形状は電話機のコイル状のコードに非常によく似ている（図2・12）。らせんの一巻きは平均3.6残基のアミノ酸で構成され、隣接する一巻き間の距離

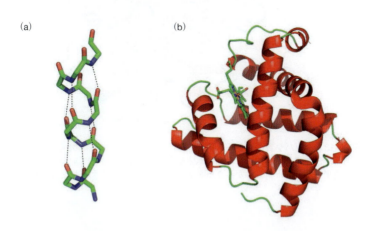

図2・12　タンパク質のαヘリックス構造　(a) αヘリックス二次構造は一つのアミノ酸残基のN－H基とそこから4残基離れたアミノ酸残基のC＝O基との間の水素結合によって安定化されている。(b) 多数のらせん構造体からなるタンパク質であるミオグロビンの立体構造をリボンで示す。

は 5.4 Å（540 pm）である．この構造はアミド結合の N—H 基と 4 残基離れた C＝O 基との間の水素結合により安定化されており，各 N—H⋯O 距離は 2.8 Å である．α ヘリックスは非常によくみられる二次構造で，ほぼすべての酵素は無数のらせん構造を内包している．

ひだ状の β シート（β-sheet）は α ヘリックスと異なり，らせん状ではなく空間的に広がった構造をとり，水素結合は近隣のペプチド鎖上のアミノ酸残基間で形成されている（図 2・13）．隣り合ったペプチド鎖が同方向を向いている場合と（平行），逆の方向を向いている場合（逆平行）の 2 種類存在するが，逆平行の方がより頻繁にみられ，またエネルギー的にも若干安定である．小さい β シート構造部位は，球状タンパク質において頻繁にみられる構造である．

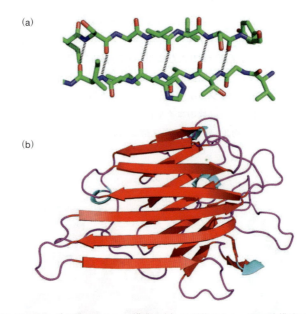

図 2・13 タンパク質の β シート構造 （a）ひだ状の β シート二次構造は，平行あるいは逆平行のペプチド鎖間の水素結合により安定化されている．（b）多数の逆平行 β シート構造体からなるタンパク質であるコンカナバリン A の構造をリボンで示す．

2・5 生体分子：核酸

デオキシリボ核酸（deoxyribonucleic acid: **DNA**）と**リボ核酸**（ribonucleic acid: **RNA**）は生物の遺伝情報のキャリヤー（運び手）ならびに情報の処理装置である．タ

2・5 生体分子: 核酸

ンパク質がアミノ酸が長い鎖状に連結した生体高分子であるのと同じように，DNA と RNA は**ヌクレオチド**（nucleotide）ユニットが長い鎖状に連結した大きな生体高分子である．各ヌクレオチドは，リン酸基が結合した**ヌクレオシド**（nucleoside）であり，各ヌクレオシドはアルドペントース糖がアノマー炭素で複素環の窒素原子と結合した構造である．

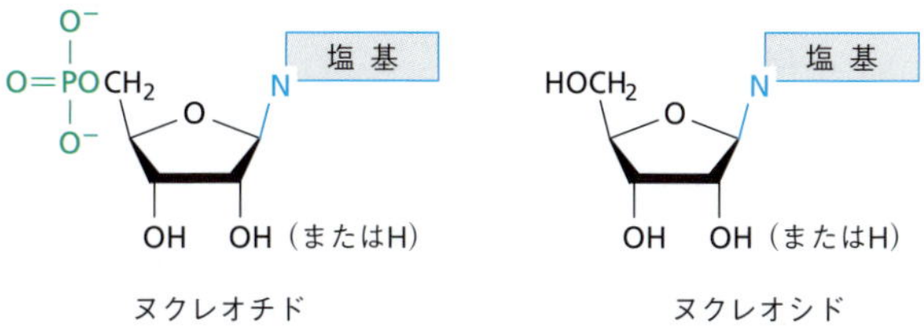

ヌクレオチド　　　　　ヌクレオシド

DNA の糖は 2-デオキシリボース，RNA の糖はリボースである．DNA は 4 種類の異なる塩基をもち，そのうち 2 種類はプリン環（アデニン，グアニン）を，残りの 2 種類はピリミジン環（シトシン，チミン）をもつ．アデニン，グアニン，シトシンは RNA にもみられるが，RNA ではチミンはみられず，代わりにウラシルとよばれる非常に構造の類似した塩基が存在する．

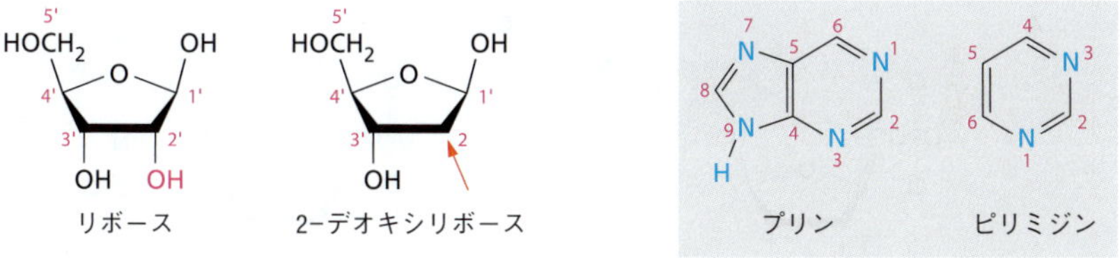

リボース　　2-デオキシリボース　　プリン　　ピリミジン

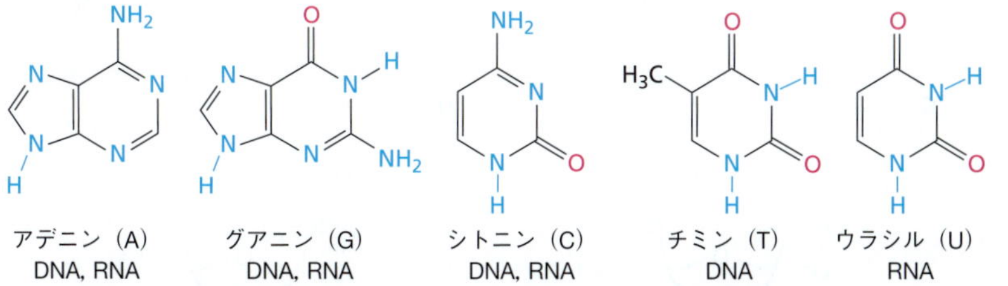

アデニン（A）　グアニン（G）　シトシン（C）　チミン（T）　ウラシル（U）
DNA, RNA　　DNA, RNA　　DNA, RNA　　DNA　　RNA

4 種の DNA，4 種の RNA の構造を図 2・14 に示す．DNA と RNA は化学的には類似しているが，分子の大きさにおいては極端な違いがある．DNA 分子はきわめて大きく，2 億 4500 万のヌクレオチドを含み，その分子量は 75 億程度である．一方，RNA は

74   2. 生体分子とそのキラリティー

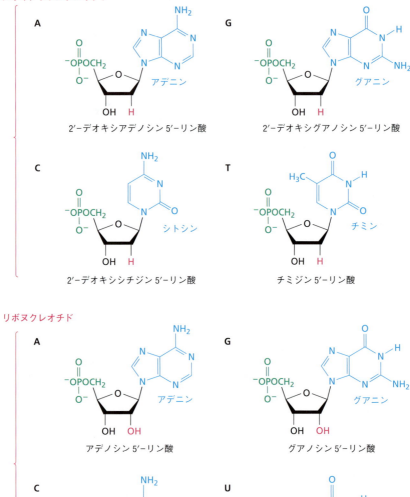

図2・14 デオキシリボヌクレオチドとリボヌクレオチドの名称と構造

DNA よりずっと小さく，わずか 21 ヌクレオチド程度からなるものもあり，その分子量は 7000 程度である．

ヌクレオチド間の結合は，一方の 5′-リン酸基と，もう一方の糖部位の 3′-ヒドロキシ基との間でのリン酸ジエステル結合で形成されており，これは DNA，RNA に共通した構造である．よって核酸高分子の一方の端は C3′ 位に遊離ヒドロキシ基をもち〔**3′ 末端**（3′ end）〕，もう一方の端は C5′ 位にリン酸基をもつことになる〔**5′ 末端**（5′ end）〕．核酸中のヌクレオチドの並び順は 5′ 末端からスタートして，表れる塩基を G，C，A，T（RNA の場合は U）の略語を用いて順に表記する．たとえば DNA の塩基配列は TAGGCT のように表す．

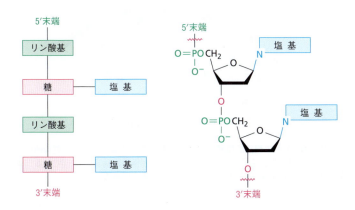

DNA: デオキシリボ核酸

生理的条件下，DNA は逆向きの伸長方向をもつ 2 本の相補的ならせん構造をとり，二つのらせん構造が互いに巻きついた**二重らせん**（double helix）となる．これはらせん階段の手すりのような構造である．二本鎖のうちの片方を**センス鎖**（sense strand）あるいはコード鎖（coding strand, 暗号鎖ともいう）とよび，もう一方を**アンチセンス鎖**（antisense strand）あるいは非コード鎖（noncoding strand）とよぶ．入門書のどこにでも書いてあるとおり，遺伝子を含むセンス鎖が転写されてメッセンジャー RNA（mRNA）ができる．すなわち，この RNA は DNA センス鎖の T を U に置き換えたコピーである．この mRNA は翻訳過程におけるタンパク質合成を規定している．

相補的な塩基対である A と T，および C と G の間の水素結合により，DNA は二本鎖構造をとっている．これは，片方の DNA 鎖が A であれば，もう片方の DNA 鎖には必ず T が，あるいは片方が C であれば，もう片方には必ず G が存在することを意味している（図 2・15）．

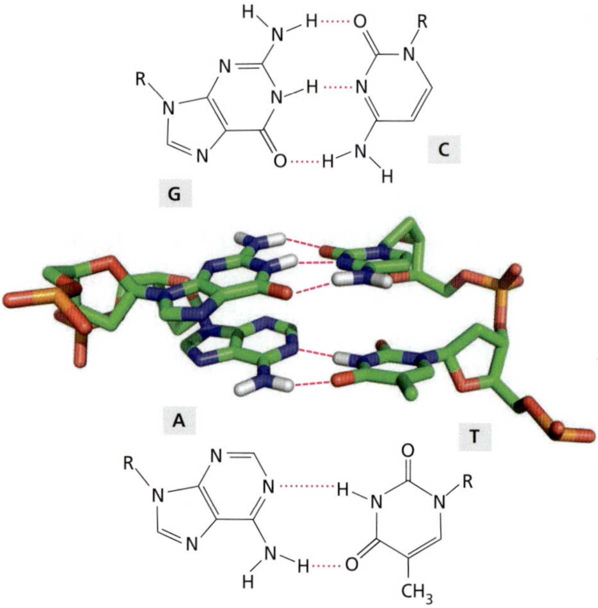

図 2・15　DNA 中の相補的塩基対間での水素結合　各塩基の片側は電荷的に中性であるのに対して，もう一方の側は正，負に分極した構造となっている．塩基 A は T と，G は C と水素結合するのに適した構造である．

　DNA 二重らせんの 1 回転分の全体像を図 2・16 に示す．らせん構造は 20Å の太さで，1 回転当たり 10 塩基対を含み，1 回転の長さは 34Å である．ここで二重らせんは 2 種類の"溝構造"をもつことに注意する必要がある．**主溝**（major groove）とよばれる溝は 12Å の高さをもち，**副溝**（minor groove）は 6Å の高さをもつ．主溝には各塩基のエッジ部（縁）が露出しており，ここを通じてさまざまな化学的な操作を受けることになる．

RNA: リボ核酸

　RNA は DNA と異なり，二本鎖ではなく一本鎖であり，非常に多くの種類があり，非常に多くの機能をもっている．

- **メッセンジャーRNA**（messenger RNA: **mRNA**）: DNA が転写されたものであり，DNA からの遺伝情報をリボソームへと運び，タンパク質合成を規定している．
- **リボソーム RNA**（ribosomal RNA: **rRNA**）: タンパク質と複合体を形成してリボソームを物理的に構成する成分である．

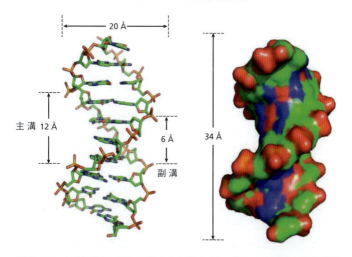

図 2・16　1 回転分の DNA 二重らせんのワイヤーフレーム模型と充填模型
糖-リン酸の主鎖がらせんの外側を走り，アミン塩基によって内側が互いに水素結合している．

- **転移 RNA**（transfer RNA: **tRNA**）: 特定のアミノ酸を特異的にリボソームに輸送し，そこでアミノ酸同士がつなげられてタンパク質が合成される．
- **小分子 RNA**（small RNA: **sRNA**），**マイクロ RNA**（microRNA: **miRNA**）: 遺伝情報をもたず，タンパク質合成に関与しない．その数は不明であるが，ヒトゲノムには数千あるとされている．これらがもつ特定の機能はいまだに完全には理解されていないが，その多くは遺伝子の発現とその制御に関わるとされている．

2・6　生体分子: 酵素, 補酵素

酵　素

　酵素（enzyme）とは生物で利用されている触媒であり，一般にタンパク質である．すべての触媒と同様に，酵素はある反応の速度を速めるが，反応の平衡定数には影響を与えない．酵素は反応速度の遅いステップの活性化エネルギーを低下させる，あるいはまったく異なる反応経路を与えて，律速段階の活性化エネルギーを触媒がないときに比べて低下させることで，反応速度の上昇を実現している．100 万倍程度の反応速度上昇は酵素が触媒する反応では普通であり，反応速度が 10^{17} 倍上昇した例がオロチジン一リン酸脱炭酸酵素で報告されている（§6・3）．

　酵素反応は以下の反応素過程を経る．1) 酵素-基質（E・S）複合体の生成，2) 多段階反応による酵素-基質複合体から，酵素-生成物（E・P）複合体への変換，3) 生成物の解離．

$$\text{E} + \text{S} \underset{k_{-1}}{\overset{k_1}{\rightleftarrows}} \text{E·S} \overset{k_2}{\rightleftarrows} \text{E·P} \overset{k_3}{\underset{}{\rightleftarrows}} \text{E} + \text{P}$$

（上部に k_{cat} が E·S から E+P にかかる矢印で示されている）

E・S 複合体がいったん生成すると，生成物へと反応するか，原料基質へと戻るかの両方の経路での反応が可能である．これはよくみられる例であるが，E・S 複合体形成の速度定数（k_1），および E・P 複合体からの生成物の解離速度定数（k_3）が，速度定数（k_2）よりも大きい場合，基質複合体から生成物複合体への反応過程が律速段階となる．E・S 複合体から E + P 複合体への全反応過程を加味した総括速度定数を"触媒定数（catalytic constant：k_{cat}）"とよぶ．またこれは**代謝回転数**（turnover number）ともよばれるが，これは単位時間当たりに酵素がいくつの基質分子を生成物分子へと変換したかを表しているためである．たとえば過酸化水素の分解反応を触媒するカタラーゼは，$1.0 \times 10^7 \text{ s}^{-1}$ という非常に高い代謝回転数をもつ．ただし，10^3 程度の値が一般的であり，たとえばアセチルコリンを神経シナプスで加水分解するアセチルコリンエステラーゼではこの程度の値が観測される．

酵素がどのようにして機能しているかについては第9章でより深く触れるが，ここではまず，酵素による反応速度の上昇は，多くの因子の複合的な作用によるものであることを述べる．最も重要な因子は，活性化状態の安定化，すなわち活性化エネルギーの減少をもたらしうるかどうかである．つまり酵素にとって一番重要なことは，"基質"と結合することではなく，結合したことによりどの程度"活性化状態"のエネルギーを下

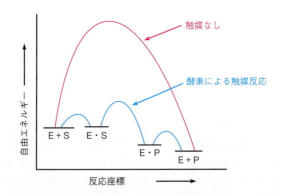

図 2・17 触媒を添加しない系（赤）と酵素による触媒反応（青）のエネルギー図
酵素は E・S 複合体から E・P 複合体への律速過程の活性化エネルギーの低減を実現する別の反応経路を可能とする．反応速度の上昇度は，酵素が活性化状態の分子にどの程度結合でき，活性化エネルギーの低減を実現できるかに依存する．

げることができるかという点にある．事実，一般に酵素は，基質自体や生成物自体の10^{12}倍も強く活性化状態の分子に結合する．基質+酵素（E + S）の状態とE・S複合体は一般的にほぼ同じエネルギーをもつが，E・S複合体とE・P複合体の間に存在する活性化状態のエネルギーは，触媒を添加しない系に比べて小さくなる．酵素による触媒反応のエネルギー図を図2・17に示す．

基質の結合と触媒反応は酵素表面にあるくぼみの部位で起こり，この場所を**活性部位**（active site，活性中心ともいう）とよぶ．酵素はさまざまに異なる側鎖をもつ光学活性なアミノ酸からできているので，活性部位もまた光学活性であり，基質の形状に相補的な形状を実現することが可能である．これは手の形とこれにフィットする手袋との関係に似ている．活性部位には適切な極性，酸性，塩基性をもつアミノ酸が配置され，これにより特定の化学反応が触媒される．さらに活性部位には，反応の進行に必要となる金属イオンや有機小分子などの**補因子**（cofactor）が存在する．図2・18に解糖系の最初の反応であるグルコースのリン酸化反応を触媒する酵素であるヘキソキナーゼの分子モデルを示す．活性部位を含む深いくぼみを図中に示した．

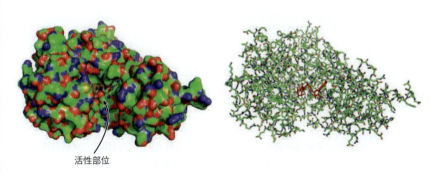

図2・18　ヘキソキナーゼの空間充填模型とワイヤーフレーム模型　活性部位を含むくぼみが存在する．

酵素類は，その触媒する反応の種類によって表2・5に示すような6種類に分類されている．1) **酸化還元酵素**は酸化反応あるいは還元反応を触媒する．2) **転移酵素**はある官能基などの原子団を一つの基質から他の基質へと転移させる．3) **加水分解酵素**はエステルやアミド，その他の類似基質の加水分解反応を触媒する．4) **リアーゼ**は基質から特定の小分子（水など）を脱離させる反応を触媒する．5) **異性化酵素**は各種の異性化反応を触媒する．6) **リガーゼ**は二つの分子の結合反応を触媒するが，多くの場合，これはATPの加水分解を伴う反応となる．語尾が"-ase"で終わる酵素の統一的な命名法によれば，酵素名は二つの部分からなる．酵素名の前の部分はその基質名であり，

表 2・5　酵素類の分類

分　類	下位分類	機　能
1. 酸化還元酵素 　(oxidoreductase)	脱水素酵素 酸化酵素 還元酵素	二重結合の生成 酸化反応 還元反応
2. 転移酵素 　(transferase)	キナーゼ アシル基転移酵素 アミノ基転移酵素	リン酸基の転移反応 アシル基の転移反応 アミノ基の転移反応
3. 加水分解酵素 　(hydrolase)	リパーゼ ヌクレアーゼ プロテアーゼ	エステル結合の加水分解 リン酸エステル結合の加水分解 アミド結合の加水分解
4. リアーゼ 　(lyase)	脱炭酸酵素 脱水酵素	二酸化炭素の脱離反応 水の脱離反応
5. 異性化酵素 　(isomerase)	エピメラーゼ	キラル中心の異性化
6. リガーゼ 　(ligase)	カルボキシラーゼ シンテターゼ	二酸化炭素の付加反応 新しい化学結合の生成

その後に酵素の分類がくる．たとえば図 2・18 に示したヘキソキナーゼは ATP からグルコースへのリン酸基の転移反応を触媒する転移酵素である．

補　酵　素

　酵素が触媒する多くの反応（それが酸化あるいは還元反応である場合は特に）を進行させるためには，**補酵素**（coenzyme）とよばれる有機小分子の補因子が必要である．補酵素は触媒ではなく，反応の進行により化学的な変化がみられ，酵素サイクルを 1 回転させて初期状態に戻るためには，補酵素に起こった化学変化を元に戻すステップが必要である．代表的な補酵素を表 2・6 にまとめた．これらの化学的性質，反応機構については，それぞれ本書の適切な場所で議論することにする．

　多くの補酵素は**ビタミン**（vitamin）の誘導体である．ビタミンは，生物が成長するために必要な少量の化合物であるが，生物個体内で合成することができないため，食物から摂取する必要がある．表 2・6 に列挙したなかでは，パントテン酸（ビタミン B_3）由来の補酵素（コエンザイム）A，ニコチン酸由来の NAD^+，リボフラビン（ビタミン B_2）由来のフラビンアデニンジヌクレオチド（FAD），葉酸由来のテトラヒドロ葉酸，ピリドキシン（ビタミン B_6）由来のピリドキサールリン酸，チアミン（ビタミン B_1）由来のチアミン二リン酸，およびビオチンがこれにあたる．

2・7　高エネルギー化合物と共役反応

　すべての学問領域にはその領域でしか通じない用語，つまりその領域になじみの薄い研究者には理解の難しい特殊な意味をもつ言葉や言い回しがある．たとえば生化学者

2・7 高エネルギー化合物と共役反応

は，ある化合物のことを"高エネルギー（high-energy）化合物"である，あるいは"高エネルギー結合"をもっているなどと表現し，また反応が"共役している（coupled）"などと表現することがよくある．これらの表現は直感的ではあるが，正しく定義しておかないと誤解を招くことになる．

高エネルギー化合物の例として，アデノシン三リン酸（ATP，表 2・6），グアノシン三リン酸（GTP），ホスホエノールピルビン酸，さまざまなアシルリン酸があげられる．これらの化合物を高エネルギー化合物とよぶのは，他の化合物と根本的に何か違うからではなく，単に反応が起こったときに大きなエネルギーを放出し，熱力学的にその反応を有利にするという意味である．

グアノシン三リン酸（GTP）　　アシルリン酸　　ホスホエノールピルビン酸

一般化学の授業を思い出せばわかるように，結合を切るにはエネルギーが必要であり，結合を形成するとエネルギーが放出される．高エネルギー化合物とは，反応系にわずかなエネルギーを与えるだけで容易に切断される例外的に弱い結合をもつ分子である．またその反応において強固な結合が同時に形成されれば，大きなエネルギーが放出される．わずかなエネルギーを吸収して，大きなエネルギーを放出するというエネルギー収支はすなわち，その反応がきわめて進行しやすいことを意味している．つまり，高エネルギー化合物はその弱い結合のおかげで非常に反応性に富み，結果として反応を有利に進める．

高エネルギー化合物の反応によって放出されるエネルギーは，通常では起こりえない反応を進行させるための共役反応としてよく利用されている．ある反応が共役しているとはどういう意味かを理解するために，以下に示す反応(1)をまず考えてみよう．反応(1)は平衡定数が小さく，熱エネルギー的に不利な（$\Delta G > 0$）反応であるため，ほとんどそのままでは進行しない反応であるとする（もう一度思い出してほしいが，正の ΔG 値をもつ反応は $K_{eq} < 1$ であり，自発的には進行しないが，負の ΔG 値をもつ反応は $K_{eq} > 1$ であり，反応は自発的には進行する）．

(1)　　A + m　⇌　B + n　　　　$\Delta G > 0$

ここで A と B は生化学的に興味のある化合物で互いに反応するもの，m と n は酵素の補酵素や水，または種々の小分子化合物を表している

表2・6 代表的な補酵素

アデノシン三リン酸（ATP）：リン酸化反応

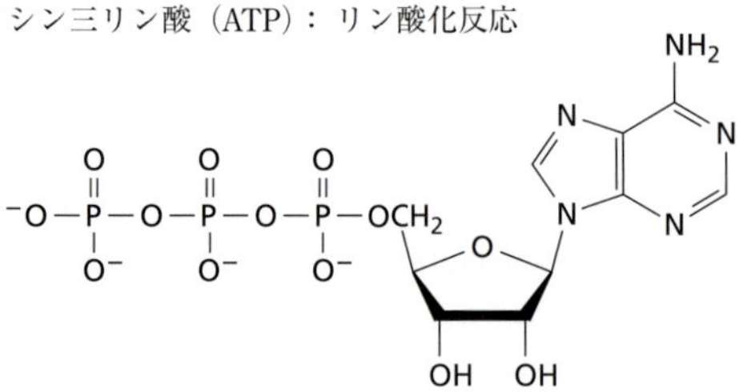

補酵素(コエンザイム)A（CoA）：アシル基転移反応

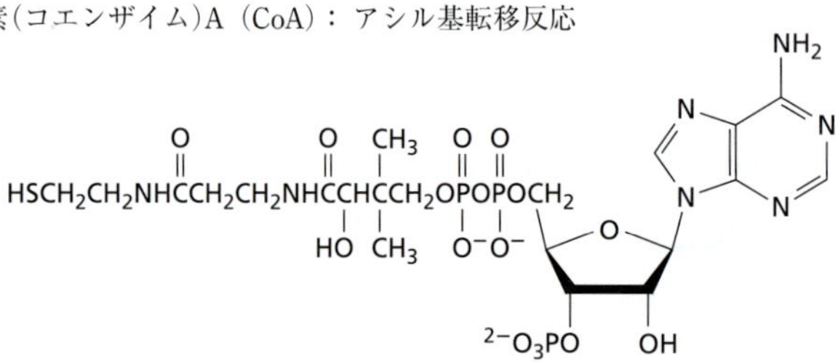

ニコチンアミドアデニンジヌクレオチド（NAD$^+$）：酸化-還元反応
（NADP$^+$）

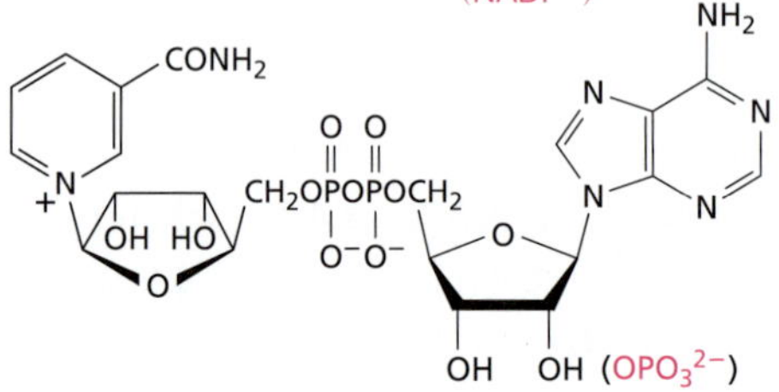

(OPO$_3^{2-}$)

フラビンアデニンジヌクレオチド（FAD）：酸化-還元反応

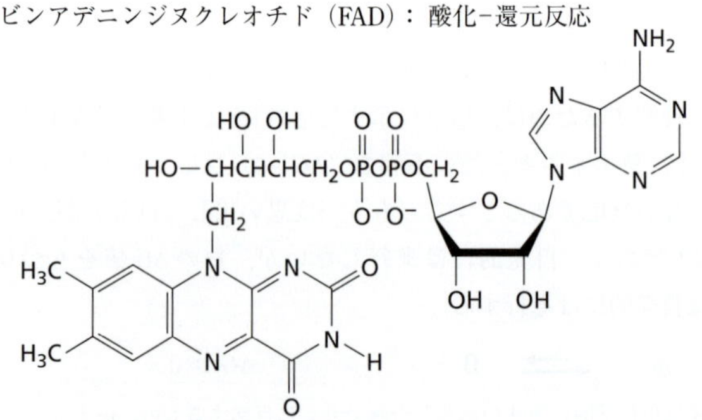

表2・6（つづき）

テトラヒドロ葉酸（THF）：1炭素単位転移反応

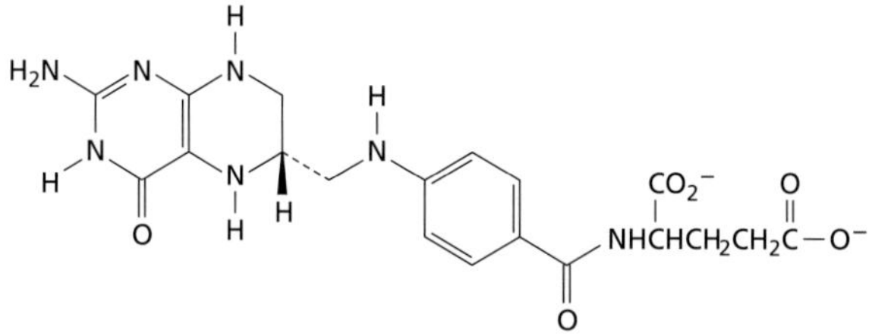

リポ酸：アシル基転移反応

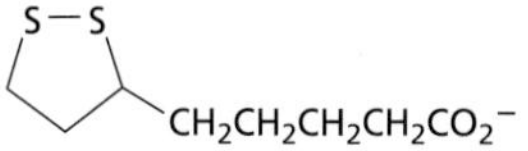

ピリドキサールリン酸（PLP）：アミノ酸代謝

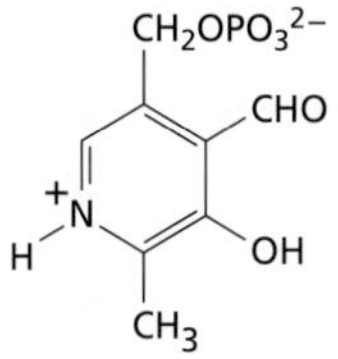

チアミンニリン酸（TPP）：脱炭酸反応

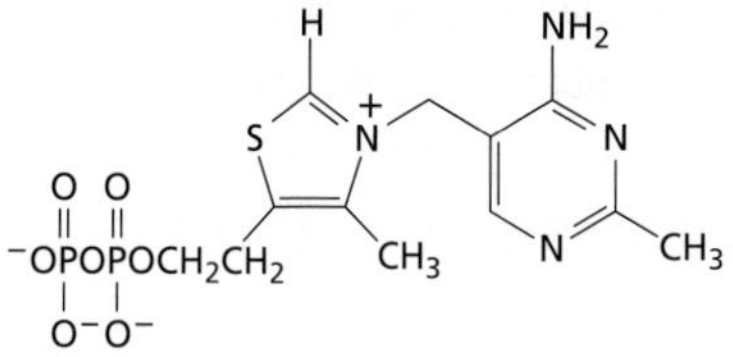

ビオチン：カルボキシ化反応

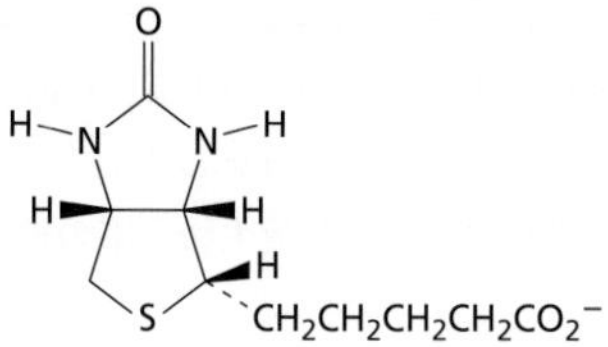

S-アデノシルメチオニン（SAM）：メチル基転移反応

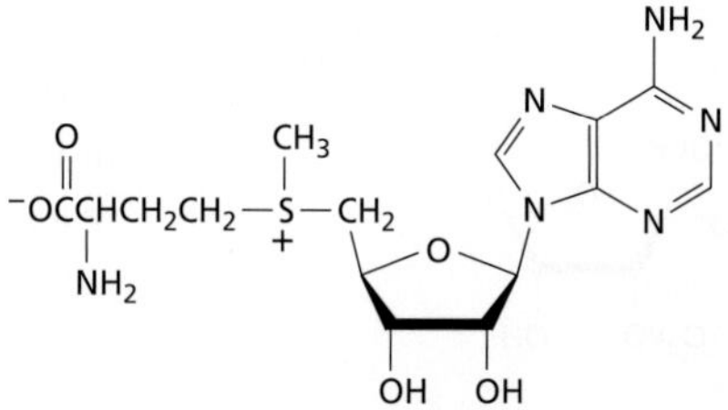

ここで生成物 n がさらに基質 o と反応して p と q を生成し，この反応の平衡定数は大きく，負に十分大きい ΔG（$\Delta G \ll 0$）をもつ熱力学的に有利な反応である場合を考えてみる．

$$(2) \quad n + o \rightleftarrows p + q \qquad \Delta G \ll 0$$

この2反応はともに中間体 n を共有しており，この意味で共役している．反応(1)でごく少量の n しか生成しなかったとしても，それは反応(2)でほぼ定量的に反応して消失するため，反応(1)の平衡は n を再び生成させるべく右に動き，この繰返しで最終的に A や m がなくなるまで反応は進行し続ける．このように，これらの2反応が合わさると熱力学的に有利な $\Delta G < 0$ となり，これを有利な反応(2)が不利な反応(1)を進行させていると表現する．言い換えるならば，これらの2反応は中間体 n を通じて共役しているために，A から B への変換反応が実現されている．

$$(1) \quad A + m \rightleftarrows B + \cancel{n} \qquad \Delta G > 0$$
$$(2) \quad \cancel{n} + o \rightleftarrows p + q \qquad \Delta G \ll 0$$
$$\overline{\text{正味：} A + m + o \rightleftarrows B + p + q \qquad \Delta G < 0}$$

二つの反応が共役している例として，酢酸からの脂肪酸生合成経路（§3・4）があげられる．この経路の初発反応は，酢酸アニオンと補酵素 A（CoASH）との反応によるチオエステルであるアセチル補酵素 A（アセチル CoA）の生成である．酢酸アニオンと補酵素 A との直接的な反応の $\Delta G^{\circ\prime}$ は約 $+31.5$ kJ/mol であるため，熱エネルギー的に不利な反応であり，反応は進行しない．（反応物と生成物の濃度が 1.0 M である pH=7 の水溶液中での，各種生物反応の標準自由エネルギー変化を $\Delta G^{\circ\prime}$ と表記する）．

$\Delta G^{\circ\prime} \approx +3.15$ kJ/mol

この直接反応の熱力学的に不利な面を回避するために，二つの共役反応が使われている．酢酸アニオンはまずグアノシン三リン酸（GTP）と反応して，アセチルリン酸と

グアノシン二リン酸（GDP）を生成する．次に二番目の反応として，アセチルリン酸が補酵素 A と反応して，アセチル CoA とリン酸水素イオンを生成する．最初の反応は $\Delta G^{o\prime} \approx +8.0$ kJ/mol であるため不利な反応であるが，二番目の反応は $\Delta G^{o\prime} \approx -11.8$ kJ/mol とそれ以上に有利な反応であるため，反応全体を進行させる．

$$\text{CH}_3\text{CO}^- + {}^-\text{O-P(O)(O}^-\text{)-O-P(O)(O}^-\text{)-O-P(O)(O}^-\text{)-O-グアノシン} \rightleftharpoons \text{CH}_3\text{COPO}_3^{2-} + {}^-\text{O-P(O)(O}^-\text{)-O-P(O)(O}^-\text{)-O-グアノシン} \quad \Delta G^{o\prime} \approx +8.0 \text{ kJ/mol}$$

酢酸アニオン　　グアノシン三リン酸（GTP）　　アセチルリン酸　　グアノシン二リン酸（GDP）

$$\text{CH}_3\text{COPO}_3^{2-} + \text{CoASH} \rightleftharpoons \text{CH}_3\text{C(O)-SCoA} + \text{HOPO}_3^{2-} \quad \Delta G^{o\prime} \approx -11.8 \text{ kJ/mol}$$

アセチルリン酸　　　　　　　　　アセチル CoA

共役反応の結果，酢酸アニオンからのアセチル CoA への変換反応の熱力学的収支は，直接反応では不利な $\Delta G^{o\prime} \approx +31.5$ kJ/mol であったものから，共役反応では有利な $\Delta G^{o\prime} \approx -3.8$ kJ/mol へと変化した．アセチル CoA の消去反応がひき続き起こることも，この反応をより進行しやすくしている．

(1)　酢酸アニオン＋GTP　$\rightleftharpoons$　アセチルリン酸＋GDP　　$\Delta G^{o\prime} \approx +8.0$ kJ/mol
(2)　アセチルリン酸＋CoASH　$\rightleftharpoons$　アセチル CoA＋HOPO$_3^{2-}$　$\Delta G^{o\prime} \approx -11.8$ kJ/mol

正　味：酢酸アニオン＋GTP＋CoASH　$\rightleftharpoons$　アセチル CoA＋GDP＋HOPO$_3^{2-}$
$$\Delta G^{o\prime} \approx -3.8 \text{ kJ/mol}$$

このような仕組みで，単独では進行しにくい GTP（それと特に ATP）を生成する反応を生化学反応経路として有益に利用することが可能となった．生成するリン酸は，求核置換反応における脱離基としてアルコール類に比べて反応性に富むことから，化学的にも利用価値が高い．以降の章でも類似例をたくさん紹介していく．

問　題

分子モデルでの各原子の色はそれぞれ，水素＝薄い灰色，炭素＝濃い灰色，酸素＝赤，窒素＝紫，硫黄＝黄で表す．

2・1　次の化合物のキラル中心を示しなさい．

(a) キニン

(b) モルヒネ

(c) アスコルビン酸

(d) アセチル-補酵素A

2・2 次の分子モデルで示した抗炎症薬であるプレドニゾロンの構造を構造式で表し，そのキラル中心を示しなさい．

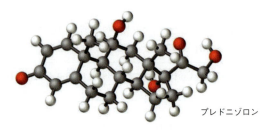

プレドニゾロン

2・3 次の化合物のペアは，エナンチオマー，ジアステレオマー，エピマー，メソ化合物のどれに当たるか述べなさい．

(a)

(b)

(c) 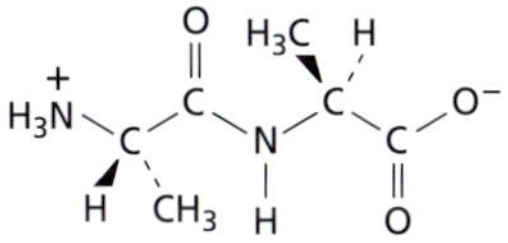 構造式 と 構造式

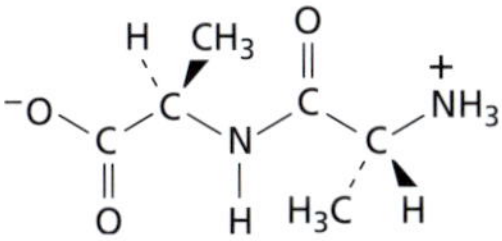

2・4 次の化合物のキラル中心の立体配置を R, S で表しなさい.

(a) 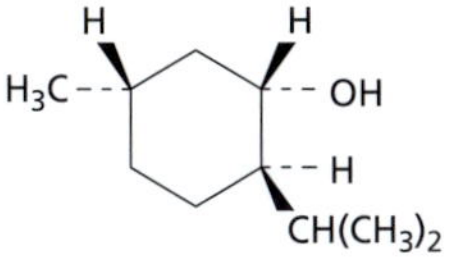 メントール

(b) 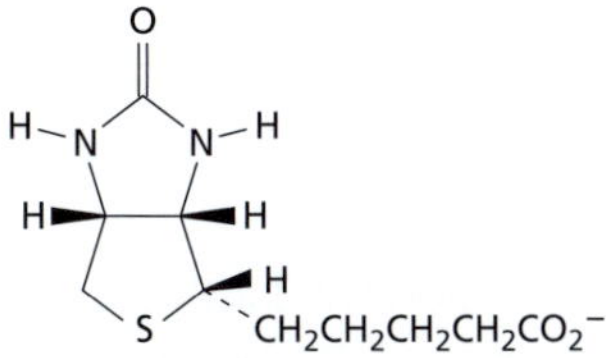 ビオチン

(c) 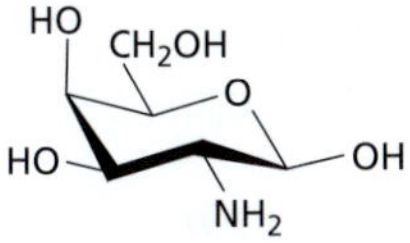 ガラクトサミン

(d) 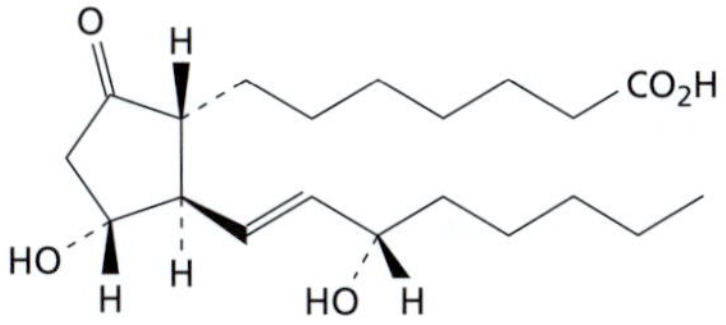 プロスタグランジン E_1

2・5 次に示すシュードエフェドリンのキラル中心の立体配置を R, S で表しなさい.

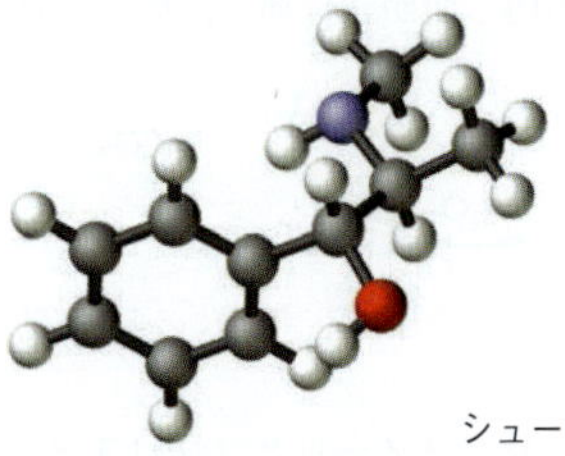

シュードエフェドリン

2・6 次の分子の矢印でさし示した水素原子が *pro-R* であるか *pro-S* であるか答えなさい.

(a) 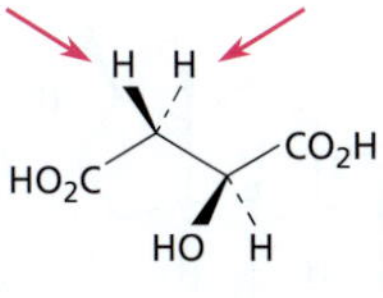 リンゴ酸

(b) 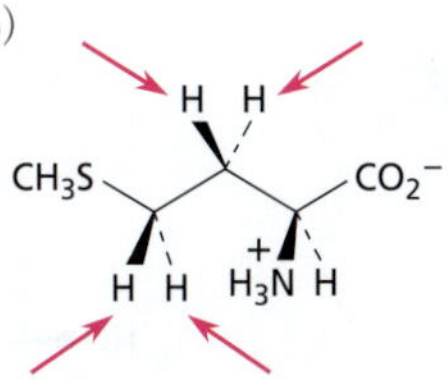 メチオニン

(c) 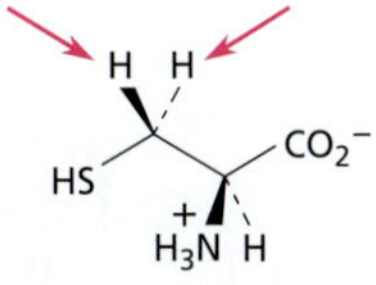 システイン

2・7 次の分子の矢印で示した炭素原子の Re 面と Si 面を答えなさい．

(a) ピルビン酸

(b) クロトン酸

2・8 次の反応で生成する物質の構造を示し，新たに生成したキラル中心の R, S 立体配置を答えなさい（問題 2・7 参照）．
  (a) ピルビン酸のカルボニル基を Re 面から還元した．
  (b) クロトン酸の C3 位の Si 面から $-OH$ 基を付加し，その後 C2 位の Si 面からプロトン化した．

2・9 クエン酸回路の 1 段階である，クエン酸の脱水による cis-アコニット酸生成反応は pro-S ではなく，pro-R のカルボキシメチル基の"腕"が反応に関与する．このとき以下のどちらの構造の生成物が得られるか答えなさい．

クエン酸 → cis-アコニット酸 または

2・10 cis-アコニット酸への水付加反応により $(2R, 3S)$-イソクエン酸が生成する．その立体構造を示し，cis-アコニット酸の Re 面と Si 面のどちらから水の攻撃が起こったと考えられるか述べなさい．またこの付加反応はシンとアンチのどちらであるか，すなわち $-OH$ と $-H$ が二重結合の同じ面から付加したのか，反対側の異なる面から付加したのかを答えなさい．

cis-アコニット酸 $\xrightarrow{H_2O}$ イソクエン酸

2・11 §2・1 で述べたように，コレスタノールとコプロスタノールは C5 位でのエピマーの関係にある．六員環がいす形をとるとした場合のこれらの物質の三次元的な構造を書き，$-OH$ 基がアキシアルとなるかエクアトリアルとなるかを答えなさい．

コレスタノール　　コプロスタノール

2・12 酸触媒存在下，天然テルペノイドであるψ-イオノンはβ-イオノンへと変換される．この反応機構を述べなさい．

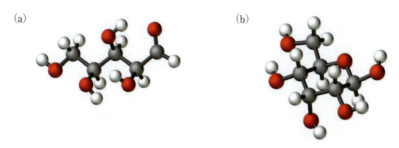

2・13 図2・8を使って以下のアルドースが何であるか答えなさい．それぞれの開環鎖状形のフィッシャー投影式を書き，D糖かL糖かを答えなさい．

(a)　　　　　　　　　　　　　(b)

2・14 次の分子モデルは，象牙の中にみられる天然のアルドヘキソースである．

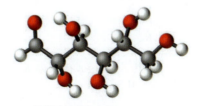

(a) この糖をフィッシャー投影式で書きなさい．
(b) この糖のβ-アノマーをピラノース形で書きなさい．

2・15 次の糖を開環直鎖形でフィッシャー投影式を用いて表しなさい．

(a)　　　　　　　　　　　　　(b)

2・16 D-リブロースは正式には1,3R,4R,5-テトラヒドロキシ-2-ペンタノンである．環状のβ-D-リブロフラノースの構造を書きなさい．

2・17 次のテトラペプチドのアミノ酸配列を答えなさい．

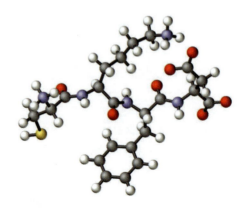

2・18 次のペプチドを構造式で書きなさい．

Val-Glu-Pro-Ala-Cys

2・19 αヘリックス構造はタンパク質中でプロリンが主鎖に現れるたびに終わる．αヘリックス中になぜプロリンは存在しえないのか考察しなさい．

2・20 ヒスチジン構造中にあるイミダゾール環は二つの窒素原子をもつ．5-メチルイミダゾールがプロトン化された構造を二つ示し，どちらの窒素原子がより塩基性が強いか論じなさい．

5-メチルイミダゾール

2・21 G-CジヌクレオチドDNAの構造を正確に書きなさい．

2・22 次の反応は，どの分類に属する酵素が触媒する反応であるか答えなさい．

(a) $CH_3CHCO_2^-$ (OH) ⟶ $CH_3CCO_2^-$ (=O)

(b) CH_3CHCH_2CSR (OH, =O) ⟶ $CH_3CH=CHCSR$ (=O)

(c) CH_3CSCoA (=O) ⟶ $^-O_2CCH_2CSCoA$ (=O)

問題　91

2・23 次の分子に存在するそれぞれのキラル中心が R 配置か S 配置かを決めなさい．

(a) ビタミンC

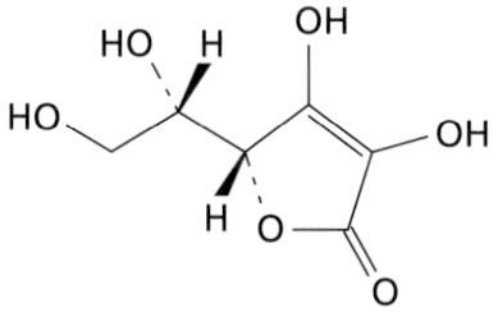

(b) コデイン

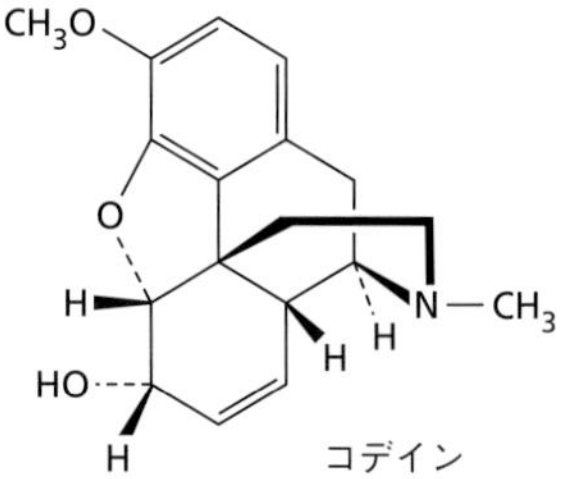

2・24 ピルボイル補酵素はヒスチジン脱炭酸酵素の活性中心で，以下の反応によって生成する．

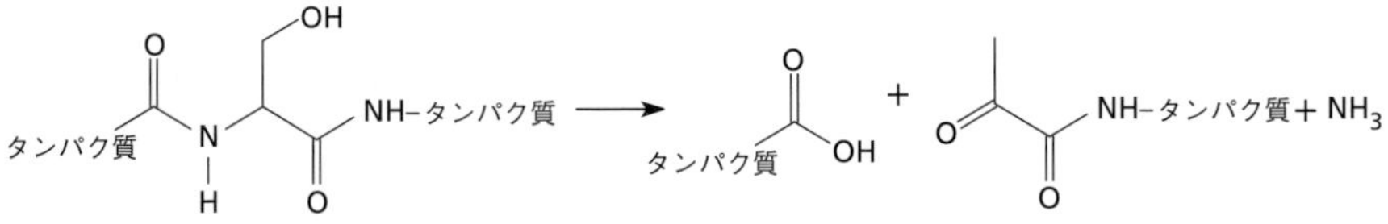

タンパク質–NH–CH(CH$_2$OH)–C(=O)–NH–タンパク質 ⟶ タンパク質–COOH ＋ CH$_3$–C(=O)–C(=O)–NH–タンパク質 ＋ NH$_3$

（ピルボイル補酵素）

反応は以下の数ステップで進行する．
1) 分子内求核アシル置換反応
2) E1cB 反応
3) 互変異性化
4) イミン加水分解

中間体の構造を書き，各ステップの機構を示しなさい．

2・25 テストステロン生合成の最終ステップは，NADH を補酵素としてステロイド 5-α 還元酵素によって触媒されている．反応機構を推定し，二重結合還元反応の立体化学（Re 面か Si 面か）とヒドリド移動の立体化学（pro-R か pro-S か）を論じなさい．（D ＝ 重水素）

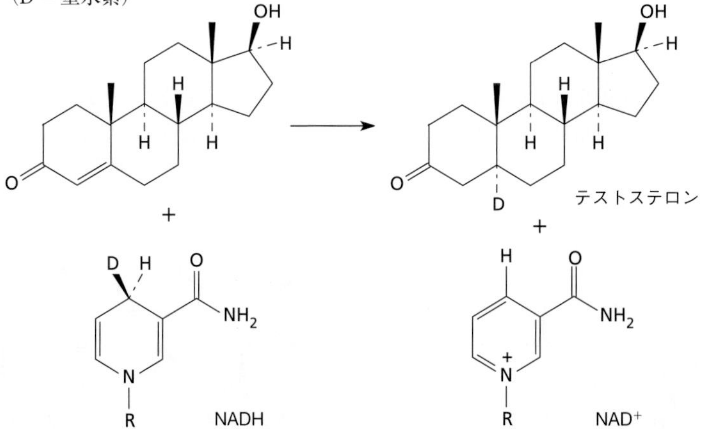

2・26 薬物の排泄は，しばしば水溶性置換基の導入によって促進される．たとえば，アセトアミノフェン（パラセタモール）排泄機構として，下記の酸触媒によるグルクロン酸の導入があげられる．この反応機構を推定しなさい．

アセトアミノフェン + グルクロン酸 →

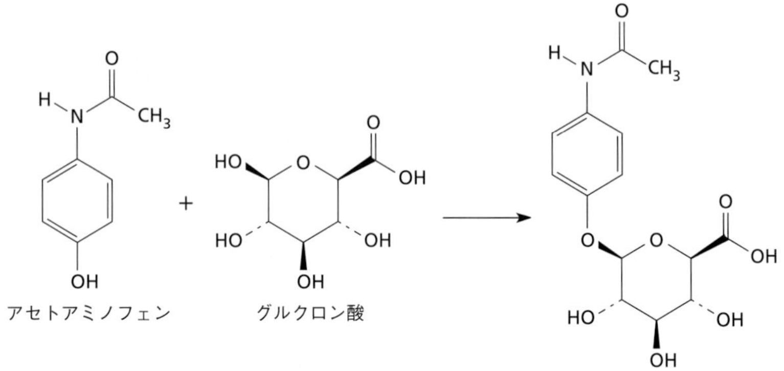

2・27 アセトアミノフェンの別の水溶性化戦略として，酸化反応にひき続くグルタチオンの付加があげられる．この付加反応の機構を推定しなさい．

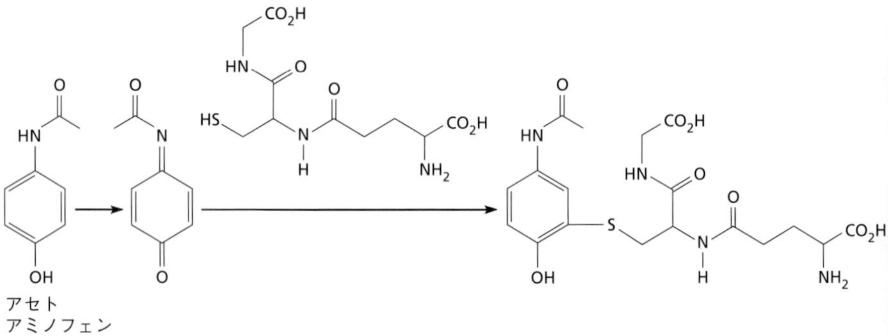

アセトアミノフェン

2・28 乳糖不耐症はよくみられるヒトの健康問題である．幸運なことに，ラクトース（乳糖）の加水分解は容易に入手可能なラッカーゼで簡単に行うことができる．またラクトースは，希薄酸性水溶液でも加水分解可能である．この反応機構を推定しなさい．

ラクトース $\xrightarrow{HCl(aq)}$ ガラクトース + グルコース

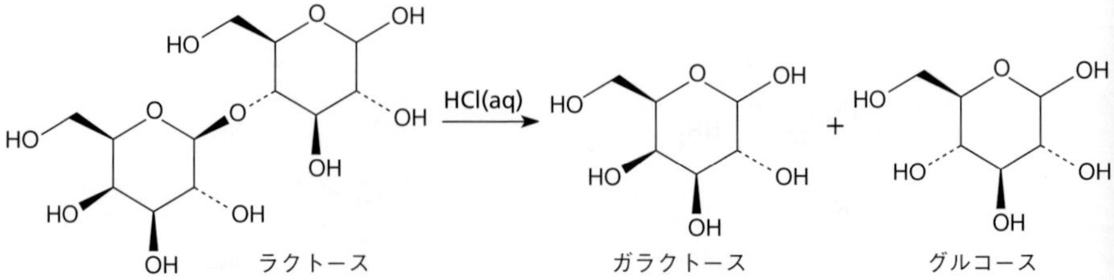

2・29 次に示すジケトピペラジンの酸性官能基，塩基性官能基を示しなさい．pH 7 における総電荷を予想し，すべてのキラル中心の R 配置，S 配置を決めなさい．

3
脂質とその代謝

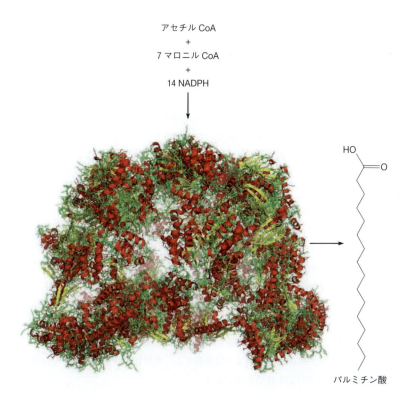

酵母の脂肪酸合成酵素（PDBコード2UV8）は2050個のアミノ酸からなり，複雑で効率の良い分子工場である．この酵素は炭素数16のパルミチン酸の生合成過程において，合計29もの反応を触媒する驚くべきものである．すべての触媒反応は基本的な有機化学を用いて理解可能である．

3. 脂質とその代謝

- 3・1 トリアシルグリセロールの消化と輸送
  - トリアシルグリセロールの加水分解
  - トリアシルグリセロールの再合成
  - ノート: 酵素の三次元構造を表示する
- 3・2 トリアシルグリセロールの異化: グリセロールの運命
- 3・3 トリアシルグリセロールの異化: 脂肪酸の酸化
- 3・4 脂肪酸の生合成
- 3・5 テルペノイドの生合成
  - イソペンテニル二リン酸へのメバロン酸経路
  - イソペンテニル二リン酸への 2C-メチル-D-エリトリトール 4-リン酸経路
  - イソペンテニル二リン酸のテルペノイドへの変換
- 3・6 ステロイドの生合成
  - ファルネシル二リン酸のスクアレンへの変換
  - スクアレンのラノステロールへの変換

　§2・2で学んだように, 脂質は生体から非極性有機溶媒で抽出され, 単離されうる天然物である. それらには多くの異なった種類があるが, 本章では主としてトリアシルグリセロールに焦点をあてるとともに, テルペノイドやステロイドにも少しふれておきたい. プロスタグランジンや他のエイコサノイドの生合成は §7・3 を参照されたい.

3・1 トリアシルグリセロールの消化と輸送

　食物中の脂質は約 90% のトリアシルグリセロール (トリグリセリド) と少量のリン脂質, コレステロールからなる. トリアシルグリセロールは体内で主要な貯蔵エネルギー源であり, 利用可能なエネルギー全体の約 80% を占める.

　食物中のトリアシルグリセロールの代謝分解は胃と十二指腸 (小腸の最初の部分) での消化で始まる. トリアシルグリセロールは水に不溶であるため, まず胆汁酸塩により小滴に乳化されなければならない. タウロコール酸塩やグリココール酸塩が最も多いが, これらの Na^+ や K^+ 塩は, 非極性な脂溶性部と極性な水溶性部の両方を, その構造中にもっており, 界面活性剤のように機能する. 非極性部は脂質に結合し, 極性部は水に結合して, 二つの相を接触させている.

タウロコール酸

グリココール酸

トリアシルグリセロールの加水分解

乳化されると，トリアシルグリセロールは C1 位と C3 位で加水分解を受け，2-モノアシルグリセロールと脂肪酸を生成する．

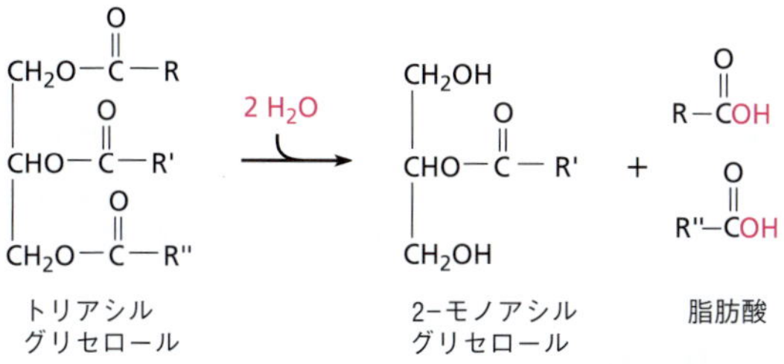

$$\text{トリアシルグリセロール} \xrightarrow{2\,H_2O} \text{2-モノアシルグリセロール} + \text{脂肪酸}$$

この加水分解は 449 アミノ酸からなる球状タンパク質である膵臓リパーゼによって触媒される．その反応機構[1,2]を図 3・1 にまとめて示す．活性中心には，ヒスチジン，セリンがあり，それらは協同的に作用し，それぞれの段階で酸塩基触媒として機能する．加水分解は二つの連続する求核アシル置換反応で完結する．一つ目の反応は酵素上のセリン残基の -OH 側鎖にアシル基が共有結合し，アシル酵素中間体を生じるもので，もう一つの反応は酵素から脂肪酸が遊離する反応である．

ヒスチジンとセリン残基やアシル酵素の存在は，最初に生じる四面体中間体の安定な模倣体として，アルキルホスホン酸メチルエステル［$RPO(OR)_2$］に Ser-152 残基が共有結合した類似体の X 線結晶解析によって確認された（図 3・2, p.99）．

ステップ 1,2（図 3・1）　**アシル酵素の生成**　　最初の求核アシル置換のステップ（Ser-152 側鎖のヒドロキシ基がトリアシルグリセロールと反応することでアシル酵素を生成）は原理的には酵素の他の残基が関与することなく直接起こる．実際には中性のアルコールは弱い求核剤でしかないので，この付加のステップは，まずセリンの -OH 基を脱プロトンして，より強力な求核剤であるアルコキシドイオンに変換しなければならない．この脱プロトンは His-263 の側鎖イミダゾールによって行われるのだが，これは近隣の Asp-176 の側鎖カルボン酸アニオンが，生成するヒスチジンカチオ

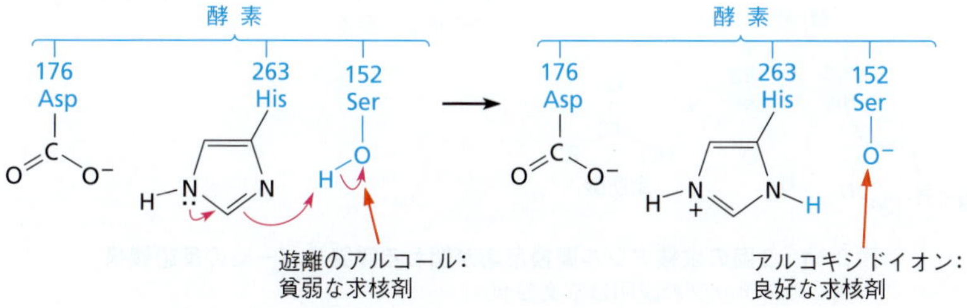

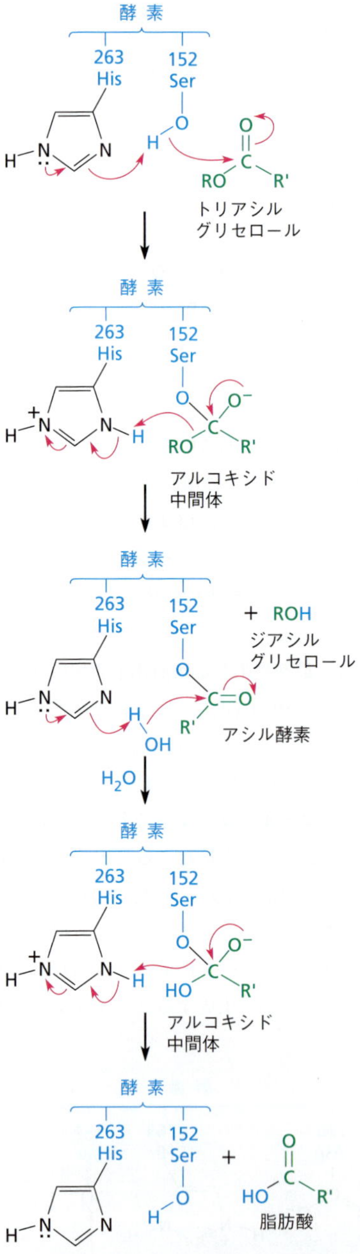

ステップ1
トリアシルグリセロールが膵臓リパーゼの近くに His-263, Ser-152 がある活性中心に捕らえられる．His-263 が Ser-152 の -OH 基から脱プロトンする塩基として作用し，ヒスチジンカチオンとなる．次に Ser-152 はトリアシルグリセロールのカルボニル基に付加し，四面体のアルコキシド中間体を得る

ステップ2
このアルコキシド中間体のジアシルグリセロールを脱離基として求核アシル置換反応で追い出し，アシル酵素を生じる．次にジアシルグリセロールがヒスチジンカチオンによってプロトン化される

ステップ3
His-263 は水分子を脱プロトンしてアシル酵素のアシル基に付加する水酸化物イオンを生じる．ヒスチジンカチオンとアルコキシド中間体が再び形成される

ステップ4
四面体のアルコキシド中間体が Ser-152 を脱離基として2回目の求核アシル置換反応で追い出し，遊離脂肪酸を生じる．次に Ser-152 は His-263 からプロトンを受取り，酵素ははじめの構造に戻る

図3・1　2回の求核アシル置換反応が関わる膵臓リパーゼの反応機構
個々のステップの説明は本文参照．

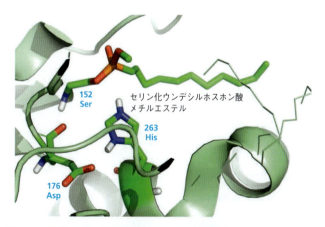

図 3・2　膵臓リパーゼの活性中心における酵素結合アルキルホスホン酸メチルエステルの X 線結晶構造　Ser-152 に結合したアルキルホスホン酸メチルエステルはアシル酵素中間体の安定類似体として機能する.

ンを静電的に安定化することでイミダゾールの塩基性度を増加させていることによる. そうして脱プロトンされたセリンはトリアシルグリセロールのカルボニル基に付加し, 四面体中間体を生成する.

> **ノート: 酵素の三次元構造を表示する**
>
> 　手で持てるほどの大きさの分子模型は, 有機化学において, 小分子の三次元構造を確かめたり, 調べたりするのに役に立つ. しかし酵素などのタンパク質は模型をつくるには大きすぎ, 複雑な生体分子にはコンピューターによる可視化が不可欠となる. 図3・2 で示した膵臓リパーゼのように, 酵素の活性中心に焦点をあてることや, その近くの残基を同定することも可能である. PyMOL プログラム (付録 A 参照) など, いくつかの素晴らしい可視化プログラムが無料で手に入る. これらのソフトの使い方を理解すると現在オンラインで Protein Data Bank (PDB, プロテインデータバンク; www.pdb.org) から入手できる 85,000 以上のタンパク質などの物質の三次元構造にふれることができる.
>
> 　ラトガーズ大学とカリフォルニア大学サンディエゴ校によって共同管理, 運営されている PDB は生体高分子の三次元構造データの供与と処理のための全世界的な保管庫である. タンパク質の原子座標ファイルにアクセスするには, PDB のウェブサイトに行き, 調べたいタンパク質を検索機能により見つけ, PDB 座標ファイルをダウンロードする. そして, PyMOL を使って座標ファイルを開き, コンピューター上にタンパク質構造を表示する. 一度構造が表示されれば, 一連のツールで回転させたり, 色づけしたり, 拡大あるいはそのほかの操作ができる. 酵素の活性中心を探してみることも可能である. PyMOL の使い方については付録 A に詳細を示している.

四面体アルコキシド中間体は，次にジアシルグリセロールを脱離基として追い出し，アシル酵素を生成する．このステップは脱離基を中性のアルコールとする His-263 カチオンからプロトン移動することで触媒される．

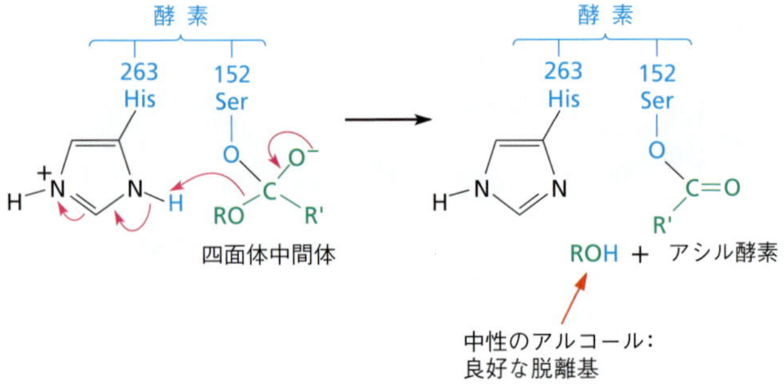

ステップ 3, 4（図 3・1） 加水分解 2 回目の求核アシル置換でアシル酵素が加水分解され，ステップ 1～2 と同様の機構で遊離の脂肪酸を生じる．比較的弱い求核剤である水は His-263 により脱プロトンされることではるかによい求核剤の OH^- となり，酵素についたアシル基に付加する．その後，四面体中間体は中性のセリン残基を脱離基として追い出し，脂肪酸を遊離して酵素を活性体に戻す．

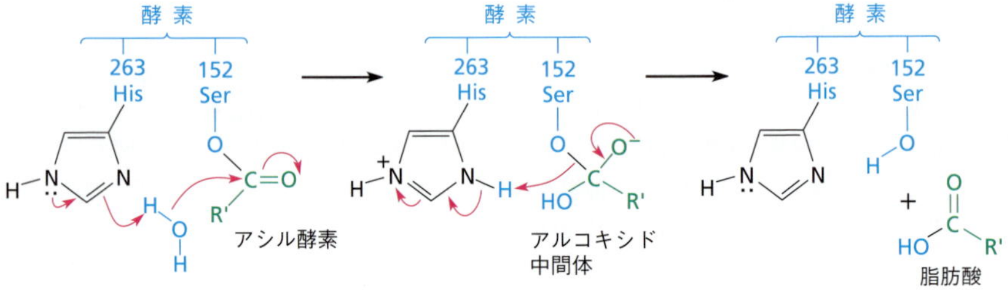

トリアシルグリセロールから最初の加水分解でジアシルグリセロールと脂肪酸を生成した後，ジアシルグリセロールの加水分解が繰返され，2-モノアシルグリセロールと他の脂肪酸がつくられる．

トリアシルグリセロールの再合成

リパーゼにより触媒される脂肪の加水分解によって生成する 2-モノアシルグリセロールと遊離脂肪酸は，胆汁酸塩によって腸壁の粘膜に輸送され，そこで再び結合してトリアシルグリセロールを生成する．これらの過程でもとの化合物が再生する．すなわち，食物中のトリアシルグリセロールは十二指腸で加水分解され，加水分解生成物は大

腸粘膜でトリアシルグリセロールに再構築される．最終的な変化は物質移動だけである．トリアシルグリセロール分子は消化系の水が主体の環境から細胞の壁を透過して直接吸収されるには大きすぎ，溶解性が低すぎるが，それらの加水分解でより簡単に輸送されるように小さく，溶解性の高い分子になる．

脂肪酸と2-モノアシルグリセロールからのトリアシルグリセロールの再合成は次の3段階で行われる．第一段階として，脂肪酸が求核アシル置換反応へ向け，活性化される．化学実験室においては，カルボン酸を酸クロリドに変換することで活性化する．しかし，一般的に生物は活性化にチオエステル，アシルリン酸や関連するアシルアデノシルリン酸（図3・3参照）を用いる．§1・7で述べたように，チオエステルやアシルリン酸はカルボン酸やエステル，アミドよりも求核アシル置換反応における反応性が相当高い．

脂肪酸の活性化は補酵素A（coenzyme A）のチオエステル体へ変換されることで完了する．補酵素AはCoAと略すが，多くの生体内反応経路で鍵となる分子であり，チオールをもつホスホパンテテイン（phosphopantetheine）がアデノシン3′,5′-ビスリン酸（接頭語"ビス"は2を意味する）とリン酸ジエステル結合により結合したものである．

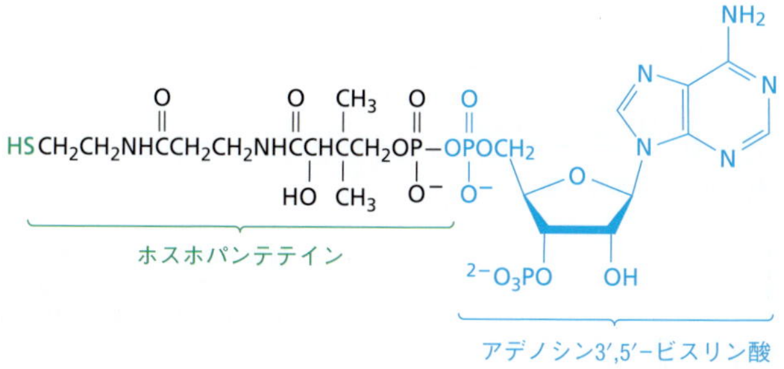

補酵素A(CoA)：チオールである

チオエステル体はATPを補因子として，アシルCoAシンテターゼに触媒されて形成される[3]．なお，"シンテターゼ（synthetase）"と"合成酵素（synthase）"には違いがあることに注意してほしい．シンテターゼはATPや同様の高エネルギー化合物の加水分解と共役する反応を触媒する酵素であるが，合成酵素はATPが不要な反応を触媒する．

図3・3に示すように，はじめにATPがMg^{2+}に配位し，その負電荷を中和して，より求電子的になる．〈ステップ1〉脂肪酸のカルボキシラート基（-COO$^-$）がATPのリン原子へ求核置換反応し，二リン酸イオン（PP_iと略）を脱離基として追い出し，アシルアデノシルリン酸を生成する．生体内リン酸基転移反応がリンでの立体配置の反転を

伴って，中間体を生じない 1 段階の S_N2 反応のように起こることがアイソトープで置換したキラルなリン酸基を用いて示されてきた[4),5)]．〈ステップ 2, 3〉 次にアシルアデノシルリン酸は補酵素 A との求核アシル置換反応で，脂肪アシル CoA を生成する．アシル CoA の構造を書くときに，−SCoA という略号を用いるが，これはチオエステル結合があることを強調するためである．酵素中の塩基性部位が補酵素 A の−SH 基を脱プ

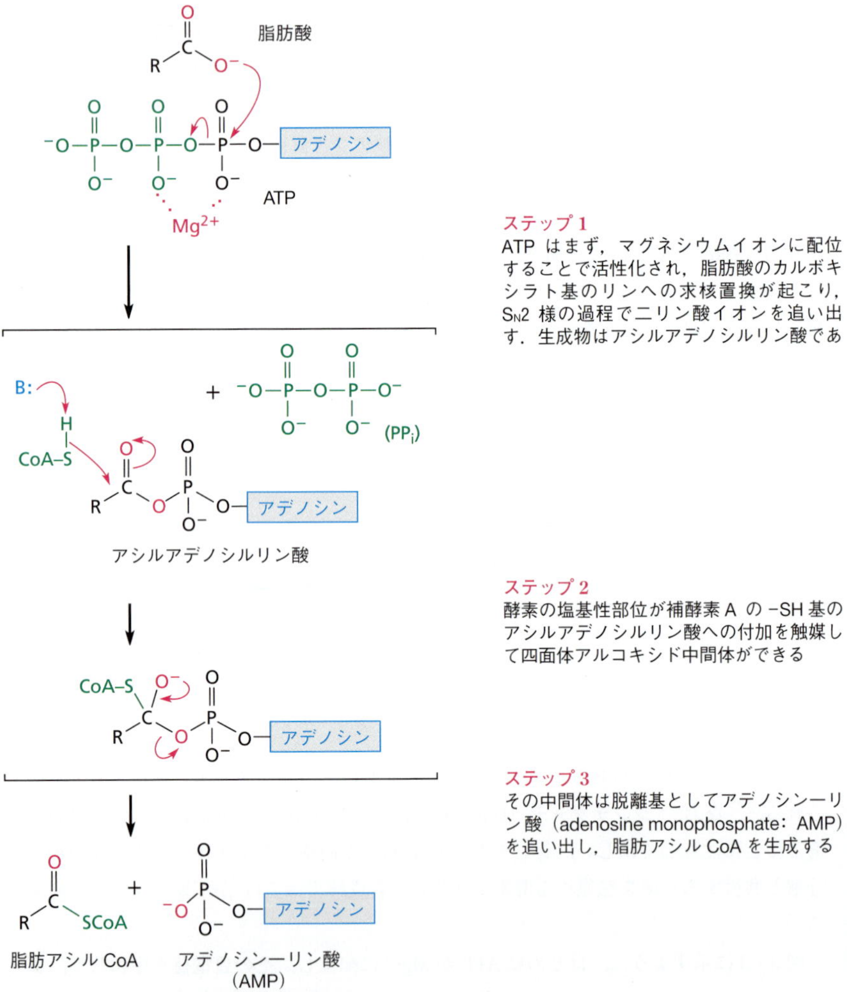
脂肪酸
アデノシン
ATP
Mg^{2+}
ステップ 1
ATP はまず，マグネシウムイオンに配位することで活性化され，脂肪酸のカルボキシラト基のリンへの求核置換が起こり，S_N2 様の過程で二リン酸イオンを追い出す．生成物はアシルアデノシルリン酸であ
B:
CoA–S
(PP$_i$)
アシルアデノシルリン酸
ステップ 2
酵素の塩基性部位が補酵素 A の −SH 基のアシルアデノシルリン酸への付加を触媒して四面体アルコキシド中間体ができる
ステップ 3
その中間体は脱離基としてアデノシン一リン酸（adenosine monophosphate：AMP）を追い出し，脂肪アシル CoA を生成する
SCoA
脂肪アシル CoA
アデノシン一リン酸
(AMP)

図 3・3　脂肪酸から脂肪アシル CoA を生成する機構　脂肪酸は ATP との S_N2 様反応で活性化され，補酵素 A と求核アシル置換反応するアシルアデノシルリン酸を生成する．

ロトンすることによってこの過程の触媒を手助けする．

次に脂肪アシル CoA は 2-モノアシルグリセロールと反応して，1,2-ジアシルグリセロールを生じる．この反応はモノアシルグリセロールアシル基転移酵素（monoacylglycerol acyltransferase：MGAT）によって触媒される[6]．MGAT には三つのアイソフォームが見つかっており[7],[8]，344 残基の MGAT3 が小腸ではおもに発現している．脂肪アシル CoA はまず MGAT3 のシステインの-SH 基と反応し，酵素結合脂肪アシル中間体を得る．この中間体は 2-モノアシルグリセロールと反応する．この二つの段階はジアシルグリセロールアシル基転移酵素（diacylglycerol acyltransferase：DGAT）により繰返され，最終生成物であるトリアシルグリセロールを生じる[9]．全段階は求核アシル置換反応の繰返しでしかなく，四面体中間体を経て起こる．

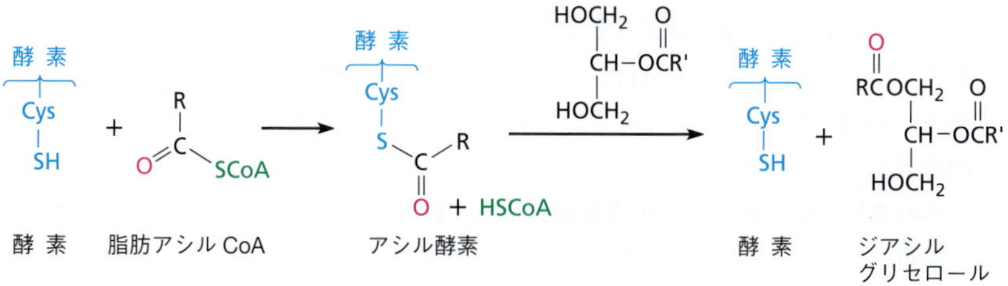

酵素—Cys—SH ＋ R—C(=O)—SCoA → 酵素—Cys—S—C(R)=O ＋ HSCoA
脂肪アシル CoA　　　アシル酵素

HOCH₂—CH(OCR')—HOCH₂ ＋ 酵素—Cys—SH → 酵素 ＋ RCOCH₂—CH(OCR')—HOCH₂
　　　　　　　　　　　　　　　　　　　　　　　　　　ジアシルグリセロール

大腸粘膜で合成されたトリアシルグリセロールは水には不溶性で，そのままでは血流での輸送は難しいので，その代わりに，リン脂質やタンパク質と結合して"キロミクロン（chylomicron）"とよばれる大きな球状のリポタンパク質会合体となる．トリアシルグリセロールはキロミクロンの疎水性の核に集まっているのに対し，リン脂質や帯電したタンパク質は親水性の殻を形成している．こうしてキロミクロンは血流へと放出され，エネルギー源として筋肉へ，あるいは貯蔵のために脂肪組織へと運ばれる．

3・2　トリアシルグリセロールの異化: グリセロールの運命

キロミクロンによって標的組織へ輸送された後，トリアシルグリセロールの代謝分解が加水分解から始まり，グリセロールと脂肪酸を生成する．その反応はリポタンパク質リパーゼによって触媒され，その作用機構は，本質的には図3・1で示した膵臓リパーゼの機構と同じである．加水分解で放出される脂肪酸は細胞内のミトコンドリアへ運ばれ，エネルギーを供給するために酸化されるのに対し，グリセロールはさらなる代謝のために肝臓へと運ばれる．肝臓では，グリセロールはまず，pro-R（§2・1）の-CH₂OH 基に ATP との反応でリン酸化される．そして NAD$^+$ による酸化でジヒドロキシアセトンリン酸（dihydroxyacetone phosphate：DHAP）を生成し，炭水化物代謝経路（§4・2）に入る．

3. 脂質とその代謝

[反応図：グリセロール → sn-グリセロール 3-リン酸 → ジヒドロキシアセトンリン酸 (DHAP)]

上記反応式の書き方に注意してほしい．生体内反応を書く際には注目している主要な反応物と生成物の構造式だけを示すのが通常である．ATP や ADP といった補酵素反応物とその生成物は，水のような小分子反応物や生成物とともに，主反応の矢印に交わる湾曲した矢印上に書く．

グリセロールのリン酸化はグリセロールキナーゼによって触媒される（表2・5に示したように，キナーゼは通常 ATP を補酵素に用いてリン酸化反応を触媒する転移酵素である）．図3・3に示したアシルアデノシルリン酸の生成のように，グリセロールのリン酸化は Mg^{2+} へ ATP が配位してより求電子的になることで始まる．グリセロールのリンへの求核攻撃，そして ADP が脱離基として放出されて，おそらく S_N2 様機構で置換生成物を生じる（図3・4）．酵素内のアスパラギン酸残基（Asp-245）はグリセロールの-OH 基を脱プロトンすることで触媒機能を示す[10]．

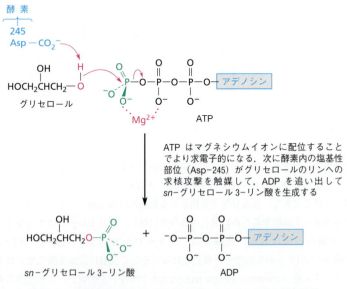

ATP はマグネシウムイオンに配位することでより求電子的になる．次に酵素内の塩基性部位（Asp-245）がグリセロールのリンへの求核攻撃を触媒して，ADP を追い出して sn-グリセロール 3-リン酸を生成する

図3・4　グリセロールキナーゼによるグリセロールのリン酸化機構

リン酸化生成物は sn-グリセロール 3-リン酸という名前になるが，sn-の接頭語は"立体特異的番号づけ (stereospecific numbering)"を意味する．この命名法においてフィッシャー投影式 (§2・3) でこの分子を書くと，C2 位における -OH 基は左を向き，グリセロールの炭素原子は上から番号づけされる．

ジヒドロキシアセトンリン酸を生成する sn-グリセロール 3-リン酸の酸化は，sn-グリセロール 3-リン酸脱水素酵素によって触媒される．§1・12 に記したように，アルコールをケトンにするこの酸化には，NAD^+ が補因子として関与し，共役求核付加反応 (§1・6) におけるアルコールのヒドロキシ基をもつ炭素からニコチンアミド環の $C=C-C=N^+$ へのヒドリドイオンの移動が関与する．亜鉛イオンは補因子として機能し，アルコールに配位してその酸性度を増加させる (図 3・5)．

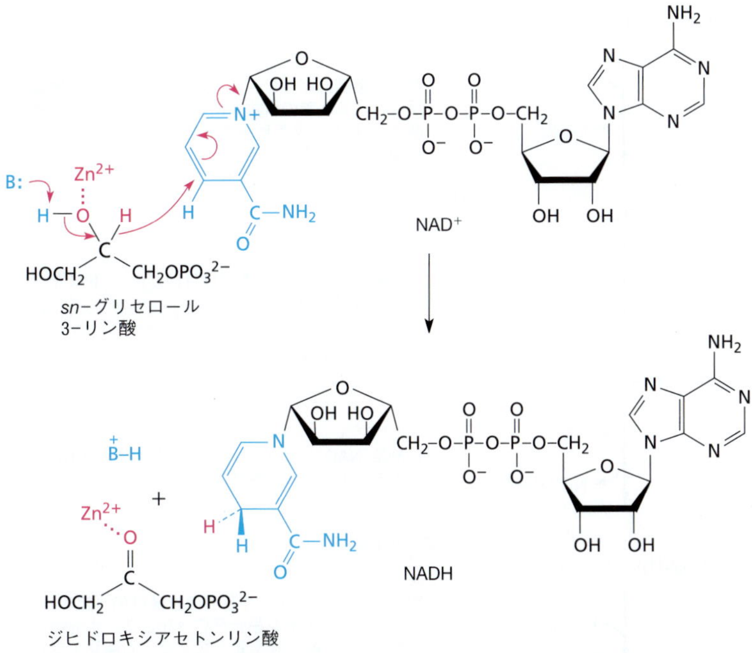

図 3・5　NAD^+ による sn-グリセロール 3-リン酸の酸化機構

ヒドリドイオンの付加は立体特異的で，もっぱらニコチンアミド環の Re 面 (§2・1) 上で起こり，pro-R の立体化学で水素を付加する．すべてのアルコール脱水素酵素は立体特異的である．ただし，その特異性は酵素により異なる．

酸化還元について考えると，"水素原子"は"水素イオン"（H^+）と電子（e^-）に等価である（H原子＝H^+＋e^-）ことを知っておくことは重要である．アルコールの酸化で除かれる二つの水素原子については，2 H原子＝$2H^+$＋$2e^-$である．NAD^+が酸

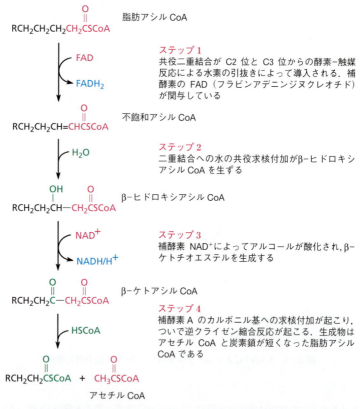

図3・6 脂肪酸鎖の端からアセチル基が切断される4段階からなる β 酸化経路
鍵となる鎖を短くする段階は，β-ケトチオエステルの逆クライゼン縮合反応である．個々のステップの説明は本文参照．

化剤として関与しているなら，二つの電子は一つの H^+ につき，ヒドリドイオン（$H:^-$）になる．要するに $H:^-$ の NAD^+ への付加で NADH ができ，酸化される基質から除かれたもう一つの水素は塩基により H^+ として除かれる．

3・3　トリアシルグリセロールの異化: 脂肪酸の酸化

　脂肪酸は図3・6（左ページ）に示すように，細胞のミトコンドリアにおいて **β酸化経路**（β-oxidation pathway）とよばれる反復する一連の4段階からなる酵素-触媒反応で異化される．分子全体が完全に分解されるまで，その経路を通過するごとに脂肪酸鎖のカルボキシ末端からアセチル基の切断が起こる．アセチル基が生成されるとそれぞれクエン酸回路に入り，CO_2 へとさらに分解される（§4・4参照）．

　ステップ1（図3・6）　**二重結合の導入**　アシル CoA 脱水素酵素の仲間の一つによって[11),12)]，二つの水素原子が C2 位および C3 位から引抜かれて α,β-不飽和アシル CoA を生成することから β 酸化経路は始まる．この種の酸化（共役二重結合のカルボニル化合物への導入）は生化学経路において頻繁に起こる．たいていの場合は補酵素のFAD（フラビンアデニンジヌクレオチド）によって触媒される．$FADH_2$（還元型フラビン）は副生物である．

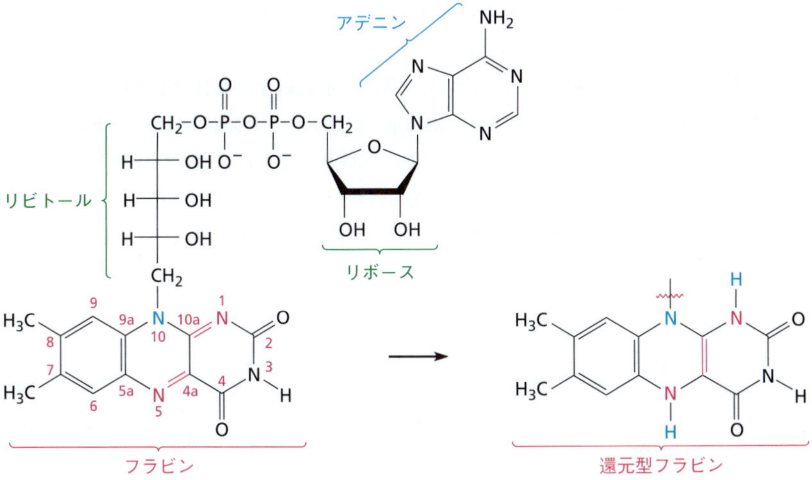

　アシル CoA 脱水素酵素の酵素-基質複合体の活性中心の X 線結晶構造[12)]ではフラビン環と取去られる二つの水素原子が示されている（図3・7）．アシル CoA の *pro-R* のα水素は Glu-376 によって引抜かれ，同時に *pro-R* の β 水素は FAD の N5 位の窒素原子に *Re* 面から供与される．

108　　　　　　　　　　　　　3. 脂質とその代謝

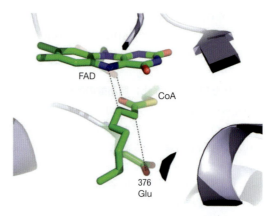

図 3・7　アシル CoA 脱水素酵素の酵素-基質複合体の活性中心の X 線結晶構造
Glu-376 が脂肪アシル CoA の *pro-R* の α 水素を取り，同時に *pro-R* の β 水素が FAD の N5 位 *Re* 面に供与される．

フラビン補酵素は二電子（極性）経路でも一電子（ラジカル）経路でも作用できるので，FAD 触媒反応の機構を確立するのは困難なことが多い．本反応の場合は極性機構が妥当である．すなわち，はじめにチオエステルエノラートイオンが生成した後，NAD^+ でアルコール酸化したのと同様にヒドリドイオンが転移する[13),14)]．アシルカルボニル基と FAD のリビトールのヒドロキシ基間の水素結合は基質の酸性度を高め，酵素の Glu-376 が塩基として機能する．次に β-ヒドリドイオンが FAD の二重結合している N5 位の窒素に付加し，中間体の N1 位にプロトン化すれば最終生成物となる．そのようにして生成する α,β-不飽和アシル CoA はトランス二重結合をもつ．

ステップ 2（図 3・6）　**水の共役付加**　　ステップ 1 で生成した α,β-不飽和アシル

CoAが共役付加経路（§1・6）により水と反応し，エノイルCoAヒドラターゼにより触媒される過程でβ-ヒドロキシアシルCoAを生成する[15),16]．水が求核剤として二重結合のβ炭素に付加し，その後にプロトン化されたチオエステルエノラートイオン中間体を生成する．

酵素の中で，求核的な水分子がGlu-144により脱プロトンされ，より反応性の高い供与体となって，不飽和アシルCoAの Si 面より付加が起こる．同時にカルボニル酸素原子がアラニンやグリシン残基のアミドNHと水素結合して受容体としての反応性が上昇する．エノラートイオンのプロトン化がGlu-164の酸性型によって行われ，pro-R 水素をα位に付加する．このように-OHと-Hの両方が二重結合の同じ面から（いわゆるシン付加で）付加する．

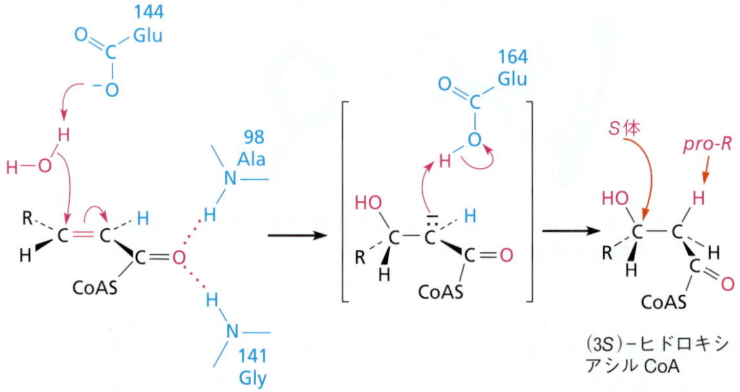

ステップ3（図3・6）　アルコール酸化　β-ヒドロキシアシルCoAはβ-ケトアシルCoAに酸化される．この反応はヒドロキシアシルCoA脱水素酵素群[17)]の一つによって触媒される．この酵素群はアシル基の鎖長による基質特異性に違いがある．sn-グリセロール3-リン酸からジヒドロキシアセトンリン酸への酸化（§3・2，図3・5）のように，この酸化には補酵素としてNAD$^+$ が必要で，副生物として還元されたNADH/

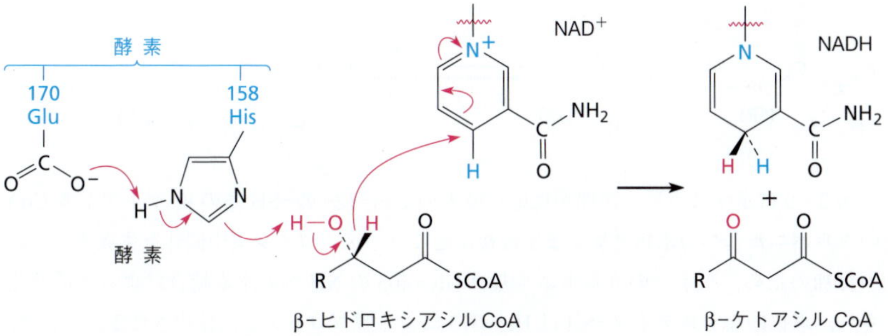

H$^+$を生成する.ヒドロキシ基の脱水素が活性中心の His-158 残基によって行われ,ヒドリドイオンの付加がニコチンアミド環の *Si* 面で立体特異的に起こる.この立体化学はグリセロール 3-リン酸の酸化で観察された反応とは異なることに注意してほしい.

ヒドロキシアシル CoA 脱水素酵素の酵素-基質複合体の X 線結晶構造(図 3・8)からどのように His-158 が基質のヒドロキシ基を脱プロトン化し,β 炭素の隣接ヒドリドイオンが NAD$^+$ へ移されるかがわかる.

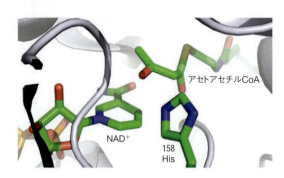

図 3・8 ヒドロキシアシル CoA 脱水素酵素の酵素-基質複合体の X 線結晶構造 His-158 がヒドロキシ基を脱プロトン化し,隣接ヒドリドイオンが NAD$^+$ の *Si* 面に移される.

ステップ 4(図 3・6) **鎖切断** アセチル CoA は β 酸化の最終段階でアシル鎖から分離される.離れたアシル CoA は,はじめのものよりも 2 炭素原子短くなっている.反応は β-ケトアシル CoA チオラーゼ[18), 19)] により触媒され,機械的にクライゼン縮合反応(§1・8,図 1・14)の逆となる.ここで思い出してほしいのが,クライゼン縮合は"順方向"では二つのエステルをくっつけ,β-ケトエステル生成物を形成することである."逆方向",すなわち逆クライゼン反応は,β-ケトエステル(または β-ケトチオエステル)を分離し,二つのエステル(または二つのチオエステル)を生成する.

図 3・9 に示すように,鎖開裂反応は酵素の Cys-125 の -SH 基の β-ケトアシル CoA のカルボニル基への求核付加がまず最初に起こり,アルコキシド中間体を生成する.この付加のため,ケトンのカルボニル基は Gly-405 の NH への水素結合によって活性化され,求核的なシステイン-SH は His-375 による脱プロトンで活性化される.ついで,

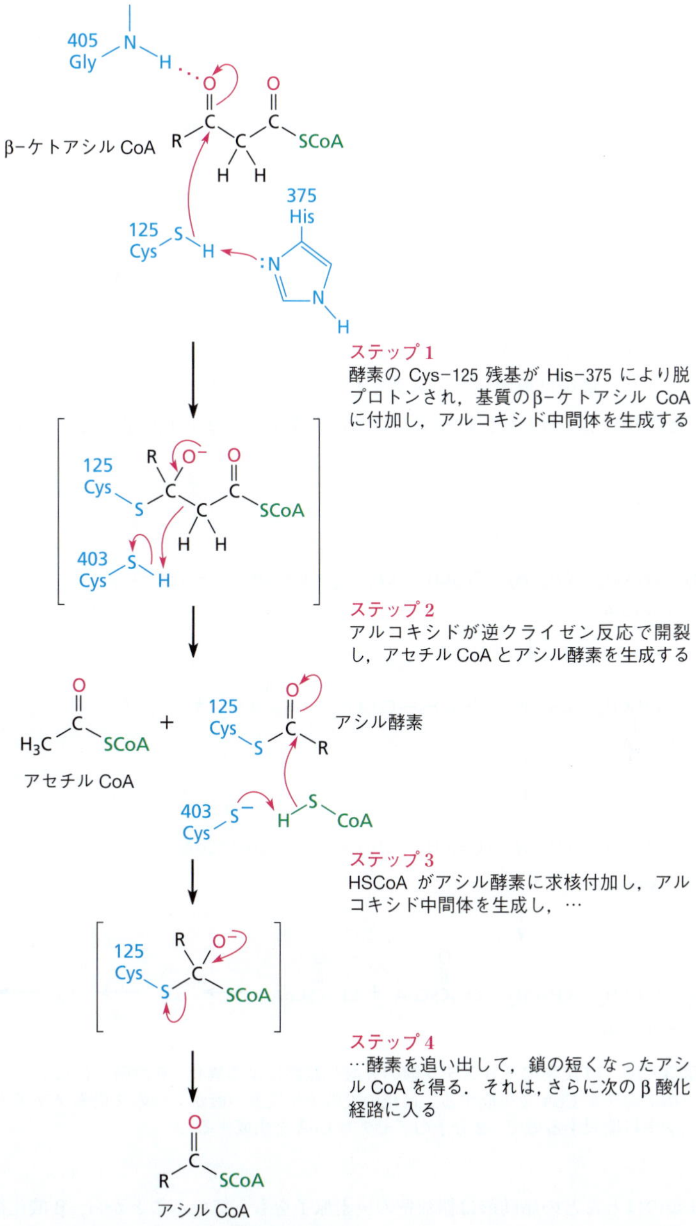

3・3 トリアシルグリセロールの異化: 脂肪酸の酸化　　111

ステップ 1
酵素の Cys-125 残基が His-375 により脱プロトンされ，基質のβ-ケトアシル CoA に付加し，アルコキシド中間体を生成する

ステップ 2
アルコキシドが逆クライゼン反応で開裂し，アセチル CoA とアシル酵素を生成する

アセチル CoA　　アシル酵素

ステップ 3
HSCoA がアシル酵素に求核付加し，アルコキシド中間体を生成し，…

ステップ 4
…酵素を追い出して，鎖の短くなったアシル CoA を得る．それは，さらに次の β 酸化経路に入る

アシル CoA

図 3・9 アセチル CoA と炭素鎖の短くなったアシル CoA が生成する β-ケトアシル CoA の逆クライゼン反応の機構（図 3・6, ステップ 4）

逆クライゼン反応におけるアセチル CoA エノラートイオンの除去を伴って，C2—C3 結合の開裂が起こる．鎖の短くなったアシル基はチオエステル結合によって酵素に結合されている．Cys-403 によるエノラートイオンのプロトン化でアセチル CoA が生成し，結合したアシル基は補酵素 A 分子との反応で求核アシル置換を起こす．得られた鎖の短くなったアシル CoA は，さらなる分解へ向け，また別の β 酸化経路に入る．

　β 酸化経路の全体の結果がわかるよう，図 3・10 のミリスチン酸（テトラデカン酸）の異化作用を見てほしい．その経路の最初の段階は 14 炭素のミリストイル CoA（テトラデカノイル CoA）を 12 炭素のラウロイル CoA（ドデカノイル CoA）とアセチル CoA に変換する．第二段階として 12 炭素のラウロイル CoA を 10 炭素のデカノイル CoA とアセチル CoA とし，第三段階としてデカノイル CoA を 8 炭素のオクタノイル CoA と変換してゆく．最後は前駆体が 4 炭素をもつことから，2 分子のアセチル CoA が生成することに注意してほしい．段階の数は常に生成するアセチル CoA 分子の数よりも一つ少なくなる．

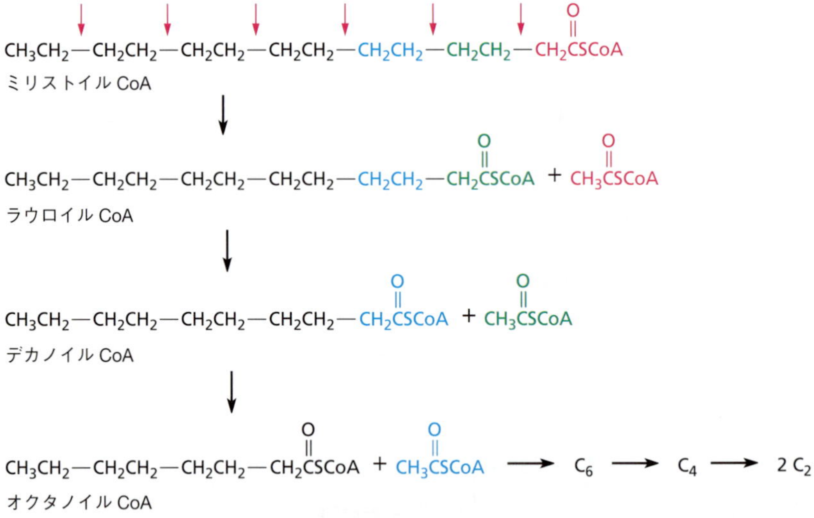

$$CH_3CH_2-CH_2CH_2-CH_2CH_2-CH_2CH_2-CH_2CH_2-CH_2CH_2-CH_2\overset{O}{\overset{\|}{C}}SCoA$$
ミリストイル CoA

$$CH_3CH_2-CH_2CH_2-CH_2CH_2-CH_2CH_2-CH_2CH_2-CH_2\overset{O}{\overset{\|}{C}}SCoA + CH_3\overset{O}{\overset{\|}{C}}SCoA$$
ラウロイル CoA

$$CH_3CH_2-CH_2CH_2-CH_2CH_2-CH_2CH_2-CH_2\overset{O}{\overset{\|}{C}}SCoA + CH_3\overset{O}{\overset{\|}{C}}SCoA$$
デカノイル CoA

$$CH_3CH_2-CH_2CH_2-CH_2CH_2-CH_2\overset{O}{\overset{\|}{C}}SCoA + CH_3\overset{O}{\overset{\|}{C}}SCoA \longrightarrow C_6 \longrightarrow C_4 \longrightarrow 2\,C_2$$
オクタノイル CoA

図 3・10　14 炭素のミリスチン酸の β 酸化経路による異化　6 段階の後に 7 分子のアセチル CoA を生成する．最後の段階で 4 炭素の酸が二つの 2 炭素フラグメントに開裂するので，2 分子のアセチル CoA を生成する．

　哺乳類のほとんどの脂肪酸は偶数個の炭素原子をもっていることから，β 酸化後には何も残らない．しかし，植物や海洋生物は奇数個の炭素原子の脂肪酸をもつことがあり，最後の β 酸化で 3 炭素のプロピオニル CoA を生成する．プロピオニル CoA は

§4・4で議論するクエン酸回路の中間体であるスクシニル CoA に変換される.

プロピオニル CoA からスクシニル CoA へは多段階の複雑な経路で変換される.その経路は(S)-メチルマロニル CoA へのカルボキシ化が最初に起こり,(R)-メチルマロニル CoA へのエピマー化(§2・1),そしてスクシニル CoA への転位反応である.カルボキシ化のステップは補酵素のビオチンを必要とし,次の節(図3・13参照)に出てくる機構で起こる.(R)-メチルマロニル CoA からスクシニル CoA への転位反応[20]は補酵素のアデノシルコバラミン(補酵素 B_{12})を必要とするラジカル反応で,このようなラジカル反応は哺乳類ではもう1種類しか知られていない.§5・3(図5・10)でその変換の詳細を述べることになるが,ここではアシル CoA の炭素が $-CH_3$ の炭素に転移する反応であると知っておいてほしい.

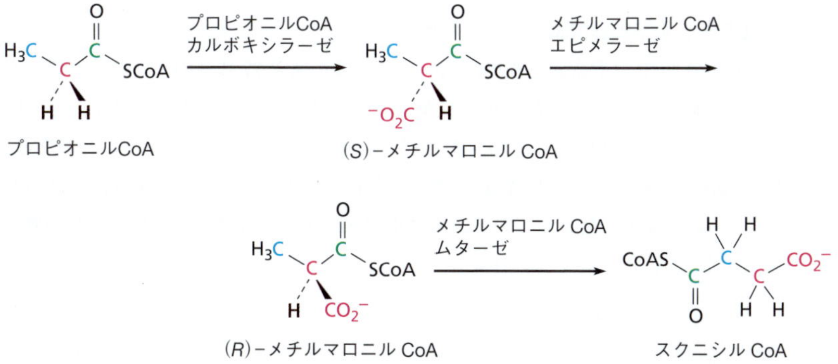

3・4 脂肪酸の生合成

先述のとおり,一般的な脂肪酸の目立つ特徴として,すべてが偶数個の炭素原子をもっていることがあげられる(表2・2).偶数個になるわけは,すべての脂肪酸が2炭素前駆体であるアセチル CoA から鎖を伸ばす2炭素単位の連続的な付加で生合成されることによる.おもにアセチル CoA は,第4章で学ぶように,解糖系で炭水化物の代謝的分解によって生じる.このように過剰に摂取した食物の炭水化物は貯蔵のために効率良く脂肪へ変換される.

生物が"アセチル CoA から"脂肪酸を合成する経路は,脂肪酸から"アセチル CoA へ"生物が変換する β 酸化経路と密接に関連している.しかし,その経路はまったく逆ではない.どちらの経路もエネルギー的に有利であるため,また独立した制御機構が働くために,それらは異なっているはずである.たとえば,違いの一つをあげれば,脂肪酸の酸化は細胞のミトコンドリアで行われるのに対し,脂肪酸の合成はサイトゾル(細胞質ゾル)あるいは細胞内液中で起こる.他の相違点としては,アシル基のキャリ

ヤー（運搬体），β-ヒドロキシアシル反応中間体の立体化学，酸化還元の補酵素があげられる．FAD は β 酸化の二重結合の生成に用いられるが，NADPH は脂肪酸の生合成において二重結合の還元に用いられる．

脊椎動物の脂肪酸合成は，大きな多酵素複合体によって触媒される．この複合体は，経路のすべての段階を触媒することができる．脂肪酸生成の全体像を図 3・11 に示す．

ステップ 1, 2（図 3・11）　**アシル基転移**　脂肪酸生合成の出発物質はチオエステルであるアセチル CoA であり，解糖系での炭水化物分解の結果得られる生成物である．脂肪酸合成は二つの"準備反応"で始まる．それらは，アセチル CoA を運んだり，より反応性の高い物質へ変換する反応である．最初の反応はアセチル CoA からアセチル ACP（アシルキャリヤータンパク質）への変換を行う典型的な求核アシル置換反応で，反応は ACP アシル基転移酵素によって触媒される．

細菌や植物の ACP は酵素から別の酵素へアシル基を運ぶ 77 残基の小タンパク質である．しかし，動物の ACP は多酵素の合成酵素複合体上で長い腕のように見え，その明確な機能としては複合体内のある場所から別の場所へアシル基を誘導することである．アセチル CoA と同様，アセチル ACP のアシル基はチオエステル結合により，ホスホパンテテインの硫黄原子に結合している．ホスホパンテテインは酵素のセリン残基の側鎖 –OH 基を介して ACP と結合している．

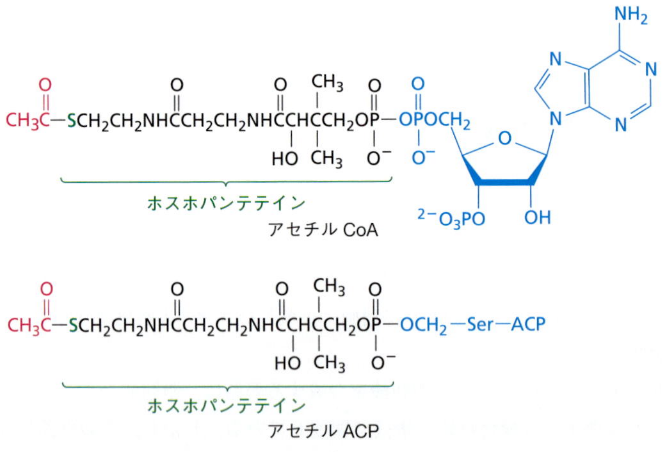

ステップ 2 での，もう一つの準備反応では別の求核アシル置換によりチオエステル結合がさらに交換される．この反応でアセチル基とその後の縮合段階を触媒する合成酵素複合体のシステイン残基との共有結合を生じる．

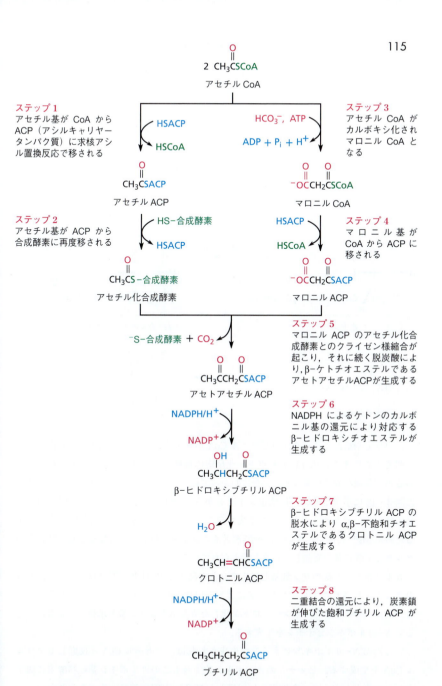

図3・11 2炭素前駆体であるアセチルCoAからの脂肪酸の生合成経路
個々のステップの説明は本文参照.

ステップ3, 4（図3・11） カルボキシ化とアシル基転移　　ステップ3はアセチル CoA が HCO_3^- と ATP との反応でカルボキシ化され，マロニル CoA と ADP を生成する反応である．この段階には補酵素のビオチンが必要で，ビオチンはアセチル CoA カルボキシラーゼのリシン残基の末端-NH_2基に結合している．ビオチンは，まず炭酸水素イオンと反応し，N-カルボキシビオチンを生成する．これによって CO_2 をアセチル CoA に移す．このようにして，ビオチンは第一段階で CO_2 と共有結合し，次の段階でそれを離す酵素内の CO_2 運搬役として働く．

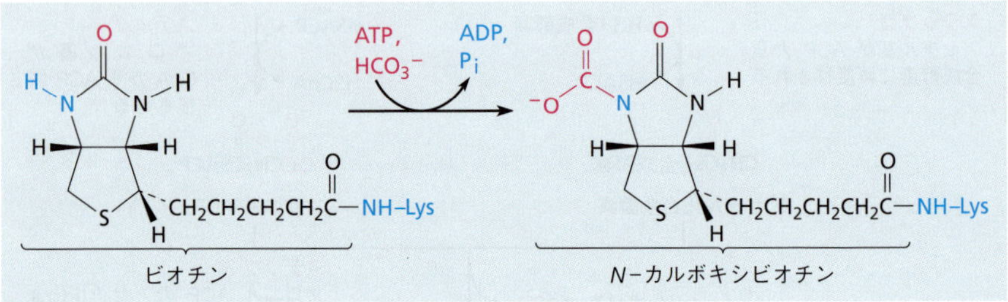

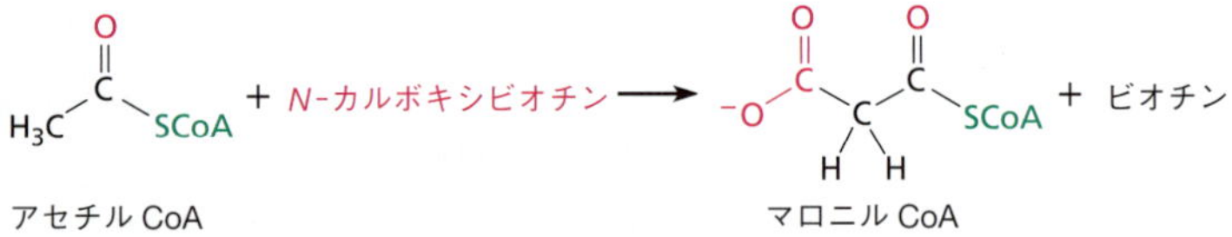

この反応や前節で述べたプロピオニル CoA からメチルマロニル CoA への変換といった関連するビオチン依存性カルボキシ化反応の機構[21]〜[24]は，長らく研究されてきているが，詳細な分子機構はまだ完全にわかっていない．一つの可能性として，この機構は図3・12に示すように，炭酸水素イオンが ATP と反応し，リン酸基を移動させて，反応性の高いカルボキシリン酸を生成することで開始しうる．ATP は負電荷を中和するために Mg^{2+} に配位していて，炭酸水素イオンを脱プロトンする塩基として酵素内のグルタミン酸残基が機能していると考えられている．

カルボキシリン酸のリン酸基とビオチンとの反応で N-H 基が脱プロトンして，近隣のプロトン化されたアルギニン残基により安定化されるエノラート様イオンを生成する．次にそのビオチンイオンはプロトン化したカルボキシリン酸と求核アシル置換反応して N-カルボキシビオチンを生成する．

いったん N-カルボキシビオチンが生成されれば，アセチル CoA と反応してマロニル CoA を生成する．ビオチンのカルボキシ化よりもこのカルボキシ基転移酵素に関することの方がわかっていないが，反応種として CO_2 が関与しているかもしれない．一つの提案[22]としては，CO_2 の脱落は N-カルボキシビオチンのカルボニル基と酵素中の

近隣の酸性部位（プロトン化されたリシンあるいはアルギニン）との水素結合形成に役立っているというものである．得られたビオチンアニオンによるアセチル CoA の脱プロトンでチオエステルエノラートイオンを生成し，直ちに CO_2 と反応する（図 3・

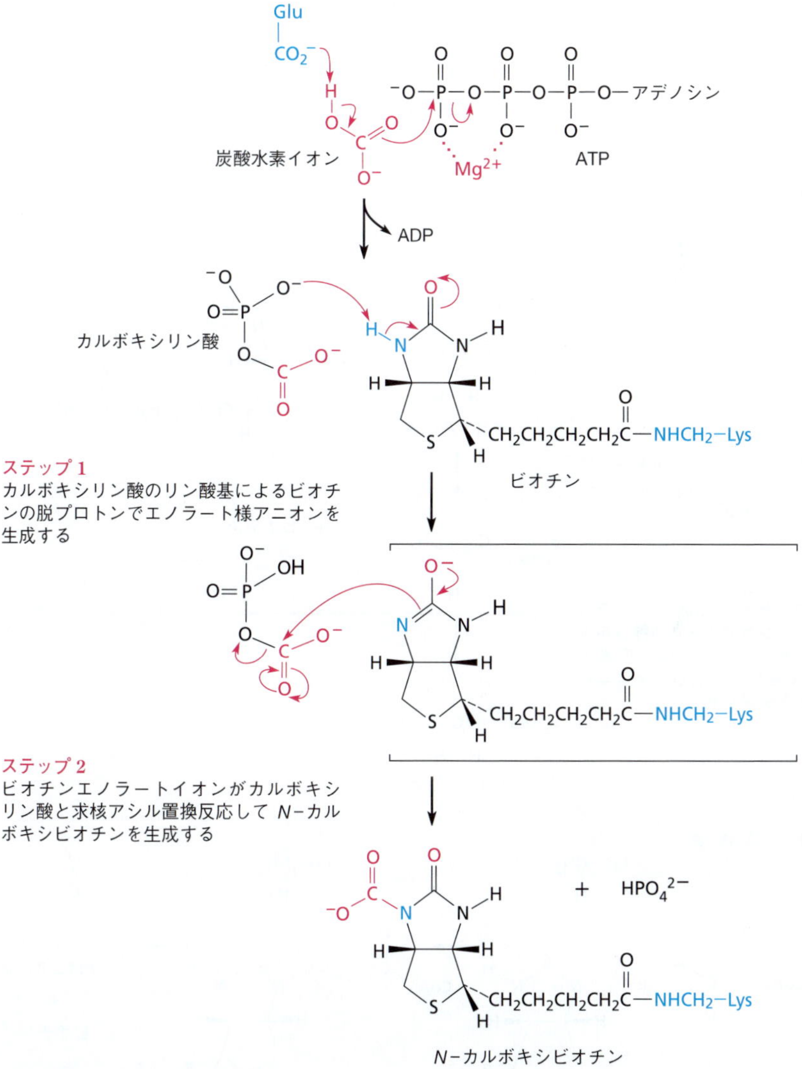

ステップ 1
カルボキシリン酸のリン酸基によるビオチンの脱プロトンでエノラート様アニオンを生成する

ステップ 2
ビオチンエノラートイオンがカルボキシリン酸と求核アシル置換反応して N-カルボキシビオチンを生成する

図 3・12 **N-カルボキシビオチン形成の推定機構** 炭酸水素イオンと ATP との反応でカルボキシリン酸を生成し，それがビオチンを脱プロトンした後に求核アシル置換反応が起こる．

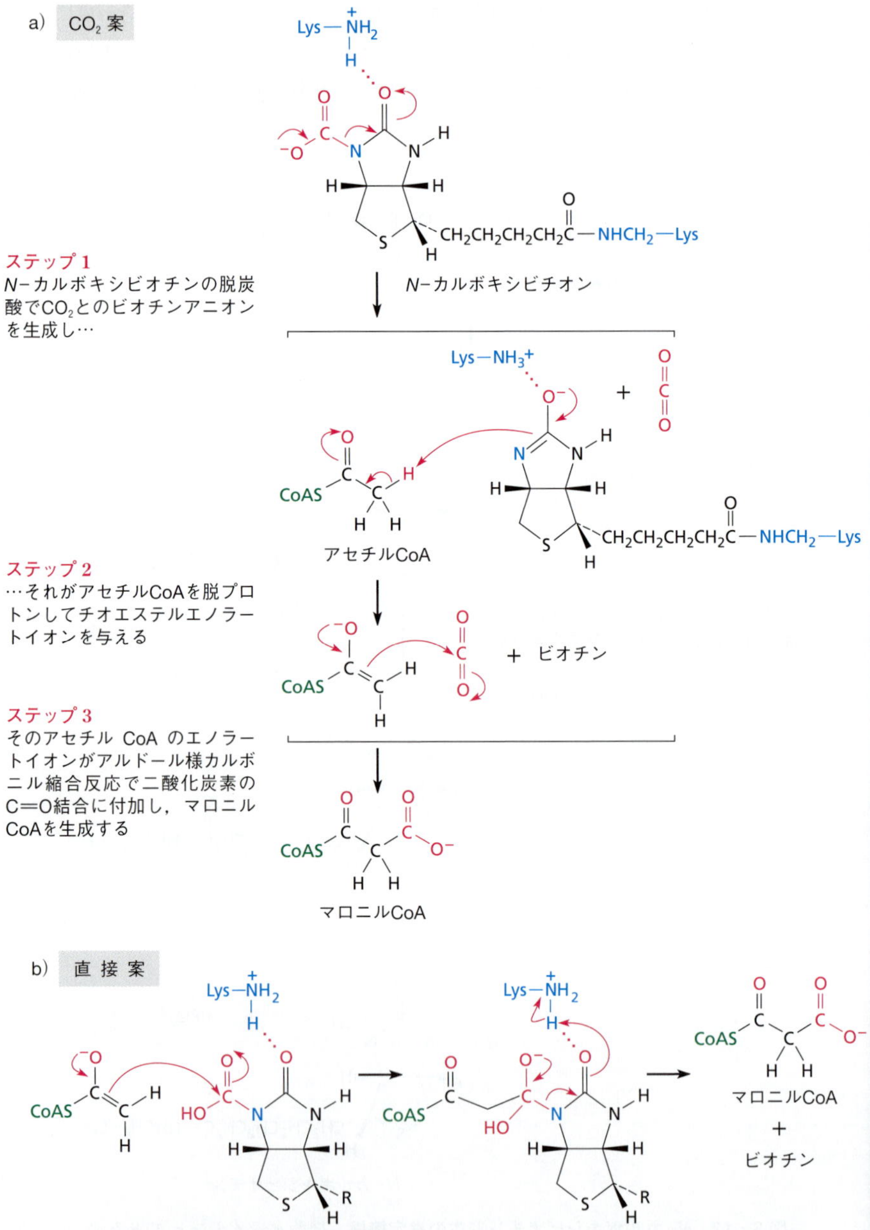

a) CO₂ 案

ステップ1
N-カルボキシビオチンの脱炭酸でCO₂とのビオチンアニオンを生成し…

N-カルボキシビチオン

ステップ2
…それがアセチルCoAを脱プロトンしてチオエステルエノラートイオンを与える

アセチルCoA

ステップ3
そのアセチル CoA のエノラートイオンがアルドール様カルボニル縮合反応で二酸化炭素のC＝O結合に付加し，マロニルCoAを生成する

マロニルCoA

b) 直接案

マロニルCoA
＋
ビオチン

図3・13　N-カルボキシビオチンとの反応によるアセチルCoAのカルボキシ化機構の選択肢（図3・11，ステップ3）

13a). 代替機構として，アセチル CoA アニオンのアニオンによる N-カルボキシビオチンへの直接的な求核アシル置換反応の可能性もある（図 3・13b）.

マロニル CoA 生成について，さらなる求核アシル置換反応によって，マロニル ACP に変換される．このようにして多酵素の合成酵素複合体の ACP の腕にマロニル基をつけるのである．この時点でアセチル基とマロニル基が酵素に結合され，縮合の準備が整う.

ステップ 5（図 3・11）　**クライゼン縮合**　　脂肪酸鎖を構築する鍵となる炭素-炭素結合形成反応はステップ 5 で起こる．この段階は電子親和的な受容体としてのアセチル化合成酵素と求核的な供与体としてのマロニル ACP との間の単なるクライゼン縮合反応（§1・8）である．縮合の機構はマロニル ACP の脱炭酸が関わっており，エノラートイオンを生成し，ただちにアセチル化合成酵素のカルボニル基に付加する[25]．四面体中間体が直ちに壊され，4 炭素縮合生成物のアセトアセチル ACP を生成し，末端で炭素鎖を延長するアシル基がつく合成酵素の結合部位が空く.

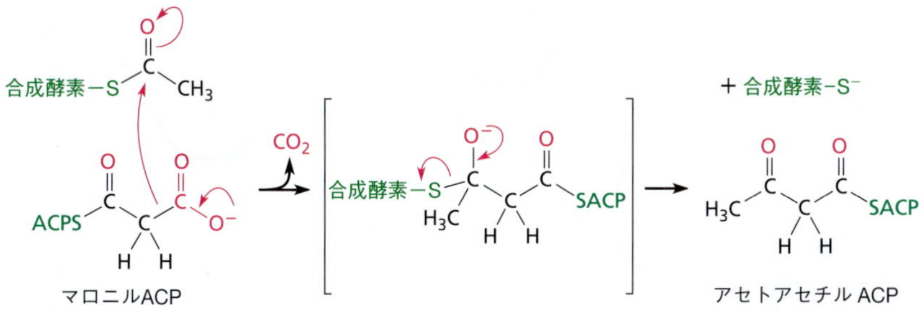

マロニル ACP の脱炭酸は，カルボン酸の一般的な反応ではないことに注意してほしい．多くのカルボン酸は安定で，実験室における極端な条件でない限り CO_2 を失わない．ところがマロン酸は特別で，いずれのカルボン酸も 2 原子離れた β 炭素に，もう一つのカルボニル基をもつ．このような化合物は β カルボニル基が本質的に逆アルドール反応における電子受容体として振る舞えるため，容易に脱炭酸反応を受ける．発生する陰イオンを安定化させる電子受容体となるカルボニル基が β 炭素位にない場合は，CO_2 の脱落は起こらない.

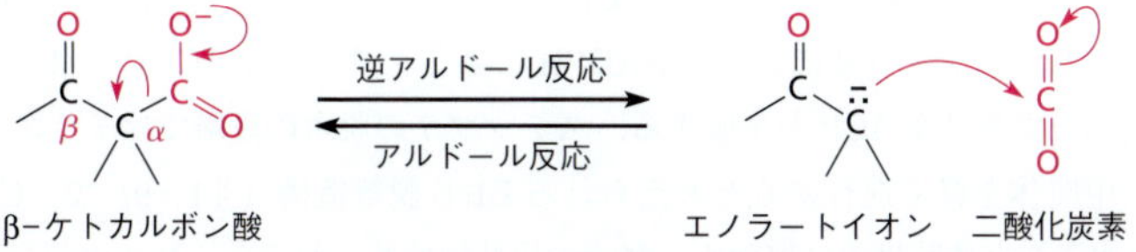

本縮合反応のもう一つのポイントは，なぜ脂肪酸の合成経路がマロニル ACP を経るのかである．すなわちステップ 3 でまずアセチル基に CO_2 を付加し，なぜステップ 5

ですぐに外してしまうのだろうか？ 2分子のアセチルACP間でのクライゼン縮合がなぜ簡単にいかないのか？ その理由は，縮合段階には熱力学的な推進力が必要だからである．直接的なクライゼン縮合反応はケトエステル生成物を脱プロトンする塩基性条件で起こらない限り，熱力学的に不利である（§1・8，図1・14）．しかし，ステップ3でATPが推進するビオチンのカルボキシ化は脱炭酸と縮合が続いて起こり，安定なCO_2分子を生成し，発熱的である．このように，ATPの加水分解を伴う縮合段階と連同することで全体の経路が起こりやすいようになっている．

ステップ6（図3・11） **ケトンの還元** 次にアセトアセチルACPのケトンのカルボニル基はβ-ケトアシルACP還元酵素とNADPHによってアルコールであるβ-ヒドロキシブチリルACPに還元される．NADPHの *pro-R* 水素はケトアシル基の *Si* 面に移され，β-ヒドロキシチオエステル生成物で新しく形成されるキラル中心で R の立体化学を与える．

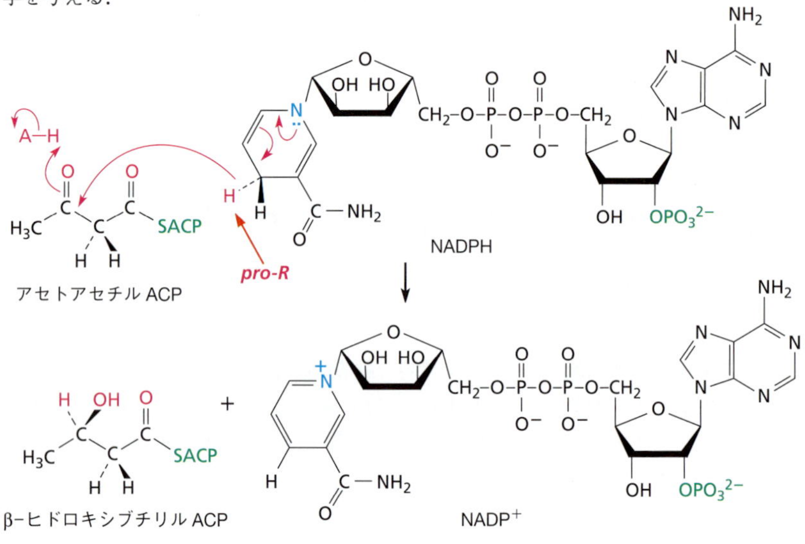

ステップ7,8（図3・11） **脱水と還元** ステップ7においてはβ-ヒドロキシブチリルACPの脱水で *trans*-クロトニルACPをβ-ヒドロキシアシルACP脱水酵素が触媒して生成し，ステップ8においてNADPHによるクロトニルACPの炭素-炭素二重結合の還元でブチリルACPが生成する．ステップ7の脱水の段階ではチオエステルエノラート中間体を経て進行すると考えられるE1cB脱離機構（§1・9）で，C2位から *pro-R* の水素を立体特異的に取除く．酵素の塩基性残基（おそらくヒスチジン）が脱プロトンのための塩基としてまず作用し，そして-OH脱離基のプロトン化のための共役酸として機能する．

3・4 脂肪酸の生合成   121

ステップ8の二重結合の還元は，NADPH からのヒドリドイオンが trans-クロトニル ACP の β 炭素に共役付加することで起こる．脊椎動物では NADPH の pro-R 水素がクロトニル基の C3 位に Re 面から付加し，全体としてのシン付加において，Si 面で C2 位のプロトン化が起こる．他の生物でも同様の化学現象が起こるが，立体が異なる.

脂肪酸合成経路における8段階からなる反応の正味の結果としては二つの2炭素のアセチル基が得られ，それらが結合されて一つの4炭素の飽和アシル基になることである．このようにしてブチリル ACP がつくられ，求核アシル置換反応で合成酵素のアシル結合部位のシステイン-SH に移される．そこでは別のマロニル ACP と縮合し，6炭素単位が生成する．16炭素のパルミトイル ACP になるまで，この経路をさらに繰返すことで，2炭素原子ずつ，そのつど鎖に加えられる.

パルミトイル酸のさらなる鎖延長は，これまでに述べてきたのと同様の反応で起こるが，ACP よりむしろ CoA が運搬体となり，多酵素の合成酵素複合体ではなく，別の酵素がそれぞれの段階で必要となる．

3・5　テルペノイドの生合成

§2・2で述べたように，テルペノイド（terpenoid）は動物，植物や細菌，古細菌，菌類，すべての生物で見いだされる大きな化合物群である．いくつかの例を図2・3に示した．生物でのそれらの生物機能は正確には知られていないが，多くは捕食から身を守るある種の防御的な役割をしていると考えられている．

非常に多様性に富んだ構造をもつ 35,000 以上のテルペノイドが知られている．それらは構造的には関連がないようにみえるが，すべて5炭素原子の倍数になっている．モノテルペンは 10 炭素からなり，セスキテルペンは 15 炭素，ジテルペンは 20 炭素，セスタテルペンは 25 炭素，トリテルペンは 30 炭素となっている．5 炭素前駆体であるイソペンテニル二リン酸（isopentenyl diphosphate: IPP）やジメチルアリル二リン酸（dimethylallyl diphosphate: DMAPP）から生合成的に生じるため，テルペノイドは5炭素原子の倍数の炭素をもっている．IPP や DMAPP は両物質とも以前は二リン酸（diphosphate）ではなくピロリン酸（pyrophosphate）とよばれていたため現在でも元のままの略語が用いられている．

イソペンテニル二リン酸は，生物の違いや目的となるテルペノイドの構造によって二つの異なった経路で生合成される．動物や高等植物，菌類ではメバロン酸が IPP の前駆体として使われる．ある種の植物や細菌類の多くでは，メバロン酸と 2C-メチル-D-エリトリトール 4-リン酸の両方が使われる[26]．二つの異なった経路が存在しているのは化学的な必要性からではなく，おそらく異なった生物のそれぞれの進化的な歴史を反映しているのであろう．

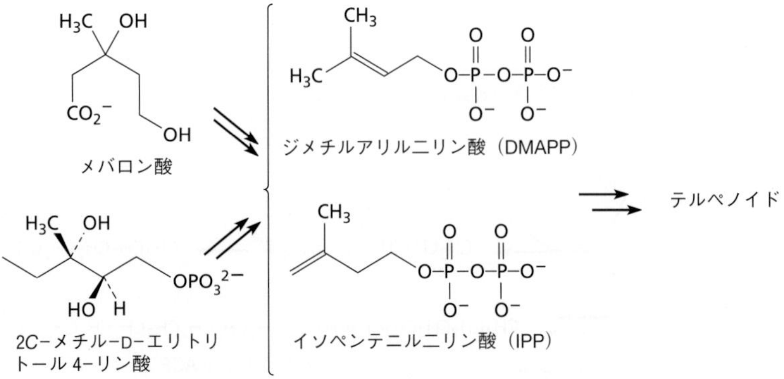

イソペンテニル二リン酸へのメバロン酸経路

図3・14に示すテルペノイド生合成へのメバロン酸 (mevalonate: Mev) 経路[27]は，酢酸アニオンからアセチルCoAへの変換から始まり，ついでアセトアセチルCoAを生成するクライゼン縮合が起こる．3分子目のアセチルCoAと2回目のカルボニル縮

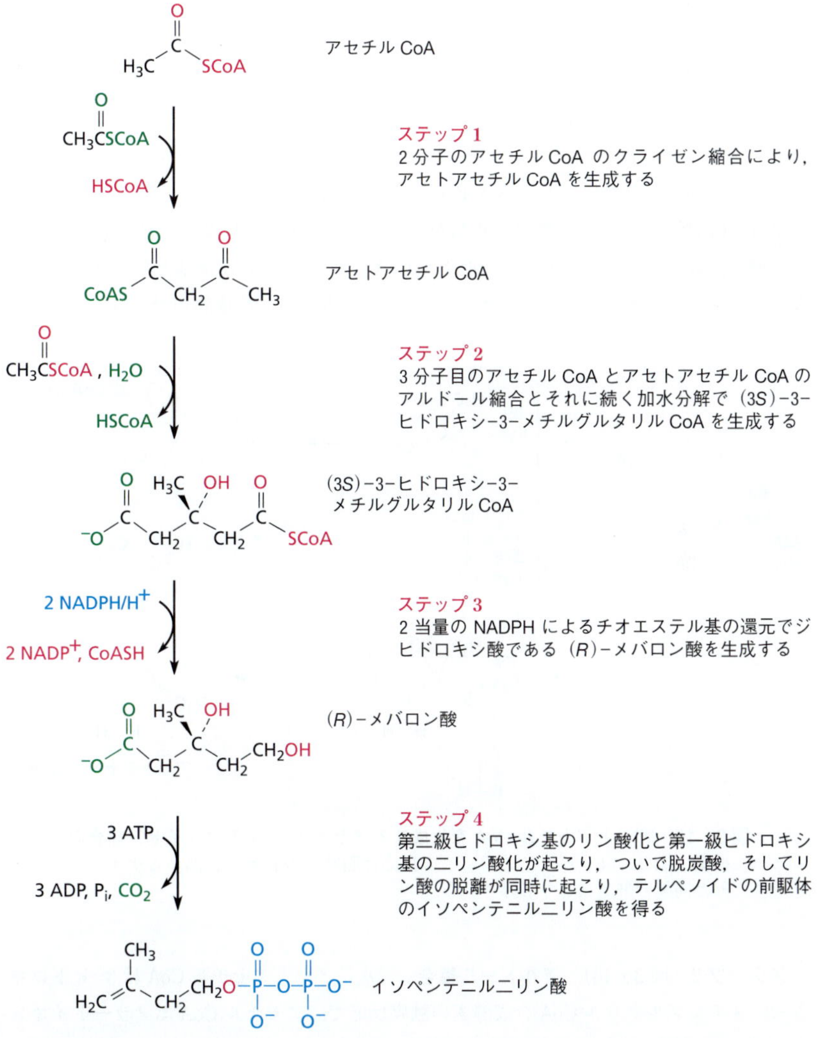

アセチルCoA

ステップ1
2分子のアセチルCoAのクライゼン縮合により，アセトアセチルCoAを生成する

アセトアセチルCoA

ステップ2
3分子目のアセチルCoAとアセトアセチルCoAのアルドール縮合とそれに続く加水分解で(3S)-3-ヒドロキシ-3-メチルグルタリルCoAを生成する

(3S)-3-ヒドロキシ-3-メチルグルタリルCoA

ステップ3
2当量のNADPHによるチオエステル基の還元でジヒドロキシ酸である(R)-メバロン酸を生成する

(R)-メバロン酸

ステップ4
第三級ヒドロキシ基のリン酸化と第一級ヒドロキシ基の二リン酸化が起こり，ついで脱炭酸，そしてリン酸の脱離が同時に起こり，テルペノイドの前駆体のイソペンテニル二リン酸を得る

イソペンテニル二リン酸

図3・14 イソペンテニル二リン酸を3分子のアセチルCoAから生合成するメバロン酸 (Mev) 経路 個々のステップの説明は本文参照．

合反応（ここではアルドール様経路であるが）により，6 炭素化合物である，3-ヒドロキシ-3-メチルグルタリル CoA を生成し，そしてそれはメバロン酸に還元される．リン酸化，ついで CO_2 とリン酸イオンの同時脱離が起こり，この経路が完結する．

ステップ1（図3・14）　**クライゼン縮合**　　メバロン酸生合成の最初の段階はアセトアセチル CoA を生成するアセチル CoA のクライゼン縮合である．この反応はアセチル CoA アセチル基転移酵素により触媒される．同種の酵素が（逆反応だが）β 酸化の最終段階の逆クライゼン反応（図3・9）を触媒する．縮合反応は直接的に起こり，脂肪酸合成のようにマロニル CoA を生成する中間カルボキシ化が関与しないことに注意してほしい．どうやら β-ケトチオエステル縮合生成物は酵素内での水素結合で安定化されていて，そのことがマロニル CoA を必要とせずに進行するようだ[28]．

図3・15 に示すように，アセチル基が，まず Cys-89 の -SH 基と求核アシル置換反応で酵素に結合する．2 分子目のアセチル CoA から Cys-378 が塩基としてプロトンを奪ってエノラートイオンが生じ，クライゼン縮合が起こり，生成物ができる．

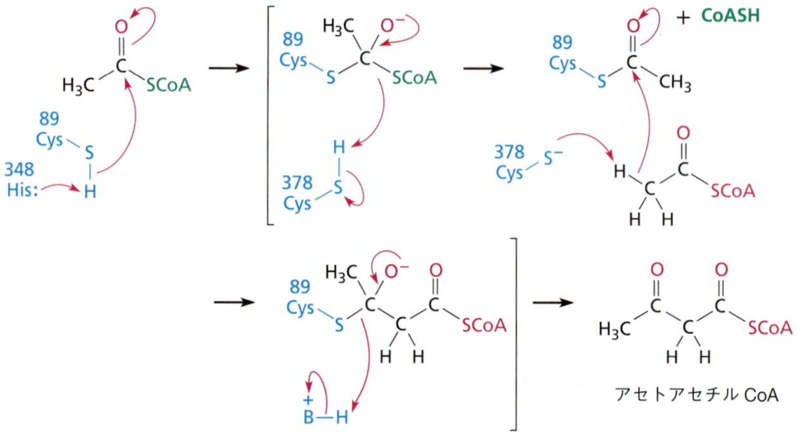

図3・15　アセトアセチル CoA を生成するアセチル CoA のクライゼン縮合の機構（図3・14，ステップ1）　この反応は脂肪酸の β 酸化に関わるチオラーゼと同種の酵素により触媒される．

ステップ2（図3・14）　**アルドール縮合**　　次にアセトアセチル CoA は 3-ヒドロキシ-3-メチルグルタリル CoA 合成酵素の触媒反応で，アセチル CoA エノラートイオンとアルドール様付加を起こす[29]．この反応は合成酵素の Cys-111 とアセチル CoA がはじめに結合することで起こり，ついでエノラートイオンのアセトアセチル CoA への

3・5 テルペノイドの生合成　　　125

付加，そして加水分解が起こる（図3・16）．アルドール付加の段階はケトンのカルボニル基の Re 面から起こり，(3S)-3-ヒドロキシ-3-メチルグルタリル CoA (3-hydroxy-3-methylglutaryl-CoA: HMG-CoA) を生成する．

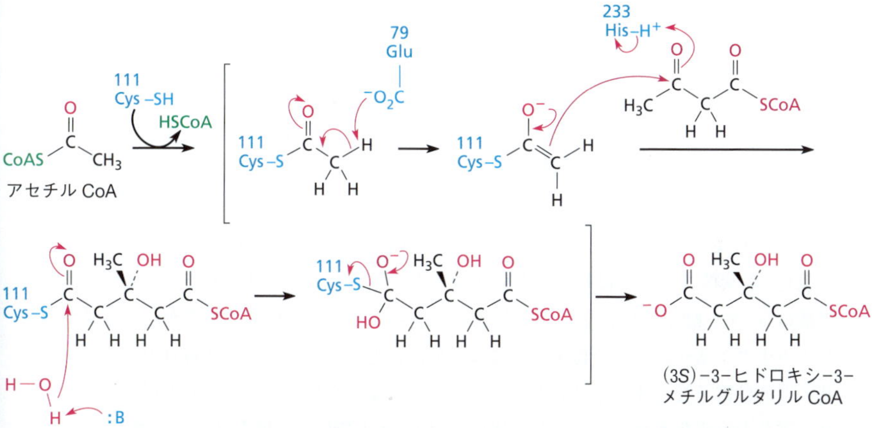

図3・16　アセトアセチル CoA へのアセチル CoA のアルドール様付加の機構
（図3・14，ステップ2）　反応は Re 面から起こり，(3S)-3-ヒドロキシ-3-メチルグルタリル CoA を生成する．

ステップ3（図3・14）　**還元**　　(R)-メバロン酸を生成する HMG-CoA の還元は2当量の NADPH を必要とし，HMG-CoA 還元酵素によって触媒される[30]．図3・17に示すように反応には数段階を要し，アルデヒド中間体を経て進行する．最初の段階は NADPH から HMG-CoA のチオエステルのカルボニル基へのヒドリド移動が関わる求核アシル置換反応である．この段階は付加へのカルボニル基活性化のための酸触媒（おそらくはプロトン化された Lys-691 の側鎖）を必要とし，ヘミチオアセタール中間体を生成する．ついで脱離基としての補酵素 A の解離とプロトン化が起こり，生じたアルデヒド中間体が2回目のヒドリド移動付加を受けてプロトン化しメバロン酸を生成する．

ステップ4（図3・14）　**リン酸化と脱炭酸**　　さらに三つの反応がメバロン酸のイソペンテニル二リン酸への変換に必要である．はじめの二つの反応はリン酸化で，ATP の末端リン酸への求核置換反応である．メバロン酸が，まずメバロン酸5-リン酸（ホスホメバロン酸）に，メバロン酸キナーゼにより触媒される経路で ATP を用いた反応で変換される．次にメバロン酸5-リン酸は2分子目の ATP と反応し，メバロン酸5-二リン酸（ジホスホメバロン酸）を生成する．三つ目の反応は第三級ヒドロキシ基のリン酸化を起こし，ついで脱炭酸とリン酸イオンの脱離が起こる[31),32)]．

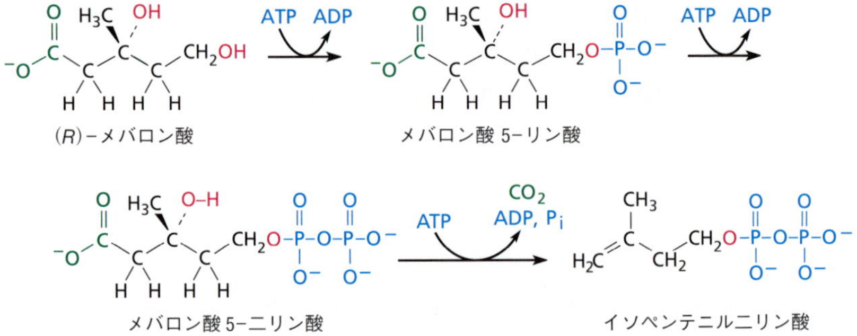

126   3. 脂質とその代謝

(R)-メバロン酸 → メバロン酸 5-リン酸 → メバロン酸 5-二リン酸 → イソペンテニル二リン酸

　三つ目の反応であるイソペンテニル二リン酸を生成するメバロン酸 5-二リン酸のリン酸化/脱炭酸は普通では起こらないようにみえる．というのは，先述したように，脱炭酸は β-ケト酸やマロン酸，つまり β 炭素のもう一つのカルボニル基から 2 原子離れたカルボキシ基がある化合物を除いては一般的に起こらない．この 2 番目のカルボニル基の機能は電子受容体として働き，エノラートイオンを生成することで脱炭酸により生じる電荷を安定化させる．しかし，実際には β-ケト酸の脱炭酸とメバロン酸 5-二リン

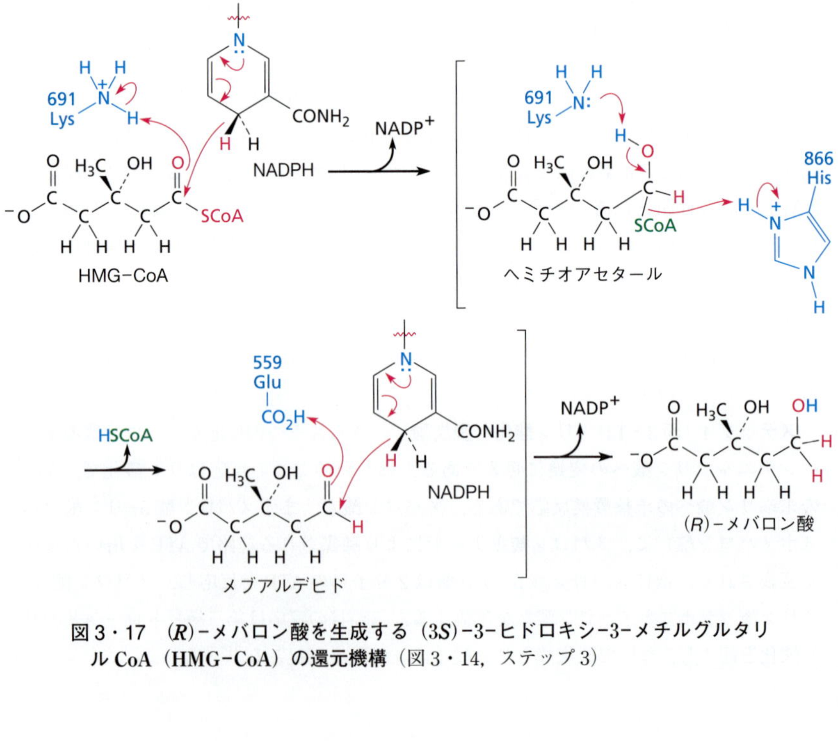

図 3・17 (R)-メバロン酸を生成する (3S)-3-ヒドロキシ-3-メチルグルタリル CoA (HMG-CoA) の還元機構（図 3・14，ステップ 3）

酸の脱炭酸は密接に関連している.

メバロン酸 5-二リン酸脱炭酸酵素により触媒されて[32],まず基質は遊離の-OH 基に ATP を用いた反応でリン酸化を受け,第三級のリン酸エステルを生成する.そしてそれは自発的な開裂を起こし,第三級のカルボカチオン(§1・9)を生成する.次にその正電荷は β カルボニル基と同様に,脱炭酸を容易にする電子受容体として機能し,イソペンテニル二リン酸を生成物として与える.この脱炭酸は C2 位についている pro-R 水素がメチル基のトランスにくるようなアンチの立体化学で起こる(図 3・18).

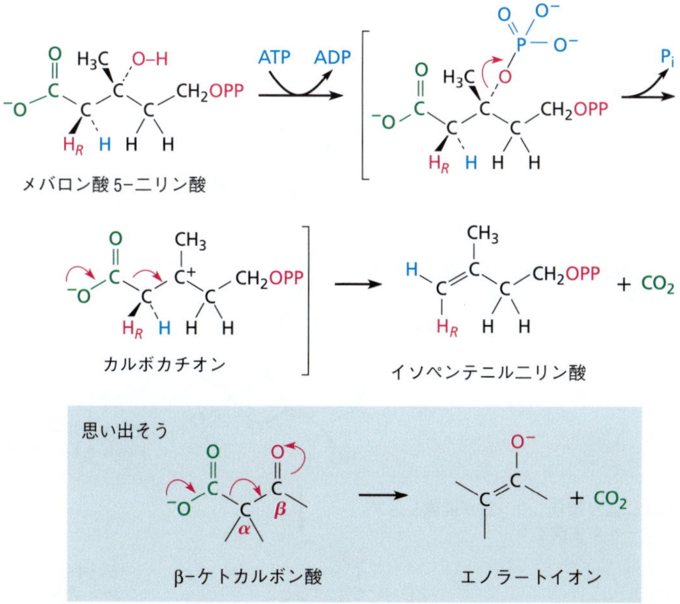

図 3・18 イソペンテニル二リン酸を生成するメバロン酸 5-二リン酸の脱炭酸機構(図 3・14,ステップ 4)

イソペンテニル二リン酸への 2C-メチル-D-エリトリトール 4-リン酸経路

テルペノイド生合成のメバロン酸経路は 1950 年代から知られており,詳細に調べられてきている.それに対し,代替非メバロン酸経路,2C-メチル-D-エリトリトール 4-リン酸(2C-methyl-D-erythriol 4-phosphate: MEP)あるいはデオキシキシルロースリン酸(deoxyxylulose phosphate: DXP)経路ともよばれるものは 1990 年代初めに発見されたばかりで,その詳細のすべてはまだ完全に理解されていない[33].MEP 経路を図 3・19 に示す.

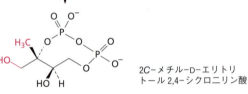

図 3・19 ピルビン酸とグリセルアルデヒド 3-リン酸からイソペンテニル二リン酸が生合成される MEP 経路 個々のステップの詳細は本文参照.

ステップ1（図3・19） ピルビン酸とグリセルアルデヒド3-リン酸との結合

MEP経路では二つの3炭素単位であるピルビン酸とグリセルアルデヒド3-リン酸の結合と脱炭酸が同時に起こりイソペンテニル二リン酸が生じる．このステップ1は1-デオキシ-D-キシルロース-5-リン酸合成酵素により触媒され，補酵素としてビタミンB_1誘導体であるチアミン二リン酸を必要とする．今後いくつかの場面で見ることになるのだが，チアミン二リン酸はピルビン酸のような$α$-ケト酸（2-オキソ酸）が脱炭酸するときに関わることがよくある．〔チアミン(thiamin)二リン酸は，以前はチアミンピロリン酸（thiamin pyrophosphate）とよばれており，通常TPPと略される．"thiamine" ともつづられ，頻繁に使われる．〕

チアミン二リン酸が補酵素として活用される理由となる構造的特徴はチアゾリウム環が存在することで，それは硫黄原子と正電荷をもつ窒素原子を含む五員環の不飽和ヘテロ環である．チアゾリウム環は，NとSの間の環についている水素のpK_aがおよそ18であり，弱酸性である．したがって，塩基はチアミン二リン酸の脱プロトンを行うことができ，"イリド（ylide）"（隣接する+と−電荷をもつ中性種）の生成をもたらす．酵素中では，この脱プロトンには，つながっているアミノピリミジン環が必要であると考えられている．すなわち，アミノピリミジン環は−NH_2への塩基攻撃と，それにつぐ，環窒素のプロトン化によって互変異性化を受ける．そして，その互変異性体はピリミジン環の脱プロトンを受け，チアゾリウム環からアミノ基へ内部プロトン移動するのである．

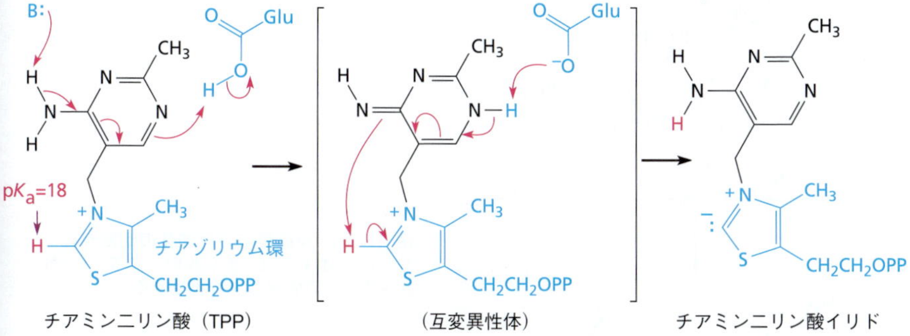

チアミン二リン酸（TPP） （互変異性体） チアミン二リン酸イリド

　1-デオキシ-D-キシルロース5-リン酸を生成するピルビン酸とグリセルアルデヒド3-リン酸とのチアミン依存性結合反応の機構を図3・20に示す．

〈ステップ1，図3・20〉 ピルビン酸とグリセルアルデヒド3-リン酸とのチアミン依存性反応は典型的なカルボニル付加反応で開始する．孤立電子対と負電荷により，チアゾリウム環のイリド炭素は求核的である．したがって，それはピルビン酸のケト

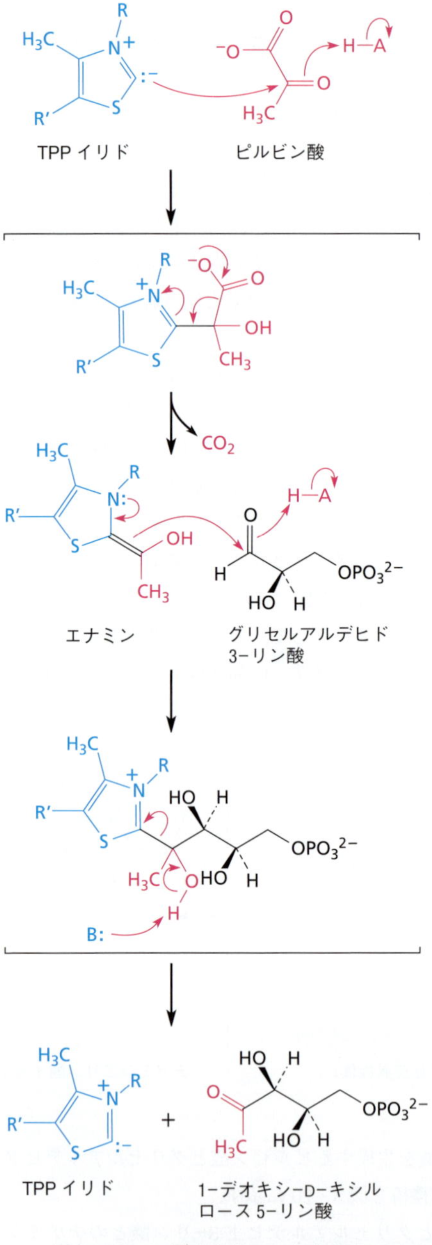

ステップ1
チアミン二リン酸（TPP）イリドがピルビン酸のケトンのカルボニル基に付加し，アルコール付加生成物を生じる

ステップ2
カルボン酸から2炭素離れた位置に C=N をもつ付加生成物はβ-ケト酸と類似である．したがって，脱炭酸しエナミンを生成する

ステップ3
エナミンの二重結合はグリセルアルデヒド3-リン酸のカルボニル基の Si 面にエノラートイオンがアルドール様反応で付加する

ステップ4
逆アルドール様反応で付加体の切断が起こり，1-デオキシ-D-キシルロース5-リン酸が生成し，TPP イリドが再生する

図3・20 1-デオキシ-D-キシルロース5-リン酸を生成するピルビン酸とグリセルアルデヒド3-リン酸とのチアミン依存性結合反応の機構（図3・19，ステップ1）個々のステップの説明は本文参照．

3・5 テルペノイドの生合成

ンのカルボニル基に付加して，アルコールを生成する．生成物のアルコールは $C=N^+$ 官能基をもつ α-ヒドロキシ "イミニウムイオン（iminium ion）" である．

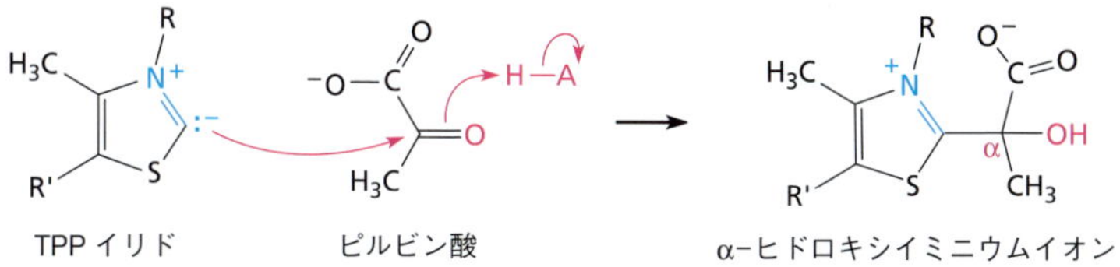

TPP イリド　　ピルビン酸　　　　　　　α-ヒドロキシイミニウムイオン

〈ステップ2，図3・20〉　α-ヒドロキシイミニウムイオンの $C=N^+$ はカルボン酸から2原子離れた位置にあり，β-ケト酸アニオンと類似の構造になる．β-ケト酸のときのように，$C=N^+$ 基は電子を受取ることができ，チアミン付加生成物の脱炭酸を可能にする．生成物は "エナミン（enamine）"（$C=C$ 結合上の置換基としてアミノ基をもつ化合物）である．

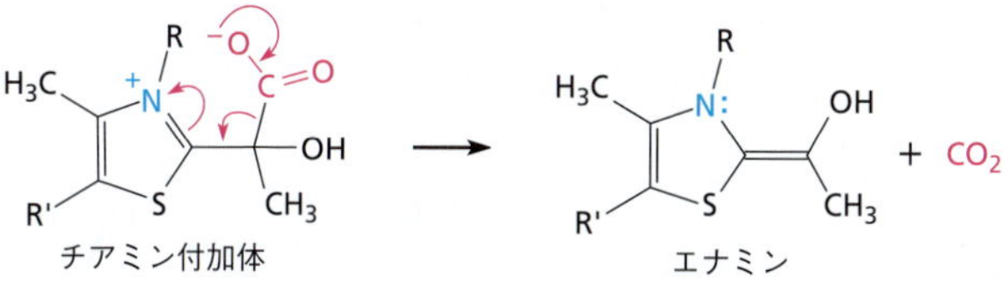

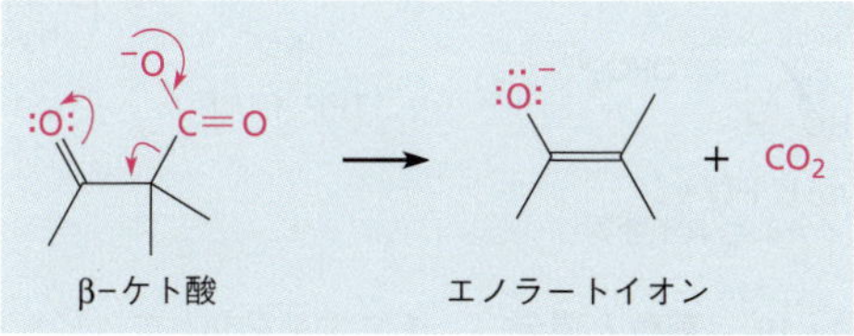

チアミン付加体　　　　　　　エナミン　　　　 + CO_2

β-ケト酸　　　　　　　エノラートイオン　　 + CO_2

〈ステップ3，図3・20〉　エナミンの化学反応性は多くの点でエノラートイオンの反応性と似ている．どちらも強力な電子供与置換基（$-O^-$ あるいは $-NR_2$）をもつ炭素-炭素二重結合をもっており，そのため，アルドール様縮合反応でカルボニル化合物と反応することができる．エノラートイオンがアルデヒドやケトンに付加する場合は，生成物がβ-ヒドロキシカルボニル化合物となり，エナミンが付加する場合は，生成物がβ-ヒドロキシイミニウムイオンとなる．グリセルアルデヒド3-リン酸のカルボニル基の Si 面から付加が起こり，新しく生じるキラル中心では S の立体化学となる．

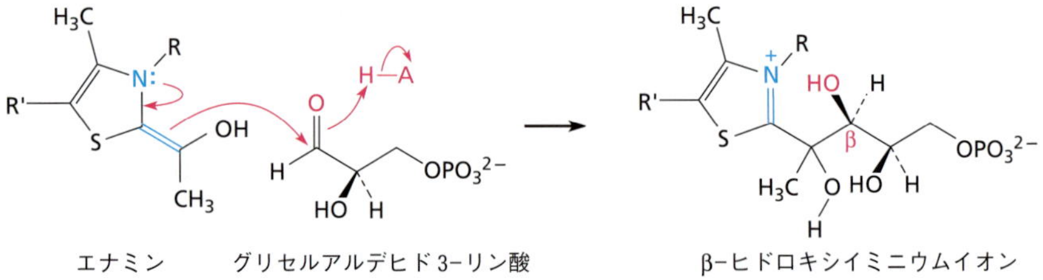

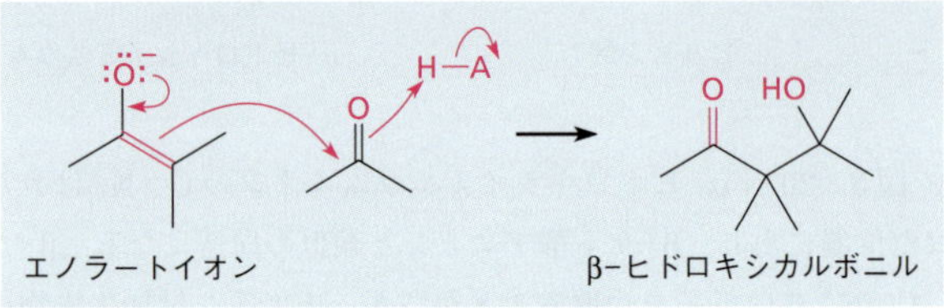

エナミン　　グリセルアルデヒド 3-リン酸　　　　　　　　β-ヒドロキシイミニウムイオン

エノラートイオン　　　　　　　　　　　β-ヒドロキシカルボニル

〈ステップ 4（図 3・20）〉　1-デオキシ-D-キシルロース 5-リン酸の生合成の最後のステップは最初のステップと逆である．ステップ 1 ではチアミンイリドがカルボニル基に付加し，α-ヒドロキシイミニウムイオンを生成したが，ステップ 4 では α-ヒドロキシイミニウムイオンが分解して，カルボニル化合物を生成し，チアミン二リン酸（TPP）を再生する．

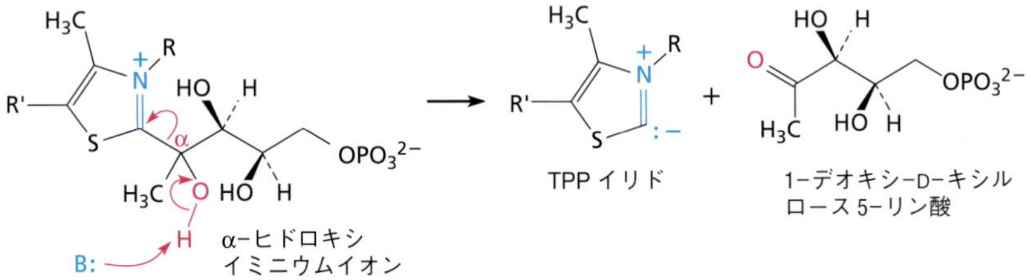

α-ヒドロキシ
イミニウムイオン　　　　　TPP イリド　　　1-デオキシ-D-キシルロース 5-リン酸

ステップ 2（図 3・19）　**転位と還元**　チアミンを介して，ピルビン酸とグリセルアルデヒド 3-リン酸の結合反応により 1-デオキシ-D-キシルロース 5-リン酸が生合成された後，転位と還元が起こり，2C-メチル-D-エリトリトール 4-リン酸が生成する．この経路はデオキシキシルロース 5-リン酸還元異性化酵素によって触媒され，補酵素としての NADPH と，二つのヒドロキシ基に配位してそれらの酸性度を増加させる Mg^{2+} を必要とする．

転位反応の機構はまだ明らかにされておらず，図 3・21 に示す二つの機構の案があり，いずれも実験データに矛盾していない．単純な方は"アシロイン転位（acyloin rearrangement）"とよばれるよく知られた実験室の反応であり，α-ヒドロキシカルボニル化合物から別の α-ヒドロキシカルボニル化合物への塩基触媒による 1 ステップ変

3・5 テルペノイドの生合成

機構案1: アシロイン転位

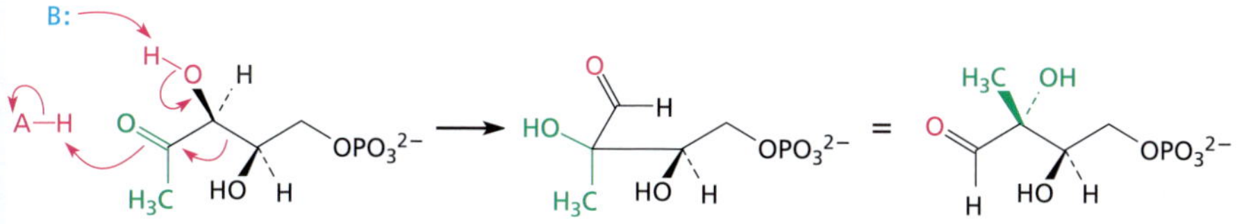

1-デオキシ-D-キシルロース 5-リン酸 → 2C-メチル-D-エリトリトール 4-リン酸

機構案2: 逆アルドール/アルドール

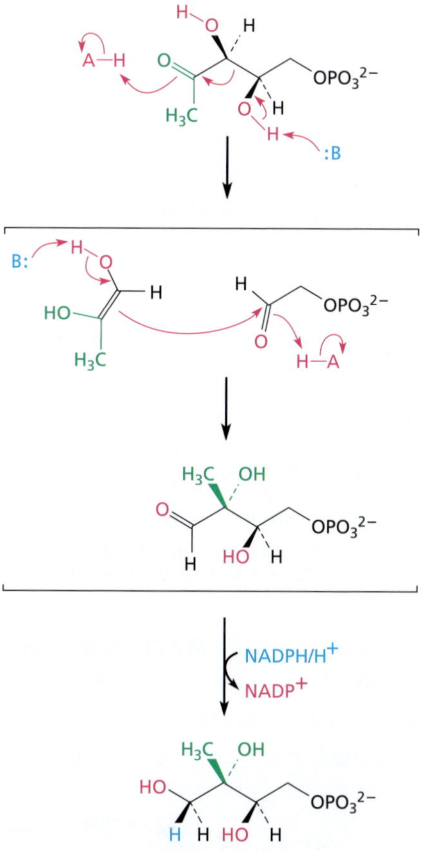

ステップ1
逆アルドール反応がジヒドロキシケトンに起こり，3炭素のエンジオールと2炭素のアルデヒドに開裂する

ステップ2
正方向のアルドール反応がエンジオールの反対方向から起こって，異性化したジヒドロキシアルデヒドを生成する

ステップ3
アルデヒドの NADPH による還元で，2C-メチル-D-エリトリトール 4-リン酸を生成する

2C-メチル-D-エリトリトール 4-リン酸

図3・21　1-デオキシ-D-キシルロース 5-リン酸から 2C-メチル-D-エリトリトール 4-リン酸への転位および還元反応の機構案（図3・19, ステップ2）

換である．もう一方の機構案は2ステップからなり，二つの3炭素のパーツが生成する逆アルドール反応後にアルドール反応が起こる．二つの案のうち，現時点での証拠からは逆アルドール/アルドールの機構の方が有力である[34),35)]．

どのような方法で生成しても，転位されたアルデヒドはNADPHによる還元を受け，2C-メチル-D-エリトリトール 4-リン酸を生成する．この還元では，NADPHの *pro-R* 水素がアルデヒドの *Re* 面に付加する．

ステップ3（図3・19） **リン酸化と環化**　MEP経路の三つ目のステップでは，2C-メチル-D-エリトリトール 4-リン酸がシチジン三リン酸（cytidine triphosphate：CTP）と反応し，生じるジホスホシチジル-2C-メチル-D-エリトリトールがさらにATPとの反応で第三級のヒドロキシ基がリン酸化される．ついで環化が起こり，シチジン一リン酸を失い，2C-メチル-D-エリトリトール 2,4-シクロ二リン酸を形成する．

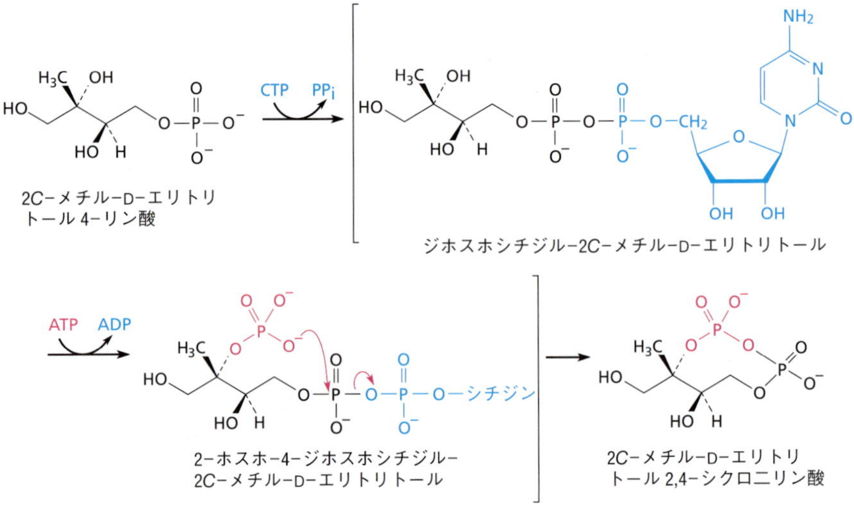

ステップ4, 5（図3・19） **還元的脱酸素**　2C-メチル-D-エリトリトール 2,4-シクロ二リン酸からイソペンテニル二リン酸へのさらなる変換には，鉄-硫黄クラスター（§1・2）というすべての生物にみられる一種の金属補酵素が媒介する電子移動（酸化還元）反応が関与する[36)]．この場合，立方体型［Fe_4S_4］クラスターがMEP経路のス

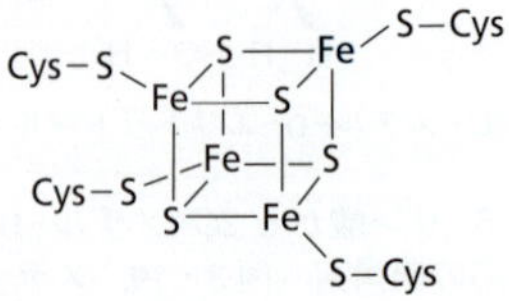

テップ4と5の両方に関わっている．四つの鉄原子それぞれが酵素のシステイン残基の硫黄原子とさらなる配位子として結合している．

ステップ4は二つのC—O結合を切断する還元的脱酸素反応で，シクロ二リン酸環を開裂してアリル型アルコールを生成する．現在考えられているのは，C3位の-OH基がクラスターの鉄原子にまず配位し，プロトンを失って，アルコキシド錯体を形成する機構である．そして，S_N1様なシクロ二リン酸の開環により，第三級カルボカチオンを生成し，それが鉄から電子対を受容してFe—Oを含む（フェラオキセタン；ferraoxetane）四員環として閉じる[37]〜[39]．さらなる電子の移動を伴って，フェラオキセタンが解離し，アリル型アルコールが形成する（図3・22）．

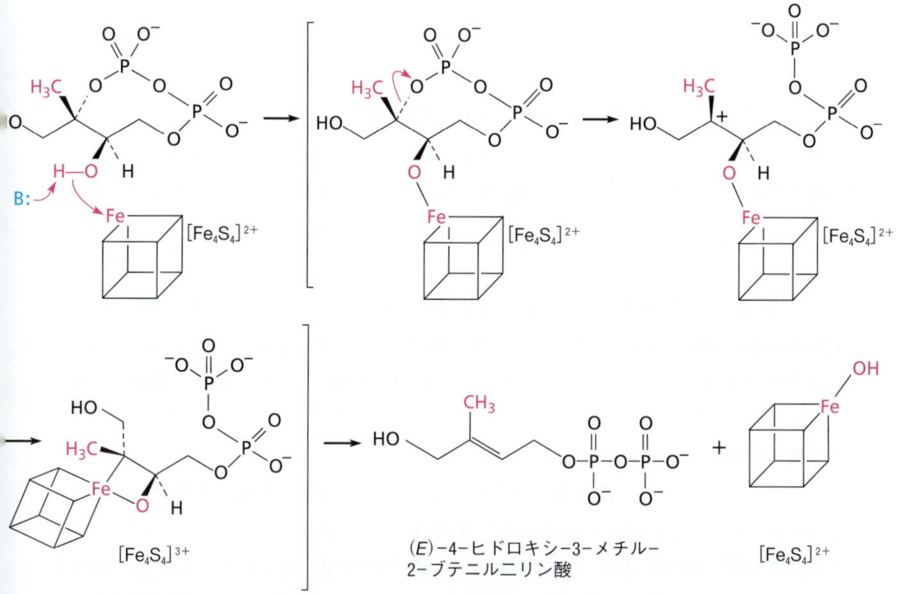

図3・22　2C-メチル-D-エリトリトール2,4-シクロ二リン酸の還元的脱酸素反応の機構（図3・19，ステップ4）　酸化還元補酵素として関わっている立方体型鉄-硫黄クラスターをここでは単純化して示している．

MEP経路の最後のステップは(E)-4-ヒドロキシ-3-メチル-2-ブテニル二リン酸（(E)-4-hydroxy-3-methyl-2-butenyl diphosphate：HMBPP）からジメチルアリル二リン酸（dimethylallyl diphosphate：DMAPP）とイソペンテニル二リン酸（isopentenyl diphosphate：IPP）の混合物へ変換するさらなる還元的脱酸素である．ステップ4と同様に鉄-硫黄クラスターが関与する．詳細は明らかにされていないが，[Fe_4S_4]の二重

結合への配位と-OH基の消失でπ-アリル錯体中間体に至り，鉄からの電子移動とプロトン化を受け，IPPが主となる二つの生成物の混合物となるようである[39]．

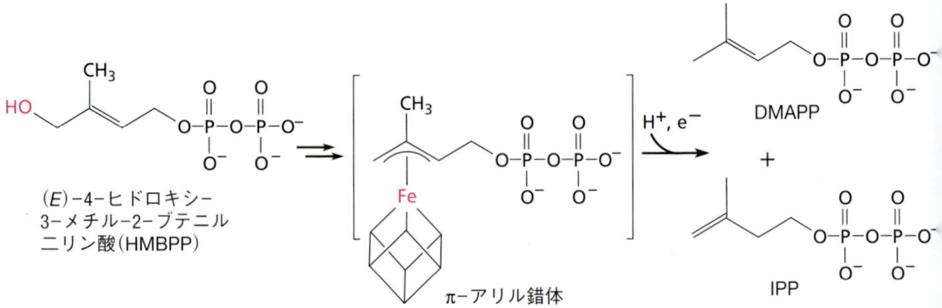

(E)-4-ヒドロキシ-3-メチル-2-ブテニル二リン酸(HMBPP) → π-アリル錯体 → DMAPP + IPP

イソペンテニル二リン酸のテルペノイドへの変換

Mev経路はIPPのみを生成するが，MEP経路はIPPを主とするDMAPPとIPPの混合物を生成する．しかし，IPPもDMAPPも両方ともテルペノイドの生合成に必要なので，どちらの経路でもIPPをDMAPPに異性化できなければならない．これらの二つのC_5単位が結合してC_{10}単位のゲラニル二リン酸（geranyl diphosphate：GPP）になり，それがさらにIPPと結合してC_{15}単位のファルネシル二リン酸（farnesyl diphosphate：FPP）というようにC_{25}まで結合する．25炭素より多いテルペノイド，つまりトリテルペン（C_{30}）やテトラテルペン（C_{40}）は，C_{15}やC_{20}の二量化でそれぞれ合成される．特にトリテルペンやステロイドはスクアレンを生成するファルネシル二リン酸の還元的二量化から生じる（図3・23）．

イソペンテニル二リン酸からジメチルアリル二リン酸への異性化はIPPイソメラーゼ（isopentenyl diphosphate isomerase：IDI）によって触媒される．50年以上もの間，この異性化酵素は現在IDI-1とよばれる一つの型のみ知られていた．しかし，2001年にIDI-2とよばれる二つ目の型が発見された．IDI-1はMg^{2+}とZn^{2+}を必要とし[40]，反応はカルボカチオン経路で起こる[41]．図3・24に示すように，システイン残基の水素結合によるIPP二重結合のプロトン化で第三級カルボカチオン中間体を生成する．次に塩基としてのグルタミン酸による脱プロトンでC2位から*pro-R*水素が引抜かれDMAPPが生成する．この酵素のX線構造研究から，酵素は基質を非常に奥深く，しっかりと守られたポケットの中に捕まえ，おそらく溶媒や他の外部物質との反応から，反応性の高いカルボカチオンを守っていると考えられている．

IDI-1とは違って，IDI-2は還元型フラビン補酵素を必要とすることから，ラジカル機構が示唆されるかもしれない．しかし，現在得られている証拠からはIDI-1と同様

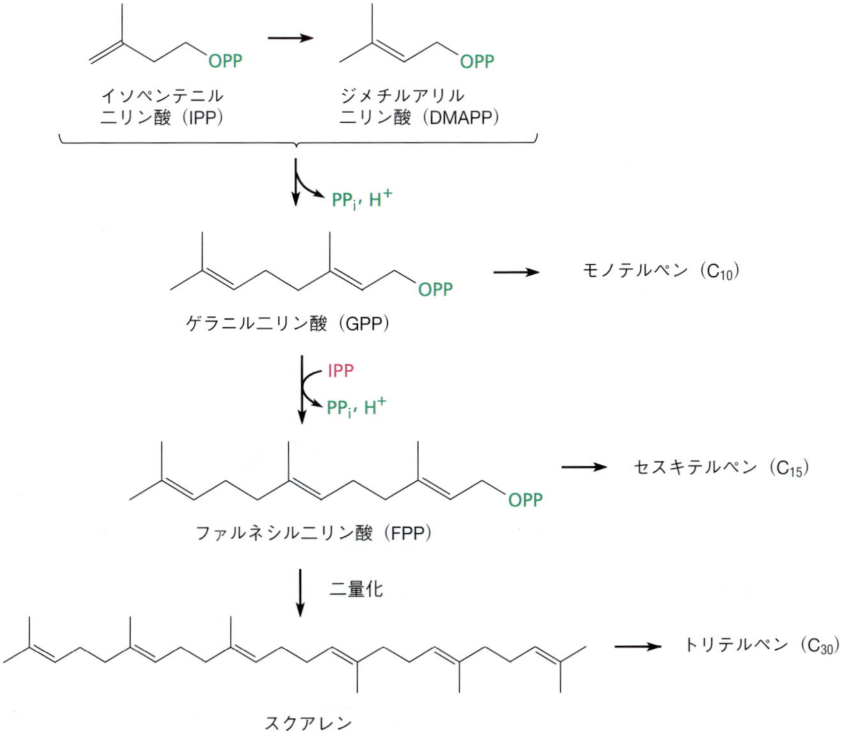

3・5 テルペノイドの生合成　　　137

図3・23　イソペンテニル二リン酸からのテルペノイド合成の概略

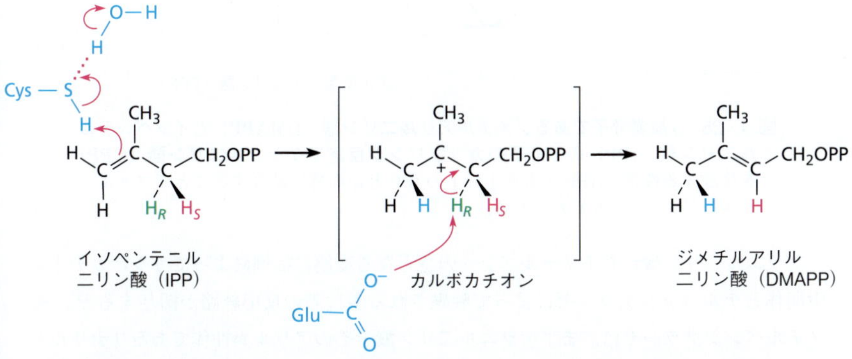

図3・24　IDI-1 によるイソペンテニル二リン酸からジメチルアリル二リン酸への異性化の機構　この反応は第三級カルボカチオン中間体を経て起こる．

にプロトン化-脱プロトンの機構が有力である[42]．

ゲラニル二リン酸を生成する DMAPP と IPP との最初の結合反応と，それに続くファルネシル二リン酸を生成するゲラニル二リン酸と 2 分子目の IPP との結合反応のどちらもファルネシル二リン酸合成酵素により触媒される．その過程には Mg^{2+} が必要で，鍵となる段階は，アリル二リン酸基質から二リン酸イオン脱離基（PP_i）を置換する際に IPP の二重結合が求核剤として振る舞う求核置換反応である．生じる第三級カルボカチオン中間体は C2 位の *pro-R* 水素の脱離で脱プロトンされる．求核置換段階の正確な機構，つまり S_N1 なのか S_N2 なのかを確定することは困難である．しかし，基質はかなりカチオン性を示し，アリル二リン酸の解離が S_N1 様経路で起こり，アリル型カルボカチオンを生成する証拠が示されている[43]（図 3・25）．

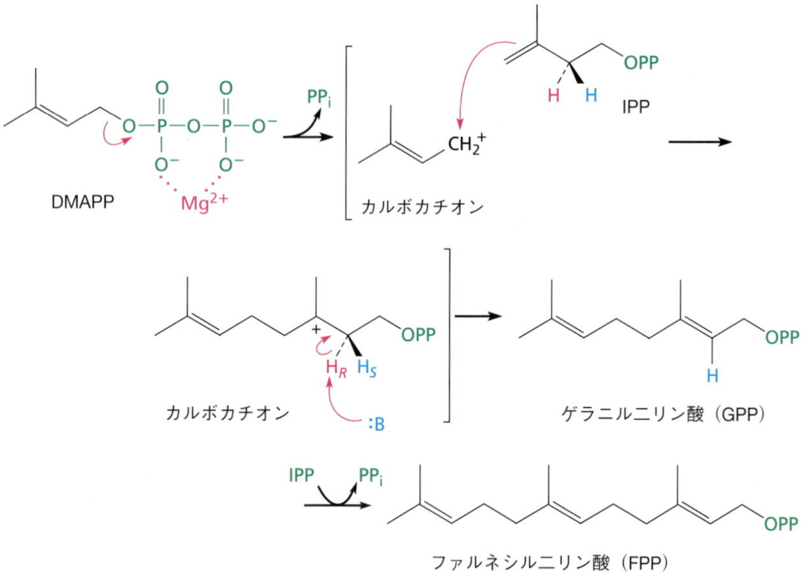

図 3・25　5 炭素分子であるジメチルアリル二リン酸（DMAPP）とイソペンテニル二リン酸（IPP）の 2 分子のカップリング反応でゲラニル二リン酸（GPP）を生成する機構　GPP ともう 1 分子の IPP とが同様に結合することでファルネシル二リン酸（FPP）が生じる．

ゲラニル二リン酸からモノテルペンへのさらなる変換には例によってカルボカチオン中間体とテルペンシクラーゼによって触媒される多段階の反応経路が関与する[43]．モノテルペンシクラーゼは，まずゲラニル二リン酸をそのアリル異性体であるリナリル二リン酸（linalyl diphosphate：LPP）に異性化する．この過程はアリルカルボカチオンへの S_N1 様自発脱離によって起こり，ついで再結合が起こる．この異性化は GPP の C2-

C3 二重結合を単結合に変換することで E/Z 異性化を可能にし，それにより次の環化が進行するようになる．さらに，カチオン性炭素が末端二重結合に求電子付加することによる解離と環化で環化カチオンが生成し，それが転位，あるいはヒドリド移動，求核剤による捕捉，脱プロトンなどが起こり，数百ほど知られたモノテルペンのいずれかを生成するのであろう．その一例としてモノテルペンであるリモネンが図 3・26 に示す生合成経路で生じるのである．

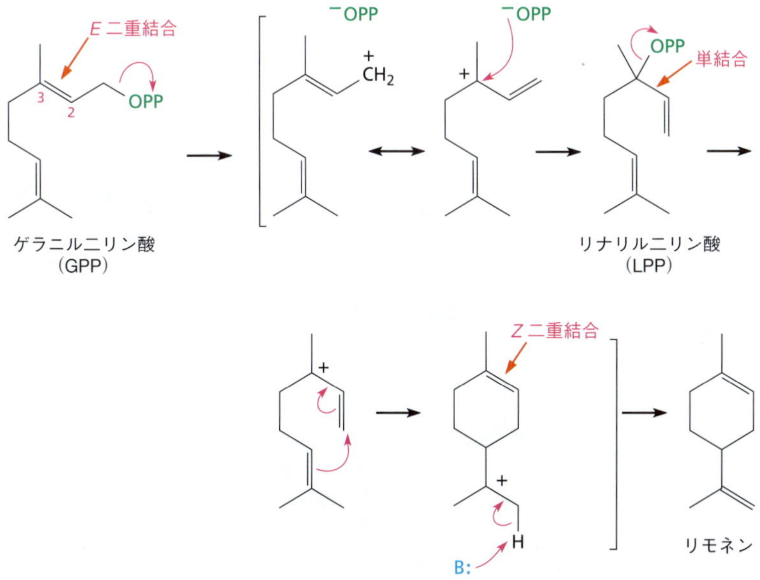

図 3・26　モノテルペンであるリモネンのゲラニル二リン酸からの生成機構

ゲラニル二リン酸のカチオン性環化によってモノテルペンが生成したように，ファルネシル二リン酸のカチオン性環化によってセスキテルペンが生成する．たとえば，セスキテルペンであるエピアリストロケンに関する詳細な研究[44]により，図 3・27 に示す 8 ステップの生合成経路が明らかにされている．〈ステップ 1〉ファルネシル二リン酸からの二リン酸イオンが脱離することでアリルカチオンを生成し，〈ステップ 2〉それがカチオン性の環化反応をひき起こし，大環状第三級カルボカチオンを生成する．次に，〈ステップ 3〉脱プロトンで中性のトリエンを生成し，〈ステップ 4〉それが C6 位に再プロトン化を受けて異性体のカチオンを生成する．〈ステップ 5〉さらなる環化で二環性カチオンを生成し，〈ステップ 6〉1,2-ヒドリド移動を起こし，〈ステップ 7〉メチル基の移動，〈ステップ 8〉脱プロトンにより最終生成物を与える．

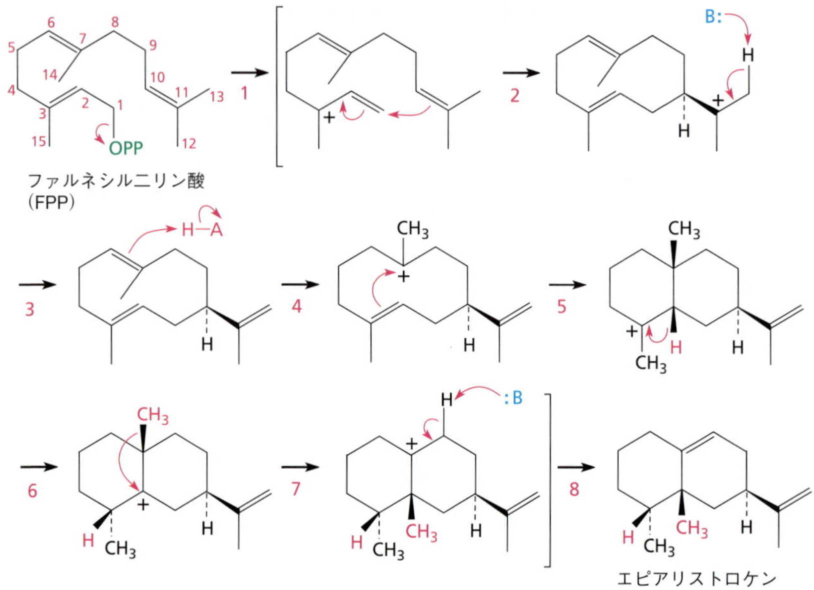

図 3・27　ファルネシル二リン酸からセスキテルペンであるエピアリストロケンを生合成する機構

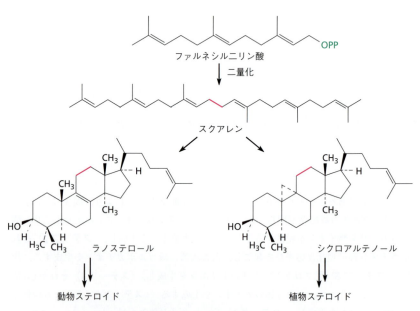

図 3・28　ファルネシル二リン酸からのステロイド生合成の概略
二量化で形成された結合を赤で示す．

3・6 ステロイドの生合成

ステロイドは一般的に独立した化合物の種類と考えられているが,実際には修飾や分解を受けたトリテルペノイドである.ステロイドは,ファルネシル二リン酸 (C_{15}) からスクアレン (C_{30}) への還元的二量化と,それに続く環化を経て生成する.動物ではスクアレン環化の最初の生成物,すなわちすべての動物ステロイド生合成の前駆体はトリテルペンのラノステロールである(図3・28).植物ではスクアレン環化によりシクロアルテノールを生成し,それがすべてのフィトステロール生合成の前駆体となっている.

ファルネシル二リン酸のスクアレンへの変換

ファルネシル二リン酸のスクアレンへの二量化は2段階で起こり,両方ともスクアレン合成酵素によって触媒される[45),46)].最初のステップでシクロプロパンで置換された中間体であるプレスクアレン二リン酸を生成し,それが還元的転位を受けてスクアレンとなる.

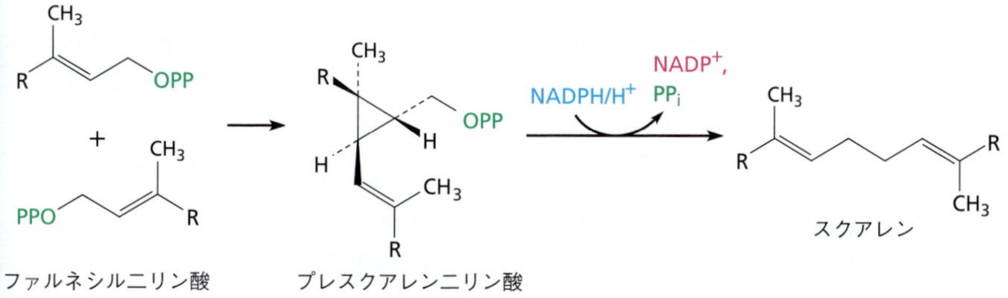

両段階とも,カルボカチオン中間体が関わっている.最初のステップの機構を図3・29に示す.ファルネシル二リン酸がS_N1様に解離することで起こる.この解離には二リン酸の電荷を中和するためにいくつかのMg^{2+}を必要とし,それをよりよい脱離基として,アリルカルボカチオンを生成する.2分子目のファルネシル二リン酸の二重結合にそのカチオンが求電子付加し,第三級カルボカチオンを生成し,2炭素離れた位置から pro-S 水素を抜いて,プレスクアレン二リン酸を生成する.

変わった反応に思えるが,シクロプロパンを生成するこのカルボカチオンからのH^+の1,3-脱離は実験室の化学でよく知られている.この反応は,単なるシクロプロパンの酸触媒開環反応の逆反応である.

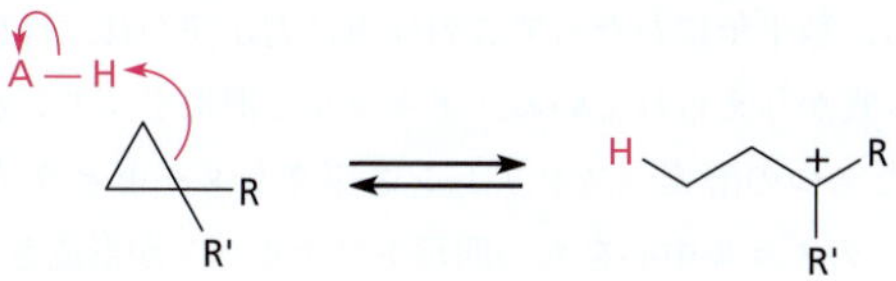

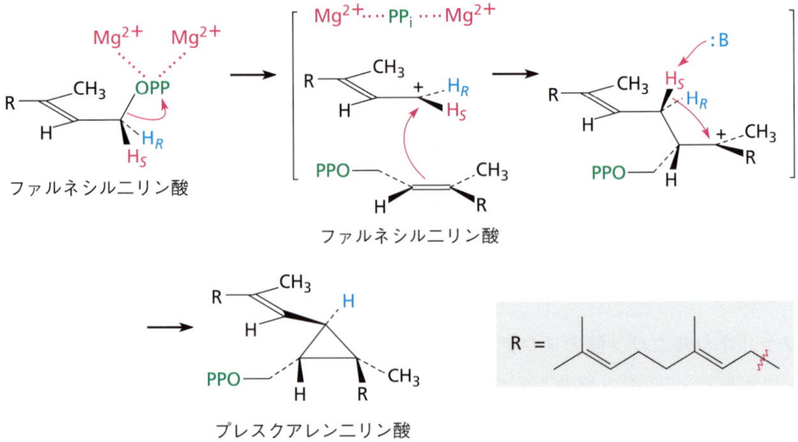

図3・29 ファルネシル二リン酸からのプレスクアレン二リン酸生成の機構

　ファルネシル二リン酸からスクアレンを形成する第二段階もカルボカチオン中間体が関わり，図3・30に示す機構で進行すると考えられている．プレスクアレン二リン酸の S_N1 様脱離は，二リン酸の電荷を中和するためにいくつかの Mg^{2+} に助けられる．この反応の生成物は正荷電した炭素原子がシクロプロパン環に隣接する"シクロプロピルカルビニルカチオン（cyclopropylcarbinyl cation）"である．

　シクロプロピルカルビニルカチオンは実験室でよく研究されてきており，シクロプロパンの隣接するひずんだ結合と正荷電炭素の空の p 軌道との間の電気的相互作用のために，非常に安定化されていることがわかっている．さらに，シクロプロピルカルビニルカチオンは，異性体のシクロプロピルカルビニル生成物への速やかな転位を起こすことも知られている．この例では，シクロプロパンの結合が1,3-移動することで転位された第三級カチオンを生成して，シクロプロパンの開環が起こる．そして生じるアリルカルボカチオンは NADPH により *pro-R* 水素の付加で還元されて，スクアレンを生成する．

スクアレンのラノステロールへの変換

　スクアレンからラノステロールへの変換は生合成変換のうちで最もよく検討されているものの一つである．数十年にわたってこの仕事に力が注がれ，得られたいくつかの業績に対してノーベル賞が与えられている．アキラルな開環ポリエンから出発し，全過程で必要なのはたった二つの酵素（スクアレンエポキシダーゼとラノステロール合成酵素[47]）だけで，七つのキラル中心をもつ四環トリテルペンが形成される．

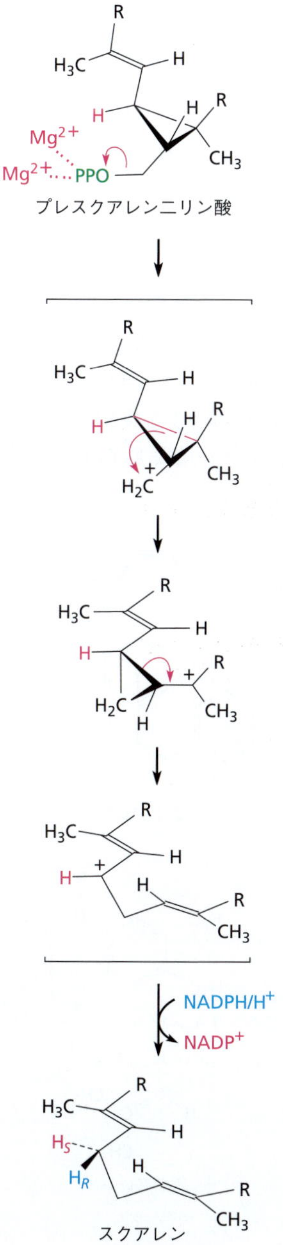

3・6 ステロイドの生合成

プレスクアレン二リン酸

ステップ1
二リン酸イオンが抜けることによる解離は電荷中和のための Mg^{2+} に助けられ，第一級シクロプロピルカルビニルカチオンを生成する

ステップ2
シクロプロパンの非隣接結合の 1,3-移動による転位で異性体の第三級シクロプロピルカルビニルカチオンを生成し…

ステップ3
…そしてそれが，シクロプロパン環の開環でさらに転位を起こし，アリルカルボカチオンを生成する

ステップ4
NADPH によるそのカチオンの還元で *pro-R* 水素が付加し，スクアレンを生成する

スクアレン

図 3・30　プレスクアレン二リン酸からスクアレンへの変換の機構

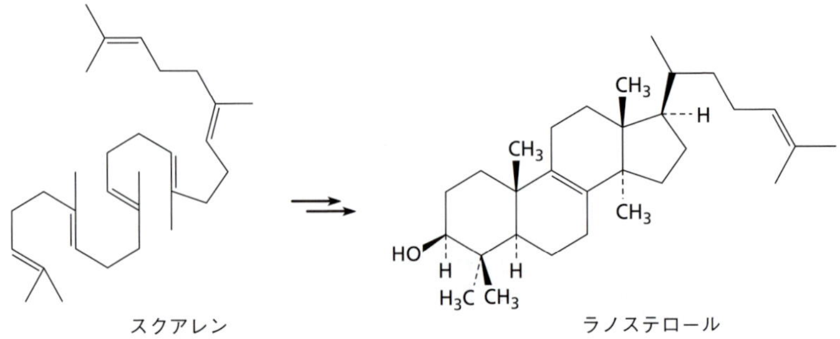

スクアレン　　　　　　　　　　　　ラノステロール

ラノステロール生合成の最初の段階はスクアレンを，そのエポキシドである (3S)-2,3-オキシドスクアレンに，スクアレンエポキシダーゼにより変換することである．分子状 O_2 がエポキシド酸素原子の源で，フラビン補酵素とともに NADPH を必要とする．O_2 分子の二つの酸素原子のうちの一つしか生成物に入らないため，スクアレンエポキ

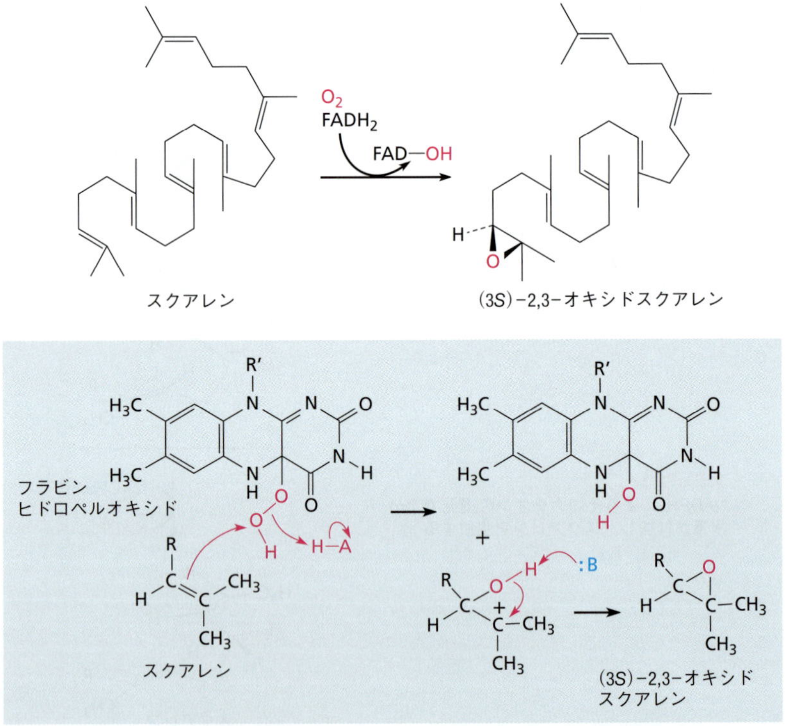

スクアレン　　　　　　　　　　　　(3S)-2,3-オキシドスクアレン

フラビンヒドロペルオキシド

スクアレン　　　　　　　　　　　　(3S)-2,3-オキシドスクアレン

図 3・31　フラビンヒドロペルオキシドによるスクアレン酸化の機構

シダーゼは"モノオキシゲナーゼ（monooxygene）"とよばれる．その提唱されている機構にはフラビンヒドロペルオキシド中間体（ROOH）を生成する$FADH_2$のO_2との反応が関わっており，その中間体は，末端ヒドロペルオキシドの酸素へのスクアレン二重結合による求核攻撃で始まる経路で，酸素をスクアレンに移すのである（図3・31）．副生成物として生じるフラビンアルコールはH_2Oを失ってFADを生成する．それがNADPHで還元されて$FADH_2$に戻る．このようなエポキシド化の機構は実験室における過酸（RCO_3H）がアルケンと反応し，エポキシドを生成するのと似通っている．

ラノステロール生合成の次の部分はラノステロール合成酵素により触媒されるが，四つの環，六つの炭素-炭素結合，七つのキラル中心を形成する離れ技を一つの反応で成し遂げる．図3・32に示すように，連続した分子内求電子付加がうまくいくように，さまざまな位置の二重結合が配置される立体配座にスクアレンが酵素によって折りたたまれ，続いて一連のヒドリドとメチルの移動が起こる．最初のエポキシドのプロトン化/環化を除いて，この過程はおそらく協奏的というよりは段階的であり，酵素の電子過剰な芳香族アミノ酸との静電的相互作用により安定化されている別個のカルボカチオン中間体が関わっていると考えられる．

ステップ1, 2（図3・32）　**エポキシド開環と最初の環化**　ステップ1として，酵素のアスパラギン酸残基によるエポキシド環のプロトン化で環化が始まる．近隣の5,10二重結合（ステロイドの番号づけは§2・2参照）によってプロトン化されたエポキシドが求核的に開環して第三級カチオンをC10位に生じさせる．さらにステップ2としてC10位が8,9二重結合に付加することで二環式第三級カルボカチオンをC8位に生成する．この2回目の環化は最終生成物で観察される立体化学を説明できるよう舟形のB環を形成しなければならないことに注意してほしい．つまり，ラノステロールのC14位のメチル基がα配向（下向き）になるように，転位前駆体（ステップ8）でのメチル基はC13位でα配向でなければならない．またこのことは，B環が舟形立体配座であることを意味する．

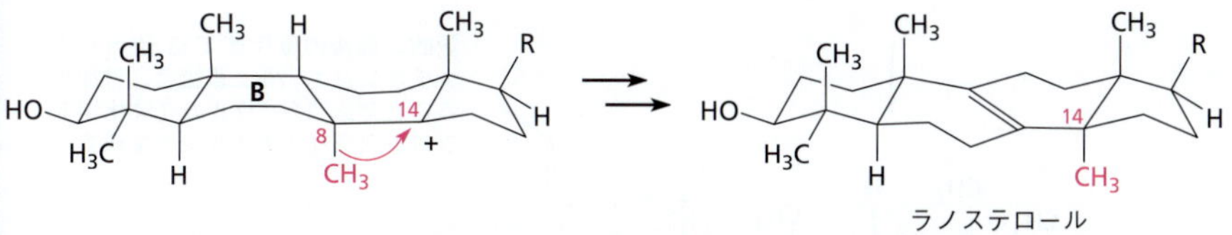

ステップ3（図3・32）　**3番目の環化**　3番目のカチオン性環化が少々変わっているのは，反応がマルコフニコフ則に従わない位置で起こり，新しい第三級カルボカチオンではなくC13位に第二級カルボカチオンを生成するからである．しかし実際には，最初は第三級カルボカチオンが生成し，それに続く転位で第二級カルボカチオンが生じ

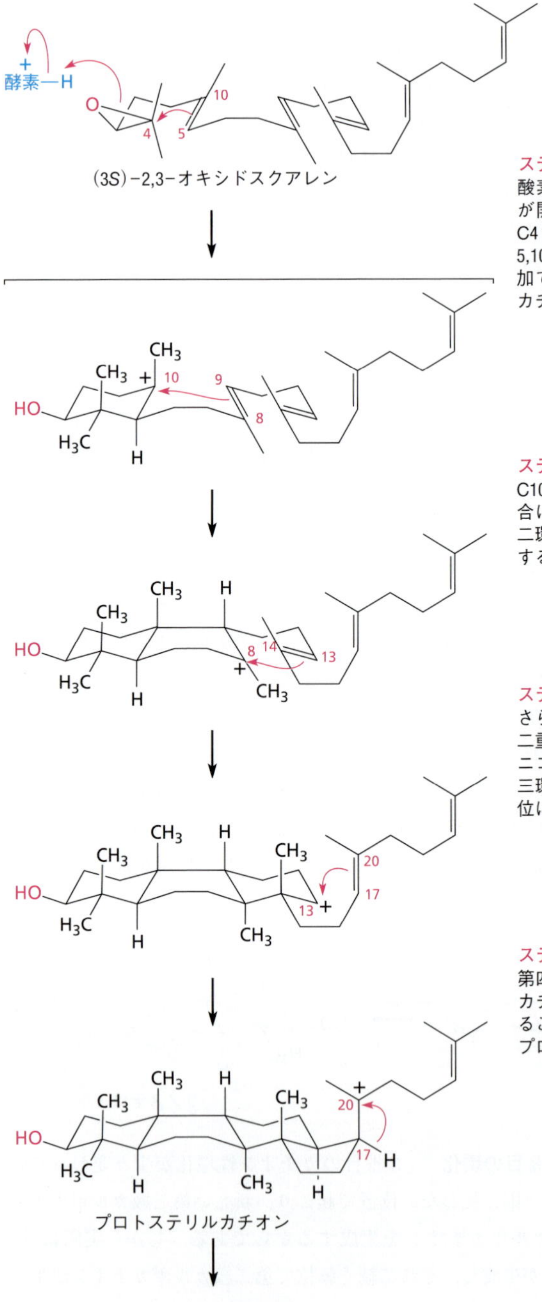

(3S)-2,3-オキシドスクアレン

ステップ 1
酸素のプロトン化でエポキシド環が開き，第三級カルボカチオンがC4位にできる．その後，C4位の5,10 二重結合への分子内求電子付加でC10位に単環式第三級カルボカチオンを生成する

ステップ 2
C10位カルボカチオンが8,9 二重結合に付加し，C8位にB環が舟形の二環式第三級カルボカチオンを生成する

ステップ 3
さらに8位カルボカチオンの13,14 二重結合への分子内付加がマルコフニコフ則に従わない位置で起こり，三環式第二級カルボカチオンをC13位に生成する

ステップ 4
第四の最後の環化はC13位カルボカチオンが17, 20 二重結合に付加することで起こり，17βの立体化学でプロトステリルカチオンを生成する

プロトステリルカチオン

次ページへ続く

プロトステリルカチオン

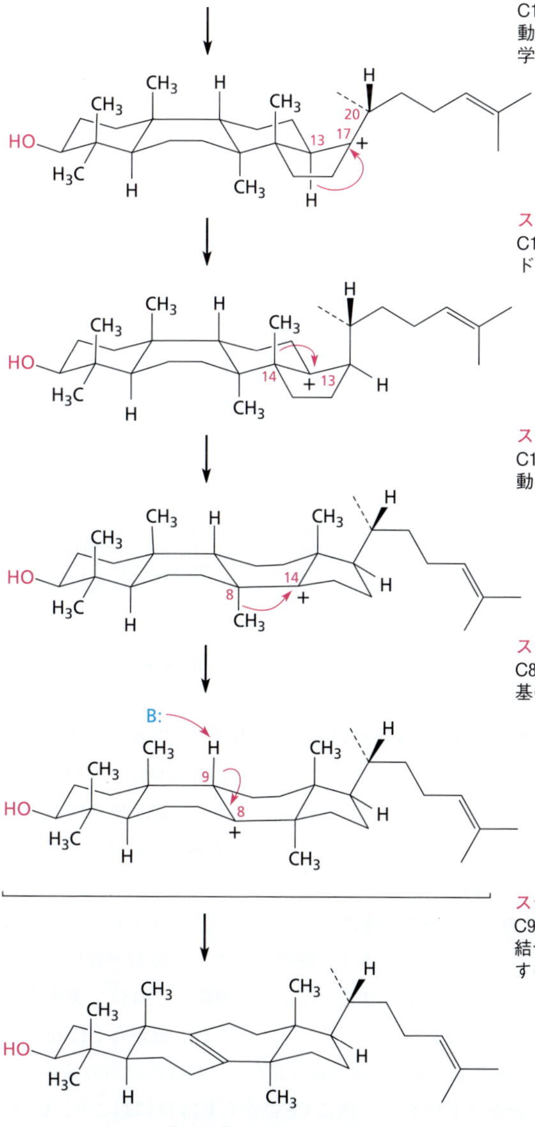

ステップ 5
C17 位から C20 位へのヒドリド移動が起こり，C20 位に R の立体化学をつくる

ステップ 6
C13 位から C17 位への 2 回目のヒドリド移動が起こる

ステップ 7
C14 位から C13 位へメチル基の移動が起こる

ステップ 8
C8 位から C14 位へ 2 回目のメチル基の移動が起こる

ステップ 9
C9 位からプロトンが取れ，8,9 二重結合を生じ，ラノステロールが生成する

ラノステロール

図 3・32　2,3-オキシドスクアレンのラノステロールへの変換機構　四つのカチオン性環化に続いて，四つの転位が起こり，最後に C9 位から H^+ が取れる．ステロイドの番号のつけ方（§2・2）が中間体の特定の位置を示すために用いられている．個々のステップの説明は本文参照．

る証拠が示されている[48]．その第二級カルボカチオンが酵素のポケットの中で近くの電子過剰な芳香環によって安定化を受けているのだろう．

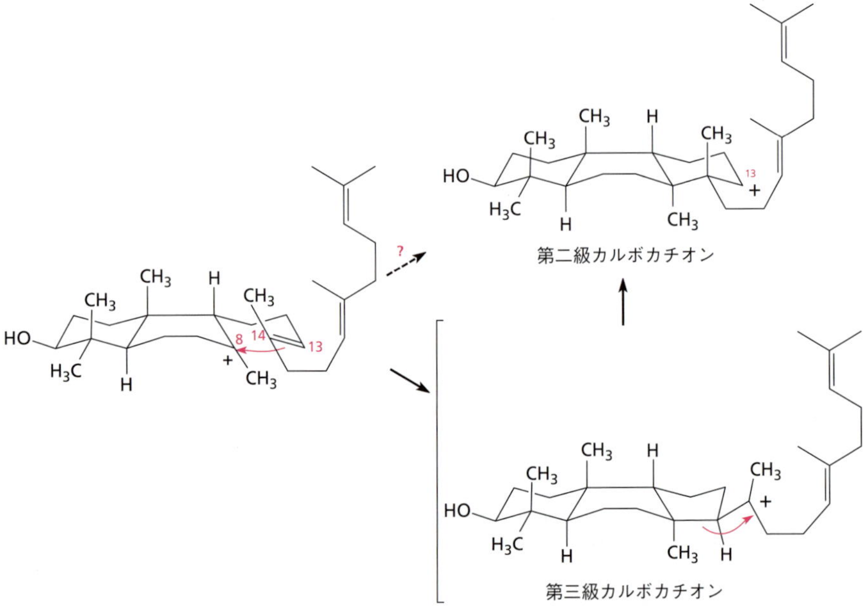

第二級カルボカチオン

第三級カルボカチオン

ステップ4（図3・32） 最後の環化　4番目の最後の環化が，C13位のカチオン中心が17,20二重結合へ付加することで起こる．このようにして，いわゆる"プロトステリル（protosteryl）"カチオンができる．図3・32に示したように，C17位の側鎖アルキル基はβ（上向き）の立体化学をもっている．ただし，この立体化学はステップ5で失われ，そしてステップ6で再度構築される．

ステップ5〜9（図3・32） カルボカチオン転位　いったんラノステロールの四環式炭素骨格が形成されると，一連のカルボカチオン転位が起こる．最初の転位であるC17位からC20位へのヒドリド転位がステップ5で起こり，側鎖のC20位でRの立体化学を確立する．そしてステップ6で2回目のヒドリド転位がC13位からC17位の環のα（下向き）面へ起こり，側鎖の17β配向が再度確立される．最後に二つのメチル基の転位が起こる．最初はC14位からC13位へ，次にC8位からC14位に起こり，C8位に正電荷が生じる．そして酵素の塩基性のヒスチジン残基が隣のC9位からプロトンを引抜き，ラノステロールを生成する．

ステロイド生合成はさらに続き，ラノステロールからコレステロールが生成する[49]．多くの変換反応がこの過程で起こる．すなわち，三つのメチル基が取除かれ，一つの二

重結合が還元され,そして別の二重結合が移動する.コレステロールは分岐点となる化合物であり,他の動物ステロイドに誘導される前駆体である.

ラノステロール → コレステロール

参 考 文 献

1) Winkler, F. K.; D'Arcy, A.; Hunziker, W., "Structure of Human Pancreatic Lipase," *Nature*, **1990**, *343*, 771–774.
2) Winkler, F. K.; Gubernator, K., "Structure and Mechanism of Human Pancreatic Lipase," *Pharma Research–New Technologies*, Editors: Woolley, P.; Petersen, S. B., *Lipases*, **1994**, 139–157, Cambridge University Press, Cambridge, UK.
3) Lehner, R.; Kuksis, A., "Triacylglycerol Synthesis by Purified Triacylglycerol Synthetase of Rat Intestinal Mucosa," *J. Biol. Chem.*, **1995**, *270*, 13630–13636.
4) Knowles, J. R., "Enzyme-Catalyzed Phosphoryl Transfer Reactions," *Annu. Rev. Biochem.* **1980**, *49*, 877–919.
5) Lassila, J. K.; Zalatan, J. G.; Herschlag, D., "Biological Phosphoryl-Transfer Reactions: Understanding Mechanism and Catalysis," *Annu. Rev. Biochem.*, **2011**, *80*, 669–702.
6) Oelkers, P. M.; Sturley, S. L., "Mechanisms and Mediators of Neutral Lipid Biosynthesis in Eukaryotic Cells," *Top. Curr. Genet. (Lipid Metabolism and Membrane Biogenesis)*, **2004**, *6*, 289–311.
7) Cao, J.; Cheng, L.; Shi, Y., "Catalytic Properties of MGAT3, a Putative Triacylglycerol Synthase," *J. Lipid Res.*, **2007**, *48(3)*, 583–591.
8) Shi, Y.; Cheng, L., "Beyond Triglyceride Synthesis: The Dynamic Functional Roles of MGAT and DGAT Enzymes in Energy Metabolism," *Am. J. Physiol. Endocrinol. Metab.*, **2009**; *297(1)*, E10–E18.
9) Hiramine, Y.; Tanabe, T., "Characterization of Acyl-Coenzyme A:Diacylglycerol Acyltransferase (DGAT) Enzyme of Human Small Intestine," *J. Physiol. Biochem.*, **2011**, *67(2)*, 259–264.
10) Mao, C.; Ozer, Z.; Zhou, M.; Uckun, F. M., "X-ray Structure of Glycerol Kinase Complexed with an ATP Analog Implies a Novel Mechanism for the ATP-Dependent Glycerol Phosphorylation by Glycerol Kinase," *Biochem. Biophys. Res. Commun.*, **1999**, *259(3)*, 640–644.
11) Engst, S.; Vock, P.; Wang, M.; Kim, J.-J. P.; Ghisla, S., "Mechanism of Activation of

Acyl-CoA Substrates by Medium Chain Acyl-CoA Dehydrogenase: Interaction of the Thioester Carbonyl with the Flavin Adenine Dinucleotide Ribityl Side Chain," *Biochemistry*, **1999**, *38*, 257–267.
12) Thorpe, C.; Kim, J.-J., "Structure and Mechanism of Action of the Acyl-CoA Dehydrogenases," *FASEB J.*, **1995**, *9*, 718–725.
13) Umhau, S.; Pollegioni, L.; Molla, G.; Diederichs, K.; Welte, W.; Pilone, M. S.; Ghisla, S., "The X-Ray Structure of D-Amino Acid Oxidase at Very High Resolution Identifies the Chemical Mechanism of Flavin-Dependent Substrate Dehydrogenation," *Proc. Natl. Acad. Sci. USA*, **2000**, *97*, 12463–12468.
14) Bhattacharyya, S.; Stankovich, M. T.; Truhlar, D. G.; Gao, J., "Combined Quantum Mechanical and Molecular Mechanical Simulations of One- and Two-Electron Reduction Potentials of Flavin Cofactor in Water, Medium-Chain Acyl-CoA Dehydrogenase, and Cholesterol Oxidase," *J. Phys. Chem. A*, **2007**, *111 (26)*, 5729–5742.
15) Wu, W.-J.; Feng, Y.; He, X.; Hofstein, H. A.; Raleigh, D. P.; Tonge, P. J., "Stereospecificity of the Reaction Catalyzed by Enoyl-CoA Hydratase," *J. Am. Chem. Soc.*, **2000**, *122*, 3987–3994.
16) Holden, H. M.; Benning, M. M.; Haller, T.; Gerlt, J. A., "The Crotonase Superfamily: Divergently Related Enzymes that Catalyze Different Reactions Involving Acyl Coenzyme A Thioesters," *Acc. Chem. Res.*, **2001**, *34*, 145–157.
17) Barycki, J. J.; O'Brien, L. K.; Bratt, J. M.; Zhang, R.; Sanishvili, R.; Strauss, A. W.; Banaszak, L. J., "Biochemical Characterization and Crystal Structure Determination of Human Heart Short Chain L-3-Hydroxyacyl-CoA Dehydrogenase Provide Insights into Catalytic Mechanism," *Biochemistry*, **1999**, *38*, 5786–5798.
18) Thompson, S.; Mayerl, F.; Peoples, O. P.; Masamune, S.; Sinskey, A. J.; Walsh, C. T., "Mechanistic Studies on β-Ketoacyl Thiolase from *Zoogloea ramigera*: Identification of the Active-Site Nucleophile as Cys-89, its Mutation to Ser-89, and Kinetic and Thermodynamic Characterization of Wild-Type and Mutant Enzymes," *Biochemistry*, **1989**, *28*, 5735–5742.
19) Mathieu, M.; Modis, Y.; Zeelen, J. P.; Engel, C. K.; Abagyan, R. A.; Ahlberg, A.; Rasmussen, B.; Lamzin, V. S.; Kunau, W. H.; Wierenga, R. K., "The 1.8 Å Crystal Structure of the Dimeric Peroxisomal 3-Ketoacyl-CoA Thiolase of *Saccharomyces cerevisiae*: Implications for Substrate Binding and Reaction Mechanism," *J. Mol. Biol.*, **1997**, *273*, 714–728.
20) Buckel, W.; Friedrich, P.; Golding, B. T., "Hydrogen Bonds Guide the Short-Lived 5'-Deoxyadenosyl Radical to the Place of Action," *Angew. Chem. Int. Ed.*, **2012**, *51*, 9974–9976.
21) Knowles, J. R.; "The Mechanism of Biotin-Dependent Enzymes," *Ann. Rev. Biochem.*, **1989**, *58*, 195–221.
22) Zhang, H.; Yang, Z.; Shen, Y.; Tong, L., "Crystal Structure of the Carboxyltransferase Domain of Acetyl Coenzyme A Carboxylase," *Science*, **2003**, *299*, 2064–2067.
23) Menefee, A. L.; Zeczycki, T. N., "Nearly 50 Years in the Making: Defining the Catalytic Mechanism of the Multifunctional Enzyme, Pyruvate Carboxylase," *FEBS J.*, **2014**, *2014*, 1333–1354.
24) Broussard, T. C.; Pakhomova. S.; Neau, D. B.; Bonnot, R.; Waldrop, G. L., "Structural Analysis of Substrate, Reaction Intermediate, and Product Binding in *Haemophilus*

influenzae Biotin Carboxylase," *Biochemistry,* **2015**, *54*, 3860–3870.
25) Abbadi, A.; Brummel, M.; Schutt, B. S.; Slabaugh, M. B.; Schuch, R.; Spener, F., "Reaction Mechanism of Recombinant 3-Oxoacyl-(acyl-carrier-protein) Synthase III from *Cuphea wrightii* Embryo, a Fatty Acid Synthase Type II Condensing Enzyme," *Biochem. J.,* **2000**, *345*, 153–160.
26) Ro, D.-K., "Terpenoid Biosynthesis," *Plant Metabolism and Biotechnology,* **2011**, 218–240, John Wiley & Sons, New York.
27) Bochar, D. A.; Friesen, J. A.; Stauffacher, C. V.; Rodwell, V. W., "Biosynthesis of Mevalonic Acid from Acetyl-CoA," *Compr. Nat. Prod. Chem.,* **1999**, *2*, 15–44.
28) Meriläinen, G.; Poikela, V.; Kursala, P.; Wierenga, R. K., "The Thiolase Reaction Mechanism: The Importance of Asn316 an His348 for Stabilizing the Enolate Intermediate of the Claisen Condensation," *Biochemistry,* **2009**, *48*, 11011–11025.
29) Theisen, M. J.; Misra, I.; Saadat, D.; Campobasso, N.; Miziorko, H. M.; Harrison, D. H. T., "3-Hydroxy-3-methylglutaryl-CoA Synthase Intermediate Complex Observed in Real Time," *Proc. Natl. Acad. Sci. USA,* **2004**,*101*, 16442–16447.
30) Istvan E. S.; Palnitkar M.; Buchanan S. K.; Deisenhofer J., "Crystal Structure of the Catalytic Portion of Human HMG-CoA Reductase: Insights Into Regulation of Activity and Catalysis," *EMBO J.,* **2000**, *19*, 819–830.
31) Jabalquinto, A. M.; Alvear, M; Cardemil, E., "Physiological Aspects and Mechanism of Action of Mevalonate 5-Diphosphate Decarboxylase," *Comp. Biochem. Physiol., B: Comp. Biochem.*, **1988**, *90B*, 671–677.
32) Dhe-Paganon, S.; Magrath, J.; Abeles, R. H., "Mechanism of Mevalonate Pyrophosphate Decarboxylase: Evidence for a Carbocationic Transition State," *Biochemistry,* **1994**, *33*, 13355–13362.
33) Eisenreich, W.; Bacher, A.; Arigoni, D.; Rohdich, F., "Biosynthesis of Isoprenoids via the Nonmevalonate Pathway," *Cellular and Molecular Life Sciences,* **2004**, *61*, 1401–1426.
34) Li, H.; Tian, J.; Sun, W.; Qin, W.; Gao, W.-U., "Mechanistic Insights Into 1-Deoxy-D-Xylulose-5-Phosphate Reductoisomerase, A Key Enzyme of the MEP Terpenoid Biosynthetic Pathway," *FEBS J.,* **2013**, *280*, 5896–5905.
35) Murkin, A. S.; Manning, K. A.; Kholodar, S. A., "Mechanism and Inhibition of 1-Deoxy-D-Xylulose-5-Phosphate Reductoisomerase," *Bioorg. Chem.,* **2014**, *57*, 171–185.
36) Beinert, H.; Holm, R. H.; Munck, E., "Iron-Sulfur Clusters: Nature's Modular, Multipurpose Structures," *Science,* **1997**, *277*, 653–659.
37) Rekittke, I.; Jomaa, H.; Ermler, U., "Structure of the GcpE (IspG)–MEcPP Complex from *Thermus thermophilus*," *FEBS Lett.,* **2012**, *586*, 3452–3457.
38) Xiao, Y.; Rooker, D.; You, Q,; Freel Meyers, C. L.; Liu, P., "IspG-Catalyzed Positional Isotopic Exchange in Methylerythritol Cyclodiphosphate of the Deoxyxylulose Phosphate Pathway: Mechanistic Implications," *ChemBioChem,* **2011**, *12*, 527–530.
39) Wang, W.; Oldfield, E., "Bioorganometallic Chemistry with IspG and IspH: Structure, Function, and Inhibition of the [Fe$_4$S$_4$] Proteins Involved in Isoprenoid Biosynthesis," *Angew. Chem. Int. Ed.,* **2014**, *53*, 4294–4310.
40) Lee, S.; Poulter, C. D., "*Escherichia coli* Type 1 Isopentenyl Diphosphate Isomerase: Structural and Catalytic Roles for Divalent Metals," *J. Am. Chem. Soc.,* **2006**, *128*,

11545–11550.

41) Durbecq, V.; Sainz, G.; Oudjama, Y.; Clantin, B.; Bompard-Gilles, C.; Tricot, C.; Caillet, J.; Stalon, V.; Droogmans, L.; Villeret, V., "Crystal Structure of Isopentenyl Diphosphate:Dimethylallyl Diphosphate Isomerase," *EMBO J.*, **2001**, *20*, 1530–1537.
42) Heaps, N. A.; Poulter, C. D., "Type-2 Isopentenyl Diphosphate Isomerase: Evidence for a Stepwise Mechanism," *J. Am. Chem. Soc.*, **2011**, *133*, 19017–19019.
43) Dolence, J. M.; Poulter, C. D., "Electrophilic Alkylations, Isomerizations, and Rearrangements," *Compr. Nat. Prod. Chem.*, **1999**, *5*, 315–341.
44) Starks, C. M.; Back, K.; Chappell, J.; Noel, J. P., "Structural Basis for Cyclic Terpene Biosynthesis by Tobacco 5-Epiaristolochene Synthase," *Science*, **1997**, *277*, 1815–1820.
45) Blagg, B. S. J.; Jarstfer, M. B.; Rogers, D. H.; Poulter, C. D., "Recombinant Squalene Synthase. A Mechanism for the Rearrangement of Presqualene Diphosphate to Squalene," *J. Am. Chem. Soc.*, **2002**, *124*, 8846–8853.
46) Liu, C.-I.; Jeng, W.-Y.; Chang, W.-J.; Shih, M.-F.; Ko, T.-P.; Wang, A. H.-J., "Structural Insights into the Catalytic Mechanism of Human Squalene Synthase," *Acta Crystallogr. D*, **2014**, *70*, 231–241.
47) Abe, I.; Prestwich, G. D., "Squalene Epoxidase and Oxidosqualene:Lanosterol Cyclase—Key Enzymes in Cholesterol Biosynthesis," *Compr. Nat. Prod. Chem.*, **1999**, *2*, 267–298.
48) Hoshino, T.; Hoshino, T.; Sakai, Y., "Further Evidence that the Polycyclization Reaction by Oxidosqualene-Lanosterol Cyclase Proceeds Via a Ring Expansion of the 5-Membered C-Ring Formed by Markovnikov Closure. On the Enzymic Products of the Oxidosqualene Analogue Having an Ethyl Residue at the 15-Position," *Chem. Commun.*, **1998**, *15*, 1591–1592.
49) Risley, J. M., "Cholesterol Biosynthesis: Lanosterol to Cholesterol," *J. Chem. Educ.*, **2002**, *79*, 377–384.

問　題

分子モデルでの各原子の色はそれぞれ，水素＝薄い灰色，炭素＝濃い灰色，酸素＝赤，窒素＝紫で表す．

3・1 次の反応の生成物をそれぞれ示しなさい．

(a) $CH_3CH_2CH_2CH_2CH_2\overset{O}{\overset{\|}{C}}SCoA$ $\xrightarrow[\text{脱水素酵素}]{\text{アシル CoA}}$ FAD → FADH$_2$

(b) (a)の生成物 ＋ H_2O $\xrightarrow{\text{エノール CoA ヒドラターゼ}}$

(c) (b)の生成物 $\xrightarrow[\text{β-ヒドロキシアセチル CoA 脱水素酵素}]{NAD^+ \to NADH/H^+}$

3・2 ジギトキシゲニンはムラサキキツネノテブクロ（purple foxglove）（ジギタリス，*Digitalis purpurea*）から得られる強心剤であり，心臓病の治療に用いられる．ジギトキシゲニンの三次元立体配座を書き，二つの-OH 基がアキシアルかエクアトリアルかを明らかにしなさい．

ジギトキシゲニン

3・3 *sn*-グリセロール 1-リン酸のフィッシャー投影式を書き，そのキラル中心の立体配置が *R* か *S* を答えなさい．同じことを *sn*-グリセロール 2,3-ジアセテートについても行いなさい．

3・4 次の分子模型はヒト胆汁の構成物質であるグリココール酸である．三つのヒドロキシ基がアキシアルかエクアトリアルかを明らかにしなさい．コール酸は A-B トランスステロイドであるか，A-B シスステロイドであるかを答えなさい．

グリココール酸

3・5 カルボキシ炭素を ^{14}C 同位体標識した酢酸を出発物質として，メバロン酸経路で以下の化合物が生合成されるとすれば，化合物のどの位置が標識されるかを答えなさい．

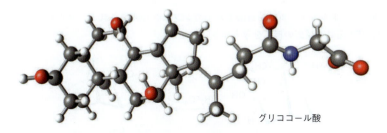

(a) ジメチルアリル二リン酸
(b) リモネン
(c) カリオフィレン

3・6 ファルネシル二リン酸からセスキテルペンであるヘルミントゲルマクレンの生合成経路を考えなさい．

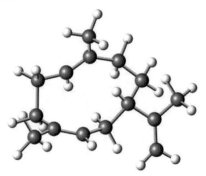

ヘルミントゲルマクレン

3・7 ボルネオールの生合成の反応機構経路を考えなさい．

ボルネオール

3・8 イソボルネオールは希硫酸処理でカンフェンに変換される．カルボカチオン転位に関わるこの反応の機構を考えなさい．

イソボルネオール　→（H$_2$SO$_4$）→　カンフェン

3・9 ファルネシル二リン酸がNADPH非存在下でスクアレン合成酵素と反応する場合，次の二つの化合物が生成される．この反応の機構を考えなさい（図3・30参照）．

ファルネシル二リン酸

3・10 カルボキシ炭素を ^{14}C 同位体標識した酢酸を出発物質として，メバロン酸経路でラノステロールが生合成されるとすれば，ラノステロールのどの位置が標識されるかを答えなさい．

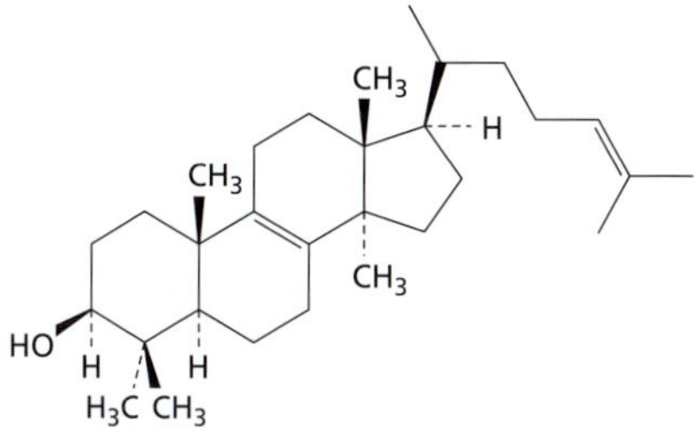

ラノステロール

3・11 ファルネシル二リン酸からセスキテルペンであるトリコジエンが生合成される機構を考えなさい．この過程には第二級カルボカチオン中間体を生成する環化が関わり，ついでいくつかの転位が起こる．

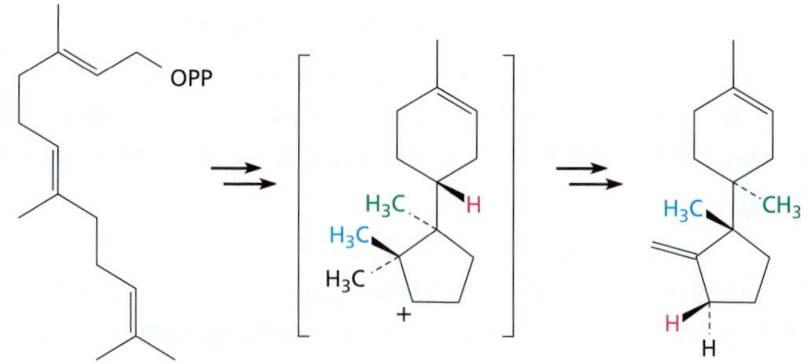

ファルネシル二リン酸　　　　　　　　　　　　　　　トリコジエン

3・12 学んできたように，多くの植物ではモノテルペンは MEP 経路で生合成される．C1 位のみが ^{13}C で標識されたピルビン酸から出発した場合，リモネンの ^{13}C 標識の位置を予想しなさい．C2 位を標識したピルビン酸を用いた場合と C3 位を標識したピルビン酸を用いた場合でも同様にリモネンの ^{13}C 標識の位置を予想しなさい．

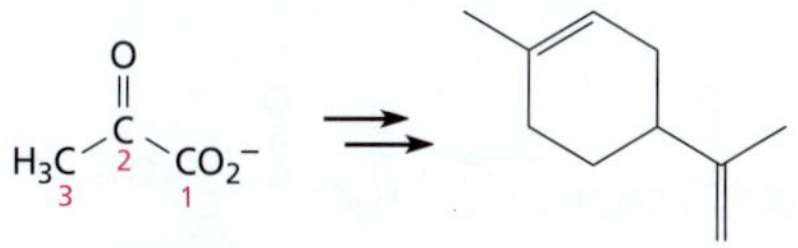

ピルビン酸　　　　　リモネン

3・13 次の酸触媒反応の機構を考えなさい．

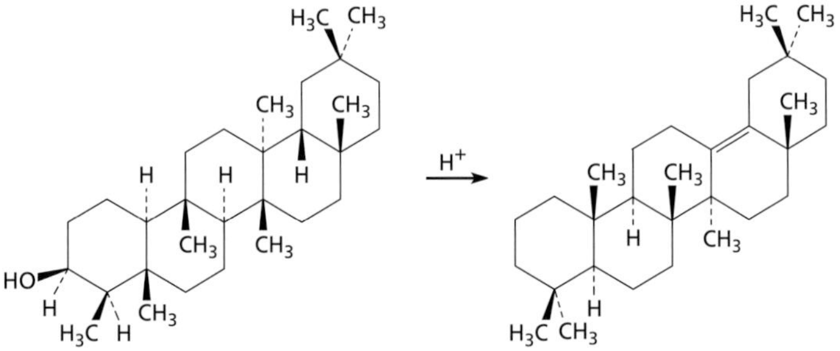

3・14 ヒト膵臓リパーゼ（図3・2，PDB コード 1LPB）の PDB 座標ファイルを入手し，PyMOL viewer を用いてその構造を表示して次の問いに答えなさい．
  (a) His-263 の塩基性窒素と Ser-152 の酸素との間の距離はいくらか．
  (b) 阻害剤の P＝O 結合は，セリンへ付加反応するのに際して，二つのアミノ酸残基のアミド NH 結合との水素結合により，分極した状態になっている．この状態を"オキシアニオンホール"とよび，カルボニル基やリン酸基への付加反応でしばしば起こる．活性中心のどの二つの残基が関わっているのか．（一般的な基準として，約 3.0 Å 離れた二つの電子過剰な原子が水素結合に参加できる．）
  (c) Asp-176 はプロトン転移により His-263 を活性化すると考えられている．アスパラギン酸のカルボン酸の酸素とヒスチジンの塩基性窒素間の距離はいくらか．
  (d) His-151 も活性中心にある．なぜ His-151 ではなく His-263 が活性中心塩基であるのか．

3・15 アシル CoA 脱水素酵素（図3・7；PDB コード 3MDE）の PDB 座標ファイルを入手し，PyMOL viewer を用いてその構造を表示して次の問いに答えなさい．
  (a) 基質の β 炭素（ヒドリド供与体）とフラビンの N5 間の距離はいくらか．これは直接ヒドリド転移するために十分に近い距離にあるか．
  (b) Glu-376 はチオエステルの脱プロトンに関わるといわれている活性中心塩基である．チオエステルの α 水素に十分近いか．
  (c) エノラートイオンは普通，酵素活性中心で金属イオンと水素結合か配位をして安定化される．アシル CoA 脱水素酵素の活性中心でのエノラート安定化相互作用がどれであるかを明らかにしなさい．

3・16 アセト乳酸合成酵素は TPP 依存性酵素で，次の反応を触媒する．機構を考えなさい．

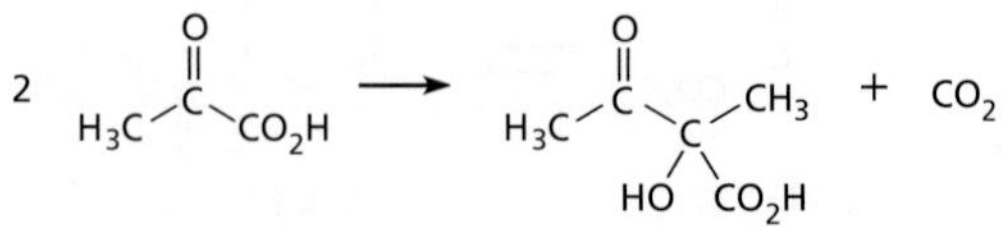

問題

3・17 次の反応は NAD 異化の経路の一部分である．二つの反応機構を考えなさい．

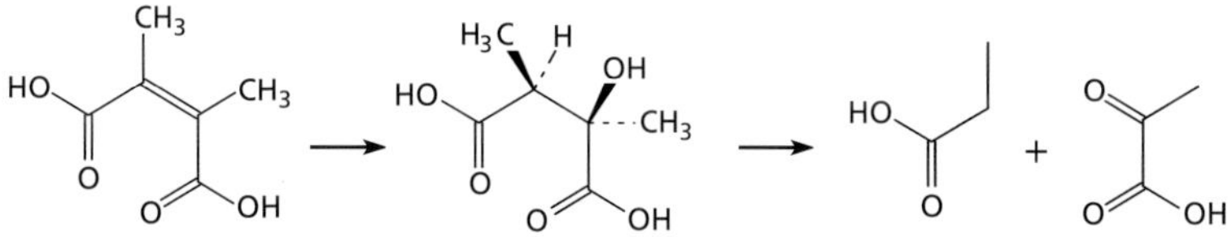

3・18 メチルマロニル CoA カルボキシ基転移酵素はビオチン依存性の酵素で，次の反応を触媒する．機構を考えなさい．

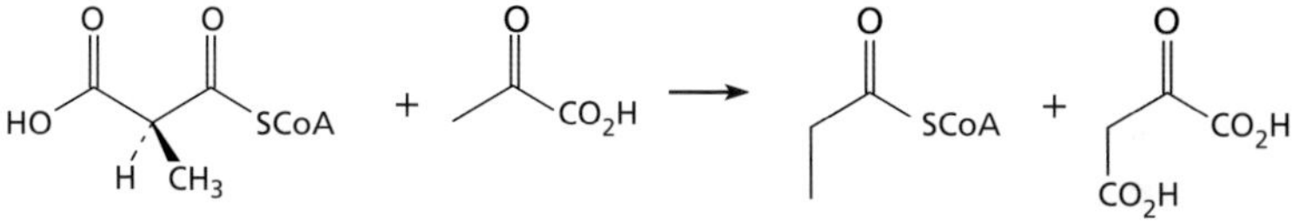

3・19 次の反応はカンナビノールの生合成経路の一つのステップである．機構を考えなさい．

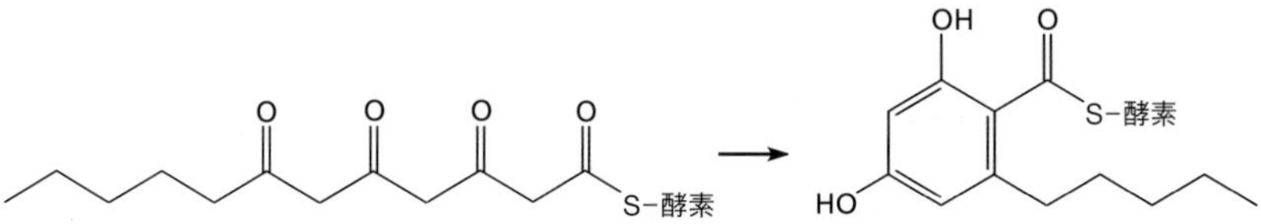

3・20 アセチル CoA とマロニル CoA からヘキサノイル CoA を生合成する経路の概要を答えなさい．

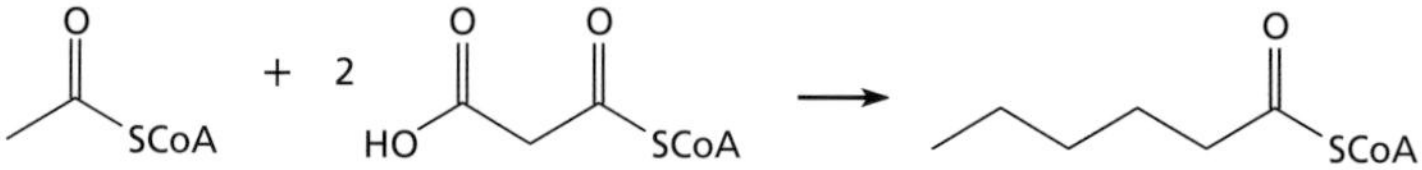

3・21 ヘキサノイル CoA の異化経路の概要を答えなさい．

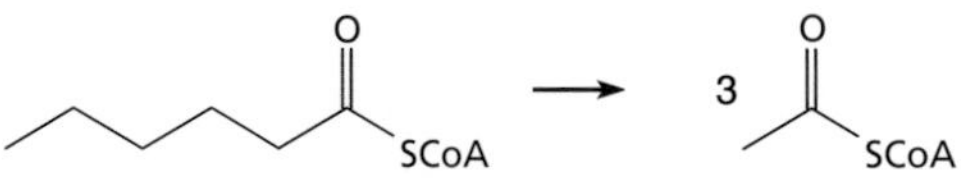

3・22 テルピネオールは多くの香水に用いられる芳香性のモノテルペンアルコールで，ゲラニル二リン酸から生合成される．機構を考えなさい．

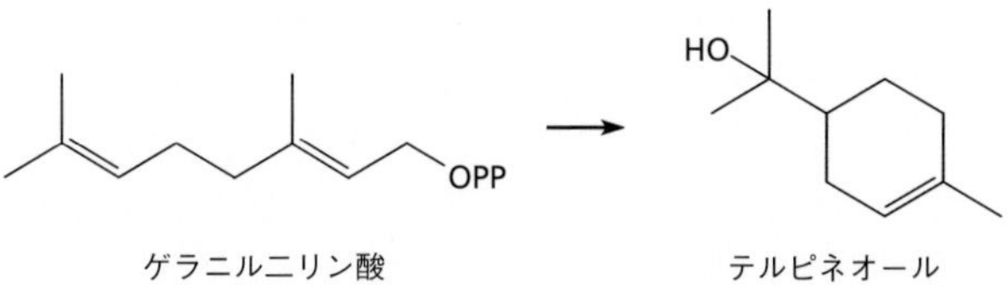

ゲラニル二リン酸　　　　テルピネオール

3・23 セスキテルペンのカンフェレノールはファルネシル二リン酸より生合成される．機構を考えなさい．

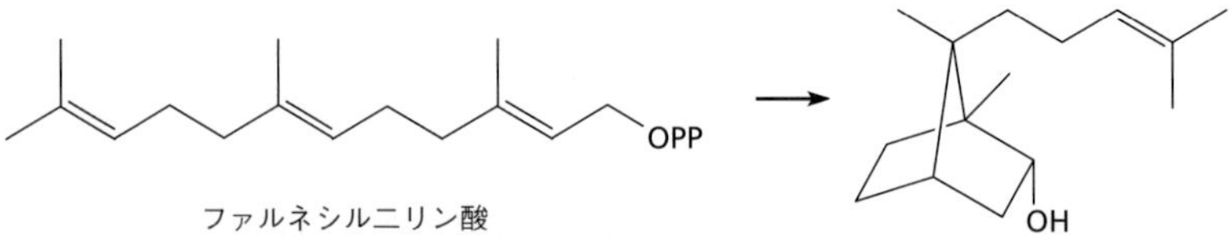

ファルネシル二リン酸

カンフェレノール

3・24 アルコール脱水素酵素の構造（PDB コード 1A71）を開けて，次の問いに答えなさい．
(a) 42〜45 および 370〜373 番目の残基の二次構造は何か答えなさい．
(b) NAD のアミドのカルボニル基と水素結合しているのはどの残基か答えなさい．
(c) その水素結合の長さはいくらか．
(d) それぞれのサブユニットにある二つの Zn^{2+} 間の距離はいくらか．
(e) いずれの Zn^{2+} が触媒作用に関わっているのか説明しなさい．
(f) 触媒作用に関わる Zn^{2+} の配位子を答えなさい．
(g) *pro-R* あるいは *pro-S* のいずれのヒドリドが NADH より移されるのか，構造から決めなさい．
(h) アルコール脱水素酵素の触媒反応機構を書きなさい．書いた機構は酵素の構造に矛盾しないか．

4
炭水化物とその代謝

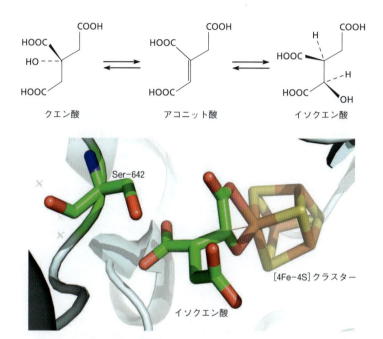

アコニターゼはクエン酸回路の一つの酵素である．イソクエン酸が結合したアコニターゼの活性中心は，基質を脱プロトンする位置にある Ser-642 と，脱離基としての水を活性化している［4Fe-4S］クラスターが一列に並んだ構造をしている．

4. 炭水化物とその代謝

- 4・1 多糖類の消化と加水分解
- 4・2 グルコースの代謝: 解糖
- 4・3 ピルビン酸の変換
  - ・ピルビン酸から乳酸へ
  - ・ピルビン酸からエタノールへ
  - ・ピルビン酸からアセチル CoA へ
- 4・4 クエン酸回路
- 4・5 グルコースの生合成: 糖新生
- 4・6 ペントースリン酸経路
- 4・7 光合成: 還元的ペントースリン酸回路 (カルビン回路)

炭水化物(糖質)は他のどの分類の生体分子と比べても圧倒的に大量に存在する. 実際に, 地球上の生物資源(すべての植物, 動物)の乾燥重量の 50% 以上が, グルコースの重合体からなることが明らかとなっている. 炭水化物は緑色植物の光合成により生産され, これらは他の生物体に食べられ, 代謝されることで, それらに必要なエネルギーを供給する最も重要な資源となっている. このように炭水化物は, 太陽光エネルギーを蓄え, 生命活動をサポートするための化学的な中間体としての役割を担っている.

§2・3 で扱ったように, 単糖はポリヒドロキシアルデヒドあるいはケトンであり, 最も豊富に存在する単糖であるグルコースは水溶液中で, 開環直鎖形と環状ピラノース形(α-アノマーと β-アノマーが存在する)の平衡混合物として存在する.

α-D-グルコピラノース (37.3%) ⇌ (0.002%) ⇌ β-D-グルコピラノース (62.6%)

一方で多糖類は, アセタール結合(グリコシド結合)によって連結した二つ以上の単糖からなっている. たとえばスクロース(ショ糖)は, 単糖であるグルコースとフルクトースが, グルコースのアノマー中心(C1 位)とフルクトースのアノマー中心(C2 位)でグリコシド結合した二糖類である.

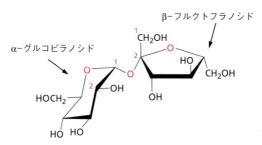

スクロース：(1α→2β)結合

4・1 多糖類の消化と加水分解

食物中の炭水化物の大半はデンプンであり，これはグルコースが α(1→4′) グリコシド結合で連なった高分子である（§2・3）．デンプンはおもに二つの成分から成り立っている．一つは冷水に不溶なアミロースであり，もう一つは冷水に可溶なアミロペクチンである．デンプンの総重量の 20% はアミロースであり，数百個のグルコースが α(1→4′) グリコシド結合で直鎖状に連なった構造をしている．デンプンの残りの 80% はアミロペクチンであり，これは約 5000 個のグルコースからなるが，約 25 個に 1 個の割合で α(1→6′) グリコシド結合が存在する分枝高分子である（図 4・1）．

デンプンの消化は口内で始まる．口内に存在する α-アミラーゼとよばれるグリコシダーゼにより，高分子内部の α(1→4′) グリコシド結合がまずランダムに加水分解されるが，ここでは α(1→6′) 結合や高分子の末端の α(1→4′) 結合は加水分解されない．さらなる消化は小腸でひき続き起こり，二糖であるマルトース（図 4・1a），三糖であるマルトトリオース，および限界デキストリンとよばれる (1→6′) 分枝をもつ小さな多糖類の混合物となる．これらはさらに，小腸粘膜内に存在するグリコシダーゼによって残存するグリコシド結合が加水分解されてグルコースとなり，これは小腸で吸収され，血流にのって運搬される．

グリコシダーゼの触媒する多糖類のグリコシド結合の加水分解反応は最も速い生体反応の一つであり，触媒が存在しないときに比べて最大 10^{17} 倍も速く反応が進行する．この反応によって，アノマー中心の立体配置が反転する場合も，保持される場合も，両方存在する[1〜3]．両機構とも，短寿命のオキソニウム中間体を経由して起こると考えられ，脱離部位によって片側の面が効果的に保護されるため，求核剤による攻撃はその反対側で起こる（図 4・2a, p.163）．

立体の反転するグリコシダーゼ反応（転化反応）では，酵素中のアスパラギン酸やグルタミン酸のカルボキシラト基（−COO⁻）が塩基として働いて水分子からプロトンを引抜き，これがオキソニウムイオン中間体に脱離部位の反対側から付加する単一の反応段

階により，S_N2 様の反転が起こる（図 4・2b）．立体配置が維持されるグリコシダーゼ反応は，立体反転が 2 回起こることでその立体が維持される．まず最初に，酵素のカルボキシラト基がオキソニウム中間体に脱離部位の反対側から付加し，糖鎖が共有結合した酵素が生成する．次にこのカルボン酸部位が水分子により置換され，その結果，立体配置が保持される（図 4・2c）．なお図 4・2 では，オキソニウム中間体があらわに存在するように書かれているが，反応に必要な分子が入ってくるのと脱離する分子が出ていくのがほぼ同時に起こっていると考える方がおそらく正しい．

(a) アミロース：α(1→4′)結合

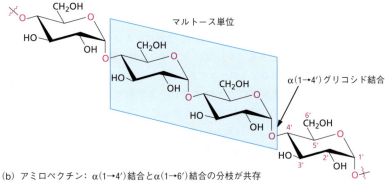

(b) アミロペクチン：α(1→4′)結合とα(1→6′)結合の分枝が共存

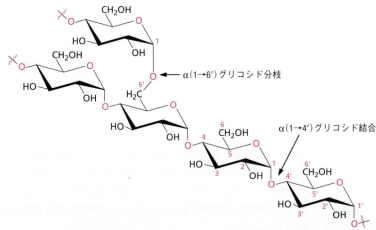

図 4・1 デンプンを構成する炭水化物であるアミロース (a) とアミロペクチン (b) の構造 アミロースはグルコースが α(1→4′) 結合で連なった直鎖状の高分子である．一方，アミロペクチンは，α(1→4′) 結合以外に，25 糖に一つ程度の割合で α(1→6′) 結合の分枝をもっている．

(a) 最初のオキソニウム生成反応

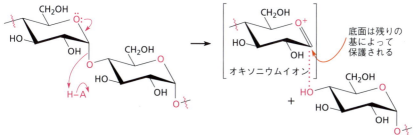

(b) 立体が反転するグリコシダーゼ反応

(c) 立体が保持されるグリコシダーゼ反応

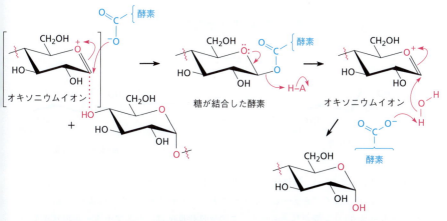

図4・2 グリコシダーゼの反応機構 (a) はじめにオキソニウムイオンが生成し，その後1回あるいは2回の立体反転が起こる．(b) 立体の反転がみられるグリコシダーゼ反応では，水分子の求核的攻撃による単一反応で立体が反転した生成物が得られる．(c) 立体配置が保持されるグリコシダーゼ反応では2回の立体反転が起こる．まず最初に酵素のカルボキシラト基による付加反応で糖が結合した酵素中間体を生成し，これがひき続き水の求核攻撃を受ける．

4・2 グルコースの代謝: 解 糖

グルコースは,食物中のデンプンから直接得られるものや,体内に蓄積したグリコーゲンから間接的に得られるもの,肝臓中で合成されたもの(糖新生)など,さまざまなところから得られるが,短期用途の第一のエネルギー源である.特に脳では,通常の状態ではグルコースを唯一の燃料としており,たとえ短期間であってもグルコースの供給が途絶えると,不可逆的な機能不全を生じうる.

グルコースの異化作用は,10種類の酵素により触媒される反応である**解糖**(glycolysis)で起こり,最終的に 2 当量のピルビン酸アニオン($CH_3COCO_2^-$)が生成する.図 4・3 (p.166, 167) に解糖系〔その発見者の名前を取って,"エムデン-マイヤーホフ経路(Embden-Meyerhoff pathway)"ともよばれる〕の各ステップをまとめた.

ステップ 1(図 4・3) **リン酸化** グルコースはまず,いくつかの異なる形やアイソザイムをもつヘキソキナーゼによる触媒反応で,C6 位のヒドロキシ基が ATP との反応によりリン酸化される[4),5)].図 3・4(§3・2)のグリセロールのリン酸化反応で解説したように,この反応には Mg^{2+} が負電荷をもつ ATP との複合体を形成するための補因子として必要である.グルコースは酵素の活性中心に強く結合し,アスパラギン酸残基が塩基として働くことで C6 位のヒドロキシ基が脱プロトンされる.その他のヒドロキシ基は,いくつかのアスパラギンやグルタミン酸残基との水素結合を形成している.

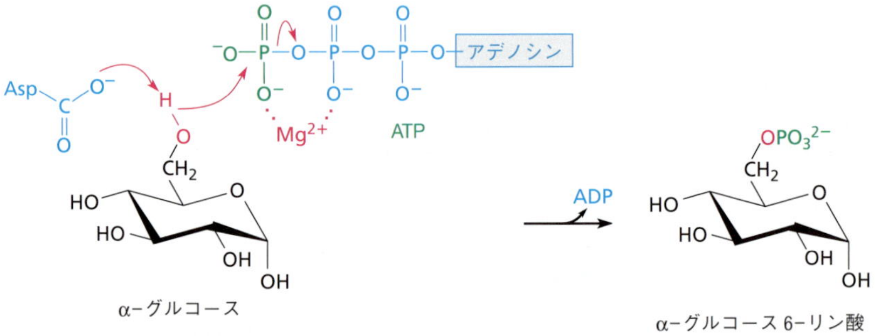

ステップ 2(図 4・3) **異性化** ステップ 1 で生成したグルコース 6-リン酸は,グルコース 6-リン酸イソメラーゼ(ホスホグルコースイソメラーゼ)により異性化され,フルクトース 6-リン酸を与える[6),7)].この異性化反応は,ヘミアセタール環状構造の開環による直鎖アルデヒド体の生成から始まる.この過程は,酵素中の Lys-518 によるアノマーヒドロキシ基の脱プロトンと,His-388 のイミダゾリウム基による環構造を形成している酸素原子へのプロトン化が同時に起こると考えられている.直鎖状のグルコースは,Glu-357 の側鎖のカルボキシラト基により C2 位の酸性水素原子が引抜かれ

て脱プロトンし，エノラートイオン（実際はエンジオラートイオン，HO−C=C−O⁻ となる．その後，プロトン移動が起こってエンジオラートイオンの異性体となり（HO−C=C−O⁻→⁻O−C=C−OH），次に Glu-357 による *pro-R* 水素の C1 位酸素原子への再プロトン化によりフルクトースが生成する．環化反応は，His-388 による C5 位ヒドロキシ基の脱プロトンと Lys-518 のアンモニウムイオンによるカルボニル基のプロトン化が同時に起こって進行する（図 4・4，p.168）．これらの全過程は可逆であり，その平衡定数はほぼ 1 である．

興味深いことに，まったく同じグルコースとフルクトースの異性化反応は，実験室においても酸あるいは塩基存在下で（収率は悪いものの）進行する．実験室での反応の機構は生体反応のそれと類似したものであるが，負電荷をもつエンジオラートではなく，中性電荷をもつエンジオールが関与する反応となる．グルコースとフルクトースは共通のエンジオール体を共有するため，これらの異性化は迅速に起こる．

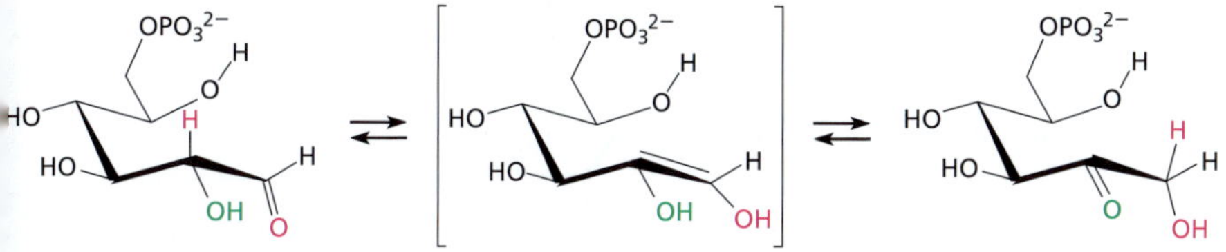

グルコース 6−リン酸 の開環　　　　　グルコース/フルクトース エンジオール　　　　　フルクトース 6−リン酸 の開環

エノール生成は，水素原子の結合位置が異なるケト異性体，エノール異性体（互変異性体）間の自発的な相互変換，いわゆる**ケト−エノール互変異性**（keto-enol tautomerism）によって起こる．ほとんど例外なく，ケト−エノール互変異性の平衡はケト互変異性体側に寄っており，エノール互変異性体が単離されることはほぼない．

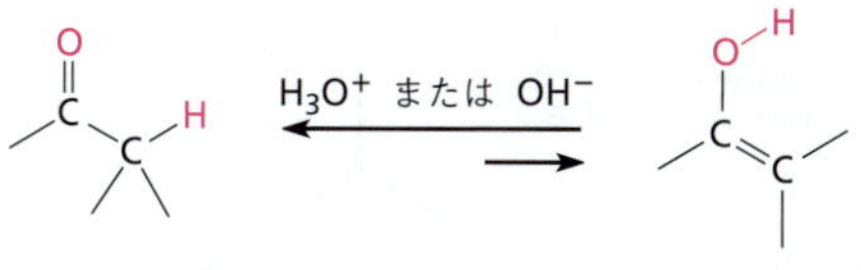

ケト互変異性体　　　　　エノール互変異性体

ステップ 3（図 4・3）　**リン酸化**　　フルクトース 6−リン酸はひき続き，ホスホフルクトキナーゼにより ATP と反応し，フルクトース 1,6−ビスリン酸（fructose 1,6-bisphosphate：FBP）となる（ここで，"bis" とは "二つ" を意味することを思い出してほしい）．この反応機構[8)]はステップ 1 の機構と類似しており，Mg^{2+} を補因子として要求する．ステップ 2 での生成物は α−アノマーのフルクトース 6−リン酸であったが，

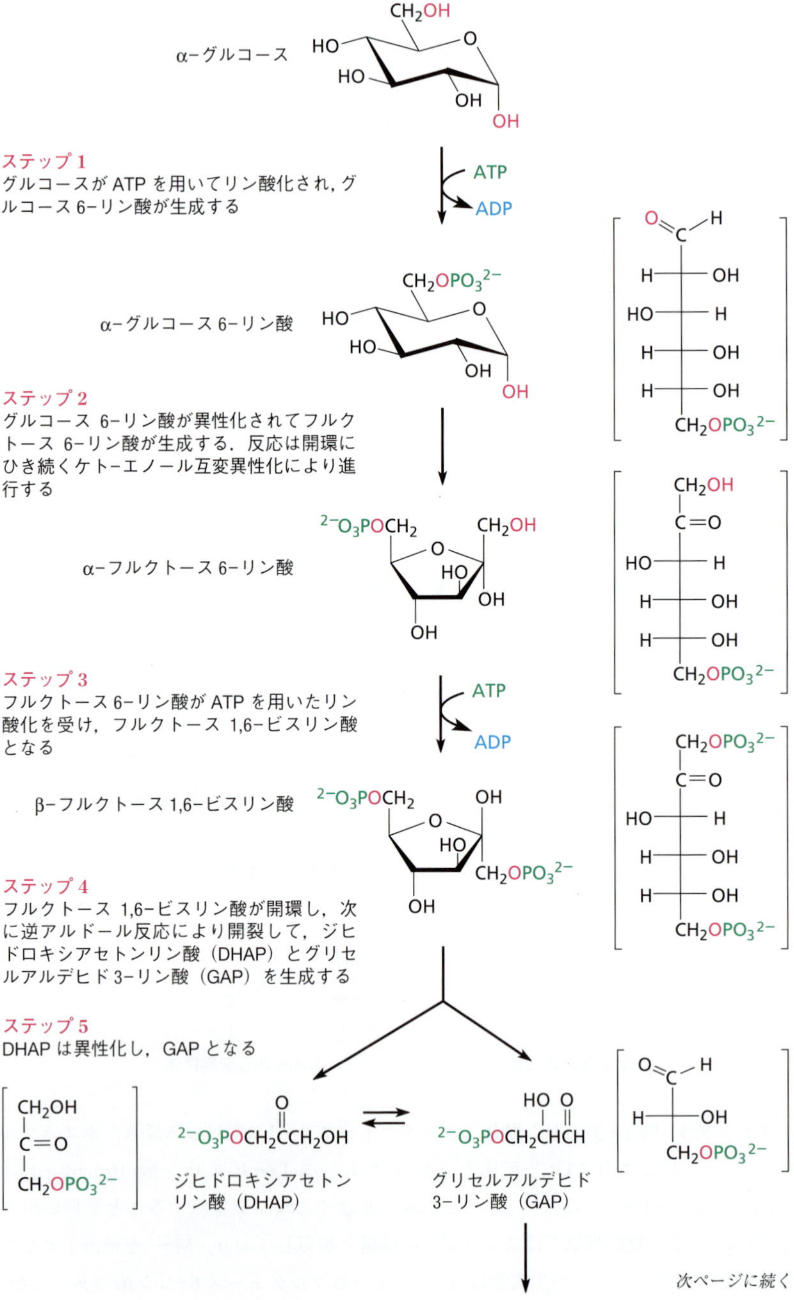

α-グルコース

ステップ1
グルコースが ATP を用いてリン酸化され，グルコース 6-リン酸が生成する

ATP → ADP

α-グルコース 6-リン酸

ステップ2
グルコース 6-リン酸が異性化されてフルクトース 6-リン酸が生成する．反応は開環にひき続くケト-エノール互変異性化により進行する

α-フルクトース 6-リン酸

ステップ3
フルクトース 6-リン酸が ATP を用いたリン酸化を受け，フルクトース 1,6-ビスリン酸となる

ATP → ADP

β-フルクトース 1,6-ビスリン酸

ステップ4
フルクトース 1,6-ビスリン酸が開環し，次に逆アルドール反応により開裂して，ジヒドロキシアセトンリン酸（DHAP）とグリセルアルデヒド 3-リン酸（GAP）を生成する

ステップ5
DHAP は異性化し，GAP となる

ジヒドロキシアセトンリン酸（DHAP） ⇌ グリセルアルデヒド 3-リン酸（GAP）

次ページに続く

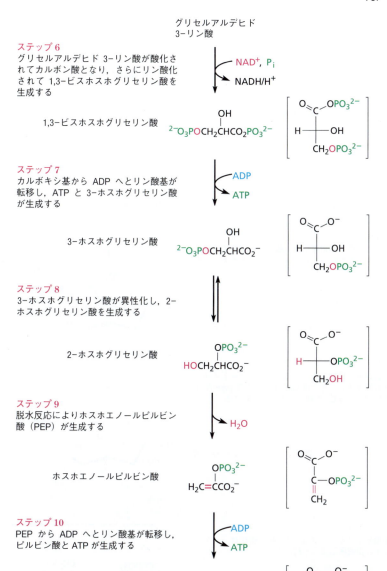

図4・3 グルコースを2分子のピルビン酸へと異化する10ステップの解糖反応
個々のステップの説明は本文参照．

α-グルコース 6-リン酸

ステップ 1
環上の酸素に対する His-388 のイミダゾリウム基によるプロトン化と，同時に起こる Lys-518 によるアノマーヒドロキシ基の脱プロトンによって開環が起こる

開環形グルコース 6-リン酸

ステップ 2
Glu-357 のカルボキシラト基により C2 位の酸性水素原子が引抜かれてエンジオラートイオンが生成し…

グルコース/フルクトース エンジオラート

ステップ 3
…プロトン移動により別のエンジオラートイオンへと異性化し，その後 Glu-357 による *pro-R* 水素付加による C1 位再プロトン化が起こる

開環形フルクトース 6-リン酸

ステップ 4
開環形フルクトース 6-リン酸の環化は，ステップ 1 の逆機構によって起こる

α-フルクトース 6-リン酸

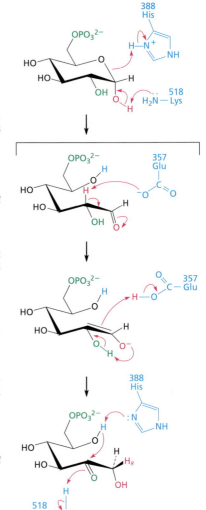

図 4・4　ホスホグルコースイソメラーゼによるグルコース 6-リン酸からフルクトース 6-リン酸への異性化機構（図 4・3，ステップ 2）

面白いことにステップ3でリン酸化されるのはβ-アノマーである．これはこれらのアノマー間の平衡が開環形を経由して素早く起こっていることを示している．

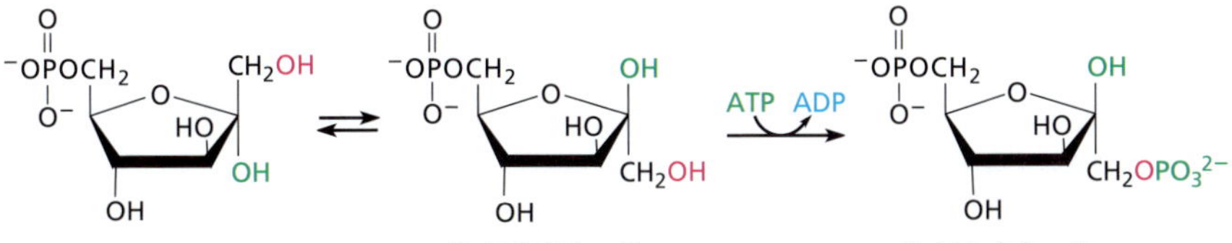

ステップ 4, 5（図 4・3）　**開裂と異性化**　フルクトース 1,6-ビスリン酸はステップ4 で開裂し，炭素数 3 の二つの化合物，ジヒドロキシアセトンリン酸（dihydroxyacetone phosphate: DHAP）とグリセルアルデヒド 3-リン酸（glyceraldehyde 3-phosphate: GAP）へと分解される．反応機構的には，この切断反応はβ-ヒドロキシケトンの逆アルドール反応であり（§1・8），アルドラーゼにより触媒される．

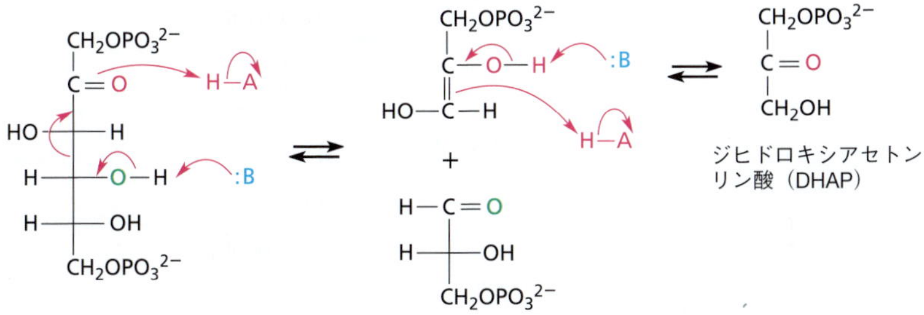

逆アルドール反応を触媒するアルドラーゼは生物界に 2 種類存在する．菌類，藻類やある種の細菌では，逆アルドール反応はクラス II のアルドラーゼによって触媒される．この反応は，フルクトースのカルボニル基へ，ルイス酸として Zn^{2+} が配位することによって進行する．一方，動植物では，クラス I のアルドラーゼ[9]によって反応が進行し，この反応は上述のカルボニル基に対する攻撃ではなく，アルドラーゼのリシン（Lys-229）側鎖の $-NH_2$ 基がフルクトース 1,6-ビスリン酸と反応し，酵素とイミニウム中間体イオン（§1・6）あるいはプロトン化されたシッフ塩基中間体を生成することで進行する．その正電荷のおかげで，イミニウムイオンはケトンのカルボニル基よりも電子受容体として圧倒的に高い反応性をもつ．逆アルドール反応はひき続いて進行し，グリセルアルデヒド 3-リン酸とエナミン（$R_2N-C=C$）を生成し，これはさらにプロトン化

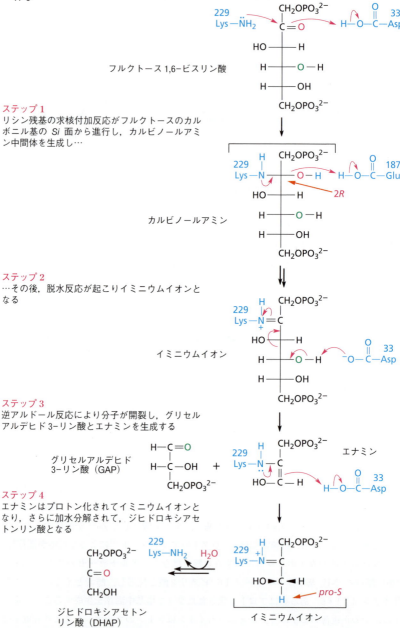

図4・5 フルクトース1,6-ビスリン酸のクラスⅠアルドラーゼによる切断反応
(図4・3, ステップ4)

4・2 グルコースの代謝：解糖

されて，もう一つのイミニウムイオンを生成する．水分子による求核付加反応でイミニウムイオンが加水分解され，ジヒドロキシアセトンリン酸を生成する（図4・5）．

ジヒドロキシアセトンリン酸はさらにトリオースリン酸イソメラーゼにより異性化され，グリセルアルデヒド3-リン酸となる．ステップ2で扱ったグルコース6-リン酸からフルクトース6-リン酸への変換反応と同様に，この異性化反応も近接するヒスチジンとプロトン化されたリシン残基によって安定化されたエンジオラート中間体を経由して進行する．Glu-167のカルボキシラト基が，C1位の *pro-R* 水素をプロトンとして引抜く塩基と考えられており[10),11)]，同じグルタミン酸の同じ水素原子を用いて，C2位の再プロトン化反応が進行する（図4・6）．ステップ4と5の結果，2分子のグリセルアルデヒド3-リン酸が生成し，これらは残りの経路で異化されていく．よって解糖系のこれより先の五つのステップは，グルコース1分子当たり2回起こることになる．

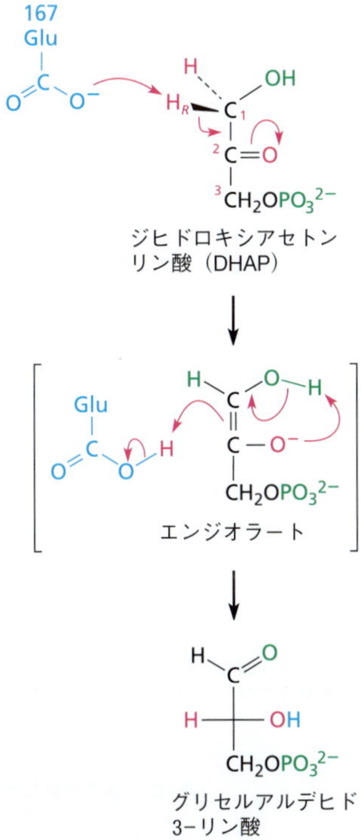

ステップ1
C1位の酸性 *pro-R* 水素が Glu-167 アニオンによって引抜かれ，エンジオラートが生成する

ステップ2
Glu-167 の *pro-R* 水素原子付加によってエンジオラート C2位が再プロトン化され，グリセルアルデヒド3-リン酸が生成する

図4・6　ジヒドロキシアセトンリン酸からグリセルアルデヒド3-リン酸への異性化反応機構（図4・3，ステップ5）　*pro-R* 水素が第一段階で引抜かれ，その水素原子がそのまま第二段階で付加反応を起こす．

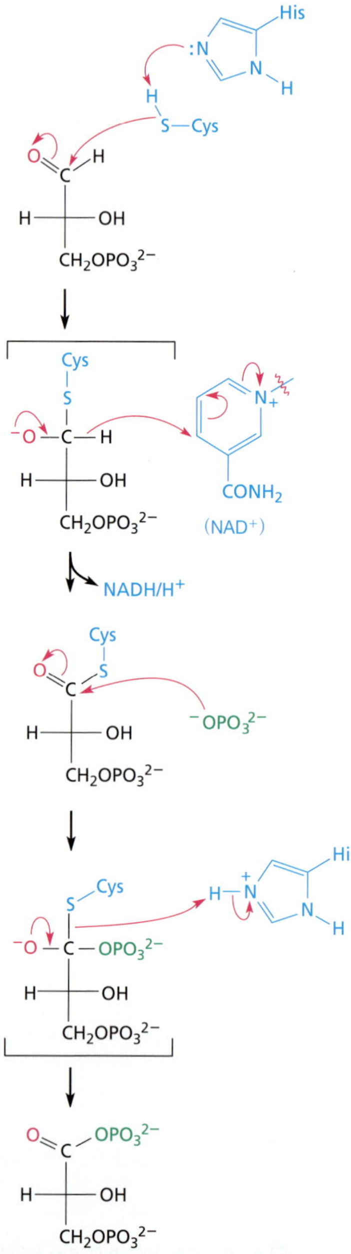

ステップ 1
システイン残基の−SH 基の求核付加反応により，酵素と結合したヘミチオアセタールが生成し…

グリセルアルデヒド 3-リン酸

ヘミチオアセタール

ステップ 2
…それは NAD$^+$ により通常のヒドリド転移機構により酸化され，チオエステル体を与える

チオエステル

ステップ 3
チオエステルへのリン酸イオンの求核付加反応によって，四面体型の中間体を生成し…

ステップ 4
…システインが脱離してアシル置換反応となり 1,3-ビスホスホグリセリン酸を生成する

1,3-ビスホスホグリセリン酸

図 4・7　グリセルアルデヒド 3-リン酸の酸化とリン酸化による 1,3-ビスホスホグリセリン酸生成反応機構（図 4・3，ステップ 6）

ステップ6〜8（図4・3） 酸化反応とリン酸化反応 グリセルアルデヒド3-リン酸は酸化された後にリン酸化され，1,3-ビスホスホグリセリン酸となる（図4・7）．この反応は，グリセルアルデヒド3-リン酸脱水素酵素により触媒されるが[12),13)]，その最初の反応はアルデヒドのカルボニル基への，酵素のシステイン残基の-SH 基の求核付加反応であり，ヘミアセタールの硫黄類似体である"ヘミチオアセタール"のアニオンを生成する．ヘミチオアセタールのヒドロキシ基が NAD^+ によって酸化されてチオエステル体となり，これがリン酸基との求核アシル置換反応を起こして1,3-ビスホスホグリセリン酸を生成する．この NAD^+ 酸化反応は立体選択的であり，ヒドリドイオンはニコチンアミド環の Si 面から付加する．

ステップ6で生成する1,3-ビスホスホグリセリン酸はアシルリン酸であり，カルボン酸とリン酸の混合酸無水物と考えることができる．すべての酸無水物と同じように，カルボン酸とリン酸の混合酸無水物は求核アシル（ホスホリル）置換反応を非常に起こしやすい，すなわちいわゆる高エネルギー化合物である（§2・7）．1,3-ビスホスホグリセリン酸は ADP と反応し，リン原子への求核置換反応を起こし，リン酸基の転移が起こって，ATP と 3-ホスホグリセリン酸が生成する．この過程はホスホグリセリン酸キナーゼが触媒し，Mg^{2+} を補因子として要求する．なお，ステップ6と7がともに起こってはじめてアルデヒドからカルボン酸が生成することに注意してほしい．

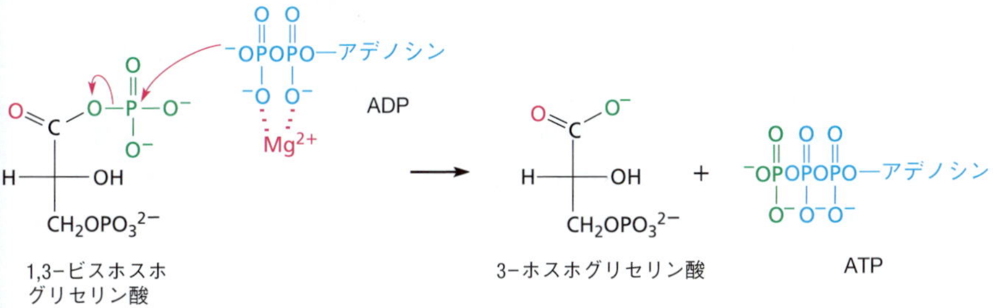

3-ホスホグリセリン酸は，次にホスホグリセリン酸ムターゼにより異性化され，2-ホスホグリセリン酸となる．植物では，リン酸基が C3 位の酸素原子から酵素のヒスチジン残基へとまず転移し，この同じリン酸基が C2 位の酸素原子に戻ってくる．一方，動物や酵母では酵素反応機構は異なり，活性化状態の酵素のヒスチジン残基（His-8）はリン酸化されており，これが 3-ホスホグリセリン酸の C2 位の酸素原子に転移し，2,3-ビスホスホグリセリン酸中間体が生成する[14)]．同じヒスチジン残基は，次に C3 位の酸素原子からリン酸基を受取り，異性化生成物を与えると同時に活性化酵素を再生する．つまり，一つ目の基質から引抜かれたリン酸基は酵素上に移動して，次にきた基質にこれが転移していく機構である．グルタミン酸残基（Glu-86）は，活性部位で働く塩基と考えられている．

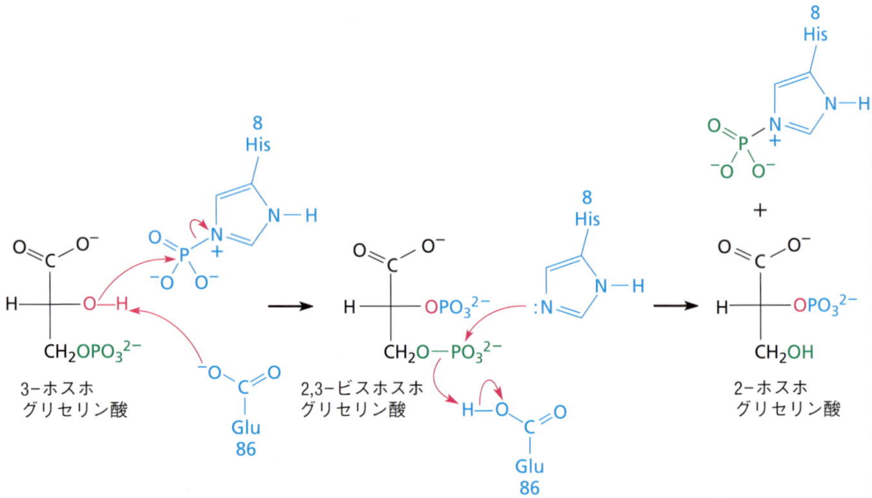

ステップ 9, 10（図 4・3）　**脱水反応と脱リン酸反応**　アルドール反応で生成するβ-ヒドロキシカルボニル化合物はたいていそうだが，2-ホスホグリセリン酸も速やかに脱水反応が進行する（§1・9）．この反応はエノラーゼによって触媒され[15),16)]，生成物はホスホエノールピルビン酸（phosphoenolpyruvate：PEP）である．二つの Mg^{2+} が 2-ホスホグリセリン酸に結合して負電荷を打ち消し，エノラーゼの活性中心にあるリシン残基（Lys-345）が塩基として働いて，酸性 α 水素原子を引抜く．同位体標識実験から，α 水素原子の溶媒との交換速度は脱離反応よりも早く，よって反応機構は E1cB であると予想される．Glu-211 は脱離基のプロトン化をひき起こす酸触媒であると考えられている．

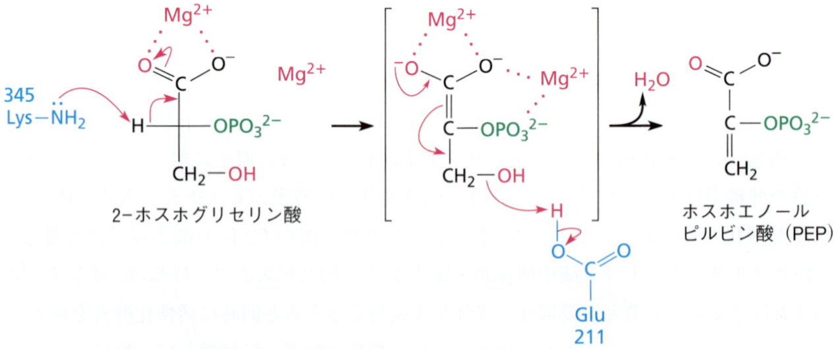

ADP へのリン酸基の転移はピルビン酸キナーゼにより触媒され[17)]，ATP とエノールピルビン酸をまず生成し，後者は互変異性化によりピルビン酸となる．最大の酵素活性

を呈するためにはフルクトース1,6-ビスリン酸が存在することが必要であり，そのほかに2当量のMg^{2+}も必要である．一つのMg^{2+}がADPへと配位し，もう一方のMg^{2+}はエノラートイオンのプロトン化をひき起こすために必要な水分子の酸性度の向上のために使われる．

解糖系を総括すると以下の反応式に集約される．

4・3 ピルビン酸の変換

　グルコースの異化作用で生成するピルビン酸は，生物の種類やそのおかれた環境などに依存して，さらにいくつかの変換反応を受ける．酸素が存在しない環境下では，ピルビン酸はNADHにより還元されて，乳酸［$CH_3CH(OH)CO_2^-$］を生成する．これが酵母では，発酵によりエタノールを生成する．一方，通常の好気的条件下におかれた哺乳類では，ピルビン酸は酸化的脱炭酸反応によりアセチルCoAと二酸化炭素に変換される．

ピルビン酸から乳酸へ

　ピルビン酸は激しく活動している筋肉中で，乳酸脱水素酵素によって(S)-乳酸へと変換される．この反応は，NADHが還元反応に必要な補酵素であり，NADHの *pro-R* 水素がピルビン酸の *Re* 面へと転移し，同時にHis-195のイミダゾリウム環からのアルコキシド基のプロトン化が起こることで進行する．この反応で生成したNAD$^+$は，必要に応じて利用できるように細胞内の大量のニコチンアミドのプールへと戻される．

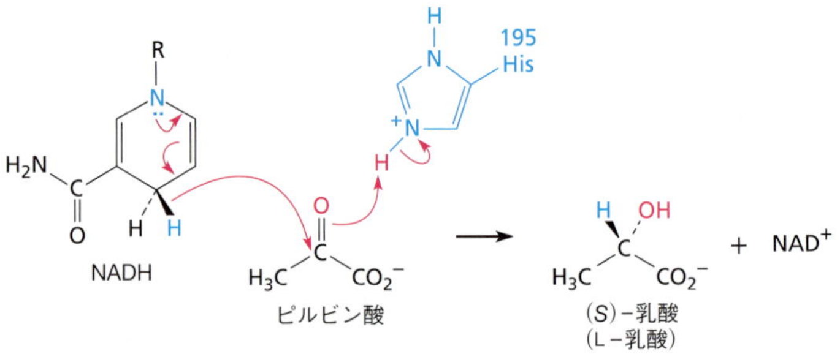

ピルビン酸からエタノールへ

ピルビン酸は嫌気的条件下，酵母によりエタノールと二酸化炭素へと変換される．この発酵過程は2500年前から知られており，もちろんアルコール飲料製造の基本プロセスである．これは二つの反応からなっている．最初の反応でピルビン酸は脱炭酸されてアセトアルデヒドを生成し，次にこのアセトアルデヒドがNADHを補因子とする還元反応で還元されてエタノールが生成する．図4・8に示すように，最初の反応は酵母ピルビン酸脱炭酸酵素[18]により触媒され，この反応はチアミン二リン酸（TPP）が補酵素として必要である．

ステップ1（図4・8）　**チアミン二リン酸の付加**　ピルビン酸からのアセトアルデヒド生成反応は，まずピルビン酸とTPPイリドとの反応から始まる．1-デオキシ-D-キシルロース5-リン酸生合成と関連して§3・5（図3・20）で取上げたように，TPPのチアゾリウム環上の水素原子は弱い酸性を呈し，塩基との反応により引抜かれて求核性のイリドが生成する．この求核性イリドがピルビン酸のケトンのカルボニル基に付加し，アルコール付加体が生成する．

ステップ2（図4・8）　**脱炭酸反応**　ピルビン酸-チアミン付加生成物からの脱炭酸反応が，1-デオキシ-D-キシルロース5-リン酸生合成で起こっていたのとまったく同じように進行し（§3・5，図3・20），ヒドロキシエチルチアミン二リン酸（hydroxyethylthiamin diphosphate：HETPP）が生成する．このピルビン酸付加体のC=N$^+$二重結合が脱炭酸時の電子受容体として働く．

ステップ3,4（図4・8）　**プロトン化とチアミン二リン酸脱離**　HETPP脱炭酸生成物の二重結合へのプロトン化により四面体中間体が生成し，ここからステップ1のケトンへの付加反応のまったく逆の機構でTPPが脱離する．

ピルビン酸の脱炭酸反応により生成するアセトアルデヒドは，次にアルコール脱水素酵素により還元されてエタノールが生成する．この反応にはNADHが補因子として必要であり，この反応はNADHの*pro-R*水素原子がアセトアルデヒドの*Re*面へと移動することで進行する．

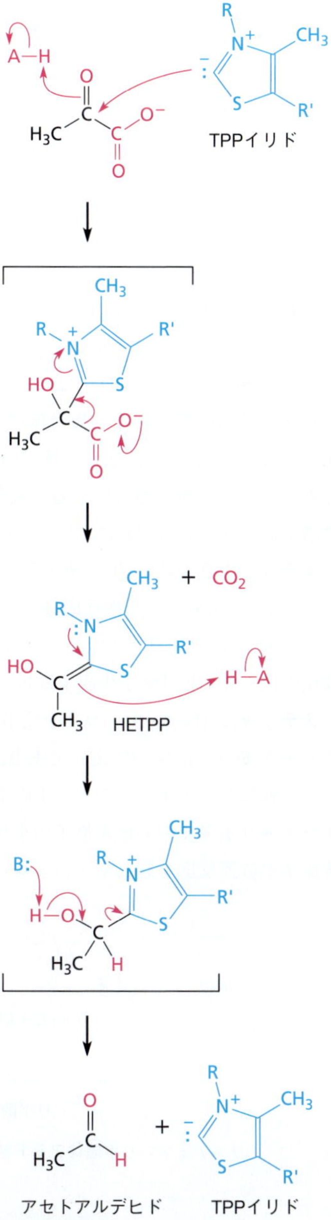

4・3 ピルビン酸の変換

ステップ1
チアミン二リン酸（TPP）イリドによるピルビン酸のケトンのカルボニル基への求核付加が進行し，アルコール付加体が生成する

ステップ2
付加体からの脱炭酸反応が進行し，エナミンであるヒドロキシエチルチアミン二リン酸（HETPP）が生成する

ステップ3
エナミン二重結合の炭素原子がプロトン化され，四面体中間体を生成し…

ステップ4
…ここから TPP イリドが脱離基として脱離してアセトアルデヒドを与える

図4・8　チアミン依存性酵素であるピルビン酸脱炭酸酵素によるピルビン酸からアセトアルデヒド生成の反応機構　個々のステップの説明は本文参照.

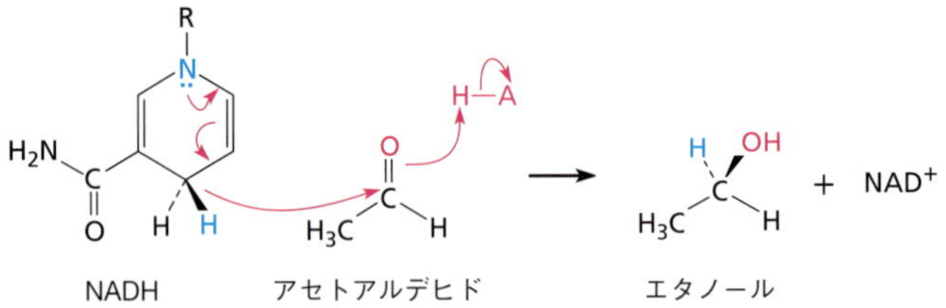

ピルビン酸からアセチル CoA へ

ピルビン酸の第三の変換反応は，好気的条件下でアセチル CoA と二酸化炭素に転換される反応である．この反応は，ピルビン酸脱水素酵素複合体とよばれる三つの酵素とそれぞれの補酵素からなる複合体によって触媒される多段階の連続反応である[18), 19)]．図 4・9 に示すように，これらは三つの段階からなり，各段階は複合体のうちの一つの酵素でそれぞれ触媒されている．最終生成物であるアセチル CoA は，異化作用の最終段階であるクエン酸回路における燃料として働いている．

ステップ 1, 2 (図 4・9) チアミンニリン酸の付加と脱炭酸反応 ピルビン酸からのアセチル CoA への変換反応は，アセトアルデヒド生成反応と同じく (図 4・8)，ピルビン酸が TPP イリドと反応して生成するピルビン酸-チアミン付加生成物が，脱炭酸反応により HETPP を生成するステップから始まる．

ステップ 3 (図 4・9) リポアミドとの反応 脱炭酸生成物である HETPP は求核性のエナミン ($R_2N-C=C$) であり，最終的にはこのアセチル基がジヒドロリポアミドへと転移し，チオエステルを生成する．推定される反応過程は，酵素と結合したジスルフィドリポアミドの硫黄原子の求核的反応が起こり，S_N2 様の機構により二つ目の硫黄原子が置換反応を起こすというものである．

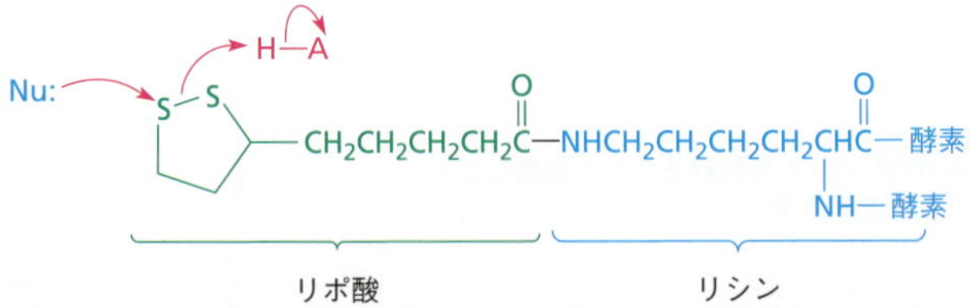

リポアミド: リポ酸はアミド結合を介して酵素のリシン残基と結合している

ステップ 4 (図 4・9) チアミンニリン酸の脱離 HETPP とリポアミドとの反応でヘミチオアセタールが生成する．ヘミチオアセタールは TPP イリドを脱離基とする

4・3 ピルビン酸の変換

ステップ 1, 2
チアミン二リン酸（TPP）イリドがピルビン酸と反応してできた付加体から，脱炭酸反応により HETPP が生成する

ステップ 3
エナミン二重結合がリポアミドの硫黄原子を攻撃し，続いて $S_{N}2$ 様の機構により二つ目の硫黄原子が置換反応を起こし，ヘミチオアセタールを生成する

ステップ 4
ヘミチオアセタール中間体からの TPP イリドの脱離によりアセチルジヒドロリポアミドが生成し…

ステップ 5
…これが求核アシル置換反応により補酵素 A と反応し，チオエステルが交換して，アセチル CoA とジヒドロリポアミドが生成する

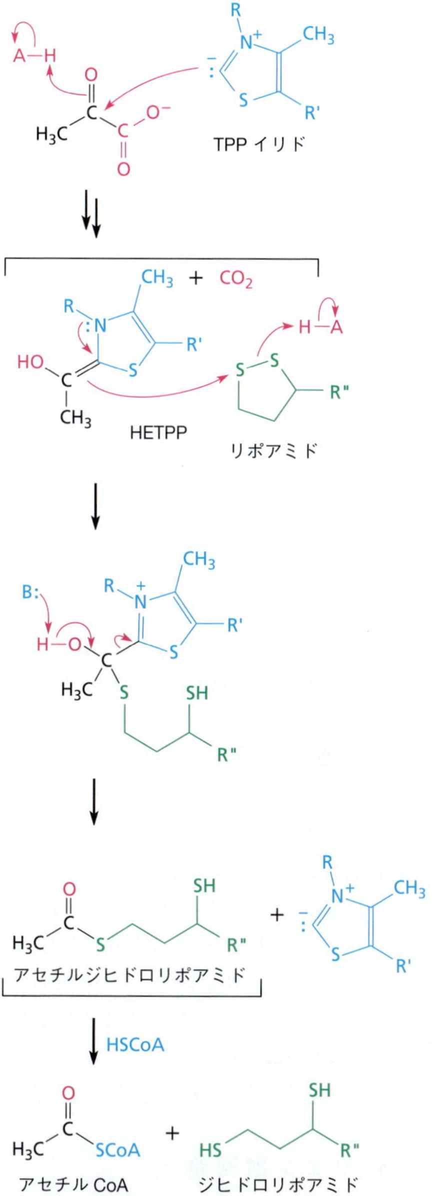

図 4・9　ピルビン酸からアセチル CoA への変換反応機構　この多段階反応は三つの異なる酵素，五つの異なる補酵素を必要とする．個々のステップの説明は本文参照．

脱離反応が可能である．この脱離反応は，ステップ1におけるケトンへの付加反応の逆反応であり，その結果，アセチルジヒドロリポアミドが生成する．

ステップ5（図4・9）　**アシル基転移**　アセチルジヒドロリポアミドを生成するステップ1～4は，すべてピルビン酸脱水素酵素複合体の第一番目の酵素（E_1）により触媒されている．アセチルジヒドロリポアミドと補酵素Aとの反応によるアセチルCoAとジヒドロリポアミドの生成は，典型的な求核アシル置換反応であり，第二番目の酵素（E_2）によって触媒される．

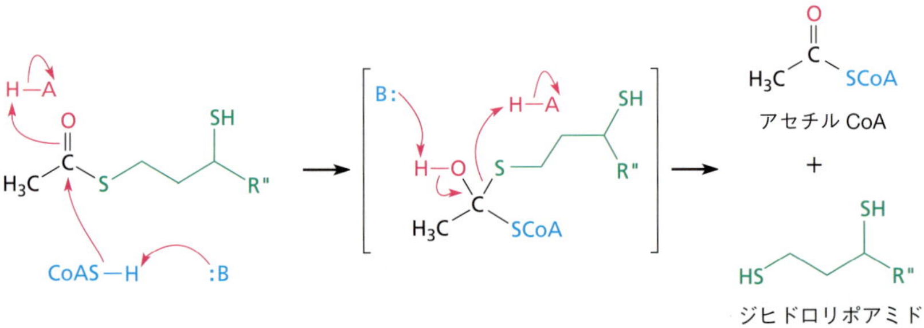

最終的にジヒドロリポアミドはFADによって酸化されてリポアミドに戻る．またこの反応で生成したFADH$_2$はNAD$^+$によって酸化されてFADへと戻り，触媒サイクルが完結する．この過程は図4・10に示すように複合体中の第三番目の酵素（E_3，リポアミド脱水素酵素）により触媒されている[18)~20)]．この反応は，41番目と46番目のシステイン残基間のジスルフィド結合にジヒドロリポアミドが反応して，Cys-41との間の混合ジスルフィドを生成する過程から始まる．Cys-46のチオール基がFADに求核的に付加してリポアミドが閉環し，その後Cys—Cys間のジスルフィド結合が再生すると同時に還元型のFADH$_2$が脱離して，全過程が終了する．

図4・8のアセトアルデヒド生成反応と，図4・9のアセチルCoA生成反応の違いを認識してほしい．ピルビン酸からのアセトアルデヒド生成反応は，HETPP中間体がただ単にプロトン化されてアルデヒドを生成するので"酸化的ではない"脱炭酸反応であるが，ピルビン酸からのアセチルCoA生成反応は，HETPPがリポアミドと反応してチオエステルを生成するため，"酸化的な"脱炭酸反応である．

4・4　クエン酸回路

異化作用の最初の段階において，脂質や炭水化物は補酵素Aにチオエステル結合で結合したアセチル基へと変換される．生成したアセチルCoAは，次の段階である**クエン酸回路**（citric acid cycle）へと入っていくが，これは"トリカルボン酸（tricarboxylic

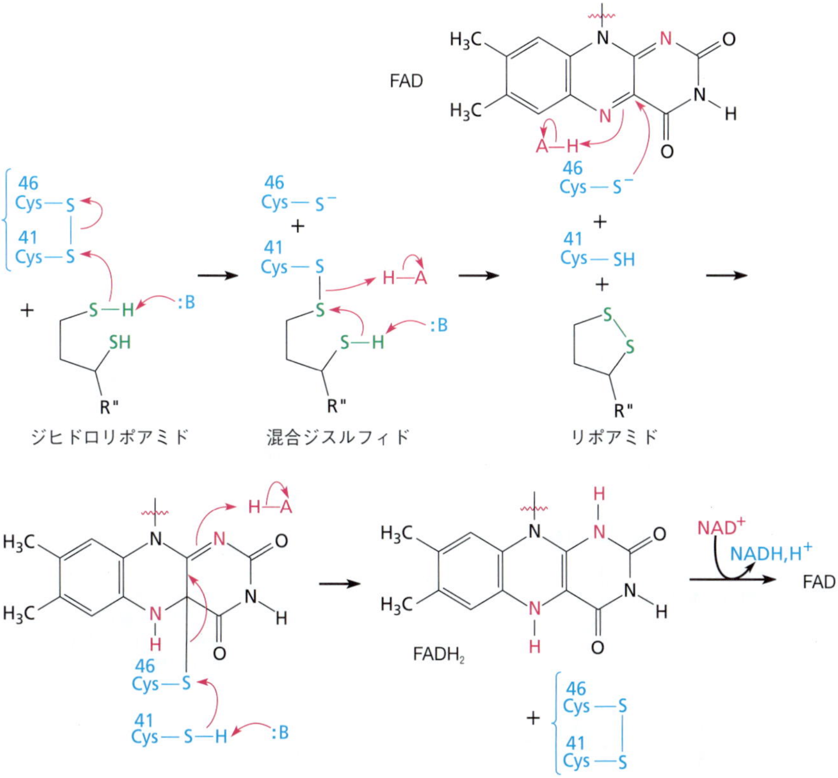

図4・10 リポアミド脱水素酵素によって触媒され，リポアミドを生成するジヒドロリポアミドの酸化反応機構

acid: TCA) 回路"あるいは1937年にその全貌を明らかにしたHans Krebsの名前をとって"クレブス回路"ともよばれる．この回路は図4・11に示す連続した八つのステップの反応からなり，1分子のアセチルCoAは最終的に2分子の二酸化炭素と還元型の補酵素へと変換される．

その名前が示すとおり，クエン酸"回路"は閉じた一連の化学反応からなり，最終反応の生成物であるオキサロ酢酸は最初の反応の原料でもある．酸化的な補酵素であるNAD^+やFADが存在する限り，各反応中間体は常に再生されて，回路上を回り，機能し続ける．この条件を満たすためには，還元型の補酵素であるNADH，$FADH_2$は電子伝達系を介して再酸化されなければならないが，電子伝達系は最終電子受容体である酸素分子の存在に依存する．このように，この回路は酸素分子の存在と電子伝達系の効率に依存するものである．

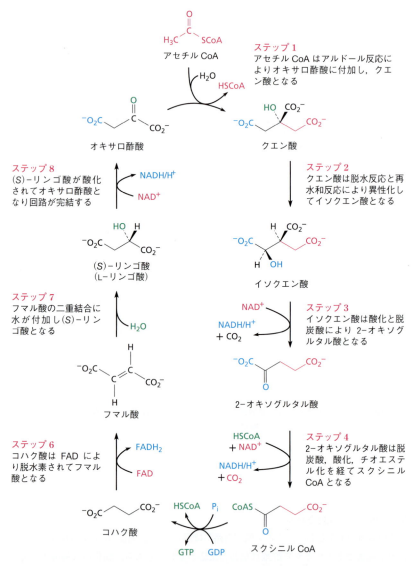

図4・11 クエン酸回路 連続する8ステップの反応で、一つのアセチル基が2分子の二酸化炭素と還元型の補酵素へと変換される。個々のステップの説明は本文参照。

ステップ1（図4・11）　**オキサロ酢酸への付加**　アセチルCoAは，エノラートイオン（あるいはエノール）としてアルドール様付加反応によりオキサロ酢酸のSi面へと付加して(S)-シトリルCoAを生成する反応からクエン酸回路へ入っていく．この反応はクエン酸合成酵素によって触媒され，図4・12に示す機構[21]により進行する．Asp-375がアセチルCoAを脱プロトンする塩基として働き，His-320がアルドール生成物をプロトン化する酸として働く．

(S)-シトリルCoAはその生成にひき続き，同じクエン酸合成酵素による典型的な求核アシル置換反応により加水分解され，クエン酸を生成する．このとき，クエン酸の

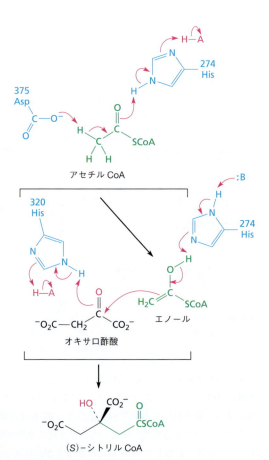

ステップ1
Asp-375の側鎖のカルボキシラト基がアセチルCoAの酸性α水素を引抜く．またHis-274側鎖のN-H基がカルボニル酸素をプロトン化し，エノールを生じる

ステップ2
His-274がアセチルCoAエノールを脱プロトンし，これがアルドール様反応によりオキサロ酢酸のケトンのカルボニル基へと付加する．同時にHis-320がカルボニル酸素をプロトン化し，(S)-シトリルCoAを生成する

図4・12　アセチルCoAのオキサロ酢酸への付加によって(S)-シトリルCoAを生成する酵素触媒反応の機構（図4・11，ステップ1）

C3位はプロキラル中心であること，pro-S 側の側鎖はアセチル CoA 由来であること，pro-R 側はオキサロ酢酸由来であることに注意してほしい．

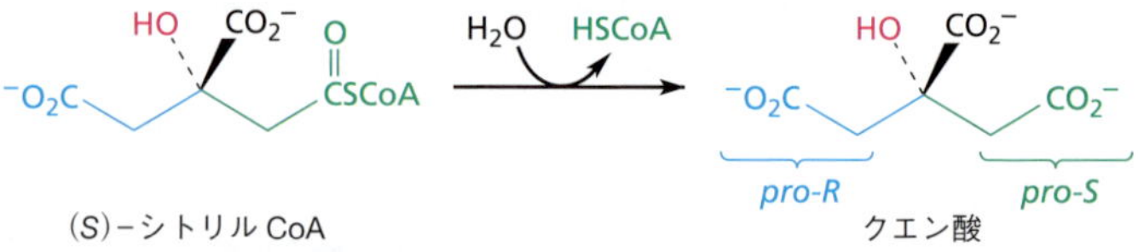

ステップ2（図4・11） **異性化** プロキラルな第三級アルコールであるクエン酸は次に，その異性体で，光学活性な第二級アルコールである (2R,3S)-イソクエン酸へと変換される．この異性化反応は二つの反応よりなり，両者ともアコニターゼにより触媒される[22),23)]．最初の反応はβ-ヒドロキシ酸の脱水による cis-アコニット酸の生成であり，これは図4・3に示した解糖系のステップ9における2-ホスホグリセリン酸の脱水反応と同種の反応である．クエン酸の脱水反応は，ステップ1でアセチル基が付加することで生成した側鎖とは逆の pro-R 側鎖で選択的に起こり，pro-R 側鎖の pro-R 水素が引抜かれ，これはアンチ形の立体配座からの脱離を示唆している．鉄-硫黄クラスター（§1・2）がルイス酸として働いて第三級のヒドロキシ基への配位とその脱離反応を促進し，一方で酵素中の Ser 残基が塩基として水素を引抜いている．

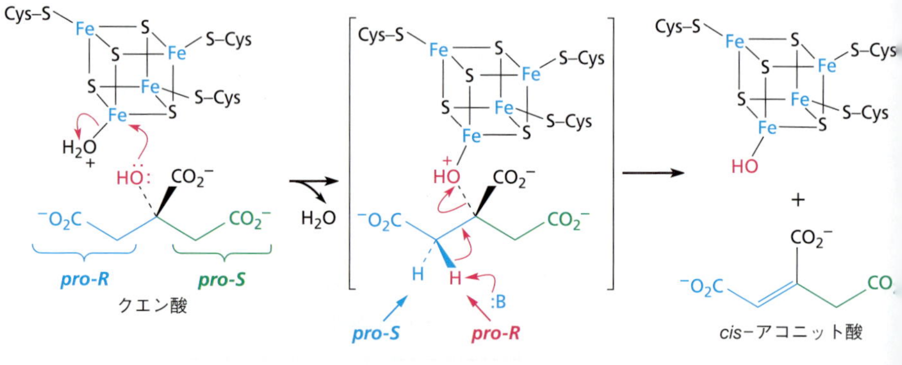

第二の反応は C=C 二重結合に対する共役的な水分子の求核付加反応であり，これはβ酸化経路のステップ2（図3・6）で起こる反応と同種の反応である．同位体標識化実験により，脱水反応において引抜かれる-OH 基は溶媒との交換が起こるが，-H は起こらないことが示された．すなわち，ひき続く水和反応において付加される-OH 基は1ステップ前に脱離した-OH 基とは異なるが，付加される水素原子は同一のものであることが明らかとなった．また水和反応はアンチ形の立体配座で起こり，酸素原子付加は C2 位の Re 面から，プロトン化は C3 位の Re 面から起こる（図4・13）．

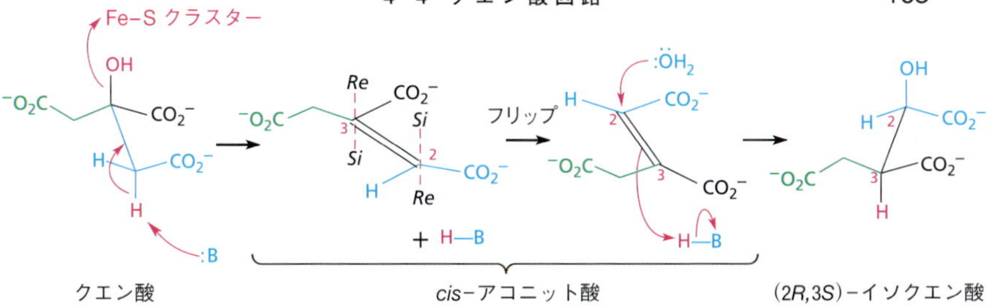

図 4・13 アコニターゼが触媒するクエン酸から (2R,3S)-イソクエン酸への異性化反応における脱水反応と再水和反応の立体化学(図 4・11, ステップ 2) 両ステップともアンチ配座から起こり, 脱水反応において片方の面から脱離した水素原子は, そのまま次の水和反応において反対の面から付加される.

図 4・13 にまとめた反応の立体化学に関して, 考察をしてみよう. 脱水過程において脱離するプロトンは, C2 位の Re 面から脱離するが, 次のステップで C3 位の Re 面から付加する. しかし C2 位と C3 位の Re 面は分子の反対側で 180° 離れている! よって, cis-アコニット酸は二つのステップ間で, 一度, 酵素から離れ回転し, 再び結合して, 180° 回転しなければならない.

ステップ3(図 4・11) **酸化と脱炭酸** 第二級アルコールである (2R,3S)-イソクエン酸は, ステップ3において NAD^+ によって酸化され, ケトンであるオキサロコハク酸を生成し, これはさらに脱炭酸されて 2-オキソグルタル酸 (α-ケトグルタル酸) を与える. これらの反応はイソクエン酸脱水素酵素により触媒されるが[24], その脱炭酸反応は脂肪酸生合成のステップ5 (§3・4, 図 3・11) と同様の 3-オキソ酸 (β-ケト酸) の典型的な反応である. 酵素は Mn^{2+} あるいは Mg^{2+} を補因子として要求するが, これはケトンのカルボニル基に配位してこれを分極しよりよい電子受容体とするためである.

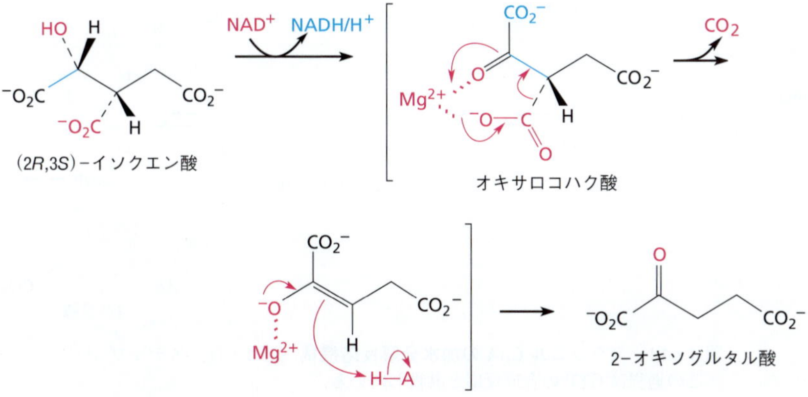

ステップ4（図4・11）　**酸化的脱炭酸反応**　2-オキソグルタル酸からのスクシニル CoA への変換反応（ステップ4）は多段階反応であり，図4・9で見たピルビン酸からのアセチル CoA への変換反応と類似のものである．両者とも，多種の脱水素酵素複合体により触媒される一連の反応により，1分子の2-オキソ酸（α-ケト酸）が脱炭酸し，酸化されてチオエステルとなる．この反応は TPP イリドによる 2-オキソグルタル酸への求核付加反応から始まり，ひき続き脱炭酸反応，リポアミドとの反応，TPP イリドの脱離が起こり，最終的に補酵素 A とジヒドロリポアミドチオエステルのエステル交換反応が起こる．この全反応機構は，本章の章末問題 4・2 で書くことになる．

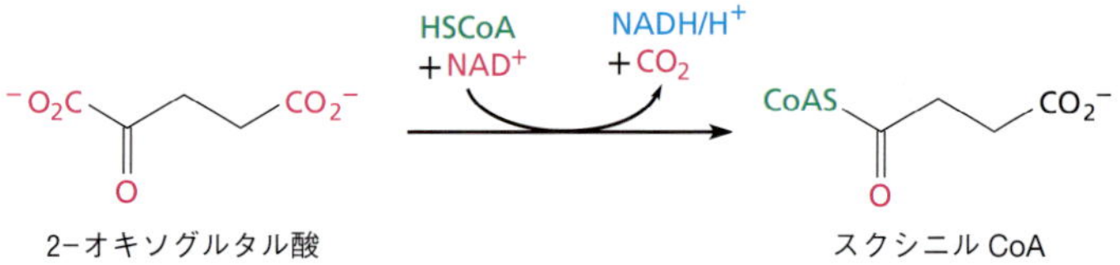

$$\text{2-オキソグルタル酸} \xrightarrow[\text{+ NAD}^+]{\text{HSCoA}} \xrightarrow[\text{+ CO}_2]{\text{NADH/H}^+} \text{スクシニル CoA}$$

ステップ5（図4・11）　**加水分解**　スクシニル CoA はステップ5において加水分解されてコハク酸となるが，この反応は水分子による単純な求核アシル置換反応のように思われる．しかし，酵素に結合したチオエステルが加水分解される解糖系のステップ 6,7 でみられたように，この反応は見かけよりは複雑である．スクシニル CoA シンターゼにより触媒されるこの"加水分解反応"は，水分子は関与しない．その代わりにこの反応はアシルリン酸中間体を経由して進行し，グアノシン二リン酸（GDP）のリン酸化によるグアノシン三リン酸（GTP）の生成反応と共役している．求核アシル置換反応のステップとリン酸化のステップに関する簡略化された反応機構とともに，その過程を図4・14に示す．

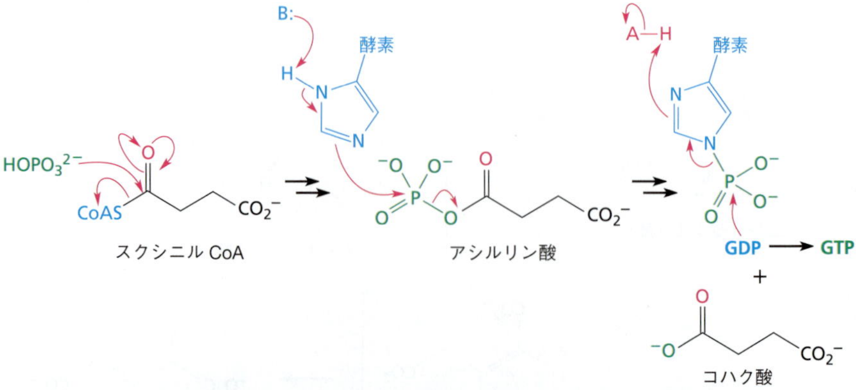

図4・14　スクシニル CoA の加水分解反応機構（図4・11，ステップ5）
　この過程は GTP の合成反応と共役している．

ステップ 6（図 4・11）　**脱水素反応**　コハク酸は次に，FAD 依存性のコハク酸脱水素酵素により酸化されフマル酸を生成する．この反応は脂肪酸 β 酸化経路のステップ 1（図 3・6）と同種の反応である．反応は立体選択的に起こり，一つの炭素原子上の *pro-S* 水素と，もう一つの炭素原子上の *pro-R* 水素が引抜かれる．

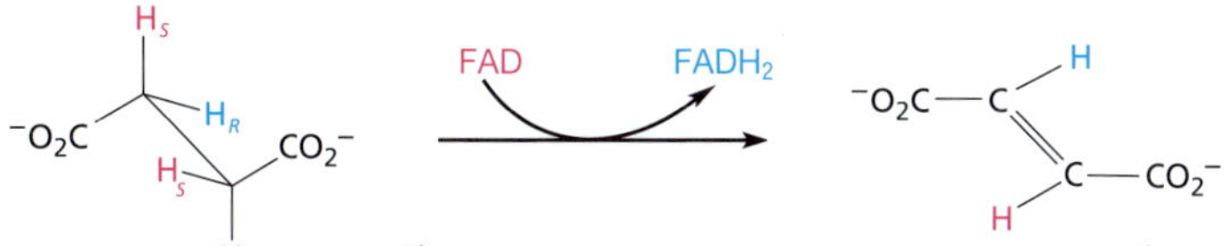

ステップ 7, 8（図 4・11）　**水和反応と酸化反応**　クエン酸回路の最後の反応の一つ前の反応は，フマル酸への水の共役求核付加による（*S*）-リンゴ酸（L-リンゴ酸）の生成である．この付加反応はフマラーゼ（フマル酸ヒドラターゼ）により触媒され，隣り合うカルボニル基によって安定化しているカルボアニオン中間体を経由して起こる．次にプロトン化反応がヒドロキシ基の反対側から起こり，全体としてアンチ付加となる．

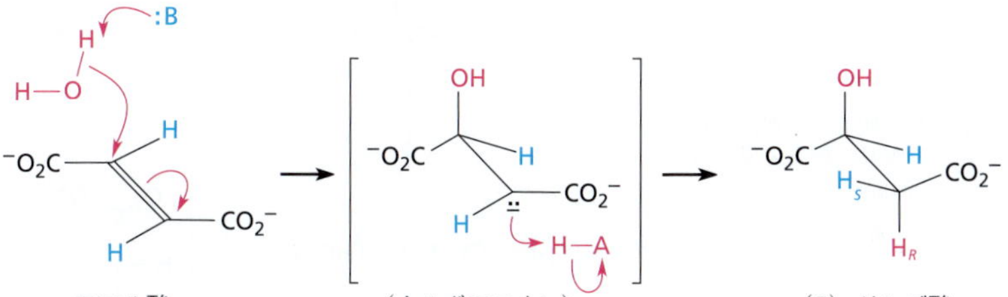

最終反応は NAD$^+$ による（*S*）-リンゴ酸の酸化によるオキサロ酢酸の生成反応であり，これはリンゴ酸脱水素酵素により触媒される．クエン酸回路はこれで開始点へと戻り，再び回路が回る準備が整う．回路の全体的な結果をまとめると以下のとおりである．

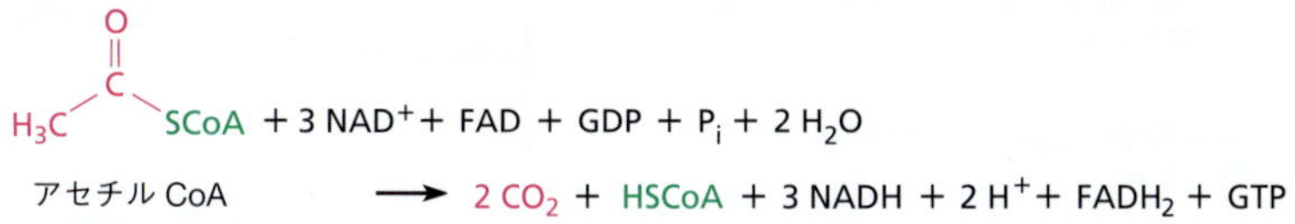

アセチル CoA + 3 NAD$^+$ + FAD + GDP + P$_i$ + 2 H$_2$O ⟶ 2 CO$_2$ + HSCoA + 3 NADH + 2 H$^+$ + FADH$_2$ + GTP

4・5　グルコースの生合成：糖新生

脂肪酸生合成（§3・4）と関連して前述したように，生命体がある基質を生合成する経路は，その基質を分解する経路の逆反応ではない．生物がピルビン酸からグルコース

ピルビン酸　　　　　　　　$CH_3\overset{\overset{O}{\|}}{C}CO_2^-$　　　$\left[\begin{array}{c}\overset{O}{\underset{\|}{C}}-O^-\\ \underset{|}{C}=O\\ CH_3\end{array}\right]$

ステップ1
ピルビン酸はビオチン依存的なメチル基のカルボキシ化によりオキサロ酢酸を生成する

↓ HCO_3^-, ATP
　ADP, P_i, H^+

オキサロ酢酸　　　　　　$^-OCCH_2CCO_2^-$ （両端ともC=O）　$\left[\begin{array}{c}\overset{O}{\underset{\|}{C}}-O^-\\ \underset{|}{C}=O\\ H-\underset{|}{C}-H\\ CO_2^-\end{array}\right]$

ステップ2
オキサロ酢酸は脱炭酸され，GTPによってリン酸化されホスホエノールピルビン酸となる

↓ GTP
　GDP, CO_2

ホスホエノールピルビン酸　　$H_2C=\overset{\overset{OPO_3^{2-}}{|}}{C}CO_2^-$　$\left[\begin{array}{c}\overset{O}{\underset{\|}{C}}-O^-\\ \underset{\|}{C}-OPO_3^{2-}\\ CH_2\end{array}\right]$

ステップ3
ホスホエノールピルビン酸の二重結合に対する水の共役求核付加により2-ホスホグリセリン酸が生成し…

↓ H_2O

2-ホスホグリセリン酸　　　　$HOCH_2\overset{\overset{OPO_3^{2-}}{|}}{C}HCO_2^-$　$\left[\begin{array}{c}\overset{O}{\underset{\|}{C}}-O^-\\ H-\underset{|}{C}-OPO_3^{2-}\\ CH_2OH\end{array}\right]$

ステップ4
…これがリン酸基の転移により異性化して3-ホスホグリセリン酸を生成する

↓

3-ホスホグリセリン酸　　　　$^{2-}O_3POCH_2\overset{\overset{OH}{|}}{C}HCO_2^-$　$\left[\begin{array}{c}\overset{O}{\underset{\|}{C}}-O^-\\ H-\underset{|}{C}-OH\\ CH_2OPO_3^{2-}\end{array}\right]$

ステップ5
ATPとの反応によるカルボキシ基のリン酸化により，1,3-ビスホスホグリセリン酸が生成する

↓ ATP
　ADP

1,3-ビスホスホグリセリン酸　$^{2-}O_3POCH_2\overset{\overset{OH}{|}}{C}HCO_2PO_3^{2-}$　$\left[\begin{array}{c}\overset{O}{\underset{\|}{C}}-OPO_3^{2-}\\ H-\underset{|}{C}-OH\\ CH_2OPO_3^{2-}\end{array}\right]$

ステップ6
アシルリン酸の還元によりグリセルアルデヒド3-リン酸が生成し…

↓ NADH/H^+
　NAD^+, P_i

ステップ7
これが互変異性化によりジヒドロキシアセトンリン酸となる

$\left[\begin{array}{c}CH_2OH\\ \underset{\|}{C}=O\\ CH_2OPO_3^{2-}\end{array}\right]$　$^{2-}O_3POCH_2\overset{\overset{O}{\|}}{C}CH_2OH$ ⇌ $^{2-}O_3POCH_2\overset{\overset{HO}{|}}{C}H\overset{\overset{O}{\|}}{C}H$　$\left[\begin{array}{c}\overset{O}{\underset{\|}{C}}-H\\ H-\underset{|}{C}-OH\\ CH_2OPO_3^{2-}\end{array}\right]$

ジヒドロキシアセトンリン酸　　　　グリセルアルデヒド3-リン酸

↓

次ページに続く

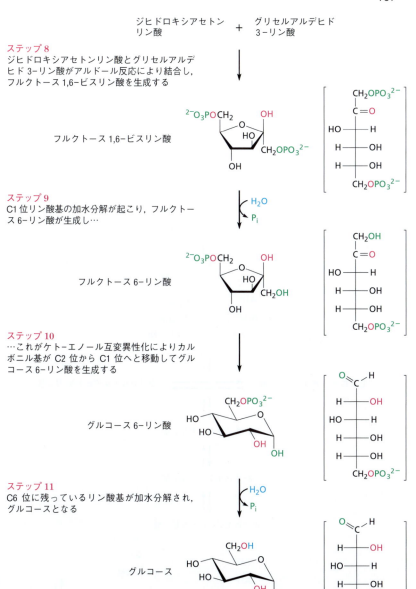

図4・15　2分子のピルビン酸からグルコース生合成の糖新生経路
個々のステップの説明は本文参照.

を生成する 11 ステップの生合成経路である**糖新生**（gluconeogenesis）は，解糖と関連するものの，まったくの逆反応ではない．図 4・15 に糖新生経路を，図 4・16 に解糖と糖新生の比較を示す．

ステップ 1（図 4・15）　**カルボキシ化**　糖新生はピルビン酸のカルボキシ化によるオキサロ酢酸の生成から始まる．この反応はピルビン酸カルボキシラーゼ[25),26)]により触媒され，脂肪酸合成のステップ 3 と同様に（§3・4，図 3・12，図 3・13），ATP と

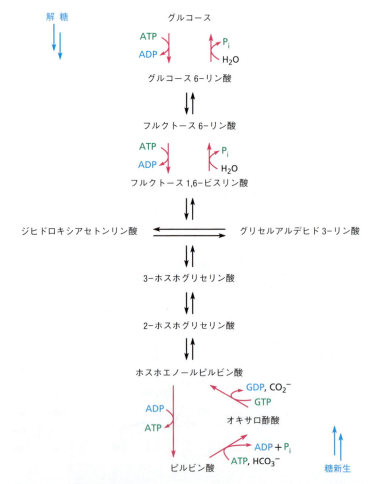

図 4・16　解糖と糖新生の比較　両経路は赤の矢印で示した三つのステップにおいて異なっている．

二酸化炭素の運搬を担う補酵素としてビオチンを要求する．カルボキシ化反応の機構を図4・17に示す．

ステップ2（図4・15）　**脱炭酸反応とリン酸化反応**　3-オキソ酸であるオキサロ酢酸の脱炭酸反応は，脂肪酸生合成（§3・4）のステップ5のような通常の逆アルドール様反応機構により進行し，同時にGTPによる生成したピルビン酸のエノラートイオンのリン酸化が起こり，ホスホエノールピルビン酸が生成する．この反応はホスホエノールピルビン酸カルボキシキナーゼ[27]により触媒される．

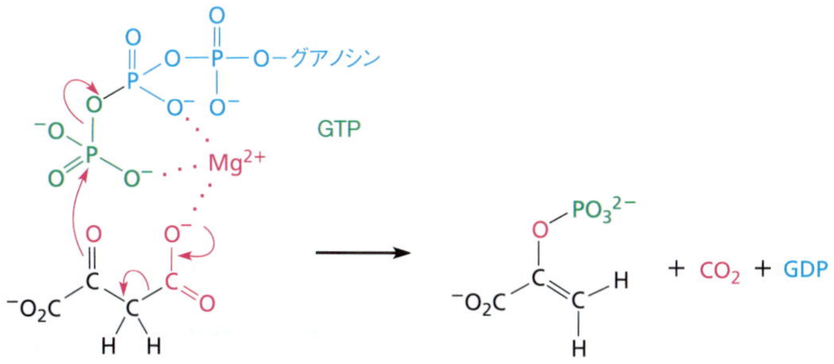

オキサロ酢酸　　　　　　　　　ホスホエノールピルビン酸

なぜステップ1で付加した二酸化炭素は，すぐにステップ2で除去されてしまうのだろうか？　なぜピルビン酸エノラートイオンとGTPとの反応による，ピルビン酸からのホスホエノールピルビン酸の生成は1段階で直接的には起こらず，間接的な2段階での反応を経由するのであろうか？　その答えは，各過程のエネルギーの変化にある．

ホスホエノールピルビン酸はエネルギー的に非常に高い位置にあり，解糖系のステップ10で見てきたように，これがADPと直接反応してピルビン酸を生成する反応は，ATPを生成する反応であるにもかかわらず，エネルギー的に有利に進行する．つまり，その逆反応であるピルビン酸からの直接的なホスホエノールピルビン酸生成は，もしそれがATPを"消費"する反応であったとしても，エネルギー的には進行しえない不利な反応となるに違いない（もちろん一般的には逆は真であり，ATPを消費する反応はエネルギー的に有利となる）．しかし，オキサロ酢酸を経由する2段階の反応では，"2分子の"ヌクレオシド三リン酸（1分子のATPと1分子のGTP）が消費されることで，全体の過程を進行させうる十分なエネルギーを獲得している．

ステップ3,4（図4・15）　**水和反応と異性化反応**　β酸化経路のステップ2（§3・3，図3・6）と同様の機構で，ホスホエノールピルビン酸の二重結合への共役的な水和反応により2-ホスホグリセリン酸が生成する．続いて，リン酸化されたHis-8残基によるC3位のリン酸化と，同じHis-8によるC2位の脱リン酸により，3-ホスホグリセ

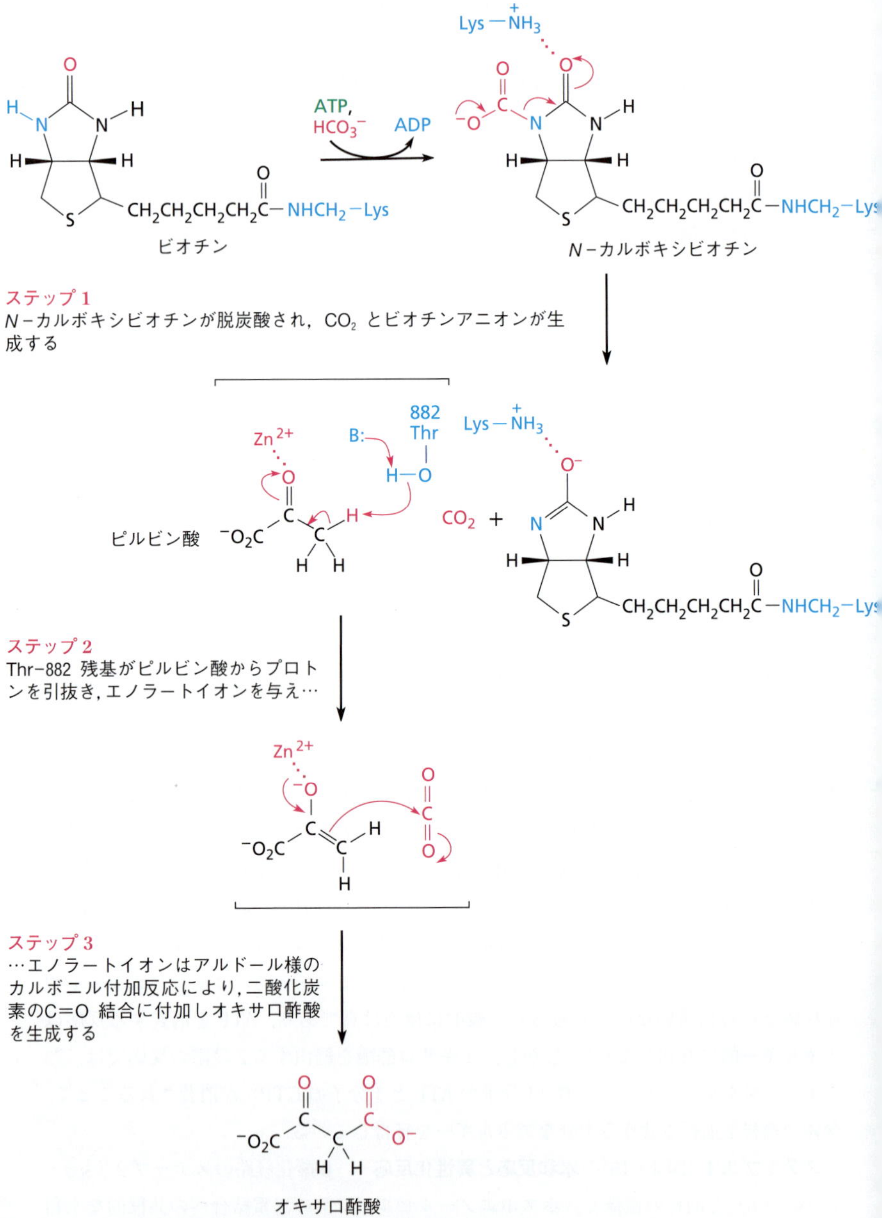
ATP,
HCO_3^-
ADP
Lys
ビオチン
N−カルボキシビオチン
ステップ 1
N−カルボキシビオチンが脱炭酸され，CO_2 とビオチンアニオンが生成する
882
Thr
B:
Zn^{2+}
ピルビン酸
CO_2 +
ステップ 2
Thr−882 残基がピルビン酸からプロトンを引抜き，エノラートイオンを与え…
ステップ 3
…エノラートイオンはアルドール様のカルボニル付加反応により，二酸化炭素のC=O 結合に付加しオキサロ酢酸を生成する
オキサロ酢酸

図 4・17　ビオチン依存的なピルビン酸のカルボキシ化によるオキサロ酢酸の生成反応機構（図 4・15，ステップ 1）

リン酸が生成する．機構的に，これらの反応は，解糖におけるステップ9とステップ8の逆反応であり（図4・3），その平衡定数はほぼ1である．

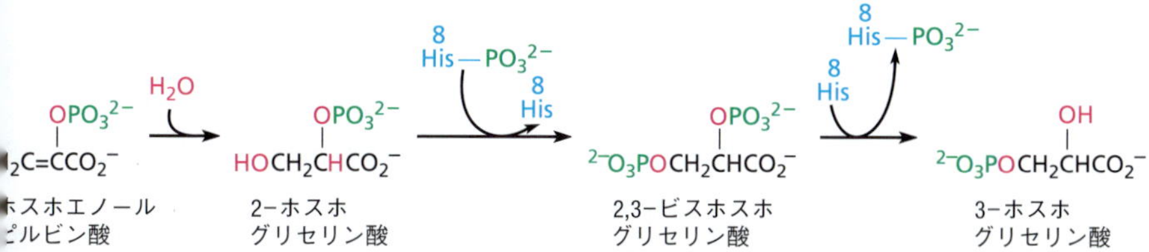

ステップ5～7（図4・15）　リン酸化，還元，互変異性化反応　3-ホスホグリセリン酸はATPと反応して，対応するアシルリン酸（1,3-ビスホスホグリセリン酸）へと変換され，これはグリセルアルデヒド3-リン酸脱水素酵素のシステイン残基とチオエステル結合を介して結合した後，NADH/H$^+$により還元されてアルデヒドとなり，さらにケト-エノール互変異性化を経てジヒドロキシアセトンリン酸を生成する．これらの三つのステップは機構的には解糖のステップ7,6,5（図4・3）の逆反応であり，その平衡定数はほぼ1である．

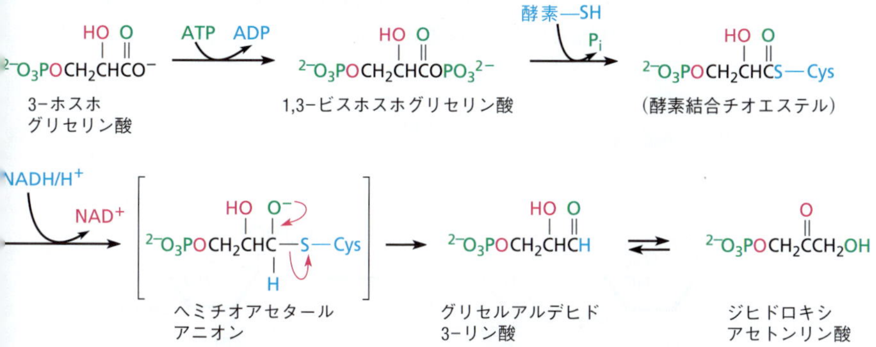

ステップ8（図4・15）　アルドール縮合　ステップ7で生成した炭素鎖長が3のジヒドロキシアセトンリン酸とグリセルアルデヒド3-リン酸は，解糖のステップ4の逆反応であるアルドール反応によって結合し，フルクトース1,6-ビスリン酸を生成する．解糖系のステップ4に記したように（図4・5），この反応はジヒドロキシアセトンリン酸が酵素のリシン残基側鎖の-NH$_2$基と反応して生成するイミニウムイオン上で起こり，クラスIアルドラーゼによって触媒される[9]．隣接炭素からの脱プロトンによってエナミンが生成し，アルドール様の反応が進行し，最後に加水分解が起こって反応が完結する．

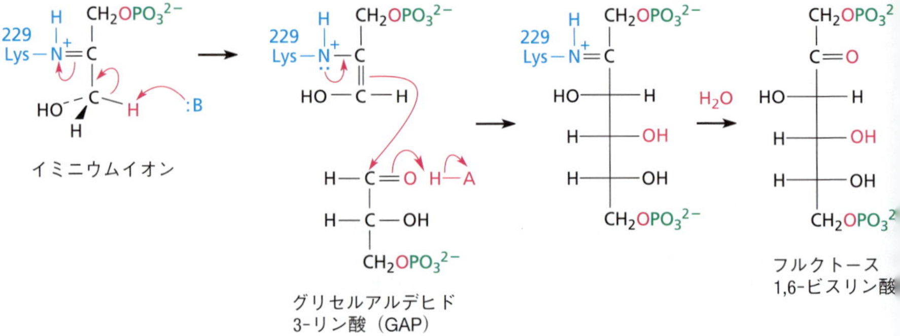

イミニウムイオン

グリセルアルデヒド
3-リン酸（GAP）

フルクトース
1,6-ビスリン酸

ステップ9, 10（図4・15）　加水分解と異性化反応　ステップ9でフルクトース1,6-ビスリン酸のC1位上のリン酸基が加水分解され，フルクトース6-リン酸が生成する．反応の結果は解糖のステップ3のまったく逆であるが，その機構は逆反応ではない．解糖では，フルクトースのC1位ヒドロキシ基とATPとの反応でリン酸化が進行する．しかしその逆反応である，フルクトース1,6-ビスリン酸とADPからフルクトース6-リン酸とATPを生成する反応は，ATPがエネルギー的に非常に高いため，エネルギー的に不利な反応である．よってフルクトース1,6-ビスホスファターゼにより触媒される直接的な加水分解反応という他の機構でC1位リン酸基の除去が行われる[28), 29)]．

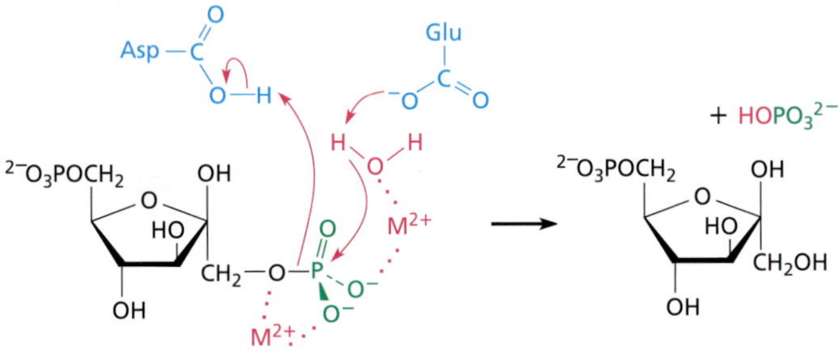

フルクトース1,6-ビスリン酸　　　　フルクトース6-リン酸

加水分解後，ケト-エノール互変異性化によってカルボニル基が開環鎖状分子のC2位からC1位へと移動し，フルクトース6-リン酸がグルコース6-リン酸へと変換される．この異性化反応は解糖系におけるステップ2の逆反応である（図4・4）．

ステップ11（図4・15）　加水分解　糖新生の最後のステップは，グルコース6-リン酸からのグルコース生成反応であり，この加水分解反応は別のホスファターゼによって触媒されている．ステップ9のフルクトース1,6-ビスリン酸の加水分解とまったく

同じエネルギー的な理由から，グルコース 6-リン酸の加水分解反応機構は解糖のステップ 1 のリン酸化反応の完全な逆反応ではない．

面白いことに，ステップ 9 と 11 の二つのリン酸加水分解反応機構はまったく同じではない．フルクトース 1,6-ビスリン酸の加水分解反応では水分子が求核剤であったが，グルコース 6-リン酸加水分解反応では，酵素中のヒスチジン残基が求核種として働いてリン原子上で置換反応が起こってリン酸化酵素中間体を形成し，これが水によって加水分解されている．

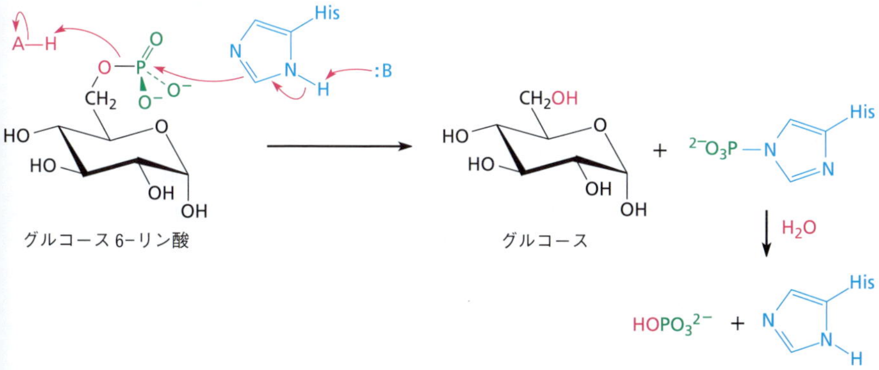

糖新生の全反応をまとめると，次のようになる．

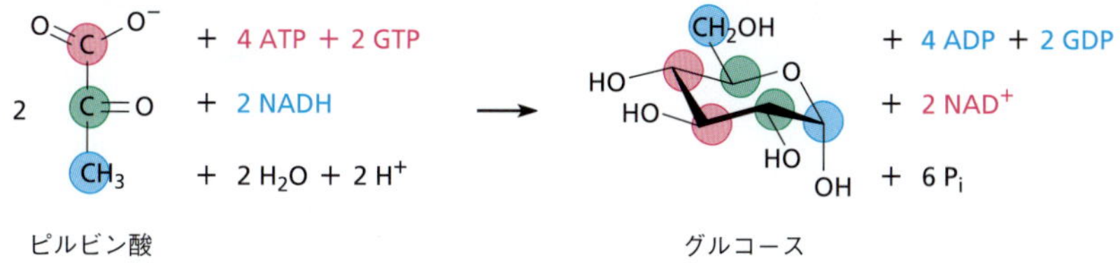

4・6 ペントースリン酸経路

エネルギーが急に必要となることがある脳や筋肉の細胞では，グルコースはほとんどが解糖によって代謝される（§4・2）．一方，脂肪酸合成を行う組織では，別のグルコース代謝経路も同様に働いている．**ペントースリン酸経路**（pentose phosphate pathway）とよばれるこの経路が存在するのはいくつかの重要な目的がある．この経路により，五炭糖の代謝，各種細胞機能に必要とされる還元型補酵素 NADPH の生成，リボ核酸生合成に必要なリボース 5-リン酸の生成，植物や微生物における芳香族アミノ酸生合成に使われるエリトロース 4-リン酸の生成が実現されている（§5・5）．

ペントースリン酸経路は二つの段階に分けられる．図 4・18 にその概略を示す．最初

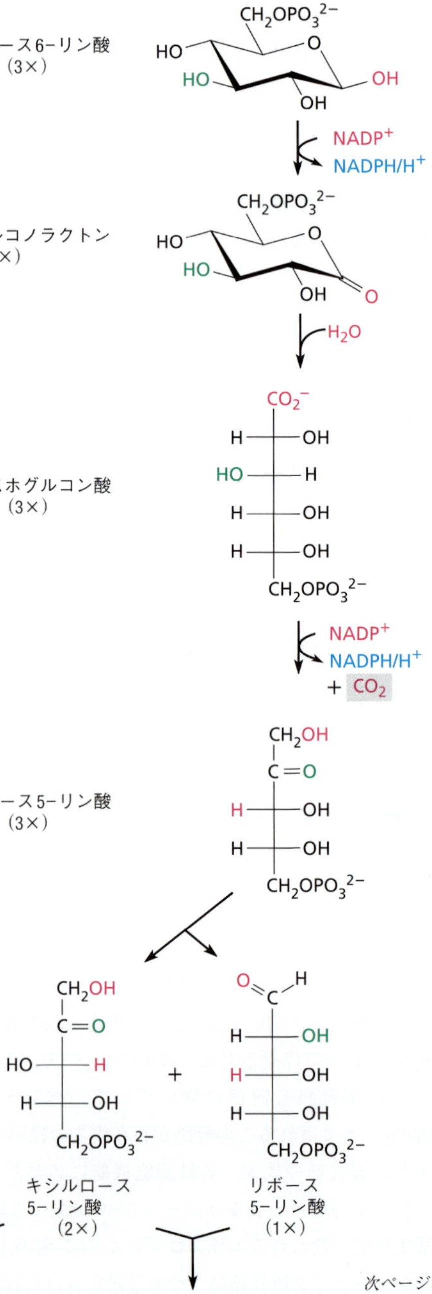

グルコース 6-リン酸
(3×)

ステップ 1
グルコース 6-リン酸が NADP$^+$ によってアノマー中心で酸化され，対応するラクトン体を生成する

6-ホスホグルコノラクトン
(3×)

ステップ 2
ラクトン体が加水分解され，開環型のカルボン酸体となる

6-ホスホグルコン酸
(3×)

ステップ 3
C3 位のヒドロキシ基が酸化されて 3-オキソ酸中間体を生成し，ここから脱炭酸反応が起こる

リブロース 5-リン酸
(3×)

ステップ 4
2 通りの異なるケト-エノール互変異性化反応により，キシルロース 5-リン酸とリボース 5-リン酸が生成する

キシルロース
5-リン酸
(2×)

リボース
5-リン酸
(1×)

次ページに続く

ステップ5
キシルロース 5-リン酸はリボース 5-リン酸と反応し，2炭素単位構造の交換反応によりグリセルアルデヒド 3-リン酸とセドヘプツロース 7-リン酸が生成する

ステップ6
グリセルアルデヒド 3-リン酸とセドヘプツロース 7-リン酸が 3炭素単位構造の交換反応し，フルクトース 6-リン酸とエリトロース 4-リン酸を生成する

ステップ7
キシルロース 5-リン酸とエリトロース 4-リン酸が 2炭素単位構造交換し，グリセルアルデヒド 3-リン酸とフルクトース 6-リン酸を生成する

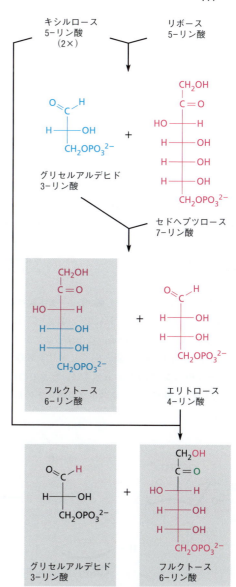

図4・18　7ステップからなるペントースリン酸経路　3分子のグルコース 6-リン酸が 3分子の二酸化炭素，2分子のフルクトース 6-リン酸，1分子のグリセルアルデヒド 3-リン酸へと変換される（最終生成物を灰色の背景で示した）．個々のステップの説明は本文参照．

の酸化的段階（ステップ1〜3）においてNADPHが生成し，後半の非酸化的段階（ステップ4〜7）では，一連の異性化反応，炭素-炭素結合開裂および生成反応が進行する．経路全体として結果的に，3分子のグルコース6-リン酸から，3分子の二酸化炭素，2分子のフルクトース6-リン酸，1分子のグリセルアルデヒド3-リン酸への変換と，これに伴う6分子のNADPHの生成が起こる．これらの生成物はこの後，解糖系へと入り，さらなる分解反応が進行する．

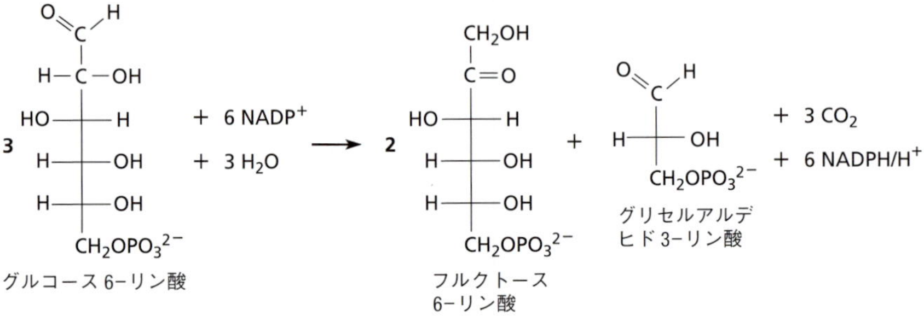

ステップ1（図4・18）　**酸化**　まず最初にグルコース6-リン酸のβ-アノマーが，C1位のアノマー中心でNADP$^+$（表2・6）によって酸化され，対応するラクトン体（環状エステル体）となる．この反応はグルコース6-リン酸脱水素酵素[30]によって触媒され，NAD$^+$酸化の際と同じヒドリド転移反応が起こる（§3・2, 図3・5）．グルコース6-リン酸C1位のα水素は，酵素中のヒスチジン残基の助けを借りつつNADP$^+$のSi面へと転移し，6-ホスホグルコノラクトンが生成する．

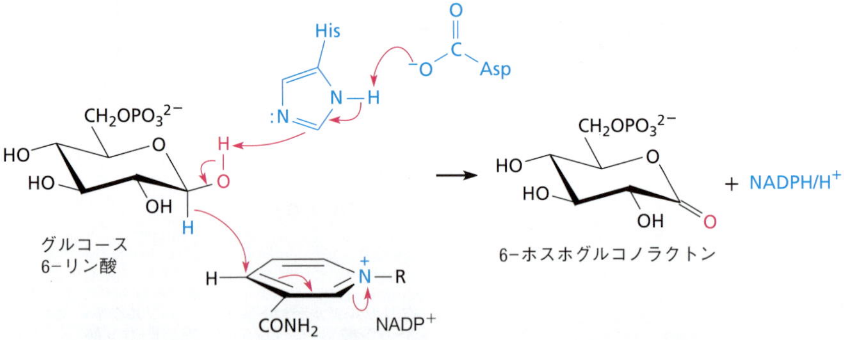

ステップ2（図4・18）　**加水分解**　環状エステルである6-ホスホグルコノラクトンが，通常の水分子のカルボニル基への求核付加によって加水分解される．

ステップ3（図4・18）　**酸化と脱炭酸反応**　6-ホスホグルコン酸は，さらにC3位で酸化されて3-オキソ酸中間体を生成し，これが脱炭酸してリブロース5-リン酸が生

成する．両反応とも 6-ホスホグルコン酸脱水素酵素によって触媒される[31),32)]．この過程は，クエン酸回路（図 4・11）のステップ 3 であるイソクエン酸からの 2-オキソグルタル酸生成反応に類似しているが，NAD^+ ではなく $NADP^+$ が酸化的補酵素として使われる点，および脱炭酸反応に 2 価のカチオンが必要でない点が異なる．

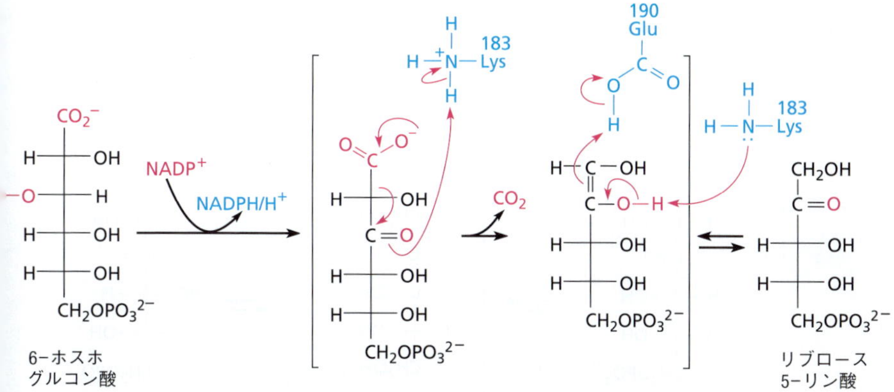

ステップ4（図 4・18）　**異性化反応**　リブロース 5-リン酸は，次に二つの可逆的なケト-エノール互変異性化反応によってリボース 5-リン酸とキシルロース 5-リン酸へと変換される．リボース 5-リン酸生成反応はリブロース 5-リン酸イソメラーゼ[33)]によって触媒され，1,2-エンジオール中間体を経由して進行する．C1 位の酸性水素は塩基（Glu-103）によって引抜かれ，この共役酸がエンジオールの C2 位への再プロトン化を行う．

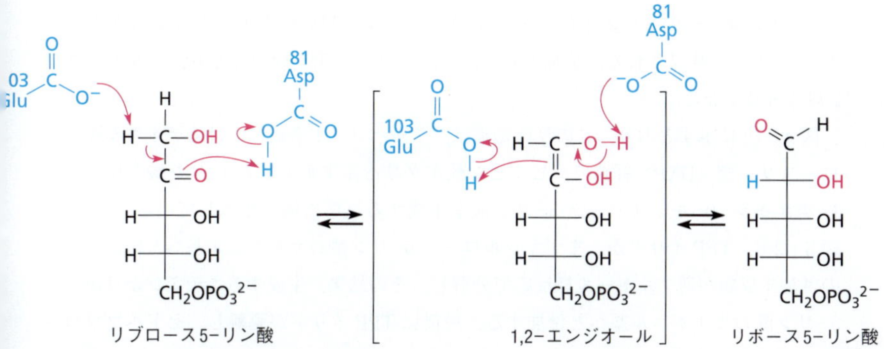

キシルロース 5-リン酸生成反応はリブロース 5-リン酸エピメラーゼ[34)]によって触媒され，2,3-エンジオールあるいはエンジオラート中間体を経由して進行する（§2・1

で見たように，"エピマー"とは一つのキラル中心の立体のみが異なるジアステレオマーのことであり，"エピメラーゼ"は基質の中の一つのキラル中心の立体を変化させることを思い出してほしい）．Asp-37による脱プロトン反応が分子の片方の面からC3位で起こり，Asp-175による再プロトン化反応が同じ炭素上で分子の反対の面から起こる．ここで2価の金属イオン，ヒトではFe^{2+}であり，他の生物ではZn^{2+}がカルボニル基に配位して，隣接する水素原子の酸性度を上げている．

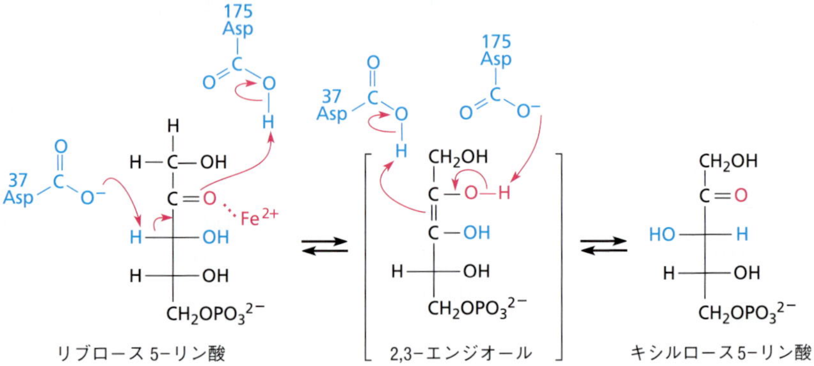

リブロース 5-リン酸 ⇌ [2,3-エンジオール] ⇌ キシルロース 5-リン酸

ステップ5（図4・18） **キシルロース 5-リン酸とリボース 5-リン酸との反応** リボース 5-リン酸が細胞分裂の際のリボヌクレオチド合成で必要となった場合，ステップ4の可逆的異性化反応によってこれを生成する．しかしながら，必要以上のリボース 5-リン酸が存在する場合，余っているリボース 5-リン酸はキシルロース 5-リン酸と反応し，解糖系へと入っていける中間体を生成する．キシルロース 5-リン酸とリボース 5-リン酸との反応は，ケトース（キシルロース 5-リン酸）からアルドース（リボース 5-リン酸）への2炭素単位の転移をひき起こす，TPP依存的なトランスケトラーゼ[35]によって触媒される．結果として，ケトースは2炭素分短くなり，アルドースは2炭素分長くなる．

図4・19に示すとおり，この反応機構は，テルペノイド合成におけるデオキシキシルロースリン酸（DXP）経路で，ピルビン酸がグリセルアルデヒド 3-リン酸と反応して 1-デオキシ-D-キシルロース 5-リン酸を生成する反応機構と類似している（§3・5，図3・20）．TPPイリドが，まずキシルロース 5-リン酸のカルボニル基へと付加し，この付加生成物が逆アルドール様反応で分解し，その結果，生成するエナミンがリボース 5-リン酸のカルボニル基へと付加する．最後にTPPイリドが脱離し，セドヘプツロース 7-リン酸が生成する．

ステップ6（図4・18） **セドヘプツロース 7-リン酸とグリセルアルデヒド 3-リン酸との反応** ステップ5では，トランスケトラーゼによってケトースからアルドースへ

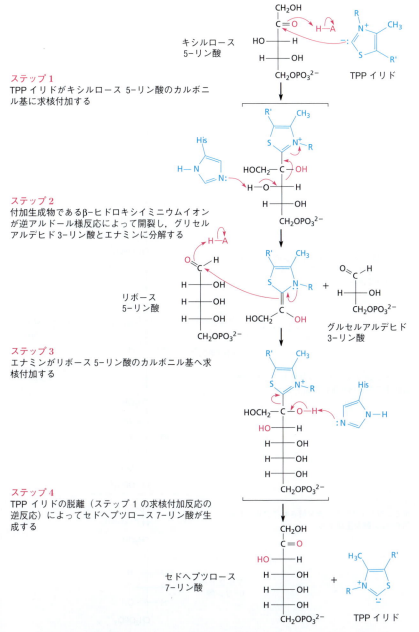

ステップ1
TPPイリドがキシロース 5-リン酸のカルボニル基に求核付加する

ステップ2
付加生成物であるβ-ヒドロキシイミニウムイオンが逆アルドール様反応によって開裂し，グリセルアルデヒド 3-リン酸とエナミンに分解する

ステップ3
エナミンがリボース 5-リン酸のカルボニル基へ求核付加する

ステップ4
TPPイリドの脱離（ステップ1の求核付加反応の逆反応）によってセドヘプツロース 7-リン酸が生成する

図4・19 トランスケトラーゼによって触媒される，キシロース 5-リン酸とリボース 5-リン酸からグリセルアルデヒド 3-リン酸とセドヘプツロース 7-リン酸生成の反応機構（図4・18，ステップ5）

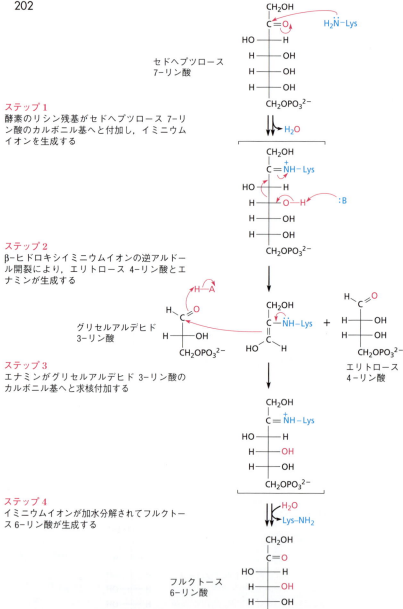

図4・20　トランスアルドラーゼによって触媒される，セドヘプツロース 7-リン酸とグリセルアルデヒド 3-リン酸からエリトロース 4-リン酸とフルクトース 6-リン酸生成の反応機構（図4・18，ステップ6）

と2炭素単位の移動が起こり，"2炭素分"だけケトースが短くなり，アルドースが長くなった．ステップ6では，トランスアルドラーゼによってケトースからアルドースへと3炭素単位が移動し，"3炭素分"だけケトースが短くなり，アルドースが長くなる．

図4・20に示すとおり，この反応はセドヘプツロース7-リン酸と酵素のリシン残基との反応によるプロトン化されたイミニウムイオン生成反応から始まる．β-ヒドロキシイミニウムイオンの逆アルドール開裂が次に起こり，解糖系のステップ4（図4・5）と同様の反応によってエリトロース4-リン酸とエナミンが生成する．このエナミンが，糖新生のステップ8（§4・5）と同一の反応で，グリセルアルデヒド3-リン酸のカルボニル基へと付加する．付加生成物は次に加水分解され，フルクトース6-リン酸となる．

ステップ7（図4・18）　**キシルロース5-リン酸とエリトロース4-リン酸との反応**
ステップ5と同様に，ペントースリン酸回路の最終ステップは，再びトランスケトラーゼによって触媒される．結果として，2炭素単位がキシルロース5-リン酸からエリトロース4-リン酸へと転移し，グリセルアルデヒド3-リン酸と2分子目のフルクトース6-リン酸が生成する．チアミン依存的な反応機構は，ステップ5とまったく同じであり，これは章末の問題4・3の課題である．

4・7　光合成: 還元的ペントースリン酸回路（カルビン回路）

光合成（photosynthesis）とは，植物，藻類やある種の生物が太陽光を用いて，大気中の二酸化炭素と水から酸素分子と炭水化物を合成する複雑な過程のことである．光合成によって1年で，約1200億トンの炭素が大気中から除かれ，3000億トンの炭水化物が産生されている．

光合成は二つの基本的な部分からなる．一つは一連の"明反応"で，H_2O の分解により O_2 と還元型の補酵素 NADPH を生成する．もう一つは一連の"暗反応"であり，NADPH を使って CO_2 を還元し，$(CH_2O)_x$ で表される炭水化物を生成する．

$$H_2O + ADP + P_i + NADP^+ \xrightarrow{太陽光} O_2 + ATP + NADPH + H^+$$
$$CO_2 + ATP + NADPH + H^+ \longrightarrow (CH_2O)_x + ADP + P_i + NADP^+$$

正味: $CO_2 + H_2O \longrightarrow (CH_2O)_x + O_2$

光合成の暗反応における炭水化物生成は，**還元的ペントースリン酸回路**（reductive pentose phosphate（RPP）cycle），あるいは**カルビン回路**（Calvin cycle）とよばれる経路で行われる．簡単に概観するならば RPP 回路は，次の三つの段階からなる．(1) 3分子の CO_2 が3分子のリブロース1,5-ビスリン酸と反応して6分子の3-ホスホグリセリン酸を生成する"**固定**（fixation）"過程，(2) 6分子の3-ホスホグリセリン酸が6分子のグリセルアルデヒド3-リン酸へと変換される"**還元**（reduction）"過程，(3) 6分子中5

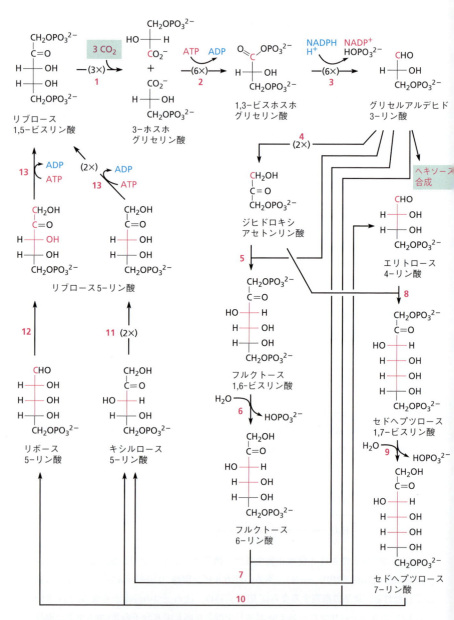

図4・21　光合成 RPP 回路の反応　3分子の CO_2 が3分子のリブロース1,5-ビスリン酸と反応し、最終的に1分子のグリセルアルデヒド3-リン酸が糖新生経路に入り、残りはリブロース1,5-ビスリン酸を経て再生する。個々のステップの説明は本文参照。

分子のグリセルアルデヒド 3-リン酸が 3 分子のリブロース 1,5-ビスリン酸へと変換される "再生 (regeneration)" 過程である．残る 1 分子のグリセルアルデヒド 3-リン酸が糖新生経路に入りヘキソースへと変換される．回路に三つの炭素原子が 3 分子の CO_2 として入り，グリセルアルデヒド 3-リン酸として回路から出るところに注意してほしい．

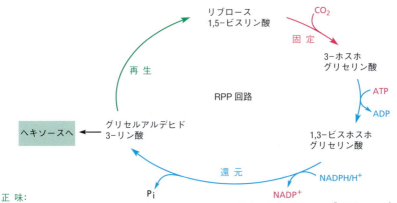

正味：
$3\ CO_2 + 9\ ATP + 6\ NADPH/H^+ + 5\ H_2O \longrightarrow 9\ ADP + 8\ P_i + 6\ NADP^+ +$ グリセルアルデヒド 3-リン酸

13 ステップに及ぶ RPP 回路を図 4・21 に示す．図は複雑であるが，ステップ 1 以外はすべて，これまで見てきた他の代謝経路ですでに登場した反応と非常によく似ており，糖新生やペントースリン酸経路に出てきたものと同一のものも多い．そこで以下，ステップ 1 については丹念に見ていくことにし，他のステップについては簡潔にまとめるにとどめることにする．

ステップ 1（図 4・21） **リブロース 1,5-ビスリン酸のカルボキシ化と開裂反応**
RPP 回路は，リブロース 1,5-ビスリン酸と CO_2 とが反応し，2 分子の 3-ホスホグリセリン酸を生成する反応から始まる．この過程は，地球上に最も豊富に存在する酵素であるリブロース 1,5-ビスリン酸カルボキシラーゼ/オキシゲナーゼ，通称 "ルビスコ (Rubisco)"[36]~[38]，によって触媒される．ルビスコの機構は図 4・22 に示す．

基質の Mg^{2+} への配位により C3 位のプロトンの酸性度が上昇し，これが酵素中のリシン残基によって引抜かれ，エンジオラートを与える．C3 位の酸素から C2 位の酸素へとプロトンが移動して異性化したエンジオラートが生成し，これがその *Si* 面で CO_2 と反応する．次に，生成した 3-オキソ酸のケトンのカルボニル基への水分子の求核付加反応が進行し，水和物を与え，これが逆アルドール様の開裂反応によって分解し，2 分子の 3-ホスホグリセリン酸を与える．

ステップ 2, 3（図 4・21） **リン酸化と還元** 3-ホスホグリセリン酸は ATP によってリン酸化され，1,3-ビスホスホグリセリン酸が生成し，これが NADPH によって還

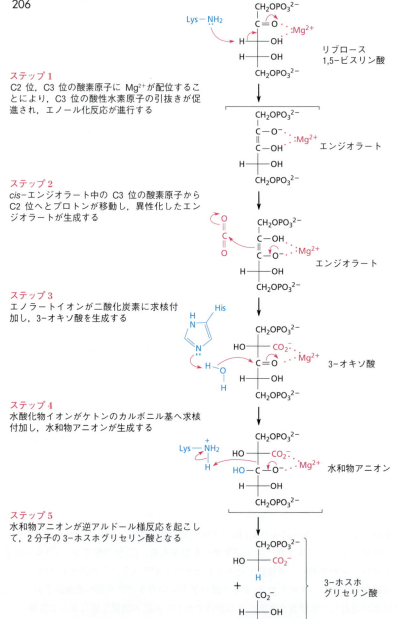

ステップ1
C2位, C3位の酸素原子に Mg^{2+} が配位することにより, C3位の酸性水素原子の引抜きが促進され, エノール化反応が進行する

ステップ2
cis-エンジオラート中のC3位の酸素原子からC2位へとプロトンが移動し, 異性化したエンジオラートが生成する

ステップ3
エノラートイオンが二酸化炭素に求核付加し, 3-オキソ酸を生成する

ステップ4
水酸化物イオンがケトンのカルボニル基へ求核付加し, 水和物アニオンが生成する

ステップ5
水和物アニオンが逆アルドール様反応を起こして, 2分子の3-ホスホグリセリン酸となる

図4・22 ルビスコが触媒するリブロース1,5-ビスリン酸のカルボキシ化と開裂の反応機構（図4・21, ステップ1）

元されてグリセルアルデヒド3-リン酸となる．これは糖新生におけるステップ5,6とまったく同じ反応である（図4・15）．

ステップ4〜6（図4・21）　**異性化，アルドール縮合，加水分解**　グリセルアルデヒド3-リン酸は異性化してジヒドロキシアセトンリン酸となる．2分子のトリオースはアルドール縮合し，フルクトース1,6-ビスリン酸を与え，これが加水分解されてフルクトース6-リン酸を生成する．これらの反応は，糖新生経路のステップ7〜9とまったく同じ反応である（図4・15）．

ステップ7（図4・21）　**フルクトース6-リン酸とグリセルアルデヒド3-リン酸との反応**　この反応はトランスケトラーゼによって触媒され，キシルロース5-リン酸とエリトロース4-リン酸が生成する．この反応は，ペントースリン酸経路のステップ5と類似の機構で進行する（図4・19）．

ステップ8（図4・21）　**ジヒドロキシアセトンリン酸とエリトロース4-リン酸とのアルドール縮合**　このアルドール縮合により，セドヘプツロース1,7-ビスリン酸が生成する．この反応は糖新生のステップ8と同様の機構で進行する（図4・15）．

ステップ9（図4・21）　**加水分解**　セドヘプツロース1,7-ビスリン酸が加水分解されてセドヘプツロース7-リン酸が生成する．この反応は糖新生のステップ9と同様の機構で進行する（図4・15）．

ステップ10（図4・21）　**セドヘプツロース7-リン酸とグリセルアルデヒド3-リン酸との反応**　この反応はトランスケトラーゼによって触媒され，キシルロース5-リン酸とリボース5-リン酸が生成する．これはペントースリン酸経路のステップ5の完全な逆反応である（図4・19）．

ステップ11（図4・21）　**異性化**　キシルロース5-リン酸が異性化してリブロース5-リン酸となる．この反応はペントースリン酸経路のステップ4の完全な逆反応である（図4・18）．

ステップ12（図4・21）　**異性化**　リボース5-リン酸が異性化してリブロース5-リン酸となる．この反応はペントースリン酸経路のステップ4の完全な逆反応である（図4・18）．

ステップ13（図4・21）　**リン酸化**　リブロース5-リン酸はATPによってリン酸化されリブロース1,5-ビスリン酸を生成する．この反応は解糖のステップ3に類似の機構で進行する（図4・3）．

参 考 文 献

1) Rye, C. S.; Withers, S. G., "Glycosidase Mechanisms," *Curr. Opin. Chem. Biol.*, **2002**, *6*, 573–580.
2) Vasella, A.; Davies, G. J.; Böhm, M., "Glycosidase Mechanisms," *Curr. Opin. Chem. Biol.*, **2002**, *6*, 619–629.

3) Vocadio, D. J.; Davies, G. J., "Mechanistic Insights into Glycosidase Chemistry" *Curr. Opin. Chem. Biol.*, **2008**, *12*, 539–555.
4) Kuser, P. R.; Krauchenco, S.; Antunes, O. A. C.; Polikarpov, I., "The High Resolution Crystal Structure of Yeast Hexokinase PII with the Correct Primary Sequence Provides New Insights into Its Mechanism of Action," *J. Biol. Chem.*, **2000**, *275*, 20814–20821.
5) Zhang J.; Li C,; Shi T.; Chen K.; Shen X.; Jiang, H., "Lys-169 of Human Glucokinase Is a Determinant for Glucose Phosphorylation: Implication for the Atomic Mechanism of Glucokinase Catalysis," *PLoS ONE*, **2009**, *4(7)*, e6304.
6) Read, J.; Pearce, J.; Li, X.; Muirhead, H.; Chirgwin, J.; Davies, C., "The Crystal Structure of Human Phosphoglucose Isomerase at 1.6 Å Resolution: Implications for Catalytic Mechanism, Cytokine Activity, and Haemolytic Anaemia," *J. Mol. Biol.*, **2001**, *309*, 447–463.
7) Solomons, J. T. G.; Zimmerly, E. M.; Burns, S.; Krishnamurthy, N.; Swan, M. K.; Krings, S.; Muirhead, H.; Chirgwin, J.; Davies, C., "The Crystal Structure of Mouse Phosphoglucose Isomerase at 1.6 Å Resolution and its Complex with Glucose 6-Phosphate Reveals the Catalytic Mechanism of Sugar Ring Opening," *J. Mol. Biol.*, **2004**, *342*, 847–860.
8) Kimmel, J. L.; Reinhart, G. D., "Reevaluation of the Accepted Allosteric Mechanism of Phosphofructokinase from *Bacillus stearothermophilus*," *Proc. Natl. Acad. Sci. USA*, **2000**, *97*, 3844–3849.
9) Choi, K. H.; Shi, J.; Hopkins, C. E. T.; Dean R.; Allen, K. N., "Snapshots of Catalysis: The Structure of Fructose-1,6-bisphosphate Aldolase Covalently Bound to the Substrate Dihydroxyacetone Phosphate," *Biochemistry*, **2001**, *40*, 13868–13875.
10) Alahuhta, M.; Wierenga, R. K., "Atomic Resolution Crystallography of a Complex of Triosephosphate Isomerase with a Reaction-Intermediate Analog: New Insight in the Proton Transfer Reaction Mechanism," *Proteins*, **2010**, *78*, 1878–1888.
11) Samanta, M.; Murthy, M. R. N.; Balaram, H.; Balaram, P., "Revisiting the Mechanism of the Triosephosphate Isomerase Reaction: The Role of the Fully Conserved Glutamic Acid 97 Residue," *ChemBioChem*, **2011**, *12*, 1886–1896.
12) Moniot, S.; Bruno, S.; Vonrhein, C.; Didierjean, C.; Boschi-Muller, S.; Vas, M.; Bricogne, G.; Branlant, G.; Mozzarelli, M.; Corbier, C., "Trapping of the Thioacylglyceraldehyde 3-Phosphate Dehydrogenase Intermediate from *Bacillus stearothermophilus*: Direct Evidence for a Flip-Flop Mechanism," *J. Biol. Chem.*, **2008**, *283*, 21693–21702.
13) Reis, M.; Alves, C. N; Lameira, J.; Tunon, I.; Marti, S.; Moliner, V., "The Catalytic Mechanism of Glyceraldehyde 3-Phosphate Dehydrogenase from *Trypanosoma cruzi* Elucidated via the QM/MM Approach,* *Phys. Chem. Chem. Phys.*, **2013**, *15*, 3772–3785.
14) Rigden, D. J.; Walter, R. A.; Phillips, S. E. V.; Fothergill-Gilmore, L. A., "Sulfate Ions Observed in the 2.12 Å Structure of a New Crystal Form of *S. cerevisiae* Phosphoglycerate Mutase Provide Insights into Understanding the Catalytic Mechanism," *J. Mol. Biol.*, **1999**, *286*, 1507–1517.
15) Zhang, E.; Brewer, J. M.; Minor, W.; Carreira, L. A.; Lebioda, L., "Mechanism of Enolase: The Crystal Structure of Asymmetric Dimer Enolase-2-phospho-D-glycerate/Enolase—Phosphoenolpyruvate at 2.0 Å Resolution," *Biochemistry*, **1997**, *36*, 12526–

12534.
16) Poyner, R. R.; Cleland, W. W.; Reed, G. H., "Role of Metal Ions in Catalysis by Enolase: An Ordered Kinetic Mechanism for a Single Substrate Enzyme," *Biochemistry*, **2001**, *40*, 8009–8017.
17) Bollenbach, T. J.; Mesecar, A. D.; Nowak, T., "Role of Lysine 240 in the Mechanism of Yeast Pyruvate Kinase Catalysis," *Biochemistry*, **1999**, *38*, 9137–9145.
18) Jordan, F., "Current Mechanistic Understanding of Thiamin Diphosphate-Dependent Enzymatic Reactions," *Natl. Prod. Reports*, **2003**, *20*, 184–201.
19) Liu, S.; Gong, X.; Yan, X.; Peng, T.; Baker, J. C.; Li, L.; Robben, P. M.; Ravindran, S.; Andersson, L. A.; Cole, A. B.; Roche, T. E., "Reaction Mechanism for Mammalian Pyruvate Dehydrogenase Using Natural Lipoyl Domain Substrates," *Archiv. Biochem. Biophys.*, **2001**, *386*, 123–135.
20) Argyrou, A.; Blanchard, J. S.; Palfey, B. A., "The Lipoamide Dehydrogenase from *Mycobacterium tuberculosis* Permits the Direct Observation of Flavin Intermediates in Catalysis," *Biochemistry*, **2002**, *41*, 14580–14590.
21) Karpusas, M.; Branchaud, B.; Remington, S. J., "Proposed Mechanism for the Condensation Reaction of Citrate Synthase: 1.9 Å Structure of the Ternary Complex with Oxaloacetate and Carboxymethyl Coenzyme A," *Biochemistry*, **1990**, *29*, 2213–2219.
22) Lauble, H.; Kennedy, M. C.; Emptage, M. H.; Beinert, H.; Stout, C. D., "The Reaction of Fluorocitrate with Aconitase and the Crystal Structure of the Enzyme–Inhibitor Complex," *Proc. Natl. Acad. Sci. USA*, **1996**, *93*, 13699–13703.
23) Lloyd, S. J.; Lauble, H.; Prasad, G. S.; Stout, C. C., "The Mechanism of Aconitase: 1.8Å Resolution Crystal Structure of the S642A:Citrate Complex," *Protein Sci.*, **1999**, *8*, 2655–2662.
24) Goncalves, S.; Miller, S. P.; Carrondo, M. A.; Dean, A. M.; Matias, P. M., "Induced Fit and the Catalytic Mechanism of Isocitrate Dehydrogenase," *Biochemistry*, **2012**, *51*, 7098–7115.
25) Lietzan, A. D.; St. Maurice, M., "Insights Into the Carboxyltransferase Reaction of Pyruvate Carboxylase From the Structures of Bound Product and Intermediate Analogs," *Biochem. Biophys. Res. Commun.*, **2013**, *441*, 377–382.
26) Menefee, A. L.; Zeczycki, T. N., "Nearly 50 Years in the Making: Defining the Catalytic Mechanism of the Multifunctional Enzyme Pyruvate Carboxylase," *FEBS J.*, **2014**, *281*, 1333–1354.
27) Carlson, G. M.; Holyoak, T., "Structural Insights into the Mechanism of Phosphoenolpyruvate Carboxykinase Catalysis," *J. Biol. Chem.*, **2009**, *284*, 27037–27041.
28) Choe, J.-Y.; Fromm, H. J.; Honzatko, R. B., "Crystal Structures of Fructose 1,6-Bisphosphatase: Mechanism of Catalysis and Allosteric Inhibition Revealed in Product Complexes," *Biochemistry*, **2000**, *39*, 8565–8574.
29) Choe, J.-Y.; Iancu, C. V.; Fromm, H. J.; Honzatko, R. B., "Metaphosphate in the Active Site of Fructose 1,6-Bisphosphatase," *J. Biol. Chem.*, **2003**, *278*, 16015–16020.
30) Cosgrove, M. S.; Naylor, C.; Paludan, S.; Adams, M. J.; Levy, H. R., "On the Mechanism of the Reaction Catalyzed by Glucose 6-Phosphate Dehydrogenase," *Biochemistry*, **1998**, *37*, 2759–2767.
31) Hanau, S.; Montin, K.; Cervellati, C.; Magnani, M.; Dallocchio, F., "6-Phosphogluconate Dehydrogenase Mechanism. Evidence for Allosteric Modulation by Substrate,"

J. Biol. Chem., **2010**, *285*, 21366–21371.
32) Cervellati, C.; Dallocchio, F.; Bergamini, C. M.; Cook, P. F., "Role of Methionine-13 in the Catalytic Mechanism of 6-Phosphogluconate Dehydrogenase from Sheep Liver," *Biochemistry*, **2005**, *44*, 2432–2440.
33) Zhang, R.-G.; Andersson, C. E.; Savchenko, A.; Skarina, T.; Evdokimova, E.; Beasley, S.; Arrowsmith, C. H.; Edwards, A. M.; Joachimiak, A.; Mowbray, S. L., "Structure of *Escherichia coli* Ribose-5-Phosphate Isomerase. A Ubiquitous Enzyme of the Pentose Phosphate Pathway and the Calvin Cycle," *Structure*, **2003**, *11*, 31–42.
34) Liang, W.; Ouyang, S.; Shaw, N.; Joachimiak, A. J.; Zhang, R.; Liu, Z.-J., "Conversion of D-Ribulose 5-Phosphate to D-Xylulose 5-Phosphate: New Insights from Structural and Biochemical Studies on Human RPE," *FASEB J.*, **2011**, *25*, 497–504.
35) Schneider, G.; Lindqvist, Y., "Crystallography and Mutagenesis of Transketolase: Mechanistic Implications for Enzymic Thiamin Catalysis," *Biochim. Biophys. Acta*, **1998**, *1385*, 387–398.
36) Cleland, W. W.; Andrews, T. J.; Gutteridge, S.; Hartman, F. C.; Lorimer, G. H., "Mechanism of Rubisco: The Carbamate as General Base," *Chem. Rev.*, **1998**, *98*, 549–561.
37) Roy, H.; Andrews, T. J., "Rubisco: Assembly and Mechanism," *Adv. Photosyn.*, **2000**, *9*, 53–83.
38) Guillaume, G. B.; Tcherkez, C. B.; Stuart-Williams, H.; Whitney, S.; Gout, E.; Bligny, R.; Badger, M.; Farquhar, G. D., "D_2O Solvent Isotope Effects Suggest Uniform Energy Barriers in Ribulose-1,5-bisphosphate Carboxylate/Oxygenase Catalysis," *Biochemistry*, **2013**, *52*, 869–877.

問　題

4・1 以下の変換反応に関わる典型的な補酵素は何か．
(a) アルコールをリン酸化してリン酸エステルを生成する．
(b) 2-オキソ酸の酸化的脱炭酸反応によりチオエステルを生成する．
(c) チオエステルのカルボキシ化によってβ-ケトチオエステルを生成する．

4・2 2-オキソグルタル酸からのスクシニル CoA への変換反応であるクエン酸回路のステップ 4 の全反応機構を書きなさい．

4・3 トランスケトラーゼが触媒し，キシルロース 5-リン酸とエリトロース 4-リン酸からフルクトース 6-リン酸とグリセルアルデヒド 3-リン酸を生成する反応である，ペントースリン酸回路のステップ 7 の全反応機構を書きなさい．

4・4 トランスケトラーゼが触媒し，フルクトース 6-リン酸とグリセルアルデヒド 3-リン酸からキシルロース 5-リン酸とエリトロース 4-リン酸を生成する反応である RPP 回路のステップ 7 の全反応機構を書きなさい．

4・5 クエン酸回路のステップ 7 はフマル酸への水分子の求核的共役付加による (S)-リンゴ酸生成反応である．このとき水分子はフマル酸の *Re* 面と *Si* 面のどちらから付加するか．

4・6 トランスケトラーゼが触媒し，セドヘプツロース 7-リン酸とグリセルアルデヒド 3-リン酸からキシルロース 5-リン酸とリボース 5-リン酸を生成する反応である

RPP 回路のステップ 10 の全反応機構を書きなさい.

4・7 食物性糖タンパク質の構成成分であるマンノースは,はじめにリン酸化され,その後異性化されてフルクトース 6-リン酸へと代謝される.この異性化反応機構を考えなさい.

マンノース ⇌ フルクトース 6-リン酸

4・8 植物は,動物と異なり,アセチル CoA を出発原料として,クエン酸回路の変形版であるグリオキシル酸回路とよばれる経路から始まる経路によってグルコースの合成が可能である.グリオキシル酸回路は,クエン酸回路の二つの脱炭酸過程の代わりに,2 分子のアセチル CoA がオキサロ酢酸へと変換されるため,炭素原子をそのまま保持しながら 4 炭素中間体の生成を最大化する.グリオキシル酸回路とクエン酸回路を形成する各反応を比較し,異なるステップの反応機構を書きなさい.

グリオキシル酸回路

- **ステップ 1**: アセチル CoA がオキサロ酢酸に付加し,クエン酸となる
- **ステップ 2**: クエン酸が異性化しイソクエン酸となる
- **ステップ 3**: イソクエン酸が開裂しコハク酸とグリオキシル酸となる
- **ステップ 4**: グリオキシル酸にアセチル CoA が付加して (S)-リンゴ酸となる
- **ステップ 5**: コハク酸が脱水素されフマル酸となる
- **ステップ 6**: フマル酸に水が付加し (S)-リンゴ酸となる
- **ステップ 7**: (S)-リンゴ酸が酸化されてオキサロ酢酸となる

4・9 乳製品中にみられる二糖であるラクトースの構成成分であるガラクトースは,ウリジン二リン酸(UDP)-ガラクトースから UDP-グルコースへのエピマー化反応を含む経路で代謝される.エピメラーゼ酵素は補酵素として NAD^+ を使う.この反応機構を推定しなさい.

UDP-ガラクトース → UDP-グルコース

4・10 細菌におけるグルコース異化代謝経路であるエントナー・ドゥドロフ経路の1ステップである,6-ホスホグルコン酸から2-オキソ-3-デオキシ-6-ホスホグルコン酸への変換反応の機構を推定しなさい.

6-ホスホグルコン酸 → 2-オキソ-3-デオキシ-6-ホスホグルコン酸

4・11 強固に結合した NAD^+ をもつ新しいグリコシダーゼのファミリーが最近発見された.この酵素群は,C3位にヒドロキシ基をもつ基質のみと反応し,NAD^+ は全体の反応の流れの中で一過性に還元される.つまり NAD^+ は還元されて NADH となり,その後 NADH は酵素の中で再酸化されている.この反応機構を推定しなさい.

4・12 イソクエン酸リアーゼは次の反応を触媒する.反応機構を推定しなさい.

4・13 リブロースビスリン酸カルボキシラーゼとアセチル CoA カルボキシラーゼは，いずれも比較的安定なカルボアニオンに CO_2 を転移する．片方の酵素はビオチン要求性であるのに対して，もう片方の酵素はそうではない理由を答えなさい．

4・14 ピルビン酸脱炭酸酵素（2VK1）に対する PDB ファイルをダウンロードし，以下の問いに答えなさい．
(a) 酵素はいくつのサブユニットからなるか．
(b) アミノ酸残基 416～433 と 507～512 はどのような二次構造となっているか．
(c) 活性中心におけるチアミン誘導体はどのような構造になっているか．
(d) その誘導体はどのように形成されているか．
(e) この構造は D28A 変異体のものである．なぜこの変異体は通常の脱炭酸反応を起こさないのか．
(f) チアミンイリドの形成に関与する塩基を同定しなさい．
(g) チアミンのピリミジンが酵素に結合する際に関与している水素結合（<3.0 Å）はどれか．
(h) チアミン二リン酸の二リン酸部に結合しているマグネシウムイオンを同定しなさい．このイオンがタンパク質に結合する際に関与する他のリガンドは何か．
(i) この構造から考えられるピルビン酸脱炭酸酵素の反応機構を書きなさい．

4・15 リポアミド脱水素酵素（2QAE）に対する PDF ファイルをダウンロードし，以下の問いに答えなさい．
(a) フラビンの C4a と付加物を形成するシステインはどれか．
(b) このシステインの硫黄原子と C4a の距離はいくらか．
(c) フラビンの *Re* 面と *Si* 面のどちらの面で NADH からのヒドリドイオンを受入れるか．
(d) この構造から考えられるリポアミド脱水素酵素の反応機構を書きなさい．

5
アミノ酸代謝

NAD⁺は通常，形式的なヒドリド受容体となることで，生化学的な酸化反応において酸化還元補因子として働く．しかしながら，通常ではないやり方でNAD⁺を使う酵素も少数ながら存在する．その一つとしてヒスチジンの異化反応に関与するウロカナーゼは，ウロカニン酸の水和と互変異性化を触媒し4,5-ジヒドロ-4-オキソ-5-イミダゾールプロパン酸とするためにNAD⁺をその活性中心で求電子剤として利用している．443番目のアスパラギン酸残基は，この複雑な水和反応において酸としても塩基としても働いている．

5. アミノ酸代謝

- 5・1 アミノ酸の脱アミノ
  - アミノ酸のアミノ基転移反応
  - グルタミン酸の酸化的脱アミノ反応
- 5・2 尿素回路
- 5・3 アミノ酸炭素鎖の異化反応
  - アラニン, セリン, グリシン, システイン, トレオニン
  - アスパラギン, アスパラギン酸
  - グルタミン, グルタミン酸, アルギニン, ヒスチジン, プロリン
  - バリン, イソロイシン, ロイシン
  - メチオニン
  - リシン
  - フェニルアラニン, チロシン, トリプトファン
- ノート: ピリドキサールリン酸の関与する反応
- ノート: 鉄錯体の酸化状態
- 5・4 非必須アミノ酸の生合成
  - アラニン, アスパラギン酸, グルタミン酸, アスパラギン, グルタミン, アルギニン, プロリン
  - セリン, システイン, グリシン
- 5・5 必須アミノ酸の生合成
  - リシン, メチオニン, トレオニン
  - イソロイシン, バリン, ロイシン
  - トリプトファン, フェニルアラニン, チロシン
  - ヒスチジン

　アミノ酸の生化学は，20種類のα-アミノ酸が，それぞれ固有の経路で生合成され，分解されているため，トリアシルグリセロールや炭水化物の生化学に比べてはるかに複雑である．しかし，たとえば炭水化物の代謝経路に相当の重複部分が存在するのと同様に，アミノ酸代謝にもそれぞれに共通の経路が存在する．

　まずは，3段階で起こるアミノ酸の分解反応を見てみよう．〈ステップ1〉まずα位のアミノ基が脱離し，その窒素はアンモニアとして遊離，もしくはアスパラギン酸のアミンとして取込まれ，〈ステップ2〉次にその窒素が尿素に変換される．〈ステップ3〉脱アミンにより残った2-オキソ酸（α-ケト酸）がクエン酸回路の中間体に変換される．

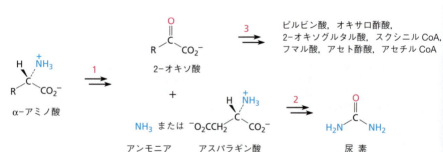

　アミノ酸の分解反応について述べた後に，それぞれのアミノ酸がいかにして生合成されていくかを見てみよう．

5・1 アミノ酸の脱アミノ

アミノ酸のアミノ基転移反応

ほとんどのα-アミノ酸の分解反応は，**脱アミノ**（deamination）から始まる．すなわち，α位のアミノ基が脱離し，カルボニル基で置換される．脱アミノは，多くの場合，**アミノ基転移**（transamination）反応によって起こる．アミノ基転移反応では，下図のように，アミノ酸のアミノ基（$-NH_2$）が2-オキソグルタル酸（α-ケトグルタル酸）のα炭素に転移し，アミノ酸に由来する新たな2-オキソ酸とグルタミン酸を生成する．この反応は二つの部分からなり，アミノ基転移酵素により触媒され，補酵素としてピリドキシン（ビタミンB_6）の誘導体であるピリドキサールリン酸（pyridoxal phosphate：PLP）を必要とする．異なる種類のアミノ基転移酵素はアミノ酸に対する特異性が異なるだけで，反応機構は同じである．

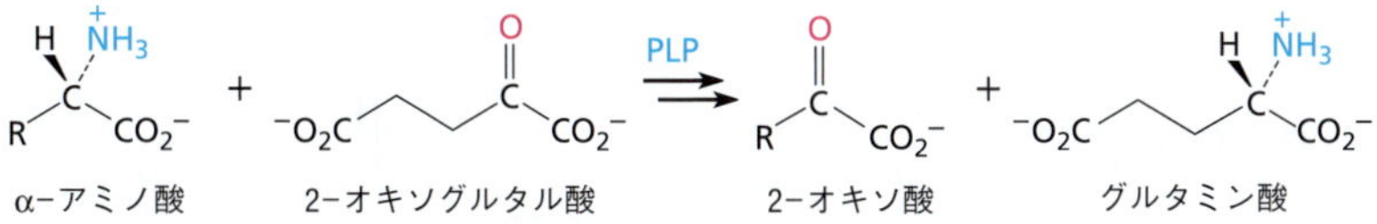

α-アミノ酸 ＋ 2-オキソグルタル酸 →(PLP)→ 2-オキソ酸 ＋ グルタミン酸

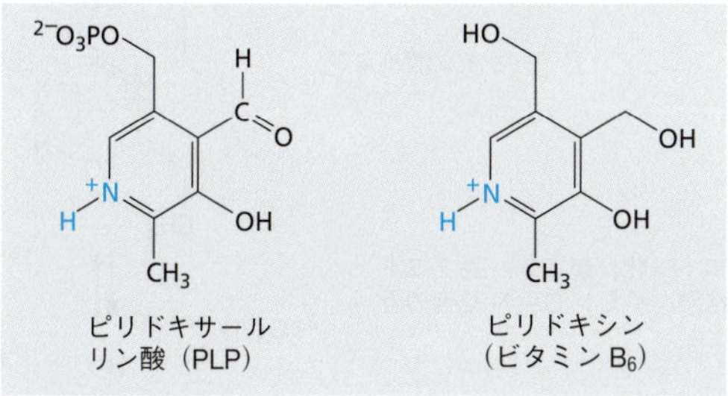

ピリドキサールリン酸（PLP）　　ピリドキシン（ビタミンB_6）

アミノ基転移酵素の反応機構の前半部分を図5・1に示す．まずステップ1で，α-アミノ酸とPLPが反応する．PLPのアルデヒド基がアミノ基転移酵素のリシン残基と共有結合しイミンを生成する．次のステップ2，ステップ3では脱プロトン/プロトン化によるPLP-アミノ酸イミンのC＝N二重結合の互変異性化が起こり，ステップ4で互変異性化したイミンの加水分解によりアミノ酸に由来する2-オキソ酸とピリドキサミンリン酸（pyridoxamine phosphate：PMP）が生成する．

ステップ1（図5・1）　**イミノ基転移**　アミノ基転移反応の第一段階はイミノ基転移反応である．PLP-酵素イミンにα-アミノ酸が反応し，PLP-アミノ酸イミンを形成するとともに酵素のリシン残基のアミノ基を遊離する．この反応は，ケトンやアルデヒドのC＝O結合にアミンが付加するのと同様に（§1・6，図1・10），基質のアミノ酸のアミノ基がPLPイミンのC＝N二重結合に求核付加することにより起こる．プロトンが付加したジアミン中間体はプロトン移動を経てリシンのアミノ基を遊離する．

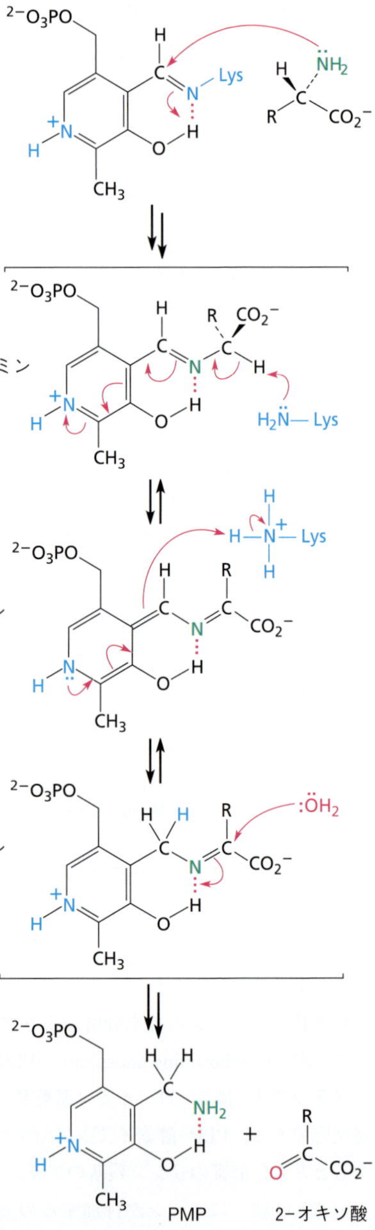

PLP−酵素イミン

ステップ1
転移酵素のリシン残基に結合した PLP イミンの C=N 結合に基質であるα-アミノ酸のアミノ基が求核付加し，PLP-アミノ酸イミンを形成し，リシンのアミノ基が離れる

PLP−アミノ酸イミン
（シッフ塩基）

ステップ2
アミノ酸の酸性α炭素の塩基触媒による脱プロトンにより，2-オキソ酸イミン中間体を生成し…

2−オキソ酸イミン

ステップ3
…PLP 炭素上で再プロトン化が起こる．脱プロトンと再プロトン化の結果，イミン C=N 結合の互変異性化が起こる

2−オキソ酸イミン
互変異性体

ステップ4
C=N 二重結合への H_2O の求核付加によって2-オキソ酸イミンが加水分解され，アミノ基転移反応の生成物であるピリドキサミンリン酸（PMP）と 2-オキソ酸が生成する

PMP   2-オキソ酸

図5・1 PLP 依存性アミノ基転移酵素によるα-アミノ酸からの 2-オキソ酸の生成機構 個々のステップの説明は本文参照．

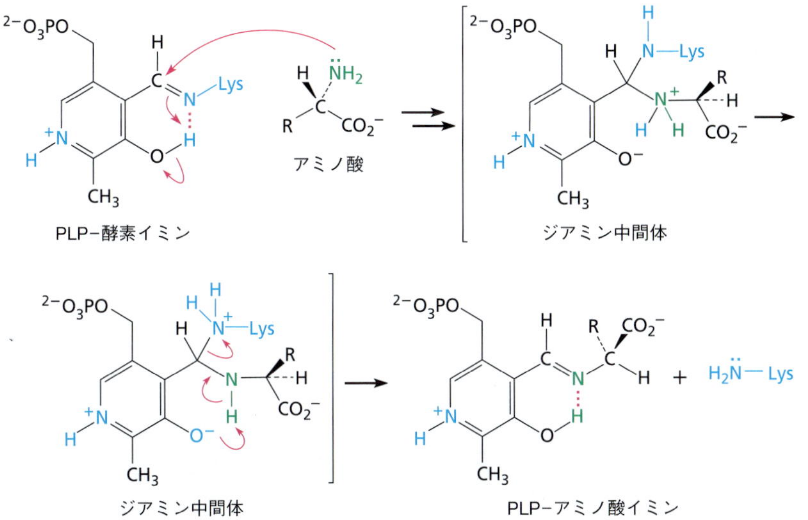

5・1 アミノ酸の脱アミノ

PLP-酵素イミン
アミノ酸
ジアミン中間体
ジアミン中間体
PLP-アミノ酸イミン

ステップ 2〜4（図 5・1） 互変異性化と加水分解 PLP-アミノ酸イミン生成に続いて，C＝N 二重結合の互変異性化が起こる．イミノ基転移で遊離されたリシン残基がアミノ酸の α 炭素からプロトンを引抜く．この際，PLP のピリジニウムが電子受容基として働く．さらに PLP の炭素がプロトン化し，2-オキソ酸と PMP とのイミンが生成する．その PMP-2-オキソ酸イミンの加水分解（イミン生成の逆反応）により，脱アミノ反応の前半部分が完結する．

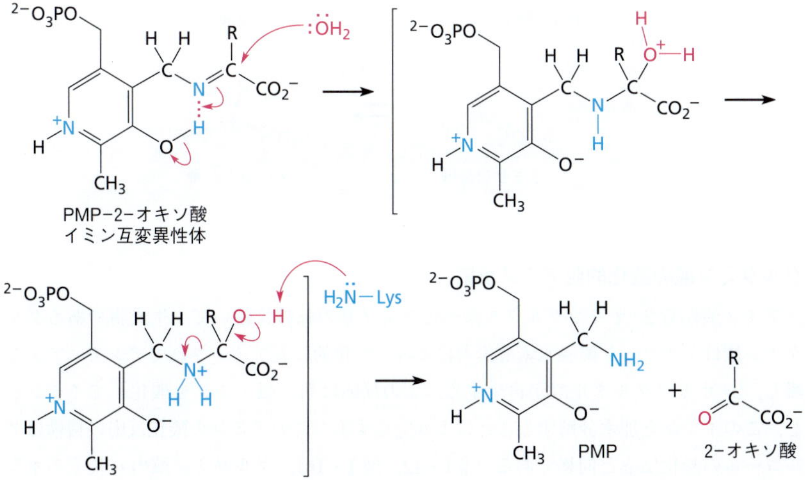

PMP-2-オキソ酸
イミン互変異性体

PMP
2-オキソ酸

以上でPLPとα-アミノ酸がPMPと2-オキソ酸に変換されたことになるが，触媒サイクルを完結させるためには，PMPがPLPに戻らなくてはならない．この変換は，PMPのアミノ基が別の2-オキソ酸（通常は2-オキソグルタル酸，まれにオキサロ酢酸，ピルビン酸など）に転移することによって起こる．この反応は図5・1の転移反応の逆反応であり，PLPとグルタミン酸，もしくはアスパラギン酸が生成する．つまり，PMPと2-オキソグルタル酸がイミンを生成し，PMP-オキソグルタル酸イミンのC=N二重結合が異性化しPLP-グルタミン酸イミンとなり，そのイミンが転移酵素のリシン残基とイミン転移反応をすることにより，PLP-酵素イミンとグルタミン酸が生成する．

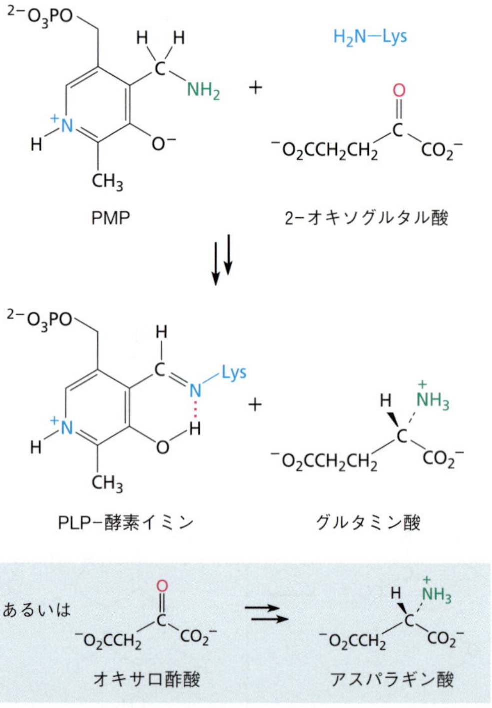

グルタミン酸の酸化的脱アミノ反応

アミノ酸から2-オキソグルタル酸へのアミノ基の転移に続いて，生成物であるグルタミン酸はグルタミン酸脱水素酵素[1]によって酸化的に脱アミノされてアンモニアを遊離し，2-オキソグルタル酸が再生する．この反応は第一級アミンを酸化してイミンとし，このイミンを加水分解することにより完結する．このアミンの酸化反応の機構はアルコールの酸化反応と同様である（§1・12，図1・16）．グルタミン酸のα炭素の水素

がヒドリドとして移動し，NAD$^+$もしくはNADP$^+$（生物により異なる）が補酵素として働く．

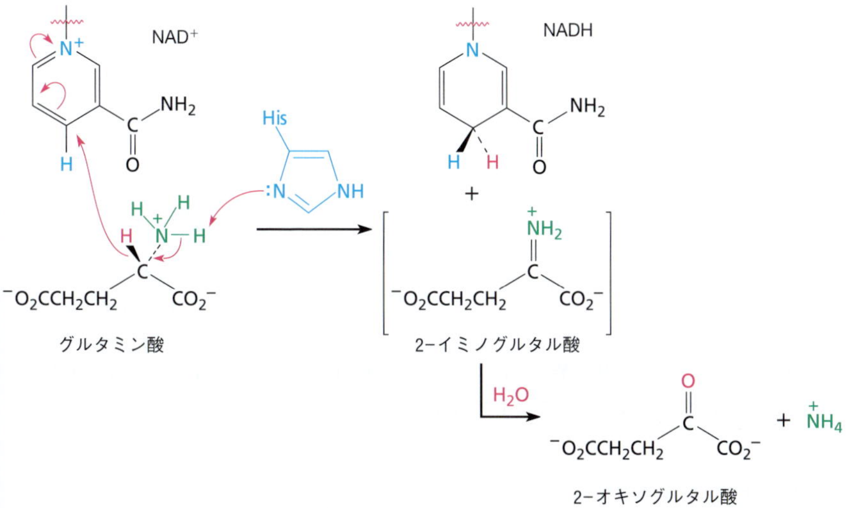

5・2　尿素回路

アミノ酸代謝の過程で遊離した有毒なアンモニアを処理する経路は3種類あることが知られており，生物はそのなかで自らの生態に適した一つの経路を選択している．魚やその他の水棲生物は，周囲の水に遊離したアンモニアをそのまま排泄することができるが，陸生生物はいったんアンモニアを無害な化合物に変換する必要がある．そこで，哺乳類では尿素に，鳥類と爬虫類では尿酸にアンモニアを変換する．

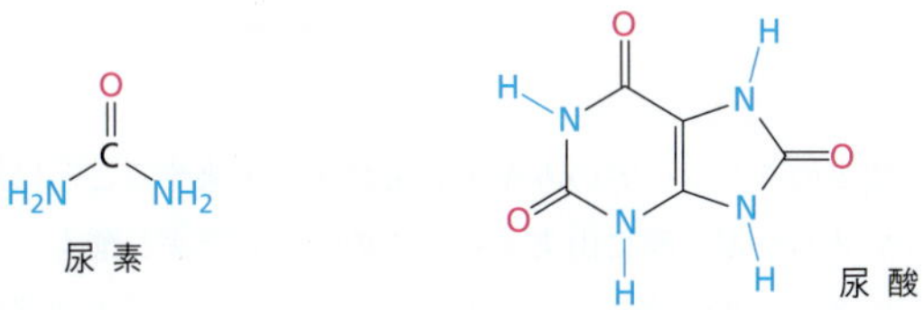

アンモニアから尿素への変換反応は，炭酸水素イオンとATPからカルバモイルリン酸が生成することから始まる．この反応はカルバモイルリン酸シンテターゼIにより触媒され，ビオチンのカルボキシル化反応（§3・4，図3・12）と同様にまずは炭酸水素イオン（HCO$_3^-$）がATPにより活性化され，カルボキシリン酸が生成する．そこにアンモニアが求核的アシル置換反応を起こし，その結果生成したカルバミン酸をひき続き二つ目のATPがリン酸化することでカルバモイルリン酸が生成する[2),3)]．

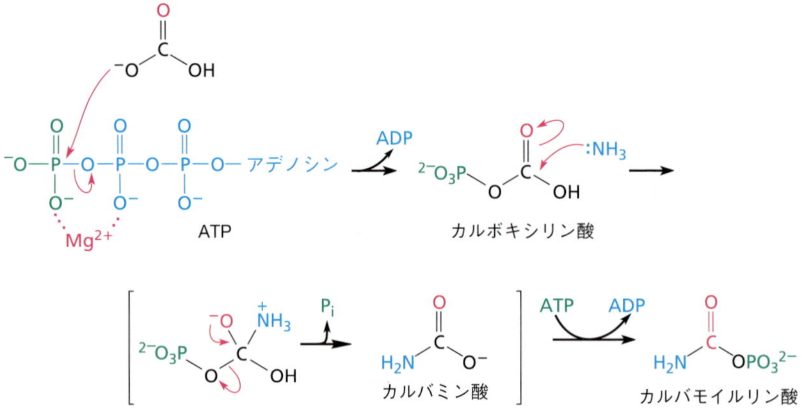

次に，カルバモイルリン酸は4段階からなる**尿素回路**（urea cycle）に入る．尿素回路で起こる反応は，以下のようにまとめられる．

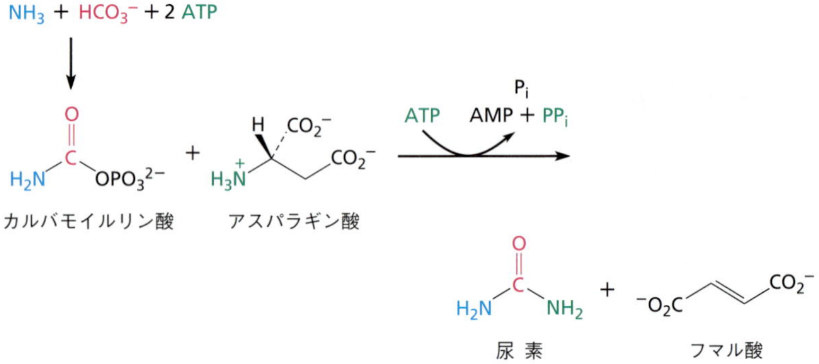

尿素中の二つの窒素のうち，一方のみがアンモニアに由来することに注意しよう．もう一方の窒素は，アスパラギン酸に由来する．このアスパラギン酸も，グルタミン酸からオキサロ酢酸へのアミノ基転移により生成したものである．尿素回路の個々の反応を図5・2に示す．

ステップ1,2（図5・2）　**アルギニノコハク酸の合成**　尿素回路は，オルニチンとカルバモイルリン酸との求核アシル置換反応によりシトルリンが生成することから始まる．オルニチン側鎖のアミノ基が求核剤であり，リン酸が脱離基となる．この反応はオルニチンカルバモイル基転移酵素[4]により触媒される．

シトルリンはさらにステップ2でアスパラギン酸と縮合し，アルギニノコハク酸が生成

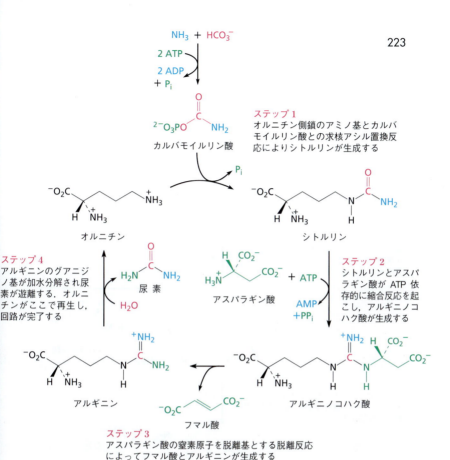

図5・2 尿素回路では4段階からなる一連の反応によりアンモニアが尿素に変換される 個々のステップの説明は本文参照.

する.この反応はアルギニノコハク酸合成酵素[5]により触媒され,図5・3に示す機構により進行する.この過程は,シトルリンのウレイド基($-NHCONH_2$)がATPにより活性化されることにより起こる求核アシル置換反応である.この$C=N^+$二重結合にアスパラギン酸が求核付加することで典型的な四面体中間体が生成し,AMPが脱離基として離れる.

ステップ3(図5・2) **フマル酸の脱離** 尿素回路の第三段階の反応は,アルギニノコハク酸をアルギニンとフマル酸に変換する反応であり,アルギニノコハク酸リアーゼ[6),7)]に触媒される脱離反応である.この反応は見かけ上は,*pro-R*の水素が脱離し,アンチの立体配置をとるE1cB機構(§1・9)で進行する.酵素のヒスチジン残基が脱プロトンをひき起こす塩基として働く.

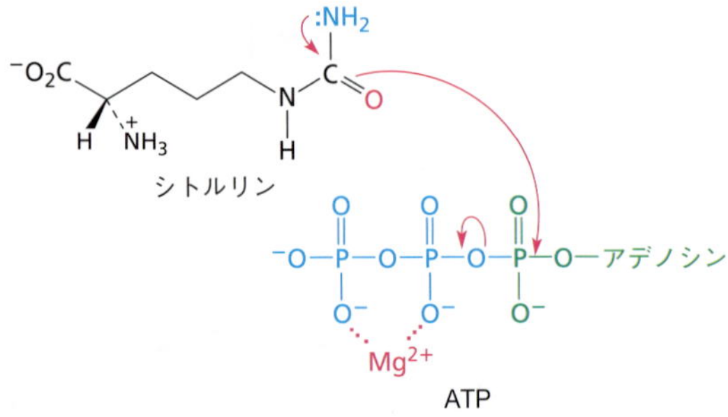

5. アミノ酸代謝

ステップ1
シトルリンのカルバモイルのカルボニル基が ATP に求核置換し二リン酸イオンが脱離し，アデノシン一リン酸中間体が生成する

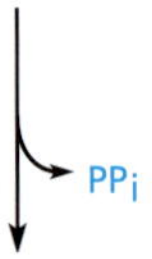

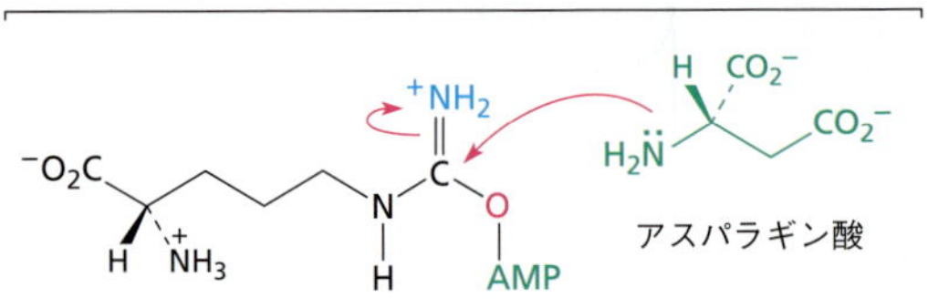

ステップ2
さらにアスパラギン酸が求核剤としてアデノシン一リン酸中間体の C＝N$^+$ 二重結合に付加する

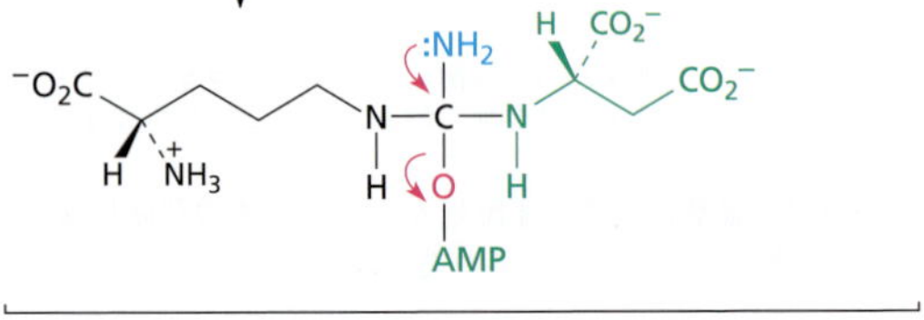

ステップ3
AMP が求核アシル置換反応の脱離基として離れ，アルギニノコハク酸が生成する

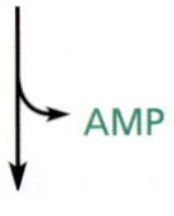

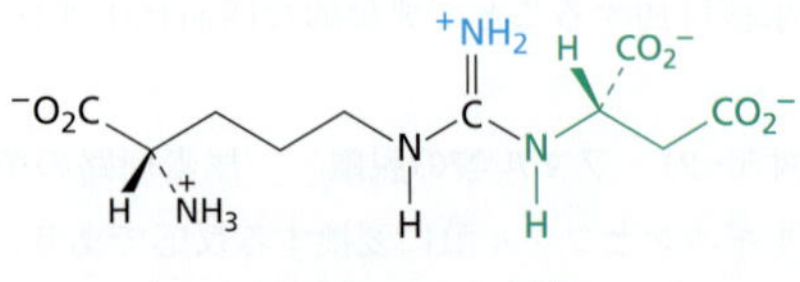

図 5・3　シトルリンとアスパラギン酸からアルギニノコハク酸が生成する尿素回路の反応機構（図 5・2，ステップ 2）

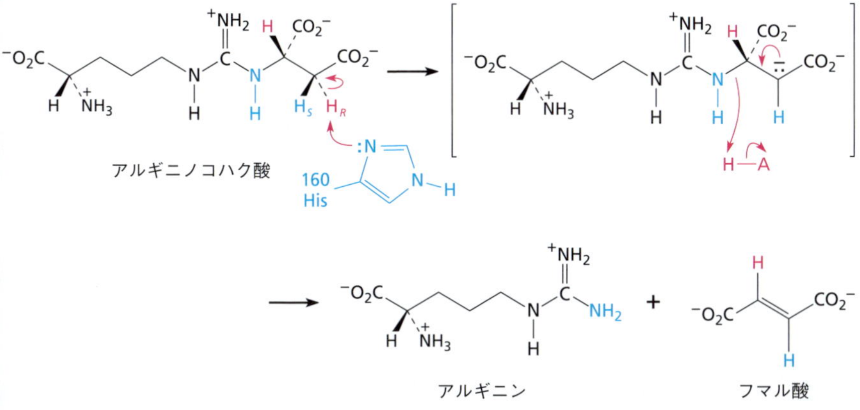

アルギニノコハク酸 → アルギニン ＋ フマル酸

ステップ4（図5・2）　アルギニンの加水分解　尿素回路の最終段階は，アルギニンのグアニジノ基が加水分解されてオルニチンと尿素が遊離する反応である．この反応は Mn^{2+} 含有酵素であるアルギナーゼ[8),9)]により触媒され，$C=N^+$ 二重結合への H_2O の付加による四面体中間体の生成と，それに続く四面体中間体からのオルニチンの脱離により進行する．（練習のために自分自身で反応機構を書いてみよう．）

5・3　アミノ酸炭素鎖の異化反応

　窒素がアミノ基転移反応により除去されアンモニアが尿素に変換された後，アミノ酸代謝は炭素鎖の分解へと進んでいく．図5・4に示すように，炭素鎖は七つの中間体のいずれかに変換された後，クエン酸回路で分解される．ピルビン酸やクエン酸回路の中間体に直接変換されるアミノ酸は，そこからグルコース生合成経路（§4・5）に入るため**糖原性**（glucogenic）とよばれる．それに対してアセト酢酸やアセチルCoAに変換されるアミノ酸は，脂肪酸生合成経路（§3・4）に入るか，もしくはいわゆるケトン体（アセト酢酸，3-ヒドロキシ酪酸，アセトン）に変換されるため，**ケト原性**（ketogenic）とよばれる．いくつかのアミノ酸については，糖原性でもありケト原性でもあることに注意しよう．

アラニン，セリン，グリシン，システイン，トレオニン

　アラニン，セリン，グリシン，システイン，トレオニン，トリプトファンの六つのアミノ酸はピルビン酸に変換される．これらのアミノ酸のうち，トリプトファンを除く五つのアミノ酸は比較的シンプルな経路で異化されるので，まずはじめにこれらを見ていこう．トリプトファンは，20種類のアミノ酸のなかで最も複雑な異化経路をたどるの

で，他の二つの芳香族アミノ酸であるフェニルアラニンとチロシンとともに，最後に考えることにしよう．

アラニン（alanine）は，2-オキソグルタル酸とのPLP依存性アミノ基転移反応によって直接ピルビン酸となる．この反応機構はすでに図5・1に示した．

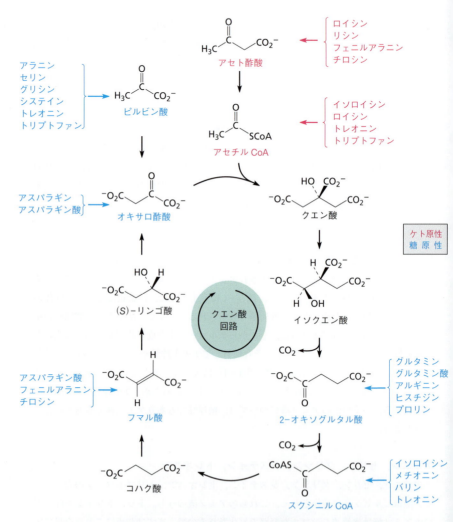

図5・4 さまざまなアミノ酸の炭素鎖は七つの中間体のいずれかに変換されクエン酸回路で分解される　ケト原性アミノ酸を赤で，糖原性アミノ酸を青で示す．

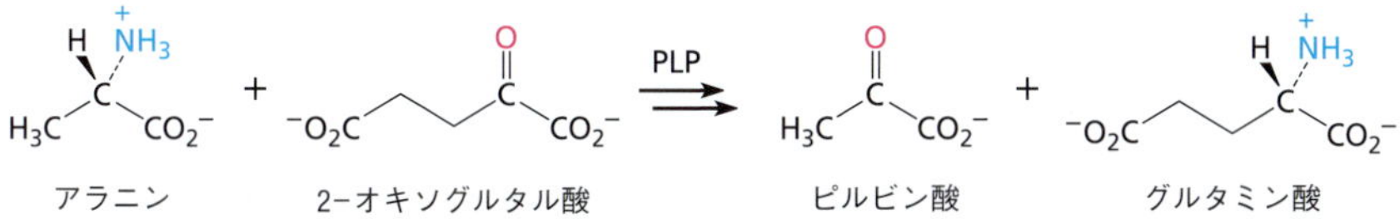

5・3 アミノ酸炭素鎖の異化反応

アラニン + 2-オキソグルタル酸 →(PLP) ピルビン酸 + グルタミン酸

セリン (serine) は二つの経路でピルビン酸に変換される．一つは，セリンがPLP依存性の酵素であるセリン脱水酵素[10]による脱水反応でエナミンとなり，これが加水分解されてピルビン酸となる経路である．

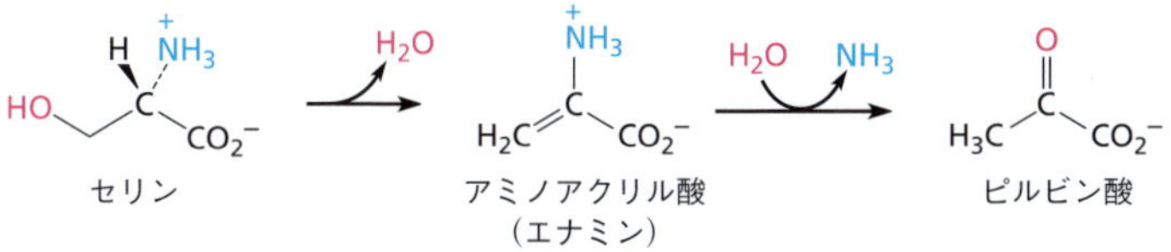

セリン → アミノアクリル酸（エナミン） → ピルビン酸

この反応では，まずPLP-セリンイミンが生成したのち，図5・1に示したようなよくみられる機構によってセリンの酸性α炭素からプロトンが引抜かれ，-OH基が脱離する．その後イミンが開裂してPLPが再生するとともにアミノアクリル酸が生成し，エナミンがイミンに互変異性化，さらに加水分解を受けることによってピルビン酸となる（図5・5）．

もう一つの経路は，セリンがセリンヒドロキシメチル基転移酵素によってグリシンに変換される経路である．この酵素もPLP依存性の酵素であり，PLP-セリンイミンからのCH_2Oの脱離を触媒する．この開裂の正確な反応機構はいまだ議論の対象となって

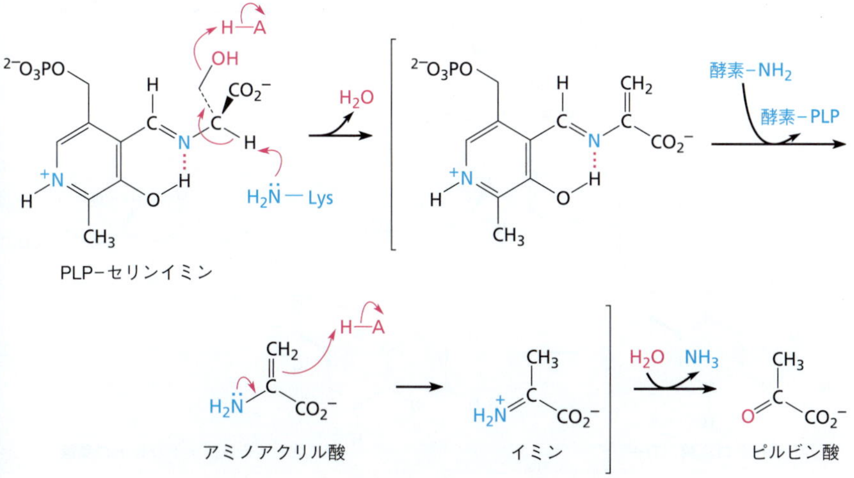

図5・5 セリンのPLP依存性の脱水反応の機構

いるが，一つの可能性として，ホルムアルデヒドを生成する逆アルドール反応であると推測されている[11]．ホルムアルデヒドは，テトラヒドロ葉酸（tetrahydrofolate：THF）と反応して，アセタールの窒素アナログである5,10-メチレンテトラヒドロ葉酸となる（図5・6）．もしくはTHFの窒素によってセリンのプロトン化した-OH基またはC2位炭素のどちらかが直接C3位におけるS_N2様の置換を受けるという機構も考えられる[12]（テトラヒドロ葉酸は葉酸から生成する活性補酵素であり，本章と第6章に記述されるようにCH_3OH，CH_2O，HCO_2Hの各酸化数の1炭素単位の転移酵素の補酵素として働く）．

グリシン（glycine）はセリンに変換されうる（図5・6に示したセリンの分解過程の逆反応）ので，そこからピルビン酸となることもある．しかしながら一般的にグリシン

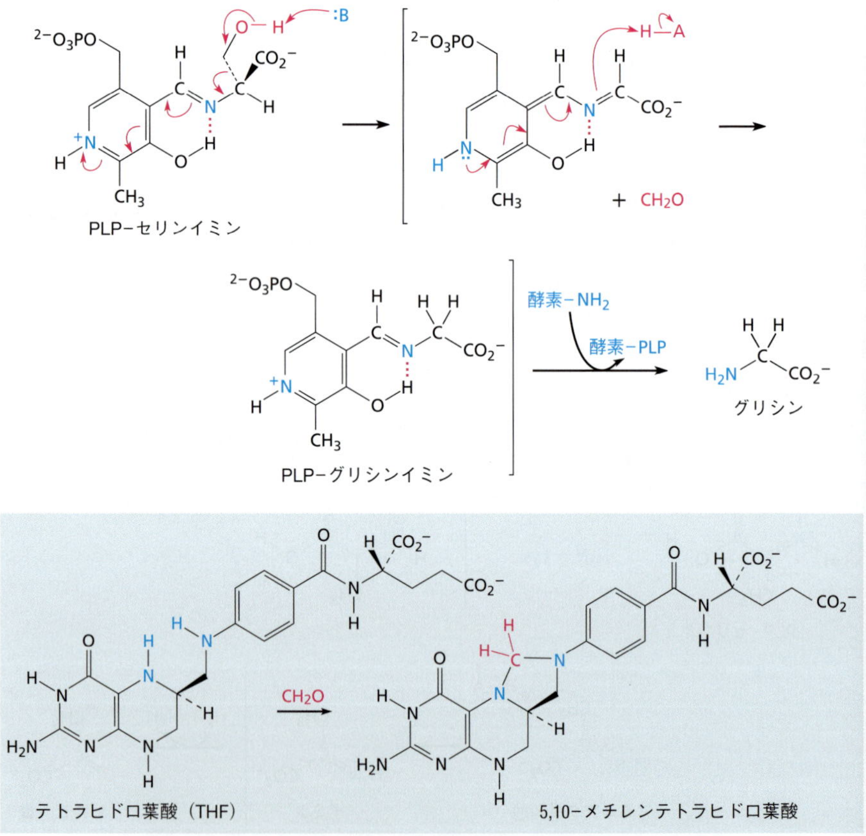

図5・6　セリンのグリシンへの異化における逆アルドール機構

は，ピルビン酸脱水素酵素複合体（§4・3，図4・9）のように，複数の酵素複合体である"グリシン開裂システム"によって分解される．図5・7に示すように，グリシンの開裂は数段階に分けられる．

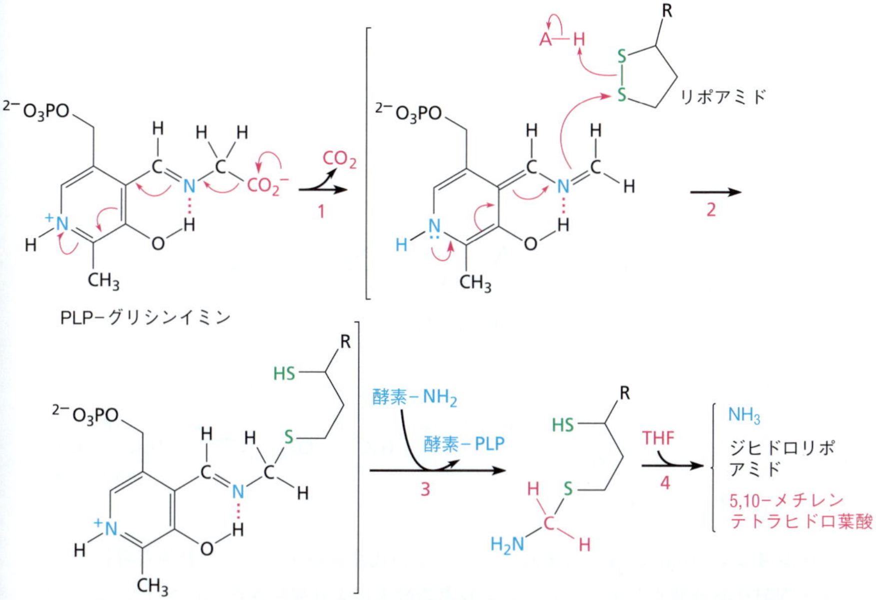

図5・7　メチレン基をテトラヒドロ葉酸に転移するグリシン開裂システムの反応機構　個々のステップの説明は本文参照．

ステップ1（図5・7）　イミンの生成と脱炭酸　グリシンは酵素に結合したPLPと反応し，PLP-グリシンイミンを生成し，このイミンが逆アルドール反応により脱炭酸を受ける．

ステップ2〜4（図5・7）　リポアミドとの反応，イミンの開裂，1炭素単位の転移

脱炭酸反応後のPLP-イミンがリポアミドの硫黄原子へS_N2様に反応し，イミンが開裂することで酵素に結合したPLPが再生する．リポアミドに結合したメチレン基はさらにテトラヒドロ葉酸に転移し5,10-メチレンテトラヒドロ葉酸となり，その際アンモニアが脱離しジヒドロリポアミドが生成する．ピルビン酸脱水素酵素複合体（§4・3）についてすでに述べたように，ジヒドロリポアミドはFADにより酸化されてリポアミドに戻り，その際還元され生成した$FADH_2$はNAD^+により再酸化される．これらの反応機構を自分自身で書いてみるとよい練習になるであろう．

システイン（cysteine）は，セリンと同様にいくつかの異なる経路で異化される．哺

乳類において最も一般的な経路では，まずはシステインジオキシゲナーゼによってシステインがシステインスルフィン酸に酸化される〔ジオキシゲナーゼ（dioxygenase）は，酸素分子（O_2）の二つの酸素原子を二つとも基質に添加する酸化反応を触媒する酵素である．一つの酸素原子を添加するモノオキシゲナーゼ（monooxygenase）に対してジオキシゲナーゼとよばれる〕．システインスルフィン酸は 2-オキソグルタル酸とのアミノ基転移反応により 2-オキソスルフィン酸となり，さらに SO_2 が脱離することによりピルビン酸となる．この SO_2 の脱離反応は，3-オキソ酸（β-ケト酸）の脱炭酸反応（§3・4）と同様の逆アルドール様反応である．

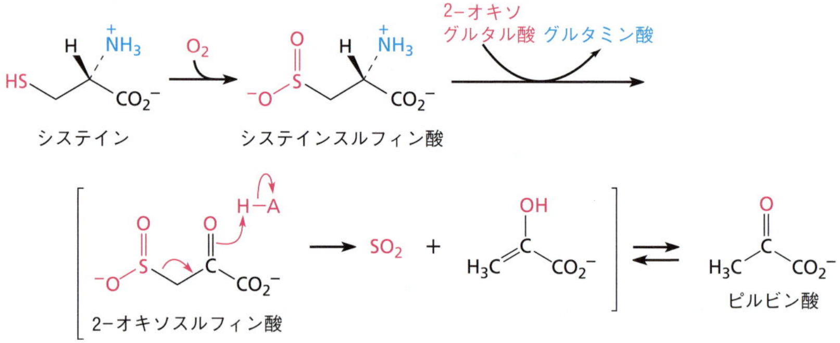

トレオニン（threonine）もまた，いくつかの代謝経路をもつ．一般的な経路では，まず NAD^+ を補酵素とするトレオニン脱水素酵素により酸化され，2-アミノ-3-オキソ酪酸となる．この 2-アミノ-3-オキソ酪酸が PLP 依存性の逆クライゼン反応により補酵素 A と反応しアセチル CoA とグリシンが生成する．生成したグリシンはセリンに変換されるか，あるいはグリシン開裂システムによりさらに分解される．この逆クライゼン反応は，図 5・8 に示す機構で起こる．この機構はすでに繰返し見てきた PLP の関与する反応をシンプルに応用したものである．

また別の経路として，トレオニンは逆アルドール反応によってグリシンとアセトアルデヒドに分解される．この過程は，図 5・6 でセリンヒドロキシメチル基転移酵素についてすでに示したのと同様に，トレオニンアルドラーゼにより触媒される PLP 依存性の逆アルドール反応である．その後アセトアルデヒドは酢酸に酸化されてアセチル CoA となるため，トレオニンは糖原性であり，かつケト原性でもある．

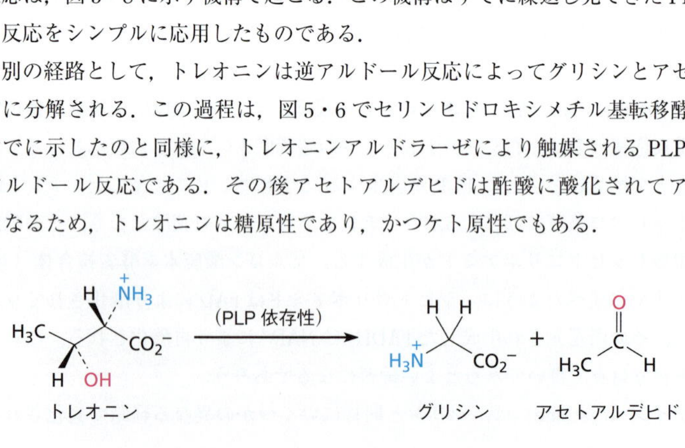

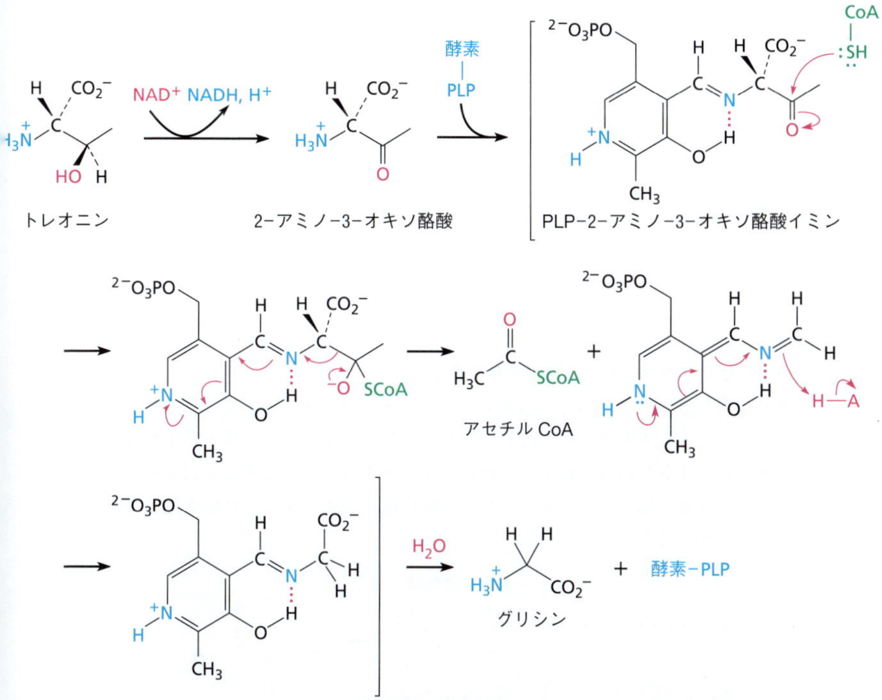

図 5・8 PLP 依存性の逆クライゼン反応によるトレオニンの異化反応機構

　上記の二つの経路に加えて，トレオニンはスクシニル CoA を生成する第三の経路によっても異化される．セリン（トレオニン）脱水酵素はトレオニンの脱水反応を触媒しエナミンを生成し，これが加水分解を受け 2-オキソ酪酸となる．このオキソ酪酸が酸化的脱炭酸によりプロピオニル CoA となり，さらにカルボキシ化を受け，スクシニル CoA となる．酸化的脱炭酸によりプロピオニル CoA を生成する反応は，図 4・9（§4・3）で述べたアセチル CoA を生成する機構と同様である．§3・3 を見返すと，プロピオニル CoA からスクシニル CoA への変換は，奇数の炭素鎖をもつ脂肪酸の代謝においても起こっていることを思い出すだろう．

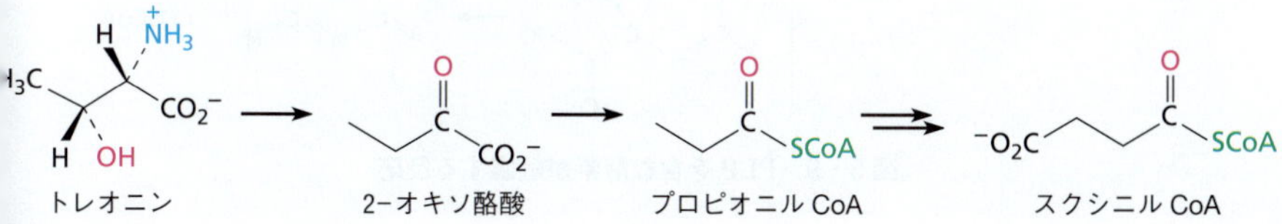

プロピオニル CoA の β 炭素がカルボキシ化を受けスクシニル CoA となる過程は，4段階の反応からなる．まず，ビオチン依存性プロピオニル CoA カルボキシラーゼにより α 炭素がカルボキシ化され，(S)-メチルマロニル CoA を生成する．この反応は，図 3・13（§3・4）で述べたアセチル CoA のカルボキシ化と同様の機構で進行する．興味深いことに，この反応で生成するメチルマロニル CoA は S 体であるが，次の反応に必要なのは R 体であるため，ここで立体反転が必要となる．この立体反転は，メチルマロニル CoA エピメラーゼが脱プロトン/プロトン化を行うことでエノラートイオン中間体を経て起こる．

ノート：ピリドキサールリン酸の関与する反応

PLP を含む酵素[15]が触媒する反応が，どれほどバラエティーに富んだものであるかをまとめてみると大変面白い．PLP のプロトン化されたピリジン環が電子受容体となり，PLP にイミンで結合したアミノ酸の一部が電子供与体となることによって，アミノ基転移，脱離反応，逆アルドール反応，脱炭酸，逆クライゼン反応が進行する．図 5・9 に反応例をまとめた．

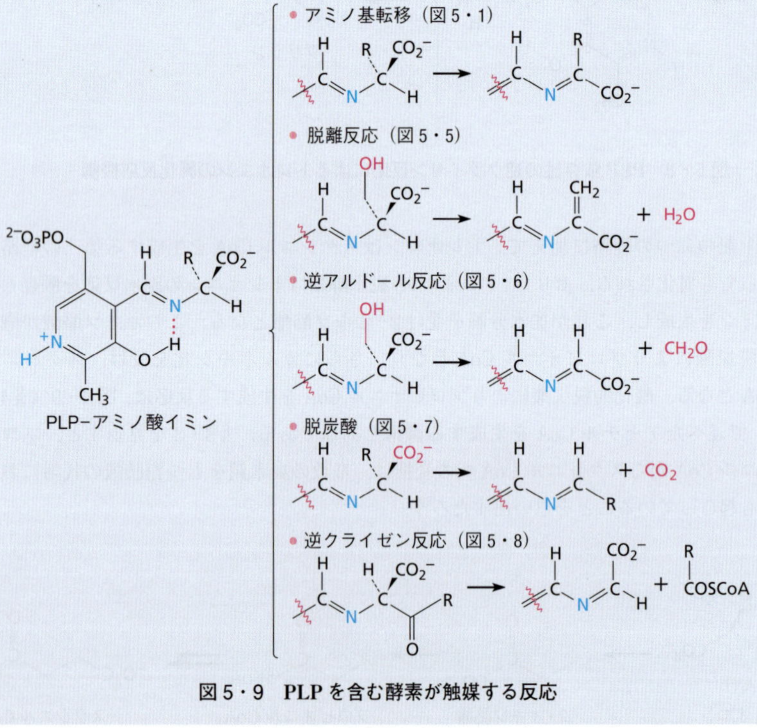

- アミノ基転移（図5・1）
- 脱離反応（図5・5）
- 逆アルドール反応（図5・6）
- 脱炭酸（図5・7）
- 逆クライゼン反応（図5・8）

PLP-アミノ酸イミン

図 5・9　PLP を含む酵素が触媒する反応

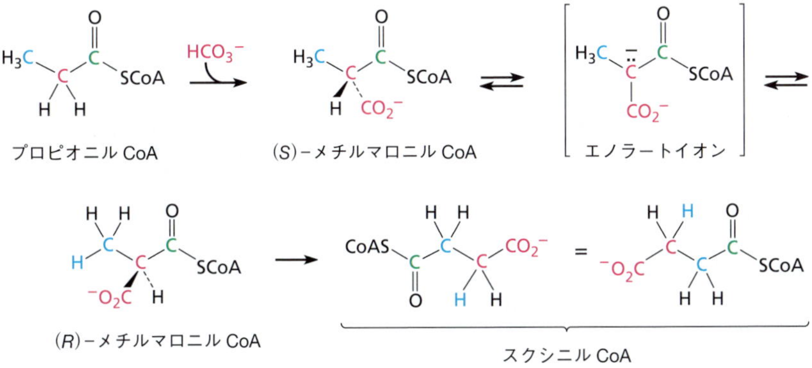

5・3 アミノ酸炭素鎖の異化反応

 最後の (R)-メチルマロニル CoA からスクシニル CoA への転位反応は，5′-デオキシアデノシルコバラミン（補酵素 B_{12}）を補因子とするメチルマロニル CoA ムターゼ[13),14)]により触媒される．この反応はラジカル転位反応である．反応機構を図 5・10 に示す．補酵素 B_{12} のコバルト－炭素結合のホモリティック開裂によりデオキシアデノシルラジカルが生成し，このラジカルがメチルマロニル CoA のメチル基から水素原子を引抜く．生成したメチルマロニル CoA ラジカルは環化してシクロプロピルオキシラジカルとなり，再び開環してスクシニル CoA ラジカルへと異性化する．さらにデオキシアデノシンからの水素の引抜きによりスクシニル CoA が生成し，デオキシアデノシルラジカルが再生し，補酵素 B_{12} が再生することで触媒サイクルが完了する．
 一般的に，補酵素 B_{12} は2種類の反応を触媒する．すなわち，メチルマロニル CoA からスクシニル CoA への転位反応にみられるような水素原子と隣接する炭素との交換

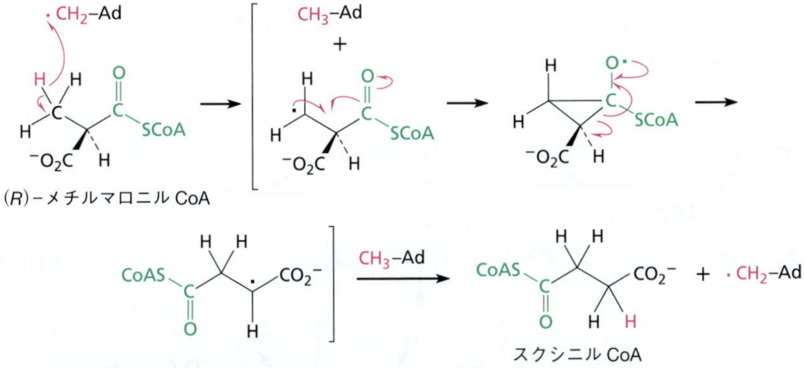

図 5・10 補酵素 B_{12} により触媒される (R)-メチルマロニル CoA からスクシニル CoA への転位反応機構

反応と，本章で後述するメチオニン生合成にみられるような分子間のメチル基転移反応である．

アスパラギン，アスパラギン酸

アスパラギン (asparagine) はアスパラギナーゼによって加水分解され**アスパラギン酸**（aspartate）となり，アスパラギン酸はアミノ基転移によりオキサロ酢酸になる．また生物種によっては，アスパラギン酸はアンモニアが脱離してフマル酸となる．この反応は，アスパラギナーゼによって触媒され[16)]，安定化したエノラートイオン中間体からE1cB脱離により起こると考えられる．

グルタミン,グルタミン酸,アルギニン,ヒスチジン,プロリン

グルタミン,グルタミン酸,アルギニン,ヒスチジン,プロリンの五つのアミノ酸は2-オキソグルタル酸に加水分解される.

グルタミン(glutamine)はグルタミナーゼにより加水分解され**グルタミン酸**(glutamate)となり,グルタミン酸はすでに§5・1で述べたようにグルタミン酸脱水素酵素により酸化的脱アミノを受け2-オキソグルタル酸となる.

アルギニン(arginine)の異化では,尿素回路(§5・2)で述べたように,まずはじめにグアニジノ基の加水分解によりオルニチンとなる.オルニチンの末端のアミノ基がアミノ基転移することで対応するアルデヒドであるグルタミン酸5-セミアルデヒドとなり,これがNAD$^+$もしくはNADP$^+$によって酸化されグルタミン酸となる.

ヒスチジン(histidine)は4段階の反応によりグルタミン酸を経て2-オキソグルタル酸に変換される.まず最初にヒスチジンアンモニアリアーゼによってα-アミノ基が脱離し,$trans$-ウロカニン酸となる.この酵素では,前駆酵素の-Ala(142)-Ser(143)-Gly(144)-が環化することで形成された4-メチリデンイミダゾール-5-オン(4-methylideneimidazol-5-one: MIO)という珍しい補因子が働く.このアミノ基の脱離反応は,MIOにヒスチジンが求核的に共役付加(マイケル反応,§1・6)することで起こると考えられている[17),18)].この付加反応により隣接する水素の酸性度が上がり,塩基(チロシン-280)によって引抜かれる.そして逆マイケル反応によりアンモニア

が脱離して *trans*-ウロカニン酸が生成し，MIO が再生する（図 5・11）．（*trans*-ウロカニン酸は，天然の日焼け止めである．汗の成分として分泌され，皮膚を紫外線から守る．）

trans-ウロカニン酸はさらに 3 段階の反応によってグルタミン酸となる．〈ステップ 1〉H_2O が共役付加して互変異性体のイミダゾロンとなり，〈ステップ 2〉加水分解によってイミダゾロンが開環する．〈ステップ 3〉さらにセリンの異化でみられたように，テトラヒドロ葉酸（THF）にメチル基が転移しグルタミン酸と 5-ホルムイミノテトラヒドロ葉酸となる．5-ホルムイミノテトラヒドロ葉酸は加水分解により 5-ホルミルテトラヒドロ葉酸とアンモニアになる．

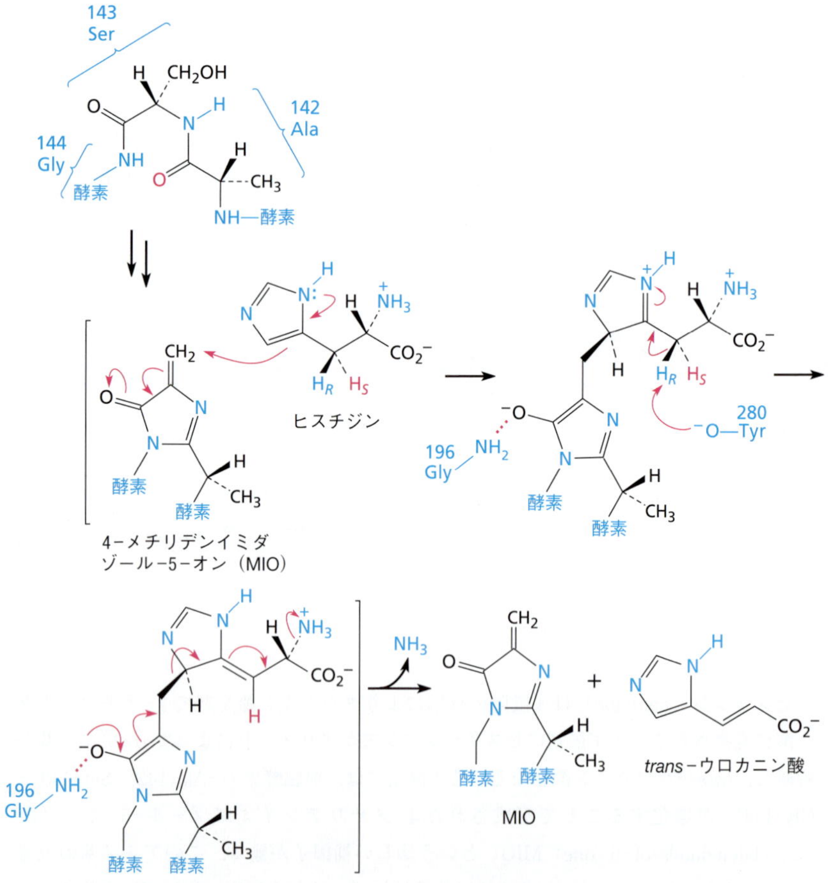

図 5・11 ヒスチジン異化の最初の段階である *trans*-ウロカニン酸の生成　この反応では，ヒスチジンアンモニアリアーゼ酵素前駆体のペプチド鎖の環化により形成された 4-メチリデンイミダゾール-5-オン（MIO）が補因子として働く．

5・3 アミノ酸炭素鎖の異化反応

trans-ウロカニン酸 → イミダゾロン 5-プロピオン酸 → N-ホルムイミノグルタミン酸 → グルタミン酸 + 5-ホルムイミノテトラヒドロ葉酸

最初の H_2O の共役付加反応は単純にみえるが，実際には NAD^+ が酸化還元反応ではなく，求電子剤として働く，非常に複雑かつユニークな機構で進行する[19]．〈ステップ1〉まず trans-ウロカニン酸のイミダゾール環が求核剤として NAD^+ に付加し，〈ステップ2〉イミダゾール環内の二重結合が移動して，〈ステップ3〉水が付加する．〈ステップ4〉NAD^+ が外れることでヒドロキシイミダゾールが生成し，イミダゾロンに互変異性化する．

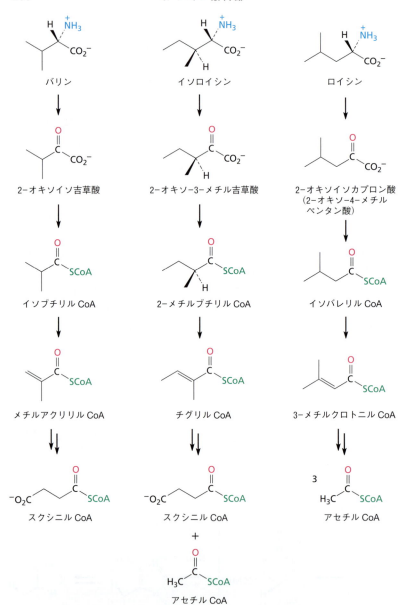

図5・12 分枝アミノ酸であるバリン, イソロイシン, ロイシンの異化反応の第一段階 バリンは糖原性であり, イソロイシンは糖原性かつケト原性, ロイシンはケト原性である.

プロリン（proline）はまずNAD$^+$依存的に酸化されて1-ピロリン-5-カルボン酸となり，このイミンの加水分解によって，アルギニン異化と同じ中間体であるグルタミン酸5-セミアルデヒドが生成する．

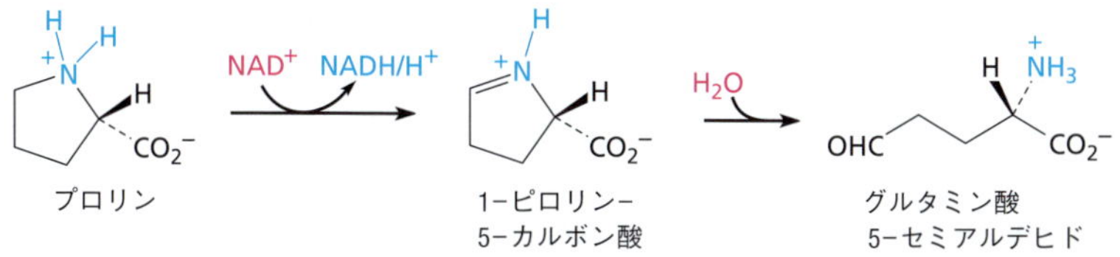

バリン，イソロイシン，ロイシン

　分枝した側鎖をもつバリン（valine），イソロイシン（isoleucine），ロイシン（leucine）の異化の第一段階の反応は，三つとも同じ反応である．はじめにアミノ基転移により，それぞれに対応する2-オキソ酸となり，これが酸化的脱炭酸によってアシルCoAとなり，さらに脱水素によって不飽和アシルCoAとなる（図5・12）．

　アミノ基転移はPLP依存性の分枝アミノ酸アミノ基転移酵素によって触媒される（§5・1，図5・1）．酸化的脱炭酸は，ピルビン酸のアセチルCoAへの変換（§4・3，図4・9）と同様に，チアミン二リン酸（TPP）とリポアミドを補因子とする2-オキソ吉草酸脱水素酵素複合体によって触媒される．脱水素はFADを補酵素としてアシルCoA脱水素酵素によって脂肪酸酸化（§3・3）と同様に起こる．

　バリンの異化により生成したメタクリリルCoAは，すでに述べた7段階の反応によりスクシニルCoAへと変換される（図5・13）．〈ステップ1〉はじめに脂肪酸異化反応のステップ2の反応（図3・6，§3・3）と同様に，メタクリリルCoAにH$_2$Oが共役付加し，3-ヒドロキシイソブチリルCoAとなる．〈ステップ2〉次に3-ヒドロ

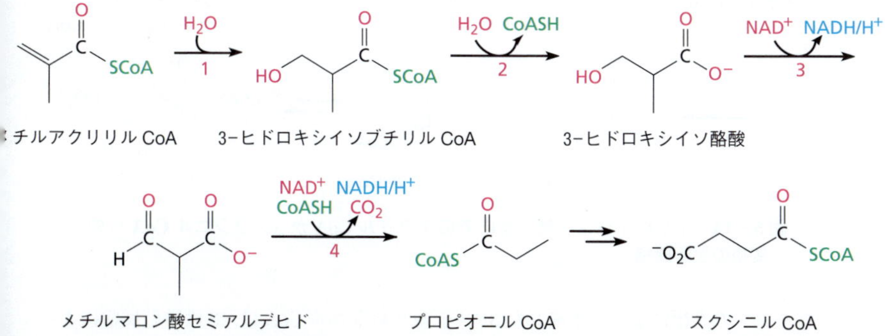

図5・13　バリンの異化反応におけるメタクリリルCoAからスクシニルCoAへの変換の反応機構

キシイソブチリル CoA が 2 段階の求核アシル置換反応により加水分解されて 3-ヒドロキシイソ酪酸となる．この求核アシル置換反応では，まず 3-ヒドロキシイソブチリル CoA 加水分解酵素のグルタミン酸残基との反応でアシル酵素複合体ができ，それが H_2O と反応する．〈ステップ 3〉次に NAD^+ によるアルコール酸化（§1・12）でアルデヒドが生成し，〈ステップ 4〉これがチオエステルへと変換される．

このアルデヒド基のチオエステルへの変換は，まずメチルマロン酸セミアルデヒド脱水素酵素のチオール残基がアルデヒドと反応しヘミチオアセタールを生成し，これが NAD^+ によって酸化されて酵素に結合したチオエステルとなると考えられる．これは解糖反応のステップ 6 の反応と同様である（§4・2，図 4・7）．補酵素 A による求核アシル置換反応と逆アルドール反応による脱炭酸を受けてプロピオニル CoA が生成する．このプロピオニル CoA は，トレオニン異化反応ですでに述べたように，スクシニル CoA へと変換される．

イソロイシンの異化によって生成したチグリル CoA は，すでに脂肪酸代謝で述べた経路により，スクシニル CoA とアセチル CoA に変換される．図 5・14 に示すように，〈ステップ 1〉不飽和アシル CoA に H_2O が共役付加してアルコール体が生成し，〈ステップ 2〉アルコール体のヒドロキシ基が酸化されて 2-メチル-3-オキソブチリル CoA となる．〈ステップ 3〉2-メチル-3-オキソブチリル CoA のケトンのカルボニル基に補酵素 A が求核付加することで逆クライゼン反応が進み，アセチル CoA とプロピオニル CoA となり，さらにプロピオニル CoA がトレオニンの異化反応で述べたように，スクシニル CoA となる．

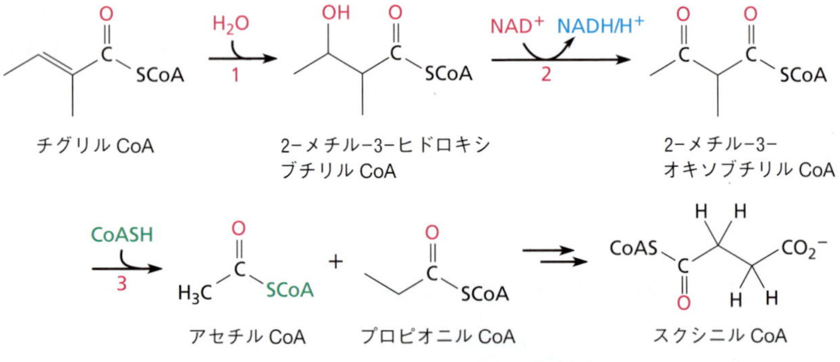

図 5・14 イソロイシンの異化反応でのチグリル CoA からスクシニル CoA への変換の反応機構

ロイシンの異化によって生成した 3-メチルクロトニル CoA は，3 段階の反応によってアセチル CoA とアセト酢酸に変換される．まずビオチン依存性のカルボキシ化が起こり，ついで生成した 3-メチルグルタコニル CoA の不飽和結合に H_2O が付加し 3-ヒ

ドロキシ-3-メチルグルタリル CoA となり，これが逆アルドール開裂によってアセチル CoA とアセト酢酸に分解される．カルボキシ化反応は，脂肪酸合成（§3・4，図3・13）の際にみられるようなアセチル CoA のカルボキシ化とは少し異なり，通常のα位ではなく，共役二重結合のため酸性度が高くなっているγ位に起こっているが，反応機構そのものは似ている．

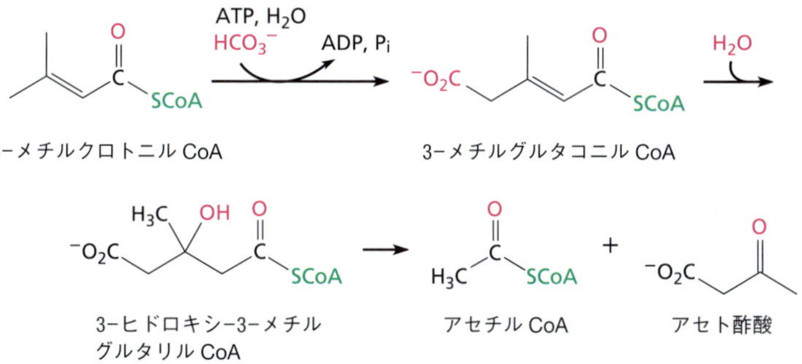

3-メチルクロトニル CoA → 3-メチルグルタコニル CoA → 3-ヒドロキシ-3-メチルグルタリル CoA → アセチル CoA ＋ アセト酢酸

メチオニン

メチオニン (methionine) の異化は，生体内の主要なメチル基供与体である S-アデノシルメチオニン (S-adenosylmethionine: SAM) の生成から始まる複雑な経路で進行し，システインと2-オキソ酪酸を生成する（図5・15）．この2-オキソ酪酸はトレオニンの場合と同様にスクシニル CoA へと代謝される．

ステップ1（図5・15）　***S-アデノシルメチオニンの合成***　メチオニンの異化は，まず ATP と反応し，S-アデノシルメチオニンを生成する反応から始まる．この反応は三リン酸を脱離基とする S_N2 置換反応であり，三リン酸は同時に二リン酸と一リン酸に加水分解される．

ステップ2（図5・15）　***メチル基転移***　生体内の主要な生合成系のほとんどにメチル基供与体として現れる S-アデノシルメチオニンが，次に第二の S_N2 反応により求核剤にメチル基を転移して S-アデノシルホモシステイン（S-adenosylhomocystein: SAH）となる（"ホモ"という接頭語は炭素鎖が一つ長いことを意味するので，ホモシステインはシステインより炭素数が一つ多い）．

ステップ3（図5・15）　***加水分解***　S-アデノシルホモシステインは加水分解によりホモシステインとアデノシンとなる．S-アデノシルホモシステイン加水分解酵素[20]によって触媒されるこの反応の機構は，見た目よりもかなり複雑である．直接 H_2O が S-アデノシルホモシステインの C5′ 位に S_N2 置換してプロトン化したチオールが遊離するという単純なものではなく，実際にはこの反応は4段階で進行する（図5・16）．
〈ステップ1〉まずアデノシンの C3′ 位の -OH 基が NAD^+ により酸化されケトンとなる

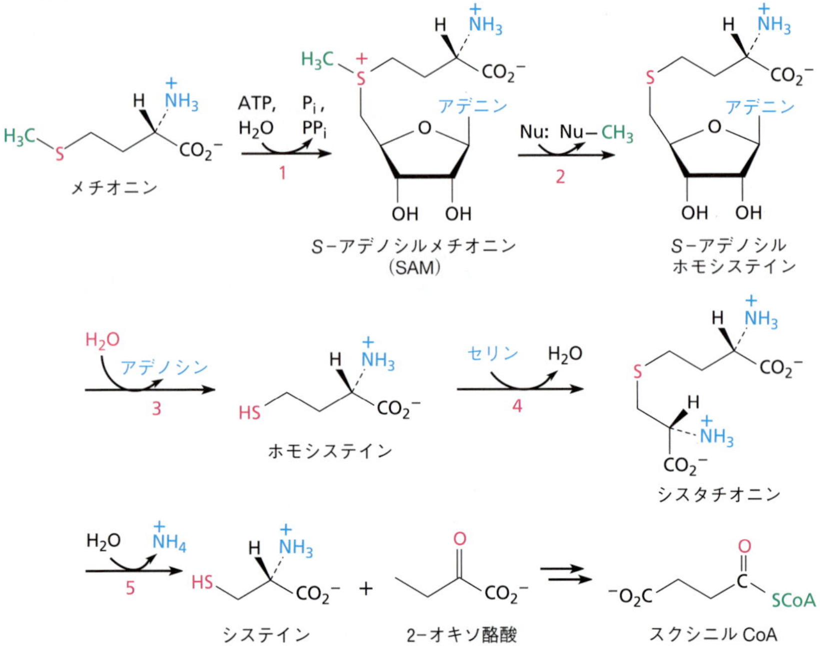

図5・15 メチオニンがシステインスクシニル CoA へと変換される異化経路
個々のステップの説明は本文参照.

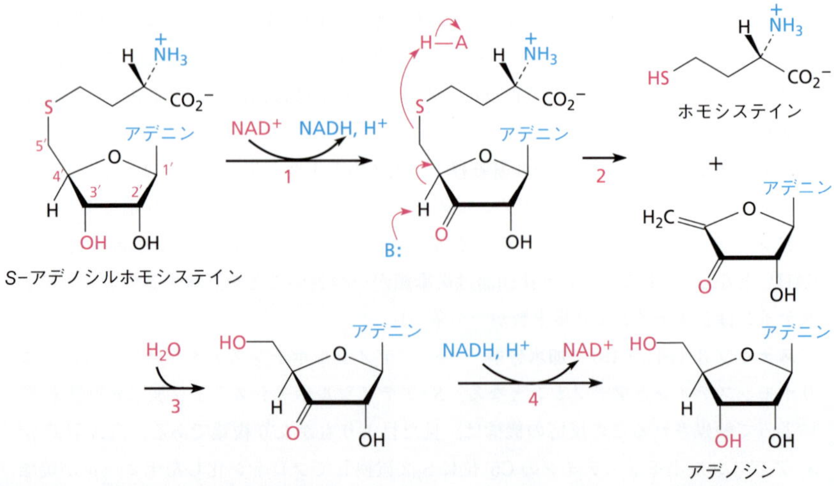

図5・16 S-アデノシルホモシステインがホモシステインとなる反応機構
(図5・15, ステップ3)

ことにより,隣接したC4′位のプロトンの酸性度が上昇し,〈ステップ2〉ホモシステインを脱離基とするE1cB脱離が起こる.〈ステップ3〉このとき生成した不飽和ケトンにH$_2$Oが共役付加してC5′位に–OH基ができ,〈ステップ4〉C3位のケトンがNADHにより還元されてアデノシンとなる.

ステップ4(図5・15) **セリンの付加** 次にホモシステインはセリンと反応してPLP依存性のシスタチオニンβ–合成酵素[21]によりシスタチオニンとなる.この反応もまた,見た目より実際にはかなり複雑な反応機構で進行する(図5・17).〈ステップ1〉

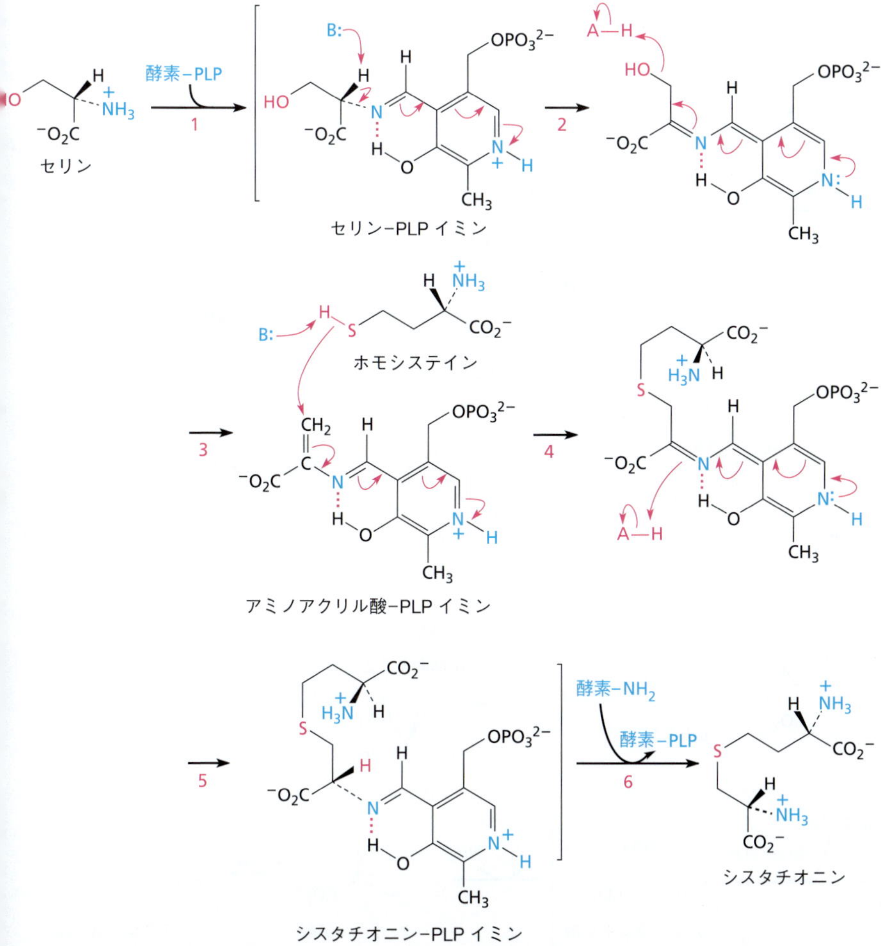

図5・17 ホモシステインとセリンがPLP依存性のシスタチオニンβ–合成酵素によりシスタチオニンとなる反応機構(図5・15,ステップ4)

この反応では，まずセリン-PLP イミンが生成し，〈ステップ2〉その酸性の α 炭素で脱プロトンする．〈ステップ3〉水の脱離によりアミノアクリル酸-PLP イミンが生成し，〈ステップ4〉ホモシステインが求核剤としてアミノアクリル酸-PLP イミンの二重結合に共役付加する．〈ステップ5〉ここでセリンの α 炭素がプロトン化してシスタチオニン-PLP イミンとなり，〈ステップ6〉このイミンが酵素によりイミノ基転移することでシスタチオニンが遊離する．

この図 5・17 の反応で興味深いのは，同位体標識を行った実験から，ステップ4のホ

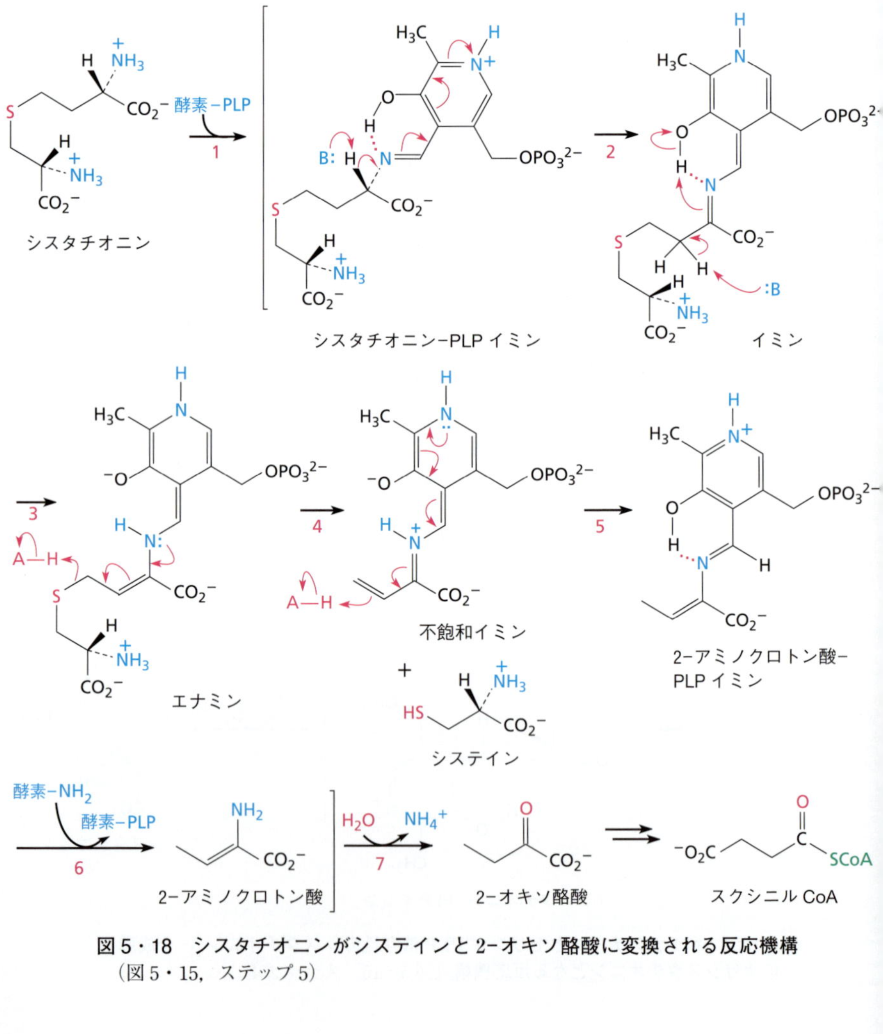

図 5・18 シスタチオニンがシステインと 2-オキソ酪酸に変換される反応機構
（図 5・15，ステップ5）

モシステインの共役付加反応はステップ3の水の脱離が起こる面と同じアミノアクリル酸の二重結合の面で起こるため，立体化学が保持されることである．

ステップ5（図5・15）　**シスタチオニンの開裂**　メチオニン異化の最終段階は，シスタチオニンが開裂してシステインと2-オキソ酪酸を生成する反応である（図5・18）．このPLP依存性のシスタチオニンγ-リアーゼ[22]による反応は，かなりの多段階に及ぶ．〈ステップ1〉まずシスタチオニン-PLPイミンが生成し，〈ステップ2〉酸性α炭素からの脱プロトンによってイミンが異性化する．〈ステップ3〉このイミンが脱プロトンによってさらにエナミンとなり，〈ステップ4〉ここから脱離基としてシステインが脱離し，不飽和イミンが生成する．〈ステップ5〉この不飽和イミンの末端炭素のプロトン化により異性化が起こり，2-アミノクロトン酸-PLPイミンが生成し，〈ステップ6〉PLPが酵素に転移して2-アミノクロトン酸が遊離し，〈ステップ7〉2-アミノクロトン酸の加水分解によりアンモニアが脱離し2-オキソ酪酸となる．

リ　シ　ン

リシン（lysine）の異化は10段階の反応よりなる．まずリシンと2-オキソグルタル酸が還元的アミノ化によりサッカロピンとなる反応で始まり，最終的にはアセチルCoAとなる（図5・19）．

ステップ1,2（図5・19）　**還元的アミノ化と酸化的脱アミノ**　サッカロピン還元酵素酵素[23]により触媒される還元的アミノ化では，まず最初にリシンの末端アミノ基と2-オキソグルタル酸のケトンのカルボニル基との間でイミンが形成する．ついでそのC=N二重結合がNADPHによって還元されてサッカロピンとなり，このサッカロピンがステップ2で酸化的に脱アミノされ，2-アミノアジピン酸セミアルデヒドとグルタミン酸を生成する．この酸化的脱アミノもまた，サッカロピン還元酵素によって触媒され，サッカロピンからヒドリドイオンがNAD^+に移動することでイミンが生成し，これが加水分解される．この反応機構は，グルタミン酸が酸化的に脱アミノされる反応（§5・1）と似ている．

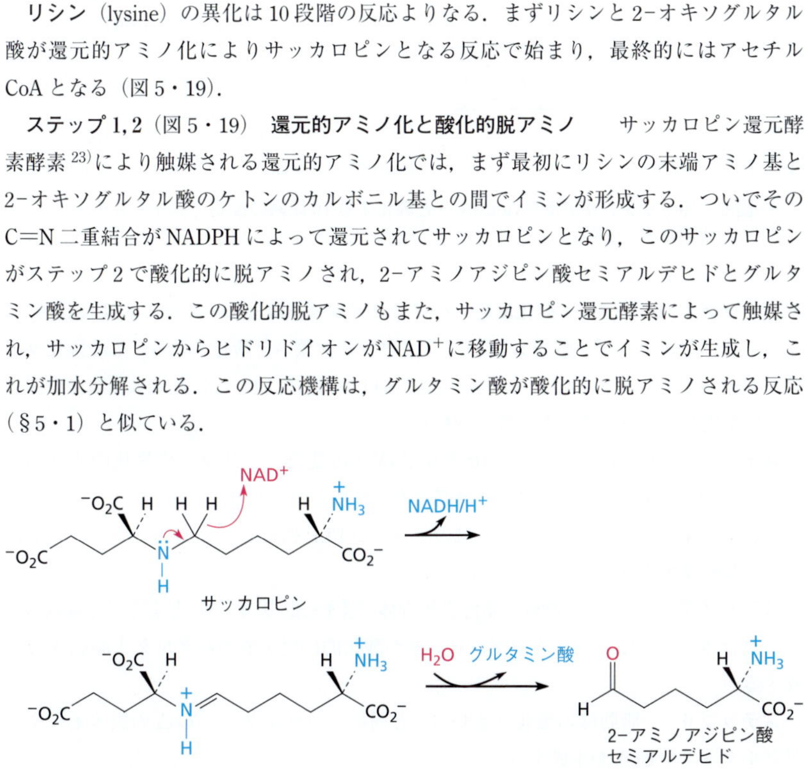

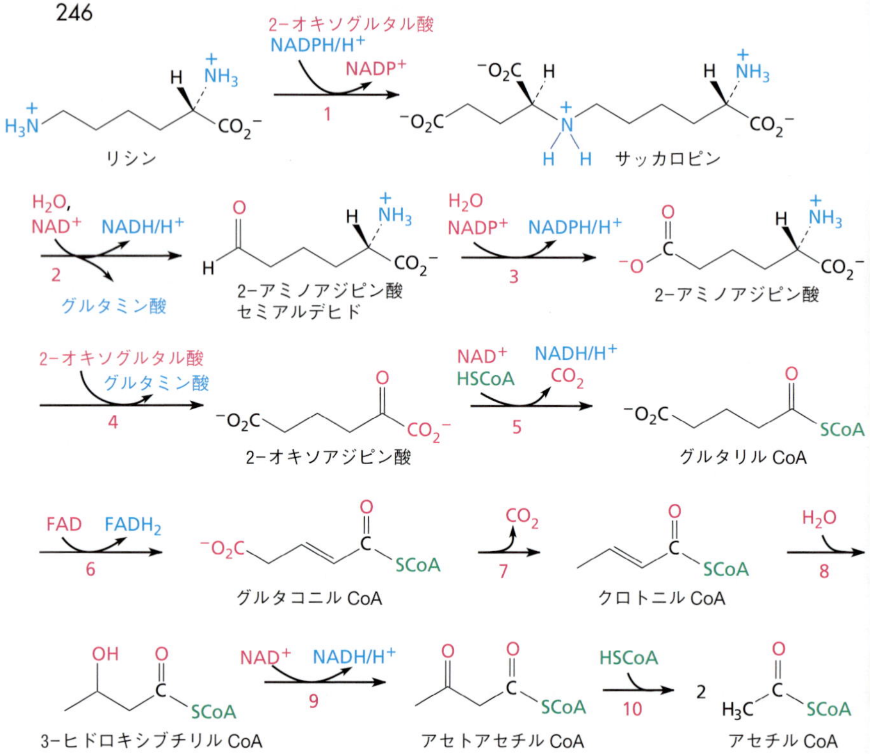

図5・19 リシンがアセチルCoAへと異化する10段階の反応 個々のステップの説明は本文参照.

ステップ3（図5・19）　酸化反応　2-アミノアジピン酸セミアルデヒドはNADP$^+$によって対応するカルボン酸である2-アミノアジピン酸へと酸化される．この酸化反応は，おそらくアルデヒドのカルボニル基にH_2Oが求核付加することで水和物が中間体として生成し，進行していると考えられる．

ステップ4～10（図5・19）　アセチルCoAへの変換　リシンの異化の残りのステップ4～10はすべて，すでに他の経路でみられたものである．

ステップ4　2-アミノアジピン酸のアミンがPLP依存的に2-オキソグルタル酸にアミノ基転移する（§5・1, 図5・1）．

ステップ5　ピルビン酸脱水素酵素複合体（§4・3, 図4・9）とよく似た複数の酵素の複合体によって，2-オキソアジピン酸が酸化的に脱炭酸されグルタリルCoAを生成する．

ステップ6　脂肪酸の酸化（§3・3）と同様に，グルタリルCoAの脱水素によってグルタコニルCoAが生成する．

東京化学同人
新刊とおすすめの書籍
Vol. 17

約10年ぶりの改訂！　大学化学への道案内に最適

アトキンス 一般化学（上・下）

第8版

P. Atkins ほか著／渡辺 正訳

B5判　カラー　定価各3740円
上巻: 320ページ　下巻: 328ページ

"本物の化学力を養う"ための入門教科書

キンス氏が完成度を限界まで高めた決定版！大学化学への道案内に
。高校化学の復習からはじまり，絶妙な全体構成で身近なものや現
フォーカスしている．明快な図と写真，豊富な例題と復習問題付．

機化学の基礎とともに生物学的経路への理解が深まる

マクマリー 有機化学
―生体反応へのアプローチ―　第3版

John McMurry 著

柴﨑正勝・岩澤伸治・大和田智彦・増野匡彦 監訳

B5変型判　カラー　960ページ　定価9790円

科学系の諸学科を学ぶ学生に役立つことを目標に書かれた有機化学
教科書最新改訂版．有機化学の基礎概念，基礎知識をきわめて簡明か
璧に記述するとともに，研究者が日常研究室内で行っている反応と
われの生体内の反応がいかに類似しているかを，多数の実例をあげ
確に説明している．

●一般化学

- 教養の化学：暮らしのサイエンス　定価 2640 円
- 教養の化学：生命・環境・エネルギー　定価 2970 円
- ブラックマン基礎化学　定価 3080 円
- 理工系のための一般化学　定価 2750 円
- スミス基礎化学　定価 2420 円

●物理化学

- きちんと単位を書きましょう：国際単位系(SI)に基づいて　定価 1980 円
- 物理化学入門：基本の考え方を学ぶ　定価 2530 円
- アトキンス物理化学要論（第 7 版）　定価 6490 円
- アトキンス物理化学　上・下（第 10 版）　上巻定価 6270 円／下巻定価 6380 円

●無機化学

- シュライバー・アトキンス無機化学（第 6 版）上・下　定価各 7150 円
- 基礎講義 無機化学　定価 2860 円

●有機化学

- マクマリー有機化学概説（第 7 版）　定価 5720 円
- マリンス有機化学　上・下　定価各 7260 円
- クライン有機化学　上・下　定価各 6710 円
- ラウドン有機化学　上・下　定価各 7040 円
- ブラウン有機化学　上・下　定価各 6930 円
- 有機合成のための新触媒反応 101　定価 4620 円
- 構造有機化学：基礎から物性へのアプローチまで　定価 5280 円
- スミス基礎有機化学　定価 2640 円

●生化学・細胞生物学

- スミス基礎生化学　定価 2640 円
- 相分離生物学　定価 3520 円
- ヴォート基礎生化学（第 5 版）　定価 8360 円
- ミースフェルド生化学　定価 8690 円
- 分子細胞生物学（第 9 版）　定価 9570 円

お問い合わせ info@tkd-pbl.com　定価は 10％税込

生物学

ス 生物学：生命のしくみ	定価 9900 円
一 生物学（第 6 版）	定価 3410 円
から学ぶ ヒトの生物学	定価 2970 円

基礎講義シリーズ（講義動画付）
アクティブラーニングにも対応

講義 遺伝子工学 I・II	定価各 2750 円
講義 分子生物学	定価 2860 円
講義 生化学	定価 3080 円
講義 生物学	定価 2420 円
講義 物理学	定価 2420 円
講義 天然物医薬品化学	定価 3740 円

数 学

シュワート 微分積分学 I～III（原著第 8 版）

I. 微積分の基礎	定価 4290 円
II. 微積分の応用	定価 4290 円
III. 多変数関数の微分積分	定価 4290 円

コンピューター・情報科学

イテル Python プログラミング
礎からデータ分析・機械学習まで　　定価 5280 円

hon 科学技術計算 物理・化学を中心に（第 2 版）　定価 5720 円

hon, TensorFlow で実践する 深層学習入門　　定価 3960 円
くみの理解と応用

基礎から学ぶ 統計学　　定価 4180 円

現代化学 CHEMISTRY TODAY

◆ 最前線の研究動向をいち早く紹介
◆ 第一線の研究者自身による解説やインタビュー
◆ 理解を促し考え方を学ぶ基礎講座
◆ 科学の素養が身につく教養満載

カラーの図や写真多数

電子版あります！

い視野と教養を培う月刊誌
毎月18日発売　定価 1100 円

期購読しませんか？
期購読がとってもお得です!!
お申込みはこちら→

購読期間（冊数：定価）	冊 子 版（送料無料）
6 カ月（ 6 冊： 6,600 円） ▶	4,600 円（1冊あたり 767 円）
1 カ年（12 冊：13,200 円） ▶	8,700 円（1冊あたり 725 円）
2 カ年（24 冊：26,400 円） ▶	15,800 円（1冊あたり 658 円）

おすすめの書籍

女性が科学の扉を開くとき
偏見と差別に対峙した六〇年
NSF(米国国立科学財団)長官を務めた科学者が語る

リタ・コルウェル, シャロン・バーチュ・マグレイン 著
大隅典子 監訳／古川奈々子 訳／定価 3520円

科学界の差別と向き合った体験をとおして，男女問わず科学のた
に何ができるかを呼びかける．科学への情熱が眩しい一冊．

元 Google 開発者が語る，簡潔を是とする思考法
数学の美　情報を支える数理の世界

呉 軍 著／持橋大地 監訳／井上朋也 訳／定価 396

Google創業期から日中韓三ヵ国語の自然言語処理研究を
した著者が，自身の専門である自然言語処理や情報検索
心に，情報革新を生み出した数学について語る．開発者
の素顔や思考法とともに紹介．

月刊誌【現代化学】の対談連載より書籍化 第1弾
桝 太一が聞く 科学の伝え方

桝 太一 著／定価 1320円

サイエンスコミュニケーションとは何か？どんな解決すべき課
題があるのか？桝先生と一緒に答えを探してみませんか？

科学探偵 シャーロック・ホームズ

J. オブライエン 著・日暮雅通 訳／定価 3080

世界で初めて犯人を科学捜査で追い詰めた男の物語．シ
ロッキアンな科学の専門家が科学をキーワードにホー
の物語を読み解く．

新版 鳥はなぜ集まる？ 群れの行動生態学

科学のとびら 65

上田恵介 著／定価 1980円

臨機応変に維持される鳥の群れの仕組みを，社会生物学の知
見から鳥類学者が柔らかい語り口でひもとくよみもの．

ステップ7 典型的な逆アルドール反応によってグルタコニル CoA が脱炭酸しクロトニル CoA となる．

ステップ8 脂肪酸の酸化（§3・3）と同様に，クロトニル CoA に水が共役付加し，3-ヒドロキシブチリル CoA となる．

ステップ9 3-ヒドロキシブチリル CoA が NAD^+ によって酸化され，アセトアセチル CoA が生成する．

ステップ10 逆クライゼン反応によって 2 等量の最終産物であるアセチル CoA が生成する．

フェニルアラニン，チロシン，トリプトファン

フェニルアラニン (phenylalanine) はパラ位のヒドロキシ化を受けチロシン (tyrosine) となり，さらに6段階の反応でフマル酸とアセト酢酸へと異化する（図5・20）．

ステップ1（図5・20） **ヒドロキシ化** フェニルアラニンのヒドロキシ化は鉄含有タンパク質であるフェニルアラニンヒドロキシラーゼ[24]によって触媒される．この酵素は5,6,7,8-テトラヒドロビオプテリンを補因子として必要とするモノオキシゲナーゼである．テトラヒドロビオプテリンはテトラヒドロ葉酸やフラビン（表2・6）などの補酵素とよく似た構造をもっているが，二つの補酵素ほど普遍的ではない．フェニルア

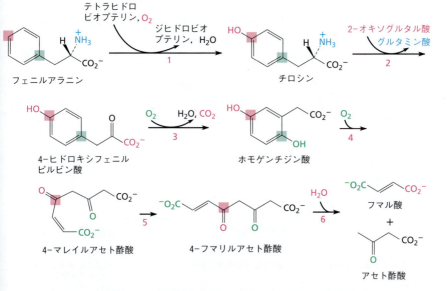

図5・20 芳香族アミノ酸であるフェニルアラニンとチロシンの異化経路
個々のステップの説明は本文参照．

ラニンのヒドロキシ化では，酵素のアミノ酸残基に配位した Fe(II) とともに酸素分子の活性化に関与する[25]．この過程で Fe(II) はヒドロキシ化反応の酸化活性種であると考えられている Fe(IV)-オキソ中間体となる．反応によってヒドロキシ化されたビオプテリンの脱水によってキノイド中間体が生成し，7,8-ジヒドロビオプテリンへと互変異性化する．これが NADH によって還元されることでテトラヒドロビオプテリンが再生する（図 5・21）．

このヒドロキシ化の予想される反応機構[25]を図 5・22 に示す．フェニルアラニンのパラ位に存在した重水素が，ヒドロキシ化反応の過程で一部チロシンのメタ位に移動するという，**NIH シフト**（NIH shift）とよばれる転位（この実験がなされた National Institute of Health から名づけられた）など，さまざまな実験結果よりこのような説明がなされている．このヒドロキシ化反応では，まず芳香環への求電子付加によりカルボカチオンが生成する．続いて鉄が脱離すると同時にパラ位の水素がヒドリド転位することでケトンが生成し，このケトンの隣接位のプロトンが脱離することでエノール形へと互変異性化する．

ステップ 2,3（図 5・20）　**脱アミノ，脱炭酸，ヒドロキシ化**　チロシンの異化はこれまでに述べてきたような PLP 依存性の脱アミノにより，2-オキソグルタル酸にアミノ基を転移して 4-ヒドロキシフェニルピルビン酸となる．4-ヒドロキシフェニルピル

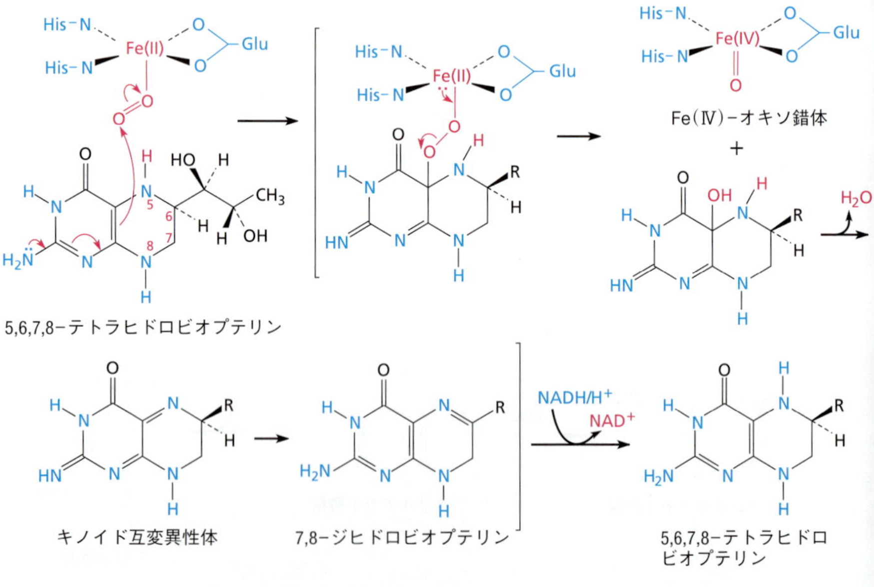

図 5・21　フェニルアラニンのヒドロキシ化に関わる Fe(IV)-オキソ中間体の生成機構

ビン酸は，さらに鉄含有酵素である 4-ヒドロキシフェニルピルビン酸ジオキシゲナーゼ[26]により，酸化的脱炭酸と芳香環のヒドロキシ化を受けホモゲンチジン酸となる．

4-ヒドロキシフェニルピルビン酸ジオキシゲナーゼは，2-オキソ酸依存性ジオキシゲナーゼともよばれる非ヘム鉄依存性の酵素ファミリーに含まれる[27]．この酵素は分子状酸素を使って 2-オキソ酸の脱炭酸と不活性な C—H 結合のヒドロキシ化を同時に行う．活性中心の鉄の酸化数を Fe(II) に保ち，酵素自身を酸化から守るためにアスコルビン酸を必要とする．

この反応の予想される機構を図 5・23 に示す．この反応は，多くの点で図 5・22 のフェニルアラニンヒドロキシ化の反応機構に似ている．〈ステップ 1〉4-ヒドロキシフェニルピルビン酸と O_2 が鉄原子上で複合体を形成し，〈ステップ 2〉ケトンのカルボニル基に分子内で付加する．〈ステップ 3〉ここから脱炭酸と Fe(IV)-オキソ中間体の生成が起こり，〈ステップ 4〉この中間体が芳香環に求電子置換してカルボカチオンを生じる．〈ステップ 5〉次に二つの炭素からなる側鎖が NIH シフトにより移動してケトンが生成し，〈ステップ 6〉このケトンの隣接位のプロトンの脱離によって芳香環が再生する．〈ステップ 7〉鉄の脱離とプロトン化によってホモゲンチジン酸となる．

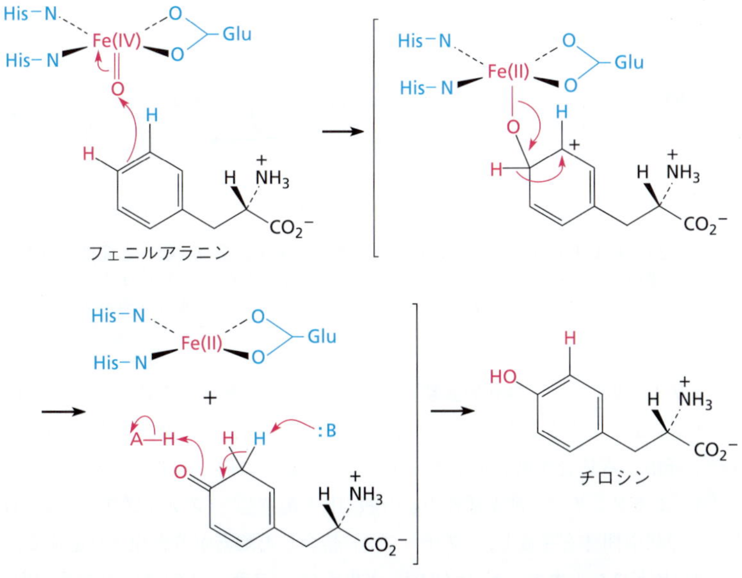

図 5・22 フェニルアラニンのヒドロキシ化によりチロシンが生成する反応機構
(図 5・20，ステップ 1) この反応では図中に赤で示した水素のパラ位からメタ位への NIH シフトが起こる．

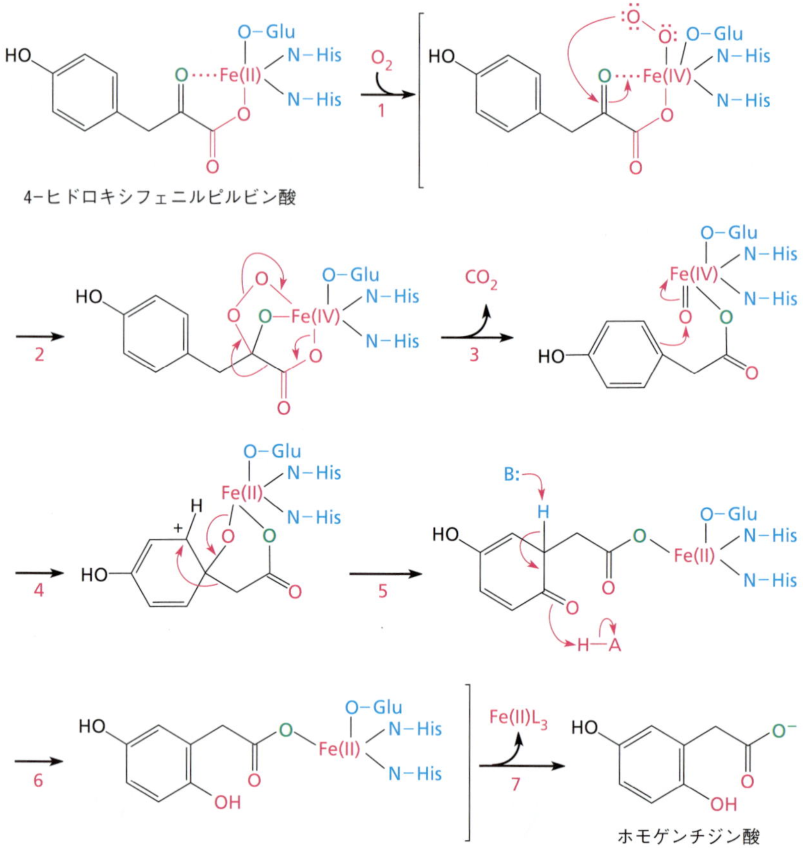

図5・23 4-ヒドロキシフェニルピルビン酸がホモゲンチジン酸へと変換される反応機構（図5・20，ステップ3） この反応は非ヘム鉄依存性2-オキソ酸依存性ジオキシゲナーゼの一種である4-ヒドロキシフェニルピルビン酸ジオキシゲナーゼによる．

ステップ4（図5・20） **酸化的開裂** ホモゲンチジン酸の芳香環はステップ4でホモゲンチジン酸ジオキシゲナーゼ[28),29)]によって開裂する．この酵素もまた，複雑な反応機構を経由する鉄含有酵素であり，図5・24のように働くと考えられている．〈ステップ1〉ホモゲンチジン酸が活性中心の Fe(II) と配位し，〈ステップ2〉さらに O_2 が配位して環状中間体を生成し，〈ステップ3〉結合した酸素が芳香環と反応する．〈ステップ4〉ヒドロペルオキシド（−OOH）が生成し，〈ステップ5〉O−O 結合の開裂で生成した酸素ラジカルが，〈ステップ6〉元の芳香環に付加してエポキシドが生成する．〈ステップ7〉鉄に結合したヒドロキシ基が環のカルボニル基に求核付加し，〈ステップ

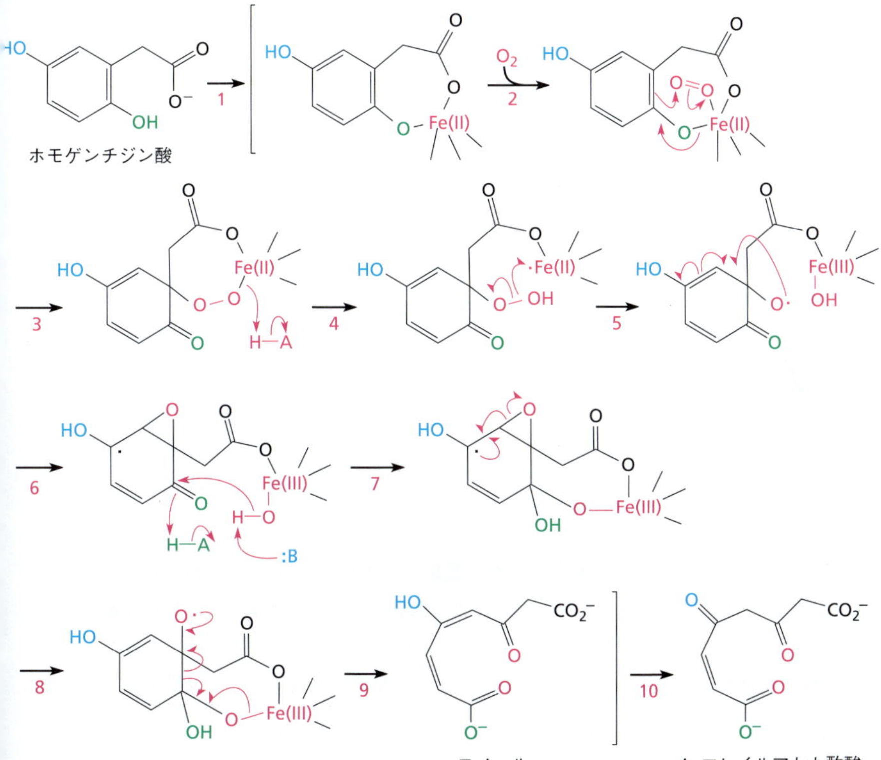

5・3 アミノ酸炭素鎖の異化反応　251

図5・24 ホモゲンチジン酸が酸化的開裂により4-マレイルアセト酢酸に変換される反応機構（図5・20，ステップ4）　この反応は鉄含有酵素であるホモゲンチジン酸ジオキシゲナーゼにより触媒され，エポキシド中間体が生成される．

8〉エポキシドがラジカル的に開環し，〈ステップ9〉六員環が開環することで直鎖状エノールが生成し，〈ステップ10〉鉄錯体の加水分解とエノールの互変異性化によって反応が完結する．反応した分子状酸素の酸素原子のうち一つはケトンに，もう一つはカルボン酸に導入されていることに注目しよう．

ステップ5（図5・20）　**異性化**　4-マレイルアセト酢酸は，硫黄を含む補因子であるグルタチオン（GSH）とマレイルアセト酢酸イソメラーゼ[30),31)]によってシス-トランス異性化を受けて4-フマリルアセト酢酸となる．この反応ではグルタチオンのチオール基が不飽和ケトンへ求核的に共役付加し，これにより一重結合となった部分が回転し，続いてグルタチオンが脱離する．グルタチオンはグルタミン酸とシステインがγアミド結合で結合したトリペプチド（L-γ-グルタミル-L-システイニルグリシン）で

ある．グルタチオンは多くの代謝過程に関与し，抗酸化剤として働くことで過酸化物や求電子剤による傷害から細胞を保護している．

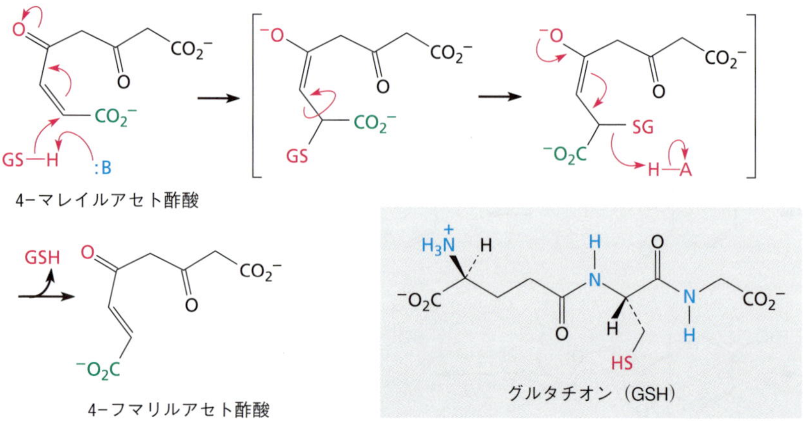

ステップ 6（図 5・20） 逆クライゼン反応 チロシンの異化の最終段階は，4-フマリルアセト酢酸の逆クライゼン反応による開裂である．マグネシウム含有酵素であるフマリルアセト酢酸加水分解酵素[32]によって H_2O がカルボニル基に付加することで四面体アルコキシド中間体を生成し，続いてアセト酢酸が脱離基として脱離する．

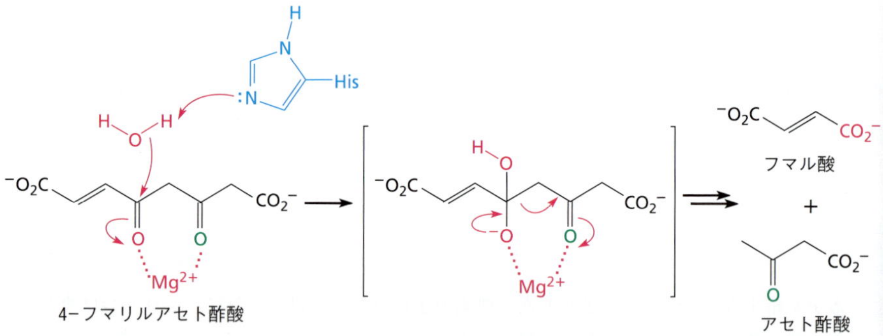

トリプトファン（tryptophan）はそのインドール環を分解しなければならないために，20 種類のアミノ酸のなかで最も複雑な異化経路をもつ．図 5・25 に示すキヌレニン経路とよばれる 14 段階の一連の反応によって，トリプトファンが完全に分解されて，2 当量のアセチル CoA，3 当量の CO_2 と 1 当量のギ酸，1 当量のアンモニア，1 当量のアラニンへと異化する．生成したアラニンはアミノ基転移によりピルビン酸となるので，トリプトファンはケト原性かつ糖原性である．

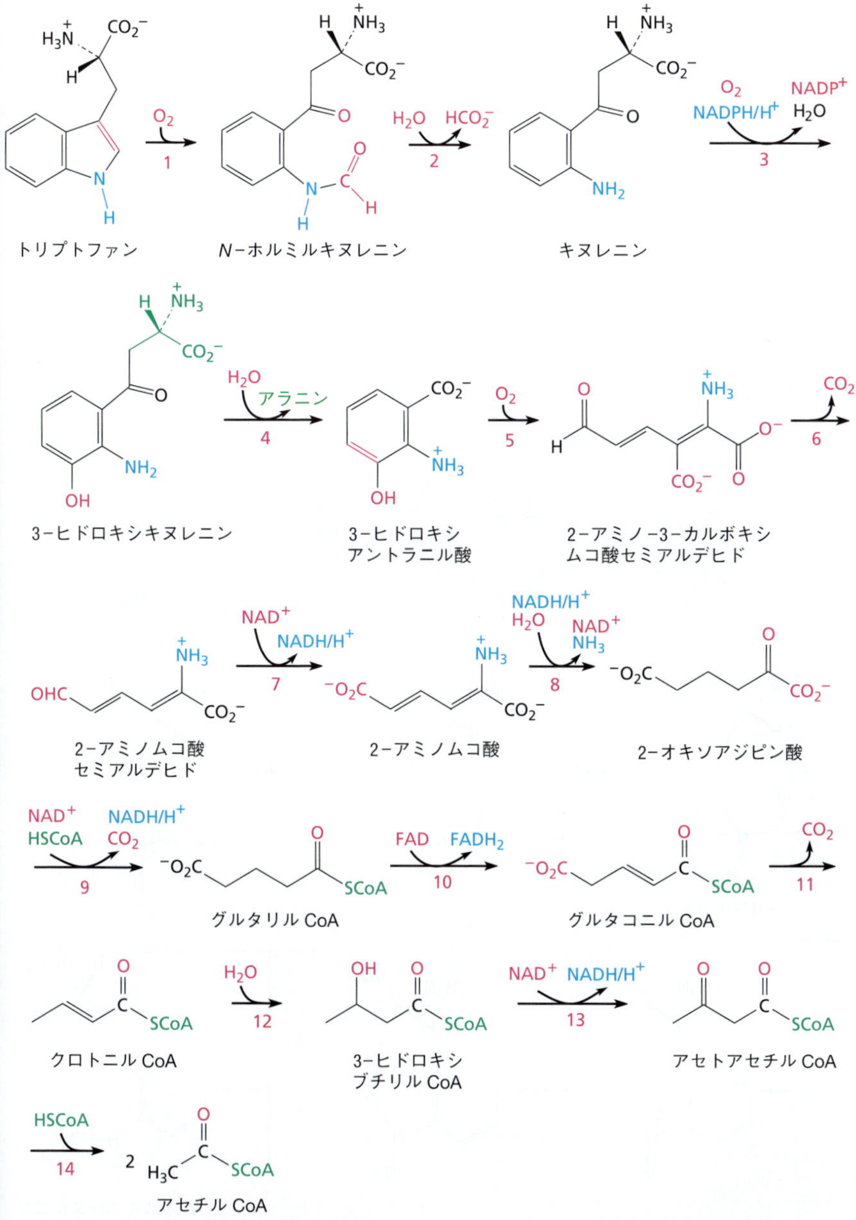

5・3 アミノ酸炭素鎖の異化反応

図5・25 トリプトファン異化作用での14段階のキヌレニン経路 個々のステップの説明は本文参照.

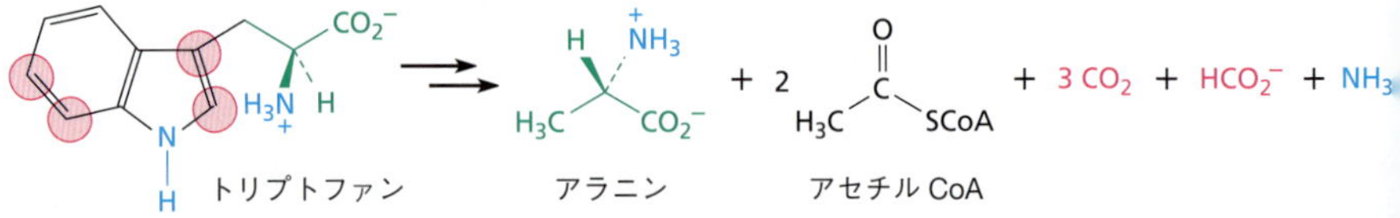

$$\text{トリプトファン} \longrightarrow \text{アラニン} + 2\ \text{アセチル CoA} + 3\ CO_2 + HCO_2^- + NH_3$$

ステップ 1, 2(図 5・25) **インドール環の開裂と加水分解** トリプトファンの異化作用は,ヘム酵素であるトリプトファン 2,3-ジオキシゲナーゼ[33),34)]によりインドール環が酸化的に開裂して N-ホルミルキヌレニンが生成することで始まる.補酵素 B_{12} (p.234) の Co(III) のように,ヘムは環状の四つの窒素にキレートされた Fe(II) をもつ (§7・5 参照).トリプトファンの酸化的開裂に関してはいくつかの異なる反応機構が

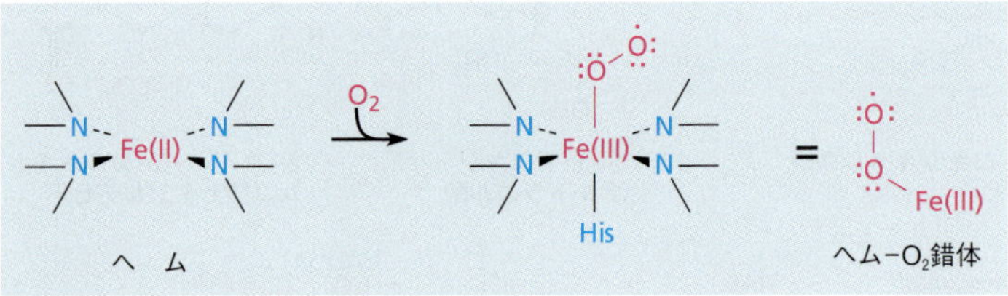

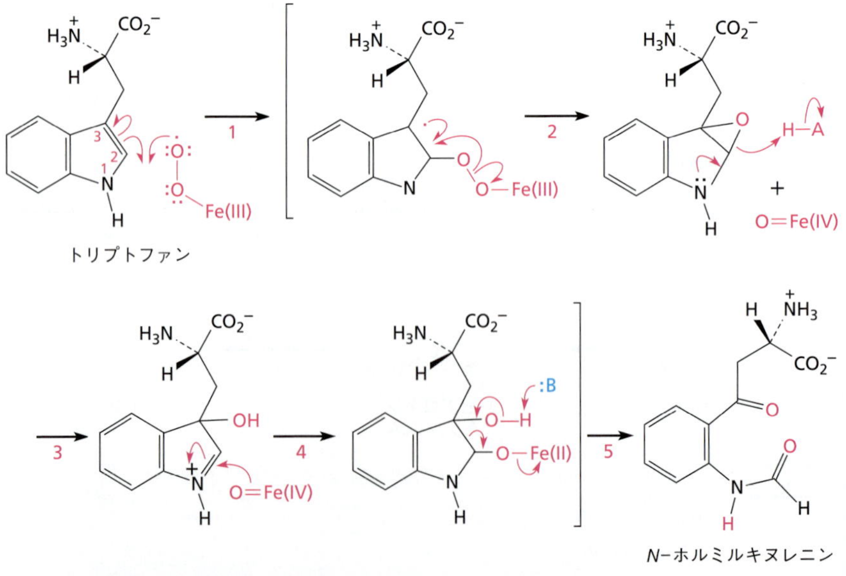

図 5・26 トリプトファンの酸化的開裂により N-ホルミルキヌレニンが生成する反応機構(図 5・25,ステップ 1)

提唱されてきたが，現在では図 5・26 に示すラジカル機構が支持されている．

この反応機構では，〈ステップ1〉トリプトファンの C2 位にヘム–O_2 錯体がラジカル的に付加して C3 位ラジカル中間体を生成し，〈ステップ2〉エポキシドが生成すると同時に鉄–オキシドが脱離し，〈ステップ3〉N1 位の窒素による求核的なエポキシドの開環によって生成したイミニウムイオンに，〈ステップ4〉鉄–オキシドが再び付加することで，〈ステップ5〉酸素化された環が開いて N-ホルミルキヌレニンが生成する．この N-ホルミルキヌレニンは亜鉛含有酵素であるホルミルキヌレニンホルムアミダーゼ[35]により加水分解されてキヌレニンとギ酸を生成する．

ステップ3（図 5・25） ヒドロキシ化 キヌレニンのヒドロキシ化は，NADPH とフラビンをともに補因子として必要とするキヌレニン 3-モノオキシゲナーゼ[36]により触媒され，3-ヒドロキシキヌレニンを生成する．このヒドロキシ化反応は図 5・27 の

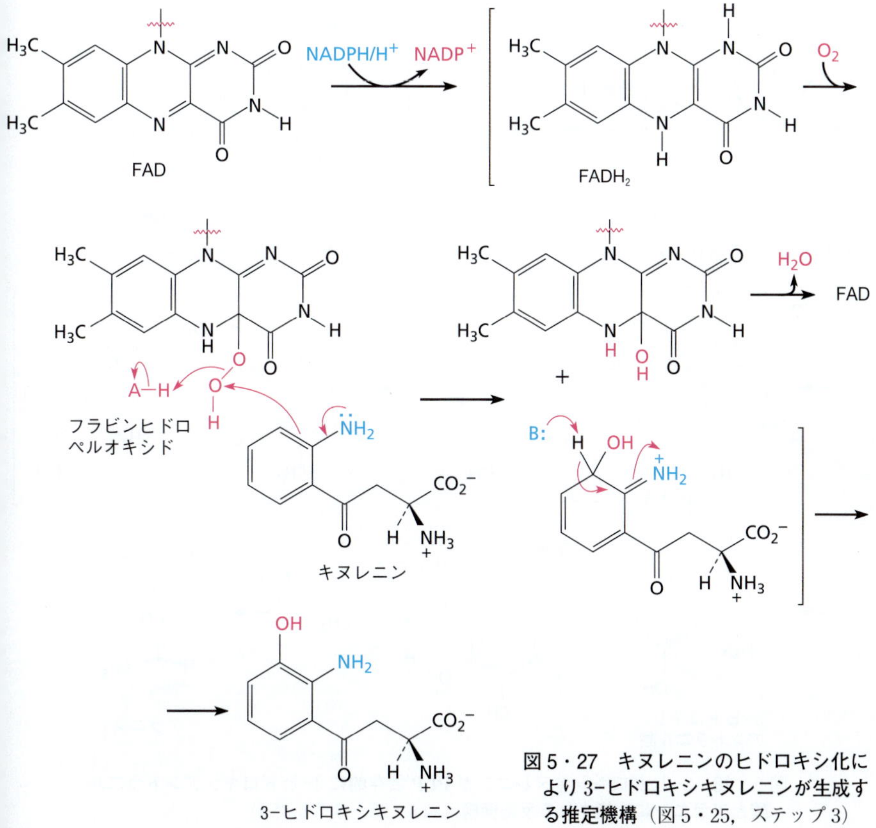

図 5・27 キヌレニンのヒドロキシ化により 3-ヒドロキシキヌレニンが生成する推定機構（図 5・25，ステップ 3）

ように進行すると考えられている．この反応は，より詳細に研究されている4-ヒドロキシ安息香酸の3,4-ジヒドロキシ安息香酸へのヒドロキシ化反応と同様であると考えられている[37]．まずFADがNADPHにより還元されFADH$_2$となり，これがO$_2$と反応してフラビンヒドロペルオキシドとなる．このフラビンヒドロペルオキシドの酸素が，キヌレニンの芳香環へ求電子芳香族置換することによって3-ヒドロキシキヌレニンが生成する．

ステップ4（図5・25）　アラニンの脱離　3-ヒドロキシキヌレニンが3-ヒドロキシアントラニル酸とアラニンに変換される反応は，PLP依存性のキヌレニナーゼ[38]によって触媒される．この反応の機構は，逆クライゼン反応によりカルボニルとα炭素間の炭素-炭素結合を開裂させるというものであり，トレオニンの異化（図5・8）とよく似ている．図5・28に示すように，まず3-ヒドロキシキヌレニンがPLPとイミンを

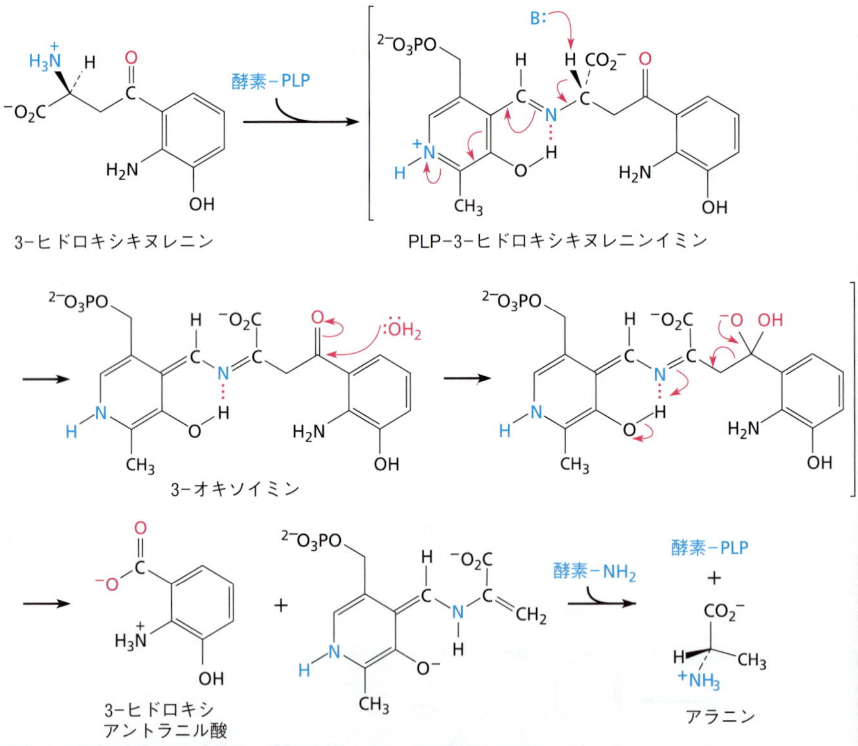

図5・28　3-ヒドロキシキヌレニンがPLP依存的に3-ヒドロキシアントラニル酸とアラニンに変換される反応機構（図5・25，ステップ4）

形成し，これが脱プロトンにより3-オキソイミンとなる．さらに H_2O がケトンのカルボニル基に付加し逆クライゼン反応により3-ヒドロキシアントラニル酸が生成し，酵素-PLPイミンが再生することによりアラニンが遊離する．

ステップ5（図5・25）　**芳香環の開環**　3-ヒドロキシアントラニル酸が酸化的に開環して2-アミノ-3-カルボキシムコ酸セミアルデヒドが生成する反応は，非ヘム鉄含有3-ヒドロキシアントラニル酸3,4-ジオキシゲナーゼによって触媒される．この反応機構は，より詳細に研究されているエクストラジオールカテコールジオキシゲナーゼ[39]と同様に進行すると考えられている．この酵素は，芳香環ヒドロキシ基に隣接する炭素-炭素結合を酸化的に開裂させ，不飽和アルデヒド酸を生成する．図5・29に示すように，まず基質と $Fe(II)$ との錯体が生成し，この錯体に酸素が結合してペルオキシ

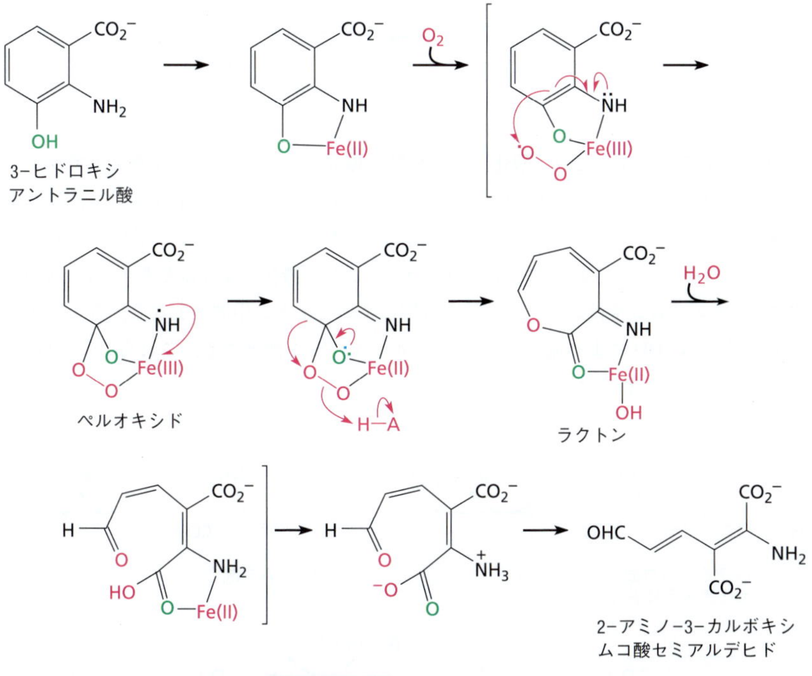

図5・29　3-ヒドロキシアントラニル酸の2-アミノ-3-カルボキシムコ酸セミアルデヒドへの変換反応の推定機構（図5・25，ステップ5）

ド中間体となる．そして芳香環の炭素がペルオキシドの酸素上に転位することでラクトンとなり，これが開環して2-アミノ-3-カルボキシムコ酸セミアルデヒドとなる．

ステップ6（図5・25）　**脱炭酸**　生成したセミアルデヒドは，2-アミノ-3-カル

ボキシムコ酸セミアルデヒド脱炭酸酵素[40]により脱炭酸を受け2-アミノムコ酸セミアルデヒドとなる．この反応の詳細はまだ明らかではないが，イミニウムイオン互変異性体となることにより，3-オキソ酸の場合と同様に逆アルドール反応によって進行する．

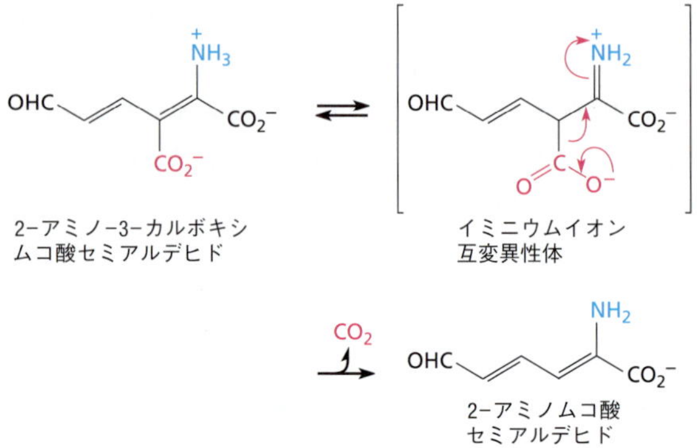

2-アミノ-3-カルボキシムコ酸セミアルデヒド

イミニウムイオン互変異性体

2-アミノムコ酸セミアルデヒド

ステップ 7, 8（図 5・25） **酸化，加水分解，還元**　2-アミノムコ酸セミアルデヒドはステップ 7 でアミノムコ酸セミアルデヒド脱水素酵素により酸化を受けて，対応する酸であるアミノムコ酸となる．この反応には NAD^+ が補因子として必要であり，基質のアルデヒドに H_2O が付加し水和物となり，これが酸化を受けると考えられている．この 2-アミノムコ酸はエナミンの加水分解によってケトン中間体となり，さらに共役二重結合が NADH により還元されて 2-オキソアジピン酸となる．これらの反応は 2-アミノムコ酸酸化酵素によって触媒される．

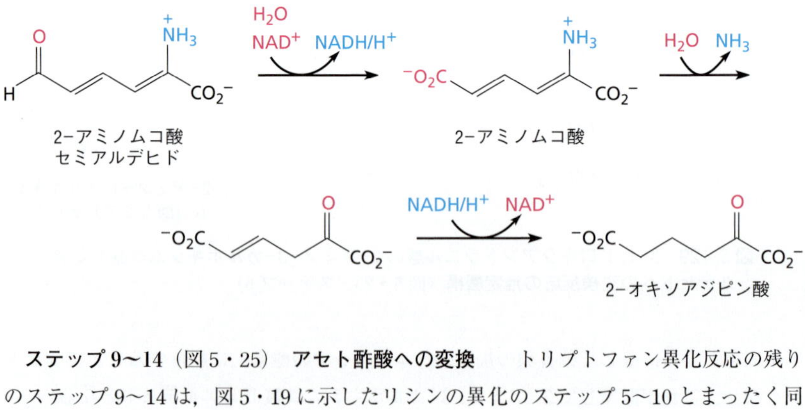

2-アミノムコ酸セミアルデヒド

2-アミノムコ酸

2-オキソアジピン酸

ステップ 9〜14（図 5・25） **アセト酢酸への変換**　トリプトファン異化反応の残りのステップ 9〜14 は，図 5・19 に示したリシンの異化のステップ 5〜10 とまったく同じである．

ノート: 鉄錯体の酸化状態

　この章や,あとの章で何度もふれるように,生合成反応,特に酸素添加反応やその他の酸化還元反応には,鉄錯体が関わることが非常に多い.このような反応を理解するには,反応における電子の移動を,鉄の酸化状態の変化に注目して追うとよい.ここで扱う酸化状態の変化とは,実験事実に沿うように反応機構を組立てる際に決定されるものであり,鉄の酸化状態それ自体が反応機構を決定するのではない.あくまで反応機構を記述するための道具である.

　反応前の鉄の酸化状態がわかっているなら,以下の方法に従って酸化状態の変化を決定することができる.

1. 配位子が単に結合もしくは解離しただけの場合には,金属の酸化数は変化しない.たとえば五つの配位子 L をもつ Fe(II) 錯体の空座に O_2 が結合し Fe(II)L_5(O_2) となった場合,酸素分子の一方の O の非共有電子対が鉄への配位に使われても,鉄の酸化数は Fe(II) のままとなる.つまり,表記上では電子は配位子に残っているということになる.O_2 はジラジカルであるという実験場の知見を反映するために,二つの不対電子をもつと表現されることに注意しよう.

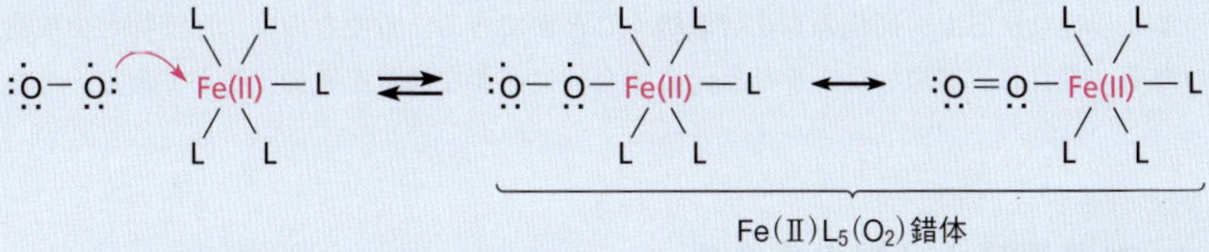

Fe(II)L_5(O_2) 錯体

2. 一つ,もしくは複数の電子が直接鉄原子から奪われたり鉄原子に与えられた場合にのみ酸化状態が変化する.

3. 金属錯体はしばしば,電子配置と鉄の酸化数が異なる複数の共鳴構造で記述しうる.その場合,最も適切な共鳴構造はその錯体の化学的性質に依存する.Fe(II)L_5(O_2) 錯体を考えてみよう.下図のように同じ錯体であるが,異なる共鳴構造で示される.

Fe(II)L_5(O_2)錯体 ↔ Fe(III)-スーパーオキシド錯体 ↔ Fe(IV)-ペルオキシド錯体

　もし,Fe(II)L_5(O_2) が求電子剤として反応するという実験証明がなされているならば,Fe(II) の共鳴構造が最も適切であろう.事実,トリプトファン異化反応の最初の反応(図5・26)はこのような反応であるといわれている.

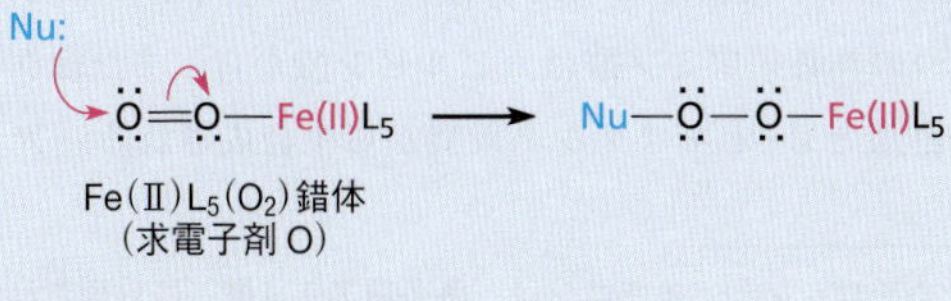

Fe(II)L_5(O_2)錯体
(求電子剤 O)

一方,この錯体がラジカル的に反応するのであれば,Fe(III)の鉄-スーパーオキシドの共鳴構造がより適切であろう.トリプトファン異化反応の5段階目の反応(図5・29)は下記のように進行すると考えられている.

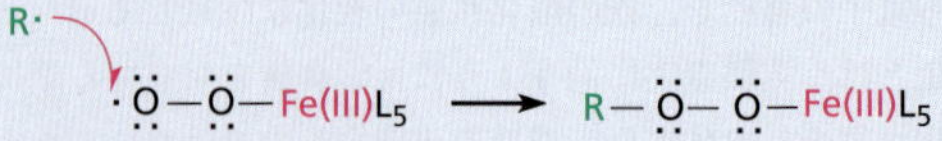

$$\text{R·} \quad :\ddot{\text{O}}-\ddot{\text{O}}-\text{Fe(III)L}_5 \longrightarrow \text{R}-\ddot{\text{O}}-\ddot{\text{O}}-\text{Fe(III)L}_5$$

Fe(III)-スーパーオキシド
(ラジカル O)

またこの錯体が求核剤として反応するならば,適切な共鳴構造は Fe(IV)の鉄-ペルオキシドということになる.フェニルアラニン異化反応の3段階目の反応(図5・23)は下記のように進行する.

$$\text{E} \quad :\ddot{\text{O}}-\ddot{\text{O}}-\text{Fe(IV)L}_5 \longrightarrow \text{E}-\ddot{\text{O}}-\ddot{\text{O}}-\text{Fe(IV)L}_5$$

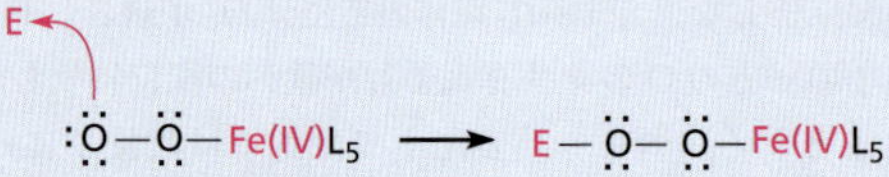

Fe(IV)-ペルオキシド
(求核剤 O)

より複雑な反応も,同様の方法で取扱うことができる.重要なのは,反応物と生成物の電子に着目し,実際の反応をひき起こすために必要な構造を考えることである.

5・4 非必須アミノ酸の生合成

タンパク質中に含まれる20種類のアミノ酸のうち,ヒトは"非必須アミノ酸"とよばれる11種類しかつくることができない.残りの9種類は"必須アミノ酸"とよばれ,食物中から摂取する必要がある.しかしながら,必須アミノ酸と非必須アミノ酸の区別はあいまいなこともある.たとえばチロシンはフェニルアラニンから生合成することができるため非必須アミノ酸に分類されるが,そのフェニルアラニンは食物中から摂取されなければならない必須アミノ酸である.アルギニンはヒトの生体内で生合成されるが,実際にはタンパク質中のアルギニンのほとんどは食物から摂取されたものである[*1].図5・30に20種類のアミノ酸に共通する前駆体を示す.

アラニン,アスパラギン酸,グルタミン酸,アスパラギン,
**　　　　　　　　　　　　　　　　グルタミン,アルギニン,プロリン**

アラニン,アスパラギン酸,グルタミン酸,アスパラギン,グルタミン,アルギニン,プロリンの七つの非必須アミノ酸は,ピルビン酸から,またはクエン酸回路の中間体であるオキサロ酢酸と2-オキソグルタル酸から生合成される.**アラニン**はピルビン

[*1] 訳注: このためチロシンとアルギニンは"準必須アミノ酸"に分類されることもある.

5・4 非必須アミノ酸の生合成

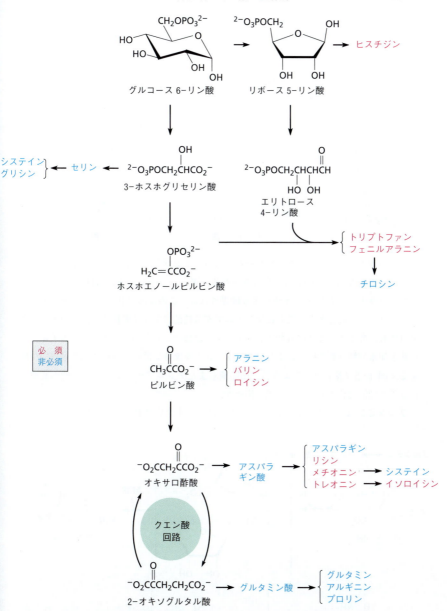

図 5・30 アミノ酸の生合成 必須アミノ酸（赤）は植物や細菌によって合成され，食物中から摂取するしかない．ヒトは非必須アミノ酸（青）のみを生体内で合成できる．

酸への，**アスパラギン酸**はオキサロ酢酸への，**グルタミン酸**は 2-オキソグルタル酸への PLP 依存性アミノ基転移により生成する．

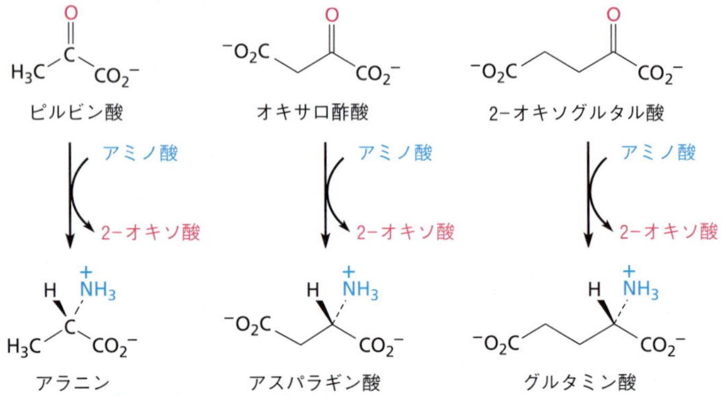

アスパラギンとグルタミンはそれぞれアスパラギン酸とグルタミン酸の末端カルボン酸がアミドとなることによって生合成される．**アスパラギン**合成は ATP を補因子としてアスパラギンシンテターゼ[41)]により触媒される．この反応はβ-アスパルチルアデノシン一リンを中間体とし，これにアンモニアが求核的にアシル置換する．このアンモニア自体も，酵素のアミノ酸残基のシステインが求核アシル置換し，さらにそのチオアシル基が加水分解されることによりグルタミンがグルタミン酸へと変換される過程で生成する．図 3・3（§3・1）のように，脂肪酸もまたアシルアデノシン一リン酸へ変換されることで活性化されることを思い出そう．

グルタミンはグルタミンシンテターゼ[42)]により生合成される．この反応では，まず

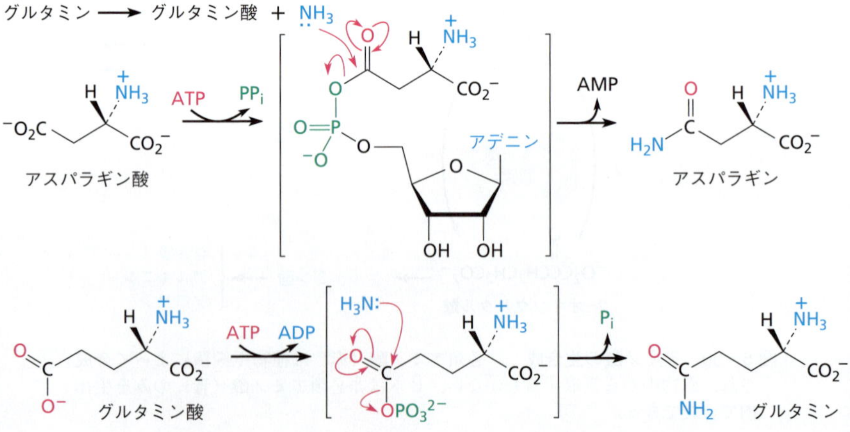

アシルリン酸が中間体として生成し，これにアンモニアが求核アシル置換する．アスパラギンとグルタミンでアシル基活性化の様式が異なる（アシルアデノシン―リン酸か，アシルリン酸か）のは，化学的には重要ではなく，単にこれら二つの酵素が進化的に異なる系統であるためと考えられている．

ヒトにおいては，**アルギニン**は図5・31に示す経路でグルタミン酸から合成される．グルタミン酸とATPが反応してアシルリン酸となり，さらにNADHのヒドリドが求核アシル置換することで還元され，グルタミン酸5-セミアルデヒドとなる．このアルデヒドのカルボニル基に，グルタミン酸のアミノ基がPLP依存的に転移してオルニチンとなり，さらにすでに述べたように尿素回路（§5・2，図5・2）でアルギニンへと変換される．**プロリン**もまた，このグルタミン酸5-セミアルデヒドから非酵素的に生成する．この過程はプロリンの異化の逆反応であり，グルタミン酸5-セミアルデヒドのアルデヒドとアミノ基が分子内で酵素を介することなく環状イミンを形成し，そのC=N二重結合がNADHにより還元される（図5・31）．

セリン，システイン，グリシン

セリン，システイン，グリシンの三つの非必須アミノ酸は，解糖系（§4・2，図4・

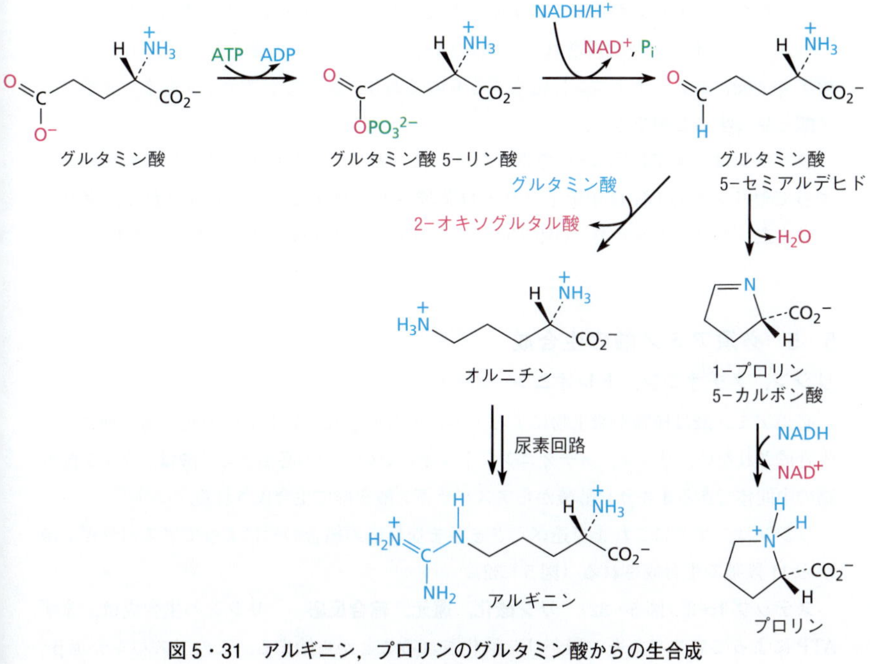

図5・31 アルギニン，プロリンのグルタミン酸からの生合成

3) の中間体である 3-ホスホグリセリン酸から生合成される.

セリンはまず,3-ホスホグリセリン酸の -OH 基が酸化されてケトンとなり,ここに PLP 依存的にアミノ基転移が起こることで 3-ホスホセリンとなり,リン酸エステルの加水分解によってセリンとなる.この加水分解はホスホセリンホスファターゼ[43]によって触媒され,酵素のアスパラギン酸残基が 3-ホスホセリンのリン酸に求核攻撃してアシルリン酸中間体が生成し,これが加水分解されることで進行する.

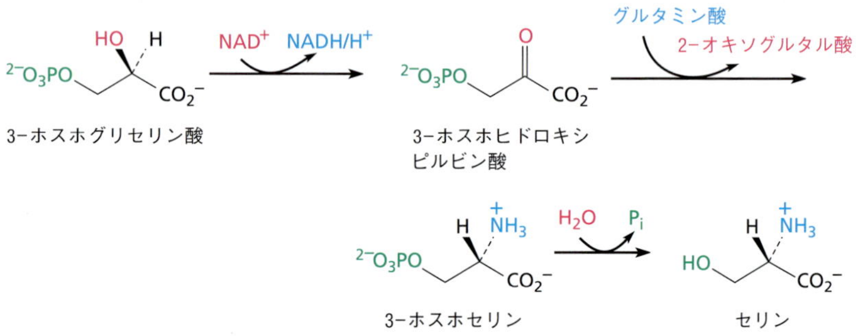

システインはメチオニンの異化のなかですでに述べたように,セリンから生合成される.すなわち,セリンがホモシステインと反応してシスタチオニンとなり(図 5・17),これがシステインへと変換される(図 5・18).システインの硫黄原子は,もともと必須アミノ酸であるメチオニンに由来するものであり,よってシステインもまた必須アミノ酸と見なすことができる.

グリシンは,すでに図 5・6 で述べたように,セリンヒドロキシメチル基転移酵素によってセリンから CH_2O がテトラヒドロ葉酸へと転移することで合成される.グリシンはまた,グリオキシル酸($OHCCO_2^-$)へのアミノ基転移によっても合成される.

5・5 必須アミノ酸の生合成

リシン,メチオニン,トレオニン

必須アミノ酸は植物や微生物によってのみ生合成され,ヒトやその他の高等動物では生合成されない.リシン,メチオニン,トレオニンの三つの必須アミノ酸は,クエン酸回路の中間体であるオキサロ酢酸からアスパラギン酸を経て生合成される.

リシンは,すでにこれまで述べたさまざまな反応の組合わせによってアスパラギン酸から 11 段階で生合成される(図 5・32).

ステップ 1〜3(図 5・32) **リン酸化,還元,縮合反応**　リシンの生合成は,まず ATP によってアスパラギン酸がリン酸化されることから始まる.このアスパルチル β-

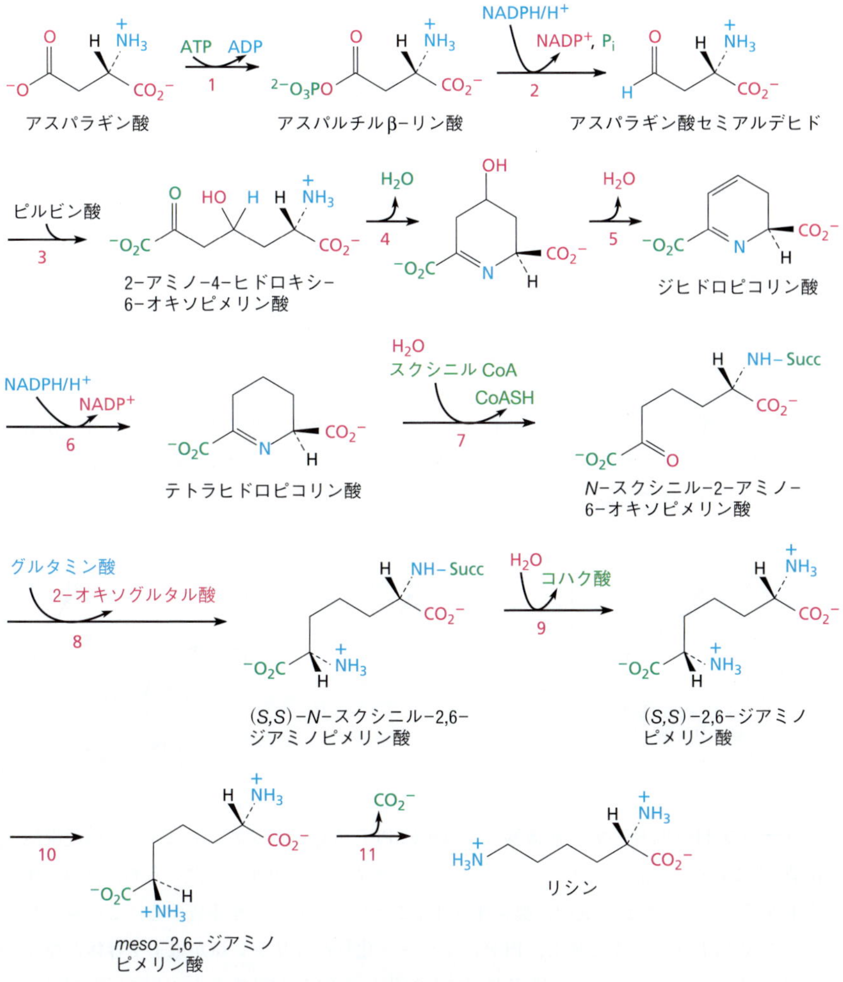

5・5 必須アミノ酸の生合成

図5・32 アスパラギン酸からのリシンの生合成経路 Succ はスクシニル基を示す．個々のステップの説明は本文参照．

リン酸が NADPH よって還元されてセミアルデヒドとなり，ピルビン酸とアルドール縮合する．

ステップ4〜6（図5・32） 環化，脱水，還元 ステップ3のアルドール縮合の生成物であるアミノβ-ヒドロキシケトンが，ステップ4で分子内イミンを形成することで環化し，ステップ5で水が E1cB 脱離してジヒドロピコリン酸となる．この C=C−C=N$^+$

にNADPHのヒドリドが共役付加することでC=C二重結合が還元され,テトラヒドロピコリン酸となる.

ステップ7〜9(図5・32) **スクシニル化,加水分解,アミノ基転移,加水分解**
テトラヒドロピコリン酸の窒素がスクシニルCoAと反応し,さらに加水分解を受けることでN-スクシニル-2-アミノ-6-オキソピメリン酸となる.このカルボニル基にグルタミン酸からアミノ基が転移して,(S,S)-N-スクシニル-2,6-ジアミノピメリン酸となり,そのコハク酸部分が加水分解を受け,(S,S)-2,6-ジアミノピメリン酸となる.

ステップ10(図5・32) **エピマー化** ステップ9でできた(S,S)-2,6-ジアミノピメリン酸はエピマー化して$meso$-2,6-ジアミノピメリン酸となる.このエピマー化はジアミノピメリン酸エピメラーゼによって触媒される[44].この酵素はPLP非依存性であり,α位の脱プロトン−再プロトン化により立体反転を起こすと考えられている(多くのアミノ酸のエピメラーゼはPLPイミンを含む).酵素残基のチオレートイオンがα位の酸性度の高いプロトンを引抜き,生成するカルボアニオンに逆側からプロトンが付加することで立体が反転する.

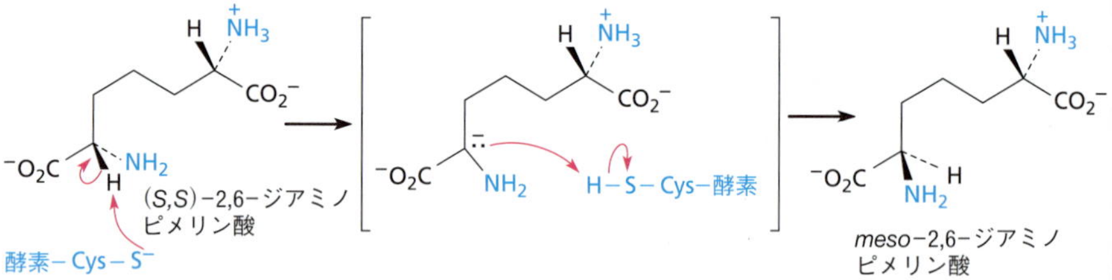

ステップ11(図5・32) **脱炭酸** 最後にPLP依存性のジアミノピメリン酸脱炭酸酵素[45]によって,$meso$-2,6-ジアミノピメリン酸の二つのカルボン酸のうち,Rの立体を有するカルボン酸が特異的に脱炭酸されることによりリシンが生成する.この脱炭酸ではまずPLPイミンが生成し,PLPのプロトン化したピリジン環が電子受容体となり脱炭酸が進行する.さらにα炭素がプロトン化してPLPが脱離することで反応が完結する(図5・33).この過程はグリシンの開裂(§5・3,図5・7)と類似している.

メチオニンは,リシンと同様にアスパラギン酸セミアルデヒドから5段階で合成される(図5・34).

ステップ1,2(図5・34) **還元とスクシニル化** まずアスパラギン酸セミアルデヒドがNADPHにより還元されホモセリンとなり,さらにスクシニルCoAによりスクシニル化される.この反応は,ホモセリントランススクシニラーゼ[46]により触媒され,最初のスクシニルCoAと酵素のシステイン残基との反応と,それに続くスクシニル基のホモセリンへの求核アシル置換反応よりなる.

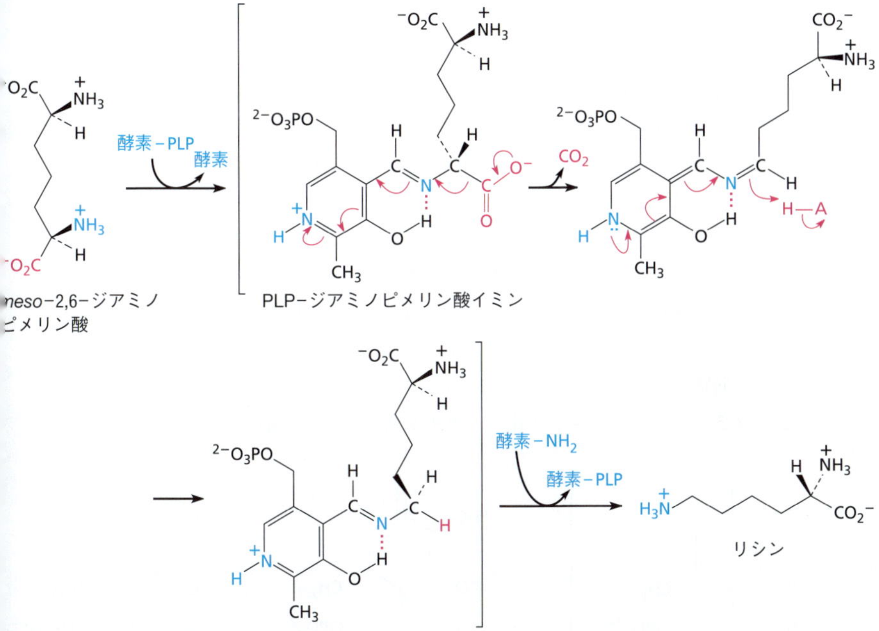

図 5・33 *meso*-2,6-ジアミノピメリン酸が PLP 依存的に脱炭酸しリシンを生成する反応機構（図 5・32，ステップ 11）

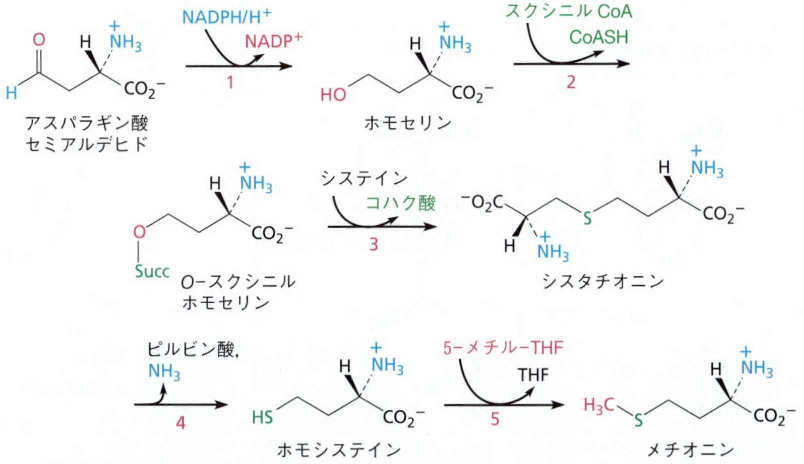

図 5・34 アスパラギン酸からメチオニンへの生合成経路　個々のステップの説明は本文参照．

268   5. アミノ酸代謝

ステップ3（図5・34） **システインの付加**　次のO-スクシニルホモセリンとシステインがシスタチオニンとなる反応は，PLP依存性のシスタチオニンγ-合成酵素[47]）により触媒される脱離-付加機構により進む（図5・35）．まずPLP-O-スクシニルホモセリンイミンが生成し，そのα位の脱プロトンにより中間体が生成する．この中間体のβ位の脱プロトンによりエナミンが生成する．ここからコハク酸が脱離し，さらにシステインが共役付加することで再びエナミンが生成する．このエナミンが開裂することでシスタチオニンが生成する．

ステップ4（図5・34） **シスタチオニンの開裂**　シスタチオニンが開裂しホモシステインとピルビン酸となる反応は，ここでもまた別のPLP依存性の酵素であるシスタチオニンβ-リアーゼ[47]）により触媒される．この反応は，セリンの異化で述べたような脱離反応と同様の機構で進行する（§5・3，図5・5）．

ステップ5（図5・34） **メチル化**　ホモシステインの-SH基の5-メチルテトラヒ

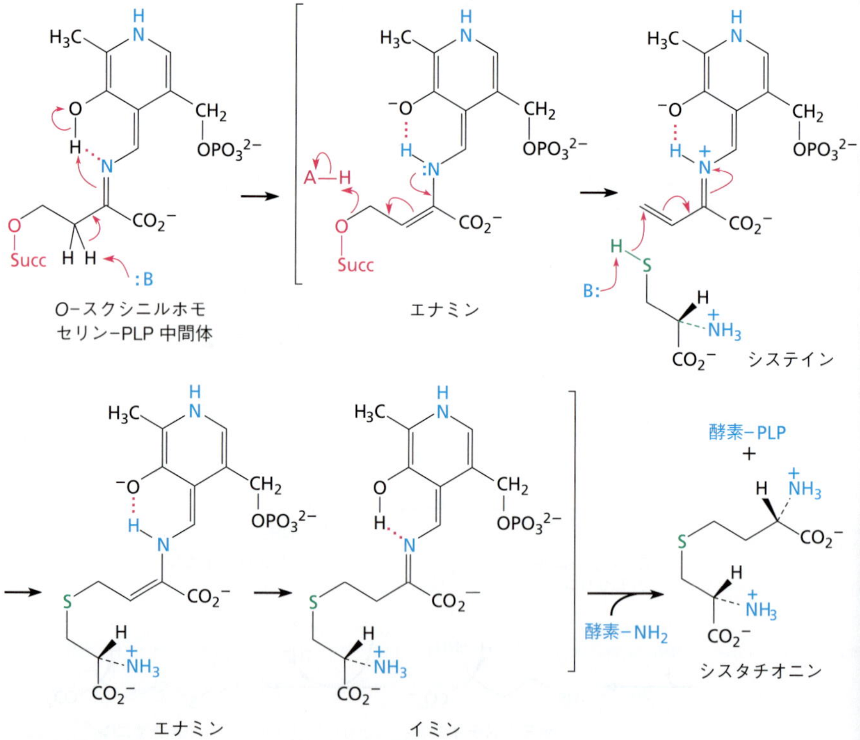

図5・35　O-スクシニルホモセリンとシステインがシスタチオニンとなる反応機構（図5・34，ステップ3）Succはスクシニル基を示す．

ドロ葉酸（5-メチル-THF）によるメチル化は，補酵素 B_{12} 依存性のメチオニン合成酵素によって触媒される[48]．§5・3のトレオニンの異化で述べたように，補酵素 B_{12} は2種類の反応を触媒する．すなわち，水素原子と隣接した官能基との置換反応と，二つの化合物間のメチル基転移反応である．

ホモシステインのメチル化反応において，多くの細菌では5-メチルテトラヒドロ葉酸からコバラミンのコバルト原子へのメチル基転移が最初に起こる．コバラミンは補酵素 B_{12} のコバルトからアデノシンが脱離した中間体である．ここで生成したメチルコバ

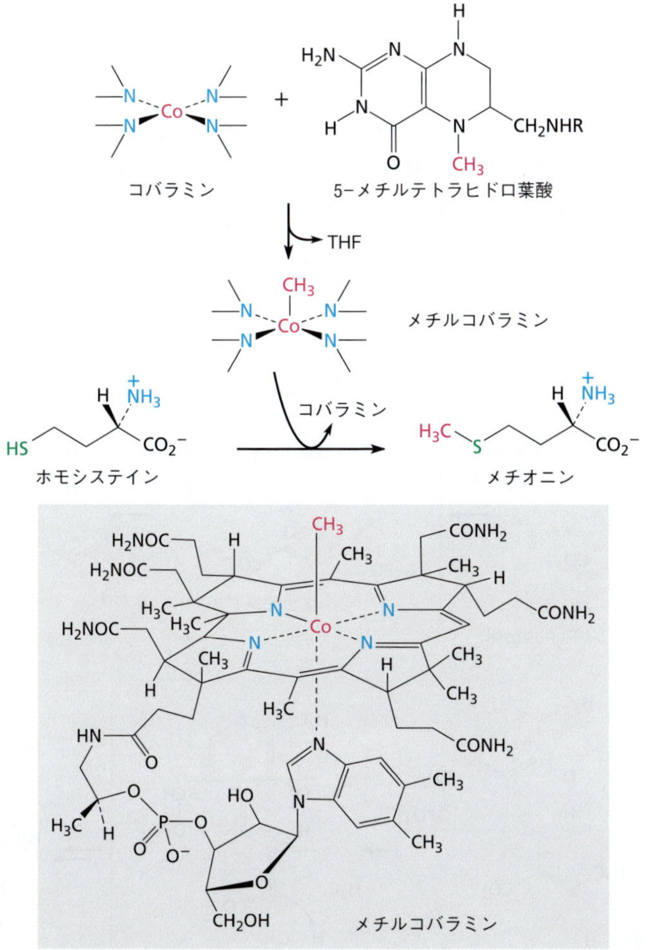

図5・36 ホモシステインからメチオニンへの生合成とメチルコバラミンの構造

ラミンからホモシステインへメチル基の転移が起こる．この反応全体でメチル基の立体配置は保持されることから，この反応はおそらくは連続する二つの S_N2 置換であろうと考えられる．事実，コバラミンの Co(I)原子は活性の高い求核剤であり，多くの非酵素的な S_N2 反応に関与する．反応の流れとメチルコバラミンの構造を図 5・36 に示す．

トレオニンはホモセリンから 2 段階で合成される．最初に ATP によるリン酸化でホスホホモセリンが生成し，転位反応によりトレオニンとなる．

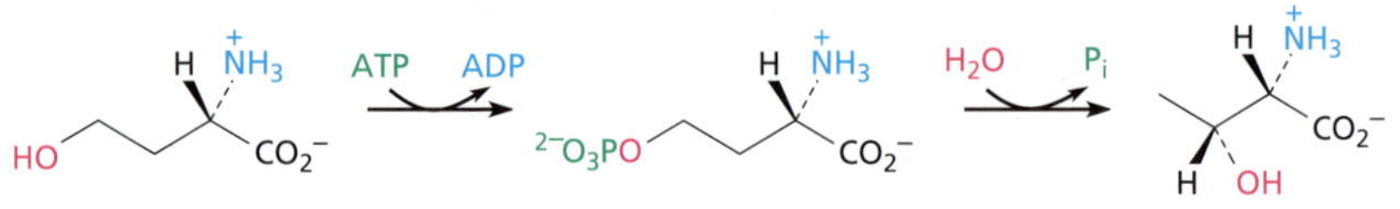

ホモセリン　　ホスホホモセリン　　トレオニン

図 5・37 に示すように，ホスホホモセリンのトレオニンへの転位反応は PLP 依存性のトレオニン合成酵素[49]により触媒される．ここでは，図 5・34 のシスタチオニン生合成と同様に，PLP とホスホホモセリンのイミンがエナミンとなってリン酸が脱離し，さらに互変異性化することで再び生成したエナミンに H_2O が共役付加し，最終的に PLP が脱離することで反応が完結する．

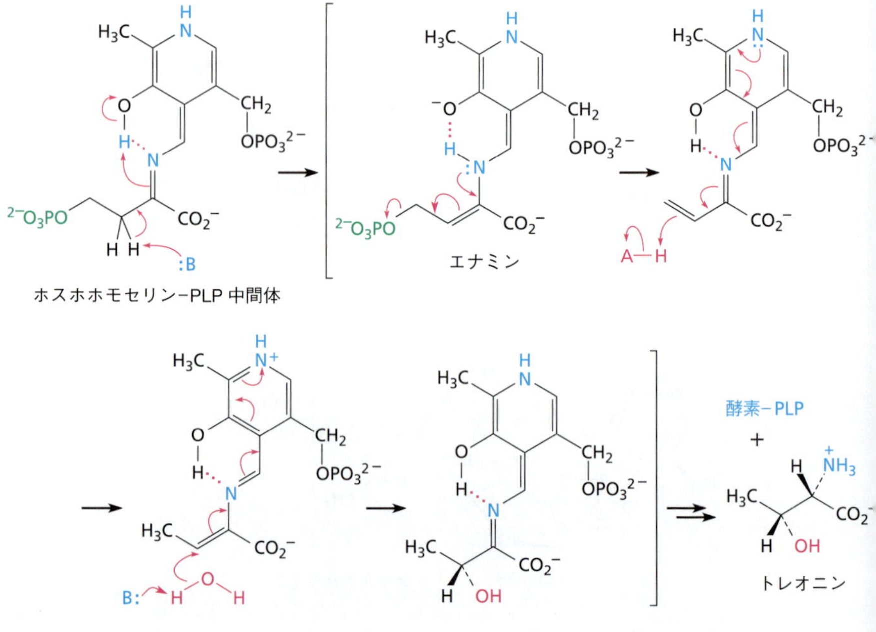

図 5・37　ホスホホモセリンからトレオニンへの生合成反応機構

イソロイシン，バリン，ロイシン

　必須アミノ酸であるイソロイシン，バリン，ロイシンはピルビン酸より生合成される．図5・38に示すように，**イソロイシン**の生合成では，まずピルビン酸にチアミン二リン酸（TTP）が付加し，§4・3，図4・9で述べたように脱炭酸が起こり，ヒドロキシエチルチアミン二リン酸（HETPP）が生成する．これが2-オキソ酪酸に求核付加し，TPPが脱離することによって2-エチル-2-ヒドロキシ-3-オキソ酪酸となる．ここで使われる2-オキソ酪酸自体はトレオニンの異化（§5・3）により生成する．次に2-エチル-2-ヒドロキシ-3-オキソ酪酸の転位反応によって，2-オキソ-3-ヒドロキシ-3-メチル吉草酸となり，さらにNADHによる還元を受けて，2,3-ジヒドロキシ-3-メチル吉草酸となる．これが脱水反応によりエノールの生成を経て2-オキソ-3-メチル吉草酸へと互変異性化する．そしてアミノ基転移反応により最終的にイソロイシンとなる．

　2-エチル-2-ヒドロキシ-3-オキソ酪酸が，転位とNADH還元によって2,3-ジヒドロキシ-3-メチル吉草酸となる反応（図5・38）は，アセトヒドロキシ酸イソメロ還元

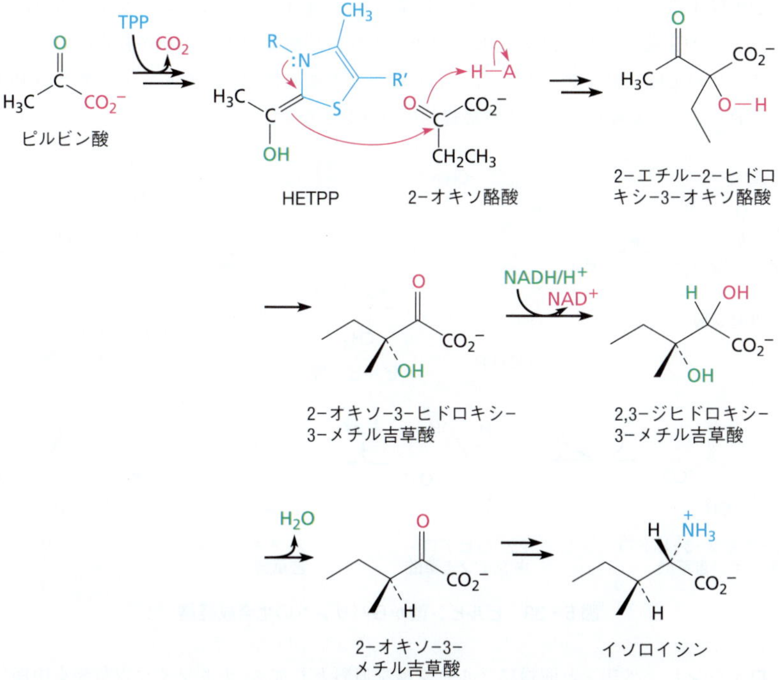

図5・38　ピルビン酸からイソロイシンへの生合成経路

酵素[50)]によって触媒される．転位反応は，酵素に含まれる Mg^{2+} が酸となり，ケトンのカルボニル基に配位し，ヒドロキシ基のプロトンが酵素の塩基に引抜かれてエチル基がC2位からC3位に転位して構造異性体のヒドロキシケトンを生成する，いわゆるアシロイン転位（§3・5, 図3・21）の機構によって進行する．

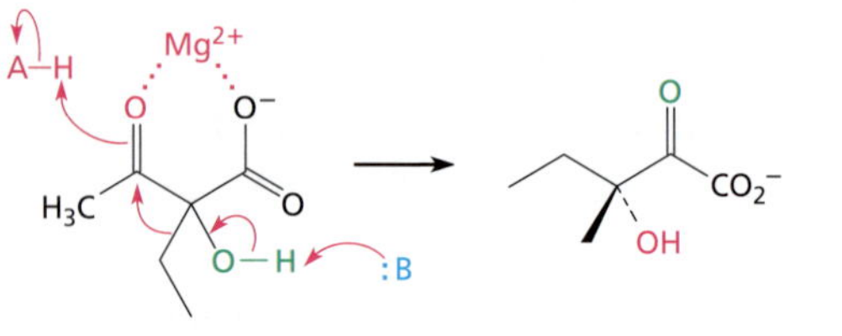

2-エチル-2-ヒドロキシ-3-オキソ酪酸 → 2-オキソ-3-ヒドロキシ-3-メチル吉草酸

バリンの生合成は，イソロイシンとよく似た6段階の反応（図5・39）により生合成される．まずピルビン酸にTPPが付加して脱炭酸することでHETPPが生成し，これが2分子目のピルビン酸に求核付加することで2-メチル-2-ヒドロキシ-3-オキソ酪酸が生成する．ついでアシロイン転位によって2-オキソ-3-ヒドロキシイソ吉草酸となり，NADH還元を受け2,3-ジヒドロキシイソ吉草酸となる．これが脱水反応によりエノールの生成を経て2-オキソイソ吉草酸へと互変異性化し，グルタミン酸とのPLP依存的なアミノ基転移反応により最終的にバリンとなる．

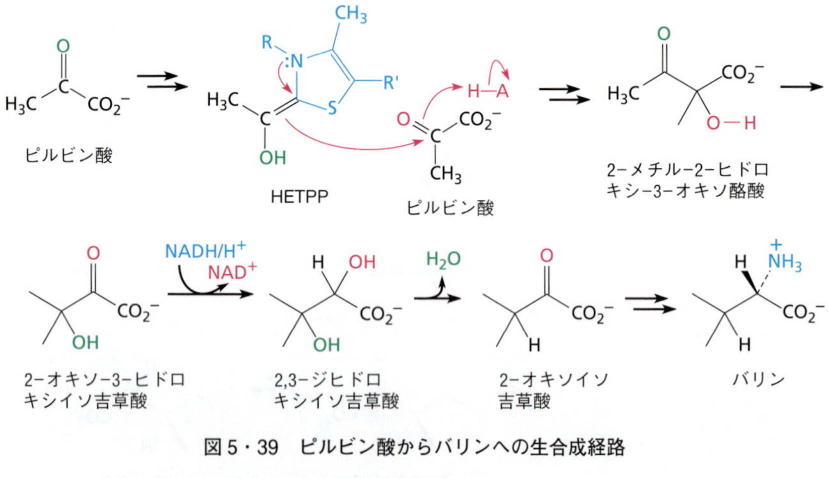

図5・39　ピルビン酸からバリンへの生合成経路

ロイシンも，バリンと同様にピルビン酸を原料として2-オキソイソ吉草酸を中間体とする経路で合成される（図5・40）．この2-オキソイソ吉草酸がアセチルCoAとア

ルドール縮合して1-イソプロピルリンゴ酸となり，ヒドロキシ基の脱水反応とそれに続く水和反応による転位により2-イソプロピルリンゴ酸となる．この過程はクエン酸回路のステップ2（§4・4，図4・13）に似ている．2-イソプロピルリンゴ酸は，NAD^+によって酸化され，生成した3-オキソ酸骨格から脱炭酸が起こることで2-オキソ-4-メチル吉草酸となり，アミノ基転移によって最終的にロイシンとなる．

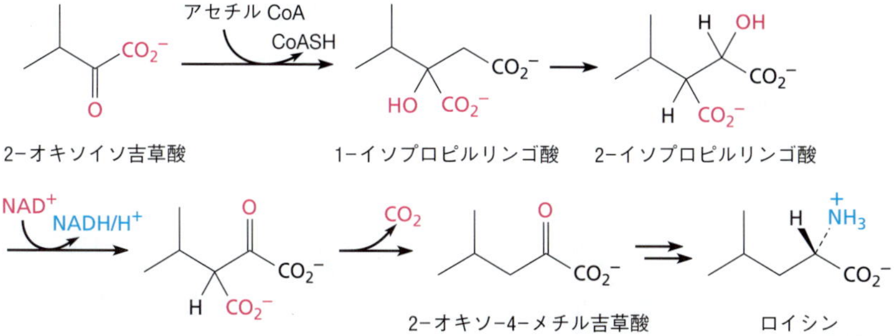

図5・40 ピルビン酸からロイシンへの生合成経路

トリプトファン，フェニルアラニン，チロシン

　トリプトファン，フェニルアラニン，チロシン[*2]の三つのアミノ酸は，図5・41に示すようにホスホエノールピルビン酸（PEP）とエリトロース4-リン酸から生成するコリスミ酸とよばれる中間体を経由して生合成される（コリスミ酸経路）．

　芳香族アミノ酸は哺乳類ではなく植物や微生物によってのみ生合成されるため，その生合成経路を阻害する手段が発見されれば，より安全な除草剤の開発につながる．たとえば広域除草剤として用いられるグリホセートは，コリスミ酸経路のステップ7とステップ8を触媒する5-エノールピルビルシキミ酸-3-リン酸合成酵素を阻害し，芳香族アミノ酸の合成を阻害することにより植物を枯死させる．

　ステップ1～3（図5・41）　**5-デヒドロキニン酸の生成**　コリスミ酸の生合成では，まずホスホエノールピルビン酸がエリトロース4-リン酸に求核付加し，さらに分子内ヘミアセタールを形成し環化する[51]．生成した3-デオキシ-D-アラビノヘプツロソン酸7-リン酸（3-deoxy-D-arabinoheptulosonate 7-phosphate: DAHP）は，一連の興味深い反応の結果，5-デヒドロキニン酸となる．この一連の反応はデヒドロキニン酸合成酵素[52),53)]によって触媒され，図5・42に示すように5段階で進行する．〈ステッ

[*2] 訳注: チロシンは非必須アミノ酸に分類されるが，体内ではフェニルアラニンから生合成されるため，便宜上フェニルアラニンとともに生合成機構を説明する．

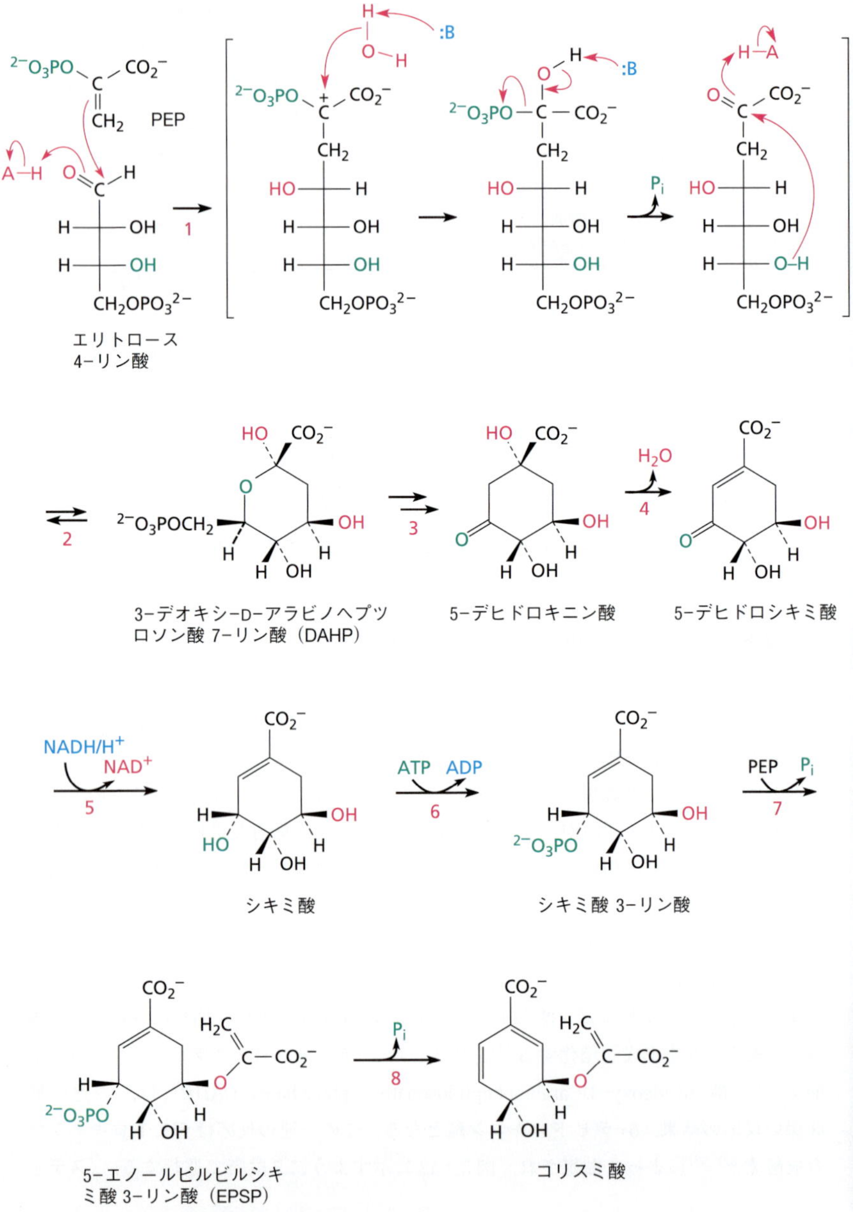

図 5・41　芳香族アミノ酸生合成の中間体であるコリスミ酸の生合成経路
個々のステップの説明は本文参照.

プ 1〉まず DAHP の C5 位のヒドロキシ基が NAD$^+$ によって酸化されケトンとなり，〈ステップ 2〉リン酸が脱離して α,β-不飽和ケトンとなる．〈ステップ 3〉次にケトンのカルボニル基が還元され，〈ステップ 4〉ヘミアセタールが開環することでエノラートイオン中間体となり，〈ステップ 5〉さらに分子内アルドール反応によって 5-デヒドロキニン酸が生成する．

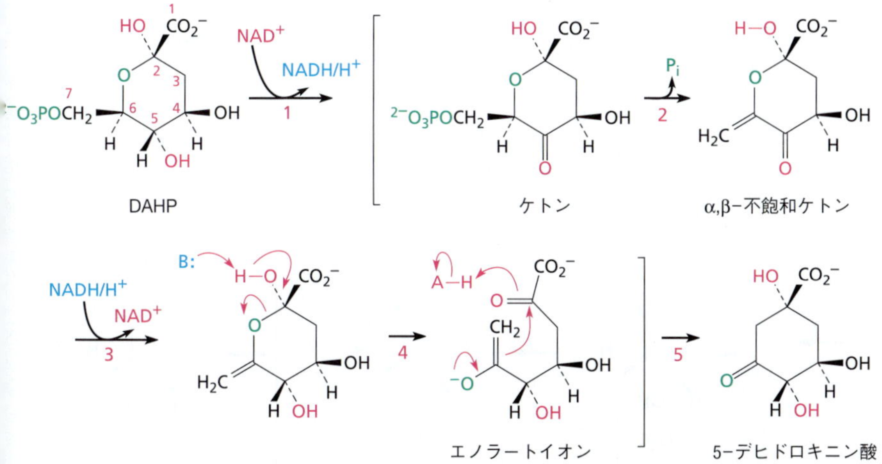

図 5・42　3-デオキシ-D-アラビノヘプツロソン酸 7-リン酸が 5-デヒドロキニン酸に変換される反応機構（図 5・42，ステップ 3）　デヒドロキニン酸合成酵素によって一連の 5 段階の反応が触媒される．

ステップ 4〜6（図 5・41）　脱水，還元，リン酸化　次の 3 段階の反応は，比較的単純な反応である．5-デヒドロキニン酸から H_2O が E1cB 脱離することで 5-デヒドロシキミ酸となり，NADH により還元されてシキミ酸となる．これが ATP によりリン酸化されてシキミ酸 3-リン酸となる．

ステップ 7,8（図 5・41）　コリスミ酸の生成　シキミ酸 3-リン酸は PEP との反応により 5-エノールピルビルシキミ酸 3-リン酸（5-enolpyruvylshikimate 3-phosphate：EPSP）となる．この反応は図 5・43 に示す付加-脱離の 2 段階で進行し，5-エノールピルビルシキミ酸-3-リン酸合成酵素（5-enolpyruvylshikimate-3-phosphate synthase：EPSPS）[54),55)] によって触媒される．酵素の Glu-341 によってホスホエノールピルビン酸の二重結合が Si 面からプロトン化し，同時にシキミ酸 3-リン酸の水酸基が Re 面から求核攻撃することで，S 体の光学活性中心をもつ四面体中間体が生成する．ここからリン酸がシン脱離することで 5-エノールピルビルシキミ酸 3-リン酸となる．この反応

では最初にPEPの二重結合に付加した水素が再び脱離しているため，二重結合の立体が保たれていることに注目しよう．すなわち，PEPでカルボキシ基に対しシス形であった水素は，EPSPのカルボキシ基に対してもシス形である．

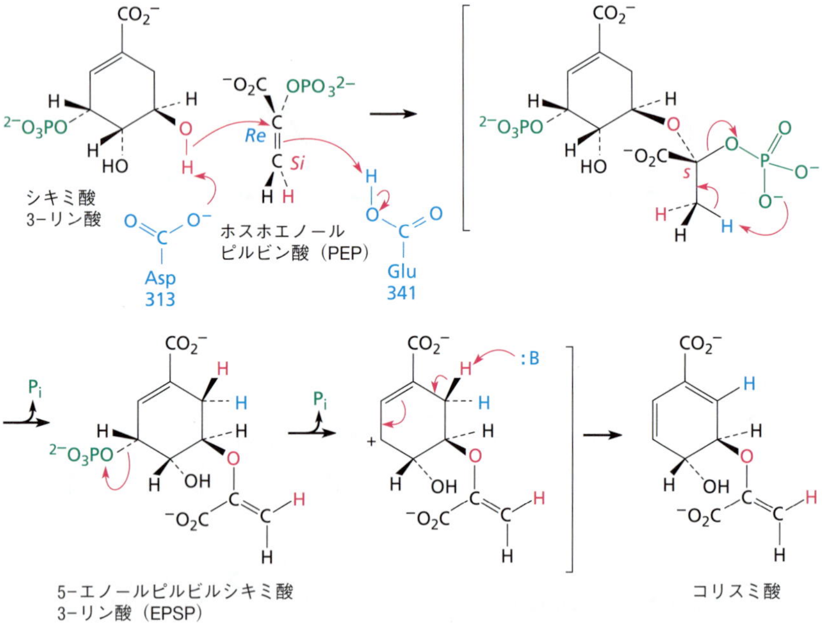

図5・43 シキミ酸3-リン酸がコリスミ酸に変換される反応機構（図5・41，ステップ7・8）

コリスミ酸生合成の最終段階は，コリスミ酸合成酵素[56),57)]により触媒される5-エノールピルビルシキミ酸 3-リン酸のリン酸の脱離である．この反応は協奏的ではなく，C3位のリン酸とC6位のpro-Rの水素が段階的に脱離する1,4-アンチ脱離反応である．この反応の機構はよくわかっていないが，可能性としては図5・43に示すように，まずリン酸が脱離してアリル位にカルボカチオンが生じ，ついで脱プロトンが起こるE1脱離が考えられる．しかしながら，驚いたことにこの反応は補因子としてFADの類縁体である還元型のFMN（フラビンモノヌクレオチド）を必要とするため，ラジカル中間体が関与している可能性も示唆されている．

トリプトファンは図5・44に示す一連の反応によりコリスミ酸から生合成される．

ステップ1（図5・44）　アントラニル酸の生成　コリスミ酸からアントラニル酸への変換は，アントラニル酸合成酵素[58)]が触媒する．この反応は，おそらくこの酵素内

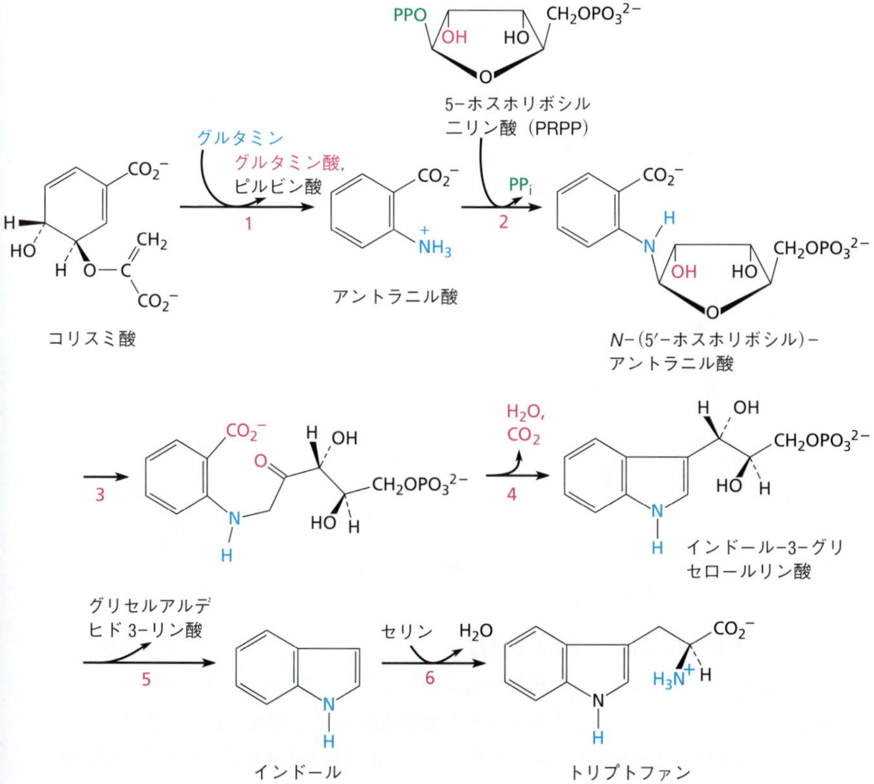

5・5 必須アミノ酸の生合成

図 5・44 コリスミ酸からトリプトファンへの生合成経路 個々のステップの説明は本文参照.

でグルタミンの加水分解により生成する NH_3 による OH のアリル位求核置換が関与していると考えられる. ついでピルビン酸が脱離してアントラニル酸が生成する. この二つの反応には Mg^{2+} が必要である.

ステップ 2, 3（図 5・44） **リボシル化と異性化**　アントラニル酸は 5-ホスホリボシル二リン酸（5-phosphoribosyl diphosphate: PRPP）との反応によってリボシル化さ

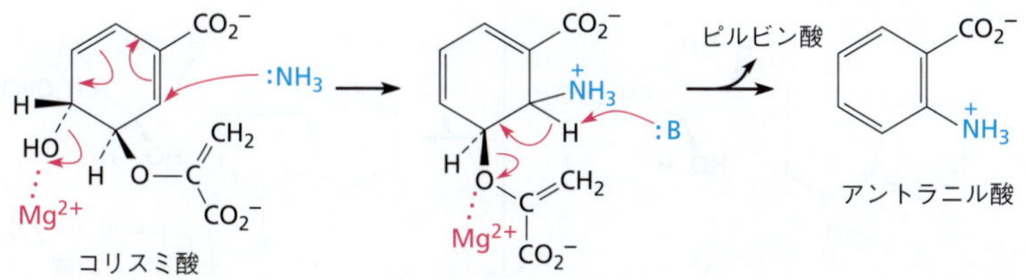

れ，N-(5′-ホスホリボシル)アントラニル酸となる．このリボシル環が開環しイミニウムイオンを生成し，さらに脱プロトンによりエノール体となり，最終的にケトン体へと異性化する．この異性化はホスホリボシルアントラニル酸イソメラーゼ[59]によって触媒される．

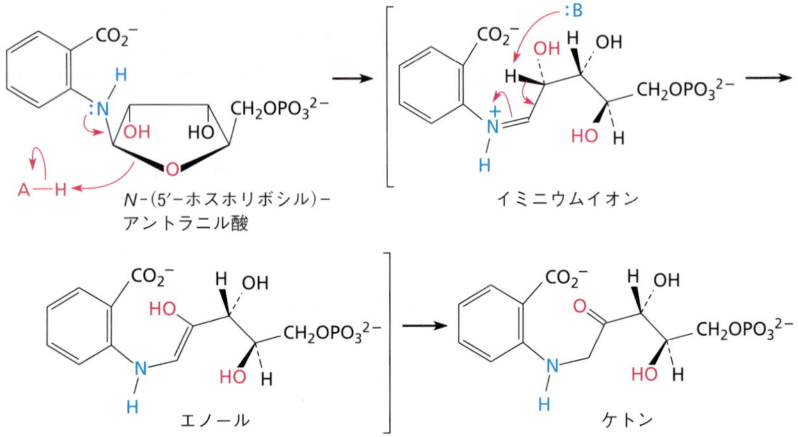

ステップ 4（図 5・44） **環化と脱炭酸**　ホスホリボシルアントラニル酸の異性化により生成したケトン体は，次に環化と脱炭酸を経てインドール-3-グリセロールリン酸となる．インドール-3-グリセロールリン酸合成酵素[60]に触媒されて芳香環がケトンのカルボニル基に求核反応し，イミニウムイオン中間体が生成する．ここから脱炭酸が起こり，さらに脱水によってインドール環が形成される．

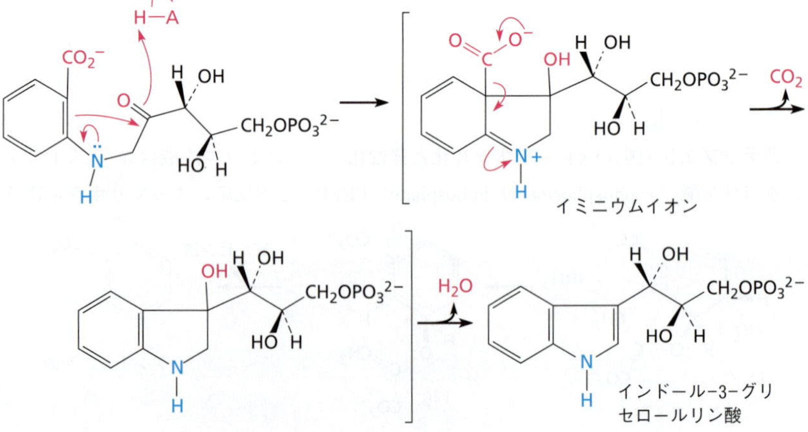

ステップ5,6（図5・44） グリセルアルデヒド3-リン酸の脱離とセリンの付加

トリプトファン生合成の5,6段階目はともにトリプトファン合成酵素[61),62)]によって触媒される．まずインドール-3-グリセロールリン酸がプロトン化してイミニウムイオンとなり，逆アルドール反応によってグリセルアルデヒド3-リン酸とインドールに分解される．次に環状エナミンであるインドールが，セリンから生成したアミノアクリル酸-PLPイミンの二重結合に共役付加することでトリプトファンが生成する（図5・45）．アミノアクリル酸-PLPイミンの生成とそれに続く求核共役付加反応は，メチオニンの異化経路の最初のステップ（§5・3，図5・17）とまったく同じである．

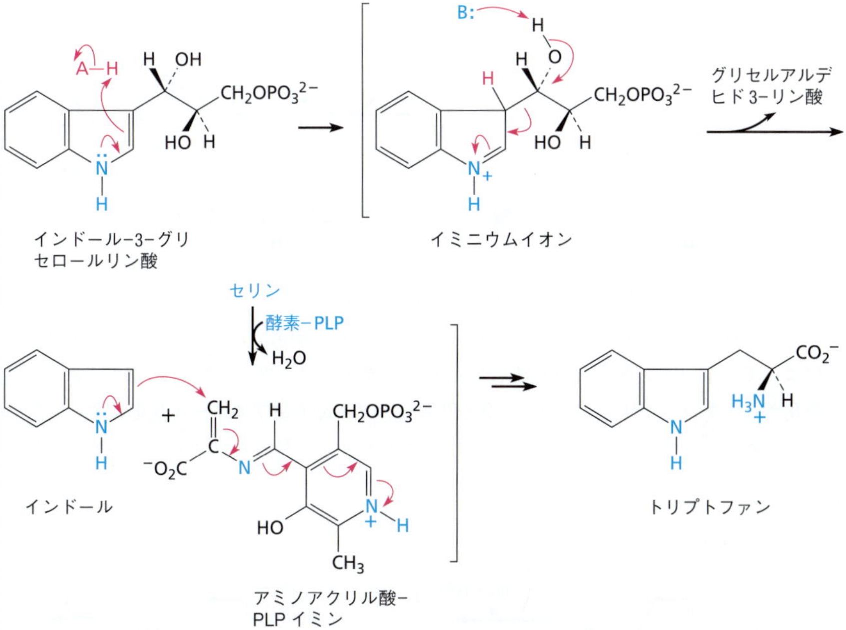

図5・45 インドール-3-グリセロールリン酸からトリプトファンが生成する反応機構（図5・44，ステップ5・6）

フェニルアラニンとチロシンもまた，トリプトファンのようにコリスミ酸から生合成される（図5・46）．この生合成の最も重要な反応は，コリスミ酸がクライゼン転位によってプレフェン酸へと変換される反応である．この反応はコリスミ酸ムターゼ[63)]によって触媒される．生合成経路にはあまり登場しないが，クライゼン転位は有機化学反応としてはよく知られ，詳しく研究されているペリ環状反応（§1・11）であり，アリルビニルエーテルが不飽和ケトンとなる反応である．この転位反応は，環状の遷移状態

から電子が再分布することによって1段階で起こる．生成したプレフェン酸からの脱炭酸と脱水反応によってフェニルピルビン酸が生成し，グルタミン酸からのアミノ基転移によってフェニルアラニンとなる．

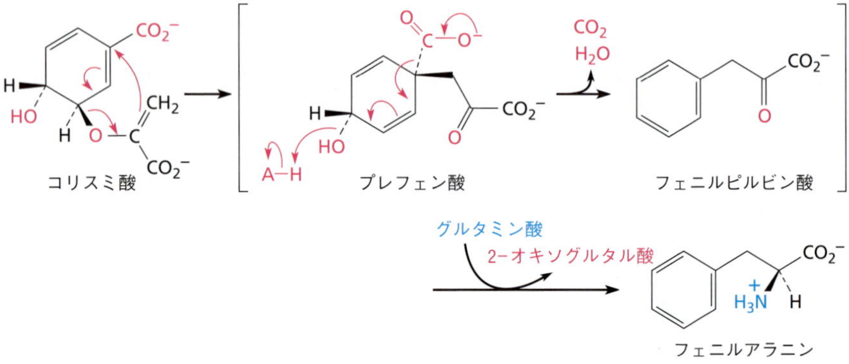

図5・46 コリスミ酸からフェニルアラニンへの生合成経路

哺乳類では，すでに §5・3，図5・22 で述べたように，チロシンはフェニルアラニンのヒドロキシ化によって生合成される．しかしながら細菌では，図5・47 に示す経路によってプレフェン酸から直接生合成される．まず，プレフェン酸が NAD^+ によって酸化されシクロヘキサジエノン中間体が生成し，ここから逆アルドール反応によって脱炭酸が起こる．生成した 4-ヒドロキシフェニルピルビン酸とグルタミン酸のアミノ基

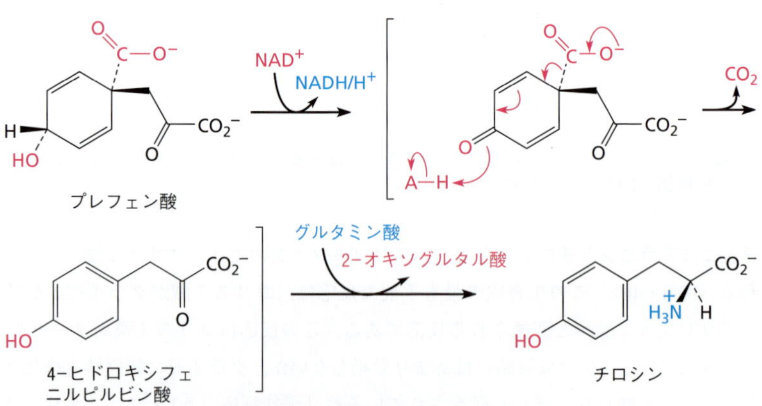

図5・47 細菌におけるプレフェン酸からチロシンへの生合成経路

5・5 必須アミノ酸の生合成

転移によってチロシンとなる．植物においても細菌と同様であるが，各反応の順序が異なる．つまり，最初にプレフェン酸へのアミノ基転移が起こり，ついで酸化，脱炭酸が起こる．

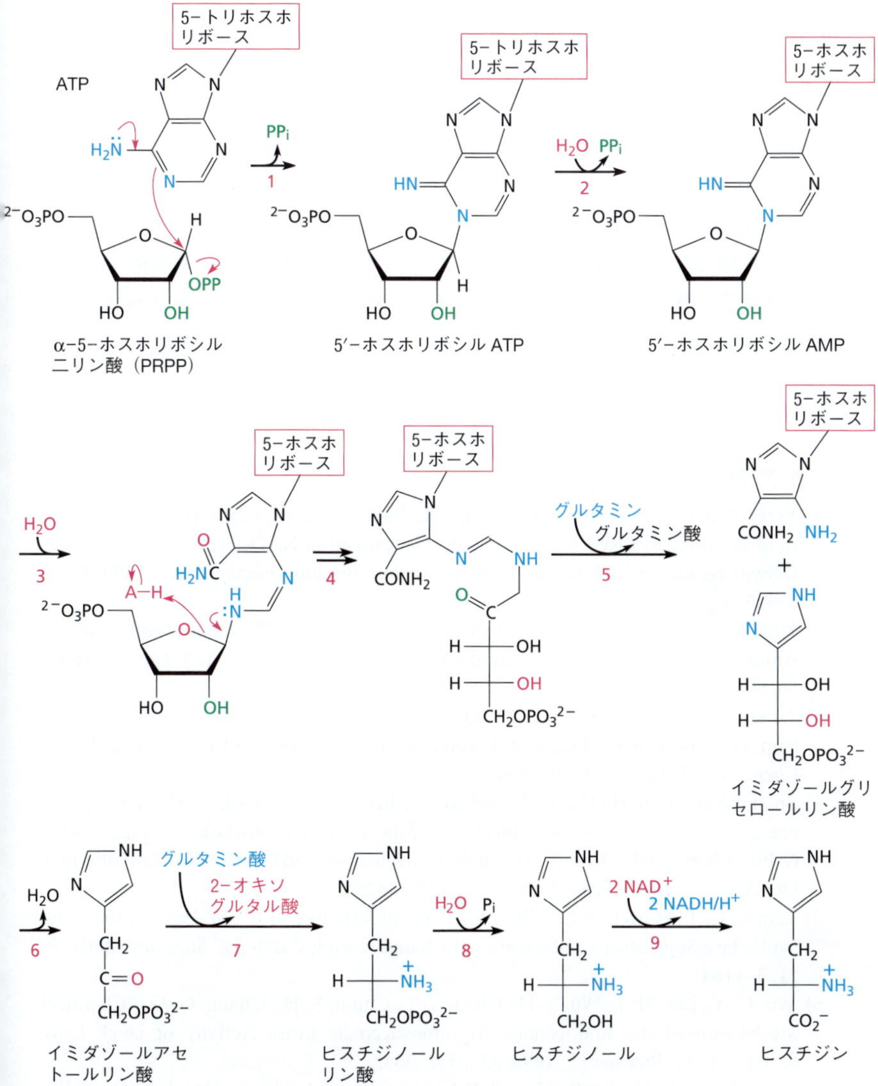

図5・48 ヒスチジンの生合成経路

ヒスチジン

ヒスチジンの生合成経路を図 5・48 に示す．〈ステップ 1〉最初に，ホスホリボシル二リン酸に ATP の窒素原子が求核置換反応する．この反応では，まず二リン酸が脱離してオキソニウムイオン中間体が生成し，そこに ATP が付加する．この反応はグリコシドの加水分解（§4・1，図 4・2）と同様である．〈ステップ 2〉ついで三リン酸が加水分解されて対応する一リン酸となる．〈ステップ 3〉さらにアデニンの六員環が加水分解され開環し，〈ステップ 4〉トリプトファンの生合成のステップ 3（図 5・44）でみられたように，リボース環が開環して異性化しケトンとなる．〈ステップ 5〉グルタミンの加水分解によって生成したアンモニアと，このケトンが反応することでアデニンの五員環部分が脱離し，イミダゾールグリセロールリン酸が生成する．〈ステップ 6〉これが脱水して生成するエノール体がケトンに互変異性化することでイミダゾールアセトールリン酸となる．その後，〈ステップ 7〉グルタミン酸とのアミノ基転移，〈ステップ 8〉末端リン酸エステルの加水分解，〈ステップ 9〉第一級アルコールの酸化を経てヒスチジンが生合成される．

参 考 文 献

1) Perez-Pomares, F.; Ferrer, J.; Camacho, M.; Pire, C.; Llorca, F.; Bonete, M. J., "Amino Acid Residues Involved in the Catalytic Mechanism of NAD-Dependent Glutamate Dehydrogenase from *Halobacterium salinarum*," *Biochim. Biophys. Acta*, **1999**, *1426*, 513–525.

2) Holden, H. M.; Thoden, J. B.; Raushel, F. M., "Carbamoyl Phosphate Synthetase. An Amazing Biochemical Odyssey from Substrate to Product," *Cell. Mol. Life Sci.*, **1999**, *56*, 507–522.

3) Lund, L.; Fan, Y.; Shao, Q.; Gao, Y. Q.; Raushel, F. M., "Carbamate Transport in Carbamoyl Phosphate Synthetase: A Theoretical and Experimental Investigation," *J. Am. Chem. Soc.*, **2010**, *132*, 3870–3878.

4) Shi, D.; Morizono, H.; Ha, Y.; Aoyagi, M.; Tuchman, M.; Allewell, N. M., "1.85-Å Resolution Crystal Structure of Human Ornithine Transcarbamoylase Complexed with *N*-Phosphonacetyl-L-Ornithine. Catalytic Mechanism and Correlation with Inherited Deficiency," *J. Biol. Chem.*, **1998**, *273*, 34247–34254.

5) Lemke, C. T.; Howell, P. L., "The 1.6-Å Crystal Structure of *E. coli* Argininosuccinate Synthetase Suggests a Conformational Change during Catalysis," *Structure*, **2001**, *9*, 1153–1164.

6) Wu, C.-Y.; Lee, H.-J.; Wu, S.-H.; Chen, S.-T.; Chiou, S.-H.; Chang, G.-G., "Chemical Mechanism of the Endogenous Argininosuccinate Lyase Activity of Duck Lens δ2-Crystallin," *Biochem. J.*, **1998**, *333*, 327–334.

7) Sampaleanu, L. M.; Yu, B.; Howell, P. L., "Mutational Analysis of Duck δ2 Crystallin and the Structure of an Inactive Mutant with Bound Substrate Provide Insight into

the Enzymatic Mechanism of Argininosuccinate Lyase," *J. Biol. Chem.*, **2002**, *277*, 4166–4175.
8) Cox, J. D.; Cama, E.; Colleluori, D. M.; Pethe, S.; Boucher, J.-L.; Mansuy, D.; Ash, D. E.; Christianson, D. W., "Mechanistic and Metabolic Inferences from the Binding of Substrate Analogues and Products to Arginase," *Biochemistry*, **2001**, *40*, 2689–2701.
9) Bewley, M. C.; Jeffrey, P. D.; Patchett, M. L.; Kanyo, Z. F.; Baker, E. N., "Crystal Structures of *Bacillus caldovelox* Arginase in Complex with Substrate and Inhibitors Reveal New Insights into Activation, Inhibition and Catalysis in the Arginase Superfamily," *Structure*, **1999**, *7*, 435–448.
10) Sun, L; Bartlam, M; Liu, Y; Pang, H; Rao, Z., "Crystal structure of the Pyridoxal-5'-Phosphate-Dependent Serine Dehydratase from Human Liver," *Protein Science*, **2005**, *14*, 791–798.
11) Chiba, C.; Terada, T.; Kameya, M.; Shimizu, K.; Arai, Hiroyuki, A.; Ishiii, M.; Igarashi, Y., "Mechanism for Folate-Independent Aldolase Reaction Catalyzed by Serine Hydroxymethyltransferase," *FEBS Journal*, **2012**, *279*, 504–514.
12) Schirch, V.; Szebenyi, D. M. E., "Serine Hydroxymethyltransferase Revisited," *Curr. Opin. Chem. Biol.*, **2005**, *9*, 482–487.
13) Marsh, E. N. G.; Drennan, C. L., "Adenosylcobalamin-Dependent Isomerases: New Insights into Structure and Mechanism," *Curr. Opin. Chem. Biol.*, **2001**, *5*, 499–505.
14) Buckel, W.; Friedrich, P.; Golding, B. T., "Hydrogen Bonds Guide the Short-Lived 5'-Deoxyadenosyl Radical to the Place of Action," *Angew. Chem. Int. Ed.*, **2012**, *51*, 9974–9976.
15) Phillips, R. S., "Chemistry and Diversity of Pyridoxal-5-phosphate Dependent Enzymes," *Biochim. Biophys. Acta*, **2015**, *1854*, 1167–1174.
16) Fibriansah, G.; Veetil, V. P.; Thunnissen, A.-M. W. H., "Structural Basis for the Catalytic Mechanism of Aspartate Ammonia Lyase," *Biochemistry*, **2011**, *50*, 6053–6062.
17) Baedeker, M.; Schulz, G. E., "Structures of two Histidine Ammonia-Lyase Modifications and Implications for the Catalytic Mechanism," *European J. Biochemistry*, **2002**, *269*, 1790–1797.
18) Poppe, L.; Retey, J., "Friedel–Crafts–Type Mechanism for the Enzymatic Elimination of Ammonia from Histidine and Phenylalanine," *Angew. Chem. Int. Ed.*, **2005**, *44*, 3668–3688.
19) Kessler, D.; Retey, J.; Schulz, G. E., "Structure and Action of Urocanase," *J. Mol. Biol.*, **2004**, *342*, 183–194.
20) Yamada, T.; Takata, Y.; Komoto, J.; Gomi, T.; Ogawa, H.; Fujioka, M.; Takusagawa, F., "Catalytic Mechanism of *S*-Adenosylhomocysteine Hydrolase; Roles of His-54, Asp-130, Glu-155, Lys-185, and Asp-189," *Int. J. Biochem. Cell Biol.*, **2005**, *37*, 2417–2435.
21) Banerjee, R.; Zou, C.-G., "Redox Regulation and Reaction Mechanism of Human Cystathionine-β-Synthase: A PLP-Dependent Hemesensor Protein," *Archiv. Biochem. Biophys.*, **2005**, *433*, 144–156.
22) Messerschmidt, A.; Worbs, M.; Steegborn, C.; Wahl, M. C.; Huber, R.; Laber, B.; Clausen, T., "Determinants of Enzymatic Specificity in the Cys-Met-Metabolism PLP-Dependent Enzymes Family: Crystal Structure of Cystathionine γ-Lyase from Yeast and Intrafamiliar Structure Comparison," *Biol. Chem.*, **2003**, *384*, 373–386.
23) Vashishtha, A. K.; West, A. H.; Cook, P. F., "Chemical Mechanism of Saccharopine

Reductase from *Saccharomyces cerevisiae*," *Biochemistry*, **2009**, *48*, 5899–5907.
24) Andreas-Anderson, O.; Flatmark, T.; Hough, E., "Crystal Structure of the Ternary Complex of the Catalytic Domain of Human Phenylalanine Hydroxylase with Tetrahydrobiopterin and 3-(2-Thienyl)-L-Alanine, and Its Implications for the Mechanism of Catalysis and Substrate Activation," *J. Mol. Biol.*, **2002**, *320*, 1095–1108.
25) Fitzpatrick, P. F., "Mechanism of Aromatic Amino Acid Hydroxylation," *Biochemistry*, **2003**, *42*, 14083–14091.
26) Shah, D. D.; Conrad, J. A.; Heinz, B.; Brownlee, J. M.; Moran, G. R., "Evidence for the Mechanism of Hydroxylation by 4-Hydroxyphenylpyruvate Dioxygenase and Hydroxymandelate Synthase from Intermediate Partitioning in Active Site Variants," *Biochemistry*, **2011**, *50*, 7694–7704.
27) Solomon, E. I.; Decker, A.; Lehnert, N., "Non-heme Iron Enzymes: Contrasts to Heme Catalysis," *Proc. Natl. Acad. Sci. USA*, **2003**, *100*, 3589–3594.
28) Titus, G. P.; Mueller, H. A.; Burgner, F.; De Cordoba, S. R.; Penalva, M. A.; Timm, D. E., "Crystal Structure of Human Homogentisate Dioxygenase," *Nature Struct. Biol.*, **2000**, *7*, 542–546.
29) Borowski, T.; Georgiev, V.; Siegbahn, P. E. M., "Catalytic Reaction Mechanism of Homogentisate Dioxygenase: A Hybrid DFT Study," *J. Am. Chem. Soc.*, **2005**, *127*, 17303–17314.
30) Polekhina, G.; Board, P. G.; Blackburn, A. C.; Parker, M. W., "Crystal Structure of Maleylacetoacetate Isomerase/Glutathione Transferase Zeta Reveals the Molecular Basis for Its Remarkable Catalytic Promiscuity," *Biochemistry*, **2001**, *40*, 1567–1576.
31) Board, P. G.; Taylor, M. C.; Coggan, M.; Parker, M. W.; Lantum, H. B.; Anders, M. W., "Clarification of the Role of Key Active Site Residues of Glutathione Transferase Zeta/Maleylacetoacetate Isomerase by a New Spectrophotometric Technique," *Biochem. J.*, **2003**, *374*, 731–737.
32) Bateman, R. L.; Bhanumoorthy, P.; Witte, J. F.; McClard, R. W.; Grompe, M.; Timm, D. E., "Mechanistic Inferences from the Crystal Structure of Fumarylacetoacetate Hydrolase with a Bound Phosphorus-Based Inhibitor," *J. Biol. Chem.*, **2001**, *276*, 15284–15291.
33) Efimov, I.; Basran, J.; Thackray, S. J.; Mowat, C. G.; Raven, E. L, "Structure and Reaction Mechanism in the Heme Dioxygenases," *Biochemistry*, **2011**, *50*, 2717–2714.
34) Geng, J.; Liu, A., "Heme-Dependent Dioxygenases in Tryptophan Oxidation," *Archiv. Biochem. and Biophys.*, **2014**, *544*, 18–26.
35) Pabarcus, M.; Casida, J., "Kynurenine Formamidase: Determination of Primary Structure and Modeling-Based Prediction of Tertiary Structure and Catalytic Triad," *Biochim. Biophys. Acta*, **2002**, *1596*, 201–211.
36) Breton, J.; Avanzi, N.; Magagnin, S.; Covini, N.; Magistrelli, G.; Cozzi, L.; Isacchi, A., "Functional Characterization and Mechanism of Action of Recombinant Human Kynurenine 3-Hydroxylase," *Eur. J. Biochem.*, **2000**, *267*, 1092–1099.
37) Entsch B.; van Berkel W. J., "Structure and Mechanism of *para*-Hydroxybenzoate Hydroxylase," *FASEB J.*, **1995**, *9*, 476–483.
38) Phillips, R. S., "Structure and Mechanism of Kynureninase," *Archiv. Biochem. Biophys.*, **2014**, *544*, 69–74.
39) Lipscomb, J. D., "Mechanism of Extradiol Ring-Cleaving Dioxygenases," *Curr. Opin.*

Struct. Biol., **2008**, *18*, 644–649.
40) Martynowski, D.; Eyobo, Y.; Li T.; Yang K.; Liu A.; Zhang, H., "Crystal Structure of α-Amino-β-carboxymuconate Semialdehyde Decarboxylase: Insight into the Active Site and Catalytic Mechanism of a Novel Decarboxylation Reaction," *Biochemistry*, **2006**, *45*, 10412–10421.
41) Larsen, T. M.; Boehlein, S. K.; Schuster, S. M.; Richards, N. G. J.; Thoden, J. B.; Holden, H. M.; Rayment, I., "Three-Dimensional Structure of *Escherichia coli* Asparagine Synthetase B: A Short Journey from Substrate to Product," *Biochemistry*, **1999**, *38*, 16146–16157.
42) Liaw, S. H.; Eisenberg, D., "Structural Model for the Reaction Mechanism of Glutamine Synthetase, Based on Five Crystal Structures of Enzyme–Substrate Complexes," *Biochemistry*, **1994**, *33*, 675–681.
43) Wang, W.; Cho, H. S.; Kim, R.; Jancarik, J.; Yokota, H.; Nguyen, H. H.; Grigoriev, I. V.; Wemmer, D. E.; Kim, S.-H., "Structural Characterization of the Reaction Pathway in Phosphoserine Phosphatase: Crystallographic 'Snapshots' of Intermediate States," *J. Mol. Biol.*, **2002**, *319*, 421–431.
44) Koo, C. W.; Blanchard, J. S., "Chemical Mechanism of *Haemophilus influenzae* Diaminopimelate Epimerase," *Biochemistry*, **1999**, *38*, 4416–4422.
45) Gokulan, K.; Rupp, B.; Pavelka, M. S.; Jacobs, W. R.; Sacchettini, J. C., "Crystal Structure of *Mycobacterium tuberculosis* Diaminopimelate Decarboxylase, an Essential Enzyme in Bacterial Lysine Biosynthesis," *J. Biol. Chem.*, **2003**, *278*, 18588–18596.
46) Ziegler, K.; Noble, S. M.; Mutamanje, E.; Bishop, B.; Huddler, D. P.; Born, T. L., "Identification of Catalytic Cysteine, Histidine, and Lysine Residues in *Escherichia coli* Homoserine Transsuccinylase," *Biochemistry*, **2007**, *46*, 2674–2683.
47) Farsi, A.; Lodha, P. H.; Skanes, J. E.; Los, H.; Kalindindi, N.; Aitken, S. M., "Interconversion of a Pair of Active-Site Residues in *Escherichia coli* Cystathionine γ-Synthase, *E. coli* Cystathionine β-Lyase, and Saccharomyces Cerevisiae Cystathionine γ-Lyase, and Development of Tools for the Investigation of Their Mechanisms and Reaction Specificity," *Biochem. Cell Biol.*, **2009**, *87*, 445–457.
48) Matthews, R. G., "Cobalamin-Dependent Methyltransferases," *Acc. Chem. Res.*, **2001**, *34*, 681–689.
49) Rie, O.; Masaru, G.; Ikuko, M.; Hiroyuki, M.; Hideyuki, H,; Hiroyuki, K.; Ken, H., "Crystal Structures of Threonine Synthase from *Thermus thermophilus* HB8: Conformational Change, Substrate Recognition, and Mechanism," *J. Biol. Chem.*, **2003**, *278*, 46035–46045.
50) Dumas, R.; Biou, V.; Halgand, F.; Douce, R.; Duggleby, R. G., "Enzymology, Structure, and Dynamics of Acetohydroxy Acid Isomeroreductase," *Acc. Chem. Res.*, **2001**, *34*, 399–408.
51) Shumilin, I. A.; Bauerle, R.; Wu, J.; Woodard, R. W.; Kretsinger, R. H., "Crystal Structure of the Reaction Complex of 3-Deoxy-D-arabinoheptulosonate-7-phosphate Synthase from *Thermotoga maritima* Refines the Catalytic Mechanism and Indicates a New Mechanism of Allosteric Regulation," *J. Mol. Biol.*, **2004**, *341*, 455–466.
52) Carpenter, E. P.; Hawkins, A. R.; Frost, J. W.; Brown, K. A., "Structure of Dehydroquinate Synthase Reveals an Active Site Capable of Multistep Catalysis," *Nature*, **1998**, *394*, 299–302.

53) Brown, K. A.; Carpenter, E. P.; Watson, K. A.; Coggins, J. R.; Hawkins, A. R.; Koch, M. J. H.; Svergun, D. J., "Twists and Turns: A Tale of Two Shikimate-Pathway Enzymes," *Biochem Soc. Trans.*, **2003**, *31*, 543–547.
54) An, M.; Maitra, U.; Neidlein, U.; Bartlett, P. A., "5-Enolpyruvylshikimate-3-phosphate Synthase: Chemical Synthesis of the Tetrahedral Intermediate and Assignment of the Stereochemical Course of the Enzymatic Reaction," *J. Am. Chem. Soc.*, **2003**, *125*, 12759–12767.
55) Berti, P. J.; Chindemi, P., "Catalytic Residues and an Electrostatic Sandwich that Promote Enolpyruvylshikimate-3-phosphate Synthase (ArOA) Catalysis," *Biochemistry*, **2009**, *48*, 3699–3707.
56) Maclean, J.; Ali, S., "The Structure of Chorismate Synthase Reveals a Novel Flavin Binding Site Fundamental to a Unique Chemical Reaction," *Structure*, **2003**, *11*, 1499–1511.
57) Sobrado, P., "Noncanonical Reactions of Flavoenzymes," *Int. J. Mol. Sci.*, **2012**, *13*, 14219–14242.
58) Knochel, T.; Ivens, A.; Hester, G.; Gonzalez, A.; Bauerle, R.; Wilmanns, M.; Kirschner, K.; Jansonius, J. N., "The Crystal Structure of Anthranilate Synthase from *Sulfolobus solfataricus*: Functional Implications," *Proc. Nat'l Acad. Sci. USA*, **1999**, *96*, 9479–9484.
59) Hommel U.; Eberhard M.; Kirschner, K., "Phosphoribosylanthranilate Isomerase Catalyzes a Reversible Amadori Reaction," *Biochemistry*, **1995**, *34*, 5429–5439.
60) Hennig, M.; Darimont, B. D.; Jansonius, J. N.; Kirschner, K., "The Catalytic Mechanism of Indole-3-glycerol Phosphate Synthase: Crystal Structures of Complexes of the Enzyme from *Sulfolobus solfataricus* with Substrate Analogue, Substrate, and Product," *J. Mol. Biol.*, **2002**, *319*, 757–766.
61) Woehl, E.; Dunn, M. F., "Mechanisms of Monovalent Cation Action in Enzyme Catalysis: The First Stage of the Tryptophan Synthase β-Reaction," *Biochemistry*, **1999**, *38*, 7118–7130.
62) Woehl, E.; Dunn, M. F., "Mechanisms of Monovalent Cation Action in Enzyme Catalysis: The Tryptophan Synthase α-, β-, and α,β-Reactions," *Biochemistry*, **1999**, *38*, 7131–7141.
63) Zhang, X.; Zhang, X.; Bruice, T. C., "A Definitive Mechanism for Chorismate Mutase," *Biochemistry*, **2005**, *44*, 10443–10448.

問　題

5・1 ピリドキサミンリン酸（PMP）と2-オキソグルタル酸が反応することによってピリドキサールリン酸（PLP）とグルタミン酸が生成する反応機構を書きなさい．

5・2 §5・1で述べたグルタミン酸が酸化的脱アミノによって2-オキソグルタル酸となる反応において，NAD^+へ転移したヒドリドイオンの立体化学は*pro-R*, *pro-S*のどちらか．

5・3 グルタミン酸とオキサロ酢酸から2-オキソグルタル酸とアスパラギン酸が生成するPLP依存性のアミノ基転移反応の反応機構を書きなさい．

問　題

5・4　テトラヒドロ葉酸とホルムアルデヒドから酸触媒によって5,10-メチレンテトラヒドロ葉酸が生成する反応機構を，セリンの異化反応（図5・6）から類推しなさい．

5・5　トレオニン異化において，2-アミノ-3-オキソ酪酸からグリシンとアセチルCoAが生成する反応機構を示しなさい．

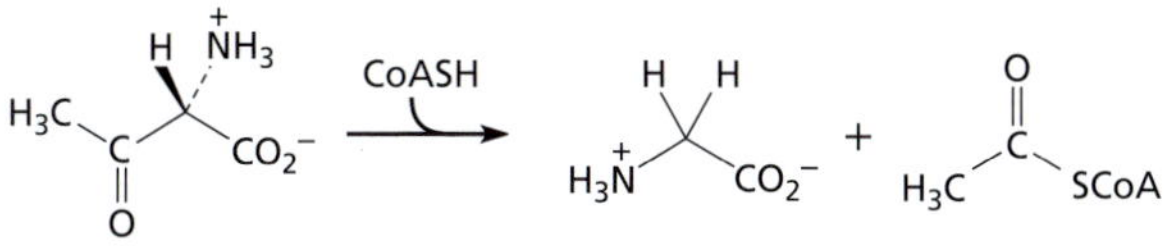

2-アミノ-3-オキソ酪酸　　　　グリシン　　　アセチルCoA

5・6　ヒスチジンアンモニアリアーゼにおいて，ペプチド鎖の一部が環化して4-メチリデンイミダゾール-5-オンが生成する反応機構を示しなさい．

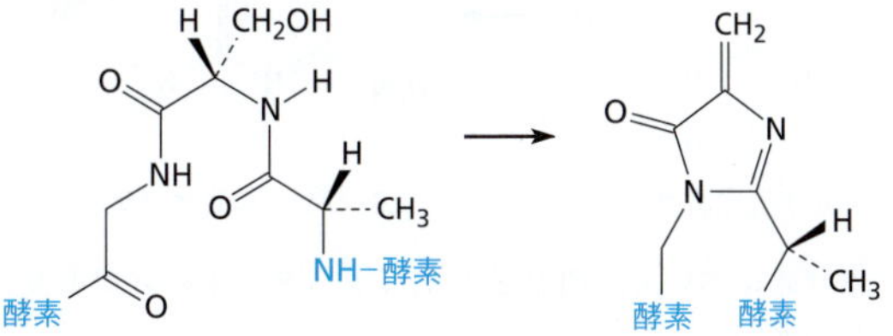

4-メチリデンイミダゾール-5-オン

5・7　ロイシン異化において，ビオチン依存的に3-メチルクロトニルCoAがカルボキシ化されて3-メチルグルタコニルCoAとなる反応機構を示しなさい．

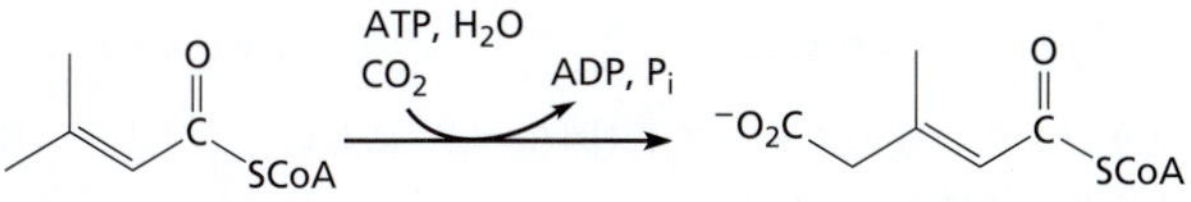

3-メチルクロトニルCoA　　　3-メチルグルタコニルCoA

5・8　リシンと2-オキソグルタル酸が還元的アミノ化によってサッカロピンとなる反応機構を示しなさい．

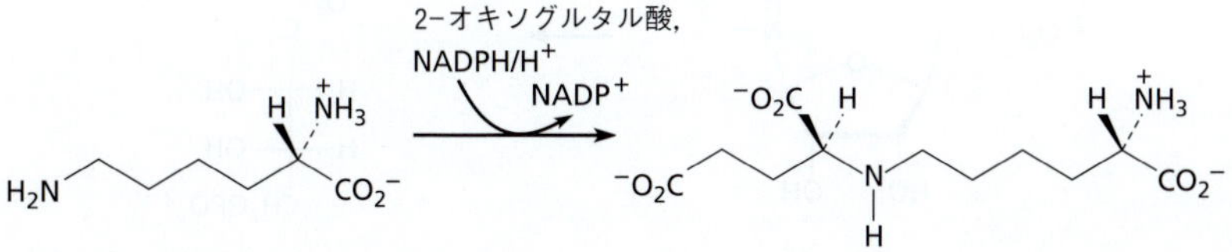

リシン　　　　　　　　　　　　　サッカロピン

5・9　サッカロピンの酸化的脱アミノの反応機構を示しなさい.

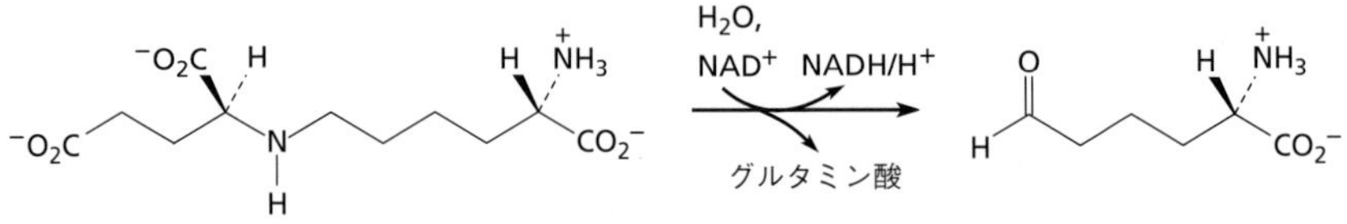

サッカロピン　　　　2-アミノアジピン酸セミアルデヒド

5・10　フェニルアラニンのヒドロキシ化において，キノイド体の異性化によって 7,8-ジヒドロビオプテリンが生成する反応機構を示しなさい.

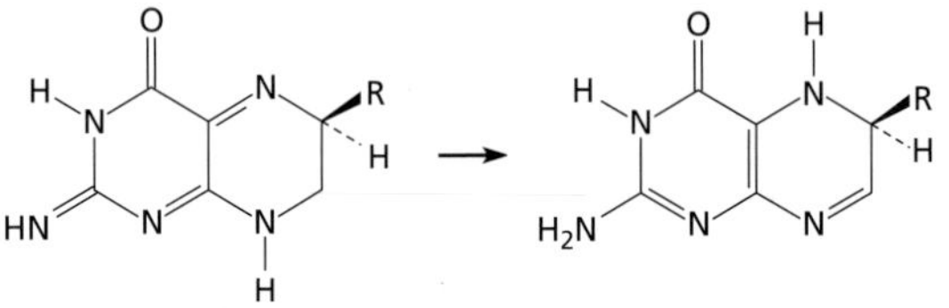

キノイド互変異性体　　　　7,8-ジヒドロビオプテリン

5・11　メチオニン生合成において，PLP 依存的にシスタチオニンがホモシステインとなる反応機構を示しなさい.

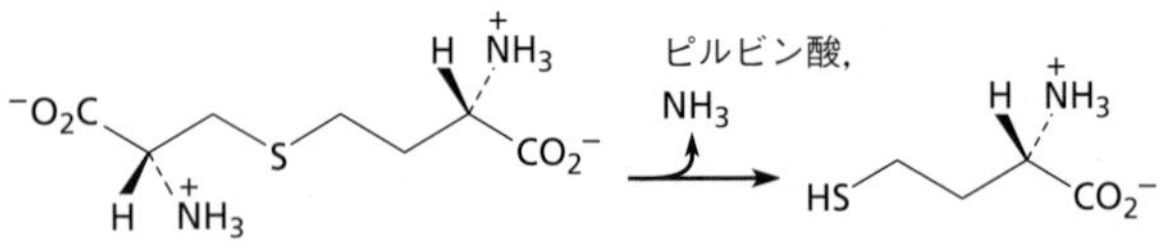

シスタチオニン　　　　ホモシステイン

5・12　ヒスチジン生合成のステップ 4（図 5・48）において，リボース環が開環してケトンとなる反応機構を示しなさい.

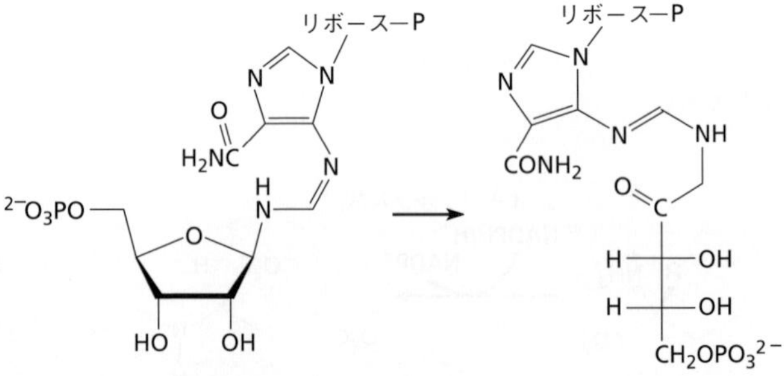

5・13　ヒスチジン生合成のステップ 5（図 5・48）において，イミダゾールグリセロー

ルリン酸が生成する反応機構を示しなさい.

5・14 スペルミジンのようなポリアミンが S-アデノシルメチオニンから生合成されるとき,まず下記の反応が起こる.この反応に必要と考えられる補因子をあげ,反応機構を示しなさい.

5・15 次の反応は,PLP 依存性の酵素によって触媒される.反応機構を示しなさい.

5・16 ヒスチジン脱炭酸酵素は次の反応を触媒するが,*Lactobacillus plantarum* から精製した酵素は予想された PLP 補因子をもたなかった.その代わりに,酵素の N 末端がピルボイル基によって官能基化されていた.このピルブアミドを経由する脱炭酸反応の反応機構を示しなさい.

5・17 ヒスチジン脱炭酸酵素の PDB ファイル (1IBV) を開き,次の問いに答えなさい.
(a) 活性中心に結合している中間体の構造を示しなさい.
(b) この構造に対して脱炭酸反応が起こらない理由を答えなさい
(c) ヒスチジンのイミダゾールとタンパク質との結合に関与する水素結合はどれか.
(d) この水素結合の結合長を答えなさい.

5・18 アセトヒドロキシ酸イソメロ還元酵素により触媒される次の反応の反応機構を示しなさい.

アセトヒドロキシ酸イソメロ還元酵素の PDB ファイル (1YVE) を開き,次の問いに答えなさい.
(a) 活性中心に結合している小分子の構造を示しなさい.
(b) この小分子の構造は,あなたが示したこの反応の機構のなかに現れる中間体とどのように関連しているか述べなさい.
(c) 活性中心のどのアミノ酸残基がこの転位反応を触媒していると考えられるか.また,それらのアミノ酸残基の存在は,あなたが示した反応機構と一致しているか.
(d) NAD の C4 位と基質アナログの C2 位の距離はいくらか.

5・19 アスパラギン酸は,PLP 依存的な二つの経路のどちらによっても脱炭酸が起こる.それぞれの反応機構を示しなさい.

6
ヌクレオチド代謝

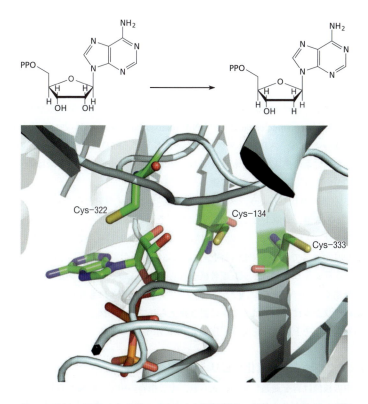

Thermotoga maritima のリボヌクレオチド還元酵素の活性中心（図6・16参照）．まず Cys-322 のラジカルが C3′ 位の炭素から水素原子を引抜き，Cys-134 が脱離基となる C2′ 位のヒドロキシ基を活性化して，C2′ 位へ水素原子を転移する．Cys-134 のラジカルは Cys-333 のチオラートと相互作用することで安定化されている．

- 6・1 ヌクレオチドの異化: ピリミジン
  - シチジン
  - ウリジン
  - チミジン
- 6・2 ヌクレオチドの異化: プリン
  - アデノシン
  - グアノシン
- 6・3 ピリミジンリボヌクレオチドの生合成
  - ウリジン一リン酸
  - シチジン三リン酸
- 6・4 プリンリボヌクレオチドの生合成
  - イノシン一リン酸
  - アデノシン一リン酸とグアノシン一リン酸
- 6・5 デオキシリボヌクレオチドの生合成
  - デオキシアデノシン, デオキシグアノシン, デオキシシチジン, デオキシウリジン二リン酸
  - チミジン一リン酸

　ヌクレオチド (nucleotide) は，本書において最後に述べる主要な生体分子のグループであり，RNA (ribonucleic acid) や DNA (deoxyribonucleic acid) といった核酸をつくる構成成分となる．さらに，ヌクレオチドは NAD^+，FAD，補酵素 A などのいくつかの重要な補酵素の構成成分ともなっており，またヌクレオチド三リン酸は多くの生化学反応においてリン酸化試薬として働く．

　§2・5を思い出してみよう．ヌクレオチドは，ヌクレオシドとその C5 位に結合したリン酸基からなり，ヌクレオシドは，五炭糖とその C1 位に結合した環状芳香族アミン ("塩基" とよぶ) からなる．この五炭糖は，RNA ではリボースであり，DNA では 2-デオキシリボースである．RNA は四つの異なる塩基を含んでおり，そのうち二つ (シトシンとウラシル) はピリミジン環骨格をもち，他の二つ (アデニンとグアニン) はプリン環骨格をもつ．シトシン，アデニン，グアニンは DNA にも存在するが，ピリミジン塩基のウラシルについてはチミンに置き換えられている．図2・14に示したこれらの八つのヌクレオチドの構造をもう一度図6・1に示す．

6・1　ヌクレオチドの異化: ピリミジン

　食物中の核酸は胃を通過して腸に送られ，十二指腸の中で，膵臓から分泌されたさまざまなヌクレアーゼやホスホジエステラーゼによってヌクレオチドに加水分解される．次に種々のヌクレオチダーゼとホスファターゼによって脱リン酸されてヌクレオシドとなり，さらにヌクレオシダーゼとヌクレオシドホスホリラーゼによって塩基が遊離する．これらの塩基の一部は各臓器に運ばれて核酸の生合成に再利用されるが，残りの大部分はさらなる分解を受ける．

シチジン

　シチジン (と 2′-デオキシシチジン) は，その異化の最初の段階で加水分解によって

6・1 ヌクレオチドの異化: ピリミジン

リボヌクレオチド

C シチジン 5′-リン酸

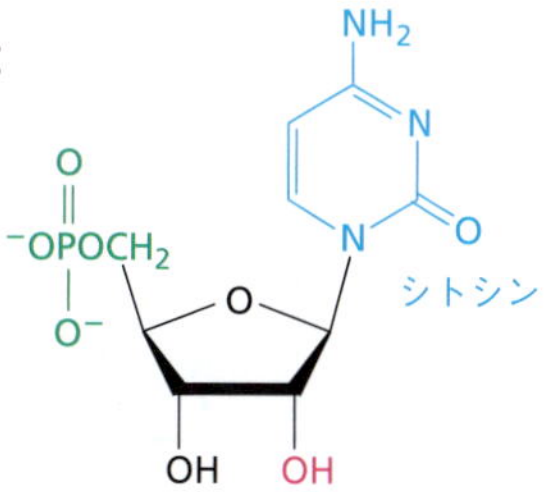

U ウリジン 5′-リン酸

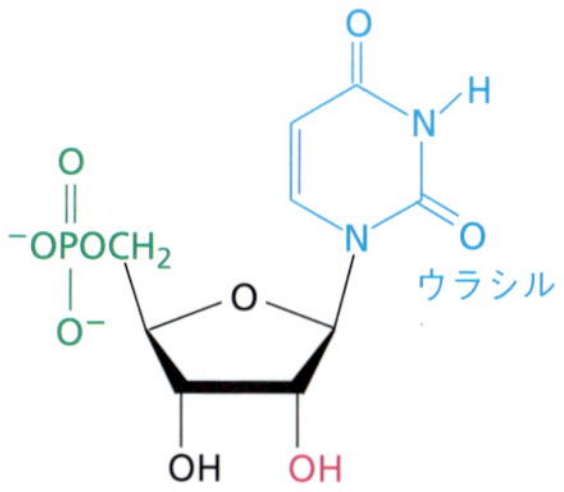

A アデノシン 5′-リン酸

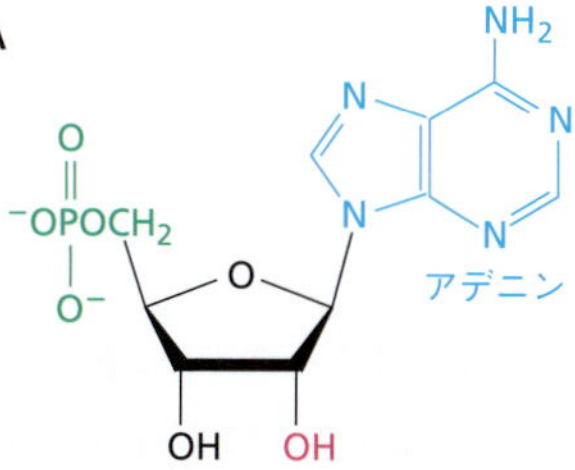

G グアノシン 5′-リン酸

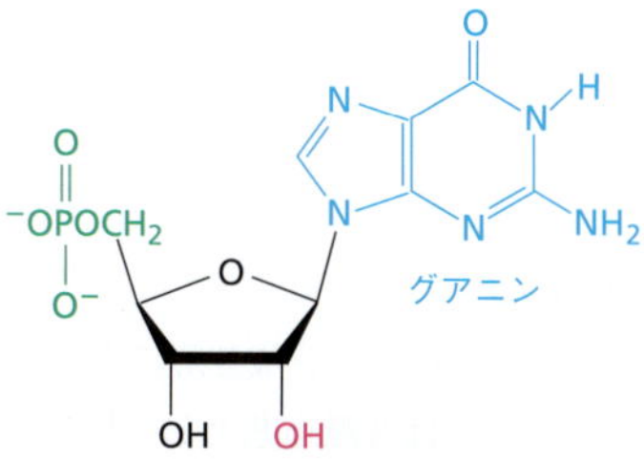

デオキシリボヌクレオチド

C 2′-デオキシシチジン 5′-リン酸

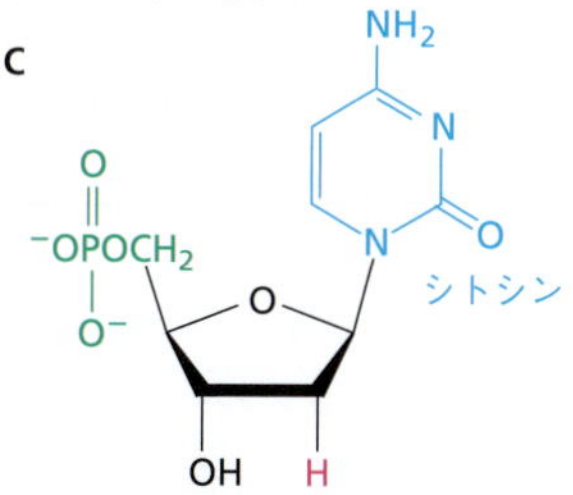

T チミジン 5′-リン酸

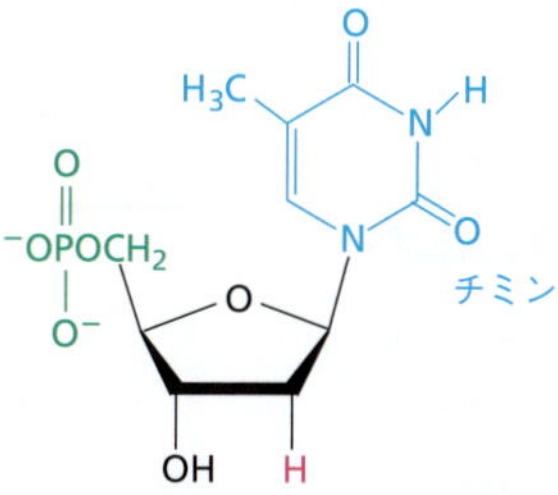

A 2′-デオキシアデノシン 5′-リン酸

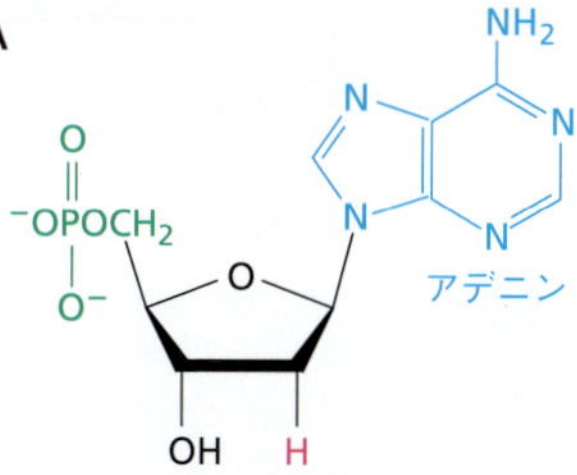

G 2′-デオキシグアノシン 5′-リン酸

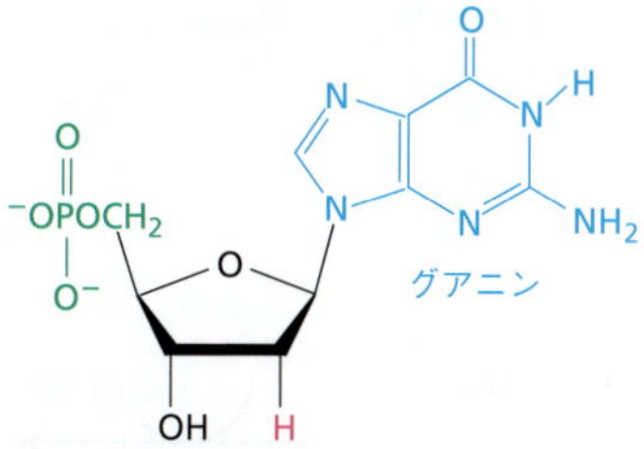

図 6・1 リボヌクレオチドとデオキシリボヌクレオチドの化合物名と構造

脱アミノし，ウリジン（と 2′-デオキシウリジン）となる．この反応はシチジン脱アミノ酵素[1)]によって触媒され，H_2O が C=N 二重結合に求核付加し，ついでアンモニアが脱離することで進行する．

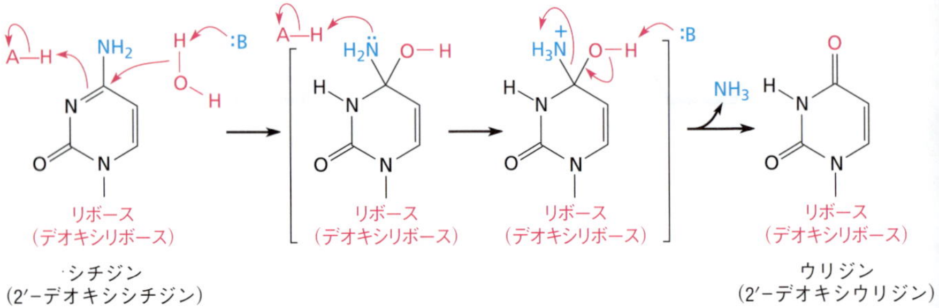

シチジン
(2′-デオキシシチジン)

ウリジン
(2′-デオキシウリジン)

ウ リ ジ ン

ウリジンは加リン酸分解によって分解され，ウラシルとリボース一リン酸となる．このウラシルは遊離塩基として異化される．ウリジンの異化は図 6・2 に示すように 6 段

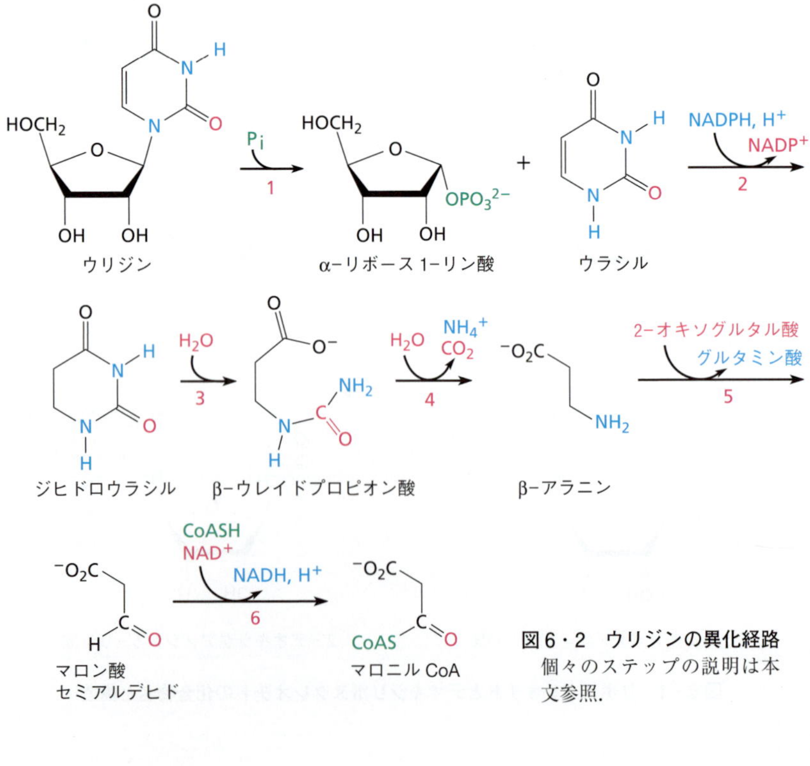

図 6・2 ウリジンの異化経路
個々のステップの説明は本文参照．

階からなる．

ステップ 1, 2（図 6・2） 加リン酸分解と還元 ウリジンの加リン酸分解によるβリボース 1-リン酸とウラシルの生成は，ウリジンホスホリラーゼによって触媒され，リボースのオキソニウム中間体を経由し S_N1 様の反応でウラシルとリン酸が置換する．この反応は図 4・2 に示した立体が反転するグリコシダーゼ反応と似ている．次にジヒドロピリミジン脱水素酵素[2),3)]によりウラシルの C＝C 二重結合が還元されジヒドロウラシルとなる．この還元は実際にはかなり複雑な反応である．NADPH は直接基質と反応するのではなく，まずはヒドリド転移により非活性中心の FAD を還元し $FADH_2$ とし，これが四つの鉄-硫黄クラスターを介した電子移動により活性中心の FMN（フラビンモノヌクレオチド）を還元する．還元された $FMNH_2$ からウラシルの不飽和カルボニル基に Si 面からヒドリドイオンが移動し，中間体として生成するアニオンに酵素のCys-671 によって Si 面からプロトン化が起こり，ジヒドロウラシルが生成する（図 6・3）．

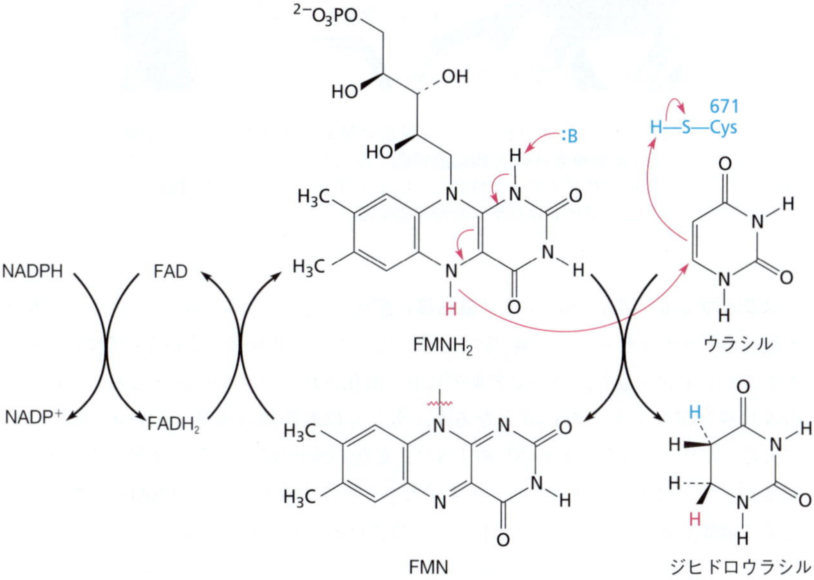

図 6・3 ジヒドロピリミジン脱水素酵素によるウラシル還元の反応機構
（図 6・2，ステップ 2） 個々のステップの説明は本文参照．

ジヒドロピリミジン脱水素酵素の酵素-基質複合体の X 線結晶構造解析によって，フラビン環とプロトンを供給する Cys-671 が基質であるウラシルに隣接していることが

ステップ 3, 4（図 6・2） **加水分解と脱炭酸** ジヒドロウラシルは求核アシル置換反応により加水分解を受け開環し，β-ウレイドプロピオン酸となる．さらにウレイド基（-NHCONH$_2$）の加水分解によってカルバミン酸（R-NH-CO$_2^-$）となり，これが脱炭酸してβ-アラニンとなる．

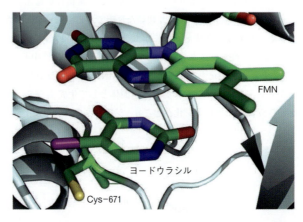

図 6・4 ジヒドロピリミジン脱水素酵素の活性中心における酵素-基質複合体の X 線結晶構造 還元型フラビンからウラシルにヒドリドイオンが移動し，Cys-671 からプロトンが移動することでジヒドロウラシルが生成する．

ステップ 5, 6（図 6・2） **アミノ基転移と酸化** β-アラニンから 2-オキソグルタル酸へのピリドキサールリン酸（PLP）依存性のアミノ基転移（§5・1）でマロン酸セミアルデヒドが生成し，ついでアルデヒドが酸化されマロニル CoA となる．マロニル CoA は脱炭酸しアセチル CoA となるか，もしくは脂肪酸合成系（§3・4, 図 3・11）に入る．バリンの異化（§5・3）のように，最後の酸化反応は，脱水素酵素のチオール残基がアルデヒドに付加してヘミチオアセタールを生成し，これが NAD$^+$ で酸化された後に補酵素 A のチオール基と求核アシル置換反応すると考えられている．

チ ミ ジ ン

チミジンは開裂してチミンとなり，その後はウラシルと同様に分解される．分解産物はトレオニンの異化と同じメチルマロニル CoA であり，最終的にはスクシニル CoA へと変換される（§5・3）．

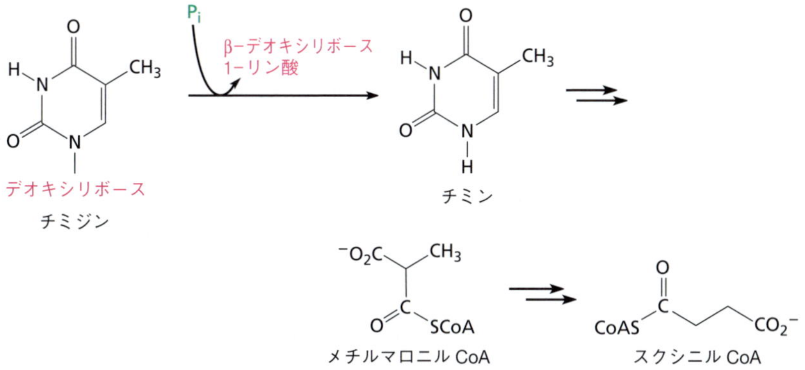

6・2 ヌクレオチドの異化: プリン

アデノシン

　哺乳類においては，アデノシン（またはデオキシアデノシン）は直接アデニンには開裂せず，まずシチジンの異化と同様の反応によってイノシンとなり，生成したイノシンがプリンヌクレオシドホスホリラーゼによって切断されてヒポキサンチンとなる．ヒポキサンチンは酸化されてキサンチンとなり，さらなる酸化を受けて尿酸となって尿中に排泄される（図6・5）．

　ヒポキサンチンとキサンチンの酸化反応は，ともにキサンチン酸化酵素[4),5)]によって触媒される．キサンチン酸化酵素は，FAD，二つの鉄-硫黄クラスター，ピラノプテリ

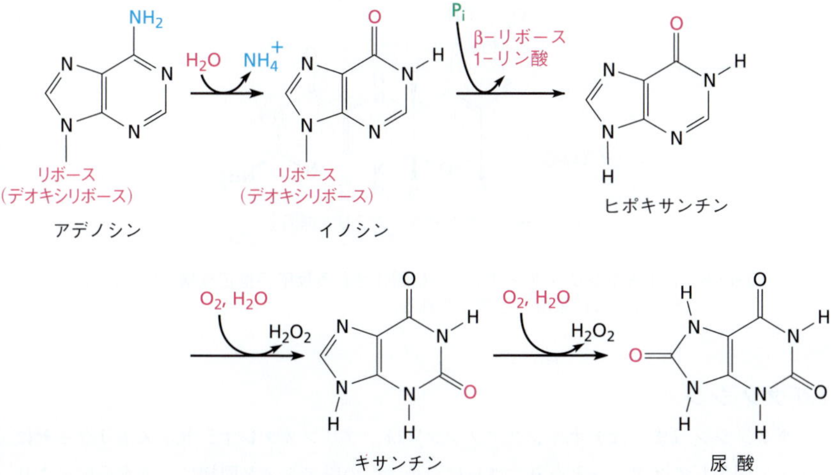

図6・5　アデノシンが尿酸へと異化される経路

ン分子の二つの硫黄原子に結合したオキソモリブデン(VI)を補因子として含む酵素複合体である．この反応は，現在では図6・6に示す機構で進行すると考えられている[5]．この機構では，酵素のGlu-1261の残基がMo−OH基からプロトンを引抜くことで生じるアニオンがヒポキサンチンのC=N二重結合に求核付加し，同時にヒドリドイオンが脱離する．このヒドリドイオンがS=Mo結合に付加して，モリブデン中心がMo(VI)からMo(IV)に還元される．さらに水酸化物イオンによってMo−O結合が加水分解されてエノールが生成し，これが互変異性化してキサンチンとなる．還元されたモリブデンは，酵素に含まれる他の酸化還元補因子への電子移動を経てO_2によって酸化される．

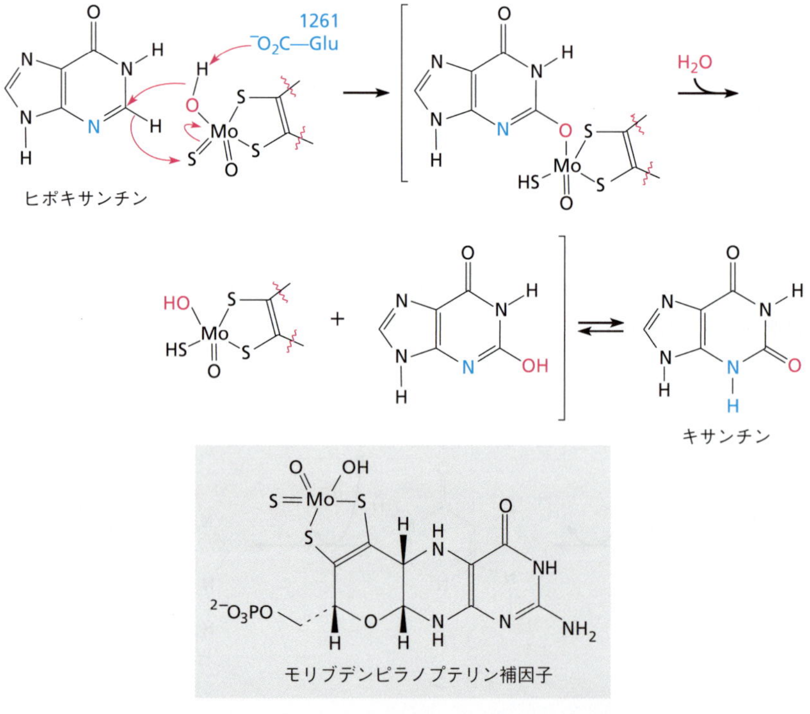

図6・6 ヒポキサンチンがキサンチンに酸化される反応の推定機構 同様にしてキサンチンはさらに尿酸へと酸化される．

グアノシン

グアノシン（またはデオキシグアノシン）は，プリンヌクレオシドホスホリラーゼによって開裂してグアニンとなり，さらにシチジンの脱アミノと同様に，加水分解により脱アミノしキサンチンとなる．

6・3 ピリミジンリボヌクレオチドの生合成
ウリジン一リン酸

ウリジン一リン酸（uridine monophosphate：UMP）はアスパラギン酸，炭酸水素イオン，アンモニアから6段階で生合成される．アンモニアはグルタミンのアミド基から供給される（図6・7）．

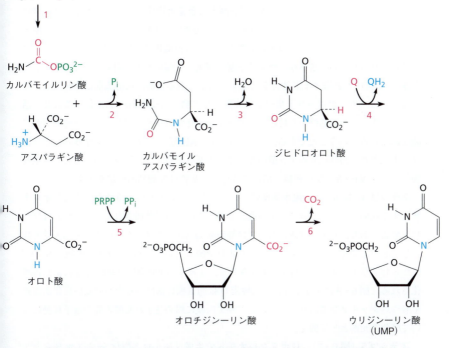

図6・7　カルバモイルリン酸とアスパラギン酸からウリジン一リン酸が生合成される経路　個々のステップの説明は本文参照．

ステップ1（図6・7）　**カルバモイルリン酸の生合成**　UMPの生合成においては，まずカルバモイルリン酸シンテターゼII[6]によってカルバモイルリン酸がつくられる．この反応は尿素回路（§5・2）の反応とまったく同様である．ただ，尿素回路では遊離アンモニアが使われたが，ピリミジン合成に使われるアンモニアは酵素内のグルタミンの加水分解によって供給される．

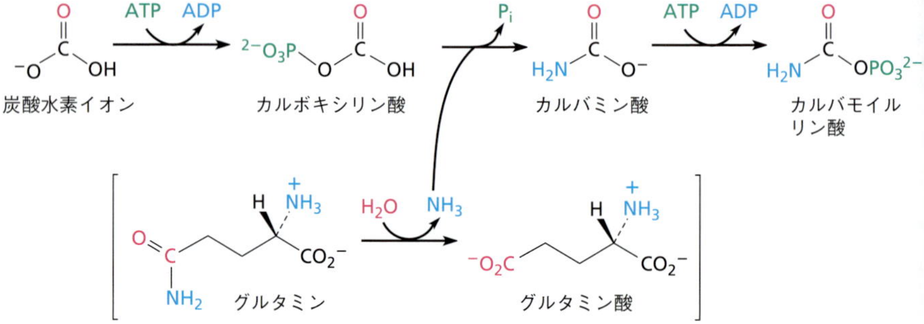

ステップ2,3（図6・7）　**アスパラギン酸との反応と環化**　カルバモイルリン酸はリン酸が脱離してアスパラギン酸に求核アシル置換し，カルバモイルアスパラギン酸となる．これが環化してジヒドロオロト酸となる．この環化はジヒドロオロターゼ[7]により触媒されるが，弱い求核剤（ウレイド基の窒素）と弱い求電子剤であるカルボキシラト基（-COO$^-$）とのアミド結合を形成する反応であるため，反応機構は興味深い．確かなことは，カルボキシラト基がルイス酸として働く二つのZn^{2+}に配位することで活性化し，また二つの活性中心付近は中間体を安定化する多くの電荷をもった酵素残基に囲まれているということである．ウレイド基の-NH$_2$が，アスパラギン酸残基により脱プロトンされ，同時にカルボン酸のカルボニル基へ求核アシル置換反応することで生成物となる．図6・8に反応機構と部位に結合した基質のX線結晶構造を示す．

ステップ4（図6・7）　**脱水素反応**　ジヒドロオロト酸に二重結合を導入しオロト酸とする反応は，ジヒドロオロト酸脱水素酵素[8]によって触媒される．この酵素はフラビン酵素であり，ヒトの代謝においては補酵素Q（ユビキノンともいう）を電子受容体として必要とする．この反応はジヒドロオロト酸のC5位の*pro-S*水素が引抜かれ，C6位からヒドリドイオンがFMNに供与される．生成するFMNH$_2$は補酵素Qにより再酸化される．図6・9に示すように，補酵素Qは脂質膜に溶け込むための長い炭化水素鎖をもつベンゾキノンであり，ミトコンドリア内膜に埋め込まれた酵素間の電子移動において酸化還元剤として働く．

ステップ5（図6・7）　**リボヌクレオチドの生成**　オロト酸は5-ホスホリボシルα-二リン酸（5-phosphoribosyl α-diphosphate: PRPP）と反応してリボヌクレオチド

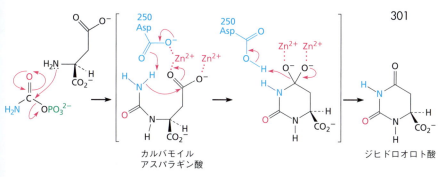

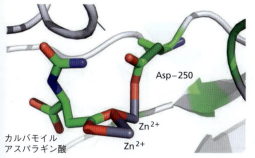

図6・8 カルバモイルアスパラギン酸が環化しジヒドロオロト酸となる反応機構(図6・7, ステップ3) 基質の結合した活性中心のX線結晶構造を下図に示す.

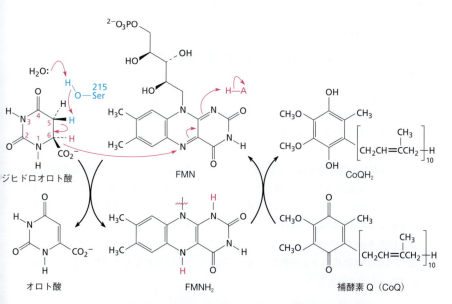

図6・9 ジヒドロオロト酸が脱水素反応によりオロト酸となる反応機構 (図6・7, ステップ4) C5位の水素が引抜かれ,続いてエノラートイオン中間体を経由したC6位のヒドリドイオンの移動が起こる.

であるオロチジン一リン酸（orotidine monophosphate：OMP）となる．このリボヌクレオチドの生成はオロト酸ホスホリボシル転移酵素[9]に触媒され，求核置換反応によって進行する．この反応は立体が反転するグリコシダーゼにより触媒される多糖の加水分解反応（§4・1，図4・2）のように，立体反転を伴い，反応機構としてはS_N1様に二リン酸が脱離してオキソニウムイオン中間体が生成する．PRPP は α-D-リボース 5-リン酸と ATP から PRPP シンテターゼにより生合成される（図6・10）．

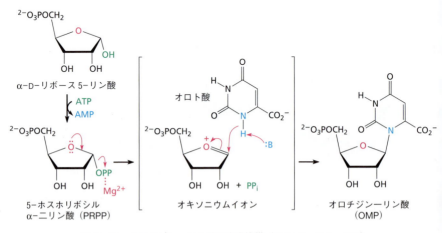

図6・10　オロチジン一リン酸の生成機構（図6・7, ステップ5）

ステップ6（図6・7）　**脱炭酸**　UMP 生合成の最終段階は，OMP 脱炭酸酵素[10), 11)]による OMP の脱炭酸である．この酵素は補因子を必要とせず，非触媒反応に対しておよそ 10^{17} 倍という，実験的に得られたなかで最も大きい反応速度加速効果をもつ酵素である．

この OMP の脱炭酸では，基質が3-オキソ酸ではなく，しかも CO_2 脱離の際に電子受容体となる置換基が近くに存在しないため，珍しい反応機構で進行する．すなわち，活性中心に存在するいくつかの電荷をもったアミノ酸残基との相互作用によって，ビニルカルボアニオン中間体を経由して進行すると考えられている．基質のカルボキシラト基近傍の Asp-75 の残基により基底状態が不安定化される一方で，プロトン化した Lys-72 の残基が遷移状態を安定化し，CO_2 が脱離した後に生じるカルボアニオン中間体へのプロトンの供与を行う．

シチジン三リン酸

オロト酸から生合成された UMP は，ATP との連続した2段階の反応でウリジン三リ

オロチジン―リン酸 (OMP) → カルボアニオン → ウリジン―リン酸 (UMP)

ン酸 (UTP) に変換される．次に UTP はシチジンの異化 (§6・1) で述べたシチジン→ウリジンの変換の逆反応によって，シチジン三リン酸 (cytidine triphosphate：CTP) に変換される．この二つの反応の大きな違いは，シチジン→ウリジンの変換は ATP を必要としないが，ウリジン→シチジンの変換は ATP の加水分解と共役しているということである．CTP 合成酵素[12]によって，まずグルタミンが酵素内の特定の部位で加水分解され，グルタミン酸とアンモニアを生成する．この反応はカルバモイルリン酸の生合成過程 (§6・3) とよく似ている．このアンモニアは酵素内のチャネルを通って次の反応部位に運ばれる．

　二つ目の反応部位では，UTP のピリミジン酸素が ATP によってリン酸化され，生成するイミノリン酸の C=N 二重結合にアンモニアが付加してリン酸イオン (P_i) が脱離

ウリジン三リン酸 (UTP) → イミノリン酸 → シチジン三リン酸 (CTP)

するという求核アシル置換反応を受け，CTP となる．

6・4 プリンリボヌクレオチドの生合成

先述したように，ピリミジンヌクレオチドは最初にピリミジン塩基が多段階の反応で形成され，その塩基にホスホリボースが結合することで合成される．しかし，対照的にプリンヌクレオチドの生合成においては，まずホスホリボースにアミノ基が結合し，そこに多段階の反応でプリン塩基が形成される．プリンヌクレオチドのうち，まずイノシン一リン酸（inosine monophosphate: IMP）がプリンヌクレオチドとして生合成され，その後，アデノシン一リン酸（AMP）とグアノシン一リン酸（GMP）が IMP からつくられる．

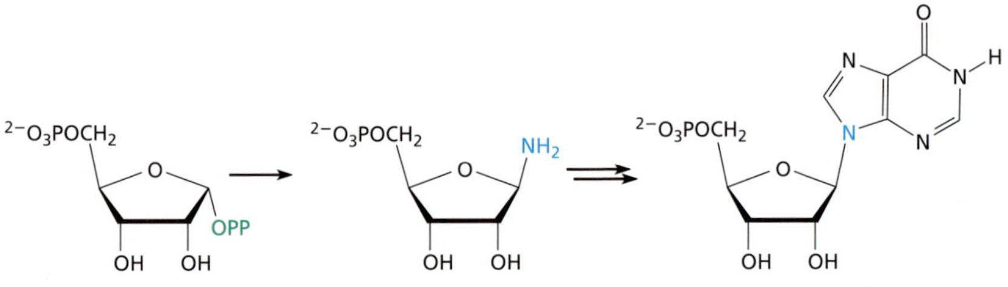

5-ホスホリボシル α-二リン酸（PRPP） → β-5-ホスホリボシルアミン ⇒ イノシン一リン酸（IMP）

イノシン一リン酸

IMP の生合成経路を図 6・11 に示す．この生合成経路は，PRPP を出発物質とする 10 段階の反応である．PRPP はすでに述べたように α-D-リボース 5-リン酸と ATP から合成される．

ステップ1（図 6・11）　**アミンの生成**　PRPP はグルタミン PRPP アミド基転移酵素[13]によって β-5-ホスホリボシルアミンとなる．カルバモイルリン酸生合成（§6・3）のように，まずグルタミンが加水分解されて酵素の反応部位の一つでアンモニアを生成し，酵素内のチャネルを通って次の反応部位に運ばれ，PRPP と反応する．PRPP との反応は，オロチジン一リン酸の合成（図 6・10）と同様にオキソニウム中間体を経由して進行し，立体の反転を伴う．

ステップ2（図 6・11）　**グリシンアミドの形成**　グリシンと β-5-ホスホリボシルアミンは，グリシンアミドリボヌクレオチド（glycinamide ribonucleotide: GAR）シンテターゼ[14),15]により GAR となる．この反応ではまずグリシルリン酸が生成し，リボシルアミンとの求核アシル置換反応によりアミドとなる．この反応機構はグルタミン酸からグルタミンへの生合成（§5・4）と似ている．

ステップ3（図 6・11）　**ホルミル化**　グリシンアミドリボヌクレオチドのアミノ基

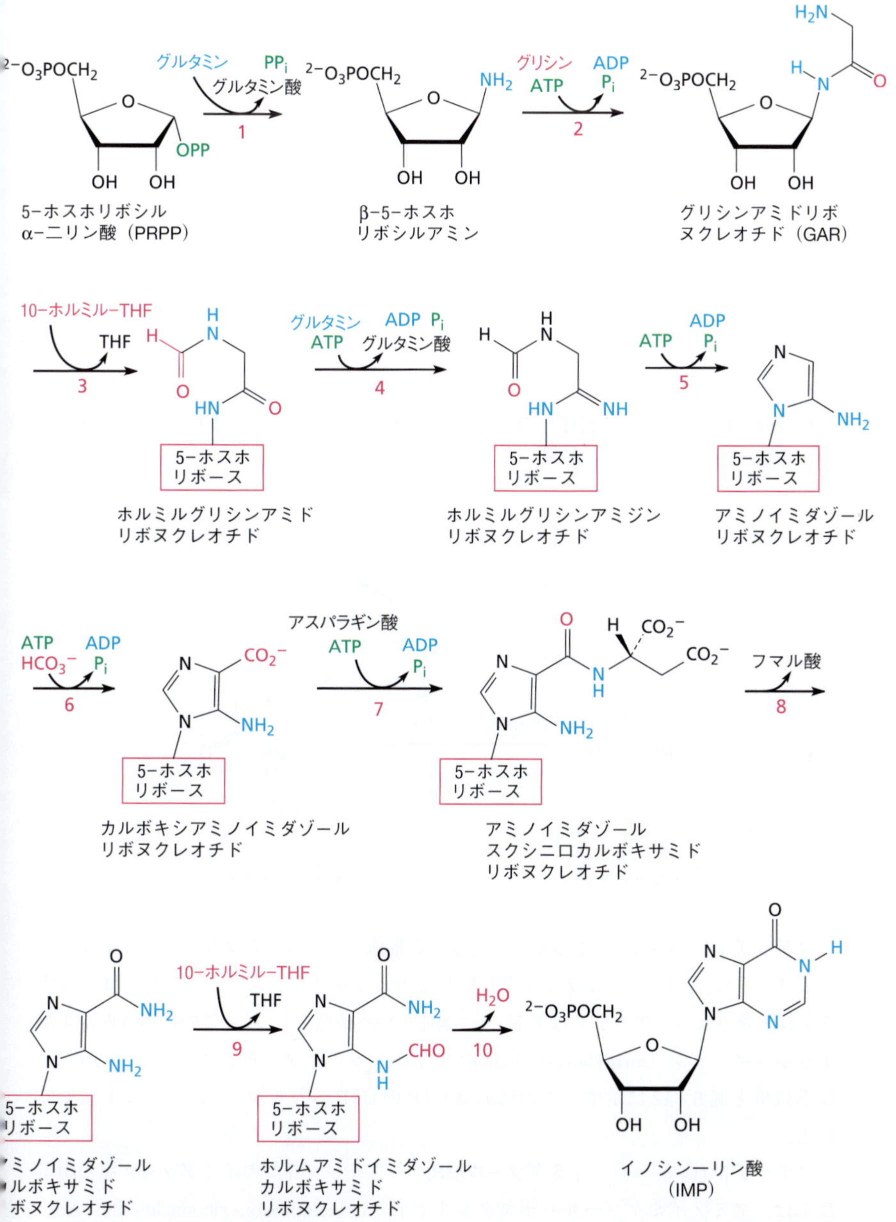

図6・11　プリンリボヌクレオチドの一つであるイノシン一リン酸の生合成経路
個々のステップの説明は本文参照．

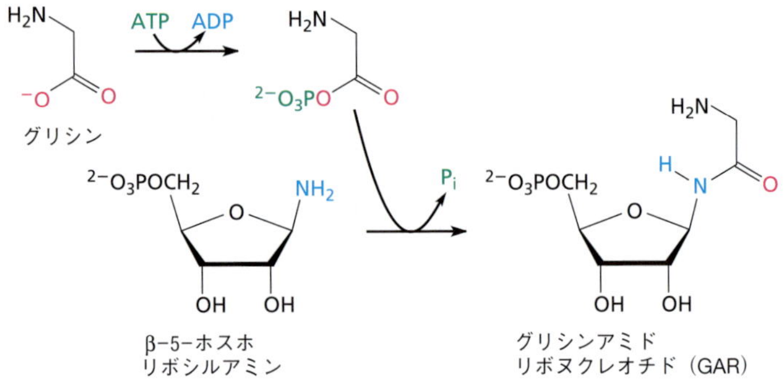

のホルミル化は，GAR ホルミル基転移酵素[16]により触媒され，10-ホルミルテトラヒドロ葉酸（10-ホルミル-THF）のホルミル基（-CHO）によって求核アシル置換反応により起こる．

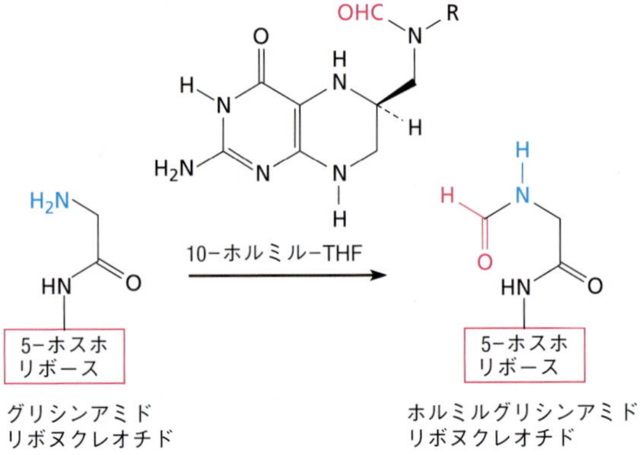

ステップ4（図6・11）　**グリシンアミジンの形成**　ホルミルグリシンアミドリボヌクレオチドは，ATP とグルタミンと反応してホルミルグリシンアミジンリボヌクレオチドに変換される（アミジンは $R_2N-C=NH$ という構造をもつ）．この反応はホルミルグリシンアミジン（formylglycinamidine: FGAM）シンテターゼによって触媒される．反応機構を図6・12に示す．この反応は UTP の CTP への変換（§6・3）によく似ている．

ステップ5（図6・11）　**イミダゾール形成**　ステップ5でのイミダゾール環の閉環反応は，アミノイミダゾールリボヌクレオチド（aminoimidazole ribonucleotide: AIR）シンテターゼ[17]により触媒される．この酵素は ATP 依存性であり，反応機構はステップ4の FGAM シンテターゼ（図6・12）に似ている．環化した後にイミンからエナミ

6・4 プリンリボヌクレオチドの生合成

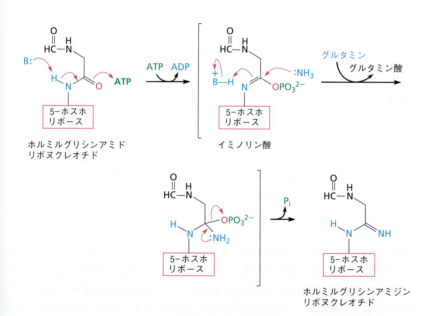

ンへの互変異性化が起こる．

ステップ6（図6・11）**カルボキシ化** アミノイミダゾールリボヌクレオチドはAIRカルボキシラーゼ[18),19)]によってカルボキシ化される．この反応は，細菌ではまずイミダゾールのN5位の窒素がカルボキシ化され，そのカルボキシ基が転位するという2段階で進行する．脊椎動物では，イミダゾール環の炭素が直接カルボキシ化される．他の多くのカルボキシ化と異なり，この反応はビオチン（§3・4，図3・13）を必要としない．その代わりに，カルボキシリン酸（§3・4，図3・12）から脱離したCO_2によってN^5-カルボキシアミノイミダゾールが生成し，そのCO_2が脱離後すぐに隣接位に再び

図6・12 ホルミルグリシンアミジンの生成の反応機構（図6・11，ステップ4）

付加するというかたちで進行している（図6・13）．この反応においてAIRのアミノ基はCO_2を運搬するという役割を果たしている．つまり，ビオチンと同じ働きをしている．

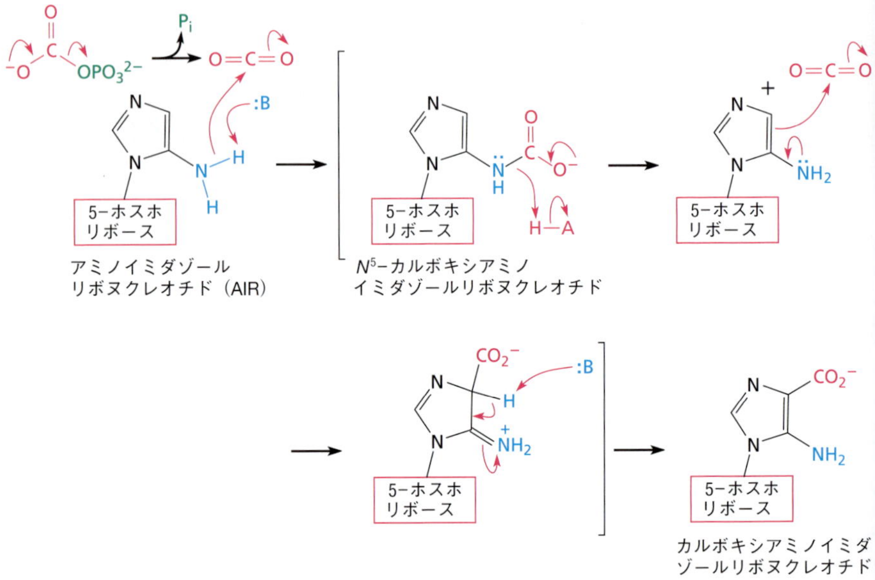

図6・13　アミノイミダゾールリボヌクレオチドのカルボキシ化の反応機構
（図6・11，ステップ6）

ステップ7, 8（図6・11）　スクシニロカルボキサミドの生成とフマル酸の脱離
カルボキシアミノイミダゾールリボヌクレオチドは，アミノイミダゾールスクシニロカルボキサミドリボヌクレオチド（aminoimidazole succinylocarboxamide ribonucleotide：SAICAR）シンテターゼ[20]によってアスパラギン酸とアミド結合する．この酵素はATPを必要とし，反応機構はステップ2のグリシンアミドの生成に似ている．次にSAICARは，アデニロコハク酸リアーゼ[21]によってフマル酸がE1cB脱離してアミノイミダゾールカルボキサミドリボヌクレオチド（aminoimidazole carboxamide ribonucleotide：AICAR）となる．このステップ7, 8は，シトルリンがアルギニンに変換される尿素回路（§5・2，図5・2）のステップ2, 3によく似ていることに注意しよう．

ステップ9（図6・11）　ホルミル化　プリン生合成に必要な最後の原子は，ステップ9でAICARのホルミル化によって導入される．この反応はAICARホルミル基転移酵素[22]によって触媒され，ステップ3と同様に10-ホルミルテトラヒドロ葉酸のホルミル基が転移する．

ステップ10（図6・11）　環化によるIMPの生成　IMPの生合成の最終段階は，IMPシクロヒドロラーゼ[23),24)]によるホルムアミドイミダゾールカルボキサミドリボヌクレオチド（formamidoimidazole carboxamide ribonucleotide: FAICAR）の環化である．ステップ5のイミダゾール環形成の環化とは異なり，最終段階の環化反応ではアミンとカルボニル基が直接反応し，ATPを必要としない．

アデノシン一リン酸とグアノシン一リン酸

AMPとGMPはともに，すでに述べてきた反応によって直接IMPから誘導される（図6・14）．

AMPはIMPから2段階で生合成される．まずアスパラギン酸と反応してアデニロコハク酸となり，次にフマル酸が脱離する．第一段階はアデニロコハク酸シンテターゼ[25)]によって触媒され，補酵素としてGTPを必要とする．この反応は，§6・3の最後で述べたUTPがCTPに変換される反応と類似の機構である．第二段階の反応はIMP生合成のステップ8と同じアデニロコハク酸リアーゼ[21)]により触媒され，反応機構も同様である．

GMPもまたIMPから2段階で生合成される．まず酸化と加水分解によりキサントシン一リン酸（xanthosine monophosphate: XMP）が生成し，ついでアミノ化する．酸化

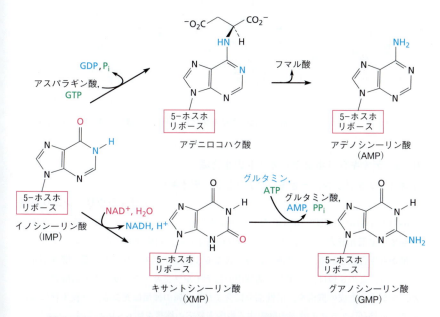

図6・14　イノシン一リン酸がアデノシン一リン酸とグアノシン一リン酸へと変換される生合成経路

反応は NAD$^+$ を補酵素とする IMP 脱水素酵素[26]により触媒される．図 6・15 に示すように，酵素中のチオール基がプリン塩基に共役付加して生じる四面体中間体からヒドリドイオンが NAD$^+$ に移る．ここに H$_2$O が付加することによりチオールが –OH 基に置き換わり，互変異性化して XMP となる．次に XMP が GMP シンテターゼ[27]によって GMP に変換される．この反応は，尿素回路の第二段階でシトルリンがアスパラギン酸のアミノ基と反応し，アシルアデノシルリン酸中間体を経てアルギニノコハク酸となる反応（§5・2，図 5・3）と類似の機構である．

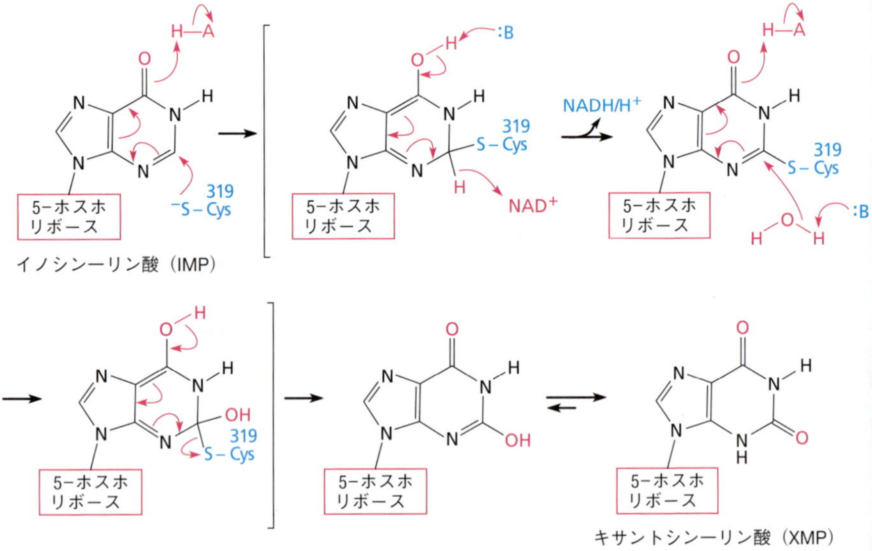

図 6・15 イノシン一リン酸の酸化によりキサントシン一リン酸が生成する反応機構

6・5 デオキシリボヌクレオチドの生合成

デオキシアデノシン，デオキシグアノシン，デオキシシチジン，
　　　　　　　　　　　　　　　　　　　　　　　デオキシウリジン二リン酸

　dADP, dGDP, dCDP, dUDP などのデオキシリボヌクレオシド二リン酸は，リボヌクレオチド還元酵素[28],[29]による脱酸素反応によって，対応するリボヌクレオシド二リン酸から生合成される．生物種によって異なる 3 種のリボヌクレオチド還元酵素が知られている．この 3 種は，いずれも活性中心にチイルラジカルを生成する金属酵素であるが，ラジカル生成の機構や，活性部位に含まれる金属の種類は異なる．真核生物における非ヘム鉄(III)クラス I 酵素が触媒する脱酸素反応の機構を図 6・16 に示す．

　ステップ 1（図 6・16）　**水素原子引抜き**　　リボヌクレオシドの還元では，まず還元

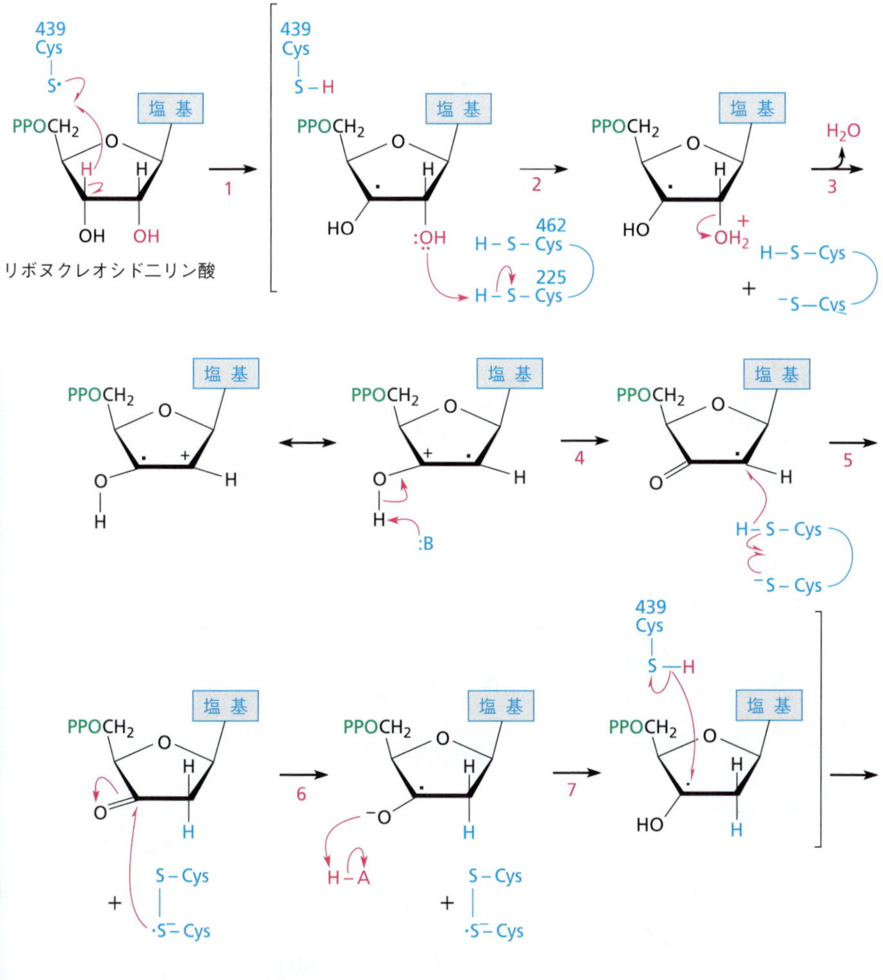

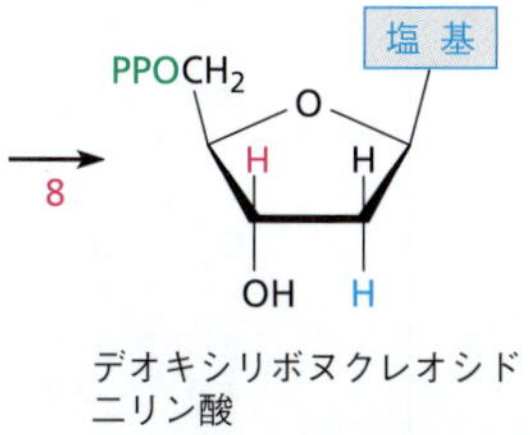

図 6・16 リボヌクレオチド還元酵素の還元反応によってリボヌクレオシド二リン酸からデオキシリボヌクレオシド二リン酸が生成する反応機構*　個々のステップの説明は本文参照.

---

* 訳注: 図6・16では文献28)を基に E. coli 由来のリボヌクレオチド還元酵素に関する反応機構が示されており,第6章扉 (p.291) の酵素とは由来が違うため, アミノ酸残基の番号が異なる.

312　　6. ヌクレオチド代謝

酵素の Cys-439 から生成したチイルラジカルによって，C3 位の水素原子が引抜かれる．

ステップ 2〜4（図 6・16）　**脱水反応**　生成したラジカル分子の C2 位のヒドロキシ基は，システイン残基ペアの一つの Cys-225 によりプロトン化される．次にプロトン化されたアルコールから，S_N1 様の反応によって水分子が脱離する．生成したカチオンラジカルは二つの共鳴構造で記述することができる．このカチオンラジカルに対して Glu-441 が塩基として働き，C3 位のヒドロキシ基を脱プロトンさせることで，電気的

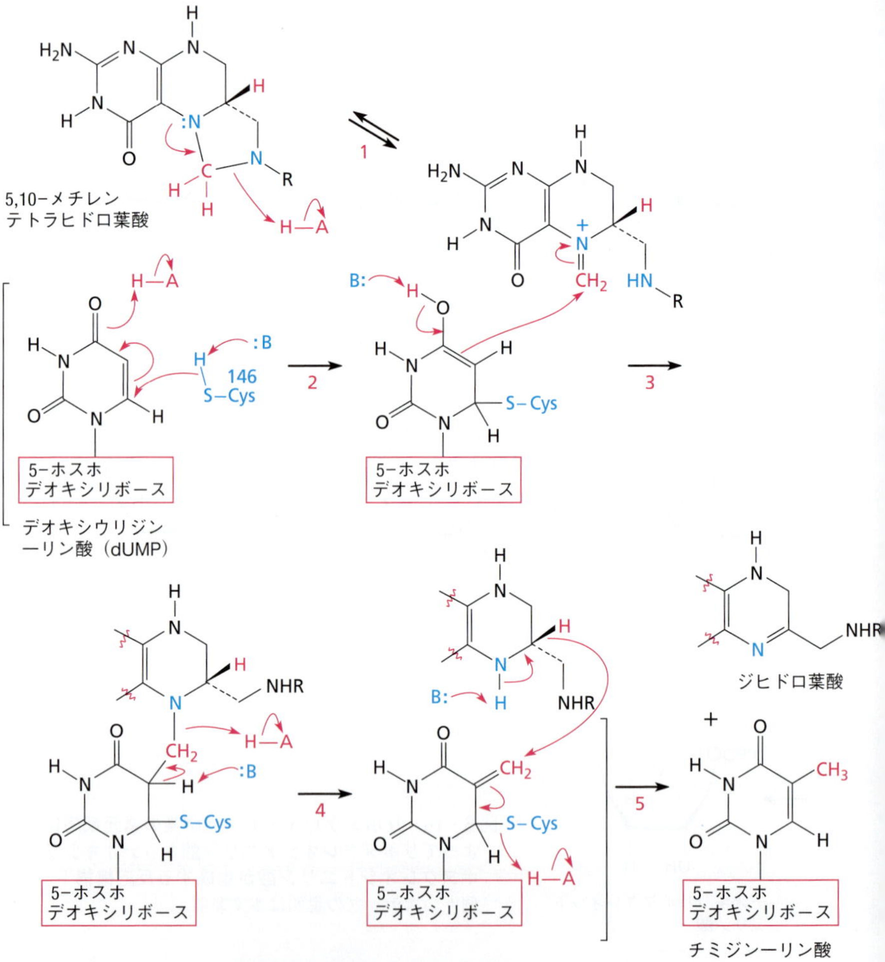

図 6・17　チミジル酸合成酵素によるデオキシウリジン一リン酸（dUMP）からチミジン一リン酸生合成の反応機構　個々のステップの説明は本文参照．

に中性の 2-オキソラジカルを生成する．

ステップ5（図 6・16）　**水素原子付加**　生成した 2-オキソラジカルは，C2 位のラジカル中心に水素原子が付加することで還元されて中性のケトンとなる．この際，もう一つのシステイン残基である Cys-462 が水素原子を供与することで，二つのシステイン残基間のジスルフィド結合をもつ硫黄アニオンラジカルを生成する．

ステップ6,7（図 6・16）　**電子移動**　硫黄アニオンラジカルから C3 位のカルボニル基に電子移動が起こることでケチルアニオンラジカルが生成し，その酸素原子がプロトン化される．

ステップ8（図 6・16）　**水素原子付加**　最後に，ステップ 1 で Cys-439 により C3 位から引抜かれた水素原子が同じ側から再びリボース環に付加し，デオキシリボヌクレオチドを生成する．この反応の後，ステップ 5 で生成したジスルフィド結合が還元されてチオールのペアに戻ることで，活性型の酵素が再生する．

チミジン一リン酸

チミジン一リン酸（dTMP，もしくは単に TMP と表記する）は，DNA のみの構成成分であり，RNA には含まれない．チミジン一リン酸はデオキシウリジン一リン酸（dUMP）からチミジル酸合成酵素[30),31)] によって複雑な過程を経て生合成される．5,10-メチレンテトラヒドロ葉酸（図 5・6）がメチル基供与体となる．この反応の機構を図 6・17 に示す．また，酵素-基質活性部位の X 線結晶構造を図 6・18 に示す．

ステップ1（図 6・17）　**イミニウムイオンの生成**　5,10-メチレンテトラヒドロ葉酸は五員環の可逆的な開環によりイミニウムイオンを生成する．

ステップ2,3（図 6・17）　**システインの付加とメチレンテトラヒドロ葉酸との反応**

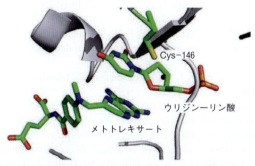

葉酸類似体としてのメトトレキサートの構造

図 6・18　X 線結晶構造解析によるチミジル酸合成酵素-基質複合体の活性部位の構造　Cys-146 がウラシル環の二重結合に付加し，メチレン基はメチレンテトラヒドロ葉酸から移動する．

酵素のシステイン残基（Cys-146）がdUMPのウラシル環二重結合に共役付加し，生成したエノールが5,10-メチレンテトラヒドロ葉酸のイミニウムイオンに付加する．

ステップ4（図6・17）　**テトラヒドロ葉酸の脱離**　酵素の塩基触媒によってテトラヒドロ葉酸が脱離し，ウラシル環上に新たな不飽和カルボニル基が生成する．

ステップ5（図6・17）　**還元**　テトラヒドロ葉酸のヒドリドイオンがウラシル環に共役付加し，生成したエノラートイオンからCys-146がチオラートイオンとして脱離することでチミジン一リン酸とジヒドロ葉酸（dihydrofolate：DHF）が生成する．生成したジヒドロ葉酸は，まずNADPHにより還元されてテトラヒドロ葉酸となり，次にセリンの-CH_2OH基が転移する（図5・6）という2段階の反応で，5,10-メチレンテトラヒドロ葉酸へと戻る．

参 考 文 献

1) Betts, L.; Xiang, S.; Short, S. A.; Wolfenden, R.; Carter, C. W., Jr., "Cytidine Deaminase. The 2.3 Å Crystal Structure of an Enzyme:Transition-State Analog Complex," *J. Mol. Biol.*, **1994**, *235*, 635–56.
2) Dobritzsch, D.; Ricagno, S.; Schneider, G.; Schnackerz, K. D.; Lindqvist, Y., "Crystal Structure of the Productive Ternary Complex of Dihydropyrimidine Dehydrogenase with NADPH and 5-Iodouracil," *J. Biol. Chem.*, **2002**, *277*, 13155–13166.
3) Lohkamp, B.; Voevodskaya, N.; Lindqvist, Y.; Dobritzsch, D., "Insights into the Mechanism of Dihydropyrimidine Dehydrogenase from Site-Directed Mutagenesis Targeting the Active-Site Loop and Redox Cofactor Coordination," *Biochim. Biophys. Acta*, **2010**, *1804*, 2198–2206.
4) Stockert, A. L.; Shinde, S. S.; Anderson, R. F.; Hille, R., "The Reaction Mechanism of Xanthine Oxidase: Evidence for Two-Electron Chemistry Rather Than Sequential One-Electron Steps," *J. Am. Chem. Soc.*, **2002**, *124*, 14554–14555.
5) Hille, R.; Nishino, T.; Bittner, F., "Molybdenum Enzymes in Higher Organisms," *Coord. Chem. Rev.*, **2011**, *255*, 1179–1205.
6) Holden, H. M.; Thoden, J. B.; Raushel, F. M., "Carbamoyl Phosphate Synthetase. An Amazing Biochemical Odyssey from Substrate to Product," *Cell. Mol. Life Sci.*, **1999**, *56*, 507–522.
7) Porter, T. N.; Li, Y.; Raushel, F. M., "Mechanism of the Dihydroorotase Reaction," *Biochemistry*, **2004**, *43*, 16285–16292.
8) Fagan R. L.; Nelson, M. N.; Pagano, P. M. Palfey, B. A., "Mechanism of Flavin Reduction in Class 2 Dihydroorotate Dehydrogenases," *Biochemistry*, **2006**, *45*, 14926–14932.
9) Tao, W.; Grubmeyer, C.; Blanchard, J. S., "Transition-State Structure of *Salmonella typhimurium* Orotate Phosphoribosyltransferase," *Biochemistry*, **1996**, *35*, 14–21.
10) Tsang, W.-Y.; McKay Wood, B.; Wong, F. M.; Wu, W.; Gerlt, J. A.; Amyes, T. L.; Richard, J. P., "Proton Transfer from C6 of Uridine 5'-Monophosphate Catalyzed by Orotidine 5'-Monophosphate Decarboxylase: Formation and Stability of a Vinyl Carbanion Intermediate and the Effect of a 5-Fluoro Substituent," *J. Am. Chem. Soc.*, **2012**, *134*, 14580–14594.

11) Vardi-Kilshtain, V.; Doron, D.; Major, D. T., "Quantum and Classical Simulations of Orotidine Monophosphate Decarboxylase: Support for a Direct Decarboxylation Mechanism," *Biochemistry*, **2013**, *53*, 4382–4390.
12) Iyengar, A.; Bearne, S. L., "Aspartate-107 and Leucine-109 Facilitate Efficient Coupling of Glutamine Hydrolysis to CTP Synthesis by *Escherichia coli* CTP Synthase," *Biochem. J.*, **2003**, *369*, 497–507.
13) Smith, J. L., "Glutamine PRPP Amidotransferase: Snapshots of an Enzyme in Action," *Curr. Opin. Struct. Biol.*, **1998**, *8*, 686–694.
14) Wang, W.; Kappock, T. J.; Stubbe, J.; Ealick, S. E., "X-ray Crystal Structure of Glycinamide Ribonucleotide Synthetase from *Escherichia coli*," *Biochemistry*, **1998**, *37*, 15647–15662.
15) Sampei, G.; Baba, S.; Kanagawa, M.; Yanai, H.; Ishii, T.; Kawai, H.; Fukai, Y.; Ebihara, A.; Nakahawa, N.; Kawai, G., "Crystal Structure of Glycinamide Ribonucleotide Synthetase, PurD, from Thermophilic Eubacteria," *J. Biochem.*, **2010**, *148*, 429–438.
16) Zhang, Y.; Desharnais, J.; Greasley, S. E.; Beardsley, G. P.; Boger, D. L.; Wilson, I. A., "Crystal Structures of Human GAR Tfase at Low and High pH and with Substrate β-GAR," *Biochemistry*, **2002**, *41*, 14206–14215.
17) Li, C.; Kappock, T. J.; Stubbe, J.; Weaver, T. M.; Ealick, S. E., "X-ray Crystal Structure of Aminoimidazole Ribonucleotide Synthetase (PurM), from the *Escherichia coli* Purine Biosynthetic Pathway at 2.5 Å Resolution," *Structure*, **1999**, *7*, 1155–1166.
18) Firestine, S. M.; Poon, S.-W.; Mueller, E. J.; Stubbe, J.; Davisson, V. J., "Reactions Catalyzed by 5-Aminoimidazole Ribonucleotide Carboxylases from *Escherichia coli* and *Gallus gallus*: A Case for Divergent Catalytic Mechanisms?" *Biochemistry*, **1994**, *33*, 11927–11934.
19) Thoden, J. B; Holden, H. M.; Paritala, H.; Firestine, S. M., "Structural and Functional Studies of *Aspergillus clavatus* N5-Carboxyaminoimidazole Ribonucleotide Synthetase," *Biochemistry*, **2010**, *49*, 752–760.
20) Nelson, S.W.; Binkowski, D. J.; Honzatko, R. B.; Fromm, H. J., "Mechanism of Action of *Escherichia coli* Phosphoribosylaminoimadazolesuccinocarboxamide Synthetase," *Biochemistry*, **2005**, *44*, 766–774.
21) Tsai, M.; Koo, J.; Yip, P.; Colman, R. F.; Segall, M. L.; Howell, P. L., "Substrate and Product Complexes of *Escherichia coli* Adenylosuccinate Lyase Provide New Insights into the Enzymatic Mechanism," *J. Mol. Bio.*, **2007**, *370*, 541–554.
22) Wolan, D. W.; Greasley, S. E.; Beardsley, G. P.; Wilson, I. A., "Structural Insights into the Avian AICAR Transformylase Mechanism," *Biochemistry*, **2002**, *412*, 15505–15513.
23) Vergis, J. M.; Beardsley, G. P., "Catalytic Mechanism of the Cyclohydrolase Activity of Human Aminoimidazole Carboxamide Ribonucleotide Transformylase/Inosine Monophosphate Cyclohydrolase," *Biochemistry*, **2004**, *43*, 1184–1192.
24) Wolan, D. W.; Cheong, C.-G.; Greasley, S. E.; Wilson, I. A., "Structural Insights into the Human and Avian IMP Cyclohydrolase Mechanism via Crystal Structures with the Bound XMP Inhibitor," *Biochemistry*, **2004**, *43*, 1171–1183.
25) Poland, B. W.; Fromm, H. J.; Honzatko, R. B., "Crystal Structures of Adenylosuccinate Synthetase from *Escherichia coli* Complexes with GDP, IMP, Hadacidin, NO_3^-, and Mg^{2+}," *J. Mol. Biol.*, **1996**, *264*, 1013–1027.
26) Hedstrom, L., "IMP Dehydrogenase: Structure, Mechanism, and Inhibition," *Chem.*

Rev., **2009**, *109*, 2903–2928.
27) Tesmer, J. J. G.; Klem, T. J.; Deras, M. L.; Davisson, V. J.; Smith, J. L., "The Crystal Structure of GMP Synthetase Reveals a Novel Catalytic Triad and Is a Structural Paradigm for Two Enzyme Families," *Nature Struct. Biol.*, **1996**, *3*, 74–86.
28) Kolberg, M.; Strand, K. R.; Graff, P.; Andersson, K. K., "Structure, Function, and Mechanism of Ribonucleotide Reductases," *Biochim. Biophys. Acta,* **2004**, *1699*, 1–34.
29) Holmgren, A., Sengupta, R., "The Use of Thiols by Ribonucleotiode Reductase," *Free Radical Bio. Med.,* **2010**, *49*, 1617–1628.
30) Finer-Moore, J. S.; Santi, D. V.; Stroud, R. M., "Lessons and Conclusions from Dissecting the Mechanism of a Bisubstrate Enzyme: Thymidylate Synthase Mutagenesis, Function, and Structure," *Biochemistry*, **2003**, *42*, 248–256.
31) Koehn, E. M.; Kohen, A., "Flavin-Dependent Thymidylate Synthase: A Novel Pathway Towards Thymidylate," *Arch. Biochem. Biophys.*, **2010**, *493*, 96–102.

問　　題

6・1　ウリジンの異化（図 6・2）において，β–ウレイドプロピオン酸が加水分解により β–アラニンとなる反応機構を書きなさい．

β–ウレイドプロピオン酸　　　β–アラニン

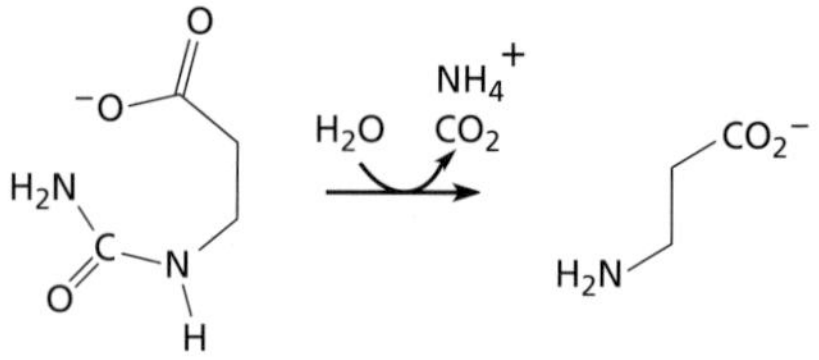

6・2　ウリジンの異化（図 6・2）の最後のステップで，マロン酸セミアルデヒドが酸化されてマロニル CoA となる反応機構を書きなさい．

マロン酸セミアルデヒド　　　マロニル CoA

6・3　チミンの異化によりメチルマロニル CoA となる反応経路と中間体を示しなさい．

チミン　　　メチルマロニル CoA

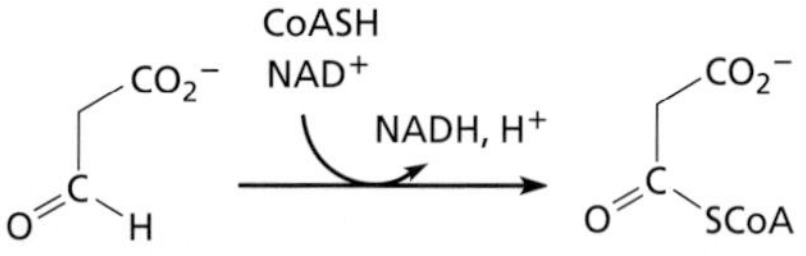

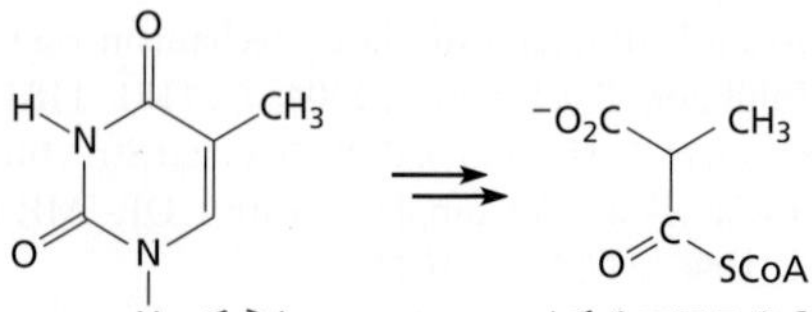

問　題

6・4 イノシン一リン酸生合成（図6・11）のステップ3における，グリシンアミドリボヌクレオチドのホルミル化の機構を書きなさい．

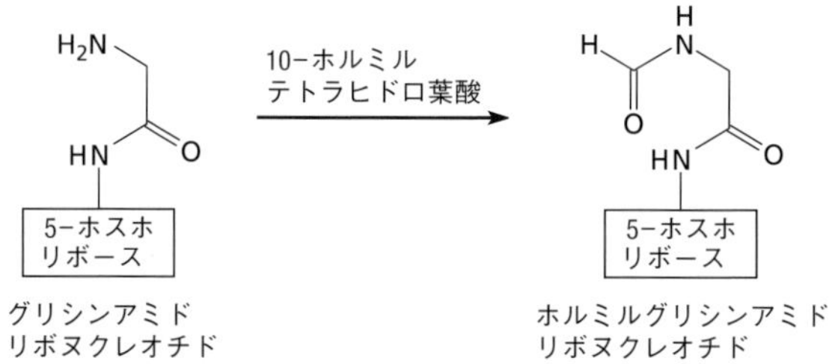

グリシンアミド
リボヌクレオチド

10-ホルミル
テトラヒドロ葉酸

ホルミルグリシンアミド
リボヌクレオチド

6・5 イノシン一リン酸生合成（図6・11）のステップ5において，ホルミルグリシンアミジンヌクレオチドからアミノイミダゾールリボヌクレオチドが生成する反応機構を示しなさい．

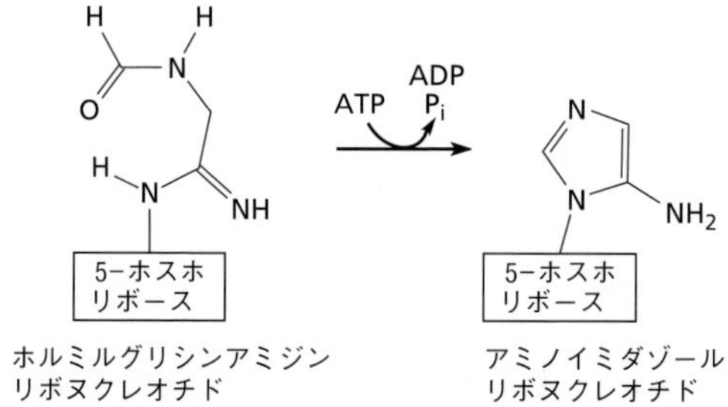

ホルミルグリシンアミジン
リボヌクレオチド

アミノイミダゾール
リボヌクレオチド

6・6 イノシン一リン酸からアデニロコハク酸が生成する反応機構を書きなさい．

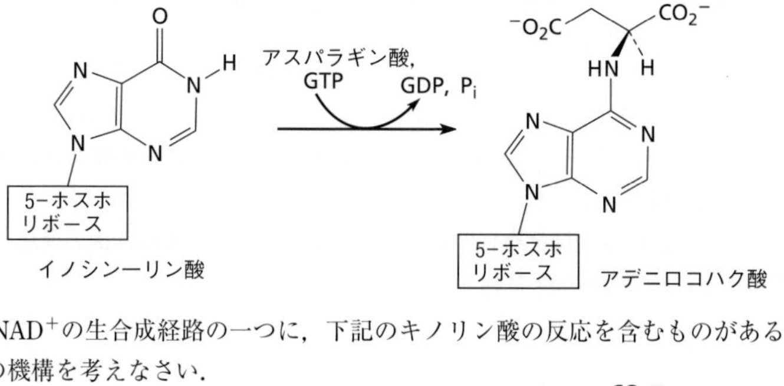

イノシン一リン酸

アスパラギン酸，
GTP → GDP, P_i

アデニロコハク酸

6・7 NAD^+の生合成経路の一つに，下記のキノリン酸の反応を含むものがある．この反応の機構を考えなさい．

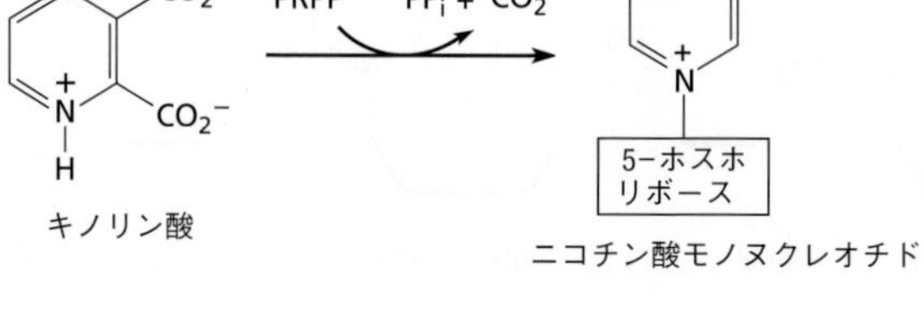

キノリン酸

PRPP → PP_i + CO_2

ニコチン酸モノヌクレオチド

6・8 グアノシン三リン酸は GTP シクロヒドロラーゼ II によって次の一リン酸化合物に変換される．この反応機構を考えなさい．

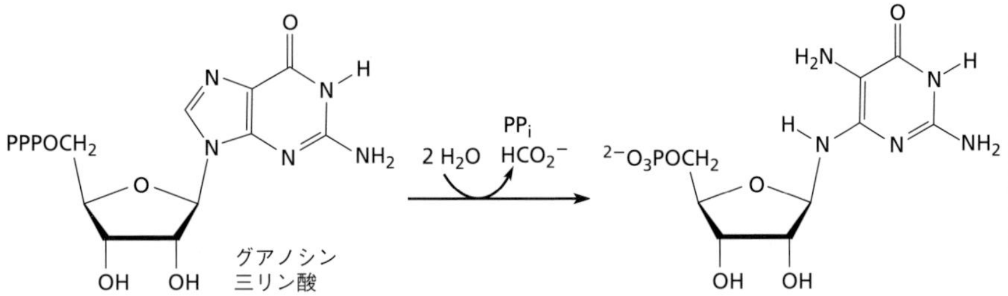

6・9 グアノシン三リン酸は GTP シクロヒドロラーゼ I によってジヒドロネオプテリン三リン酸に変換される．この反応機構を考えなさい．

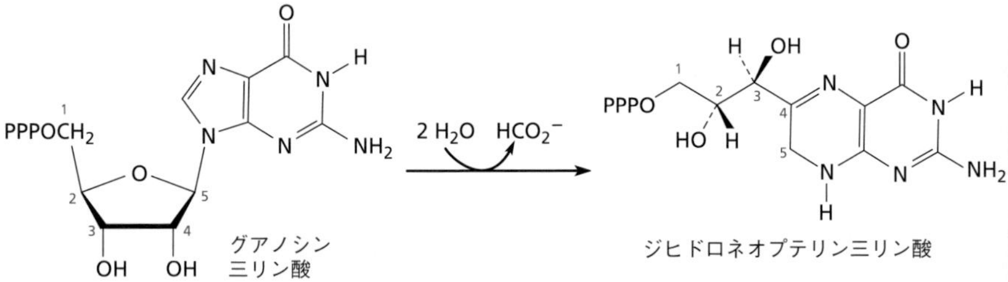

6・10 ジヒドロピリミジン脱水素酵素（図6・4）の PDB 座標ファイルを取得し，PyMOL viewer を用いて構造を示しなさい（PDB コード 1GTH）．また，NADPH の C4 位炭素とピリミジンの C6 位炭素との距離はいくらか．ヒドリドイオン等価体は，いかにしてこの長距離を移動するのか．

6・11 チミジル酸合成酵素（図6・18）の PDB 座標ファイルを取得し，PyMOL viewer を用いて構造を示しなさい（PDB コード 1B02）．5-フルオロ-2′-デオキシウリジン-5′-一リン酸と 5,10-メチレン-5,6,7,8-テトラヒドロ葉酸の付加体の構造を書き，生成機構を考えなさい．

6・12 チアミン拮抗性の抗生物質であるバシメトリンの生合成は，次の反応から始まる．この反応に必要な補因子は何か．

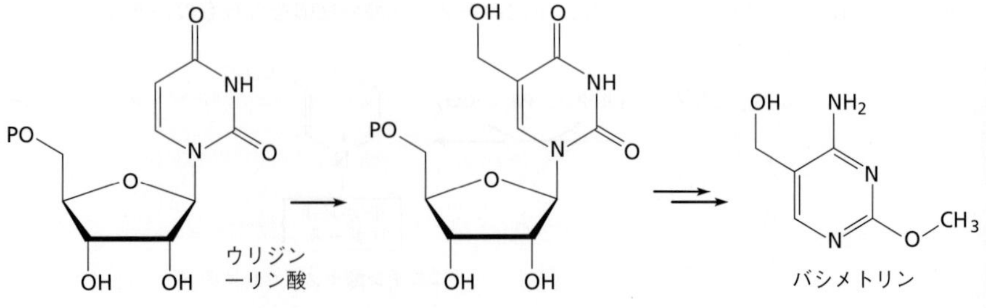

6・13 補酵素Qのような膜結合型のキノンは,還元型のフラビンと反応し,対応するヒドロキノンを生成する.この反応機構を示しなさい.

6・14 tRNAはA/U/C/Gの塩基からなるが,活性型のtRNAではこれらの塩基の多くはさらなる修飾を受けている.そのような修飾を調べるために,フェニルアラニンtRNAの構造を開きなさい(PDBコード 1EHZ).
 (a) 第39番目の残基の構造を示しなさい.
 (b) 第39番目の残基の3′側と5′側にはどの塩基があるか.
 (c) 他の修飾された残基を二つ探しなさい.

6・15 DNAの構造を開きなさい(PDBコード 1CGC).
 (a) この10 merの配列を示しなさい.
 (b) DNA一本鎖の両端の間の距離はいくらか.
 (c) 塩基対を挟んだリン酸基の間は,最大でどの程度離れているか.

6・16 GARホルミル基転移酵素は,グリシンアミドリボヌクレオチド(GAR)からホルミルグリシンアミドリボヌクレオチドへの反応を触媒する.反応機構を示しなさい.

6・17 GAR ホルミル基転移酵素の構造を開き（PDB コード 1C2T），次の問いに答えなさい．
 (a) 活性中心に結合している補因子のアナログと基質（GAR）の構造を示しなさい．
 (b) 問題 6・16 の反応機構から考えられる反応中間体の構造を示しなさい．
 (c) 基質のアミノ基と，それに最も近い補因子のカルボニル炭素の距離はいくらか．
 (d) ホルミル転移において，四面体中間体の安定化に関与している相互作用は何か．
 (e) Glu-173 のカルボン酸の役割は何か．

7
天然物の生合成

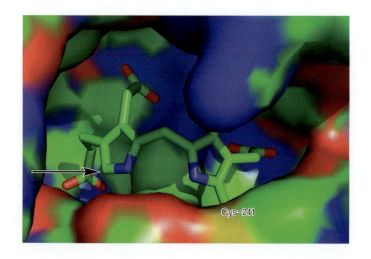

ポルホビリノーゲン脱アミノ酵素の活性中心．補因子ジピロメタンが241番目のシステイン（Cys-241）に結合している．矢印はポルホビリノーゲンの最初の伸長反応が起こる置換位置をさしている．ポルフィリン生合成過程の研究において，酵素に結合しているこの補因子は驚くべき発見であった．

7. 天然物の生合成

- 7・1 非リボソーム依存型ポリペプチドの生合成：ペニシリンとセファロスポリン
  - ペニシリン
  - セファロスポリン
- 7・2 アルカロイドの生合成：モルヒネ
- 7・3 脂肪酸由来化合物の生合成：プロスタグランジンとその他のエイコサノイド
- 7・4 ポリケチドの生合成：エリスロマイシン
- 7・5 酵素補因子の生合成：ヘム

普遍的に存在するトリアシルグリセロール（脂質），炭水化物，タンパク質，核酸に加えて，生物には一般に**天然物**（natural product）という名で分類される多様な化合物群が含まれている．天然物を言葉そのものの意味で解釈すると，"天然に存在するすべての化合物"という意味になるが，一般には，**二次代謝物**（secondary metabolite）—生体を構成するために必須ではなく，その化学構造によって分類できない小分子—をさす言葉として解釈されている．多くの二次代謝物の主要な機能は，他の生物を追い払ったり，引きつけたりすることによって，その生物の生存率を向上させることだと考えられている[1]．

天然物は，その構造，機能，生合成経路が非常に多様であるため，簡単に整理することはできず，厳密な分類方法はない．しかし実際には，この分野の研究者によって，しばしばテルペノイド，非リボソーム依存型ポリペプチド，アルカロイド，脂肪酸由来化合物およびポリケチド，酵素補因子の五つに分類される．各分類の代表的な天然物の構造を図7・1に示す．

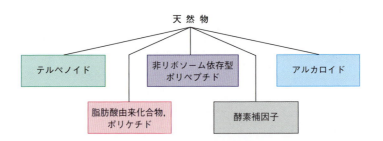

- **テルペノイド**（terpenoid）：§2・2と§3・5で述べたように，イソペンテニル二リン酸から生合成され，非常に多くの化合物を含む．エピアリストロケン（§3・5，図3・27）や，ラノステロール（§3・6，図3・32）がその例である．
- **非リボソーム依存型ポリペプチド**（nonribosomal polypeptide）：RNAからの翻訳を介さずに，複雑で多くの機能をもつシンテターゼによって生合成されるペプチド類

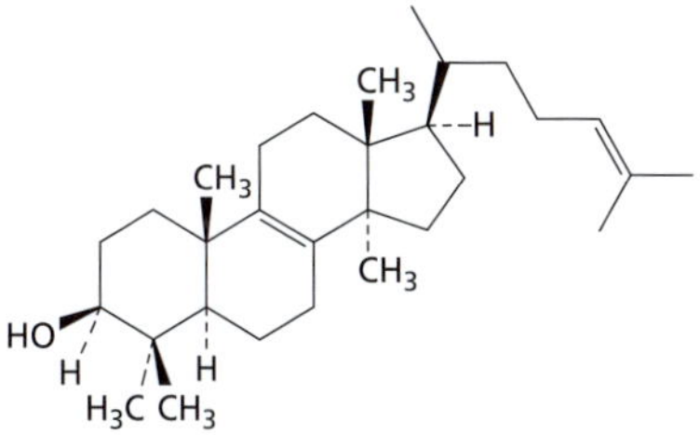

ラノステロール
（テルペノイド）

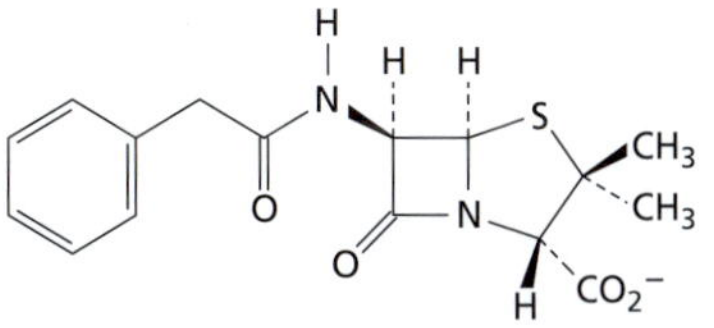

ベンジルペニシリン
（非リボソーム依存型ポリペプチド）

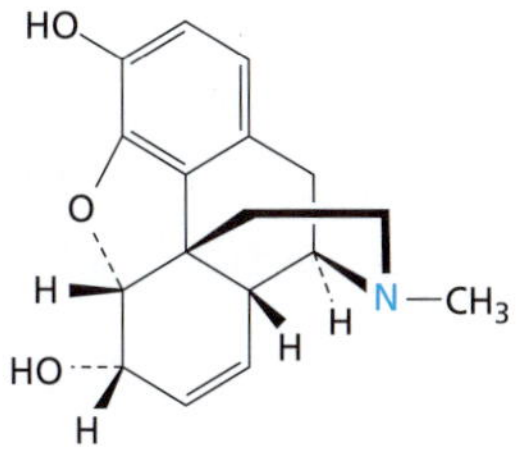

モルヒネ
（アルカロイド）

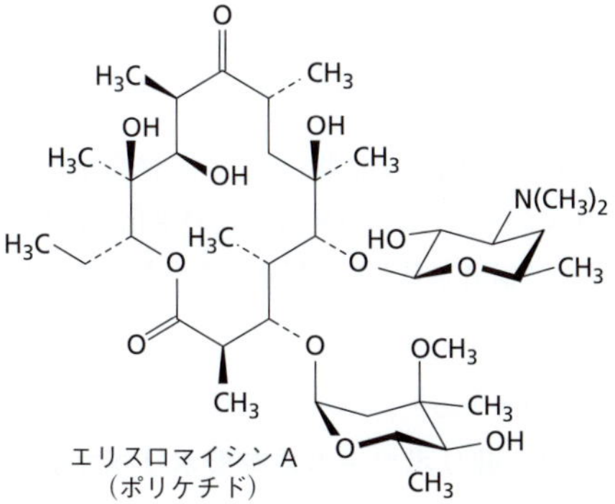

エリスロマイシンA
（ポリケチド）

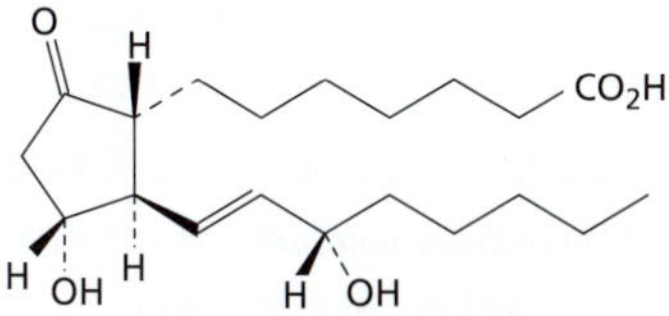

プロスタグランジン E_1
（脂肪酸由来化合物）

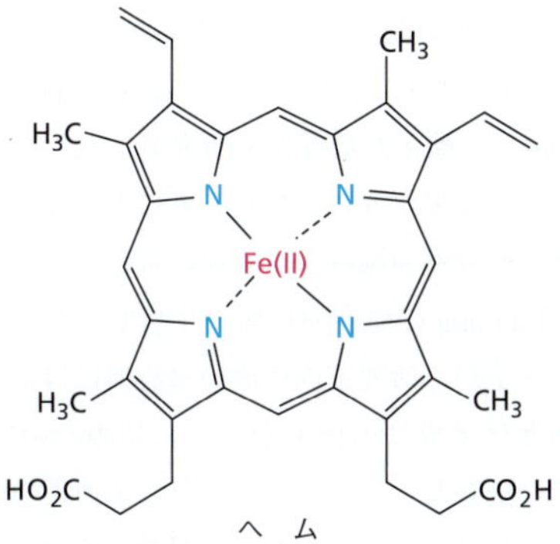

ヘム

図7・1 代表的な天然物の構造

似の化合物群である．§7・1でこのグループの例としてペニシリン類について述べる．

- **アルカロイド**（alkaloid）：テルペノイドと同様に，多様な化合物を含む大きなグループである．アルカロイドは塩基性のアミンを含む構造をもち，アミノ酸から生合成される．§7・2でこのグループの例としてモルヒネの生合成について述べる．

- **脂肪酸由来化合物**（fatty-acid-derived substance）および**ポリケチド**（polyketide）：アセチル CoA，プロピオニル CoA，メチルマロニル CoA などの単純なアシル前駆体が組合わさることによって生合成され，10,000 種類以上の化合物がすでに知られている．一般的な脂肪酸由来化合物は酸素原子をあまり含まない構造であるが，ポリケチドは炭素原子に結合した多くの酸素分子を含む構造をもつ．§7・3で脂肪酸由来化合物の例としてエイコサノイドの生合成を，§7・4でポリケチドの例としてエリスロマイシンの生合成について述べる．
- **酵素補因子**（enzyme cofactor）：代謝において重要な機能を担う．その構造から単一のカテゴリーとして分類することが難しいため，天然物として分類されることも多い．§7・5でヘムの生合成を，例として取上げる．

本章の記述は天然物化学という研究分野の全体を網羅しておらず，その概要を記したのみである．この分野は現代の生化学において重要な研究分野になっており，本章によって読者諸君が知的好奇心をかきたてられ，さらに深く学ぶきっかけになればと思っている．

7・1 非リボソーム依存型ポリペプチドの生合成:
ペニシリンとセファロスポリン

ペニシリン発見の逸話はよく知られているが，ここで今一度紹介しよう．1928年8月，スコットランド人の細菌学者 Alexander Fleming（アレキサンダー・フレミング）は，黄色ブドウ球菌（*Staphylococcus aureus*）を植えた培養皿を研究室に残して，休暇に出かけた．そして彼の不在の間，さまざまな現象が連続して起こることになる．まず最初の9日間は気温の低い日が続いたため，研究室の温度が培養皿の黄色ブドウ球菌が生育できないほどに低下した．その間に，Fleming の研究室の床で生育していたアオカビ（*Penicillium notatum*）から放出された胞子が，研究室内を漂い培養皿に付着した．その後，気温が上昇して，黄色ブドウ球菌とアオカビの両方が生育し始めたのである．さて，休暇から戻ってきた Fleming はその培養皿を殺菌しようとして滅菌用のトレイに入れたが，偶然にも培養皿は滅菌液に十分には浸らなかった．数日後，Fleming はアオカビが成育した部分の黄色ブドウ球菌のコロニーが溶解していることを発見したのである．

この発見から，Fleming はアオカビが黄色ブドウ球菌を殺す化学物質をつくり出したに違いないと考え，数年間この化学物質の単離を試みたが成功しなかった．しかし 1939 年，オーストラリア人の病理学者 Howard Florey（ハワード・フローリー）とドイツ人亡命者 Ernst Chain（エルンスト・チェーン）が，現在では"**ベンジルペニシリン**（benzylpenicillin）"もしくはペニシリン G とよばれる，活性物質の単離に成功した．ヒトの細菌感染症を治すペニシリンの劇的な作用はすぐに実証され，1943 年には広く利用されるに至ったのである．

ペニシリン G は四員環のラクタム（環状アミド）骨格をもつ β-ラクタム系抗生物質（β-lactam antibiotics）という大きな化合物群のなかの一つである．四員環のラクタムは，硫黄原子を含む五員環と融合しており，ラクタムのカルボニル基の隣の炭素に，アシルアミノ側鎖 RCONH– が結合している．このアシルアミノ側鎖をさまざまな構造とすることにより，何千種類もの異なる生物活性をもったペニシリン誘導体が開発されている．ペニシリン類は酵素によってさらに変換され，セファロスポリン（cephalosporin）類になる．セファロスポリン類は β-ラクタム系抗生物質のもう一つの大きな化合物群であり，硫黄原子を含む六員環という構造的特徴をもち，ペニシリン類とは区別して分類されている．

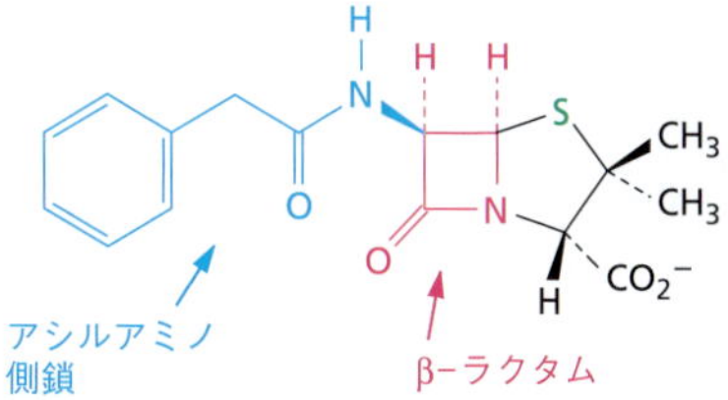

ベンジルペニシリン
（ペニシリン G）

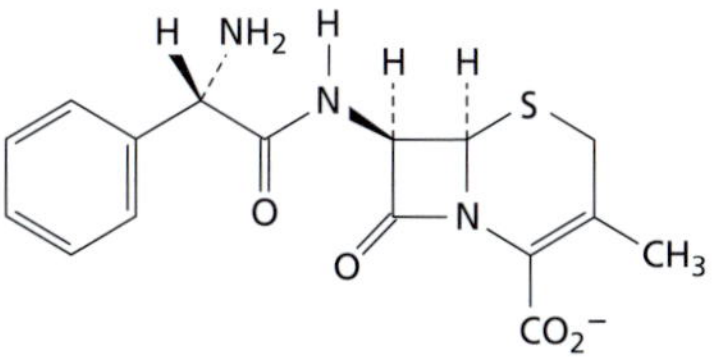

セファレキシン
（セファロスポリン）

ペニシリンは，ひずんだ β-ラクタム環が，細菌細胞壁のペプチドグリカン層の合成，修復に必要であるトランスペプチダーゼと反応し，この酵素を不活性化することによって抗菌活性を発揮している．細胞壁が不完全になるか，もしくは弱くなることによって，細菌は破裂し死に至る．

ペニシリンは，三つのアミノ酸，すなわち，L-システイン，L-バリン，非タンパク質性のアミノ酸である L-α-アミノアジピン酸から生合成される．最初に L-バリンから D-バリンへのエピマー化が起こり，縮合反応により，トリペプチドである L-δ-(α-アミノアジポイル)-L-システイニル-D-バリン (L-δ-(α-aminoadipoyl)-L-cysteinyl-D-valine: ACV) が生成し，続いて酸化的二環化反応によりイソペニシリン N (isopenicillin N: IPN) が形成される．L-δ-(α-アミノアジポイル) 側鎖はさまざまなアミド変換反応を受けることにより，別のペニシリンへと変換される．セファロスポリン類は，イソペニシリン N からペニシリン N へのエピマー化と，含硫黄環の拡張によるデアセトキシセファロスポリン C の生成（図 7・2）という経路で生合成される．

ペニシリン

ペニシリン合成における最初の二つの反応——アミノ酸のカップリングと L-バリンから D-バリンへのエピマー化——はともに，複数の機能をもつ単一の ACV シンテター

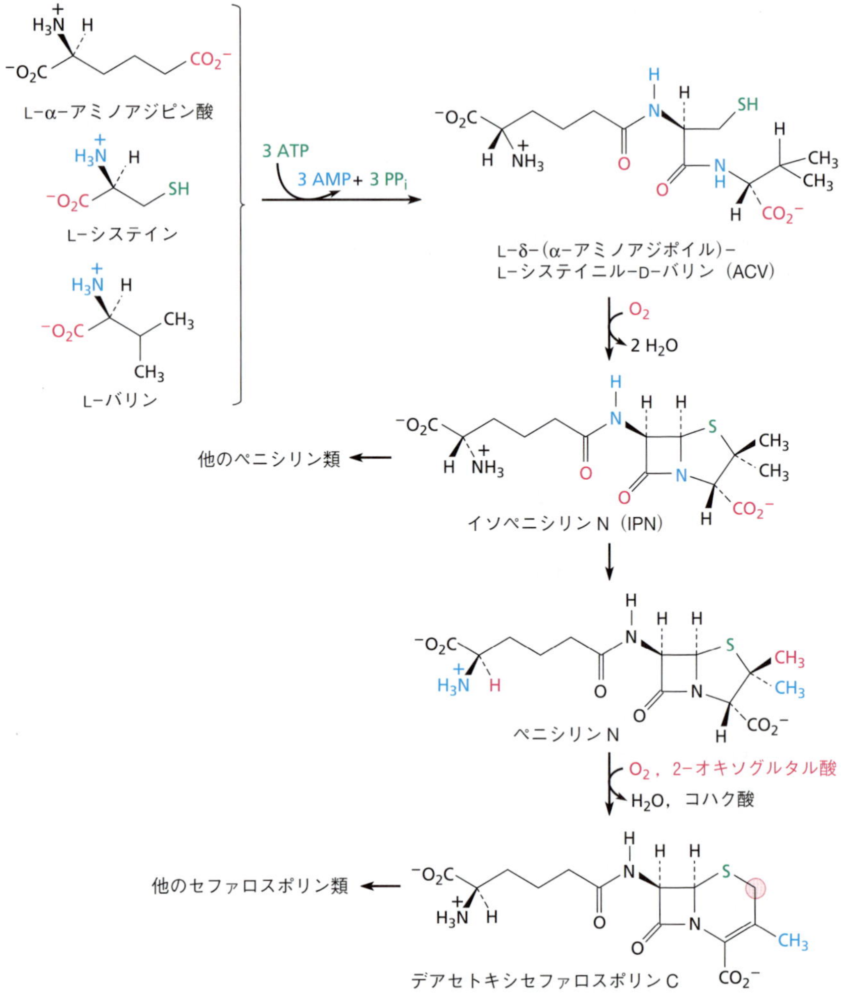

図7・2 ペニシリンとセファロスポリン生合成の概略

ゼ上で進行する[2),3)]．こうした反応は，図7・3に示す機構によって進行していると考えられている．

ステップ1〜3（図7・3） アミノ酸の活性化，酵素との結合，カップリング反応
ACVの生合成における最初のステップは，三つのアミノ酸がATPと反応することにより活性化され，おのおののアミノアシルアデニル酸が生成する反応である．ACVシンテターゼにはホスホパンテテインという補因子がセリン残基の水酸基（−OH）を介し

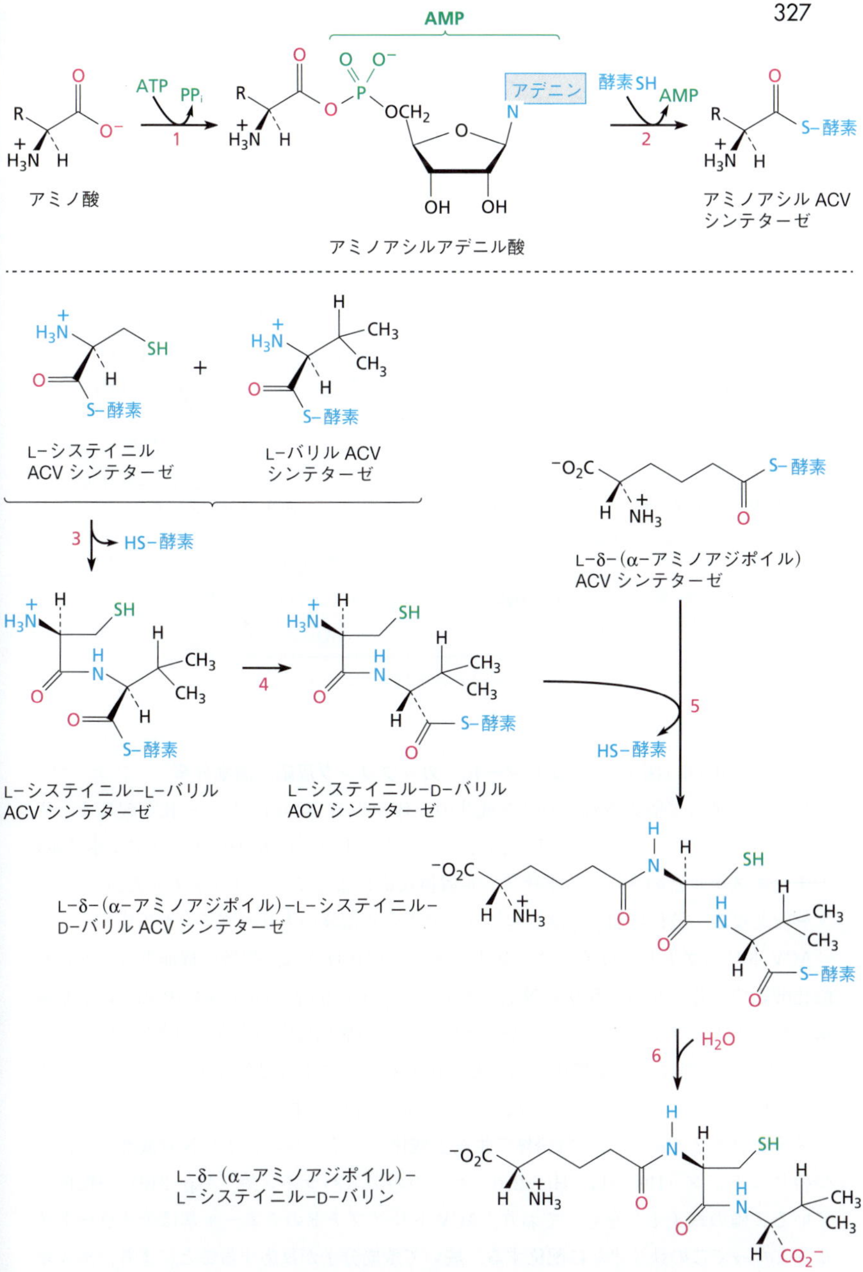

図7・3 L-α-アミノアジピン酸，L-システイン，L-バリンから ACV への生合成機構　個々のステップの説明は本文参照．

て結合している．アミノ酸はこのホスホパンテテインのチオール基（-SH）との間でのチオエステル結合を介してACVシンテターゼと結合する．酵素に結合したシステインとバリンはステップ3に示すように，バリンアミノ基のシステインチオエステル基への求核アシル置換反応によってカップリングし，L-システイニル-L-バリルACVシンテターゼとなる．

L-システイニル
ACVシンテターゼ

L-バリルACV
シンテターゼ

L-システイニル-L-バリル
ACVシンテターゼ

酵素-SH = HSCH$_2$CH$_2$NHCCH$_2$CH$_2$NHCCHCCH$_2$OPO-Ser

ホスホパンテテイン

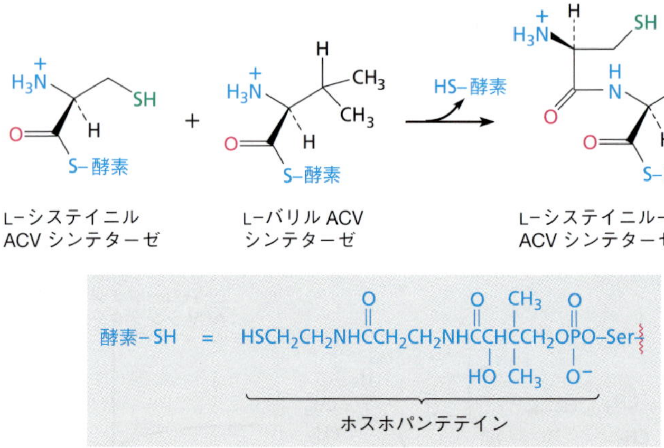

ステップ4〜6（図7・3）　**エピマー化，カップリング反応，加水分解**　ステップ4では塩基によって触媒され，バリン残基のL体からD体へのエピマー化が起こる．生成したL-システイニル-D-バリルACVシンテターゼは，L-δ-（α-アミノアジポイル）のチオエステルとのさらなる求核アシル置換反応によって，トリペプチドACVシンテターゼとなる．最後に加水分解が起こり，酵素から遊離のトリペプチドが生成する．

ACVトリペプチドからイソペニシリンNへの環化反応は，複数の機能をもつ鉄含有酸化酵素であるイソペニシリンN合成酵素（isopenicillin-N synthase: IPNS）により触媒される[3),4)]．フェニルアラニンからチロシンへの酸化反応のように（§5・3，図5・22），鉄原子がさまざまな酸化状態へと変化することによって生成する，鉄-オキソ中間体が反応に関与している．その反応機構を図7・4に示す．

ステップ1, 2（図7・4）　**鉄錯体の生成と酸化**　イソペニシリンN合成酵素は，二つのヒスチジン（His-214, His-270）と一つのアスパラギン酸（Asp-216）が配位している2価の鉄イオンをもっており，ACVトリペプチドのチオール基はチオラートイオンとなってこの鉄イオンに配位する．続いて酸素分子が反応することにより，ペルオキシラジカルが生成し，3価の鉄への酸化が起こる．O_2のモデルであるNOが結合したイソペニシリンN合成酵素鉄錯体のX線結晶構造を図7・5に示す．

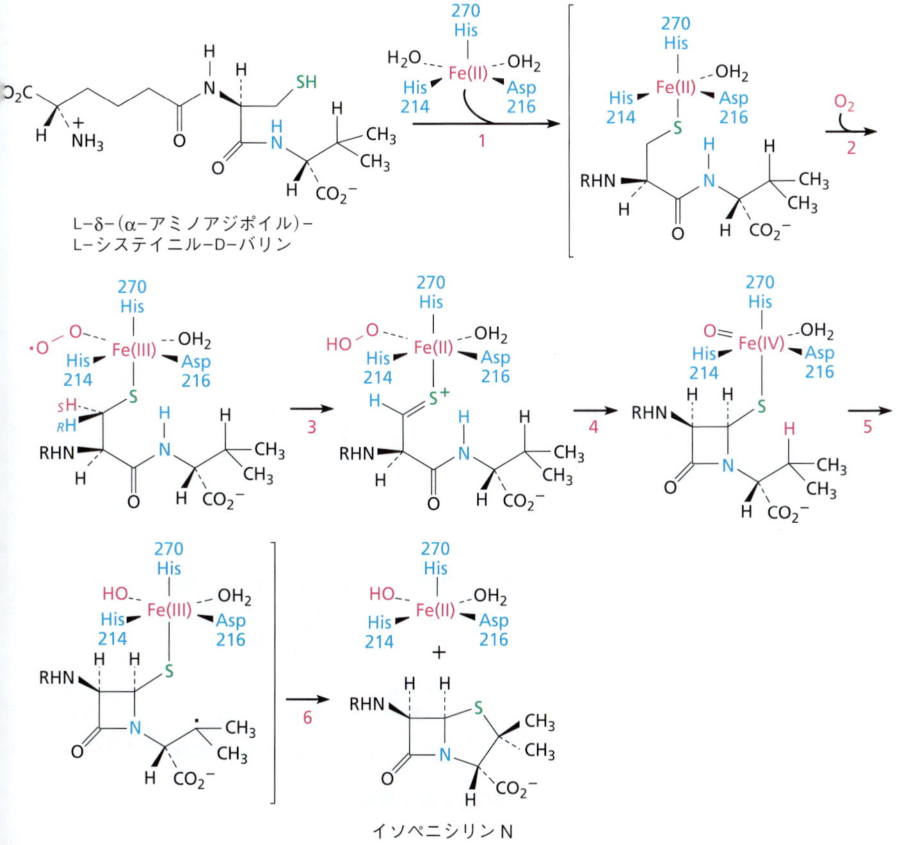

7・1 非リボソーム依存型ポリペプチドの生合成   329

図7・4 イソペニシリン N の生合成経路　個々のステップの説明は本文参照.

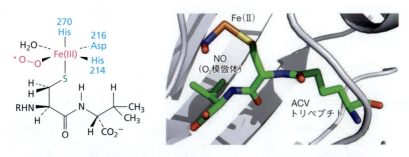

図7・5　O_2 の模倣体である NO がイソペニシリン N 合成酵素鉄錯体に結合しているX線結晶構造

ステップ3,4（図7・4） **酸化とβ-ラクタム形成**　ペルオキシラジカルが硫黄原子隣の炭素から *pro-S* 位の水素を引抜き，C=S二重結合の形成と2価の鉄への還元が起こる．バリンのアミド窒素原子がC=S結合に求核付加することによってβ-ラクタム環が形成し，水の脱離による4価の鉄への酸化が起こった結果，鉄-オキソ中間体が生成する（図7・6）．

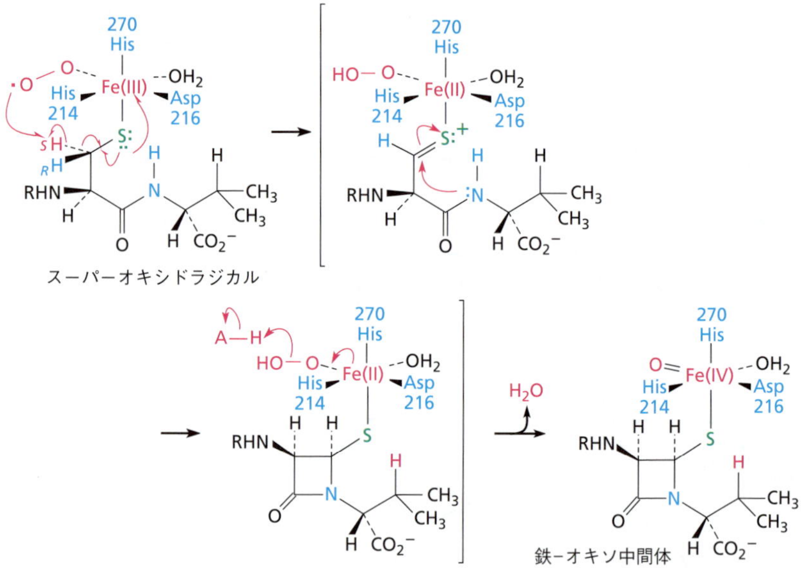

図7・6　β-ラクタム環形成の反応機構（図7・4，ステップ4）

ステップ5～6（図7・4） **酸化と環化**　鉄-オキソ中間体がバリン残基から水素原子を引抜くことによって生成したラジカルは，硫黄原子と反応することによって環化する．同時に2価の鉄への還元反応も起こり，イソペニシリンNが酵素から放出される．

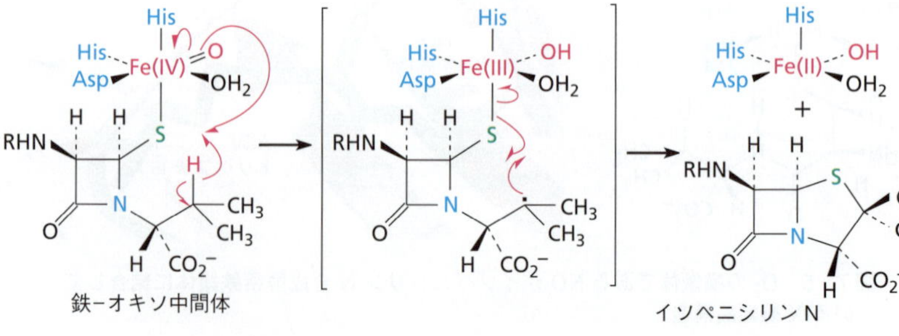

セファロスポリン

すでに述べたように，セファロスポリンは，イソペニシリンNからペニシリンNへのエピマー化と，それに続く含硫黄環の拡張により生成する．イソペニシリンNエピメラーゼにより触媒されるイソペニシリンNからペニシリンNへの変換は，ピリドキサールリン酸（PLP）依存的な経路で進行する．すなわち，最初にPLP−アミノ酸のイミン体が生成し，その後，α炭素からの脱プロトン反応，再プロトン化，PLP開裂と続く（図7・7）．補因子非依存的に塩基によって触媒されるアミノ酸のエピマー化反応も起こりうるが（ステップ10，図5・32），PLPはα炭素の酸性度を大きく増大させるため（ステップ2，図5・1），PLP依存な反応の方がより一般的である．

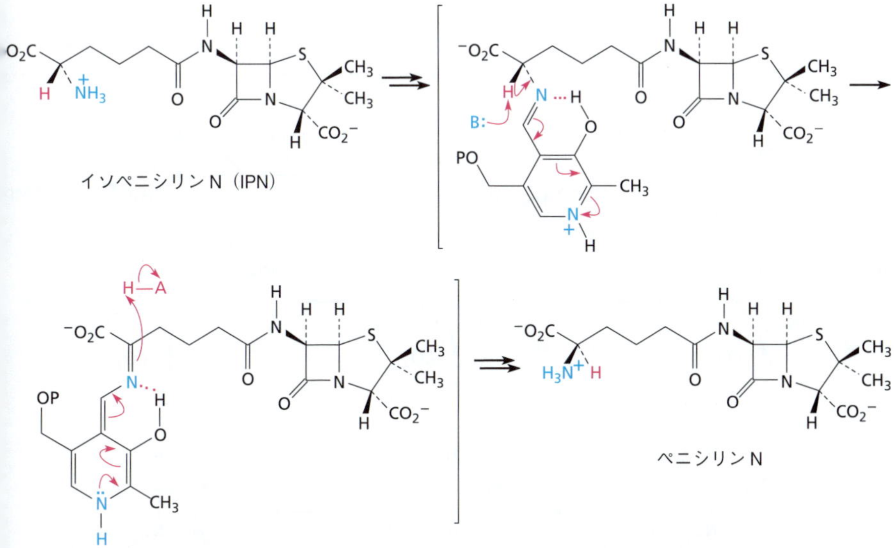

図7・7 PLP依存的なイソペニシリンNからペニシリンNへのエピマー化の反応機構

ペニシリンNからデアセトキシセファロスポリンCへの環拡大反応は，図7・8に示すように，デアセトキシセファロスポリンC合成酵素（deacetoxycephalosporin-C synthase: DAOCS）により触媒される[5)〜7)]．DAOCSは複数の機能をもつ非ヘム鉄2-オキソ酸依存性酸化酵素（§5・3，図5・23）であり，鉄−オキソ中間体が関与する機構により機能している．鉄−オキソ中間体は，2価の鉄と2-オキソグルタル酸との複合体形成，続く酸素分子の付加，脱炭酸を経て形成される．酸素分子の一つの酸素原子が鉄−オキソ中間体の酸素になり，もう一つは最終的に副生物として，放出されるコハク酸

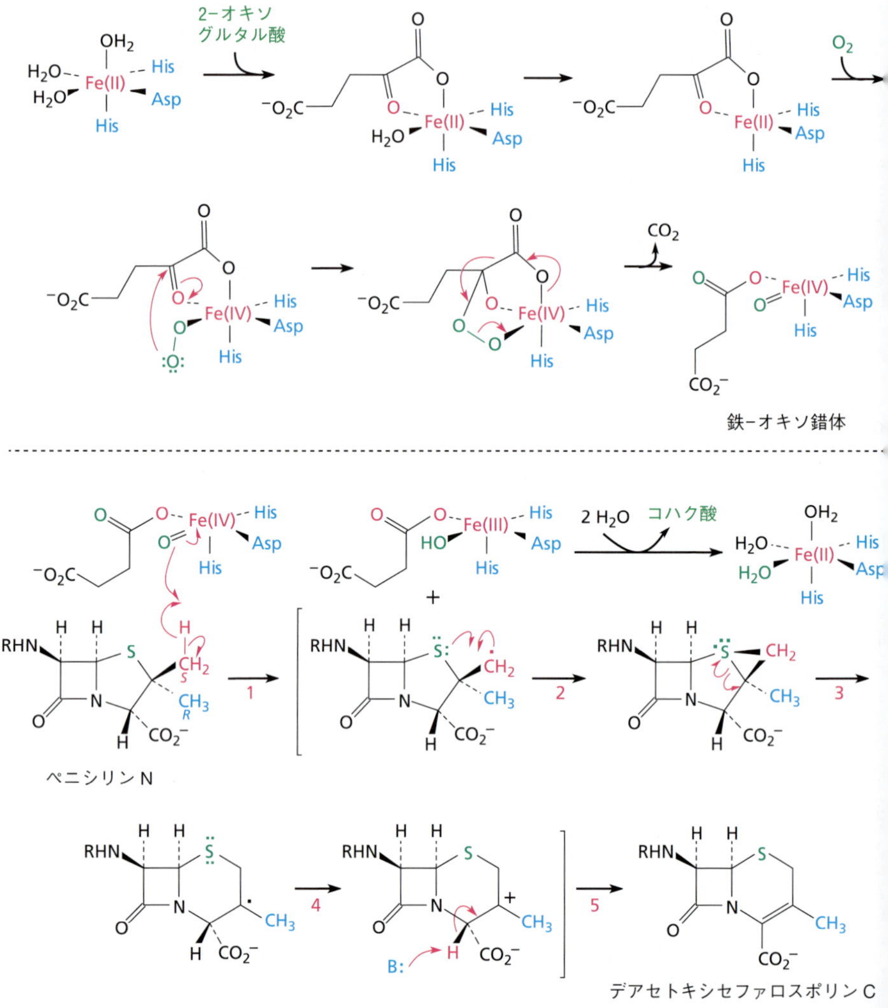

図7・8 ペニシリンNからデアセトキシセファロスポリンCへの生合成機構

のカルボキシ基の酸素になる．2-オキソグルタル酸のカルボキシ基は二酸化炭素になる．

鉄-オキソ錯体（図7・8）は，いったん形成されると，〈ステップ1〉ペニシリンNの *pro-S* メチル基の水素原子を引抜き，〈ステップ2〉生成したラジカルは含硫黄三員環へと環化する．〈ステップ3〉その後，環開裂により第三級ラジカルが生成するが，

⟨ステップ4⟩ このラジカルは鉄(Ⅲ)錯体により酸化されて第三級カルボカチオンと鉄(Ⅱ)還元錯体となる.⟨ステップ5⟩ 最後に,隣の炭素原子からプロトンが失われ,デアセトキシセファロスポリンCが生成する.

7・2 アルカロイドの生合成: モルヒネ

ケシ (*Papaver somniferum*) は6000年以上もの間栽培されており,紀元前約3400年のシュメール人の粘土板には"plant of joy (喜びの植物)"という名で引用されている.ケシの医学的有用性は1500年代初頭より認知されており,"アヘン (opium)"もしくは"アヘンチンキ (laudanum)"とよばれる未精製の抽出物が痛み止めとして用いられた.モルヒネはケシから初めて単離された化合物であるが,同じく天然より生成するコデインとよく似ている.モルヒネのメチルエーテルであり,体内でモルヒネへ変換されるコデインは,咳止めや鎮痛剤として用いられている.ヘロインもモルヒネとよく似ているが,天然では生合成されず,モルヒネをジアセチル化することによって合成される.

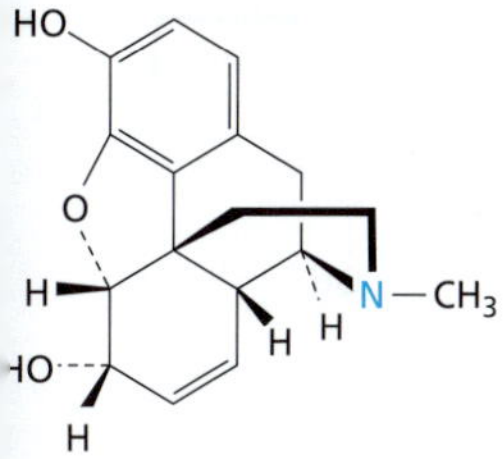

　　　モルヒネ 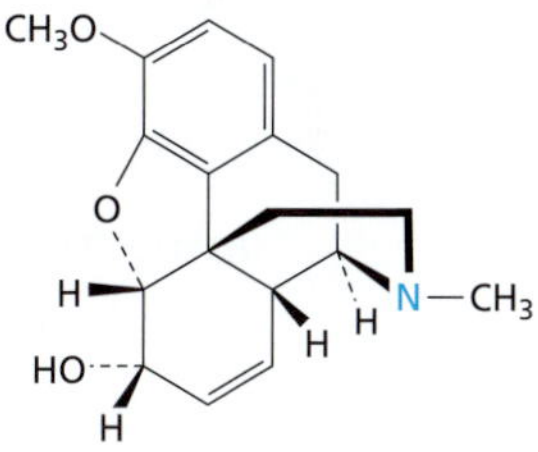　　　　　　　コデイン 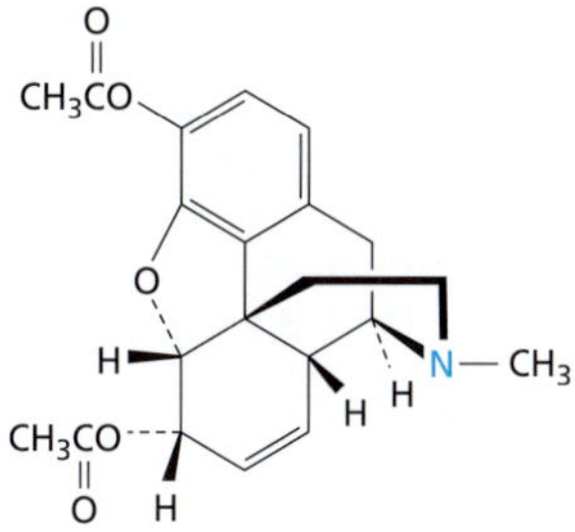　　　　　　　ヘロイン

　モルヒネなどの塩基性のアミノ基をもつ天然物は**アルカロイド** (alkaloid) とよばれている.すでに数千種類ものアルカロイドが知られており,その構造の多様性はテルペノイド (§3・5) に匹敵する.アルカロイドの化学,特にモルヒネに関する研究は,歴史的に,有機化学の発展に大きく寄与した.

　モルヒネはチロシン2分子から生合成される[8].1分子はドーパミンへと変換され,もう1分子は4-ヒドロキシフェニルアセトアルデヒドへと変換され,この二つが結合してモルヒネとなる.図7・9にこの経路の概略を示す.

　ステップ1 (図7・9) **ドーパミンの生合成**　　ドーパミンはチロシンから,芳香環のヒドロキシ化とPLP依存性の脱炭酸という2段階の反応により生成する.ヒドロキシ化反応はテトラヒドロビオプテリン含有酵素である,チロシン3-モノオキシゲナー

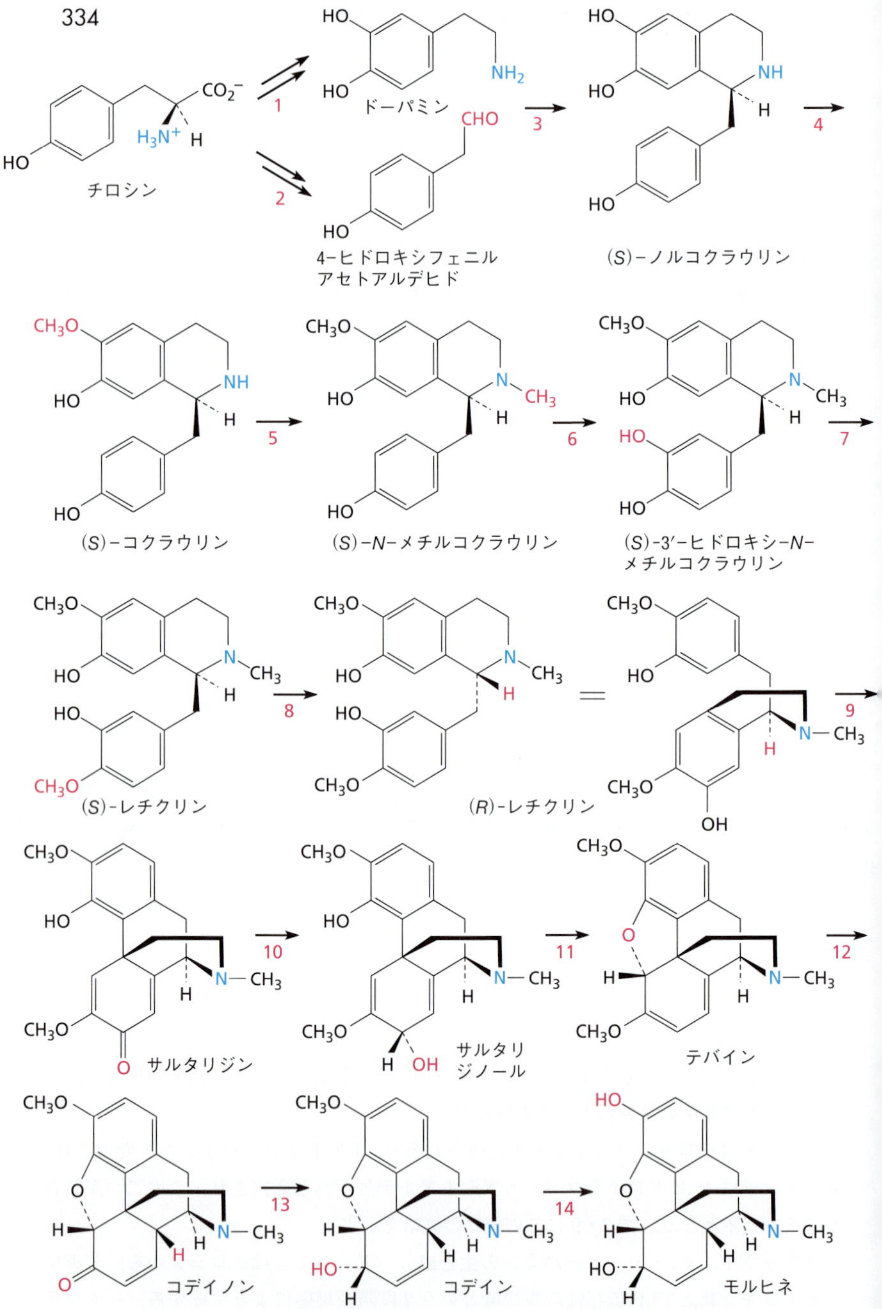

図7・9 モルヒネの生合成経路　個々のステップの説明は本文参照.

ゼにより触媒される.その反応機構[9]は,すでに紹介したフェニルアラニンヒドロキシ化反応(図5・20,図5・21)と類似であると考えられている.脱炭酸反応は,PLP依存性酵素である芳香族 L-アミノ酸脱炭酸酵素により触媒され,その反応機構はジアミノピメリン酸脱炭酸酵素(図5・33)と類似している.

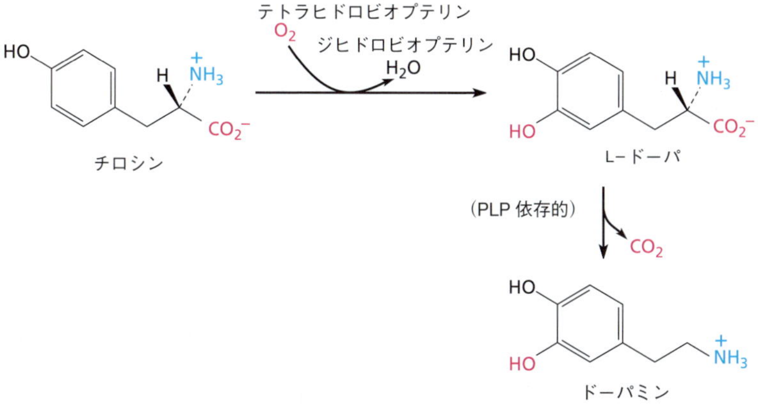

ステップ2(図7・9) **4-ヒドロキシフェニルアセトアルデヒドの生合成** もう一つのチロシン由来モルヒネ前駆体である 4-ヒドロキシフェニルアセトアルデヒドは,2-オキソグルタル酸との PLP 依存性アミノ基転移により 4-ヒドロキシフェニルピルビン酸を生成する反応と,チアミン二リン酸(TPP)依存性 2-オキソ酸脱炭酸反応の2段階で合成される.アミノ基転移はチロシンアミノ基転移酵素により触媒され,図5・1ですでに示した機構と同様の反応機構で進行する.脱炭酸は 4-ヒドロキシフェニルピルビン酸脱炭酸酵素により触媒され,ピルビン酸からアセトアルデヒドが生成する反応機構(§4・3,図4・8)と類似の機構により進行する.この過程を図7・10に示す.

ステップ3(図7・9) **カップリング反応** (S)-ノルコクラウリン合成酵素によって触媒されるドーパミンと 4-ヒドロキシフェニルアセトアルデヒドとのカップリング反応は,イミニウムイオン中間体の生成と,芳香環への分子内求電子置換反応によって進行する[10](図7・11).

ステップ4~6(図7・9) **メチル化とヒドロキシ化** (S)-ノルコクラウリンは,二つのメチル化反応とヒドロキシ化反応により (S)-3′-ヒドロキシ-N-メチルコクラウリンへと変換される.二つのメチル化はともに S-アデノシルメチオニン(SAM)をメチル供与体として用いて,通常の S_N2 置換反応(§5・3,図5・15)により進行し,S-アデノシルホモシステイン(SAH)が副生物として生成する.一つ目のメチル化は

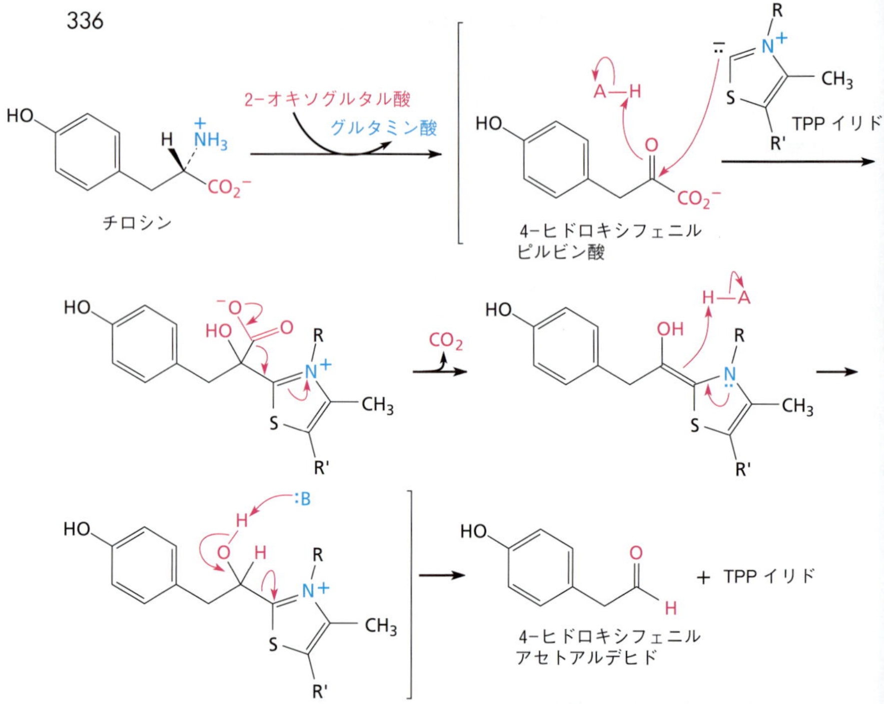

336

図 7・10 4-ヒドロキシフェニルピルビン酸から，TPP 依存性脱炭酸反応により 4-ヒドロキシフェニルアセトアルデヒドが生成する反応機構（図 7・9，ステップ 2）

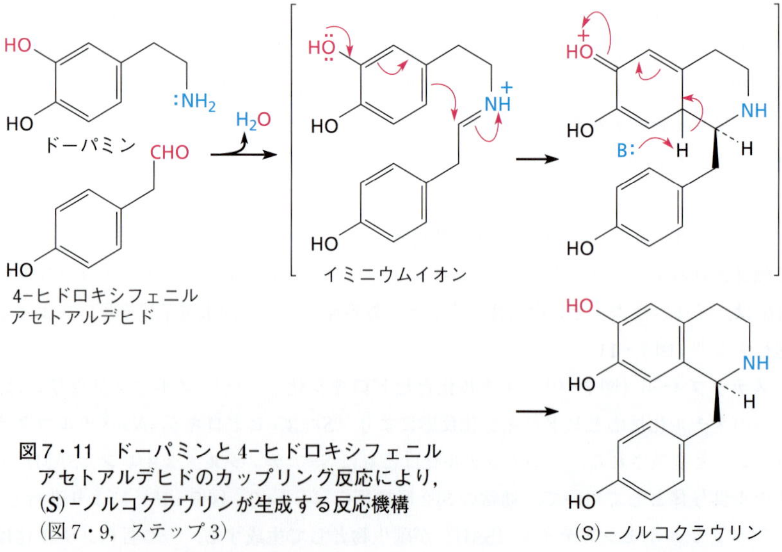

図 7・11 ドーパミンと 4-ヒドロキシフェニルアセトアルデヒドのカップリング反応により，(S)-ノルコクラウリンが生成する反応機構（図 7・9，ステップ 3）

7・2 アルカロイドの生合成

ノルコクラウリン 6-O-メチル基転移酵素に触媒されてフェノールの酸素原子上で起こる．二つ目のメチル化はコクラウリン-N-メチル基転移酵素に触媒されてアミンの窒素原子上で起こる．

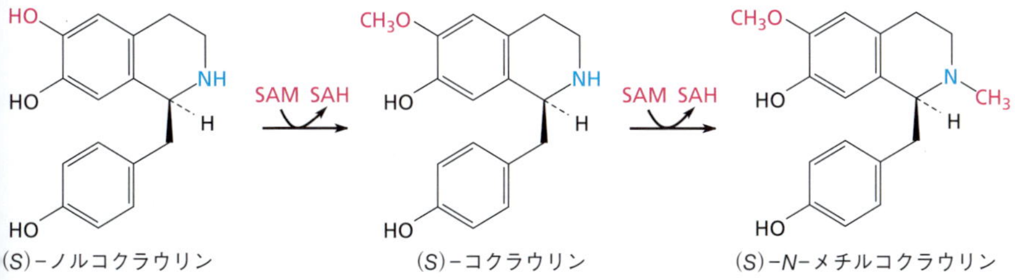

(S)-ノルコクラウリン　　(S)-コクラウリン　　(S)-N-メチルコクラウリン

ステップ6での，(S)-N-メチルコクラウリンから (S)-3′-ヒドロキシ-N-メチルコクラウリンが生成するヒドロキシ化反応は，フラビン補因子と還元剤としてNADPHが必要な点から，キヌレニンから3-ヒドロキシキヌレニンが生成するヒドロキシ化反応（§5・3，図5・27）と表面上は似ている．しかしキヌレニンヒドロキシ化を触媒する酵素と異なり，(S)-N-メチルコクラウリンのヒドロキシ化を担っている酵素はシトクロム P450（cytochrome P450：CYP）である．500種類以上が知られているこの酵素ファミリーは，システインが配位した3価のヘム鉄を補因子としてもち，さまざまな酸化還元反応経路で分子状酸素を活性化している[11]．

図7・12に示すように，N-メチルコクラウリン 3′-ヒドロキシラーゼによる分子状酸素の活性化は，ヘム中の Fe(Ⅲ) の Fe(Ⅱ) への還元反応から始まる．NADPHが還元剤として機能し，フラビン補因子が電子移動に関与する．分子状酸素が中心の鉄2価イオンに配位した後，電子が与えられ，続いてプロトン化が起こることにより，鉄(Ⅲ)ヒドロペルオキシドが生成する．ヒドロペルオキシドから水分子が抜けると，鉄(V)-オキソ錯体，もしくは鉄(Ⅳ)錯体と記述される状態となる．鉄(Ⅳ)錯体は，すでに示したよ

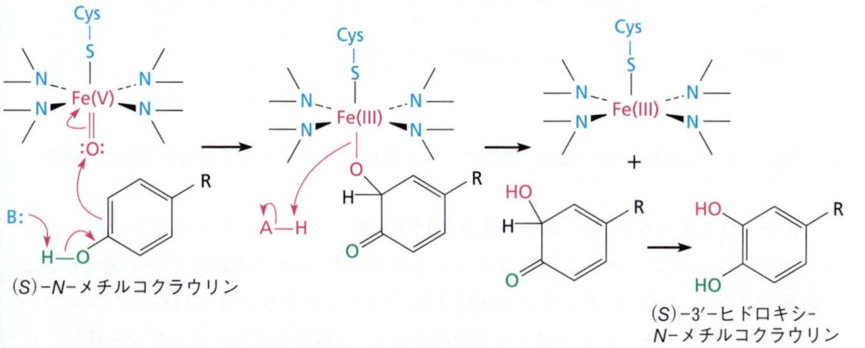

うに，リガンドの窒素原子から鉄イオンへと電子が移動することによって生成する．こうしてシトクロム P450 は高い酸化力をもった分子種となる．

ヒドロキシ化反応自体の詳細ははっきりとしていない．反応はエポキシド中間体を経由して，もしくは直接，芳香族求電子置換反応によって進行すると思われる（前ページ下図参照）．

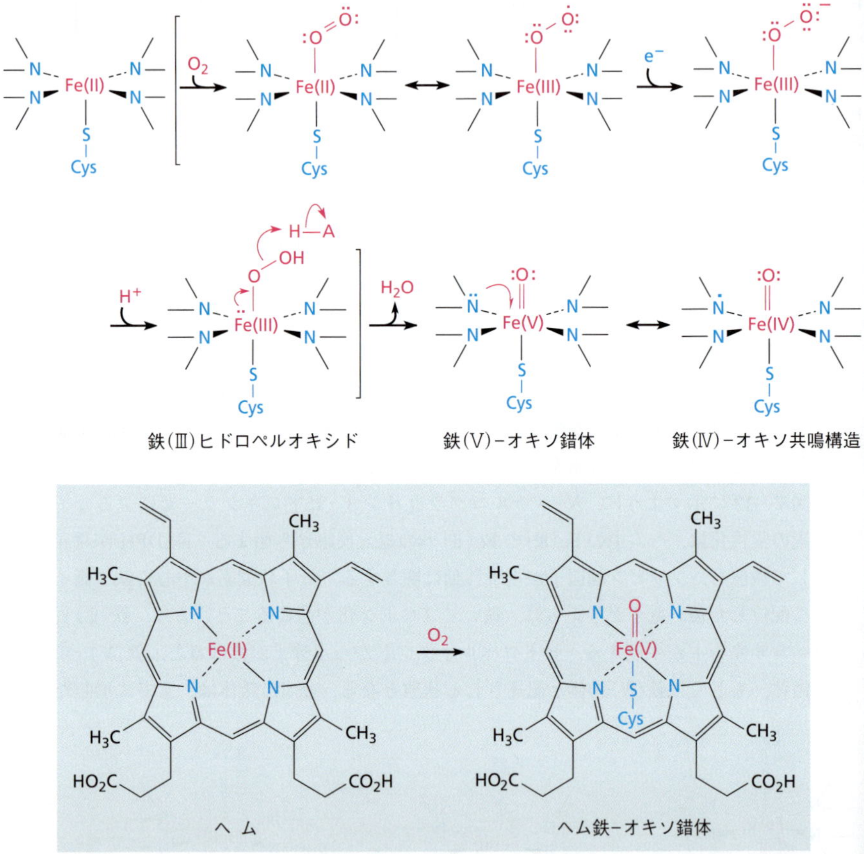

鉄(Ⅲ)ヒドロペルオキシド　　　鉄(Ⅴ)-オキソ錯体　　　鉄(Ⅳ)-オキソ共鳴構造

ヘム　　　　　　　　　　　　ヘム鉄-オキソ錯体

図7・12　ヘム鉄-オキソ錯体の構造とシトクロム P450 による分子状酸素活性化の機構

ステップ7,8（図7・9）　**メチル化とエピマー化**　　(S)-3′-ヒドロキシ-N-メチルコクラウリンのフェノール性ヒドロキシ基のメチル化は，SAM によって通常の S_N2 過程で進行し，(S)-レチクリンが生成する．(S)-レチクリンは立体中心のエピマー化反応によって (R)-レチクリンへと変換される．2段階で進行するエピマー化は，レ

チクリンエピメラーゼによって触媒されるが,シトクロム P450 による酸化とアルドケト還元酵素(aldo-ketoreductase: AKR)が関与する[12].第一段階がシトクロム P450 による第三級アミンからイミニウム中間体への酸化であり,第二段階が NADPH を補因子として用いたアルドケト還元酵素によるイミニウムイオンの還元である(図7・13).

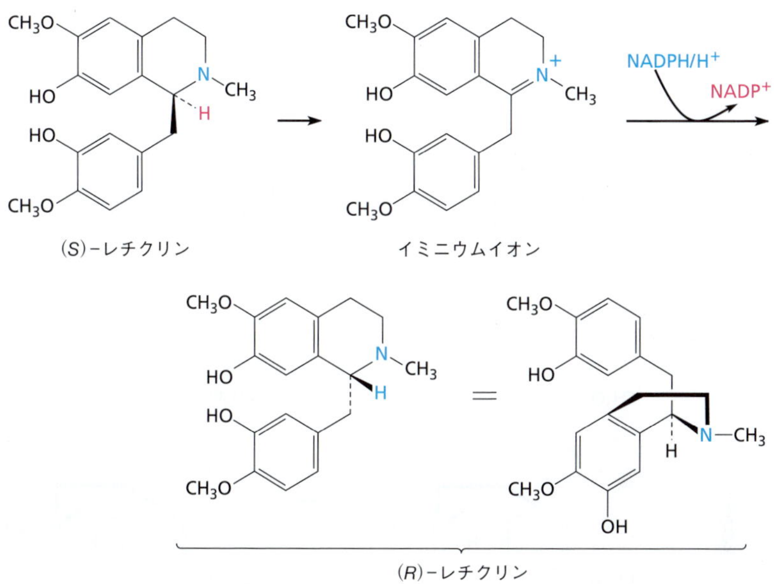

図7・13 (S)-レチクリンから (R)-レチクリンへのエピマー化
(図7・9,ステップ8)

ステップ9(図7・9) 酸化的カップリング (R)-レチクリンは,フェノール環のオルト位と,もう一つのフェノール環のパラ位との間の酸化的カップリング反応により,サルタリジンへと変換される.この反応は,(S)-N-メチルコクラウリンのヒドロキシ化反応と同様に,鉄(V)-オキソヘム錯体をもつシトクロム P450 酵素の一つであるサルタリジン合成酵素により触媒される[13].まずフェノキシドイオンを生成し,続いて個々の酸素原子から非結合性電子が引抜かれる.その後,ラジカルカップリングと,ケト-エノール互変異性化によりサルタリジンが生成する(図7・14).

ステップ10, 11(図7・9) 還元と環化 サルタリジンからサルタリジノールへの還元は,NADPH を補因子として用いて,サルタリジン還元酵素により触媒される.続いてこのアルコールがサルタリジノール 7-O-アセチル基転移酵素存在下,アセチル

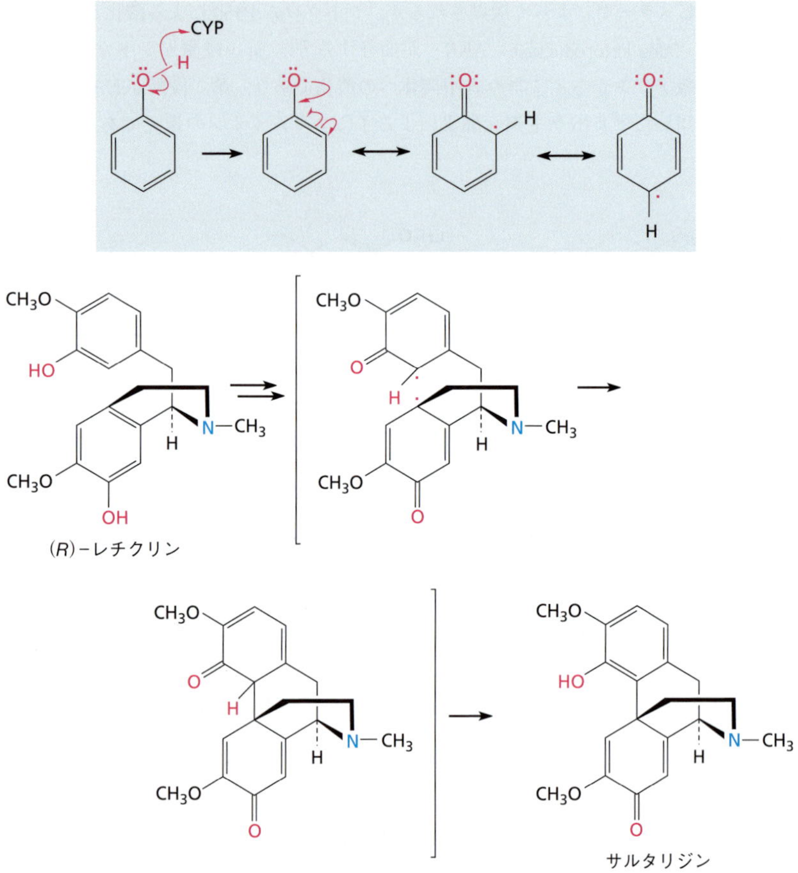

図7・14 (*R*)-レチクリンからサルタリジンへの酸化的フェノールカップリング
反応機構（図7・9, ステップ9）

CoA によってアセチル化されて二つのアリル基をもつ酢酸エステルになり，これが自動的に環化してテバインとなる（図7・15）．アリル基を二つもつカチオン中間体の異常な安定性のため，環化反応はおそらく S_N1 過程により進行する．

ステップ12, 13（図7・9）　**脱メチルと還元**　モルヒネ生合成の残る行程は，二つの脱メチル反応と還元反応である．脱メチル反応の一つはヒトの体内のシトクロム P450 によっても起こるが[14]，ケシでは二つの脱メチル反応はともに非ヘム鉄2-オキソ酸依存性ジオキシゲナーゼによって触媒される[15]．最初に -OCH$_3$ 基から -OCH$_2$OH 基へのヒドロキシ化が起こり，その後ホルムアルデヒドが脱離する．この反応は，図

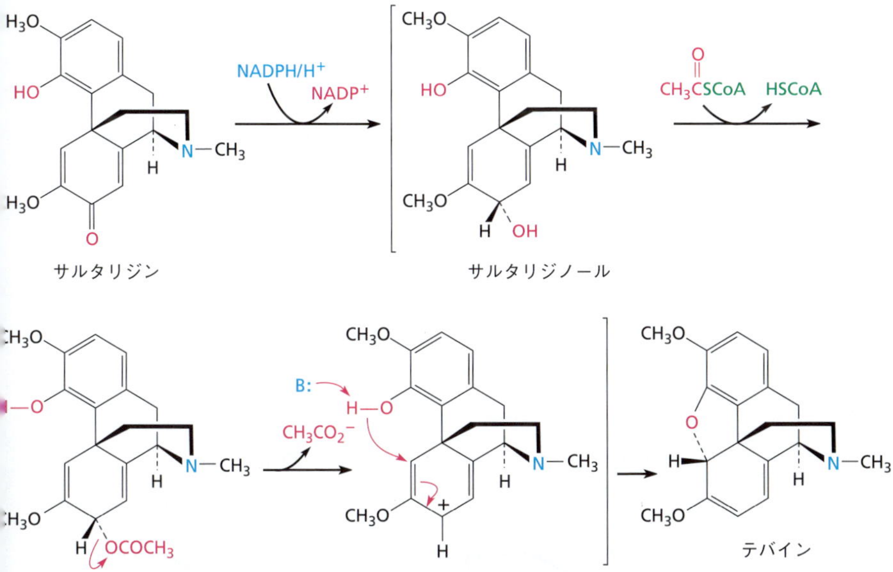

図 7・15　サルタリジンからテバインが生成する機構
（図 7・9, ステップ 10, 11）

7・8 で示したペニシリン N からデアセトキシセファロスポリン C への変換のように，鉄(Ⅳ)-オキソ錯体がメチル基から水素原子を引抜く過程を含んだ機構によって進行すると考えられている．続いて，OH ラジカルの移動と 3 価の鉄への還元が起こる（図 7・16）．

テバインの脱メチルによって生じたコデイノンは，NADPH を補因子としたコデイノン還元酵素により還元されてコデインとなり，さらにコデイノン-O-脱メチル酵素によって脱メチルされモルヒネが生成する．二つ目の脱メチルも一つ目と同様の機構によって進行する．

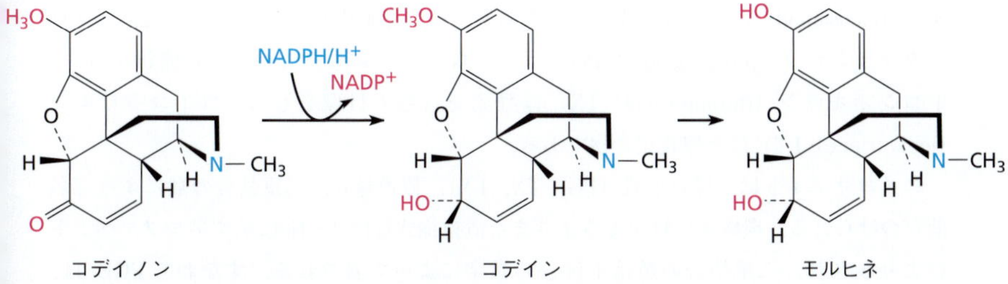

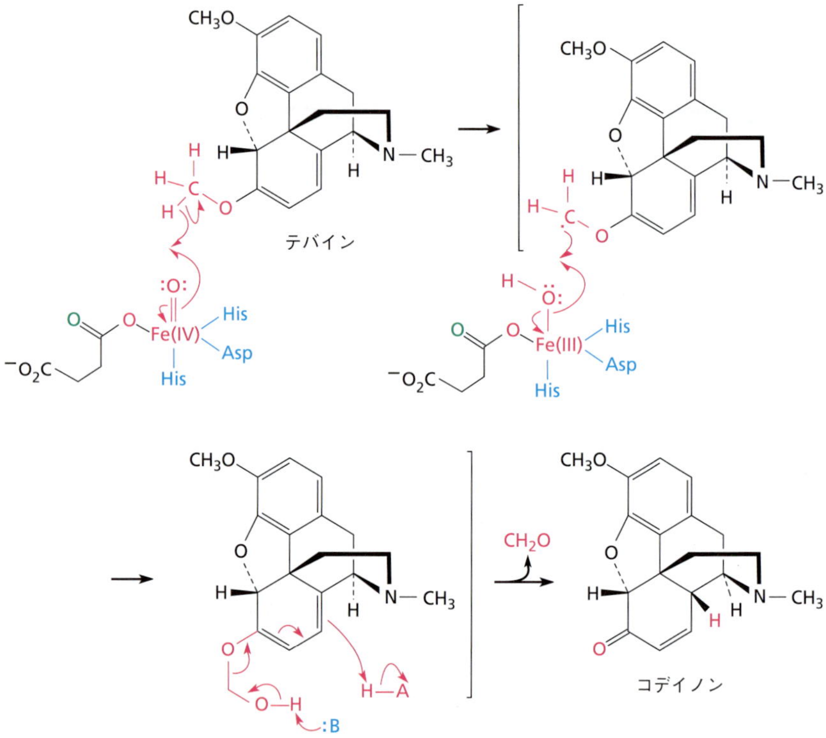

図7・16 非ヘム鉄依存性酵素により触媒されるテバインの脱メチル反応機構（図7・9，ステップ12）

7・3 脂肪酸由来化合物の生合成： プロスタグランジンとその他のエイコサノイド

§2・2で紹介したプロスタグランジン，トロンボキサン，ロイコトリエンは，生体内ではアラキドン酸（5,8,11,14-エイコサテトラエン酸）から生合成され，**エイコサノイド**（eicosanoid）とよばれる脂質からなるグループを形成している（図7・17）．プロスタグランジン（prostaglandin: PG）はシクロペンタン環と二つの長い側鎖をもち，トロンボキサン（thromboxane: TX）は酸素を含む六員環をもち，ロイコトリエン（leukotriene: LT）は非環式化合物である．

エイコサノイドは，環の形式（PG, TX, LX），置換様式，二重結合の数によって名前がつけられる．環構造に対するさまざまな置換様式は図7・18に示すアルファベットにより表され，二重結合の数は下付きの数字によって表される．すなわちPGE_1は，

アラキドン酸

プロスタグランジン I$_2$（PGI$_2$）
（プロスタサイクリン）

プロスタグランジン E$_1$（PGE$_1$）

トロンボキサン B$_2$（TXB$_2$）

ロイコトリエン E$_4$（LTE$_4$）

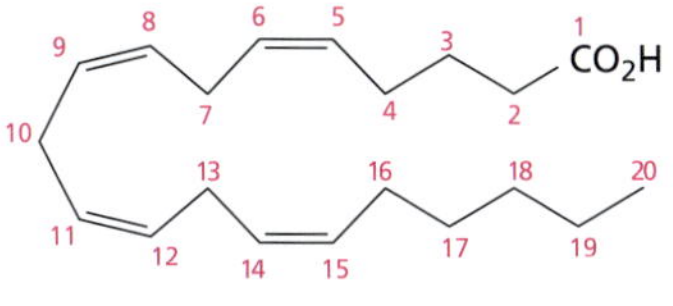

図7・17　代表的なエイコサノイドの構造　いずれの化合物も生体内でアラキドン酸から生合成される.

プロスタグランジン（PG）

トロンボキサン（TX）

ロイコトリエン（LT）

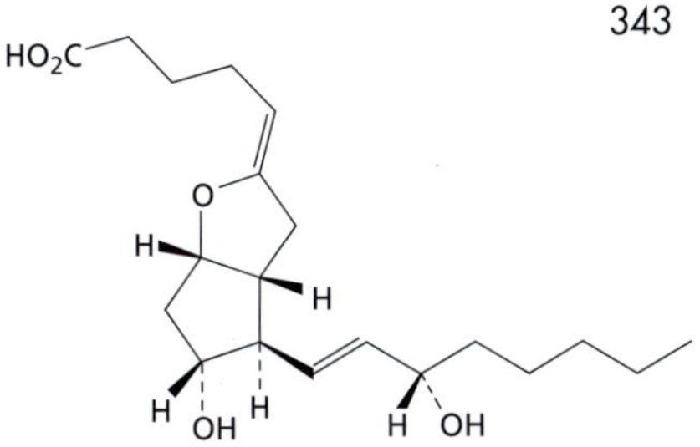

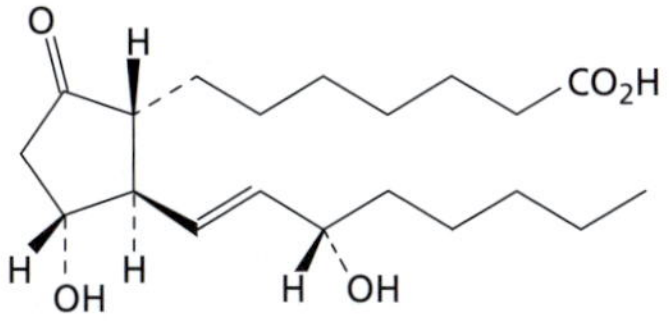

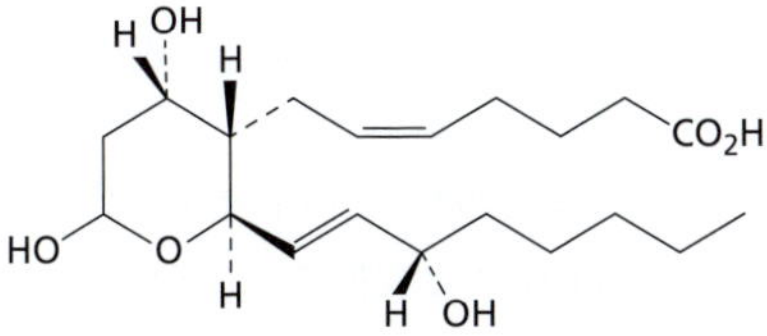

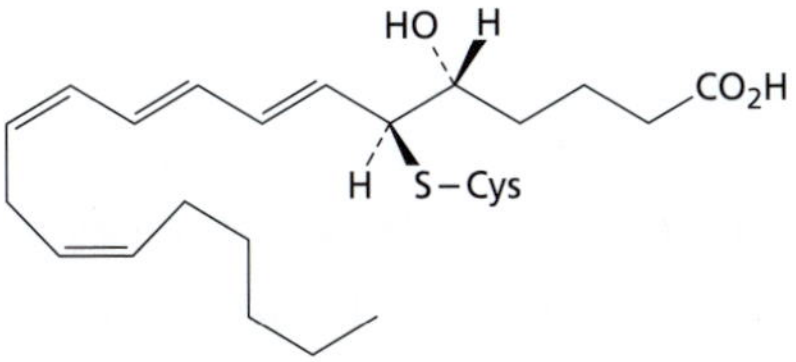

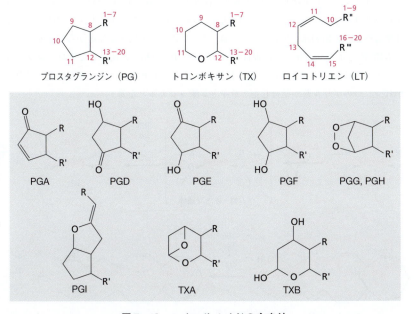

図7・18　エイコサノイドの命名法

"E" の置換様式で二重結合を一つもったプロスタグランジンである。エイコサノイド分子の置換位置を示す番号は,アラキドン酸と同じである.すなわち,$-CO_2H$ の炭素を C1 として,環構造に沿って数えていき,反対側の末端にある $-CH_3$ 炭素が C20 になる.

エイコサノイドの生合成の最初の段階はアラキドン酸から PGH_2 への変換で,複数の機能をもつ PGH 合成酵素 (PGH synthase: PGHS) もしくはシクロオキシゲナーゼ (cyclooxygenase: COX) とよばれる酵素によって触媒される[16)~18)].生体内には,PGHS-1,PGHS-2 (もしくは COX-1,COX-2) という別々の酵素が存在しているが,ともに同じ反応を担い,しばしば同じ細胞に発現している.2 種類の酵素が存在する理由は正確にはわかっていないが,COX-1 はプロスタグランジンの標準的な量の維持に,COX-2 は炎症が起こったときのように一時的に多い量が必要である際の生合成に関与すると考えられている.

PGHS は二つの変換反応を二つの部位で行っている.すなわち,シクロオキシゲナーゼ部位においてアラキドン酸を 2 分子の酸素によって PGG_2 へと変換され,ペルオキシダーゼ部位において,PGG_2 中のヒドロペルオキシ基 ($-OOH$) がアルコールとなった PGH_2 へと還元される.その機構を図 7・19 に示す.

ステップ1 (図 7・19)　**ラジカル生成**　エイコサノイドの生合成は,アルキルヒドロペルオキシド (ROOH),過酸化水素 (HOOH),一酸化窒素 (NO) と酸素から生成するペルオキシニトリトイオン (ONO_2^-) のいずれかが酸化剤として,PGHS 内に存在するヘムの二価の鉄を酸化し,ヘム鉄-オキソ錯体を生成する反応から始まる.このヘム鉄(Ⅳ)-オキソ錯体は 385 番目のチロシン (Tyr-385) と反応してチロシンラジカルを生成する.アラキドン酸の C13 位の *pro-S* 水素がチロシンラジカルによって引抜かれ,二つのアリル基が結合したアラキドン酸ラジカルとなる.

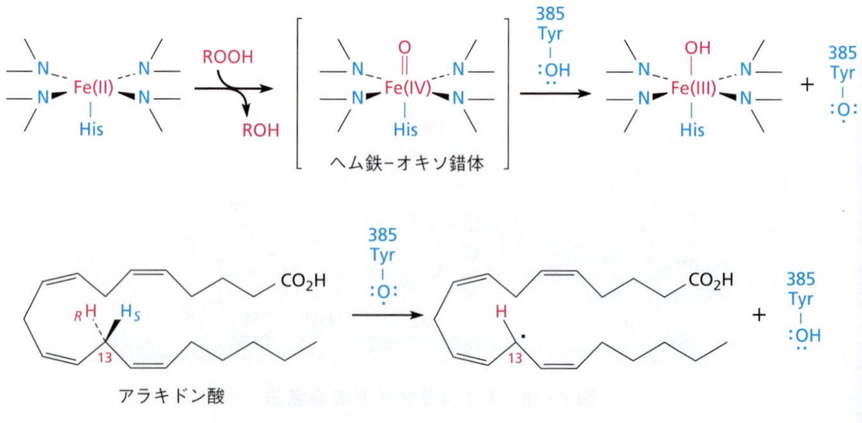

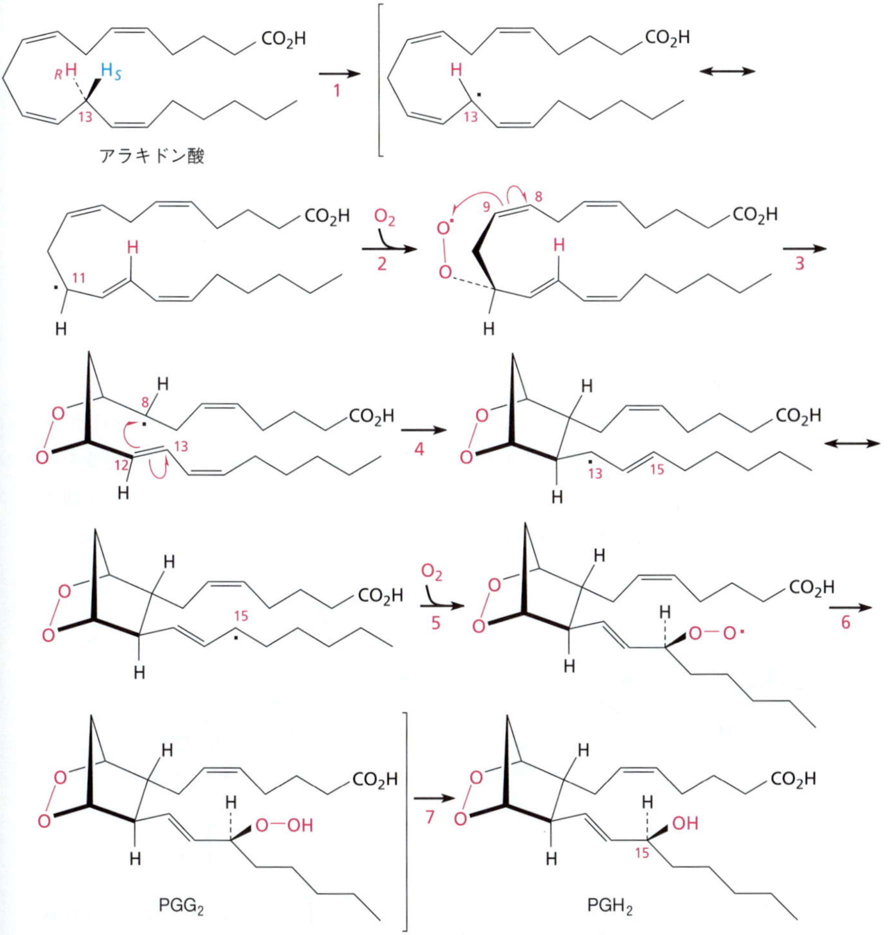

図 7・19 アラキドン酸からの PGH$_2$ 生合成の機構　個々のステップの説明は本文参照.

ステップ 2~6（図 7・19）酸素との反応と環化　ステップ 1 における C13 位水素引抜きによって生成したアリルラジカルは，不対電子を C11 位にもつ構造と共鳴関係にある．〈ステップ 2〉C11 位における分子状酸素との反応が C—O 結合の形成と酸素ラジカルを生み出し，〈ステップ 3〉C8-C9 位の二重結合に付加する．〈ステップ 4〉C8 位のラジカルと C12-C13 位の二重結合との間のさらなる環化反応によって C13 位にアリルラジカルが生成し，〈ステップ 5〉共鳴構造である C15 位のラジカルと酸素が

反応する．〈ステップ6〉最後にペルオキシラジカルが Tyr-385 の -OH の水素原子を引き抜き，ヒドロペルオキシ基をもつ PGG_2 が生成すると同時に，次の反応のためのチロシンラジカルが再生する．特筆すべきは，アキラルなアラキドン酸から，五つの光学活性中心をもつ PGG_2 を立体特異的に生成する反応が，一つの酵素によって行われることである！

ステップ7（図7・19）**還元** PGHS のシクロオキシゲナーゼ部位で PGG_2 が生成された後，ペルオキシダーゼ部位で PGG_2 は PGH_2 へと還元される．補因子である 2 価のヘム鉄が鉄-オキソ錯体へ再び酸化されるのに伴い，PGG_2 のヒドロペルオキシ基が還元されると考えられている．

PGH_2 がさらに反応することによってさまざまなエイコサノイドが生成する．たとえば PGE_2 は，PGE 合成酵素（PGE synthase: PGES）によって PGH_2 が異性化することによって生成する．グルタチオン（§5・3）がこの反応に必要であり，異性化の過程でその分子構造は変化しない．グルタチオンアニオンが PGH_2 の O—O 結合の一つの酸素を求核的に攻撃することによって結合を切断し，その結果，生成したチオペルオキシ中間体（R—S—O—R′）からグルタチオンが抜け，ケトンが生成するという機構が考えられる．

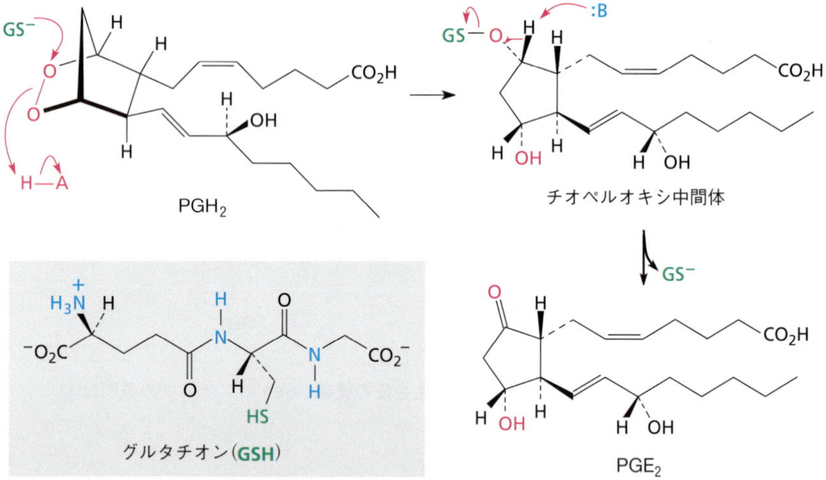

7・4 ポリケチドの生合成：エリスロマイシン

ポリケチドは 10,000 以上の化合物からなる非常に多様な化合物群である[19]．産業上重要なものには，抗生物質（エリスロマイシン A，テトラサイクリン），免疫抑制剤（ラパマイシン，FK506），抗がん剤（ドキソルビシン，アドリアマイシン），抗真菌剤

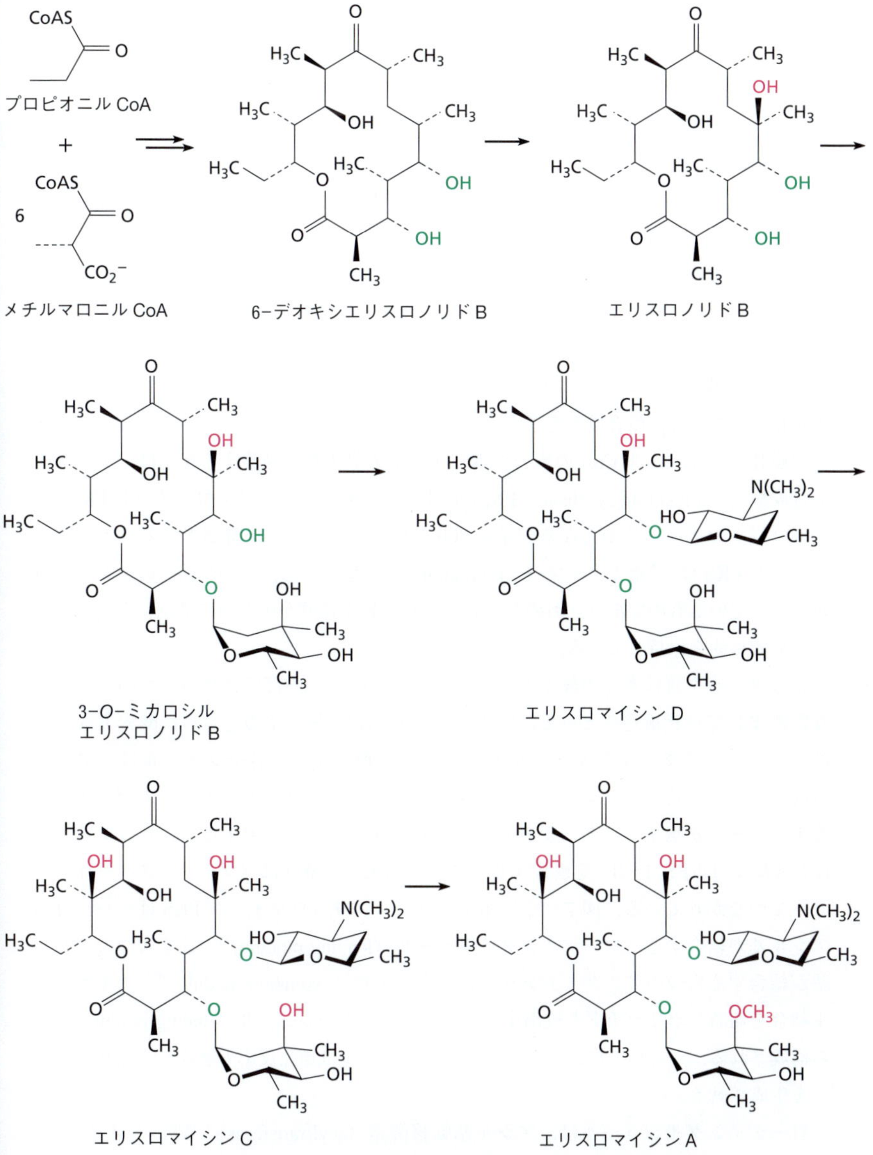

7・4 ポリケチドの生合成

図7・20 エリスロマイシンAの生合成経路 一つのプロピオン酸ユニットと，六つのメチルマロン酸ユニットが最初に集まり，大環状ラクトンである6-デオキシエリスロノリドBが生成し，続いてヒドロキシ化，二つの異なる糖によるグリコシル化，さらにもう一度ヒドロキシ化し，最後にメチル化される．

（アムホテリシン B），抗寄生虫剤（エバーメクチン），コレステロール降下剤（ロバスタチン）がある．これらのポリケチド医薬品の総売上は，年間 200 億ドル以上と試算されている．

ポリケチドは，アセチル CoA，プロピオニル CoA，メチルマロニル CoA，ブチリル CoA（頻繁ではない）といった，単純な構造のアシル CoA 類が組合わさることによって生合成される[20]．生合成の鍵となる炭素−炭素結合形成は，クライゼン縮合で行われる（§1・8）．炭素鎖が形成されて酵素から放出された後，さらに変換反応が起こって最終生成物となる．たとえば，エリスロマイシン A は図 7・20 に概略を示した経路のように，一つのプロピオン酸ユニットと六つのメチルマロン酸ユニットから生合成される[21),22]．最初にアシルユニットが集まって大環状ラクトンの 6-デオキシエリスロノリド B が生成し，続いて二つのヒドロキシ化，二つのグリコシル化，そして最後にメチル化が起こって，生合成が完了する．

前駆体であるアシル CoA の集合とポリケチドの炭素鎖を構築する反応は，ポリケチド合成酵素（polyketide synthase：PKS）によって行われる．エリスロマイシン PKS は，20,000 以上のアミノ酸からなる分子量 200 万以上の巨大な合成酵素である．エリスロマイシン PKS は，"ホモダイマー（homodimer）"，すなわち，二つの同一のタンパク質が会合しているものであり，おのおののタンパク質がポリケチド鎖の構築に必要なすべての酵素機能を保持している．

このタンパク質は多くの酵素ドメインをもち，PKS の内部でそれらのおのおのが折りたたまれて球状構造をとって，特定の生合成過程を触媒する．さらに酵素ドメインは，いくつか集まってモジュールという単位を形成する．各モジュールは，アシル CoA を順々に反応させていき，その結果，ポリケチド骨格を形成する．また，隣接するモジュールが集まることによって，三つの大きな酵素〔6-デオキシエリスロノリド B 合成酵素(DEBS)1〜3〕を構成する．これらの大きな酵素はペプチドのスペーサーによってつながれている．図 7・21 に示すように，エリスロマイシン PKS は，一つ目のアシル基が結合する"ローディングモジュール（loading module）"，続く六つのアシル基が結合する六つの"エクステンションモジュール（extension module）"，チオエステル結合を切断しポリケチドを放出する"エンディングモジュール（ending module）"から構成される．この例では，エンディングモジュールは環化反応も触媒し，環状ラクトンを生成させる．

ローディングモジュールは，アシル基転移酵素（acyltransferase：AT）ドメインと，アシルキャリヤータンパク質（acyl carrier protein：ACP）ドメインという，二つのドメインから形成されている．AT は最初のアシル CoA（エリスロマイシンではプロピオニル CoA）を選別し，隣接する ACP への移動を触媒する．ACP はアシル基と結合して，次の反応のために保持する機能をもつ．PKS の個々のエクステンションモジュールは，

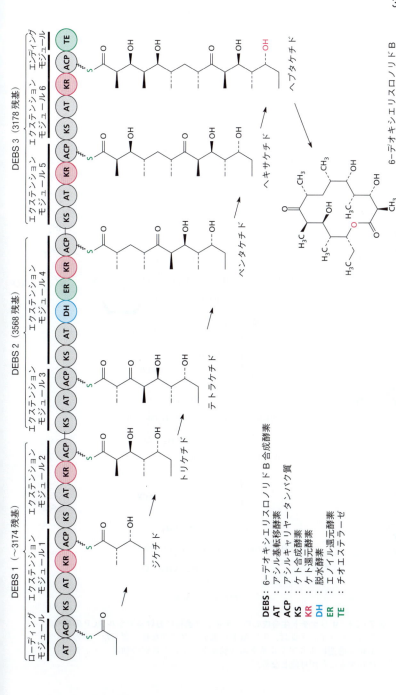

図 7・21 エリスロマイシン PKS の概略図 ローディングモジュールと,六つのエクステンションモジュール内の酵素ドメインの配置を示している. ACP と S の間のジグザグな線はホスホパンテテインを示す. 図全体,個々のステップの説明は本文参照.

AT，ACP，ケト合成酵素（ketosynthase：KS），という最低三つのドメインから構成されている．

ポリケチド鎖の伸長は，まずエクステンションモジュールの AT が新たなアシル CoA を選別し，ACP へと移動させ，KS がポリケチド鎖の伸ばすためのクライゼン縮合を触媒する．いくつかのエクステンションモジュールは，これら最低限の三つのドメインに加えて，ケトンのカルボニル基をアルコールへと還元するためのケト還元酵素（ketoreductase：KR），アルコールを脱水して C＝C 結合をつくるための脱水酵素（dehydratase：DH），C＝C 結合を還元するためのエノイル還元酵素（enoyl reductase：ER）というドメインも保持している．最後のエンディングモジュールのドメインは，生成物を放出し，ラクトン化を触媒するチオエステラーゼ（thioesterase：TE）である．

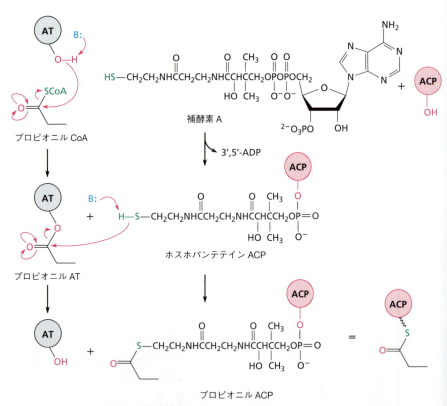

図 7・22　ポリケチド生合成のローディング過程におけるアシル ACP の生成
ホスホパンテテインは，S と ACP の間のジグザグな線で記した．その長く柔軟な構造によりアシル基をある触媒ドメインから別の触媒ドメインへと移動することが可能となる．

ローディングモジュール　エリスロマイシンPKSのローディング過程は，ローディングモジュールのATドメインにおけるセリン残基の-OHが，プロピオニルCoAとエステル結合を形成する反応から始まる．続いてATは，プロピオニル基を隣のACPへと移動させる．酵素内の個々のACPは，セリンのヒドロキシ基と結合したホスホパンテテイニル基をもち，アシル基はホスホパンテテインの-SHとの間のチオエステル結合により酵素に結合する（図7・22）．ホスホパンテテインは長く柔軟なリンカーとして機能し，アシル基を触媒ドメインから別の触媒ドメインへ移動させる．

最初のエクステンションモジュール　最初のプロピオニル基が導入された後のポリケチド鎖の伸長は，図7・23に示す一連のステップによって進行する．〈ステップ1〉ACPがプロピオニル基をエクステンションモジュール1のケト合成酵素ドメイン（KS1）に移動させ，再びシステイン残基とチオエステル結合を形成する．〈ステップ2〉同時にエクステンションモジュール1のATとACP（AT1, ACP1）は，(2S)-メチル

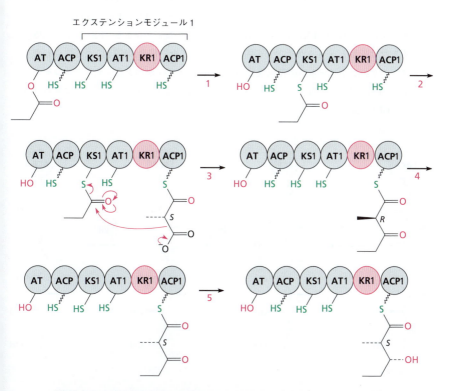

図7・23　エリスロマイシンPKSのエクステンションモジュール1によって触媒される最初の鎖伸長サイクル

マロニル CoA を ACP1 のホスホパンテテインのチオール末端に導入する．〈ステップ 3〉KS1 が脱炭酸クライゼン縮合を触媒することによって，酵素に結合した β-ケトチオエステルが生成する．縮合によって，メチル基の結合している光学活性中心は反転する．しかし，〈ステップ 4〉形成されたジケチドはエピマー化を受けるので，生成物の立体配置は見かけ上保持されている．〈ステップ 5〉最後にエクステンションモジュール 1 のケト還元酵素ドメイン（KR1）が，補因子である NADPH から *pro-S* 水素を移動させることによって，ケトンを β-ヒドロキシチオエステルへと還元する[23]．こうしてエクステンションモジュール 1 は終了し，ジケチドは次の鎖伸長反応に備えて KS2 へと移動する．

エクステンションモジュール　エクステンションモジュール 2,5,6 によって触媒される鎖伸長反応は，クライゼン縮合と，還元過程の立体化学が異なるものの，モジュール 1 と似ている．しかし，エクステンションモジュール 3 と 4 による反応は異なっている．モジュール 3 は KR ドメインをもたないため，還元反応は起こらず，テトラケチドは β-ケトチオエステル基をもつ（図 7・21）．モジュール 4 は，KR とさらにもう二つの酵素ドメイン（DH，ER）をもつため，さらに二つの反応が起こる．KS4 による（2S）-メチルマロン酸とテトラケチドとの脱炭酸的クライゼン縮合，KR4 による生成したペンタケチドのアルコールへの還元反応の後，DH ドメインがペンタケチドアルコールを α,β-不飽和チオエステルへと変換する．二重結合はその後，ER ドメインにより還元される（図 7・24）．

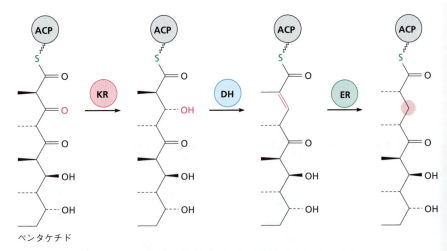

図 7・24　エクステンションモジュール 4 でのペンタケチドに対する反応
　還元，脱水，還元と続く過程によりカルボニル基が除かれる．

クライゼン縮合，ケトンの還元，脱水，二重結合の還元と続く一連の反応は，脂肪酸の生合成と同じである（§3・4，図3・11）ことを注記しておこう．脂肪酸合成酵素もポリケチド合成酵素と同じく，AT，ACP，KS，KR，DH，ER をひとそろいもっている．

エンディングモジュール　6-デオキシエリスロノリド B の PKS からの放出は，エンディングモジュールの TE ドメインにより触媒される．最初に TE ドメインのセリン残基が ACP に結合したヘプタケチドに対して求核アシル置換反応を行い，生成したアシル酵素がラクトン化する．TE のヒスチジン残基が塩基として働き，C13 位の -OH 基のセリンエステルに対する求核アシル置換反応を触媒する（図7・25）．

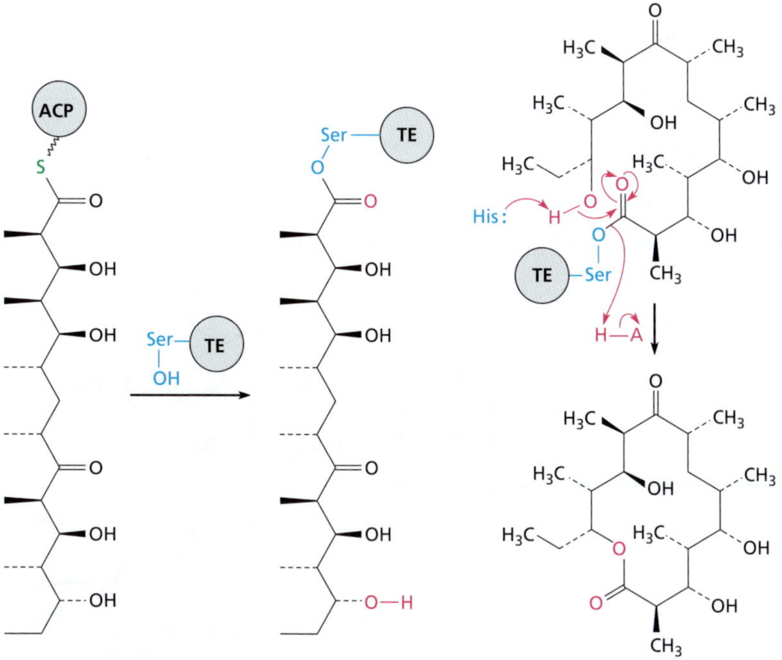

図7・25　PKS からの 6-デオキシエリスロノリド B の放出　TE ドメインのセリン残基とヘプタケチドとの反応によって生じたアシル酵素のラクトン化によって起こる．

PKS から放出された後，6-デオキシエリスロノリド B の C6 位が立体配置を保持したままヒドロキシ化され，エリスロノリド B が生じる．この反応はシトクロム P450 によるヒドロキシ化であり[24),25)]，モルヒネ生合成のとき（§7・2，図7・12）と類似の機

構で起こる．その後，L-ミカロースが C3 位ヒドロキシ基にチミジン二リン酸（TDP）-L-ミカロシル基転移酵素によって結合する（図 7・26）．グルコースからエリスロマイシンをつくり出している生物によって生合成されるチミジルジホスホミカロースが，グリコシル化源として用いられる．この反応はおそらく，図 4・2 のグリコシダーゼによる反応のように，最初にグリコシルカルボカチオンが生成する S_N1 様な過程によって進行すると考えられる．

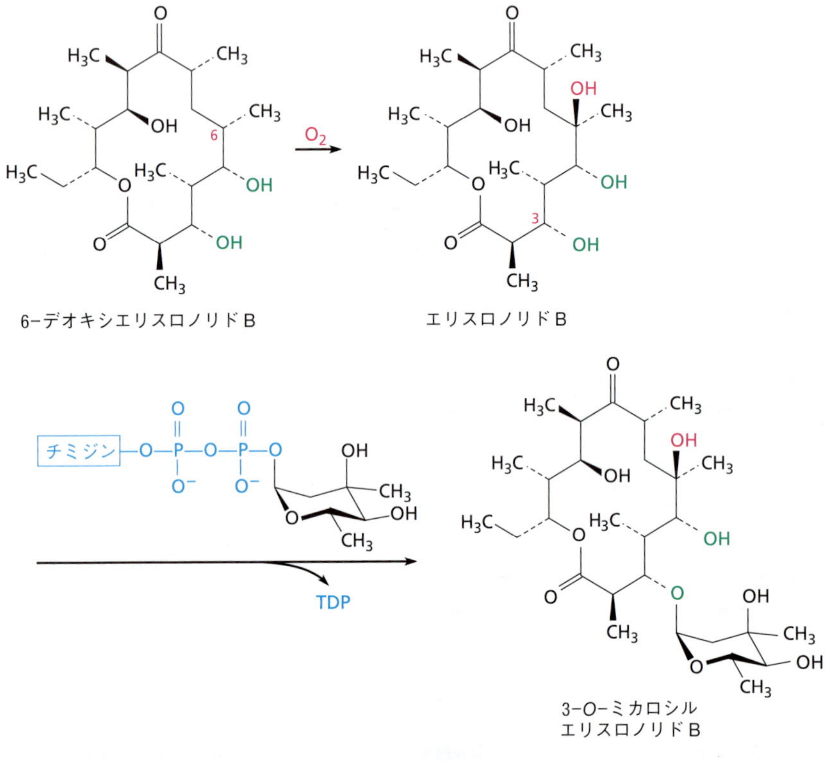

6-デオキシエリスロノリド B

エリスロノリド B

3-O-ミカロシル
エリスロノリド B

図 7・26　6-デオキシエリスロノリド B の最初のヒドロキシ化とグリコシル化

エリスロマイシン A 生合成の最終過程は，二つ目のグリコシル化とヒドロキシ化，そしてメチル化である（図 7・27）．ミカロースが結合したときと同様に，アミノ糖である D-デソサミンの結合も TDP-D-デソサミングリコシル基転移酵素によって触媒される．チミジルジホスホ糖からの移動によって進行する．C12 位のヒドロキシ化は，別のシトクロム P450 により，立体配置を保ったまま進行してエリスロマイシン C が生成

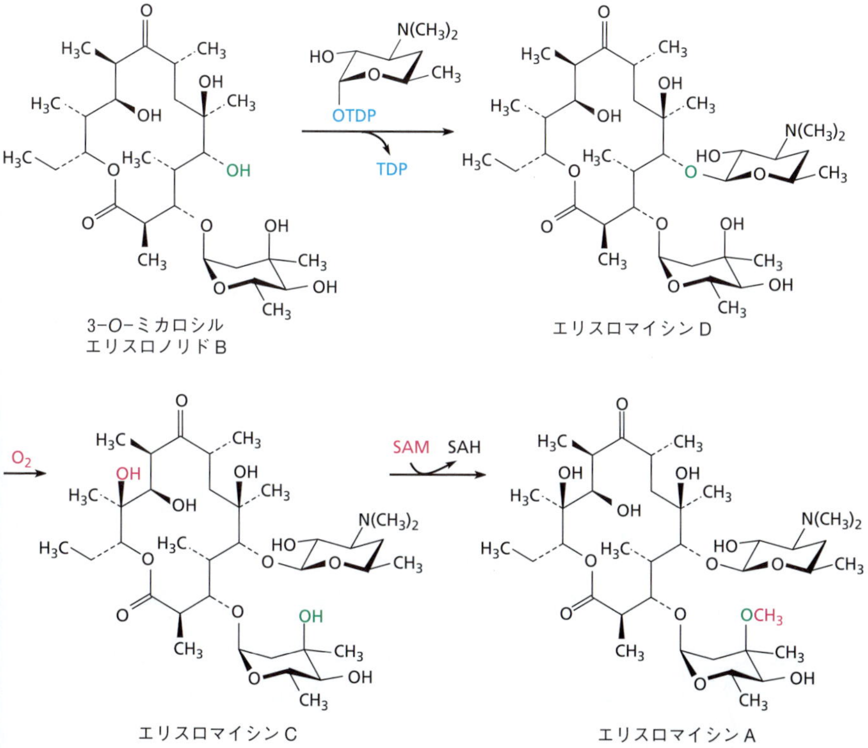

図7・27 エリスロマイシンA生合成の最終過程

する．さらに，ミカロースのC3″位ヒドロキシ基がS-アデノシルメチオニン（SAM）との反応によってメチル化され（§5・3，図5・15）エリスロマイシンAが生じる．TDP-ミカロースと同様に，グリコシル化に必要なTDP-デソサミンもグルコースから生合成される．

7・5 酵素補因子の生合成：ヘム

　テトラピロール（tetrapyrrole）類は，四つのピロール環が架橋原子によって直鎖状もしくは大環状に連結された構造をもつ天然物のグループである（図7・28）．胆汁中に含まれる主要な色素であるビリルビンなどの直鎖状テトラピロールは，系統的にはビラン置換体として分類される．ヘム（血中のヘモグロビンの成分），補酵素B_{12}（図5・10），植物の色素であるクロロフィルなどの大環状テトラピロールは，系統的にポルフィリン，もしくはコリン置換体として分類される．分子内の各原子の置換位置を表す

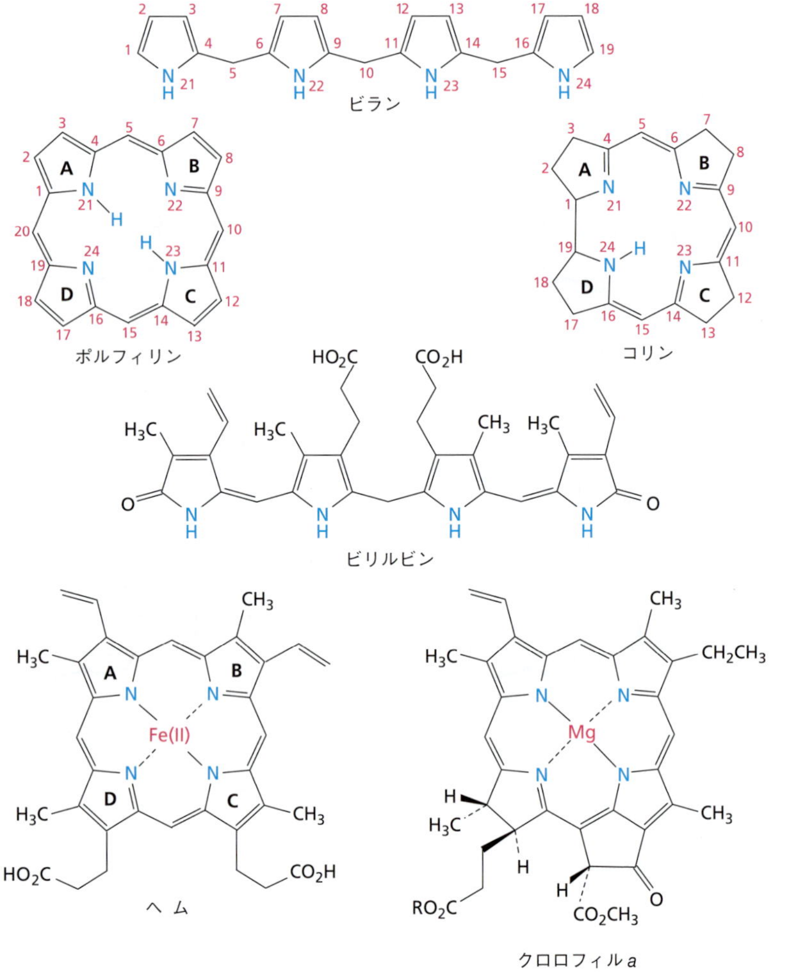

図7・28 テトラピロール類の例とその名称および番号づけ

番号は，左上から始まって時計回りに数えていく．なお，ビラン類，コリン類には"20番"がない．

直鎖状，大環状にかかわらずすべてのテトラピロールは，グリシンとスクシニルCoAからモノピロールであるポルホビリノーゲン (porphobilinogen: PBG) という中間体を生成する，共通の反応経路を経て生合成される[26]．その過程をいくらか簡略化して図7・29に示す．

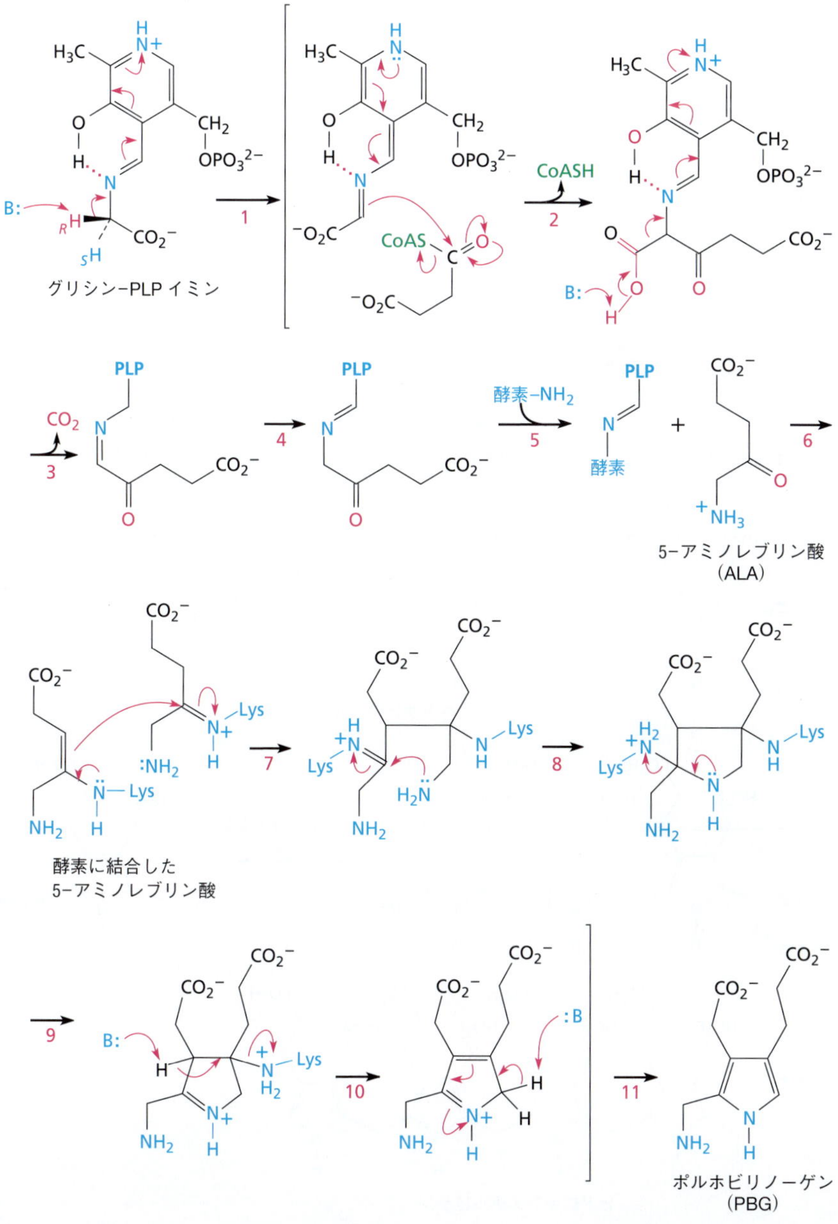

7・5 酵素補因子の生合成　　357

グリシン-PLP イミン

図7・29　グリシンとスクシニル CoA から，テトラピロール前駆体であるポルホビリノーゲンが生合成される機構　個々のステップの説明は本文参照．

5-アミノレブリン酸（ALA）

酵素に結合した5-アミノレブリン酸

ポルホビリノーゲン（PBG）

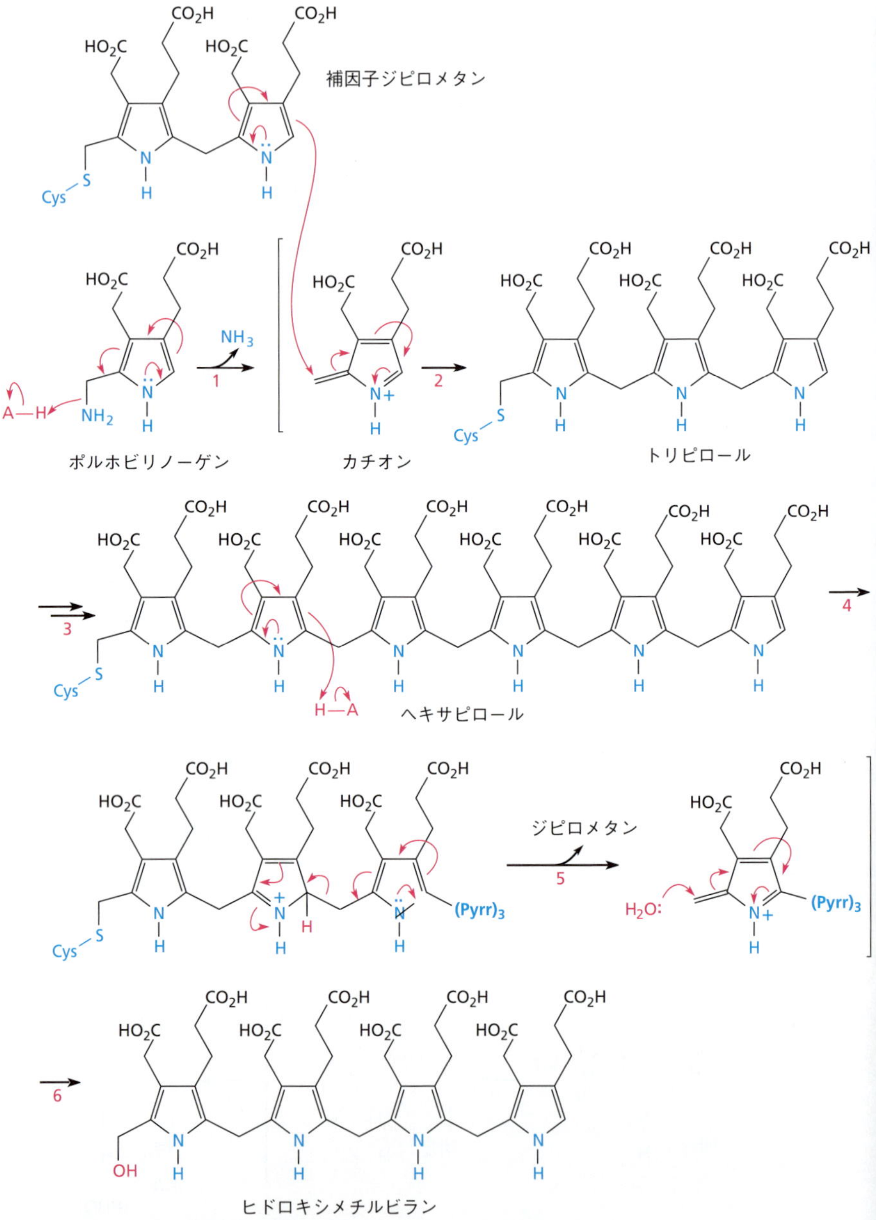

図7・30 連続した芳香族求電子置換反応による，テトラピロール，ヒドロキシメチルビランの生合成

ステップ1～5（図7・29） **縮合と脱炭酸**　グリシンがスクシニルCoAと反応して，5-アミノレブリン酸（5-aminolevulinic acid：ALA）となる．この反応は，PLP依存性5-アミノレブリン酸合成酵素によって触媒され[27]，まずグリシン–PLPイミンが生成する．〈ステップ1〉*pro-R*の水素が脱プロトンされる．〈ステップ2〉生成したイミンはスクシニルCoAとクライゼン反応様の縮合が起こる．〈ステップ3〉続いて3-オキソ酸中間体の脱炭酸が起こる．〈ステップ4〉互変異性化が起こった後，〈ステップ5〉5-アミノレブリン酸が放出される．

ステップ6～11（図7・29） **縮合と環化**　2分子の5-アミノレブリン酸がポルホビリノーゲン合成酵素（porphobilinogen synthase：PBGS）に触媒されてポルホビリノーゲンへと縮合する[28]．この反応機構は完全に解明されていないが，〈ステップ6〉二つのALA分子はともに酵素のリシン残基と反応してイミンを形成していると考えられている．〈ステップ7〉一方のALAの–NH$_2$基がもう一方のALAのイミニウムイオンに求核付加し，〈ステップ8〉続く環化，〈ステップ9〉リシン残基の脱離が起こる．〈ステップ10〉二つ目のリシン残基の脱離が起こり，〈ステップ11〉互変異性化の結果，ピロール骨格が形成される．

4分子のポルホビリノーゲンが縮合して直鎖状のテトラピロールを生成する反応は，ポルホビリノーゲン脱アミノ酵素もしくはヒドロキシメチルビラン合成酵素とよばれる酵素によって触媒される[29],[30]．この過程には，酵素のシステイン残基の硫黄原子と共有結合しているジピロメタンが補因子として必要である．ジピロメタンは，4分子のポルホビリノーゲンが連続して結合していくためのプライマーとして機能する．

ポルホビリノーゲンの付加反応は，伸長していく分子上で芳香族求電子置換反応が連続して起こることによって進行すると考えられている（図7・30）．〈ステップ1〉最初にポルホビリノーゲンからアンモニア分子が抜けてカチオンとなる．〈ステップ2〉このカチオンと酵素に結合したジピロメタンとが求電子置換反応によって結合し，トリピロールとなる．〈ステップ3〉トリピロールは別のポルホビリノーゲン分子と結合してテトラピロールとなる．この反応はヘキサピロールが形成されるまで，あと2回起こる．続くヘキサピロールの切断はこの反応の逆反応によって起こる．〈ステップ4〉すなわち2番目のピロールがプロトン化し，〈ステップ5〉続いて補因子ジピロメタンが脱離してテトラピロールカチオンとなり，〈ステップ6〉水分子が付加してヒドロキシメチルビランが生成する．

続いてヒドロキシメチルビランの環化が起こり，大環状テトラピロールであり，通常ウロゲンIII（uro'gen III）と略記されるウロポルフィリノーゲンIII（uroporphyrinogen III）が生成する．驚くべきことに，この反応過程において骨格の転位が起こり，側鎖の酢酸（A）とプロピオン酸（P）の順番が，原料であるヒドロキシメチルビランと異なる（図7・31）．図7・31に示すように分子の左上から，ヒドロキシメチルビランはA-

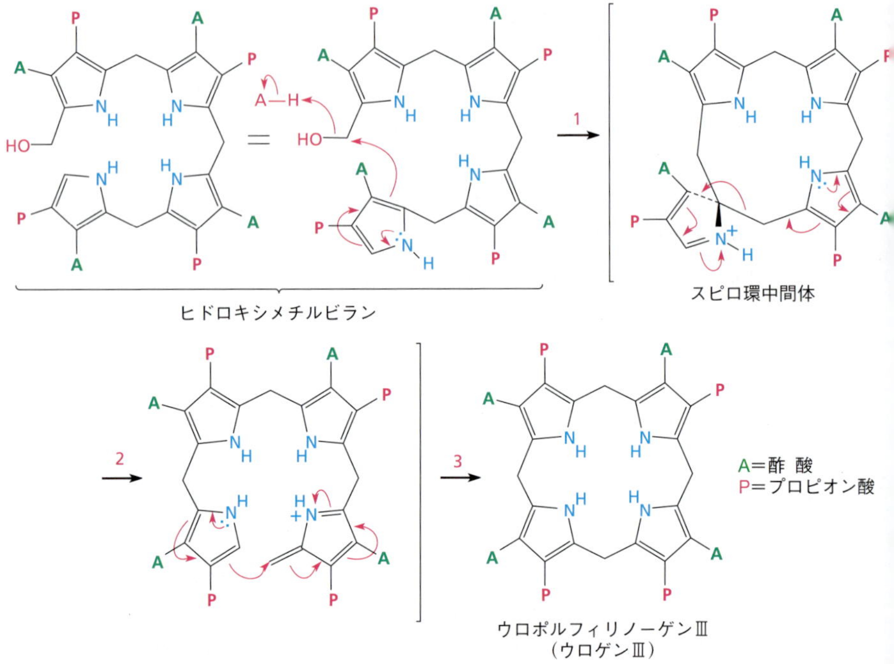

図 7・31 ヒドロキシメチルビランからウロポルフィリノーゲンIII（ウロゲンIII）への環化反応機構　この反応中に骨格の転移が起こる.

P-A-P-A-P-A-P と交互に側鎖が並ぶが, ウロポルフィリノーゲンIIIではA-P-A-P-A-P-P-Aの順番になる.

　ヒドロキシメチルビランの環化反応は, ウロポルフィリノーゲンIII合成酵素に触媒される.〈ステップ1〉最初にプロトン化と脱水によりカチオンが生成し, 反対側の末端のピロール環に付加する. この付加反応は, プロピオン酸側鎖に隣接する未置換部位ではなく, 酢酸側鎖に隣接する部位で起こり, その結果, スピロ環中間体が生成する（スピロ環とは二つの環構造が一つの炭素を共有している構造である）.〈ステップ2〉環開裂によってヒドロキシメチルビラン合成のときと同様な非環式のカチオンが生成する.〈ステップ3〉ピロール環の逆側の部位とで再び環形成することによりウロポルフィリノーゲンIIIが生成する.

　ヘムは血中の赤い色素であり, ウロポルフィリノーゲンIIIから図 7・32 に示す四つの連続した反応によって生合成される. 最初にウロポルフィリノーゲンIIIの四つの酢酸側鎖が脱炭酸されて $-CH_3$ 基となり, コプロポルフィリノーゲンIII（coproporphyrinogen

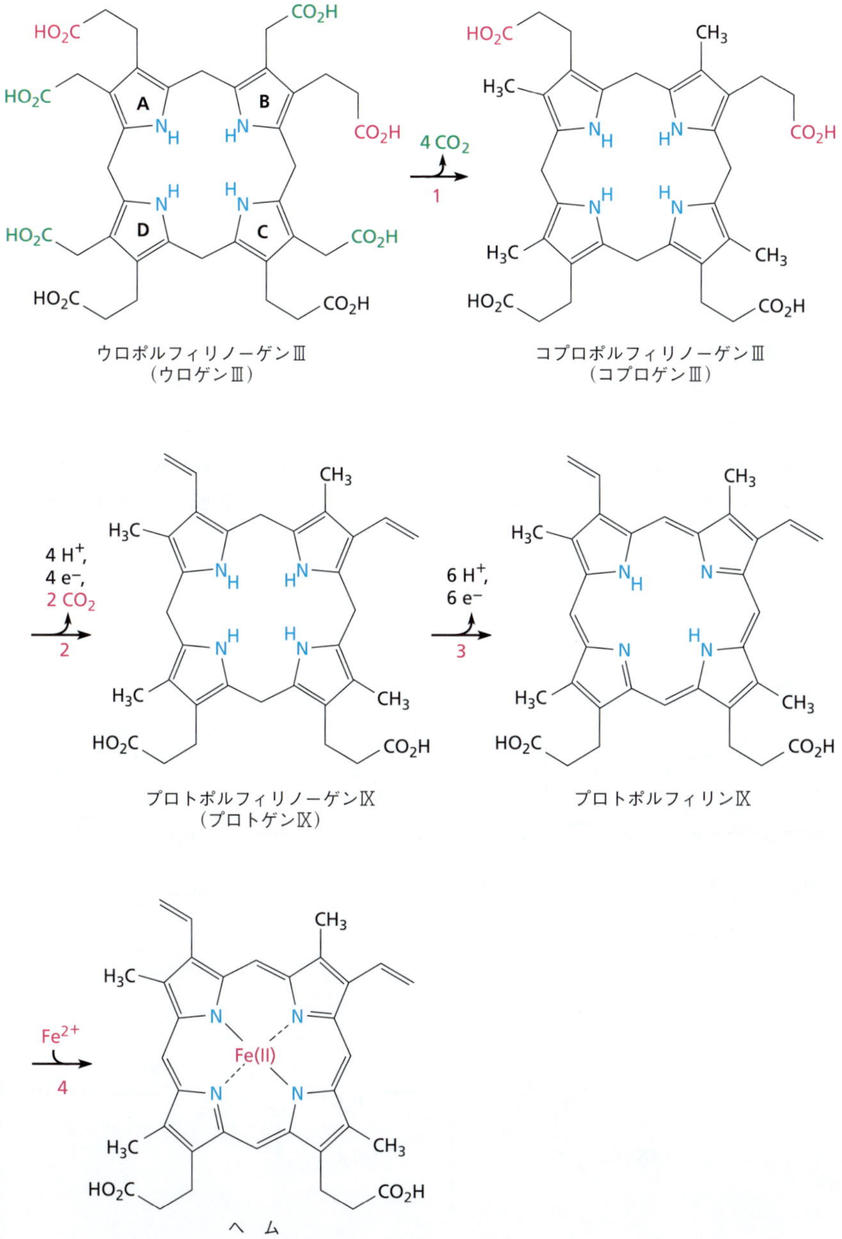

7・5 酵素補因子の生合成

図7・32 ウロゲンⅢからヘムへの生合成　個々のステップの説明は本文参照.

Ⅲ: copro'gen（コプロゲン）Ⅲ）が生成する．続いて，四つのプロピオン酸側鎖のうち二つが酸化的に脱炭酸されてビニル基になり，プロトポルフィリノーゲンⅨ（protoporphyrinogen Ⅸ: proto'gen（プロトゲン）Ⅸ）となる．次に，架橋している$-CH_2$基が脱水素され，二重結合の互変異性化が起こりプロトポルフィリンⅨとなる．最後に2価の鉄原子がフェロケラターゼにより大環状骨格の中心部に挿入され，ヘムが生成する．

ステップ1（図7・32）　**4回起こる脱炭酸**　　ウロゲンⅢからコプロゲンⅢへの変換はウロポルフィリノーゲン脱炭酸酵素によって触媒され[31),32)]，図7・33に示す機構によって進行すると考えられている．ウロゲンⅢのD環が酵素の86番目のアスパラギン酸（Asp-86）によりプロトン化してカチオンが生じ，ピロール環のイミニウムイオンが電子受容体として機能することによってCO_2が抜ける．続いて，側鎖の二重結合がプロトン化され，H^+が環から引抜かれて最初の脱炭酸が完了する．この過程を，A環，B環，C環の順にあと3回行うことによってコプロゲンⅢが生成する．驚くべきことに，酵素により触媒されるこの脱炭酸反応は，触媒されない反応と比較して10^{17}倍以上速く進行する．

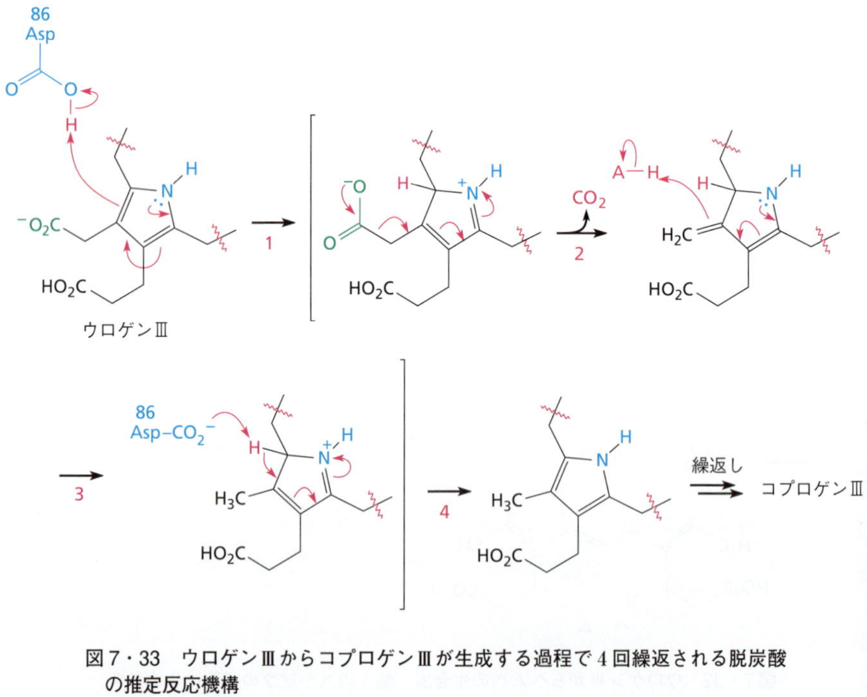

図7・33　ウロゲンⅢからコプロゲンⅢが生成する過程で4回繰返される脱炭酸の推定反応機構

ステップ2（図7・32）　**2回起こる酸化的脱炭酸**　コプロゲンIIIの二つのプロピオン酸側鎖からビニル基が生じる酸化的脱炭酸は，コプロポルフィリノーゲン酸化酵素により触媒されるが，その反応機構はよく解析されていない．酸素を利用するほとんどの酵素は，補因子として金属イオン（鉄-オキソ錯体）または有機化合物（2-オキソ酸）を必要とするが，コプロポルフィリノーゲン酸化酵素は必要としない[33]．代わりにこの酵素では酸素は電子受容体として利用する．推定される反応機構[26),34]を図7・34に示す．ピロールアニオンが酸素と反応してペルオキシドイオン（R-O-O⁻）を生成し，これがプロピオン酸側鎖の *pro-S* 水素を引抜く．続く脱炭酸は，過酸化水素を脱離基として進行する．こうした酸化的脱炭酸がもう一度起こり，プロトゲンIXが生成する．

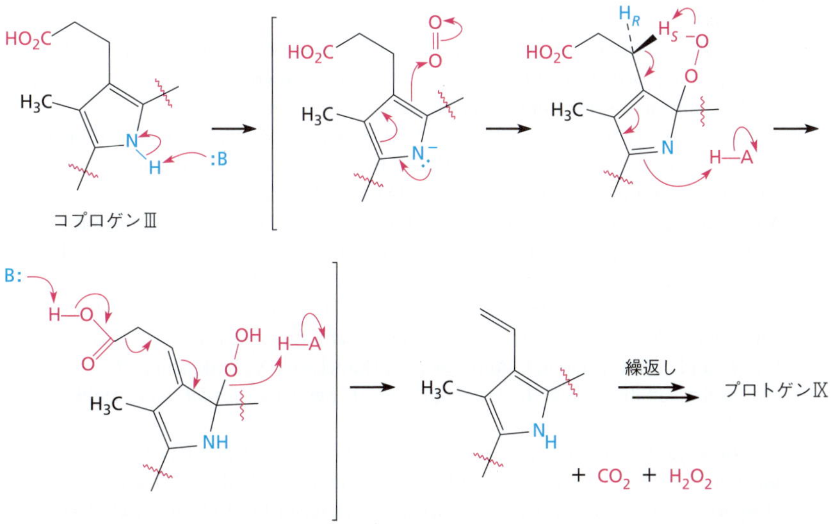

図7・34　コプロゲンからプロトゲンIXが生成する過程で2回繰返される酸化的脱炭酸の推定反応機構

ステップ3（図7・32）　**酸化**　6個の水素原子が抜ける酸化反応が起こり，プロトゲンIXは，環状構造が共役したプロトポルフィリンIXとなる．この反応はプロトポルフィリノーゲンIX酸化酵素が触媒するが，ステップ2においてコプロポルフィリノーゲン酸化酵素が酸素を酸化剤として用いた反応と同様の機構によって進行する．しかしステップ2とは異なりFADを補因子として必要とする．詳細な反応機構は明らかとなっていないが，環平面から同じ方向を向いている四つのヒドリドイオンと，二つのNHプロトンが段階的に抜けていく機構が，同位体ラベル化法による検討によって示唆されている[26),35]．

ステップ4（図7・32） **2価の鉄原子の挿入** ヘム生合成の最終ステップである大環状骨格中心部への2価の鉄原子の挿入は，フェロケラターゼにより触媒される[36),37)]．平面であるプロトポルフィリンIXの環が鞍状にゆがみ，一方からFe^{2+}が入ると同時に，逆方向へ$2H^+$が放出される機構によると考えられている．

参 考 文 献

1) Williams, D. H.; Stone, M. J.; Hauck, P. R.; Rahman, S. K., "Why Are Secondary Metabolites (Natural Products) Biosynthesized?" *J. Natl. Prod.*, **1989**, *52*, 1189–1208.
2) Baldwin, J. E.; Byford, M. F.; Shiau, C.-Y.; Schofield, C. J., "The Mechanism of ACV Synthetase," *Chem. Rev.*, **1997**, *97*, 2631–2649.
3) Roach, P. L.; Clifton, I. J.; Hensgens, C. M. H.; Shibta, N.; Schofield, C. J.; Hajdu, J.; Baldwin, J. E., "Structure of Isopenicillin N Synthase Complexed with Substrate, and the Mechanism of Penicillin Formation," *Nature*, **1997**, *387*, 827–830.
4) Burzlaff, N. I.; Rutledge, P. J.; Clifton, I. J.; Hensgens, C. M.; Pickford, M.; Adlington, R. M.; Roach, P. L.; Baldwin, J. E., "The Reaction Cycle of Isopenicillin N Synthase Observed by X-ray Diffraction," *Nature*, **1999**, *401*, 721–724.
5) Valegard, K.; Terwisscha van Scheltinga, A. C.; Lloyd, M. D.; Hara, T.; Ramaswamy, S.; Perrakis, A.; Thompson, A.; Lee, H.-J.; Baldwin, J. E.; Schofield, C. J.; Hajdu, J.; Andersson, I., "Structure of a Cephalosporin Synthase," *Nature*, **1998**, *394*, 805–809.
6) Lloyd, M. D.; Lee, H.-J.; Harlos, K.; Zhang, Z.-H.; Baldwin, J. E.; Schofield, C. J.; Charnock, J. M.; Garner, C. D.; Hara, T.; Terwisscha van Scheltinga, A. C.; Valegard, K.; Viklund, J. A. C.; Hajdu, J.; Andersson, I.; Danielsson, A.; Bhikhabhai, R., "Studies on the Active Site of Deacetoxycephalosporin C Synthase," *J. Mol. Biol.*, **1999**, *287*, 943–960.
7) Tarhonskaya, H.; Szöllössi, A.; Leung, I. K. H.; Bush, J. T.; Henry, L.; Chowdhury, R.; Iqbal, A.; Claridge, T. D. W.; Schofield, C. J.; Flashman, E., "Studies of Deacetoxycephalosporin C Synthase Support a Consensus Mechanism for 2-Oxoglutarate Dependent Oxygenases," *Biochemistry*, **2014**, *53*, 2483–2493.
8) Novak, B. H.; Hudlicky, T.; Reed, J. W.; Mulzer, J.; Trauner, D., "Morphine Synthesis and Biosynthesis: An Update," *Curr. Org. Chem.*, **2000**, *4*, 343–362.
9) Fitzpatrick, P. F., "Mechanism of Aromatic Amino Acid Hydroxylation," *Biochemistry*, **2003**, *42*, 14083–14091.
10) Luk, L. Y. P.; Bunn, S.; Liscombe, D. K.; Facchini, P. J.; Tanner, M. E., "Mechanistic Studies on Norcoclaurine Synthase of Benzylisoquinoline Alkaloid Biosynthesis: An Enzymatic Pictet–Spengler Reaction," *Biochemistry*, **2007**, *46*, 10153–10161.
11) Hrycay, E. G.; Bandiera, S. M., "The Monooxygenase, Peroxidase, and Peroxygenase Properties of Cytochrome P450," *Archiv. Biochem. Biophys.*, **2012**, *522*, 71–89.
12) Farrow, S. C.; Hagel, J. M.; Beaudoin, G. A. W.; Burns, D. C.; Facchini, P. J., "Stereochemical Inversion of (*S*)-Reticuline by a Cytochrome P450 Fusion in Opium Poppy," *Nature Chem. Biol.*, **2015**, *11*, 728–732.
13) Grobe, N.; Zhang, B.; Fisinger, U.; Kutchan, T. M.; Zenk, M. H.; Guengerich, F. P.,

"Mammalian Cytochrome P450 Enzymes Catalyze the Phenol Coupling Step in Endogenous Morphine Biosynthesis," *J. Biol. Chem.*, **2009**, *284*, 24425–24431.

14) Kramlinger, V. M.; Rojas, M. A.; Kanamori, T.; Guengerich, F. P., "Cytochrome P450 3A Enzymes Catalyze the O6 Demethylation of Thebaine, A Key Step in Endogenous Mammalian Morphine Biosynthesis," *J. Biol. Chem.*, **2015**, *290*, 20200–20210.

15) Hagel, J. M.; Facchini, P. J., "Dioxygenases Catalyze the O-Demethylation Steps of Morphine Biosynthesis in Opium Poppy," *Nature Chem. Biol.*, **2010**, *6*, 273–275.

16) Kiefer, J. R.; Pawlitz, J. L.; Moreland, K. T.; Stegeman, R. A.; Hood, W. F.; Gierse, J. K.; Stevens, A. M.; Goodwin, D. C.; Rowlinson, S. W.; Marnet, L. J.; Stallings, W. C.; Kurumbal, R. G., "Structural Insights into the Stereochemistry of the Cyclooxygenase Reaction," *Nature*, **2000**, *405*, 97–101.

17) van der Donk, W. A.; Tsai, A.-L.; Kulmacz, R. J., "The Cyclooxygenase Reaction Mechanism," *Biochemistry*, **2002**, *41*, 15451–15458.

18) Smith, W. L.; Urade, Y.; Jakobsson, P.-J., "Enzymes of the Cyclooxygenase Pathways of Prostanoid Biosynthesis," *Chem. Rev.* **2011**, *111*, 5821–5865.

19) Hertweck, C., "The Biosynthetic Logic of Polyketide Diversity," *Angew. Chem. Int. Ed.*, **2009**, *48*, 4688–4716.

20) Bruegger, J.; Caldara, G.; Beld, J.; Burkart, M. D.; Tsai, S.-C., "Polyketide Synthase: Sequence, Structure, and Function," *Natl. Prod.*, **2014**, 219–243.

21) Rawlings, B. J., "Type I Polyketide Biosynthesis in Bacteria (Part A — Erythromycin Biosynthesis)," *Natl. Prod. Reports*, **2001**, *18*, 190–227.

22) Cane, D. E., "Programming of Erythromycin Biosynthesis by a Modular Polyketide Synthase," *J. Biol. Chem.*, **2010**, *285*, 27517–27523.

23) McPherson, M.; Khosla, C.; Cane, D. E., "Erythromycin Biosynthesis: The β-Ketoreductase Domains Catalyze the Stereospecific Transfer of the 4-*pro-S* Hydride of NADPH," *J. Am. Chem. Soc.*, **1998**, *120*, 3267–3268.

24) Cupp-Vickery, J. R.; Han, O.; Hutchinson, R.; Poulos, T. L., "Substrate-Assisted Catalysis in Cytochrome P450eryF," *Nature Struct. Biol.*, **1996**, *3*, 632–637.

25) Guallar, V.; Harris, D. L.; Batista, V. S.; Miller, W. H., "Proton-Transfer Dynamics in the Activation of Cytochrome P450eryF," *J. Am. Chem. Soc.*, **2002**, *124*, 1430–1437.

26) Layer, G.; Reichelt, J.; Jahn, D.; Heinz, D. W., "Structure and Function of Enzymes in Heme Biosynthesis," *Protein Sci.*, **2010**, *19*, 1137–1161.

27) Shoolingin-Jordan, P. M.; Al-Daihan, S.; Alexeev, D.; Baxter, R. L.; Bottomley, S. S.; Kahari, I. D.; Roy, I.; Sarwar, M.; Sawyer, L.; Wang, S.-F., "5-Aminolevulinic Acid Synthase: Mechanism, Mutations and Medicine," *Biochim. Biophys. Acta*, **2003**, *1647*, 361–366.

28) Goodwin, C. E.; Leeper, F. J., "Stereochemistry and Mechanism of the Conversion of 5-Aminolevulinic Acid into Porphobilinogen Catalyzed by Porphobilinogen Synthase," *Org. Biomol. Chem.*, **2003**, *1*, 1443–1446.

29) Shoolingin-Jordan, P. M., "Structure and Mechanism of Enzymes Involved in the Assembly of the Tetrapyrrole Macrocycle," *Biochem. Soc. Trans.*, **1998**, *26*, 326–336.

30) Shoolingin-Jordan, P. M.; Al-Dbass, A.; McNeill, L. A.; Sarwar, M.; Butler, D., "Human Porphobilinogen Deaminase Mutations in the Investigation of the Mechanism of Dipyrromethane Cofactor Assembly and Tetrapyrrole Formation," *Biochem. Soc. Trans.*, **2003**, *31*, 731–735.

31) Martins, B. M.; Grimm, B.; Mock, H.-P.; Huber, R.; Messerschmidt, A., "Crystal Structure and Substrate Binding Modeling of the Uroporphyrinogen-III Decarboxylase from *Nicotiana tabacum*. Implications for the Catalytic Mechanism," *J. Biol. Chem.*, **2001**, *276*, 44108–44116.
32) Lewis, C. A.; Wolfenden, R., "Uroporphyrinogen Decarboxylation as a Benchmark for the Catalytic Proficiency of Enzymes," *Proc. Natl. Acad. Sci. USA*, **2008**, *105*, 17328–17333.
33) Fetzner, S.; Steiner, R. A., "Cofactor-independent Oxidases and Oxygenases," *Appl. Microbiol. Biotechnol.*, **2010**, *86*, 791–804.
34) Lash, T. D., "The Enigma of Coproporphyrinogen Oxidase: How Does this Unusual Enzyme Carry Out Oxidative Decarboxylation to Afford Vinyl Groups?," *Bioorg. Med. Chem. Lett.*, **2005**, *15*, 4506–4509.
35) Koch, M.; Breithaupt, C.; Kiefersauer, R.; Freigang, J.; Huber, R.; Messerschmidt, A., "Crystal Structure of Protoporphyrinogen IX Oxidase: A Key Enzyme in Haem and Chlorophyll Biosynthesis," *EMBO J.*, **2004**, *23*, 1720–1728.
36) Dailey, H. A.; Dailey, T. A.; Wu, C.-K.; Medlock, A. E.; Wang, K.-F.; Rose, J. P.; Wang, B.-C., "Ferrochelatase at the Millennium: Structures, Mechanisms, and [2Fe-2S] Clusters," *Cell. Mol. Life Sci.*, **2000**, *57*, 1909–1926.
37) Al-Karadaghi, S.; Franco, R.; Hansson, M.; Shelnutt, J. A.; Isaya, G.; Ferreira, G. C., "Chelatases: Distort to Select?," *Trends Biochem. Sci.*, **2006**, *31*, 135–142.

問　題

7・1 セファロスポリン生合成における，イソペニシリンNからペニシリンNへのPLP依存性エピマー化反応の機構を示しなさい．

イソペニシリンN → ペニシリンN

7・2 アラキドン酸からPGG_2への変換により生じた五つの光学活性中心のおのおのの立体化学をR, Sで示しなさい．

PGG_2

7・3 6-デオキシエリスロノリド B（図 7・20）の光学活性中心の立体化学を R, S で示しなさい．

7・4 エリスロマイシンの生合成において，KR1 によって触媒されるケトン還元反応は，基質の Re 面で起こるか Si 面で起こるか．また，KR2 によって触媒される還元反応ではどちらで起こるか（図 7・21, 図 7・23 参照）

7・5 エリスロマイシン PKS のエノイル還元酵素ドメイン（ER4）が遺伝子変異により不活性化され，その先のステップがすべて正常に進行した場合，どのようなラクトン構造が生じるか．

7・6 テトラピロール生合成の最初のステップである，グリシンとスクシニル CoA から PLP 依存的に 5-アミノレブリン酸が生じる反応機構を示しなさい．

グリシン + スクシニル CoA

5-アミノレブリン酸

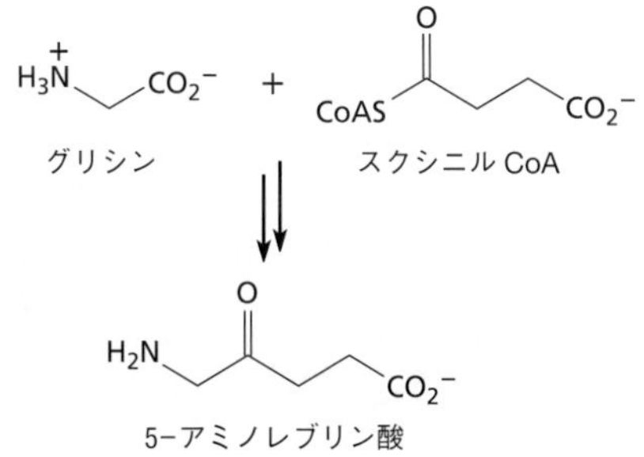

7・7 ヒドロキシメチルビランの生合成において，ポルホビリノーゲン分子が伸長していく分子に付加していく反応機構を示しなさい．

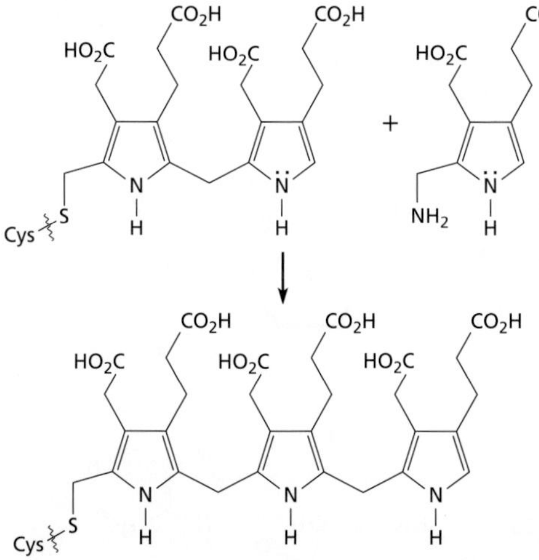

7・8 アルカロイドのベルバムニンは，(R)-N-メチルコクラウリンから (S)-N-メチルコクラウリンへのエピマー化と，二つのエピマー間のカップリング反応の 2 段階

で生合成される．図7・9のモルヒネ生合成を参考にして，両ステップの機構を提案しなさい．

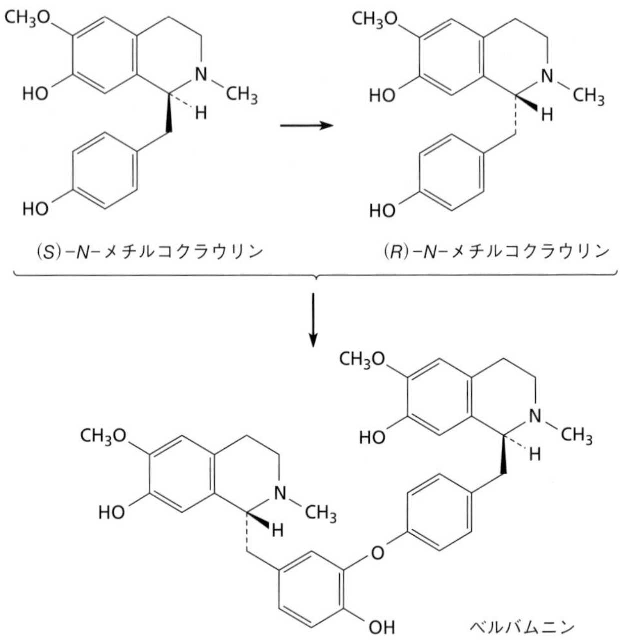

(S)-N-メチルコクラウリン → (R)-N-メチルコクラウリン

ベルバムニン

7・9 エチレンは，S-アデノシルメチオニンから1-アミノシクロプロパンカルボン酸への変換反応から始まる経路で生合成される．どのような補因子がこの反応に必要だろうか．反応機構も示しなさい．

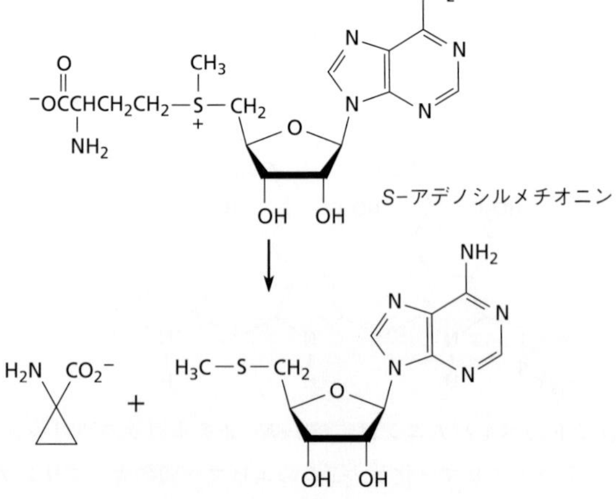

S-アデノシルメチオニン

問　題

7・10 次の反応は，デアセトキシセファロスポリン C に 2-オキソ酸依存性非ヘム鉄モノオキシゲナーゼを作用させたときの反応である．反応機構を提案しなさい．

デアセトキシセファロスポリン C

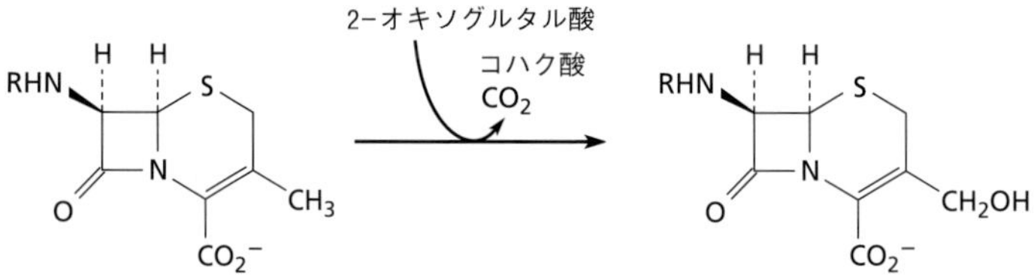

2-オキソグルタル酸
コハク酸
CO_2

7・11 ヒドロキシメチルビランの生合成（図 7・30）において，トリピロール中間体がテトラピロールへと変換される反応機構を示しなさい．

7・12 ピリドキサールリン酸は，次の反応を含む経路によって生合成される．反応機構を提案しなさい．

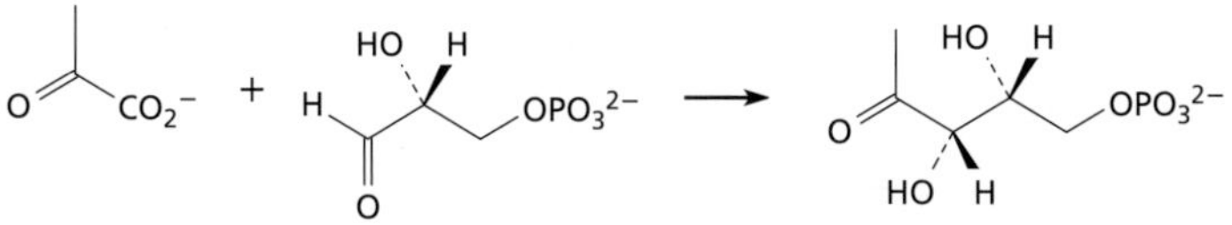

7・13 ピリドキサールリン酸生合成における最後の 2 段階が示してある．関与している補因子を示し，両反応の機構を提案しなさい．

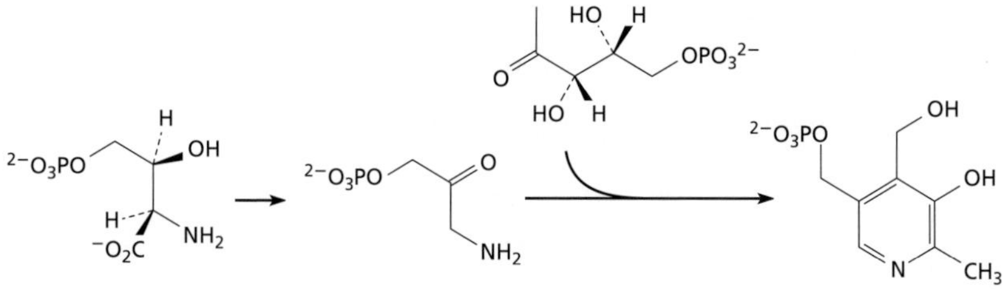

7・14 イソペニシリン N 合成酵素（図 7・5）の PDB 座標ファイルを検索し，その構造を PyMOL viewer を使って表示しなさい（PDB コード 1BLZ）．
(a) 図 7・6 に概略を示した反応機構では，アミド窒素がチオアルデヒドに付加している．アミドの脱プロトンを行っていると考えられる活性中心の塩基を提唱しなさい．
(b) アミドの窒素とチオカルボニルの炭素は，どれだけ離れているか．
(c) このひずんだ環を形成させる駆動力は何か．

7・15 プロスタグランジン H 合成酵素の PDB 座標ファイルを検索し，その構造を PyMOL viewer を使って表示しなさい（PDB コード 1DIY）．
(a) アラキドン酸のどの炭素が Tyr-385 のフェノキシラジカルに最も近いか．

そのことは，図7・19に提案された反応機構と一致するか．
(b) Tyr-385 からポルフィリンへは，長距離電子移動メカニズムによる電子移動が起こる．ポルフィリンのπ電子と Tyr-385 のπ電子の間で，最も短い距離はいくらか．

7・16 おのおのの反応に必要な補因子を示しなさい．

(a)

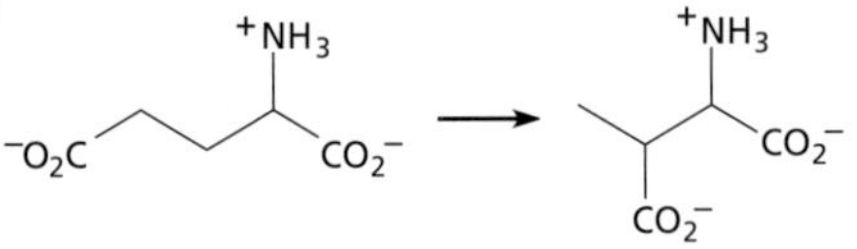

(b)

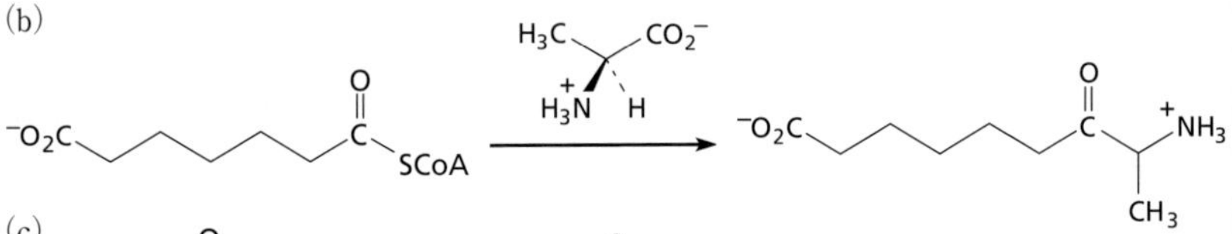

(c)

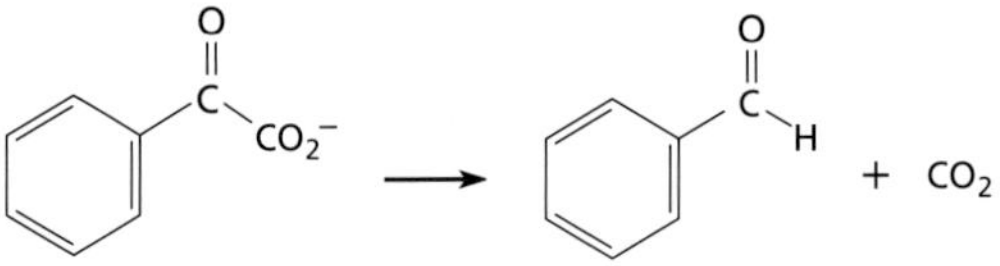

(d)

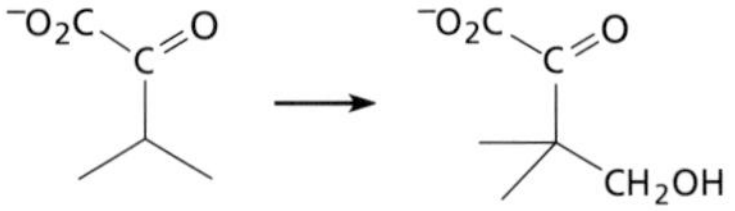

7・17 次のポリケチドの生合成過程を提案しなさい．

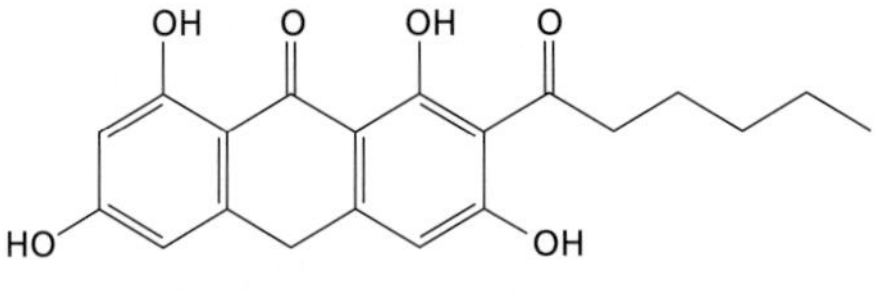

7・18 次の3ステップでの変換反応機構を提案しなさい．おのおのステップにおいて必要な補因子と，二つの中間体の構造を示しなさい．

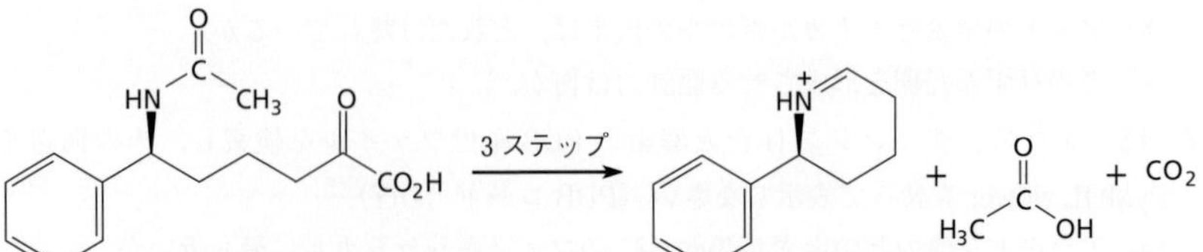

7・19 次に示す分子は細菌から分泌されるクオラムセンサー（quorum sensor）とよばれる分子であり，細胞密度を制御するために用いられている．この分子は3-オキソペンタノニル CoA と，表2・6に構造を示す S-アデノシルメチオニン（SAM）から生合成される．その反応機構を提案しなさい．

7・20 ビタミン B_{12} の生合成過程の一つは，プレコリン5からプレコリン6Aへの変換である．この反応機構を提案しなさい．

8
生体内変換反応のまとめ

ニコチンの生合成経路を示す．これまでの生体内反応に関する学習からこうした生合成経路を見たとき，関与する反応の詳細な機構を説明できるような段階に到達しているはずである．

8. 生体内変換反応のまとめ

- 8・1 加水分解，エステル化，チオエステル化，アミド化
- 8・2 カルボニル縮合
- 8・3 カルボキシ化と脱炭酸
- 8・4 アミノ化と脱アミノ
- 8・5 一炭素転移
- 8・6 転位
- 8・7 異性化とエピマー化
- 8・8 カルボニル化合物の酸化と還元
- 8・9 金属錯体によるヒドロキシ化と他の酸化反応

　本書は，生体内変換反応やその反応機構の種類別ではなく，生体内での生合成経路に従って構成されている．こうした方針をとった理由は，生合成経路全体を眺めて考えた方が，個々の反応を別々に検討するよりも，"なぜそのような変換反応が起こるのか？"を理解しやすいと考えたためである．前章までにほとんどすべての種類の生体内変換反応を網羅したが，ここでもう一度，これまでの内容を反応や反応機構の種類別に整理し直し，検討することも有意義であろう．これによって，見慣れない生合成経路に遭遇しても，共通する変換反応の種類を見いだすことができるようになり，どのような反応機構が適当かを検討することも可能となるであろう．

8・1 加水分解，エステル化，チオエステル化，アミド化

　アミドやエステルの加水分解はさまざまな反応機構で進行するが，ほとんどの反応がアシル酵素中間体の生成を経由して進行するという共通点がある．多くの場合，酵素のセリン残基とエステルまたはアミドとの求核アシル置換反応によってアシル酵素中間体

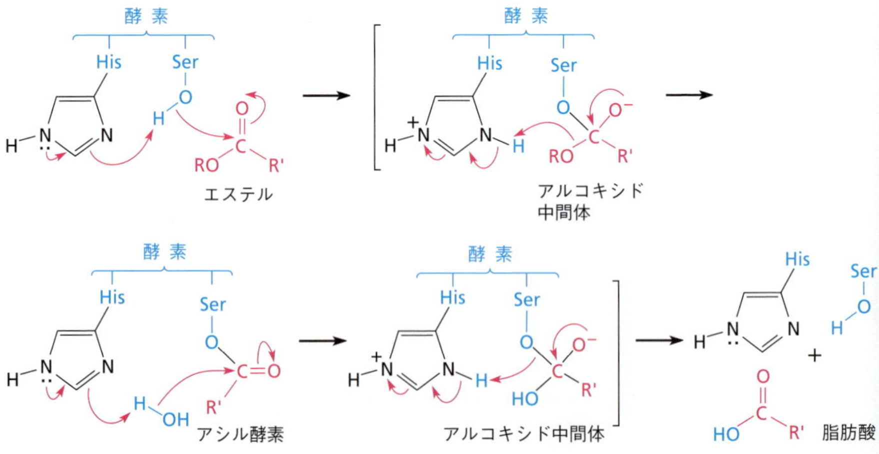

8・1 加水分解，エステル化，チオエステル化，アミド化

が生成し，その後加水分解される．§3・1の図3・1に示したトリアシルグリセロールの加水分解がその例である．

エステルは，アルコールからいくつかの機構によって生成するが，チオエステル中間体がしばしば関与している．§3・1で論じたアシルグリセロールの生合成がその例である．どちらの過程においても，四面体中間体の形成を経由する求核アシル置換反応が起こる．

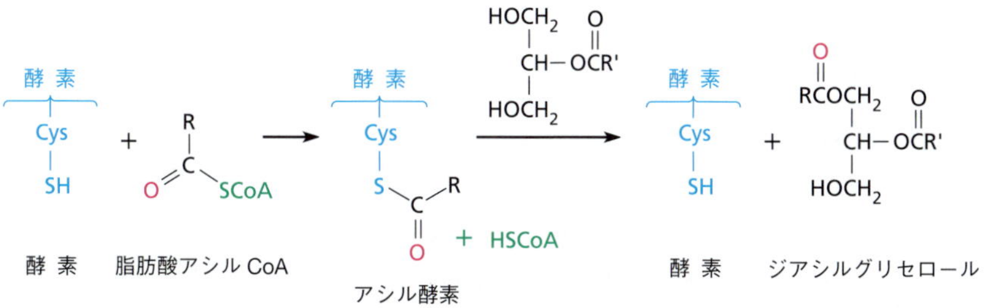

第一級アミドは，ほとんどの場合，グルタミンの加水分解によって生じたアンモニアが，アシルアデニル酸やアシルリン酸に対して求核アシル置換反応することによって生成する．アスパラギンやグルタミンの生合成がその例である（§5・4）．第二級アミドも同様に生合成される．

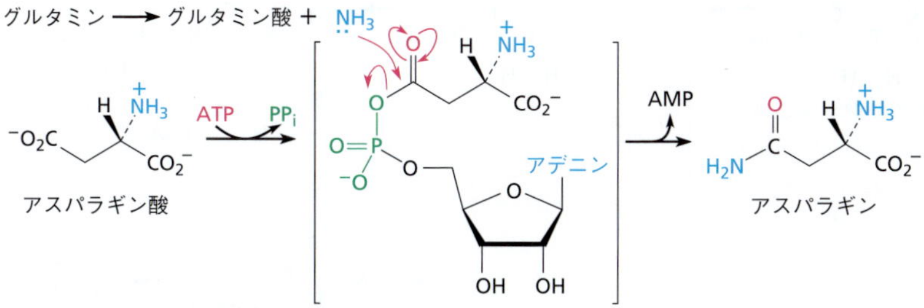

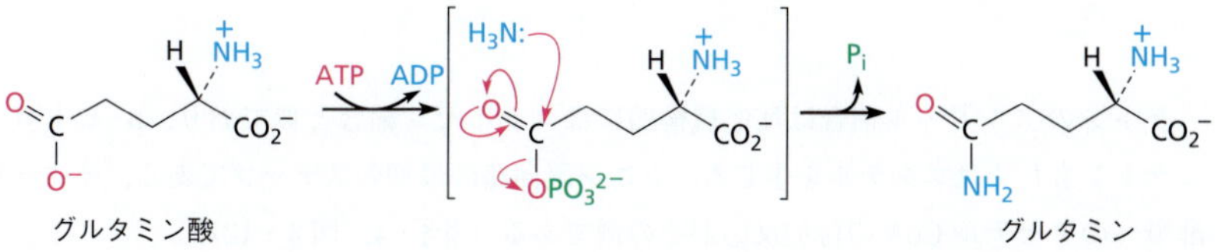

8・2 カルボニル縮合

二つのエステルまたはチオエステル間，あるいはアシル酵素中間体との間で起こるクライゼン縮合は，通常β-ケトエステルを生成する反応である．テルペノイド生合成におけるメバロン酸経路のステップ1，アセトアセチルCoAの生合成がその例である（§3・5，図3・15）．

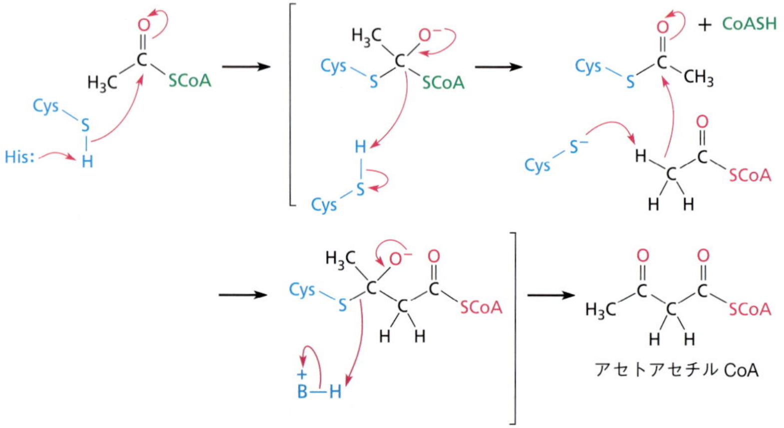

クライゼン縮合は可逆反応であるため，β-ケトエステルの分解という逆反応も起こる．脂肪酸異化におけるβ酸化経路のステップ4がその例である（§3・3，図3・9）．

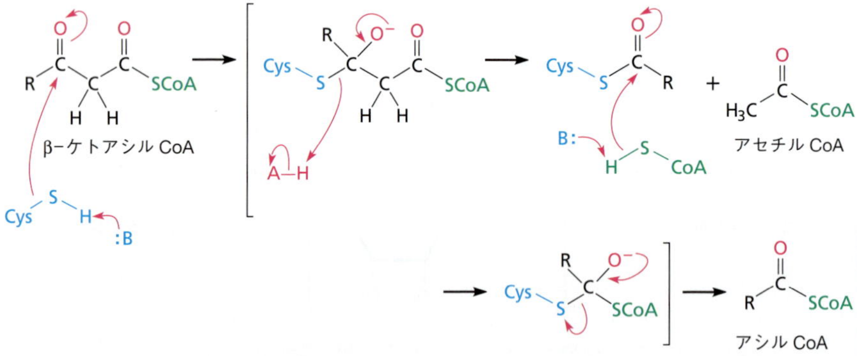

ケトンのアルドール縮合は反応機構的にはクライゼン縮合と似ており，β-ヒドロキシケトンもしくはエステルを生じる．クエン酸回路の最初のステップである，オキサロ酢酸へのアセチルCoAの付加反応がその例である（§4・4，図4・12）．

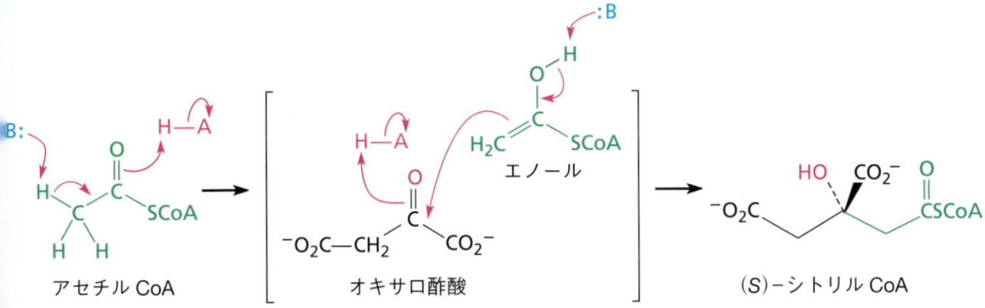

アルドール縮合は可逆反応であるため，β-ヒドロキシカルボニル化合物の分解という逆反応も起こる．解糖系のステップ4である，フルクトース1,6-ビスリン酸の分解がその例である（§4・2，図4・5）．この例では分解の前段階で，ケトンはイミニウムイオンに変換されることにより活性化される．

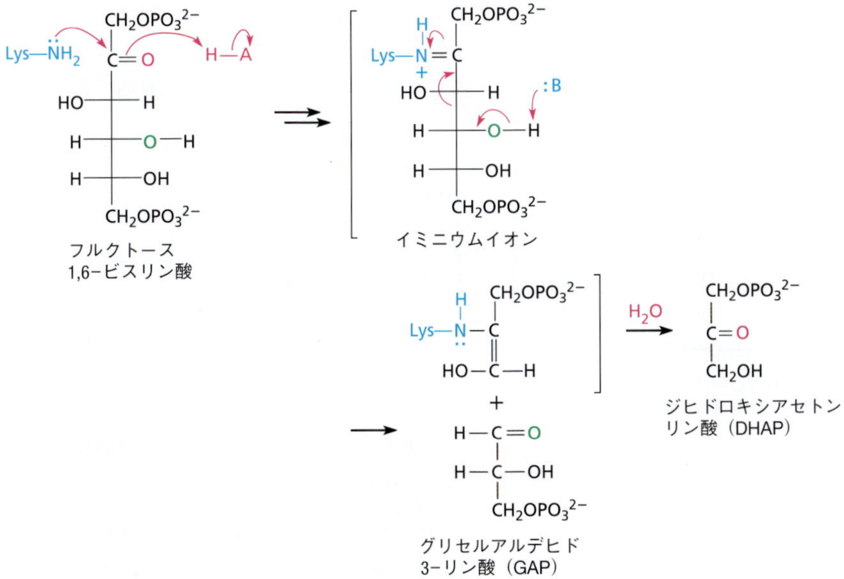

8・3 カルボキシ化と脱炭酸

　細菌や動物における，カルボニル基α位のカルボキシ化は，通常，N-カルボキシビオチンによって進行する．脂肪酸生合成のステップ3である，アセチルCoAからマロニルCoAを生成する反応がその例である（§3・4，図3・13）．

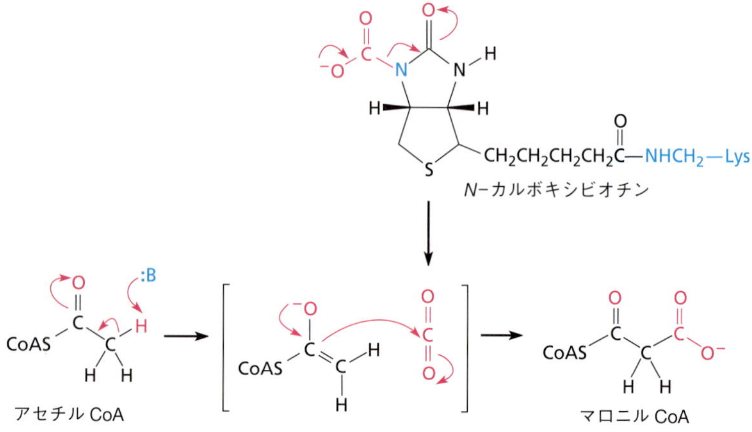

N-カルボキシビオチン

アセチル CoA　　　　　　　　　　　　　　　　　　　マロニル CoA

植物ではより高濃度の二酸化炭素と接触できるため，直接カルボキシ化反応が起こりうる．還元的ペントースリン酸回路（カルビン回路）のステップ1での，ルビスコ（Rubisco）により触媒されるリブロース 1,5-ビスリン酸のカルボキシ化反応（§4・7，図4・22）などである．

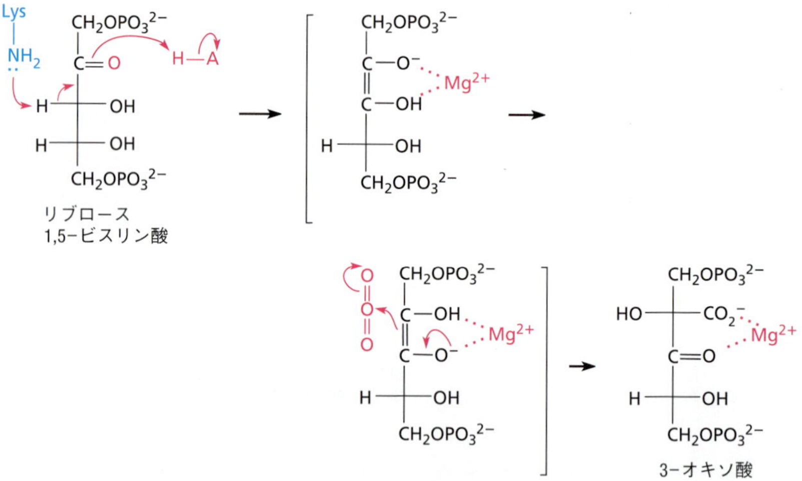

リブロース
1,5-ビスリン酸

3-オキソ酸

脱炭酸は，いくつかの異なる反応機構，異なる補因子が関与して進行するが，それらに共通している特徴は，電子受容能が高い置換基が，カルボン酸から2炭素離れた位置に存在していることである．クエン酸回路のステップ3で，オキサロコハク酸が2-オ

8・3 カルボキシ化と脱炭酸

キソグルタル酸（α-ケトグルタル酸）に変換される反応（§4・4）のように，3-オキソ酸（β-ケト酸）が基質となることが多い．

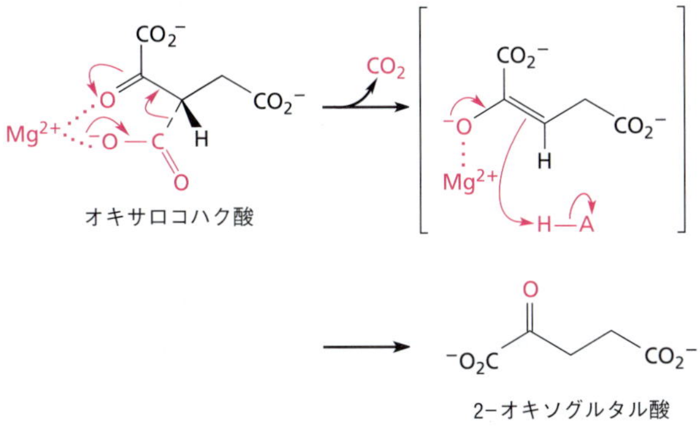

また，電子受容能が高い置換基がリン酸イオンのような脱離基である場合もある．テルペノイド生合成におけるメバロン酸経路のステップ4にあたる，メバロン酸 5-二リン酸からイソペンテニル二リン酸への変換反応がその例である（§3・5，図3・18）．

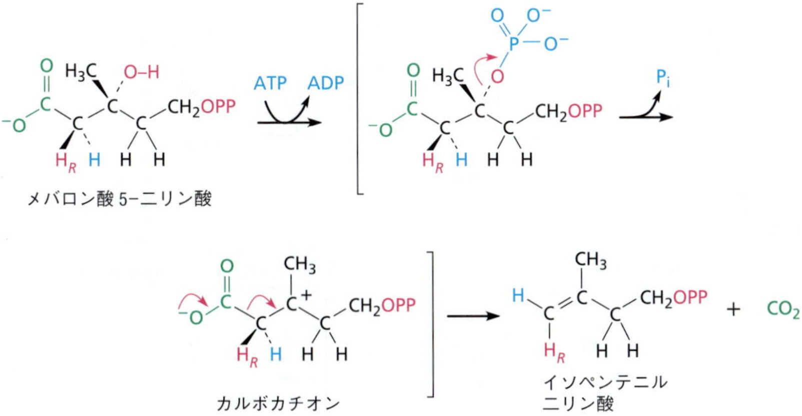

2-オキソ酸（α-ケト酸）は多段階の反応によって脱炭酸されるが，最初の反応はチアミン二リン酸（TPP）イリドのケトンへの求核付加という，チアミン依存的な反応である．脱炭酸された中間体に対するプロトン化と，TPP イリドの脱離によって，アルデヒドを生成する．ピルビン酸が脱炭酸してアセトアルデヒドを生成する反応（§4・3，図4・8）がその例である．

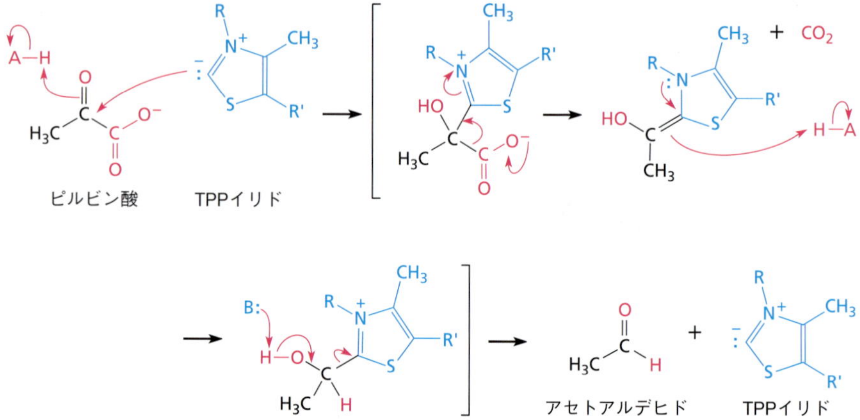

そのほかに，最初の TPP 付加体がリポアミドとの反応によって酸化されてチオエステルを生じ，結果的に"酸化的"脱炭酸される経路もある．ピルビン酸からアセチルジヒドロリポアミドを経由してアセチル CoA へと変換される反応がその例である（§4・3, 図4・9）.

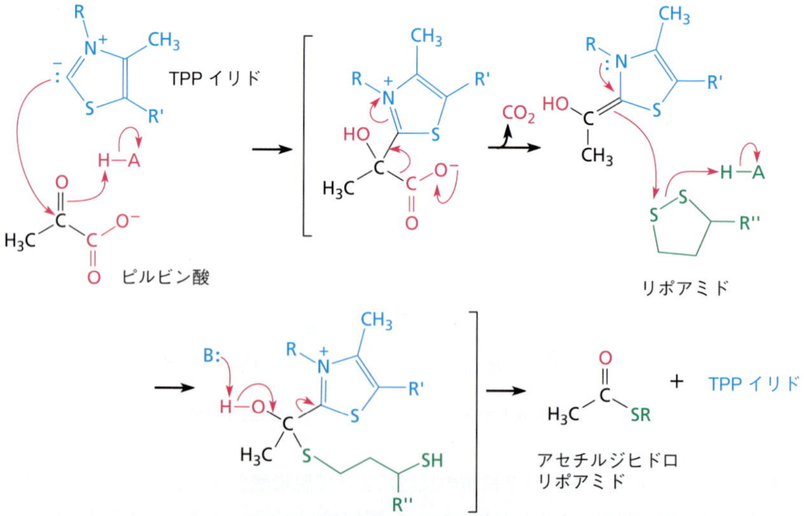

さらに別の一般的な脱炭酸機構に，アミノ酸の生合成で使われているピリドキサールリン酸（PLP）依存的な経路がある．*meso*-2,6-ジアミノピメリン酸が脱炭酸され，リシンが生合成される反応がその例である（§5・5. 図5・33）.

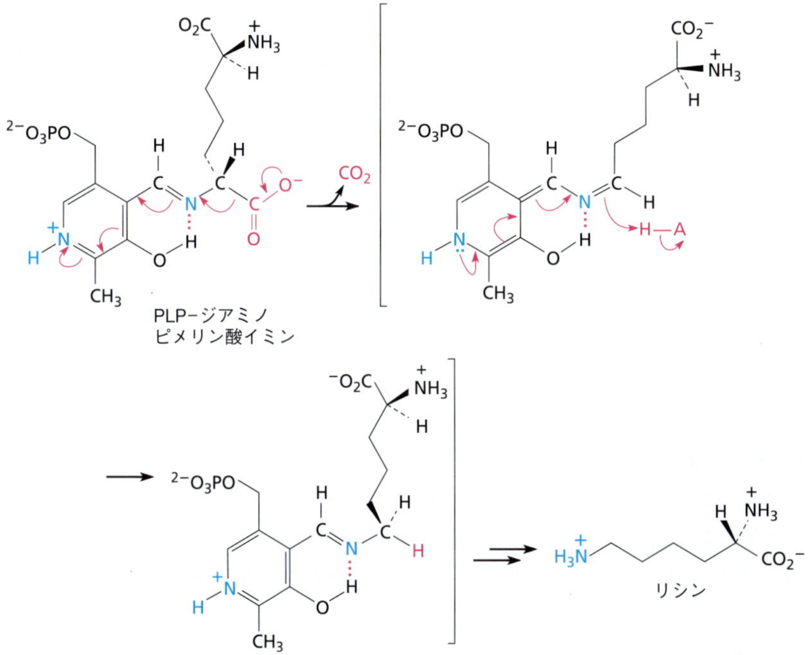

8・4 アミノ化と脱アミノ

アミノ化と脱アミノは，一般にPLP依存性アミノ基転移機構が順方向，もしくは逆方向に進行する反応である（§5・1，図5・1）．アミノ化の方向では，2-オキソ酸がピ

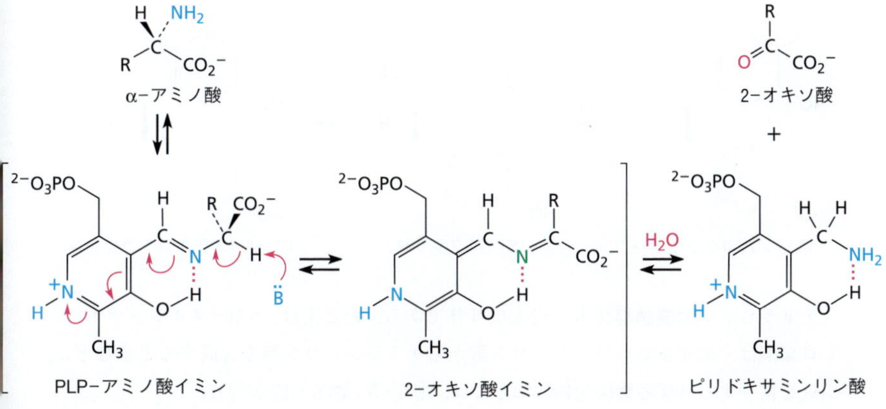

リドキサミンリン酸と反応してアミノ酸が生成する．脱アミノの方向では，アミノ酸がPLPと反応して2-オキソ酸が生成する．

脱アミノには，アミノ酸とNAD^+が酸化的に反応し，生成したイミンが加水分解されるという経路もある．§5・1で述べたグルタミン酸から2-オキソグルタル酸への変換反応がその例である．

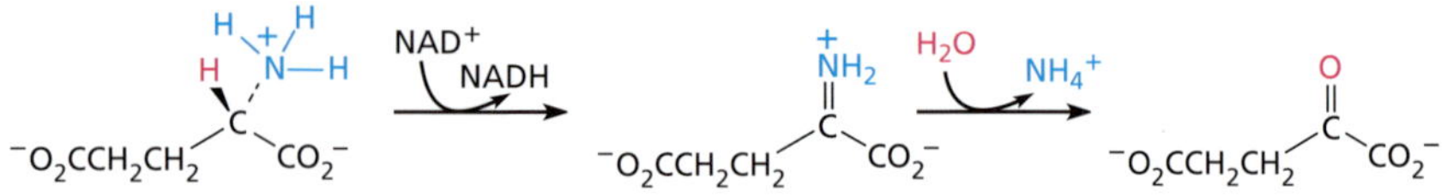

グルタミン酸 → 2-イミノグルタル酸 → 2-オキソグルタル酸

8・5 一炭素転移

最も一般的な一炭素転移は，S-アデノシルメチオニン（SAM）とのS_N2反応によるメチル化である．モルヒネの生合成における(S)-ノルコクラウリンのOメチル化，(S)-コクラウリンのNメチル化がその例である（§7・2，図7・9）．

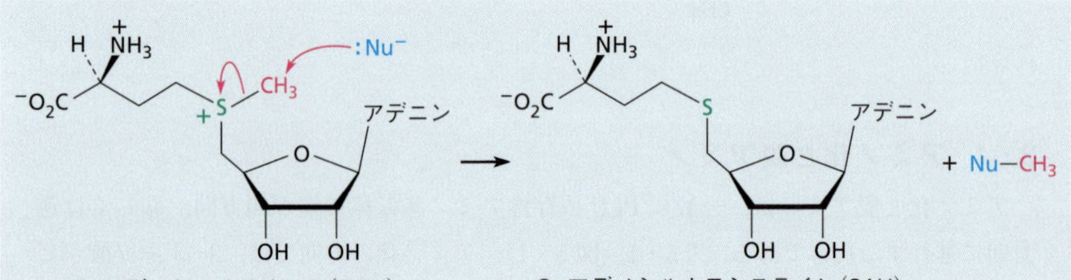

S-アデノシルメチオニン(SAM) → S-アデノシルホモシステイン(SAH) + Nu-CH₃

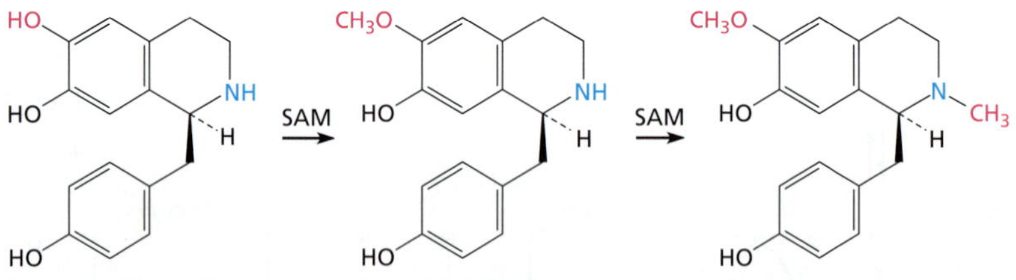

(S)-ノルコクラウリン → (S)-コクラウリン → (S)-N-メチルコクラウリン

テトラヒドロ葉酸誘導体も一炭素供与体である．たとえば，5,10-メチレンテトラヒドロ葉酸は，デオキシウリジン一リン酸からチミジン一リン酸を合成するときなどに，CH_2を供与する（反応機構全体に関しては，§6・5，図6・17参照）．

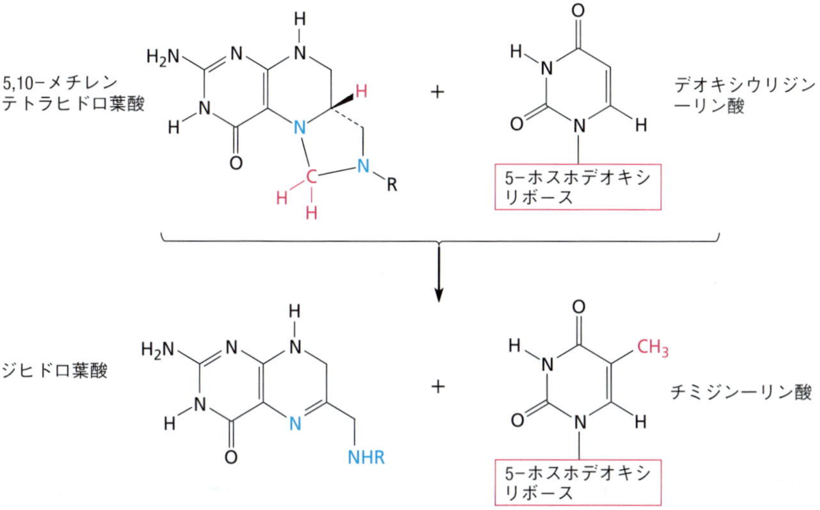

8・6 転位

5,10-メチレン
テトラヒドロ葉酸

デオキシウリジン
-リン酸

5-ホスホデオキシ
リボース

↓

ジヒドロ葉酸

チミジン-リン酸

5-ホスホデオキシ
リボース

　そのほかにも 10-ホルミルテトラヒドロ葉酸のホルミル基が，求核アシル置換反応によってアミノ基へ導入される．イノシン生合成におけるステップ 3 がその例である（§6・4，図 6・11）．

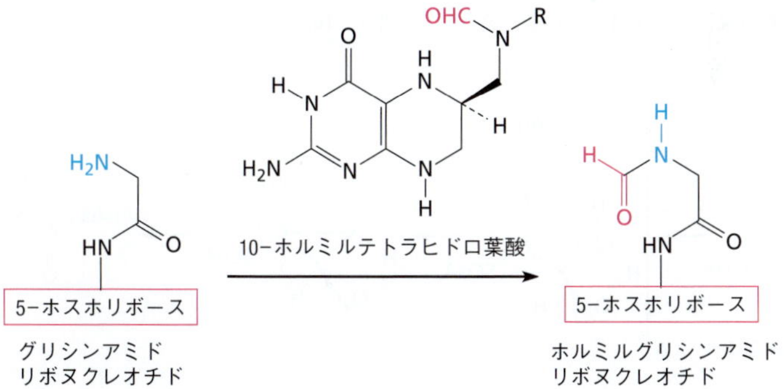

10-ホルミルテトラヒドロ葉酸

5-ホスホリボース
グリシンアミド
リボヌクレオチド

5-ホスホリボース
ホルミルグリシンアミド
リボヌクレオチド

8・6　転　位

　転位反応はさまざまな機構によって起こる．たとえば，テルペノイド生合成における MEP（2C-メチル-D-エリトリトール 4-リン酸）経路でみられるアシロイン転位様の反応は，ヒドロキシケトンを別のヒドロキシケトンまたはヒドロキシアルデヒドへと変換する（§3・5，図 3・21）．

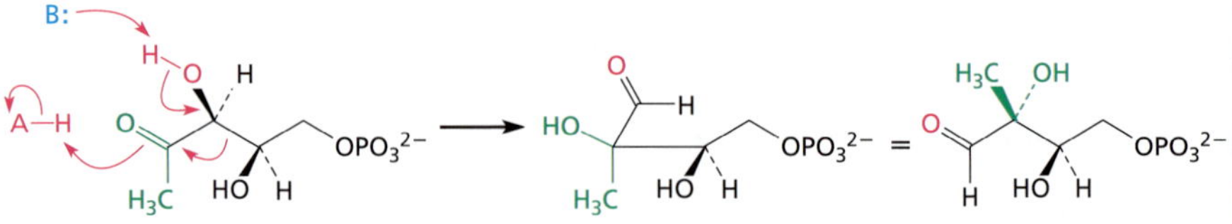

[1-デオキシ-D-キシルロース 5-リン酸] → [2C-メチル-D-エリトリトール 4-リン酸]

ペリ環状クライゼン転位は，アリルビニルエーテルを不飽和ケトンへと変換する反応である．フェニルアラニンおよびチロシンの生合成における，コリスミ酸からプレフェン酸への変換がその例である（§5・5，図5・46）．

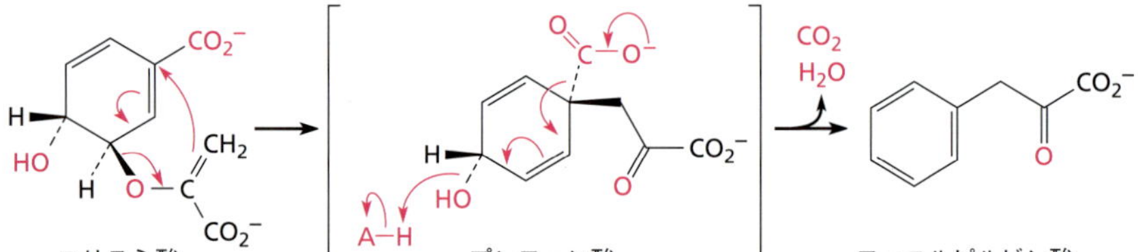

コリスミ酸 → [プレフェン酸] → フェニルピルビン酸

補酵素 B_{12} を含む酵素は，水素原子と隣の炭素に結合している官能基を交換する転位反応を触媒する．トレオニン代謝における，メチルマロニル CoA がスクシニル CoA へと転位する反応がその例である（§5・3，図5・10）．

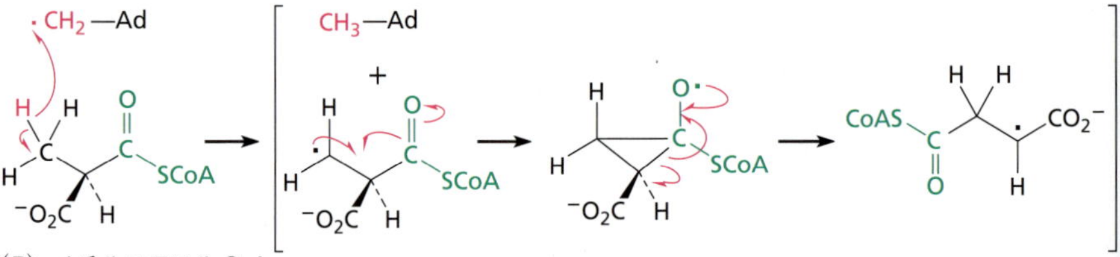

(R)-メチルマロニル CoA 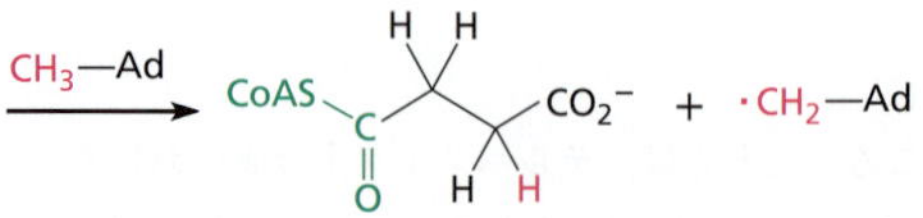 → スクシニル CoA + ·CH₂—Ad

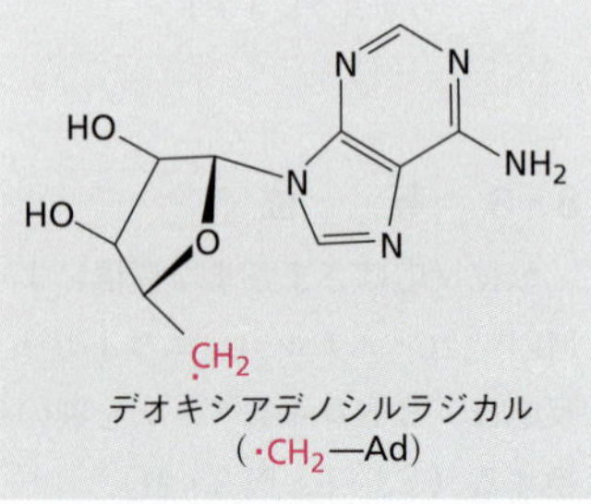

デオキシアデノシルラジカル（·CH₂—Ad）

8・7 異性化とエピマー化

カルボニル化合物が関与する異性化反応は，しばしばエノールまたはエノラートイオン中間体を経由する．糖分解のステップ2にあたる，グルコース6-リン酸からフルクトース6-リン酸への内部変換反応がその例である（§4・2, 図4・4）．

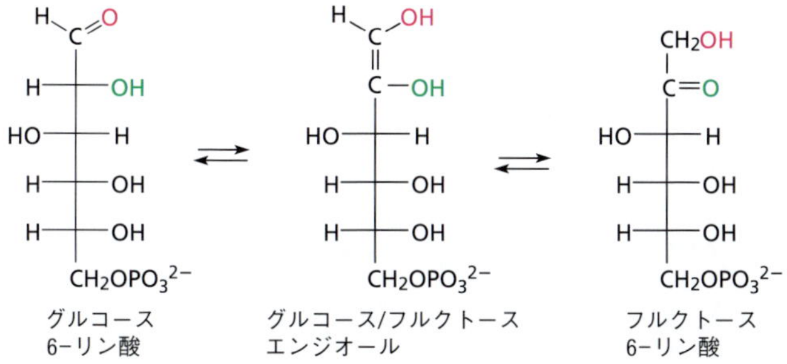

グルコース 6-リン酸 ⇌ グルコース/フルクトース エンジオール ⇌ フルクトース 6-リン酸

カルボニル基の隣にあるキラル中心のエピマー化は，さまざまな反応機構によって進行する．頻繁にみられる反応機構は，キラル中心に対して直接の脱プロトンと再プロトン化が続く機構である．ペントースリン酸経路のステップ4にあたる，リブロース5-リン酸からキシルロース5-リン酸が生成する反応がその例である（§4・6）．

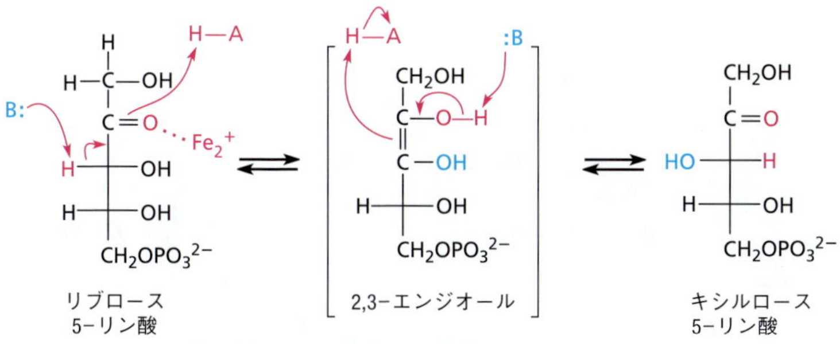

リブロース 5-リン酸 ⇌ 2,3-エンジオール ⇌ キシルロース 5-リン酸

そのほかには，アミノ酸のエピマー化でしばしば使われる，PLP依存的な反応経路がある．PLPイミンの生成はα水素の酸性度を上昇させるため，脱プロトンが起こりやすくなる．イソペニシリンNからペニシリンNへの異性化がその例である（§7・1, 図7・7）．

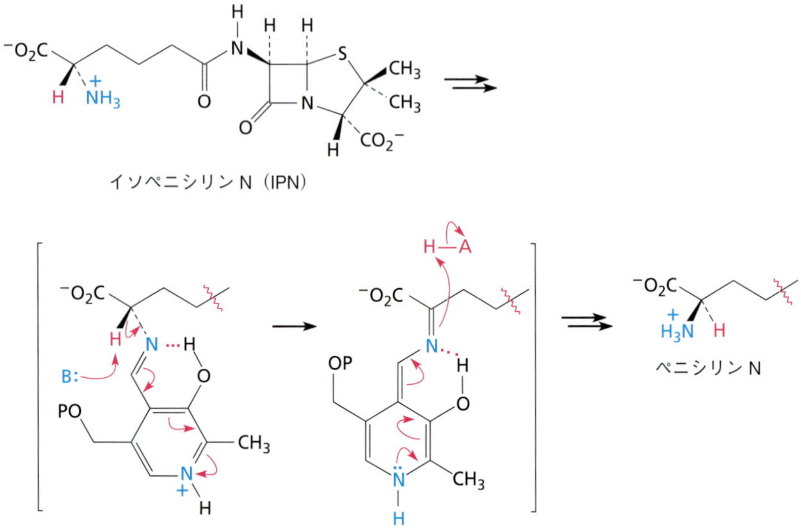

イソペニシリン N (IPN)

ペニシリン N

8・8 カルボニル化合物の酸化と還元

　アルコールからアルデヒドやケトンへの酸化反応は，一般的にはアルコールから NAD^+ もしくは $NADP^+$ （もしくは，あまり一般的ではないが FAD）へのヒドリドイオンの移動によって進行する．グリセロール異化反応における sn-グリセロール 3-リン酸からジヒドロキシアセトンリン酸への酸化反応がその例である（§3・2, 図3・5）．

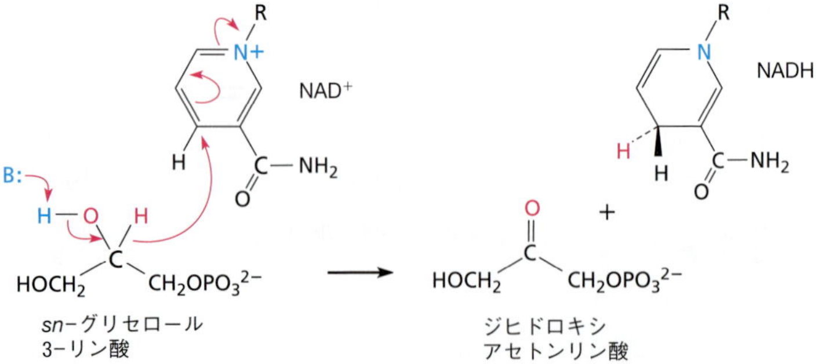

sn-グリセロール
3-リン酸

ジヒドロキシ
アセトンリン酸

　アルデヒドからカルボン酸やエステルへの酸化反応では，まず最初に水和物やヘミチオアセタール中間体が生成し，この中間体から NAD^+ へヒドリドイオン移動を介して

酸化される機構が一般的である．糖分解のステップ6である，グリセルアルデヒド3-リン酸の酸化がその例である（§4・2，図4・7）．

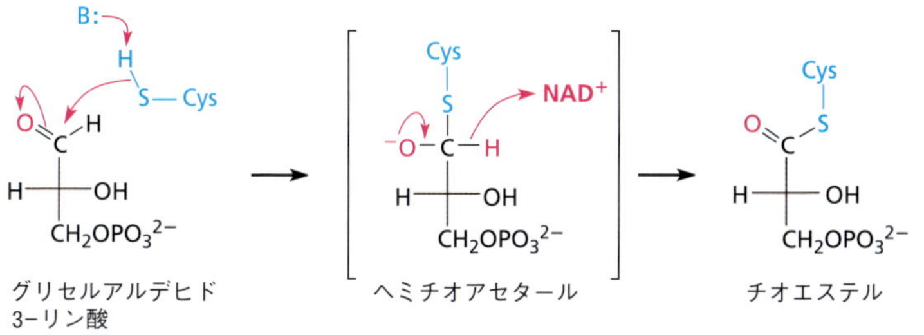

カルボニル化合物がFADにより脱水素されてα,β-不飽和化合物が生成する反応は，おそらくヒドリドイオン移動が関与する複雑な反応機構によって進行する．脂肪酸のβ酸化経路のステップ1がその例である（§3・3）．

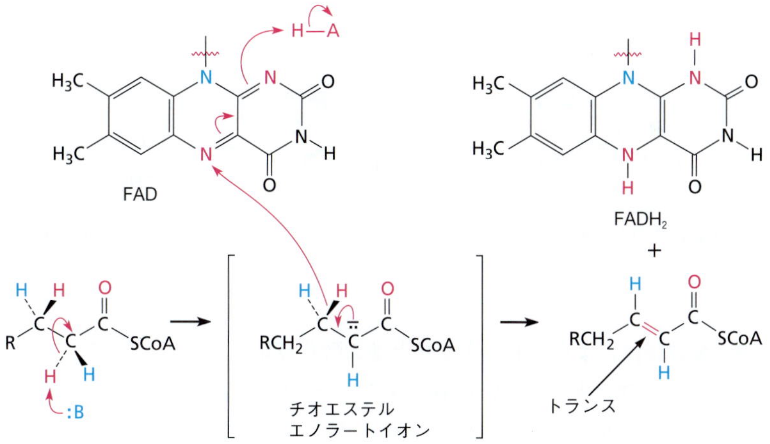

カルボニル化合物からアルコールへの還元反応は，アルコール酸化の逆反応であり，NADHもしくはNADPHからのヒドリドイオン移動によって進行する．脂肪酸生合成のステップ6である，アセトアセチルACP（アシルキャリヤータンパク質）からβ-ヒドロキシブチリルACPへの還元反応がその例である（§3・4）．

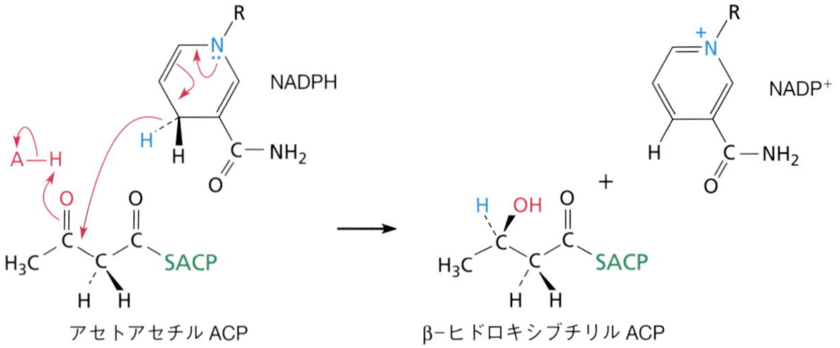

アセトアセチル ACP   β-ヒドロキシブチリル ACP

α,β-不飽和カルボニル化合物は，β炭素に対するヒドリドイオンの共役付加反応と，それに続くα炭素に対するプロトン化によって還元される．脂肪酸生合成におけるステップ8である，クロトニル ACP の還元反応がその例である（§3・4）．

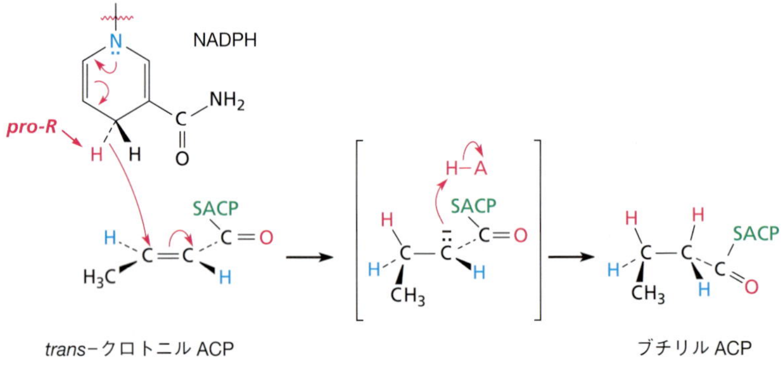

trans-クロトニル ACP   ブチリル ACP

8・9 金属錯体によるヒドロキシ化と他の酸化反応

分子状酸素を酸化種として使い，酸素分子の二つのO原子のうちの一つのみを生成物へと移動させる酵素は，"モノオキシゲナーゼ"とよばれている．多くのモノオキシゲナーゼは，さまざまな方法によって生成する鉄-オキソ補因子を利用する．たとえばフェニルアラニンからチロシンを生成するヒドロキシ化反応（§5・3，図5・21と図5・22）における鉄(IV)-オキソ錯体は，5,6,7,8-テトラヒドロビオプテリンが，O_2と鉄(II)の前駆体と反応することによって生成する（図8・1）．

鉄(IV)-オキソ錯体は，ペニシリン生合成における環形成過程（§7・1，図7・4と図7・6）のように，しばしばラジカル酸化に関与する．この例では，鉄(IV)-オキソ錯体

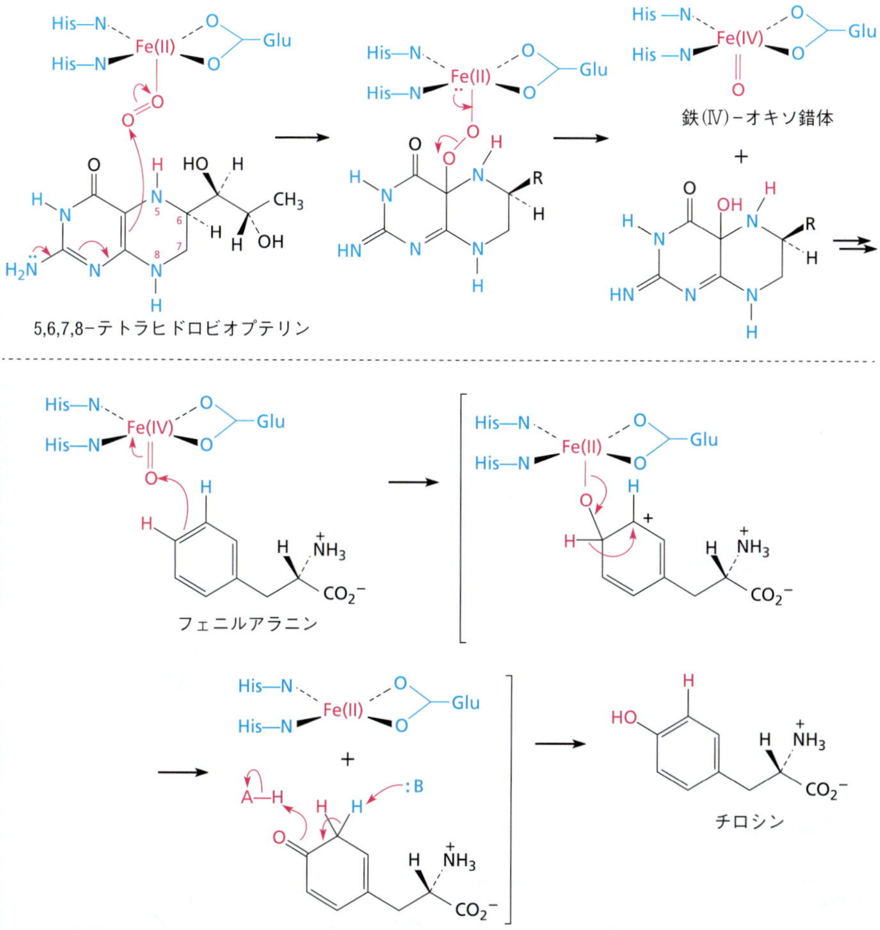

図8・1 鉄(Ⅳ)-オキソ錯体によるフェニルアラニンのヒドロキシ化 鉄(Ⅳ)-オキソ錯体は，5,6,7,8-テトラヒドロビオプテリンが，O_2と鉄(Ⅱ)の前駆体と反応することによって生成する．この反応は鉄(Ⅳ)-オキソ錯体によって進行する．

は鉄(Ⅱ)ヒドロペルオキシド中間体から水酸化物イオンが脱離することにより生成する（図8・2）．

　鉄(Ⅳ)-オキソ錯体が生成する別の方法としては，最初に2価の非ヘム鉄原子が2-オキソ酸と複合体を形成し，続いてO_2付加，脱炭酸を経て生成する過程がある．こうした2-オキソ酸依存性酸化酵素は，ペニシリンNからデアセトキシセファロスポリンCへの生合成過程（§7・1，図7・8）でみられるように，しばしば不活性なC-H結合

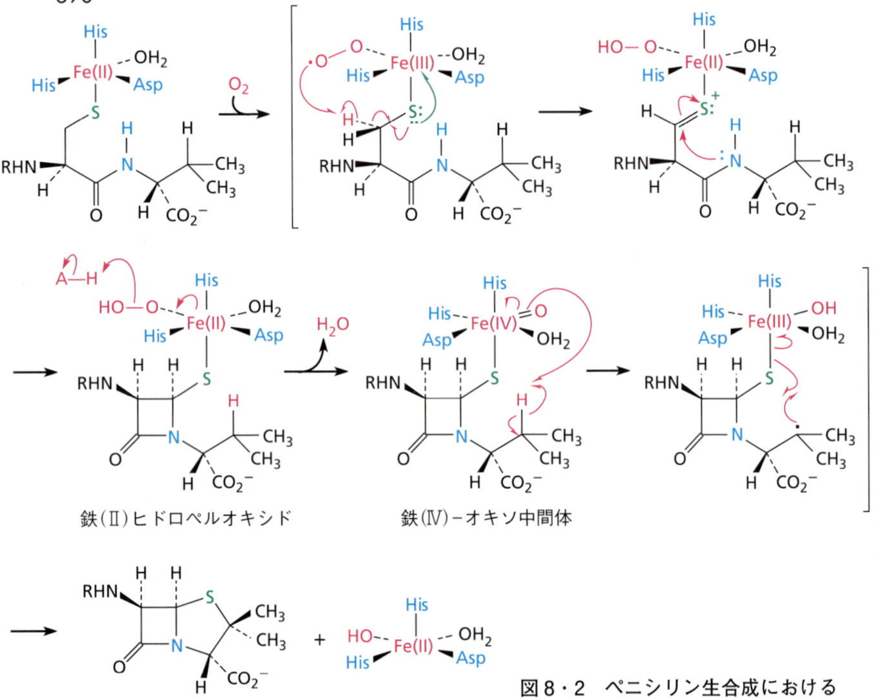

鉄(II)ヒドロペルオキシド　　　　　　　鉄(IV)-オキソ中間体

イソペニシリン N

図8・2　ペニシリン生合成における鉄(IV)-オキソ錯体の生成と反応

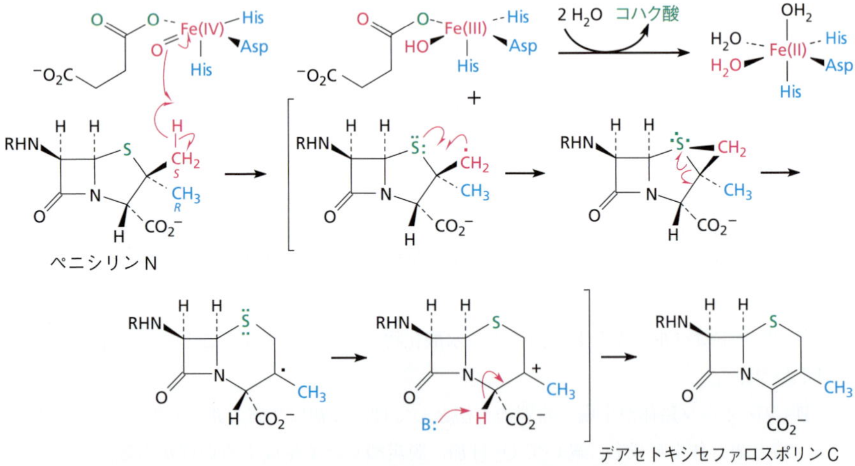

ペニシリン N

デアセトキシセファロスポリン C

図8・3　2-オキソグルタル酸依存性酵素によって生成した鉄(IV)-オキソ錯体による不活性 C—H 結合の酸化

8・9 金属錯体によるヒドロキシ化と他の酸化反応

を酸化する。その過程を図 8・3 に示す。

最後に紹介するのは，何百種類もあるシトクロム P450 酵素である。シトクロム P450 酵素はすべて，補因子としてシステイン残基が配位している 4 価のヘム鉄をもつ。この酵素群は，図 8・4 に示すようにさまざまな酸化還元過程によって分子状酸素を活性化して，(S)-N-メチルコクラウリンのヒドロキシ化といった不活性 C—H 結合の酸化反応などを行う（§7・2, 図 7・12）。

鉄(IV) 錯体は，O_2 の酸素原子の両方を生成物に結合させる "ジオキシゲナーゼ (dioxygenese)" によって触媒される反応においても生成する。チロシン異化過程のス

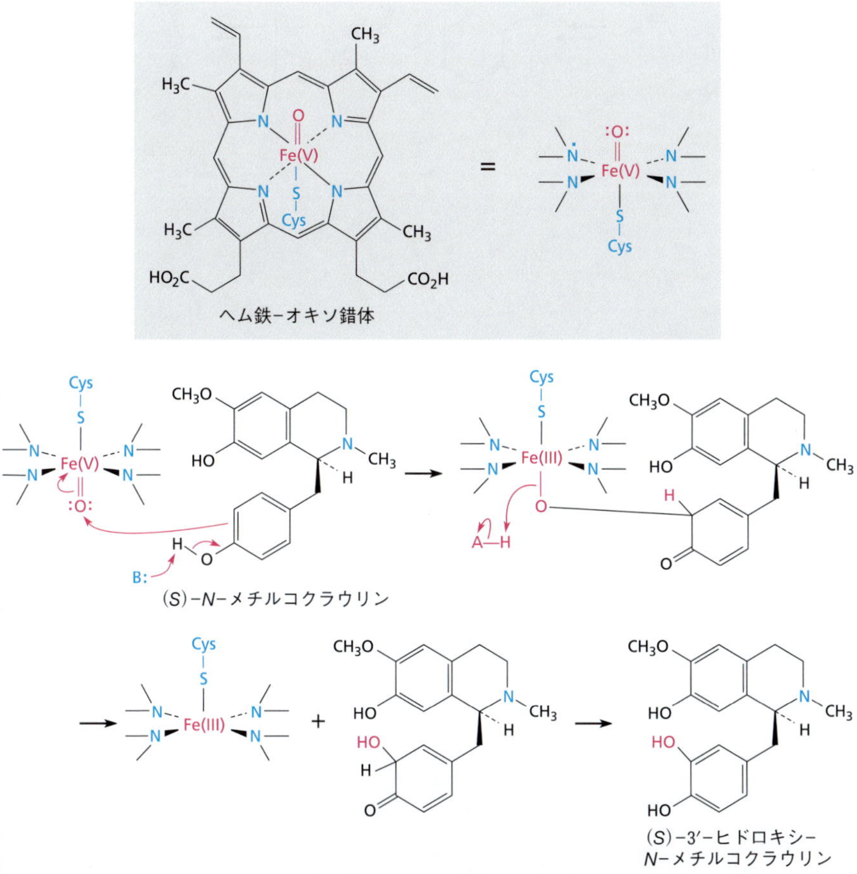

図 8・4 シトクロム P450 酵素によって触媒される酸素の活性化と(S)-N-メチルコクラウリンのヒドロキシ化反応

テップ4における，ホモゲンチジン酸から4-マレイルアセト酢酸への変換反応がその例である（§5・3，図5・24）．

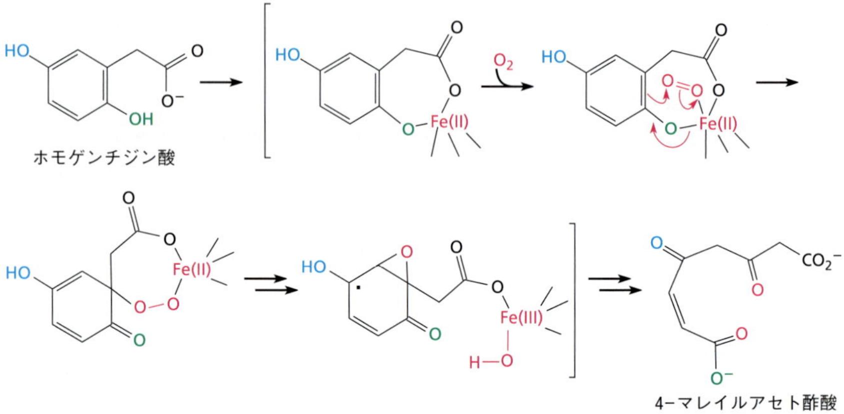

9
酵素触媒反応の化学的原理

　代表的な細菌のゲノムにおいて，遺伝子の約40％は機能が知られていない．たとえば，大腸菌の *atoB*（アセチルCoAアセチル基転移酵素）遺伝子と *gyrA*（DNAジャイレース）遺伝子の間には，機能不明の遺伝子が六つある（上図）．機能的に関連する複数の遺伝子がクラスターを形成していることはよくあるので，性質がわかっていない遺伝子の機能を明らかにするうえで，代謝における化学的な原理を理解しておくことは大変役に立つ．

9. 酵素触媒反応の化学的原理

- 9・1 酵素反応速度論入門
- 9・2 遷移状態の安定化による酵素の触媒反応の加速
  - フマラーゼの機構
  - マンデル酸ラセマーゼの機構
- 9・3 補因子を用いて反応機構を変えることによる酵素触媒
  - ピルビン酸脱炭酸酵素の機構
  - アラニンラセマーゼの機構
- 9・4 高エネルギー反応中間体を介する触媒反応
- 9・5 今後の展望

化学実験室においては, 反応が起こるのは, 結合が変化して生成物を与えるのに適した位置関係で反応物同士が衝突するときだけである. しかし, 衝突する反応物の相対的な方向はランダムであり制御されていないので, 衝突のほとんどにおいて生成物が生じることはない. したがって, 実験室の化学反応は比較的ゆっくりと進行するし, また異なる経路で反応が進行して異性体や副生成物との混合物を与えることもある. しかし, 生体における化学反応はそうではない. 副生成物を生成することは代謝エネルギーを浪費することであるし, 副生成物が毒性を示すこともあるので, そのことが生体系に対する強い選択圧となり, 酵素は必要な反応の速度を増すとともに単一の反応生成物を生じるように進化してきた.

これまでの章で論じてきたように, さまざまな化学的戦略が進化の過程で試されることによって, 生命に不可欠な分子を合成したり分解したり相互変換するために必要な酵素が生み出されてきた. 本章では, さまざまな酵素で使われている次の三つの機構について議論することをとおして, 酵素触媒の化学的な原理を詳しく見ていこう. (1) 遷移状態の安定化による酵素の触媒反応の加速, (2) 補因子を用いて反応機構を変えることによる酵素触媒, (3) 高エネルギー・高反応性中間体を介する触媒反応.

9・1 酵素反応速度論入門

典型的な酵素触媒反応では, 基質(S)が酵素(E)の活性部位に結合し, そして化学反応が起こり生成物(P)を生じる. この過程は, 一基質反応の場合は図9・1に示す式のように書くことができる. グラフは, 基質の濃度が生成物のできる速度にどのように影響するかを示していて, いわゆるミカエリス-メンテン式に従っている. 多基質反応の場合も, 着目する基質以外のすべての基質が飽和濃度で存在するならば, たいていは同じように扱うことができる.

§2・6で述べたように, k_{cat} は触媒定数(あるいは代謝回転数)であり, また K_m (ミ

カエリス定数) は最大速度 (V_{max}) の半分の速度を与えるのに必要な基質濃度と定義される. K_m 値は酵素によって一定であり, その値から最大の触媒活性を与えるのに必要な基質濃度 ($[S] > 2K_m$) を知ることができる.

二つの極限的な状況を考えることができる. 基質濃度が高いとき ($[S] \gg K_m$) は, すべての活性部位が使われていて反応速度は基質濃度に依存しない.

$$速度 = k_{cat}[E] = V_{max}$$

基質濃度が低いとき ($[S] \ll K_m$) は, ミカエリス-メンテン式は次のように単純化できる.

$$速度 = \frac{k_{cat}}{K_m}[E][S]$$

この式は, k_{cat}/K_m を基質と酵素との反応の見かけの二次速度定数と見なせることを示している.

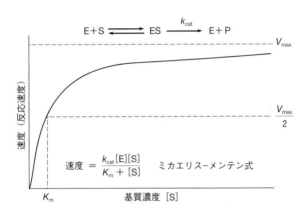

図 9・1 酵素による基質 (S) から生成物 (P) への変換反応と基質濃度と反応速度との関係

無酵素反応の速度定数に対する k_{cat} の比は酵素の速度促進度とよばれ, 無酵素反応に比べて酵素がどの程度反応を加速するかの指標となる. 酵素の速度促進度は非常に大きい値となることがある. たとえば, 無触媒によるアミドの加水分解は半減期が 7 年で, タンパク質を生化学的に分解するにはあまりにも長すぎる. しかし, プロテアーゼがアミドを加水分解するときの速度促進度はおよそ 10^{12} であり, これは半減期 10^{-4} 秒に相当する! 無触媒反応の速度があまりにも遅くて測定できないような場合や, まったく起こらないような場合では, 速度促進度は無限大に近づく.

9・2 遷移状態の安定化による酵素の触媒反応の加速

酵素はいくつかの触媒戦略を用いて反応を加速している．その戦略の一つは，反応の遷移状態を安定化することである．この触媒戦略では，基質を最適な配置，つまり反応の立体電子的な要件を満たし活性化エントロピーを極小化するように配置することによって，酵素は反応を加速する．酵素はまた，中間体を生成したり中間体や遷移状態の電荷を安定化したりするのに必要な酸や塩基，求核種，対イオンを提供する．

実験室での有機化学反応は，たった一つの律速段階によって速度が制御されていることが多い．しかし，このことは酵素にはあまり当てはまらない．なぜなら，酵素は律速段階を触媒するように進化しているからである．その結果，高度に進化した酵素では，反応の複数の段階のすべてが同程度の活性化自由エネルギーとなっていく傾向がある．したがって，ある酵素触媒反応においてみられる複数の遅い段階は，律速ではなく"部分律速"とよぶのが一般的である．

遷移状態を安定化するための方法を，高エネルギーカルボアニオン中間体を含む二つの酵素（フマラーゼとマンデル酸ラセマーゼ）を例として説明しよう．

フマラーゼの機構

フマラーゼ（フマル酸ヒドラターゼ）はクエン酸回路（§4・4）の酵素であり，フマル酸の二重結合に水が共役付加することによって(S)-リンゴ酸を生成する反応を触媒する．この反応はカルボアニオン中間体を経由することにより進行するが，触媒の効率が非常に良く，速度促進度は3.5×10^{15}である．

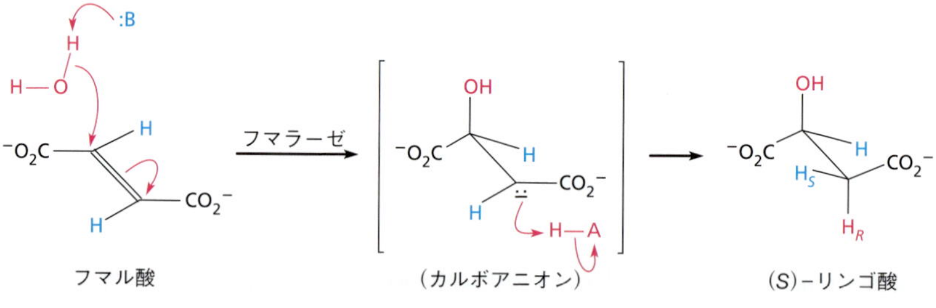

この触媒反応の化学的な原理を理解するために，図9・2のフマラーゼ/フマル酸複合体の活性部位の構造を見てみよう．この構造は，His-187が塩基として水を活性化することによりC2位に共役付加反応に寄与することを示している．カルボアニオン中間体は，C3位のカルボキシラト基（$-COO^-$）と共役して電荷が非局在化することによって安定化している．このカルボキシラト基はタンパク質から六つの水素結合を受けるこ

とによって電子求引性を増し，電子を受入れやすくなっている．Cys-318がカルボアニオンにプロトンを供与することによって，反応は終結する．

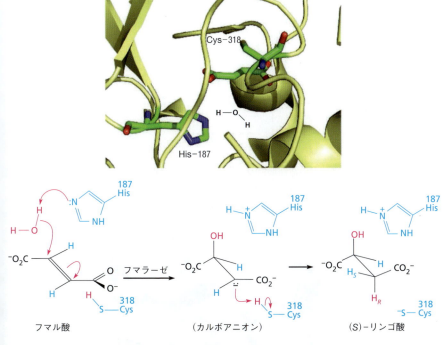

図9・2 基質と結合したフマラーゼの活性部位の構造（PDBコード 4APB），および活性部位における化学反応

　この酵素は，すべての反応成分を適切な配置に保持することによって活性化エントロピーを下げている．また，反応において予想される立体電子的な要件もすべて満たしている．水分子は酸素原子の sp^3 混成軌道の孤立電子対が基質の π^* 軌道（＊は反結合性分子軌道を示す）とよく重なるように配向されており，図9・2のカルボアニオン中間体のC3位に生じている負電荷が共役によりカルボキシラト基に非局在化できるように，この中間体は配向されている．ヒスチジンは水からプロトンを引抜くのに十分なほど塩基性ではないので，プロトンの移動はC−O結合が形成されるのと同時に起こる．これは酵素触媒反応にみられる重要かつ普遍的な特徴であり，酵素は結合の開裂と形成を同時に起こすことによって高エネルギー中間体の生成を避けることができる．

マンデル酸ラセマーゼの機構

マンデル酸ラセマーゼは(R)-マンデル酸の(S)-マンデル酸への変換を触媒する酵素であるが，この反応を含む系によって，細菌はフェニルアラニンをエネルギー源として代謝することができる．このラセミ化の過程では，(R)-マンデル酸の脱プロトンにより平面的なカルボアニオンが生成し，次に再プロトン化がいずれの面からも起こりうるので，二つのマンデル酸鏡像異性体が生じる．この反応は非常に効率良く触媒されており，速度促進度は 1.7×10^{15} である．

マンデル酸ラセマーゼの活性部位の立体構造を図9・3に示す．この構造では，基質のC2プロトンがメチル基と置き換えられていてラセミ化反応が妨げられている．そのため，活性部位に二つの鏡像異性体が結合した混合物を用いた場合よりも質の高い構造が得られている．

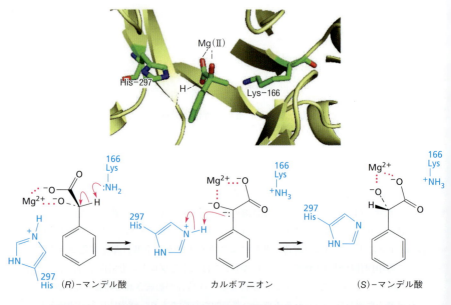

図9・3 マンデル酸ラセマーゼの活性部位の構造（PDBコード 1DTN），および活性部位における化学反応

この構造は，His-297 および Lys-166 がそれぞれ塩基および酸として基質の脱プロトン/再プロトン化に関与することを示している．カルボアニオン中間体はカルボキシラト基と共役して電荷が非局在化することにより安定化しており，このカルボキシラト基は水素結合およびマグネシウムイオンの配位により電子求引性を増し，電子を受入れやすくなっている．またこの場合も，酵素は反応経路のすべての反応成分を保持していて，カルボキシラト基はαプロトンの酸性度を高めるために必要な立体電子的な要件を満たしている．

9・3 補因子を用いて反応機構を変えることによる酵素触媒

アミノ酸側鎖が触媒反応に供する機能は限られていて，弱酸・弱塩基，求核種，チオール/ジスルフィド，そして静電的安定化である．このような限界を超えるために，酵素はさまざまな補因子を用いて触媒能力を大きく高めている．例として，ピルビン酸脱炭酸酵素とアラニンラセマーゼを見てみよう．いずれの酵素においても触媒戦略として補因子を用いており，エネルギー障壁の高い段階をエネルギー障壁の低い複数の段階に置き換えている．

ピルビン酸脱炭酸酵素の機構

ピルビン酸脱炭酸酵素は，エタノール生合成における最初の段階として，ピルビン酸の多段階脱炭酸を触媒してアセトアルデヒドを生成する．直接的な1段階の脱炭酸ならば，もっと単純で補因子を必要としない反応のように思われるが，その場合はアシルカルボアニオンが生成することになる．しかし，アシルカルボアニオンは高エネルギー中間体であり，生化学的な条件下では生成しにくい．（アルデヒドプロトンのpK_aは約40である．） それゆえに，ピルビン酸を脱炭酸するための触媒戦略は次のように進化してきた．すなわち，チアミン二リン酸（TPP）を補因子として使うことによって，高エネルギー障壁のアシルカルボアニオンを生成する過程が多段階の低エネルギー障壁の過程に置き換えられている．

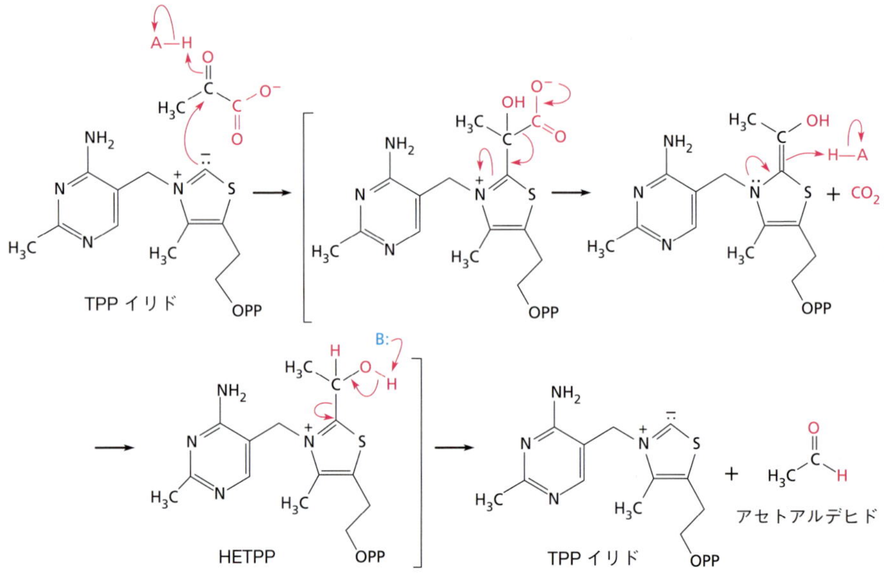

図 9・4 ピルビン酸脱炭酸酵素が触媒する反応の推定機構

　この酵素触媒反応の機構はすでに図 4・8 で示したが，改めて図 9・4 に示す．この機構では，まず TPP イリドがピルビン酸の 2 位のカルボニル基に付加する．次に電子受容体として作用する TPP イリドのイミニウム基によって脱炭酸し，プロトン化によってヒドロキシエチルアミン二リン酸 (HETPP) を生じる．最終段階でアセトアルデヒドが遊離し補因子が再生されるが，これは機構的には第一段階の逆反応である．

　中間体を結合した酵素の活性部位の構造から，触媒機構をさらに考察することができる（図 9・5）．酵素は反応座標上のすべての反応成分と結合する．ピルビン酸へのイリドの付加は，カルボニル基が His-114 および TPP イリドのアミノ基と水素結合して分極することによって促進される．高エネルギーのアルコキシドが生成することを避けるために，イミダゾールからのプロトンの転移は，水素結合として始まり C—C 結合の形成と同時に起こる．脱炭酸において切断される結合はチアゾリウム環の面に垂直であり，それは電子が欠乏しているチアゾリウム環の π 電子系と重なるのに適した配向である．

アラニンラセマーゼの機構

　アラニンラセマーゼは細菌の細胞壁の生合成において鍵となる酵素である．この酵素はアラニンの α 炭素の脱プロトンを触媒し，高エネルギーのカルボアニオン中間体

9・3 補因子を用いて反応機構を変えることによる酵素触媒

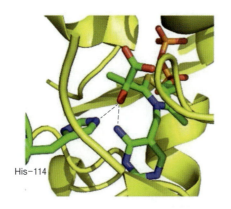

図9・5 基質が結合したピルビン酸脱炭酸酵素の活性部位構造（PDB コード 3OE1），および活性部位における化学反応

($pK_a=29$) を生じる．このカルボアニオンを安定化するために，自然界では精巧な戦略が進化してきた．この場合も，補因子〔ここではピリドキサールリン酸（PLP）〕を使って高エネルギー障壁の脱プロトン過程を多段階の低エネルギー障壁過程と置き換えて反応機構を変えることが触媒戦略として用いられている．アラニンラセマーゼの速度促進度は 10^{12} である．

アラニンラセマーゼの機構を図9・6に示す．最初の段階で，アラニンがイミノ基転移反応によってPLP補因子に結合し，活性部位のリシン（Lys-39）と置き換わる．この付加体が次に脱プロトンしてカルボアニオンを生じる．そのpK_aは17と見積もられる．カルボアニオンの反対面から再プロトン化が起こり，さらにイミノ基転移の逆反応によってPLP補因子が再生してラセミ化反応が完結する．

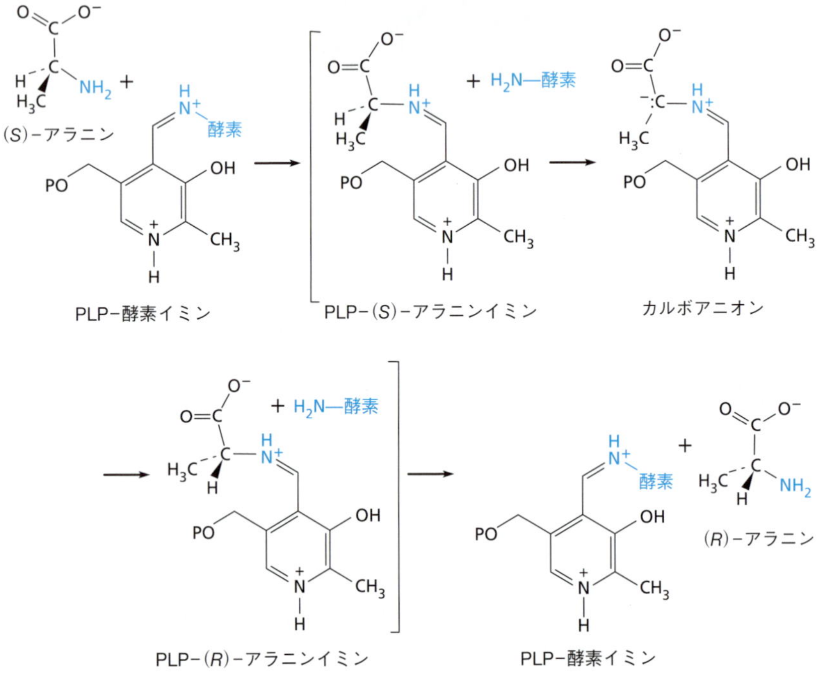

図9・6　アラニンラセマーゼによる触媒反応の推定機構

不活性な基質類似体であるホスホノアラニンが酵素の活性部位に結合した構造を図9・7に示す．この構造は，His-166へのプロトン移動により活性化したTyr-265が(S)-アラニンを脱プロトンすることを示唆している．脱プロトンされるC—H結合はPLPの面に垂直であるので，生じるカルボアニオンは，PLPの電子求引性のπ電子系とカルボキシ基（ここに示した構造ではホスホノ基に置き換えられているが，高度に水素結合している）に非局在化することによって安定化されている．カルボアニオンにLys-39が酸としてプロトンを供与することにより，アラニンの鏡像異性体が生成する．

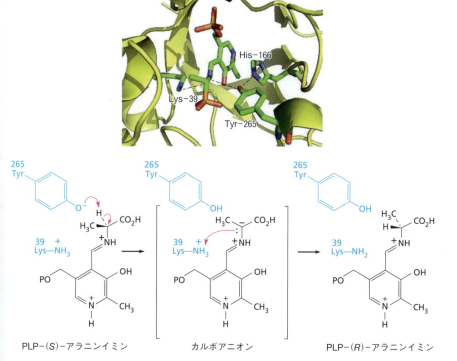

図9・7 アラニンラセマーゼの活性部位の構造（PDBコード 1BD0），および活性部位における化学反応

9・4 高エネルギー反応中間体を介する触媒反応

　遷移状態安定化機構に依存している酵素は，一般に中間体が比較的少ない過程を経て進行する反応を触媒する．なぜなら，酵素の能力は限られていて，反応座標中の複数の遷移状態を安定化することができないからである．この限界を克服する一つの戦略は，高エネルギー中間体を最初に生じることである．その中間体がその後たくさんの過程を段階的に経て生成物となるが，その各段階はエネルギー障壁が小さく酵素による触媒的な助力をほとんど必要としない．そのような酵素に触媒されたカスケード反応の典型的な例はスクアレンオキシドのラノステロールへの変換であり，ラノステロール合成酵素によって触媒される．これについては§3・6で述べた．

　ラノステロール合成酵素は鎖状の2,3-オキシドスクアレンを9段階で四環性のラノステロール（哺乳類ステロイド類の前駆体）に変換する反応を触媒する（図9・8）．この過程は酸触媒によるエポキシドの開環から始まり，二重結合にカルボカチオンが親電

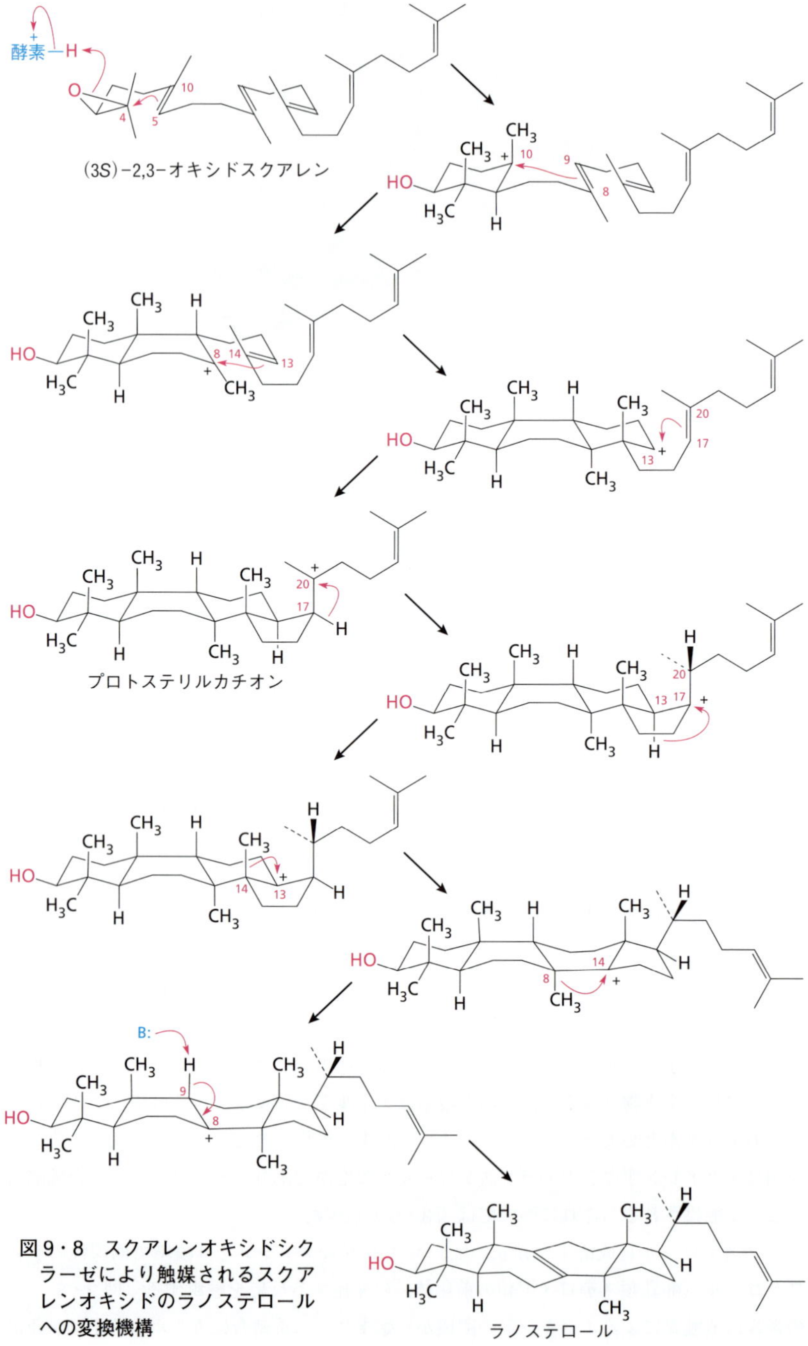

図9・8 スクアレンオキシドシクラーゼにより触媒されるスクアレンオキシドのラノステロールへの変換機構

子的に付加する反応が四つ続き,プロトステリルカチオンを生じる.この四環性カチオンは次に4段階の1,2-ヒドリド転位または1,2-メチル基転位を受け,そして脱プロトンしてラノステロールを生成することにより反応が終結する.

 最初のエポキシドの開環より後の段階はすべて自発的であり,酵素により触媒されることなく進行する.このように,この酵素の主要な機能は,反応物が正しく折りたたむことができる環境を提供することであり,そのことによって複数のカルボカチオン付加が順次進行することができる.また,酵素自身が失活することを防ぐために,すべてのカルボカチオン中間体をタンパク質中の求核種から離しておかなければならない.同じようなカルボカチオンに基づいたカスケード反応は,テルペン生合成において広くみられる.

9・5 今後の展望

 ここまで酵素が基質の化学的な性質をどのように利用して触媒機構を進化させたかを,いくつかの例でみてきた.しかし,酵素の一般的な触媒機構については論理的によく理解することができるようになってきた一方で,特定の酵素の詳細な機能については,今でも不明な点が多く,研究課題として残されている.

 現在の大きな問題の一つは,酵素の大きさを決めている要因をわれわれはまだ理解していないことである.大きな酵素が単純な基質を使って単純な反応を触媒している場合もあるし,小さな酵素が複雑な基質を使って複雑な反応を触媒している場合もある.さらに,タンパク質全体の動的な性質が触媒反応にどのように寄与しているかについても理解していない.もし望みの反応は何でも触媒するように生化学者が酵素を改変することができれば,それは非常に大きな意義があるので,酵素の改変と設計は活発に研究されている領域である.また,おそらく最も重要なことは,現在ゲノム配列解析によって,生物に埋蔵されている機能不明の遺伝子が見いだされていることである.遺伝子の塩基配列からタンパク質の機能を予測することができるようになるのは,現代酵素学の最も大きな挑戦的課題の一つである.

付録 A

PyMOLを用いた酵素活性部位の探求

　PyMOLは原子座標ファイル（PDBファイル）を使ってタンパク質を視覚化するためのプログラムである．このプログラムは非常に汎用性があり，この短い付録の中ではカバーすることができない多くの機能がある．ここではフマラーゼ（図9・2）をモデルとして，酵素活性部位の分析にこのプログラムを使うことに焦点をあてる．ここではMac版プログラム用の使用方法を示す（2017年11月現在）．Windows版，Linux版もほとんど同じである．

• **ステップ1**　　PDBデータベース（http://www.rcsb.org/pdb/home/home.do）を開き，目的のPDBファイルをダウンロードする（図A1）．*Mycobacterium tuberculosis* 由来

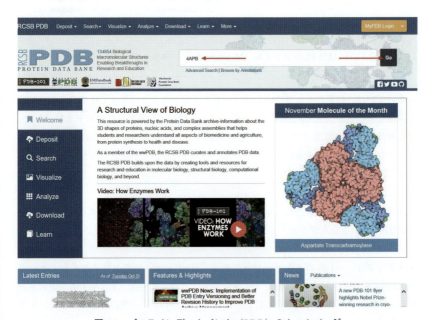

図A1　プロテインデータバンク（**PDB**）のホームページ

フマラーゼの結晶構造を得るために，検索ウィンドウに 4APB と入力する．"Go" をクリックすると，図 A2 に示すウィンドウが開く．"Download Files" メニューから "PDB Format" をクリックする．

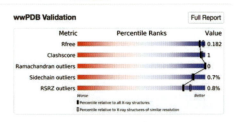

図 A2　4APB PDB ファイル (*M. tuberculosis* フマラーゼ) のホームページ

たいていは，検索ウィンドウにキーワードを入力することによって任意のタンパク質を検索することができる．活性部位に最も有益な情報が得られるリガンドを結合した，最も解像度の高い構造（< 2.5 Å）を常に選択する．有益な情報が得られるリガンドとは，基質または生成物あるいは反応中間体と同一または構造が類似したものということになるだろう．

- ステップ 2　http://pymol.org/educational で PyMOL の教育版をダウンロードし，PyMOL アイコンを左クリックして開くと図 A3 が得られる．

- ステップ 3　上段のメニューバーにある "File/Open" を左クリックすることにより，PyMOL 中で 4APB の PDB ファイルを開く．これにより図 A4 に示す構造が表示される．活性部位を詳しく見るためには，活性部位以外のアミノ酸のほとんどを除いて構造を簡単にする必要があるだろう．

付録A：PyMOLを用いた酵素活性部位の探求

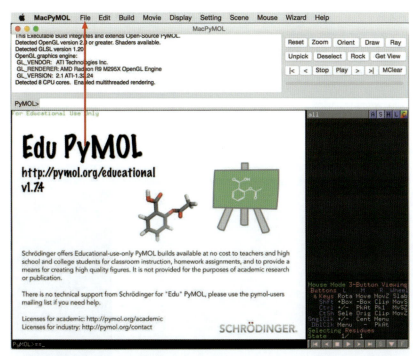

図A3　PyMOLのホームページ

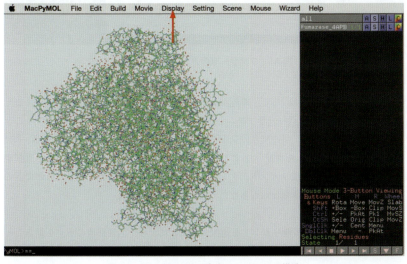

図A4　*M. tuberculosis* 由来フマラーゼの構造

- **ステップ4**　上段のメニューバー（図A4）にある"Display/Sequence On"をクリックしてタンパク質の配列を表示する．スクロールバーを使って右や左にスクロールすることにより，フマラーゼの468アミノ酸残基の全配列を見ることができる（図A5）．配列の最後にフマル酸リガンド（FUM），カルシウムイオン（CA）および一連の水分子（OOOOO---）が表示される．水分子の後に，二つ目のサブユニットの配列（一つ目のものと同一）が表示される．三つ目および四つ目のサブユニットも同様である（ここではわかりやすくするために色を除いてある）．

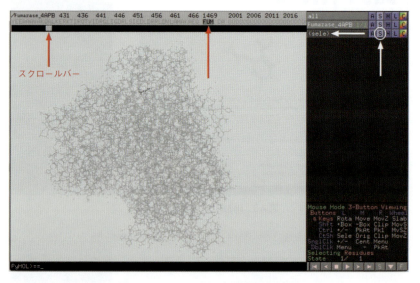

図A5　フマラーゼのアミノ酸配列の表示

- **ステップ5**　必要に応じて，構造表示を線フォーマットから棒フォーマットに変えることができる．配列バーでサブユニットの一つにある"FUM"をクリックすることによって，図A5中のフマル酸リガンドを選択することができる．右側のメニューで，(sele) 行のS (Show) をクリックすると現れるサブメニューから"Sticks"を選択する．これによりフマル酸リガンドがタンパク質構造のどこにあるかを見ることができるが，まだ原子レベルの詳細はわからない（図A6）．

- **ステップ6**　フマル酸リガンドを選択したことにより，活性部位に焦点を絞ることができる．(sele) 行にあるA (action) メニューをクリックして"Modify"サブメニューの"Expand by 8Å"を選択する．この操作により，選択した構造から8Å以内に

付録A：PyMOLを用いた酵素活性部位の探求　　　　411

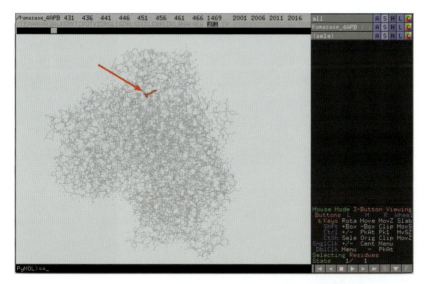

図A6　棒フォーマットで見たフマラーゼ，フマル酸リガンドの確認

ある残基を選び出す（図A7）．必要に応じてアミノ酸を取除いたり付け加えたりして選択した範囲の大きさを変えることにより，重要な触媒残基を残した最小範囲を示すことができる．

- **ステップ7**　　表示を簡潔にするために，H（Hide）メニュー（図A7）から"Unselected"を選択することで，選択していない残基を隠すことができる．これによって，選択した構造の8Å以内にある残基のうち活性部位にあるものだけを残すことができる．AメニューをクリックしてCenterを選択すると表示範囲をスクリーンの中央に移すことができ，構造を回転させるときに表示範囲が動き回るのを防ぐことができる．右クリックしてドラッグすることにより表示範囲を拡大することができる．原子のない領域を左クリックすれば選択を解除できる．これにより図A8が得られる（色を戻してある）．この構造を回転（左クリック，マウスをドラッグ）したり，拡大や縮小（右クリック，マウスをドラッグ*）したりすることができる．原子を左ダブルクリックして現れるサブメニューで"Atom/Center"を選択すれば，どの原子でも中心に移すことができる．

＊　訳注：MacBookなどのトラックパッドを使用する場合は右クリックがないが，"システム環境設定"の"トラックパッド"で副ボタンの設定を行った後，controlを押しながら二本指でトラックパッドをなぞると拡大・縮小ができる．

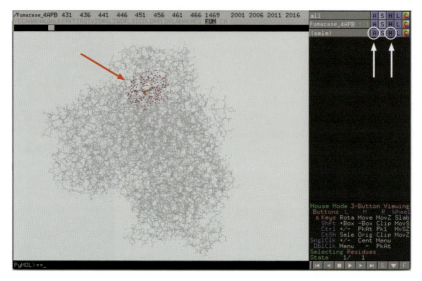

図 A7 活性部位に結合したフマル酸から 8Å の範囲

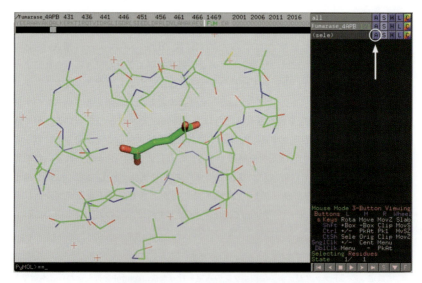

図 A8 フマラーゼの活性部位と周囲の残基

- ステップ8　アミノ酸を確認するためには，いずれかの原子を左ダブルクリックする．サブメニューが現れ，アミノ酸名と残基番号が示される．

- ステップ9　特定のアミノ酸について線フォーマットと棒フォーマットを変換するには，ページ上部のWizardメニューにある"Appearance"を選択する（図A9）．Appearance Wizardメニューが右側のパネルに現れる．フォーマットを変えたいアミノ酸残基の原子の一つを右ダブルクリックする．Appearance Wizardから出るためには"Appearance Wizard"の"Done"を左クリックする．図A9ではCys-318のフォーマットが変えてある．これは重要な活性部位残基を目立たせるのに役に立つ．

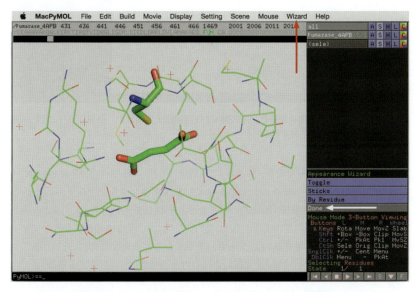

図A9　活性部位，フマル酸と特定のアミノ酸（Cys-318）が棒フォーマットで示されている

- ステップ10　原子間の距離はWizardメニューの"Measurement"を使うことによって知ることができる（図A10）．右パネルに開いたMeasurementメニューで，最初の行（Distances, Anglesなど）をクリックしてサブメニューから"Distance"を選択する．着目する二つの原子をそれぞれ右ダブルクリックすると，それらの距離がスクリーンに現れる．図A10では，Cys-318硫黄原子とフマル酸のC2位炭素との距離が2.5Åである．終了するときは，Measurementパネル中の"Done"をクリックする．

- ステップ11　Wizardメニューの"Measurement"を使うことによって，三つの原

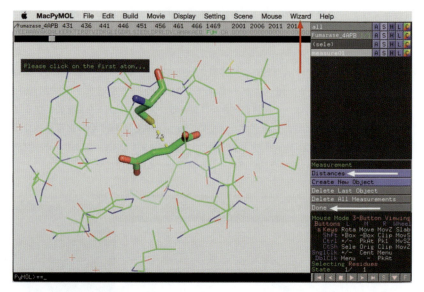

図A10 Cys-318 硫黄原子とフマル酸 C2 位炭素原子の距離が，計測により 2.5 Å 離れていることが示されている

子間の角度を知ることもできる（図A11）．右側のパネルに開いている Measurement メニューで，最初の行（Distances, Angles など）を左クリックしてサブメニューから "Angles" を選択する．着目する三つの原子をそれぞれ右ダブルクリックすると，スクリーンにそれらの間の角度が表示される．図A11では，Cys-318 の硫黄原子とフマル酸の二重結合との間の角度が 78.8°であり，予想される最適角度の 90°に近い．終了するときは，Measurement パネルの "Done" をクリックする．

• **ステップ 12**　着目する原子と水素結合している残基を確認することも Wizard メニューの "Measurement" を使うことによって可能である．右側のパネルに開いている Measurement メニューで最初の行（Distances, Angles など）を左クリックしてサブメニューから "Polar Neighbors/In All Objects" を選択する．着目する原子を右ダブルクリックすると水素結合可能な相手が点線で示される（水素結合は 3.1 Å 未満でなければならない）．図A12では，フマル酸のC2位のカルボキシラト基が Asn-326（2.7 Å），Lys-324（2.6 Å），Thr-186（2.6 Å）および Asn-140（2.8 Å）と水素結合している．His-187 は遠すぎて（3.3 Å）水素結合を形成しない．このツールは基質結合や触媒に寄与していそうなアミノ酸側鎖を速やかに見つけるうえで大変有用である．終了するときは Measurement パネルの "Done" をクリックする．

付録A: PyMOLを用いた酵素活性部位の探求   415

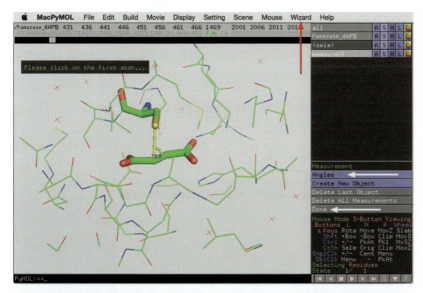

図A11　Cys-318硫黄原子とフマル酸の二重結合の間の角度が，計測により78.8°であることが示されている

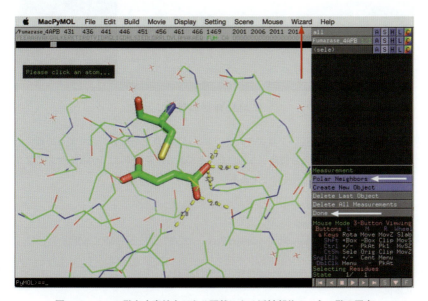

図A12　フマル酸と水素結合できる距離にある活性部位のアミノ酸の同定

- **ステップ 13**　作業後の構造を保存するためには，上段右の角の"Ray"をクリックする（図A13）．次に"File/Save Session As"をクリックしてファイル名を入力する．このようにすれば，次回作業をする際には，前回終了時のものから再開することができる．

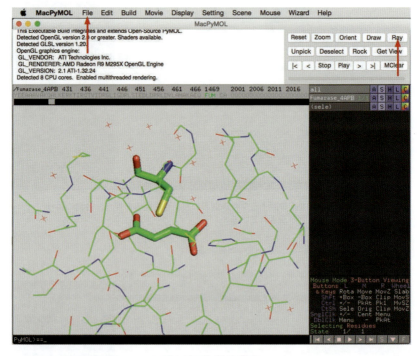

図A13　作業の保存

PyMolは非常に高性能のプログラムで，タンパク質構造を解析したり美しい画像を作成したりするのに使える機能がさらにたくさんある．詳しくは，PyMOLマニュアルを読んでウェブサイトに行くことである．

参考ウェブサイト

PyMOLマニュアル：
　http://www.sci.ccny.cuny.edu/~gunner/Pages-422/PDF/IntroPyMOL.pdf
PyMOL（YouTube）：
　https://www.youtube.com/watch?v=RAftPWs1sWQ
立体視：
　http://spdbv.vital-it.ch/TheMolecularLevel/0Help/StereoView.html

付録 B

KEGG データベースの使い方

　KEGG（Kyoto Encyclopedia of Genes and Genomes）データベースは最も便利な代謝経路のデータベースの一つで，配列が決定された 4000 個以上のゲノムについて，代謝に関与する酵素および遺伝子に関する広範の情報を含んでいる．ここではイソロイシンの生合成（図 5・38）を例にして経路の情報を検索することに焦点をあてる．

• ステップ 1　　KEGG データベース（http://www.kegg.jp）を開く．

• ステップ 2　　検索ウィンドウに "isoleucine" と入力して "Search" をクリックする（図 B1）．これによりイソロイシンおよび関連する生合成経路を含んでいる KEGG の

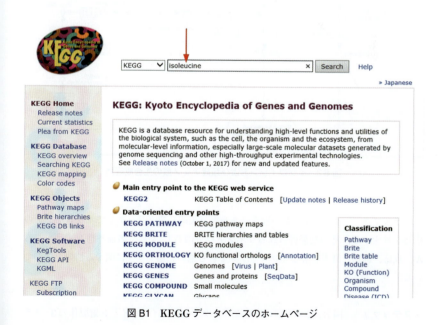

図 B1　KEGG データベースのホームページ

ページが開く（図B2）．KEGGの代謝マップのいくつかは非常に複雑なので構造や酵素名を表示する経路を描くことはできないが，この情報を検索するのは簡単である．

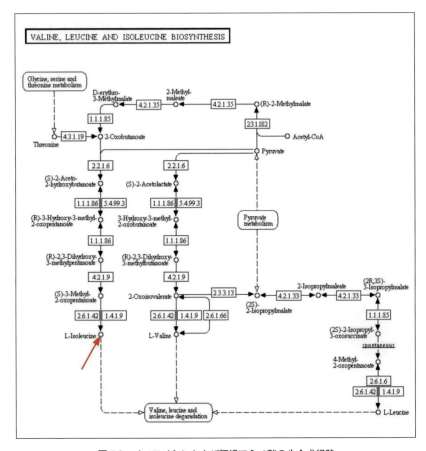

図B2　イソロイシンおよび類縁アミノ酸の生合成経路

- **ステップ3**　イソロイシンの近くにある節（矢印）をクリックしてイソロイシンの構造を検索する．その結果得られるウィンドウ（図B3）では，名前や構造式はもちろん，反応，経路，酵素およびイソロイシンを含む他の代謝マップに関する情報を含んでいる．

- **ステップ4**　図B2ですぐ前の節をクリックすると，イソロイシン前駆体の3-メチ

付録 B: KEGG データベースの使い方

Entry	C00407　　　　　　　　　　Compound
Name	L-Isoleucine; 2-Amino-3-methylvaleric acid
Formula	C6H13NO2
Exact mass	131.0946
Mol weight	131.1729
Structure	(構造式) C00407 Mol file　KCF file　DB search　Jmol　KegDraw
Remark	Same as: D00065
Reaction	R02196 R02197 R02199 R02200 R03656 R06726 R09344 R09403 R10027 R10723 R10943 R11078 R11723
Pathway	map00280　Valine, leucine and isoleucine degradation map00290　Valine, leucine and isoleucine biosynthesis map00460　Cyanoamino acid metabolism map00960　Tropane, piperidine and pyridine alkaloid biosynthesis map00966　Glucosinolate biosynthesis map00970　Aminoacyl-tRNA biosynthesis map01060　Biosynthesis of plant secondary metabolites map01064　Biosynthesis of alkaloids derived from ornithine, lysine 　　　　　 and nicotinic acid map01100　Metabolic pathways map01110　Biosynthesis of secondary metabolites map01130　Biosynthesis of antibiotics map01210　2-Oxocarboxylic acid metabolism map01230　Biosynthesis of amino acids map02010　ABC transporters map04974　Protein digestion and absorption map04978　Mineral absorption map05230　Central carbon metabolism in cancer
Module	M00019　Valine/isoleucine biosynthesis, pyruvate => valine / 　　　　　 2-oxobutanoate => isoleucine M00570　Isoleucine biosynthesis, threonine => 2-oxobutanoate => 　　　　　 isoleucine
Enzyme	1.4.1.9　　　　1.4.3.2　　　　1.14.11.45　　　1.14.14.38 1.14.14.39　　 2.6.1.32　　　 2.6.1.42　　　　5.1.1.21 6.1.1.5　　　　6.3.2.47　　　 6.3.2.50

図 B3　イソロイシンに関する情報

ル-2-オキソペンタン酸についての同様の情報が得られる（図 B4）．

• **ステップ 5**　二つの代謝産物をつなぐ矢印の上のボックスをクリックして，3-メチル-2-オキソペンタン酸からイソロイシン形成に関与する酵素に関する情報を検索する（EC 番号 2.6.1.42；図 B5）．このようにして，節から節および酵素から酵素への情報を得ることによって，図 5・38 に示すイソロイシンの生合成経路を組立てることができる．

Entry	C00671　　　　　　　　　　　　　Compound
Name	(S)-3-Methyl-2-oxopentanoic acid; (S)-3-Methyl-2-oxopentanoate; (3S)-3-Methyl-2-oxopentanoic acid; (3S)-3-Methyl-2-oxopentanoate
Formula	C6H10O3
Exact mass	130.063
Mol weight	130.1418
Structure	 (構造式) ← イソロイシン前駆体 C00671 [Mol file] [KCF file] [DB search] [Jmol] [KegDraw]
Reaction	R02196 R02197 R02199 R02200 R03171 R03894 R04225 R05070 R07603 R08567
Pathway	map00280　Valine, leucine and isoleucine degradation map00290　Valine, leucine and isoleucine biosynthesis map00966　Glucosinolate biosynthesis map01100　Metabolic pathways map01110　Biosynthesis of secondary metabolites map01130　Biosynthesis of antibiotics map01210　2-Oxocarboxylic acid metabolism map01230　Biosynthesis of amino acids
Module	M00019　Valine/isoleucine biosynthesis, pyruvate => valine / 2- 　　　　　oxobutanoate => isoleucine M00570　Isoleucine biosynthesis, threonine => 2-oxobutanoate => 　　　　　isoleucine
Enzyme	1.2.1.25　　　1.2.4.4　　　1.2.7.7　　　1.4.1.9 1.4.3.2　　　　2.6.1.32　　　2.6.1.42　　　4.1.1.72 4.2.1.9

図 B4　イソロイシン前駆体 3-メチル-2-オキソペンタン酸に関する情報

Entry	K00826　　　　　　　　　　　　　KO
Name	E2.6.1.42, ilvE
Definition	branched-chain amino acid aminotransferase [EC:2.6.1.42]
Pathway	ko00270　Cysteine and methionine metabolism ko00280　Valine, leucine and isoleucine degradation ko00290　Valine, leucine and isoleucine biosynthesis ko00770　Pantothenate and CoA biosynthesis ko01100　Metabolic pathways ko01110　Biosynthesis of secondary metabolites ko01130　Biosynthesis of antibiotics ko01210　2-Oxocarboxylic acid metabolism ko01230　Biosynthesis of amino acids
Module	M00019　Valine/isoleucine biosynthesis, pyruvate => valine / 　　　　　2-oxobutanoate => isoleucine M00036　Leucine degradation, leucine => acetoacetate + acetyl-CoA M00119　Pantothenate biosynthesis, valine/L-aspartate => 　　　　　pantothenate M00570　Isoleucine biosynthesis, threonine => 2-oxobutanoate => 　　　　　isoleucine

図 B5　3-メチル-2-オキソペンタン酸からイソロイシンの生合成経路に関与する酵素に関する情報

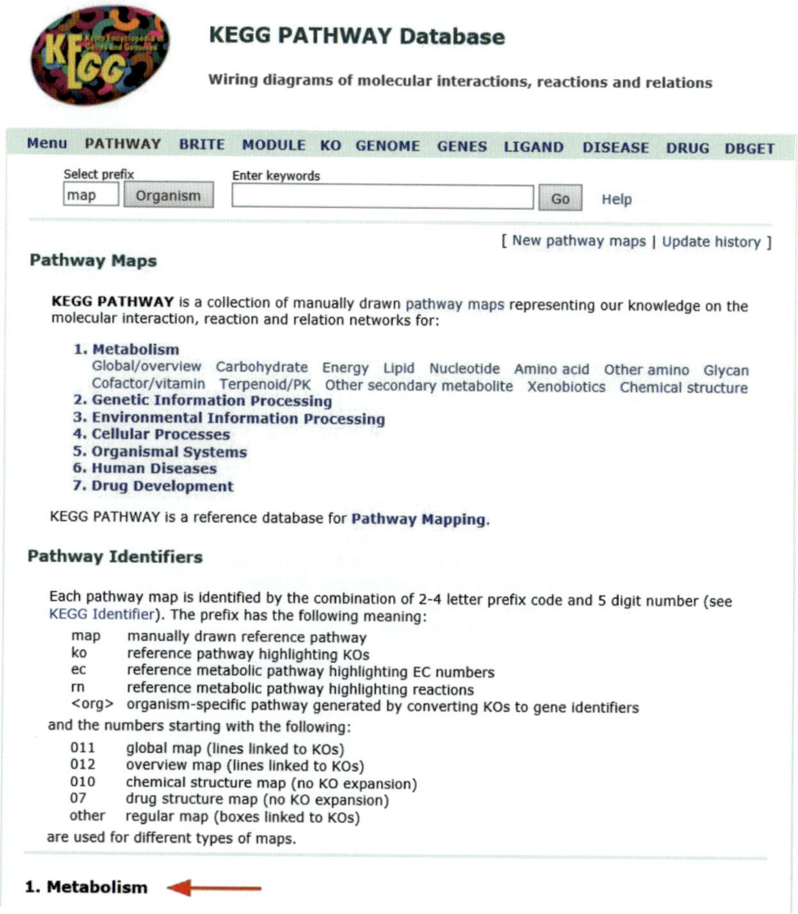

図 B6　KEGG PATHWAY データベース

- ステップ 6　経路の情報を取得する別の方法は，KEGG データベースのホームページ上の"KEGG PATHWAY"をクリックすることである．これにより，図 B6 に移動する．

- ステップ 7　"Metabolism"の下の経路のリストをスクロールして"Amino Acid Metabolism"にまで進む（図 B7）．

- ステップ 8　"Valine, leucine and isoleucine biosynthesis"をクリックすると，図 B2 と同じ代謝マップが開く．関心のある代謝マップを検索するためにどの方法を使うかは，個人的な好みの問題である．

1.4 Nucleotide metabolism
- 00230 Purine metabolism
- 00240 Pyrimidine metabolism

1.5 Amino acid metabolism
- 00250 Alanine, aspartate and glutamate metabolism
- 00260 Glycine, serine and threonine metabolism
- 00270 Cysteine and methionine metabolism
- 00280 Valine, leucine and isoleucine degradation
- 00290 Valine, leucine and isoleucine biosynthesis ←
- 00300 Lysine biosynthesis
- 00310 Lysine degradation
- 00220 Arginine biosynthesis
- 00330 Arginine and proline metabolism
- 00340 Histidine metabolism
- 00350 Tyrosine metabolism
- 00360 Phenylalanine metabolism
- 00380 Tryptophan metabolism
- 00400 Phenylalanine, tyrosine and tryptophan biosynthesis

1.6 Metabolism of other amino acids
- 00410 beta-Alanine metabolism
- 00430 Taurine and hypotaurine metabolism
- 00440 Phosphonate and phosphinate metabolism
- 00450 Selenocompound metabolism
- 00460 Cyanoamino acid metabolism
- 00471 D-Glutamine and D-glutamate metabolism
- 00472 D-Arginine and D-ornithine metabolism
- 00473 D-Alanine metabolism
- 00480 Glutathione metabolism

図 B7　アミノ酸代謝などについての経路リスト

問　題

KEGG データベースを使って，次の代謝経路を書きなさい．

1. 除草剤アトラジンの分解経路
2. 抗生物質クロラムフェニコールの生合成経路
3. チロシンから α-トコフェロール（ビタミン E）の生合成
4. 殺虫剤ジクロロジフェニルトリクロロエタン（DDT）の 4-クロロフェニル酢酸への分解経路
5. NAD^+ の生合成経路
6. 補酵素 A の生合成経路
7. 殺虫剤ペンタクロロフェノールからマレイル酢酸への分解経路

付録 C

章末問題の解答

　ここに示す章末問題の解答は簡略化したもので，詳細な機構は示していない．しかし，重要なポイントは述べてあるので，残りは自分で考えてもらいたい．

1. 生物化学の有機反応機構

1・1 (a), (c), (g), (h) は酸あるいは塩基として作用することができる．

1・2 1-ブテンがより求核的である．

1・3 (a)＜(e)＜(c)＜(b)＜(d)

1・4 (b)＜(a)＜(d)＜(c)

1・5 二重結合の酸素へのプロトン化は二つの共鳴構造をとることにより安定化する．

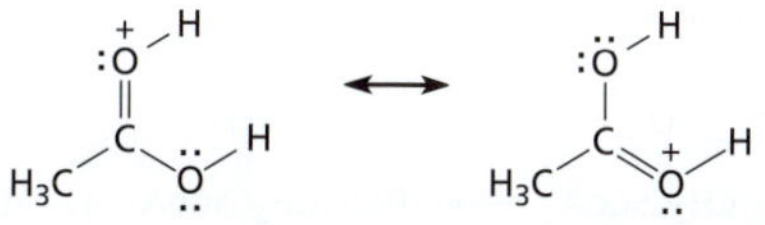

1・6 二重結合の窒素へのプロトン化は三つの共鳴構造をとることにより安定化する．

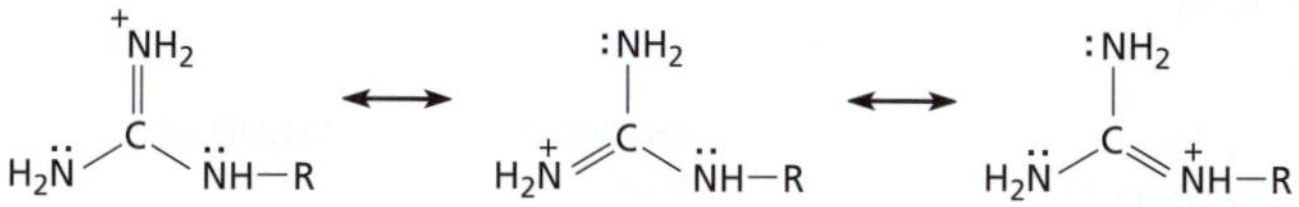

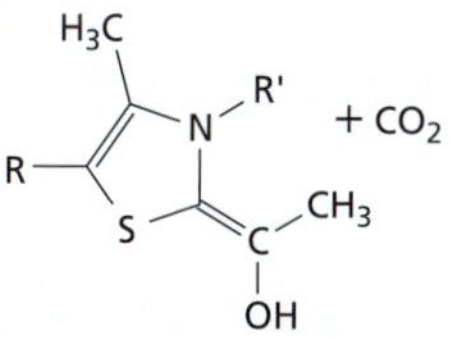

1・7

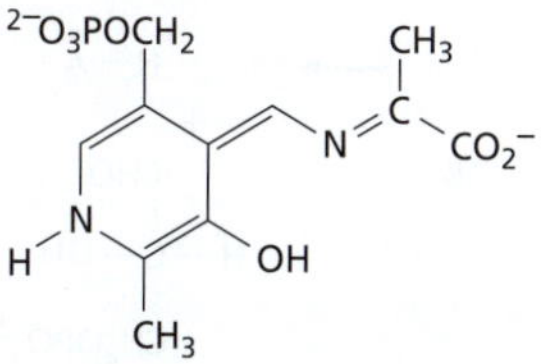

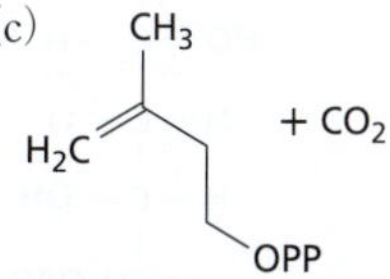

1・8

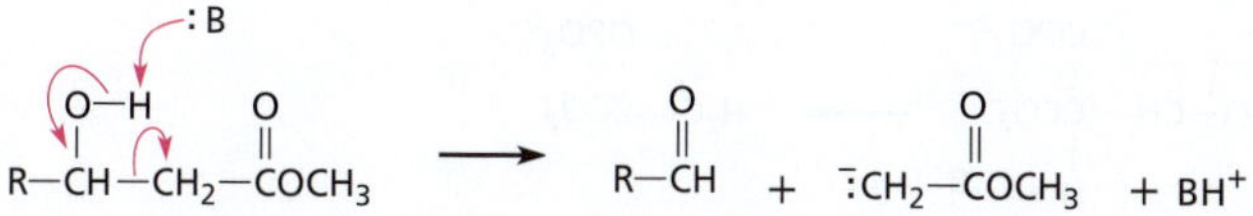

付録C：章末問題の解答

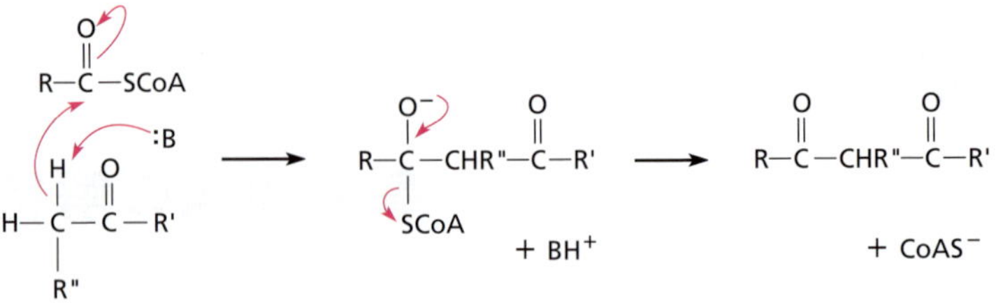

(b) 反応機構図

(c) 反応機構図

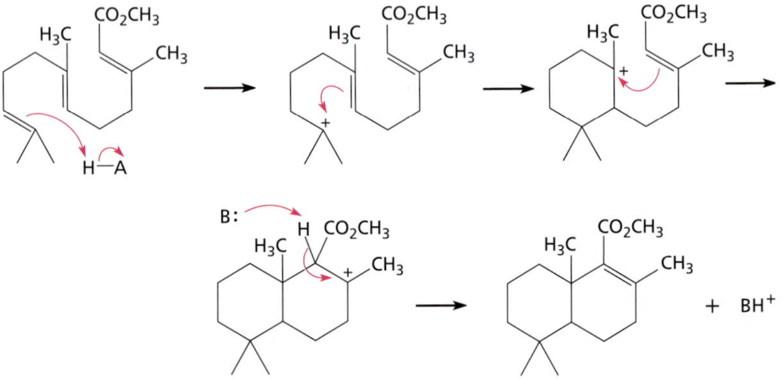

1・9 反応機構図

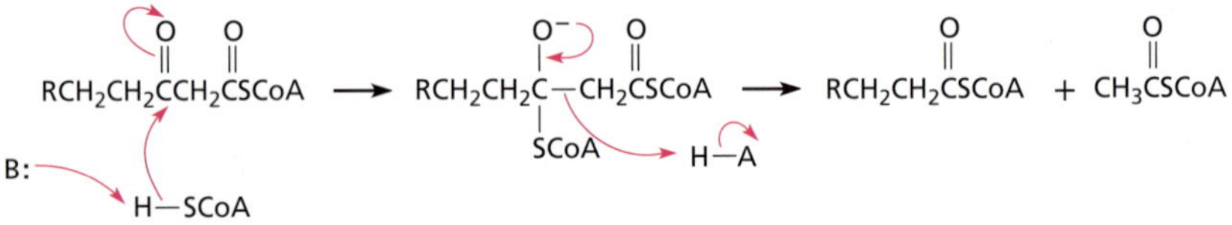

1・10 反応機構図

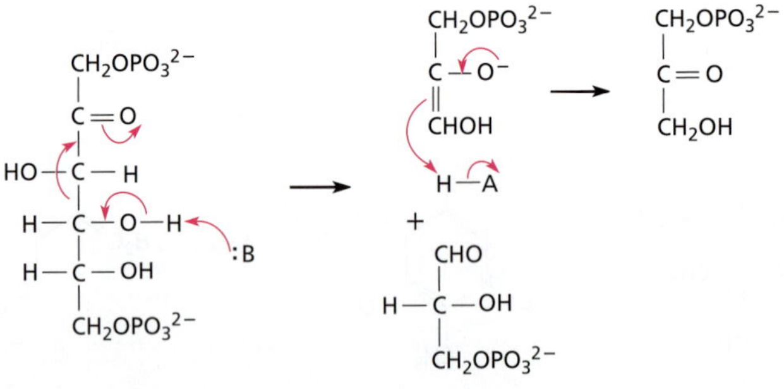

1・11 反応機構図

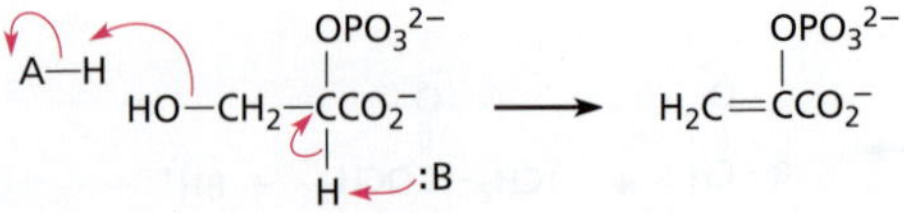

1・12

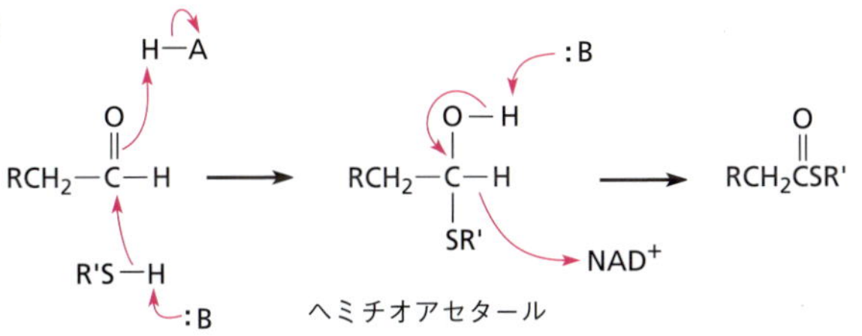

(reaction scheme: RCH₂–CHO + R'SH → hemithioacetal (ヘミチオアセタール) → RCH₂C(O)SR' with NAD⁺)

1・13

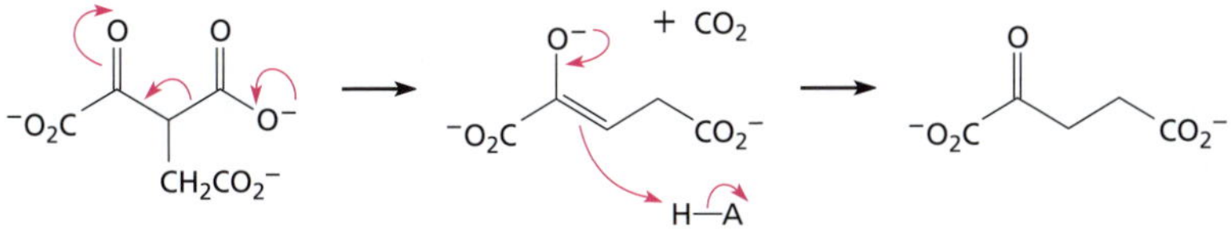

(decarboxylation scheme yielding CO₂ and the enol intermediate, then ketone product)

1・14

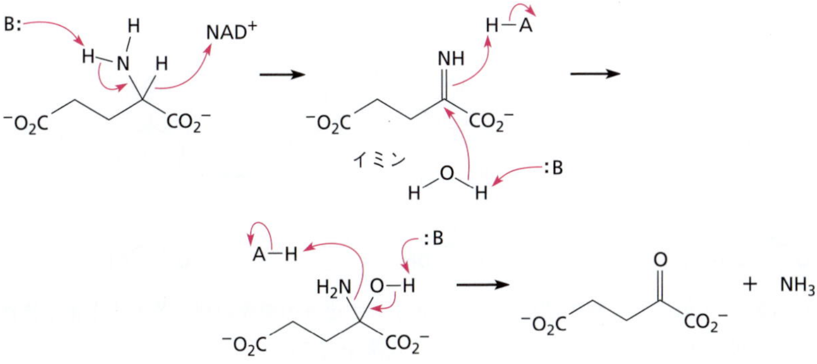

(oxidative deamination of glutamate: amine → imine (イミン) with NAD⁺, then hydrolysis via H₂O to α-ketoglutarate + NH₃)

1・15

(thiamine-mediated reaction with lipoamide; S_N2 step shown)

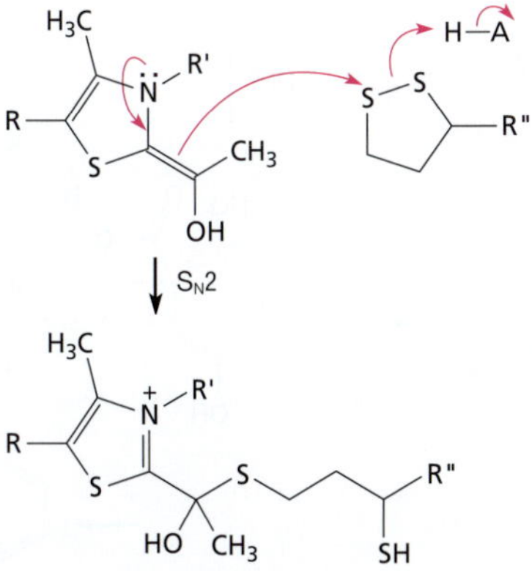

1・16 立体反転は炭素上の S_N2 反応を示唆する．

1・17

1・18 アリル二リン酸の解離によるカルボカチオンの形成の後，芳香族求電子置換反応が起こる．

1・19 アリル二リン酸の解離によるカルボカチオンの形成の後，芳香族求電子置換反応が起こり，カルボカチオン中間体の脱炭酸が起こる．

1・20 NAD$^+$ によるアルコールの酸化の後,メタンチオールの E1cB 脱離が起こり,水が共役付加して,NADH によりケトンが還元される.

1・21 分子内求核アシル置換反応の後,芳香環へ互変異性化し,分子内共役付加が起こる.

428

2. 生体分子とそのキラリティー

2・1

(a) (b) 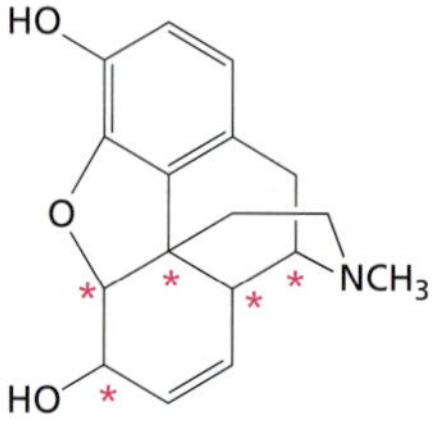 (c)

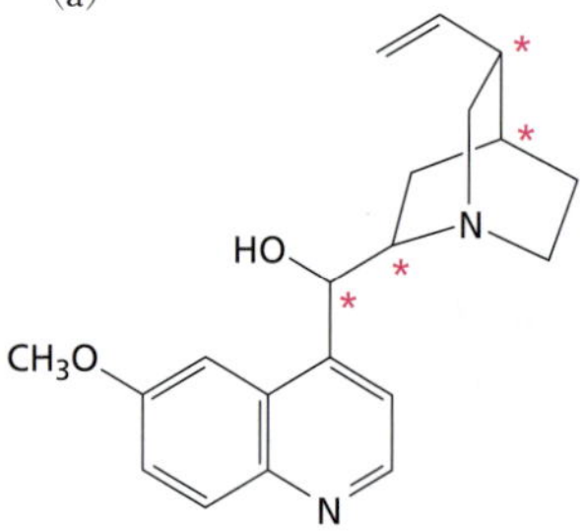

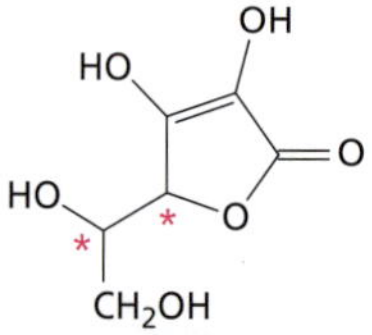

(d)

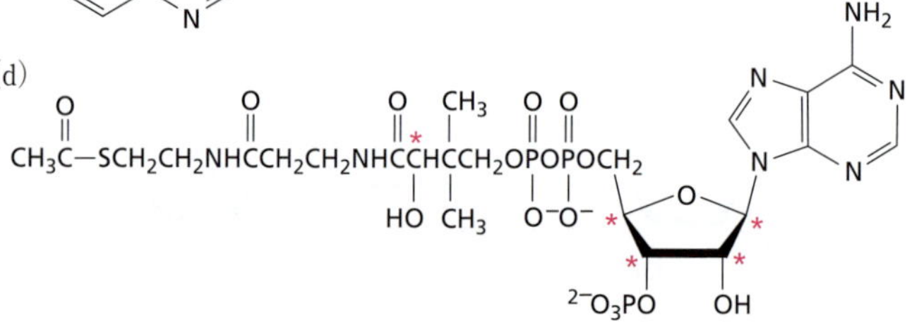

2・2

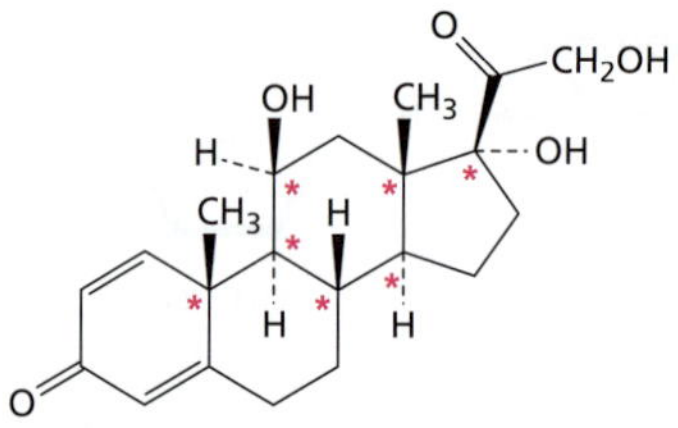

2・3
(a) メソ化合物　(b) エピマー　(c) エナンチオマー

2・4
(a) (b) 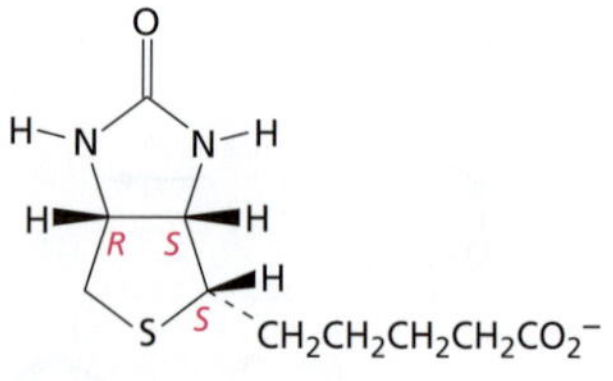 (c) 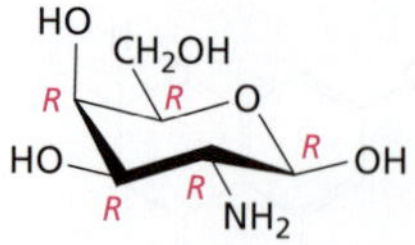 (d)

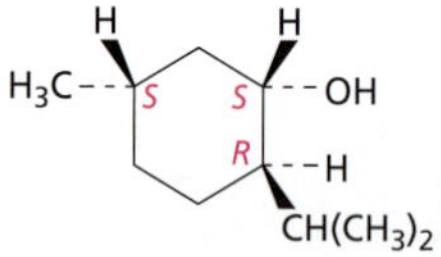

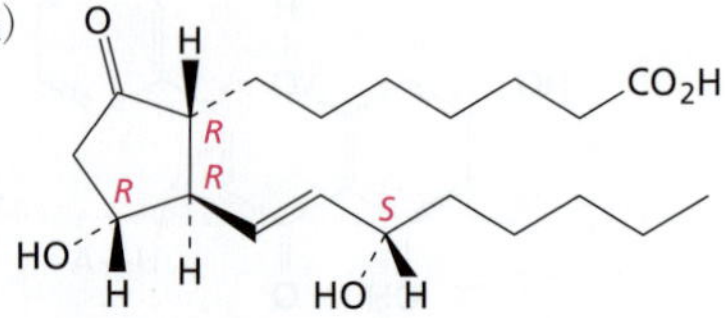

2・5

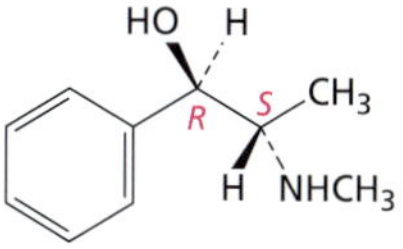

2・6

(a)

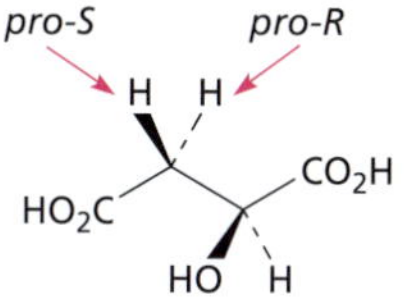

(b)

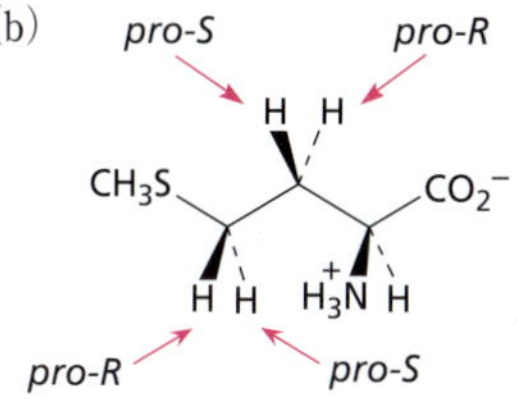

(c)

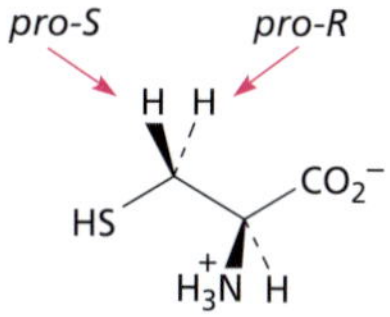

2・7

(a)

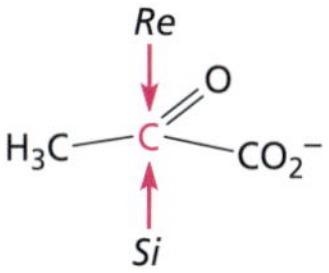

(b)

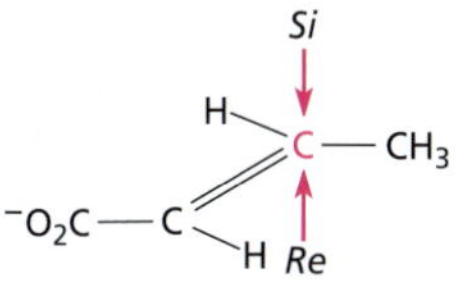

2・8

(a)

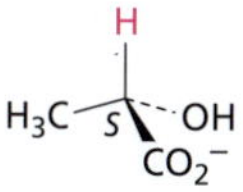

(b)

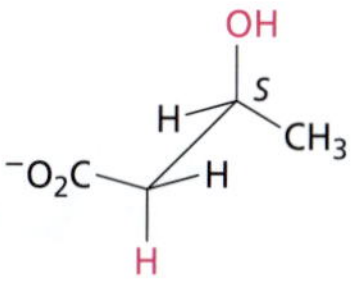

2・9

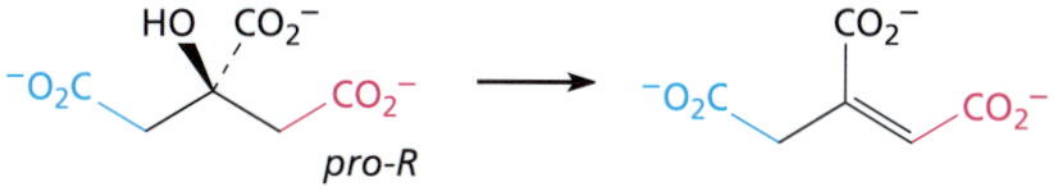

2・10　はじめに，H_2O のアンチ付加が *Re* 面から起こる．

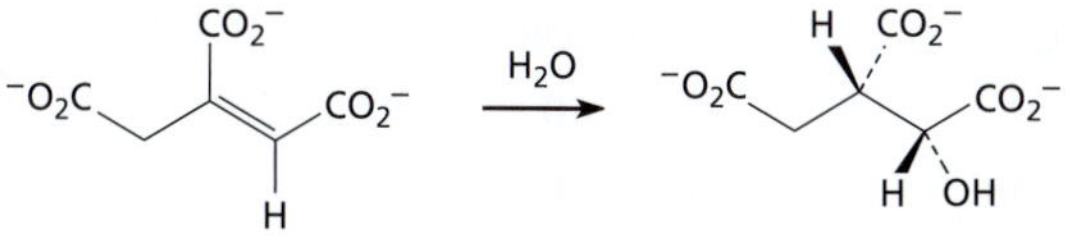

2・11

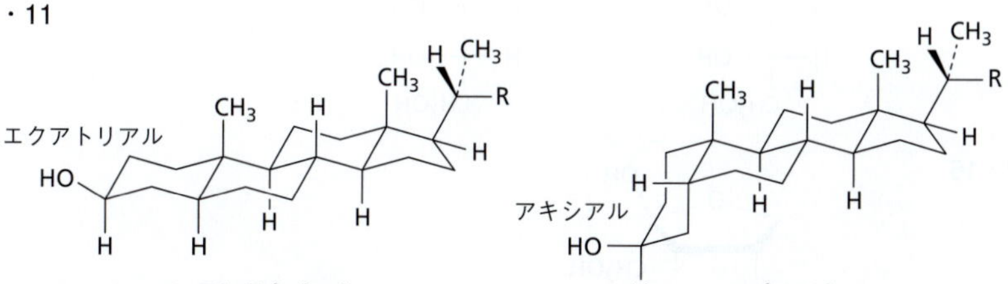

コレスタノール　　コプロスタノール

2・12

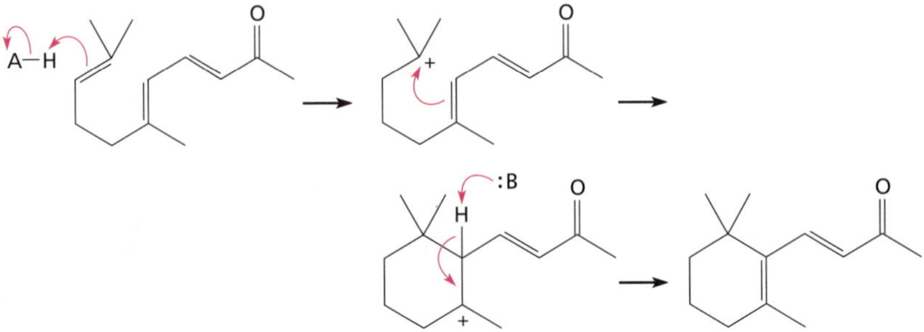

2・13 (a) 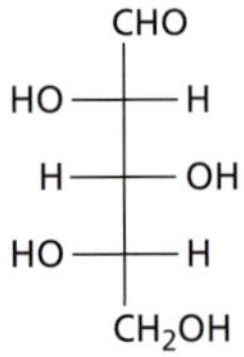 L-キシロース (b) D-アロース

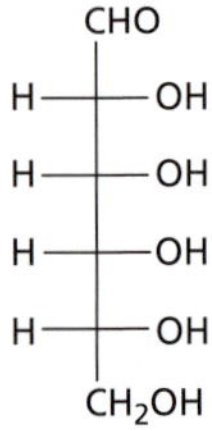

2・14 (a) D-マンノース (b)

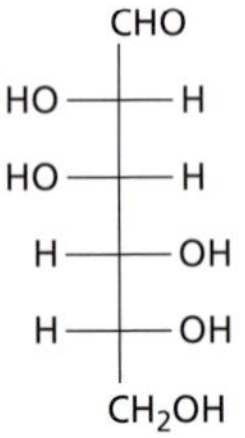

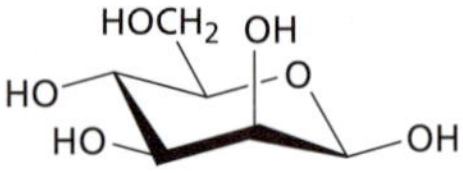

2・15 (a) 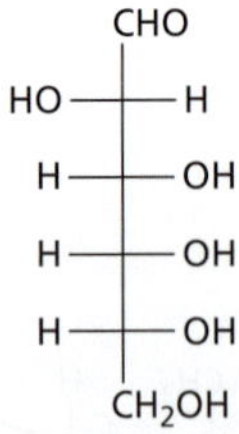 (b)

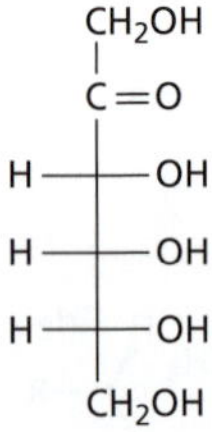

2・16

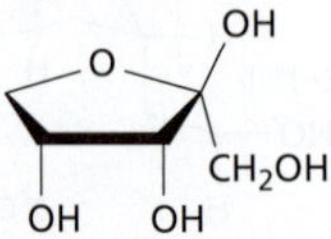

2・17　Cys–Lys–Phe–Asp

2・18

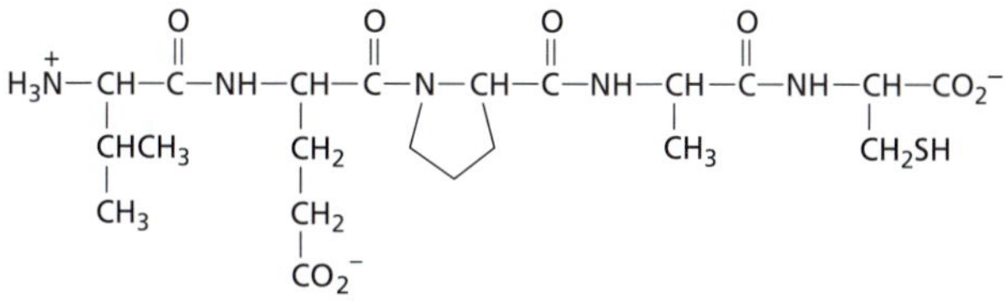
Val
Glu
Pro
Ala
Cys

2・19　ペプチドの中でプロリンはN—Hをもたないので，水素結合を形成しない．

2・20　二重結合の窒素はそのプロトン化された状態が共鳴により安定化するため，より塩基性が強い．

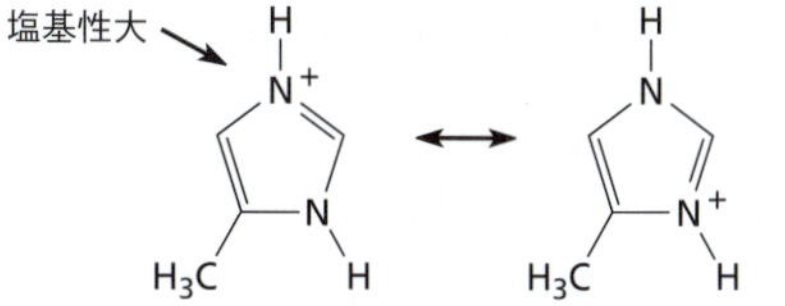
塩基性大

2・21

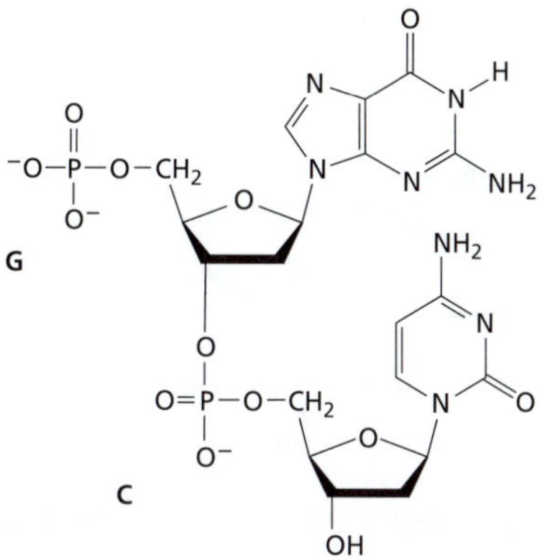
G
C

2・22　(a) 酸化酵素　(b) 脱水酵素　(c) カルボキシラーゼ

2・23　(a)

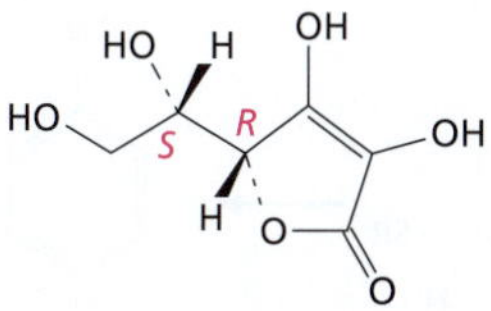

ビタミンC

(b)

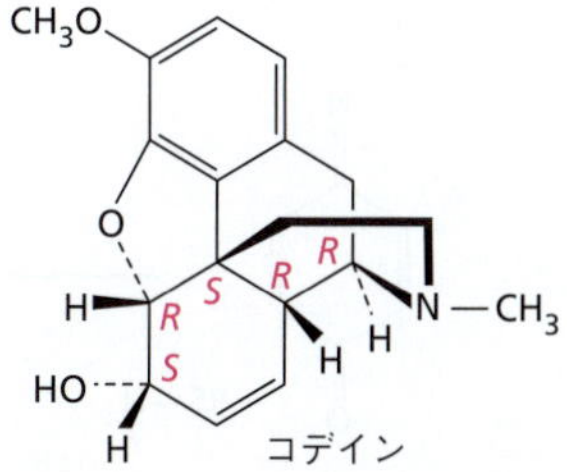

コデイン

2・24

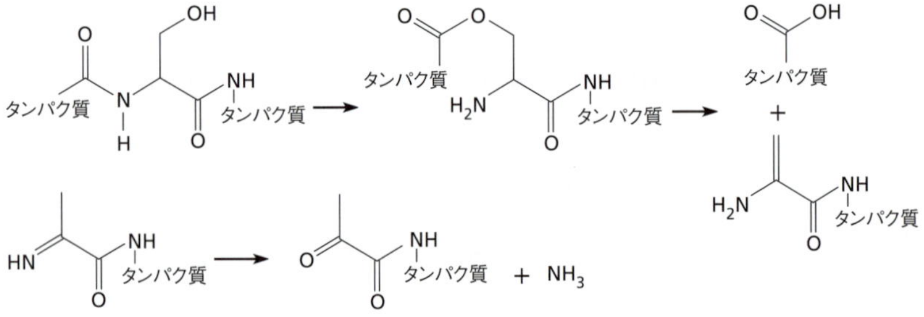

ピルボイル補酵素

2・25　反応はNADHからのヒドリドの共役(1,4)付加によって起こる(図1・17参照). NADHの *pro-R* 水素が二重結合の *Re* 面に付加する.

2・26

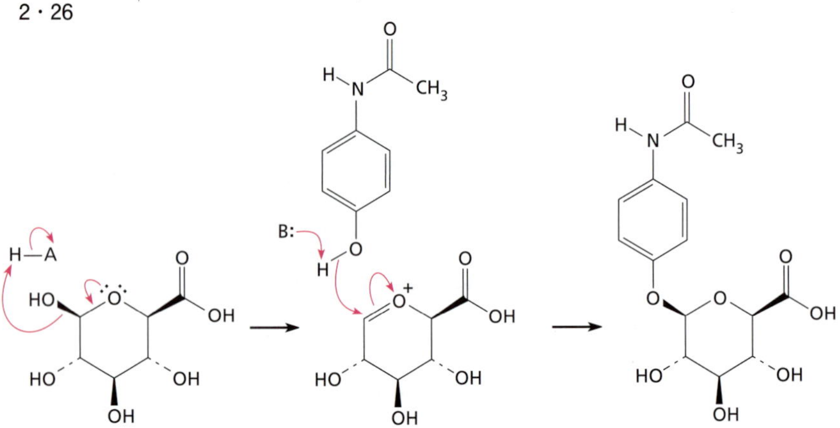

2・27　グルタチオンの硫黄が酸化アセトアミノフェンの不飽和イミンに共役(1,4)付加し，その後互変異性によって最終生成物を与える.

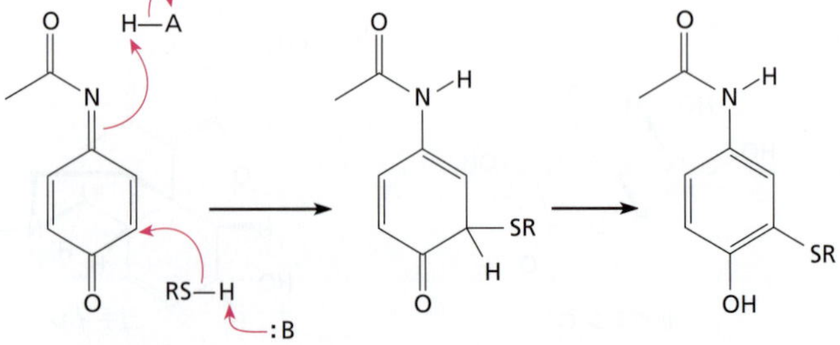

付録C：章末問題の解答　　433

2・28

[反応機構の図：二糖のHCl(aq)による加水分解によりグルコースとガラクトースを生じる]

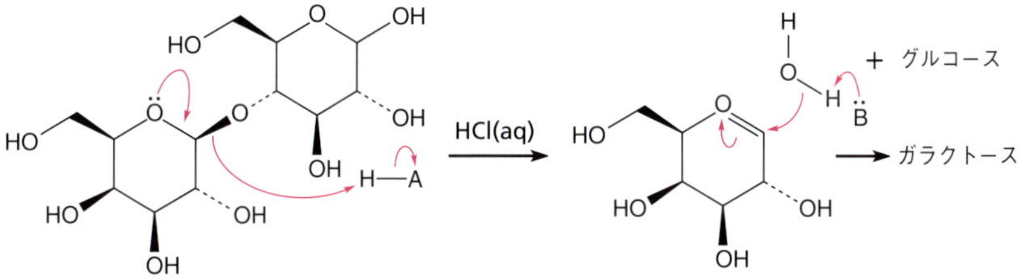

2・29　pH 7において，この化合物は総電荷0の両性イオンとして存在する．

[化合物の構造図：
- 塩基性 H_2N-
- 塩基性ではない（アミド）
- 塩基性ではない（アミド）
- $-CO_2H$ 酸性
- S配置, R配置 を示す]

3. 脂質とその代謝

3・1　(a) $CH_3CH_2CH_2CH=CHCSCoA$ (with C=O)

(b) $CH_3CH_2CH_2CH(OH)CH_2CSCoA$ (with C=O)

(c) $CH_3CH_2CH_2CCH_2CSCoA$ (with two C=O)

3・2
[ステロイド様構造の図：アキシアル、エクアトリアル位のOHを示す]

3・3
sn-グリセロール 1-リン酸 (S配置): $CH_2OPO_3^{2-}$, $HO-C-H$, CH_2OH

sn-グリセロール 2,3-ジアセテート (R配置): CH_2OH, CH_3CO_2-C-H, CH_2OCOCH_3

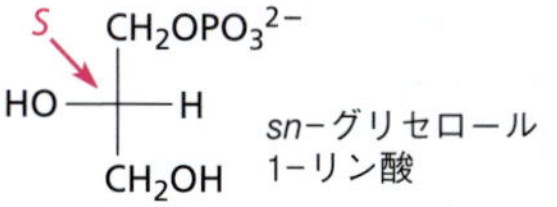

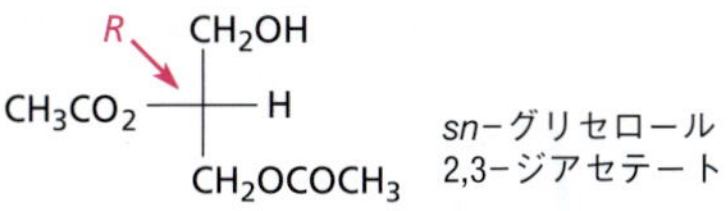

3・4
[ステロイド構造の図：A-Bシス、エクアトリアルOH、アキシアルOH、アキシアルOHを示す]

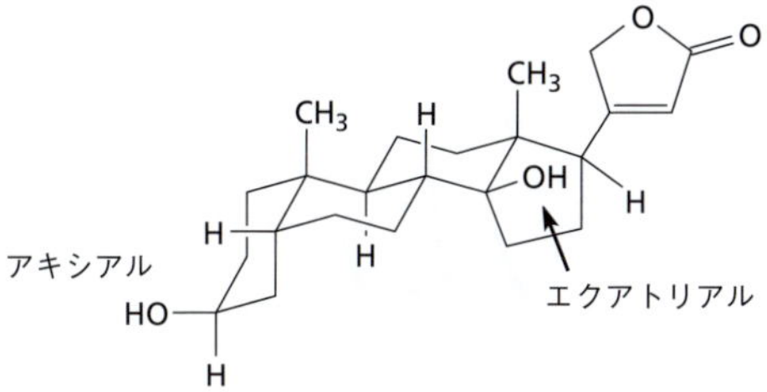

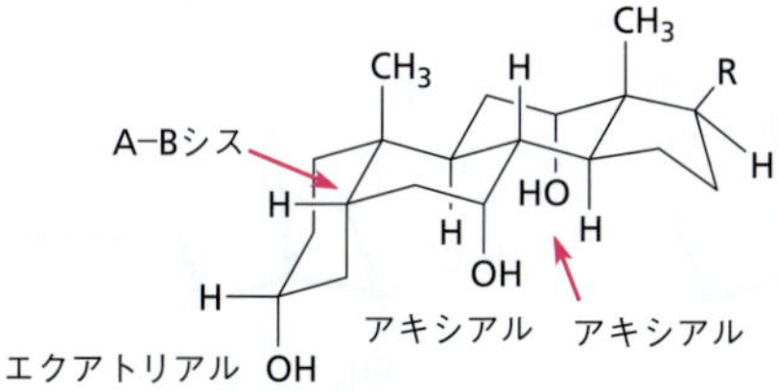

3・5 (a), (b), 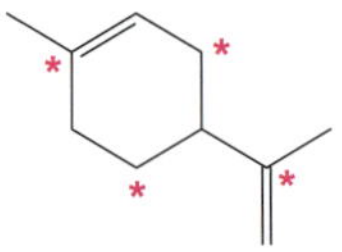 (c)

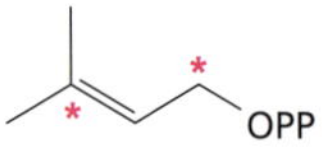

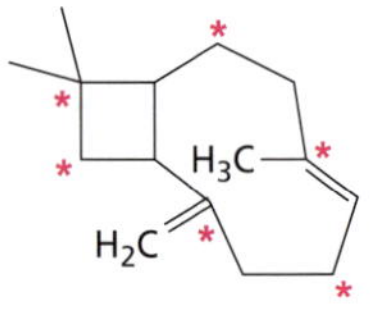

3・6

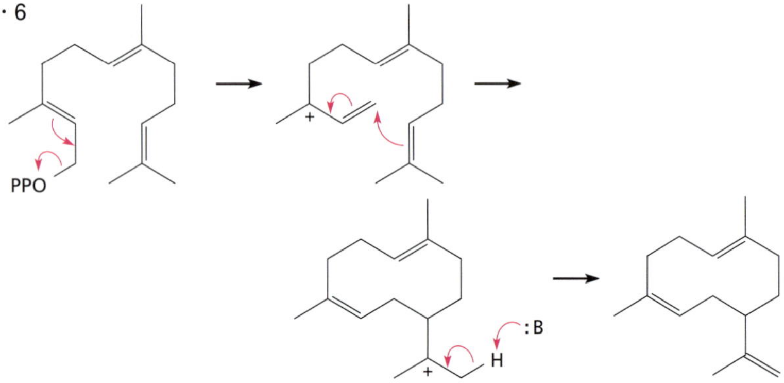

3・7

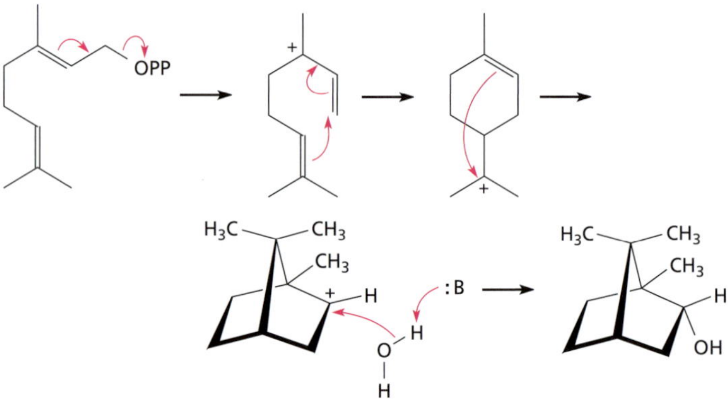

3・8

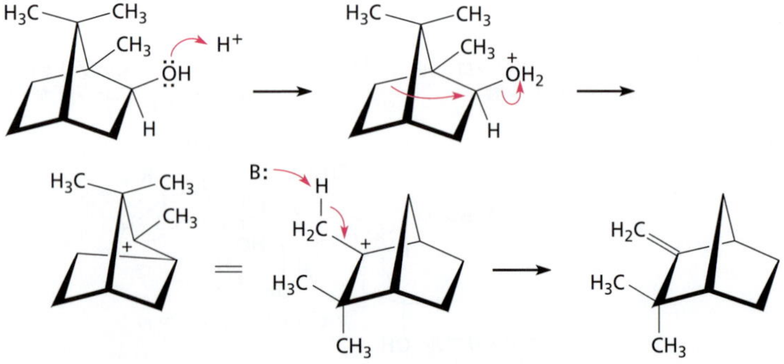

付録 C: 章末問題の解答　　　　　　　　　　　　　　　　　　　　　435

3・9

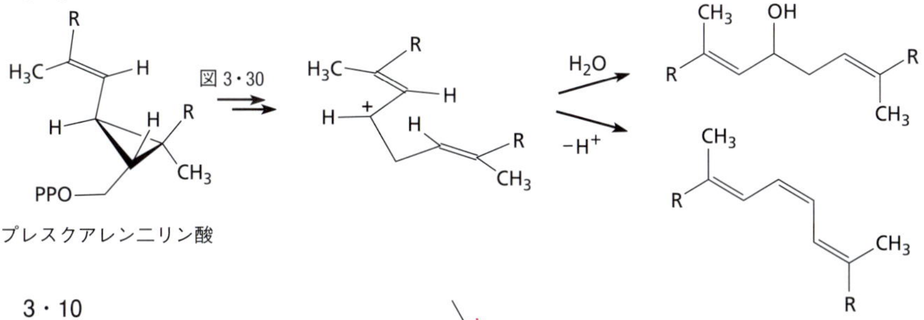

プレスクアレン二リン酸

3・10

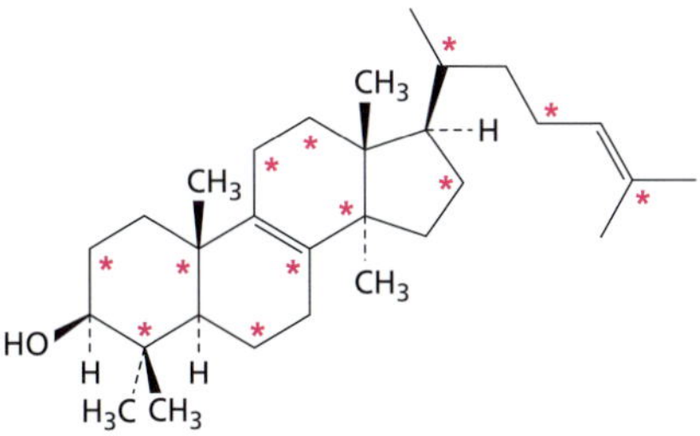

3・11

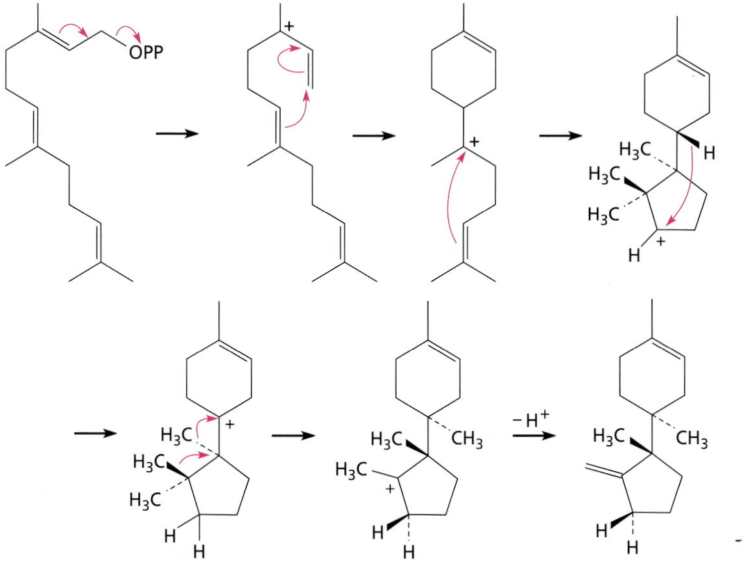

3・12

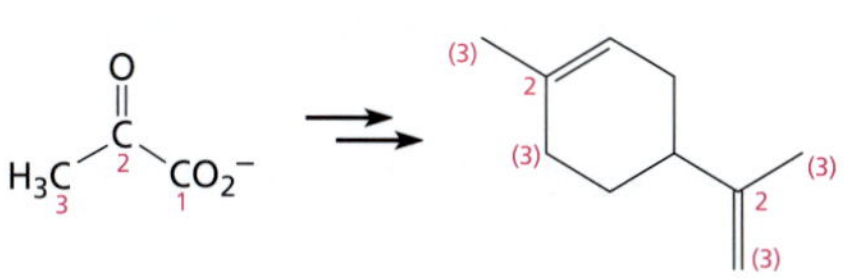

3・13

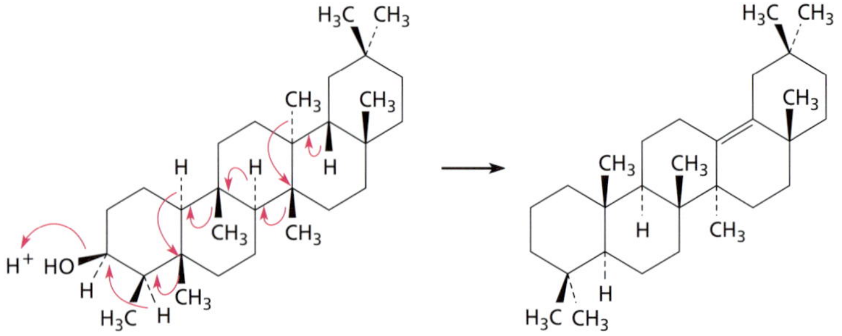

3・14 (a) 3.05 Å (b) Leu-153 と Phe-77 (c) 2.8 Å
(d) His-151 は Ser-152 からかなり遠い (5.17 Å). Asp-176 からも遠い (5.87 Å).

3・15 (a) 3.05 Å. 近い. (b) 近くない. 近い方の B サブユニットでも 3.2 Å 離れている. そのためその位置に移るには結合の回転が必要である.
(c) C2 リビトール-OH 基 (距離=2.89 Å, B 鎖) あるいは Glu-376 のペプチド骨格の-NH 基 (距離=2.87 Å) への水素結合.

3・16 図 3・20 のステップ 3 と 4 に示したのと類似の機構. TPP イリドがピルビン酸に付加し, 脱炭酸によりエナミンを生じ, 二つ目のピルビン酸に求核付加が起こり, TPP イリドが抜けて生成物を得る.

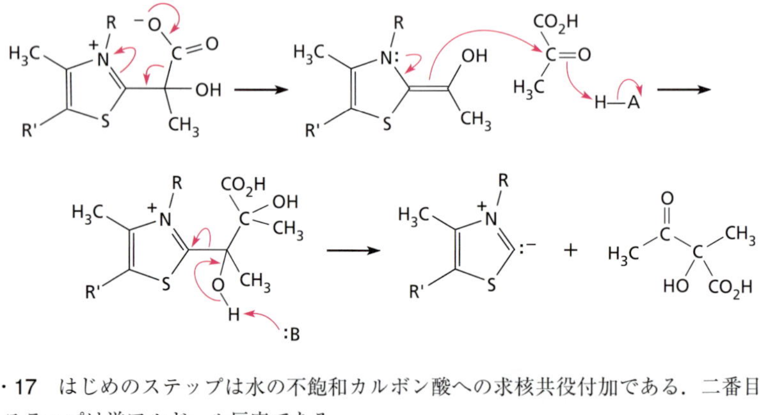

3・17 はじめのステップは水の不飽和カルボン酸への求核共役付加である. 二番目のステップは逆アルドール反応である.

3・18 ビオチンは, まずメチルマロニル CoA の脱炭酸を触媒して, プロピオニル CoA と CO_2 を生成する. 次に図 3・13 の機構により, 酢酸のカルボキシ化を触媒する.

3・19 まず分子内アルドール反応で六員環を形成し, 互変異性化により芳香環を生じる.

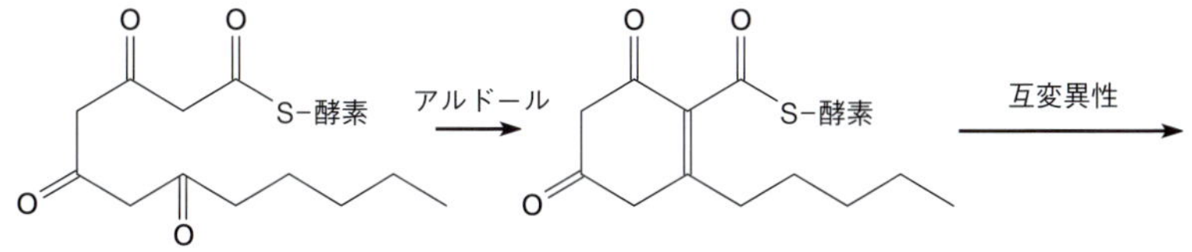

3・20 図3・11参照
3・21 図3・6参照
3・22

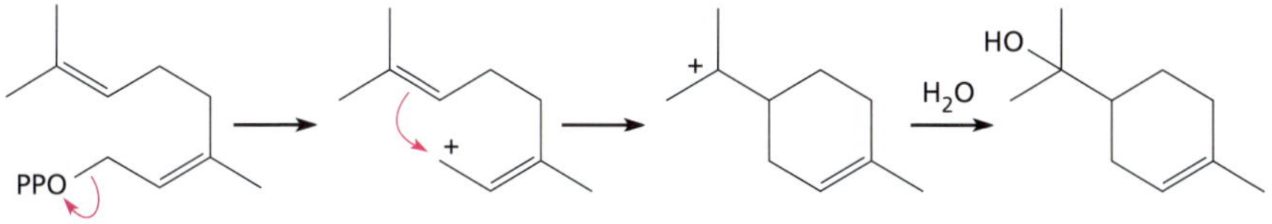

3・23

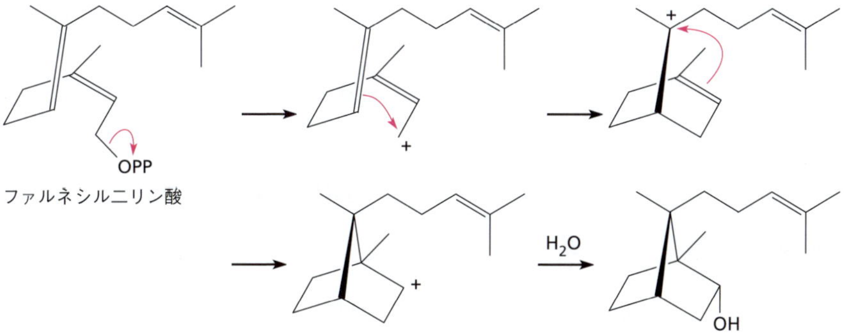

ファルネシル二リン酸

3・24 (a) 両方ともβシート (b) Phe-319のアミドNH (c) 2.9Å (d) 19.3Å
(e) NAD^+近くのZn^{2+}が基質に結合し，ルイス酸として作用する．
(f) 基質の-OH, Cys-46, Cys-174, His-67 (g) pro-R (h) 図3・5参照，矛盾しない．

4. 炭水化物とその代謝
4・1 (a) ATP (b) チアミン二リン酸 (c) ビオチン
4・2

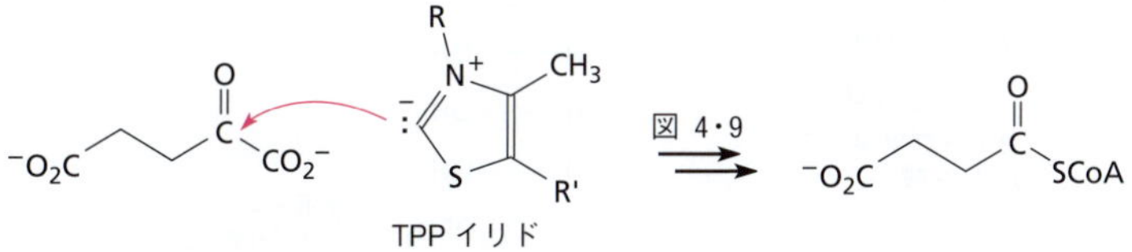

TPPイリド 図4・9

付録C: 章末問題の解答

4・3 機構は図4・19とまったく同じ.

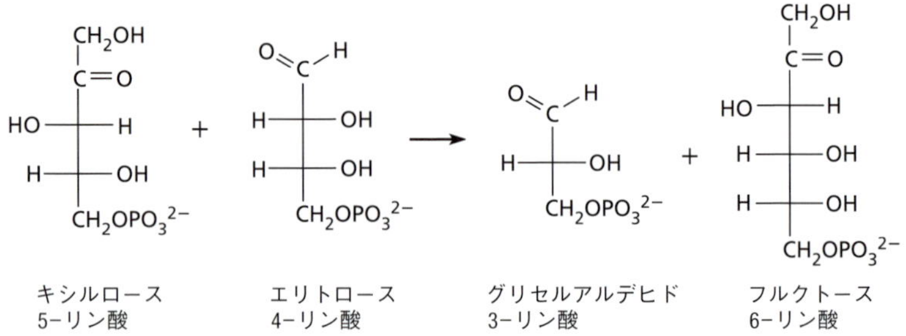

キシロース 5-リン酸 + エリトロース 4-リン酸 → グリセルアルデヒド 3-リン酸 + フルクトース 6-リン酸

4・4

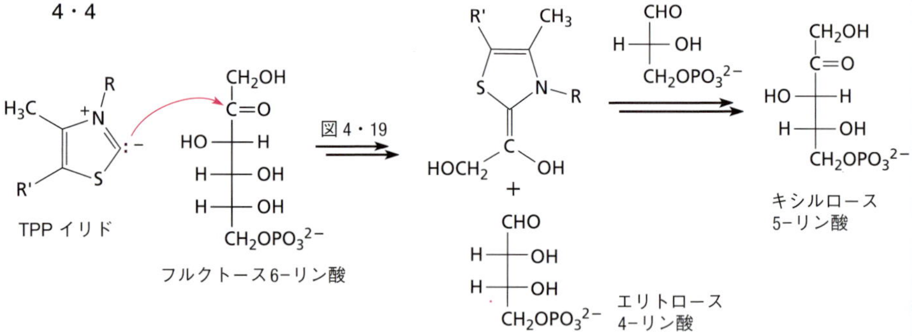

TPPイリド + フルクトース6-リン酸 →(図4・19)→ [中間体] + エリトロース4-リン酸 → キシロース 5-リン酸

4・5

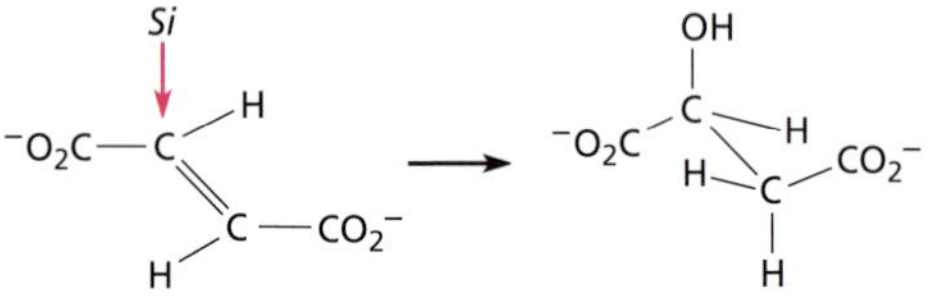

(Si面攻撃による水和反応: フマル酸 → リンゴ酸)

4・6

TPPイリド + セドヘプツロース7-リン酸 →(図4・19 逆反応)→ [中間体] + リボース5-リン酸 → キシロース 5-リン酸

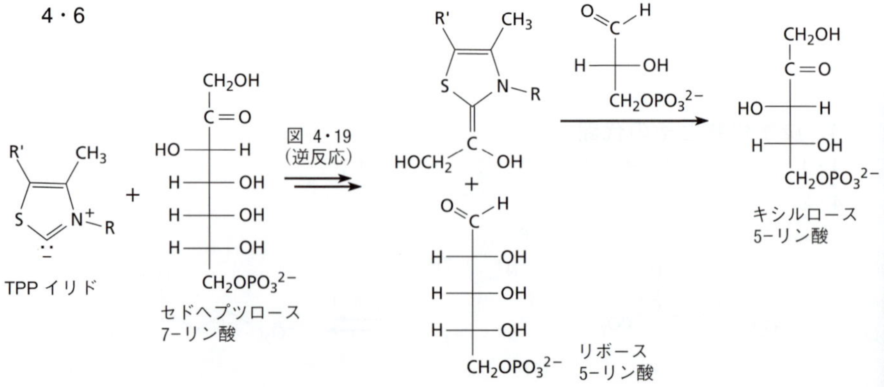

4・7

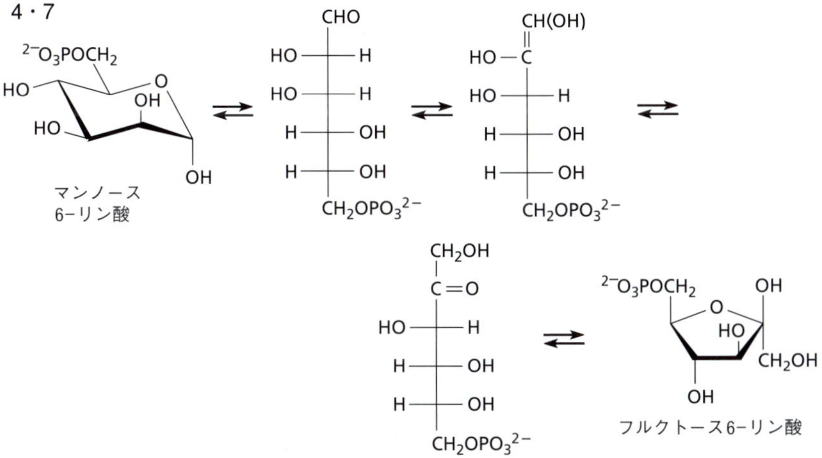

4・8　ステップ 1 とステップ 2 はクエン酸回路と同じ．ステップ 3 とステップ 4 は異なる（下図参照）．ステップ 5〜7 はクエン酸回路のステップ 6〜8 と同じ．クエン酸回路のステップ 5 はグリオキシル酸回路中に対応する反応はない．

グリオキシル酸回路〈ステップ 3〉

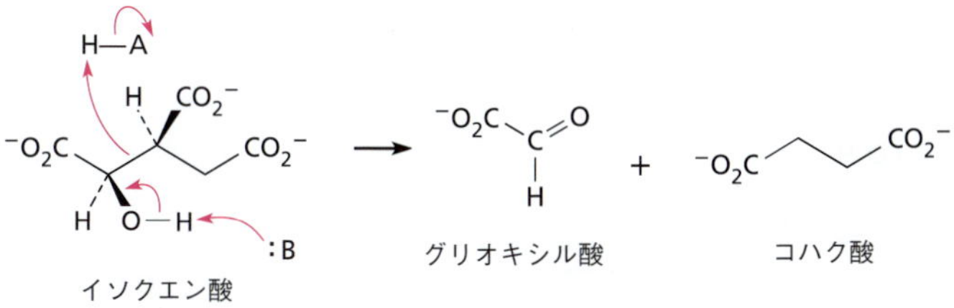

グリオキシル酸回路〈ステップ 4〉

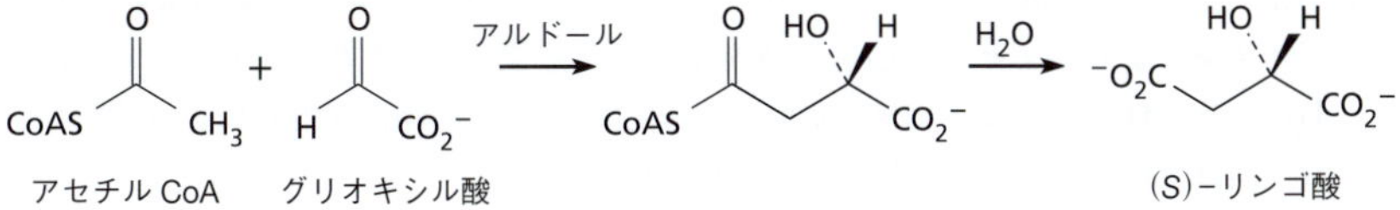

4・9

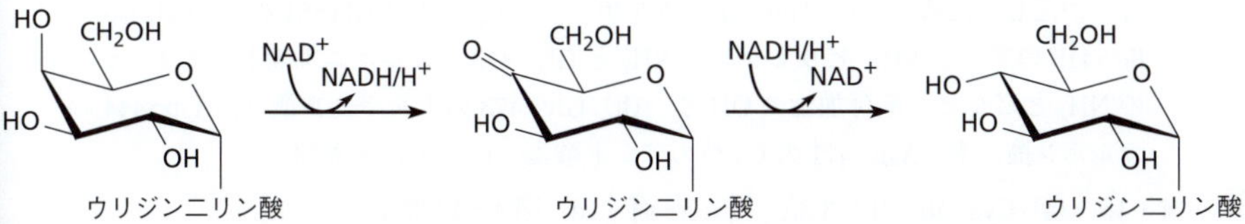

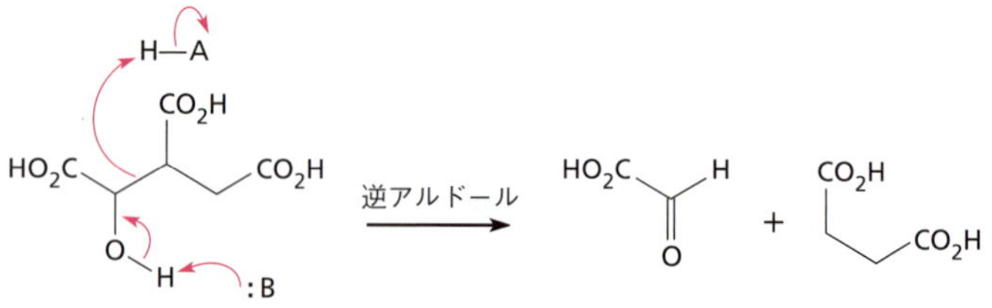

4・13 アセチル CoA のカルボキシ化（図 3・11）は，炭酸水素イオン由来の CO_2 がビオチンによってアセチル CoA のカルボキシ化部位に転移される．カルビン回路におけるリブロースビスリン酸のカルボキシ化はルビスコ（図 4・22）によって触媒され，回路全体の目的である大気中の CO_2 が使われる．

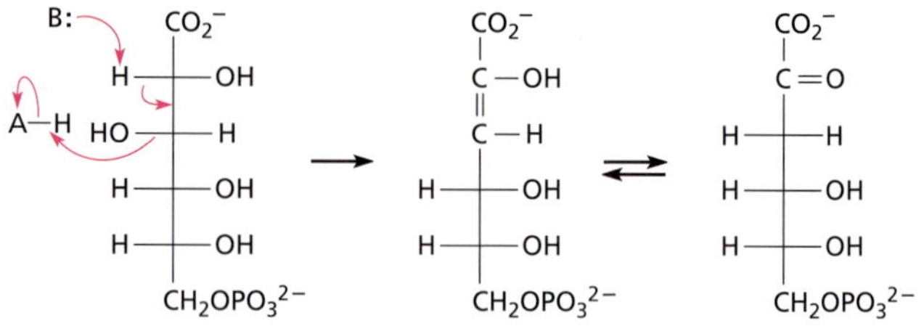

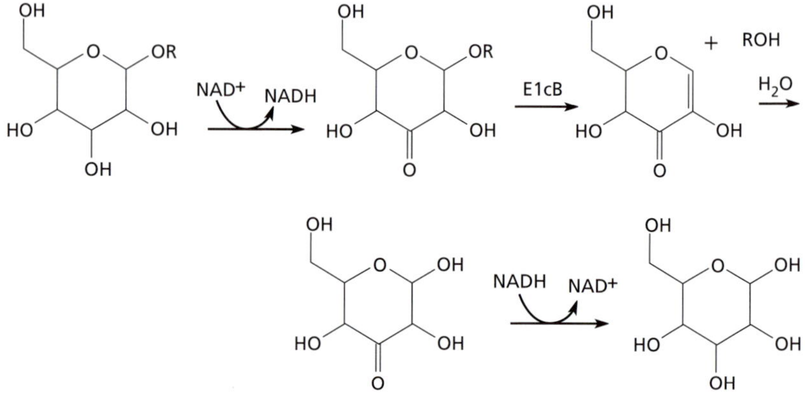

4・14 (a) 四つのサブユニット (b) α ヘリックス，β シート (c,d) 図 4・8 のステップ 1 参照 (e) 変異体は C–C 結合やチアゾリウムイオンの π システムの重なり合いが乏しいため． (f) Glu-51 のカルボン酸 (g) N1 と Glu-51 の $-CO_2H$，N3 と Ile-415 のアミド NH，ピリミジンの NH_2 と Gly-413 のカルボニル酸素，ピリミジンの NH_2 とピルビン酸付加物の OH 基 (h) Gly-473 のカルボニル酸素，Asp-444 のカルボン酸，水，Asn-471 の C4 位のアミド酸素 (i) 図 4・8 参照

4・15 (a) Cys-46 (b) 3.3Å (c) *Re* 面 (d) 図 4・10 参照

5. アミノ酸代謝

5・1 この反応機構は，図5・1に示す反応を逆にたどったものである．

5・2 *pro-R*

5・3

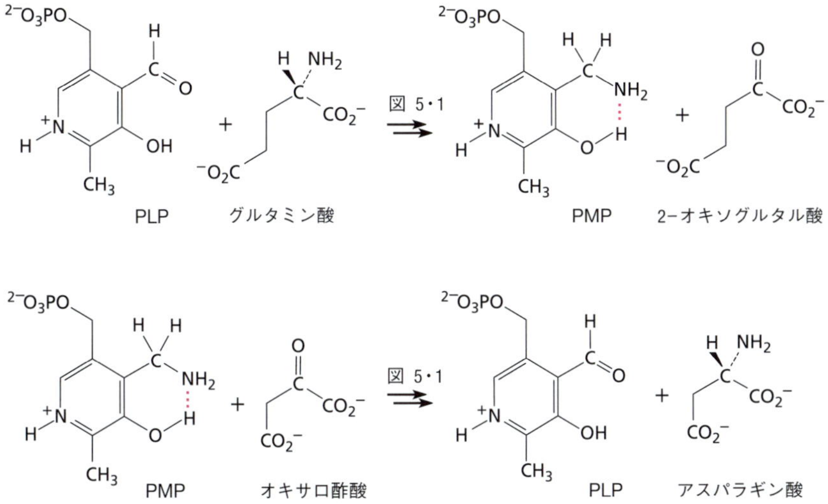
PLP
グルタミン酸
図 5・1
PMP
2-オキソグルタル酸
PMP
オキサロ酢酸
図 5・1
PLP
アスパラギン酸

5・4

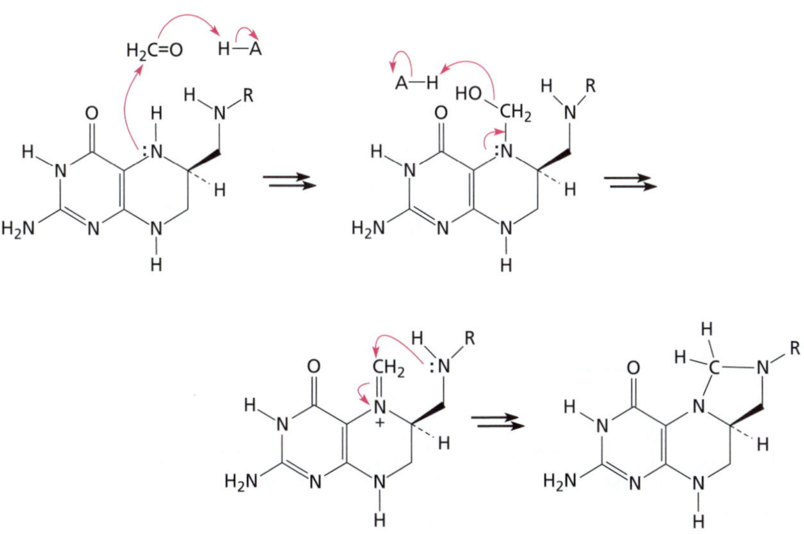

5・5

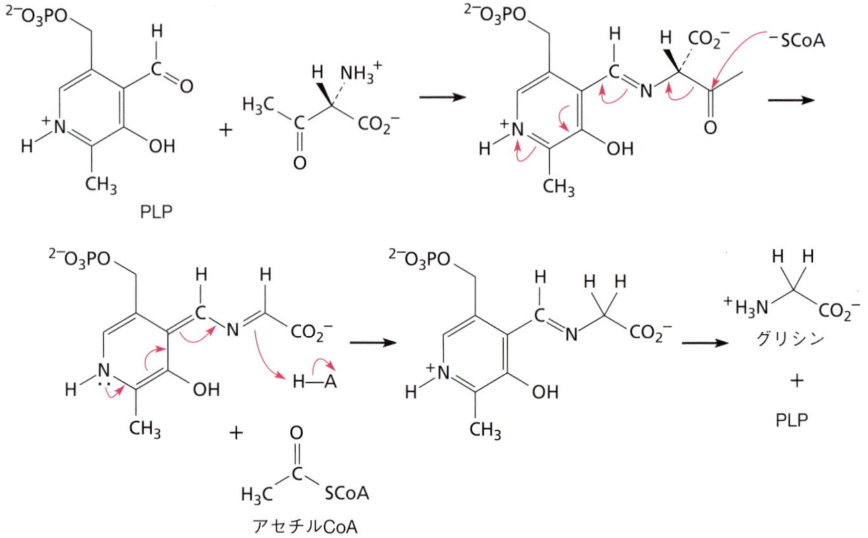

(Reaction scheme: PLP + アミノ酸 → シッフ塩基中間体 → → グリシン + PLP + アセチルCoA)

5・6

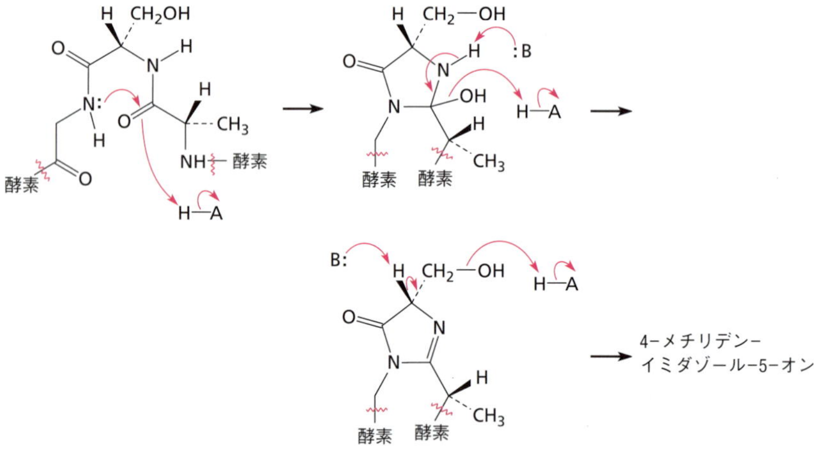

(反応機構図: 4-メチリデン-イミダゾール-5-オン の生成)

→ 4-メチリデン-
イミダゾール-5-オン

5・7

N-カルボキシビオチン ⟶ CO_2 + ビオチン

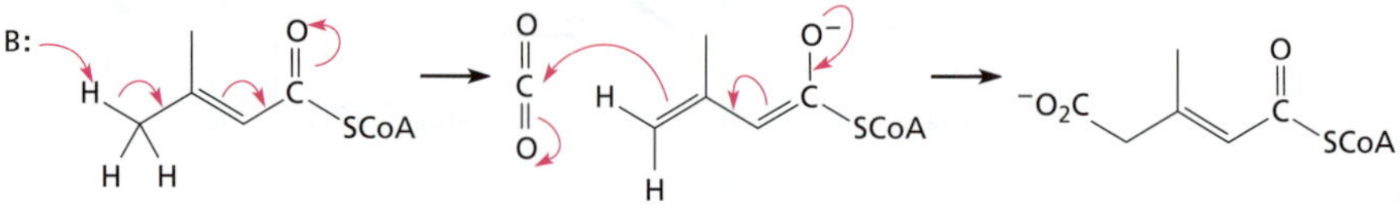

(反応機構図)

付録C: 章末問題の解答

5・8

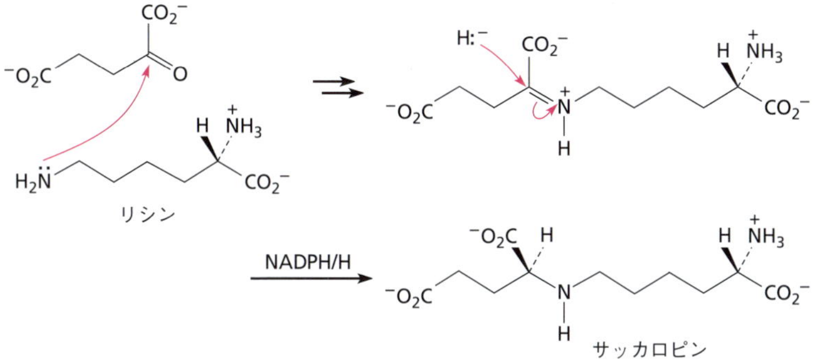

リシン

NADPH/H

サッカロピン

5・9

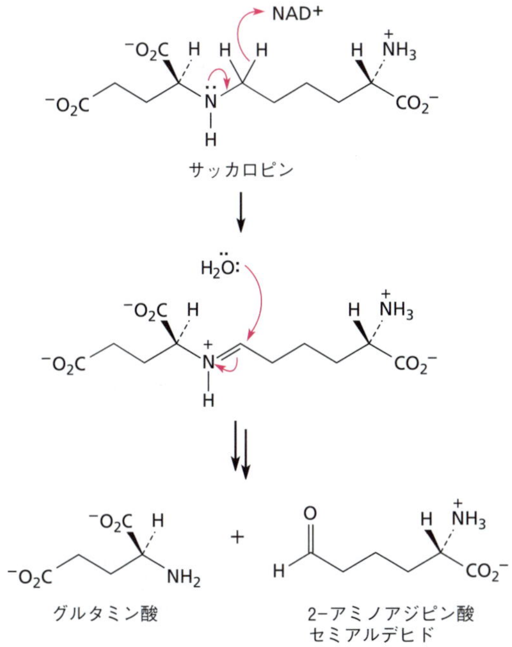

サッカロピン

グルタミン酸 + 2-アミノアジピン酸セミアルデヒド

5・10

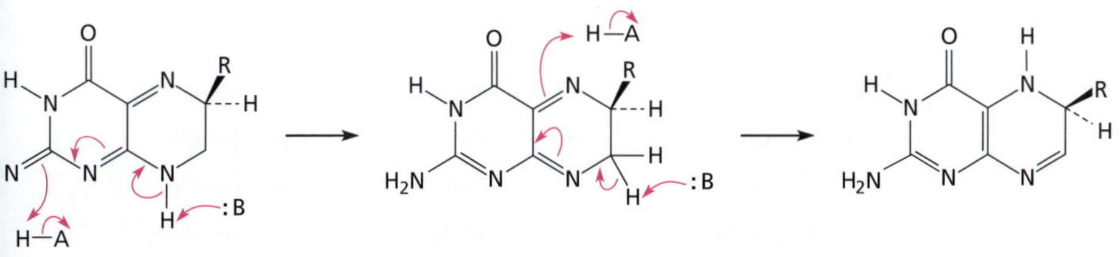

444　付録C：章末問題の解答

5・11

シスタチオニン

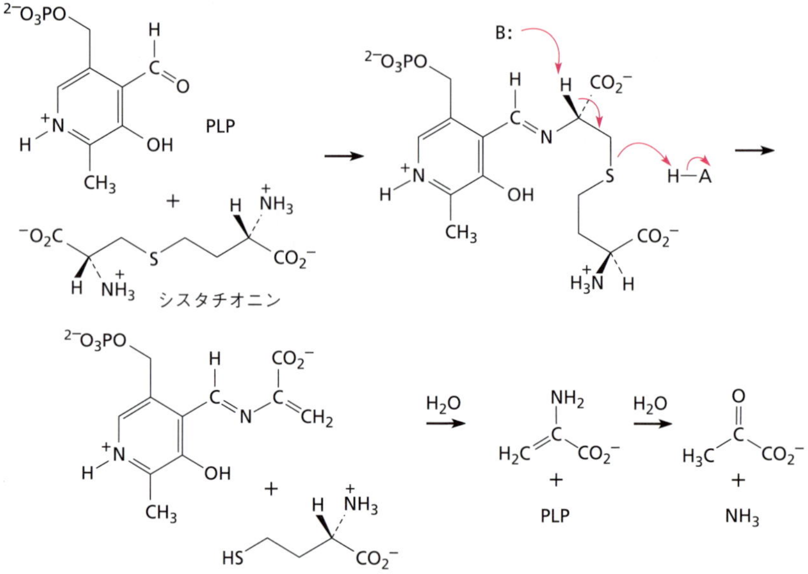

5・12

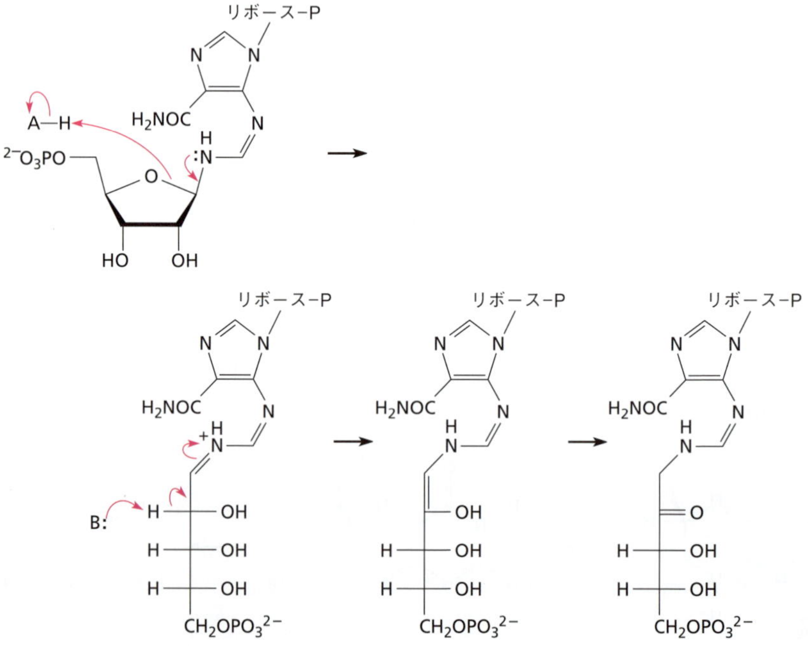

5・13

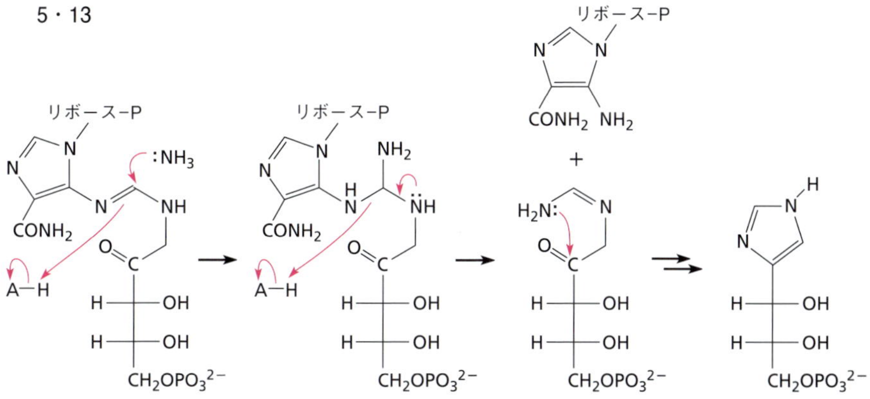

5・14 脱カルボニル反応は補酵素としてPLPを必要とし，図5・33に示す機構と類似の機構で進行する．

5・15 PLP付加体の生成によってカルボニル基に隣接した水素の酸性度が上昇し，E1cB機構の脱水反応が進行する．さらにグアニジノ基が付加し，PLP付加体が加水分解されることで反応が完結する．

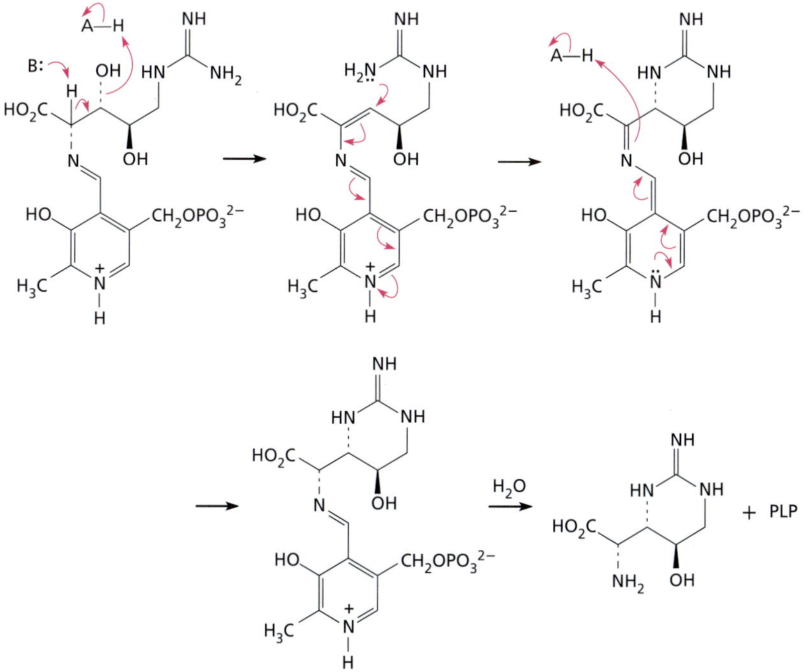

5・16 まずイミンが生成し,続いてピルボイル基を電子受容体とした脱炭酸が進行する.

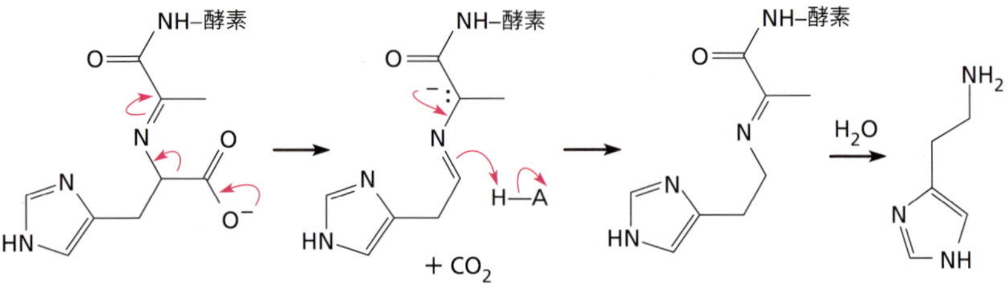

5・17
(a)

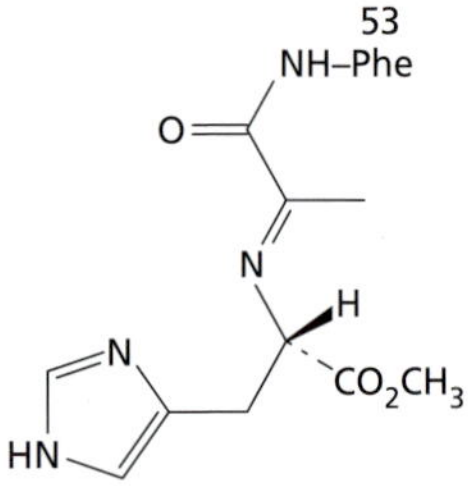

(b) メチルエステルが脱炭酸を阻害している.
(c) Asp-63 のカルボン酸と Ser-81
(d) 2.9Å と 2.6Å

5・18

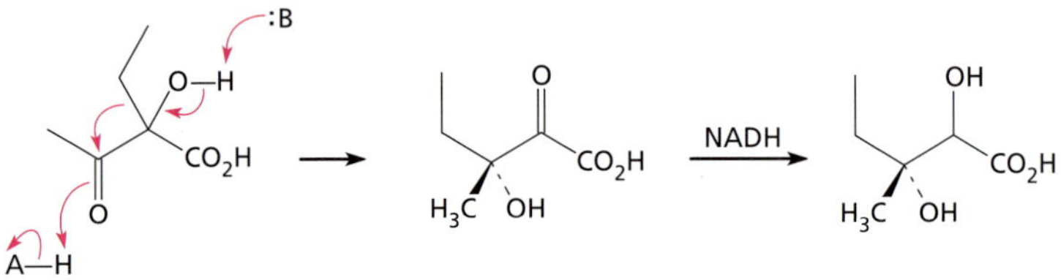

(a)

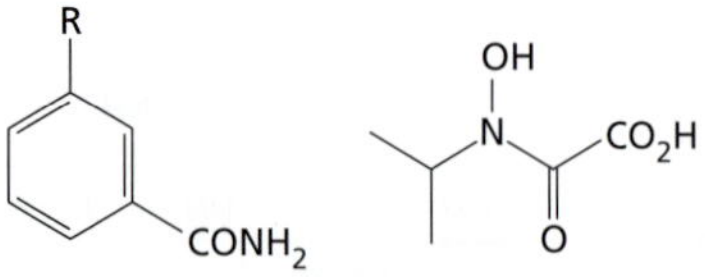

(b) 一つ目の構造は NADH のモデルであり,次のものはアセトヒドロキシ酸のモデルである.
(c) Asp-315, Glu-496
(d) 3.7Å

5・19 反応Aは通常のPLP依存的なα-アミノ酸の機構（図5・33）である．反応Bはその通常の反応とよく似た機構で進行する．

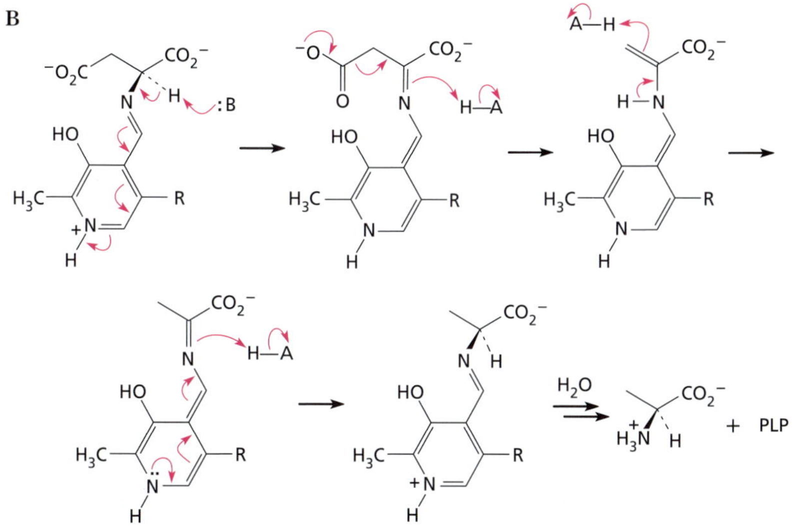

B

6. ヌクレオチド代謝

6・1

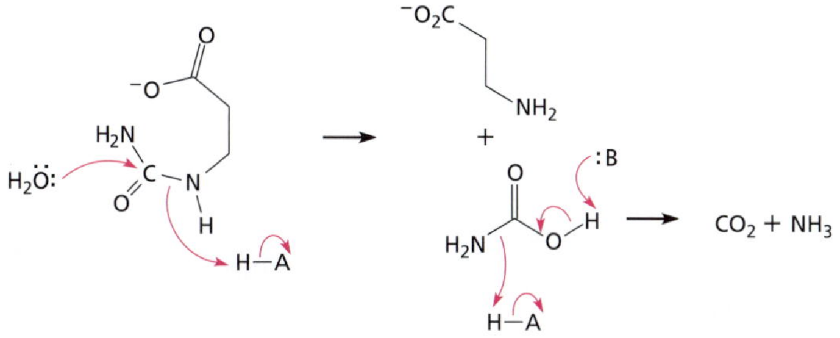

6・2

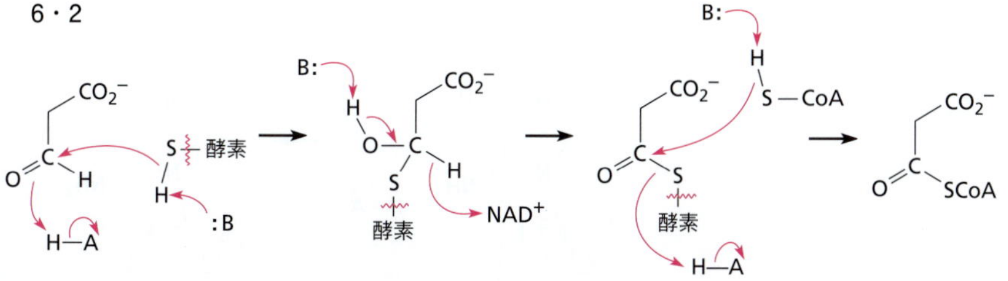

6・3

チミン
NADPH, H^+
$NADP^+$
H_2O
NH_4^+
CO_2
2−オキソグルタル酸
グルタミン酸
CoASH
NAD^+
NADH, H^+

6・4

10−ホルミル−THF
5−ホスホリボース

6・5

ATP
5−ホスホリボース

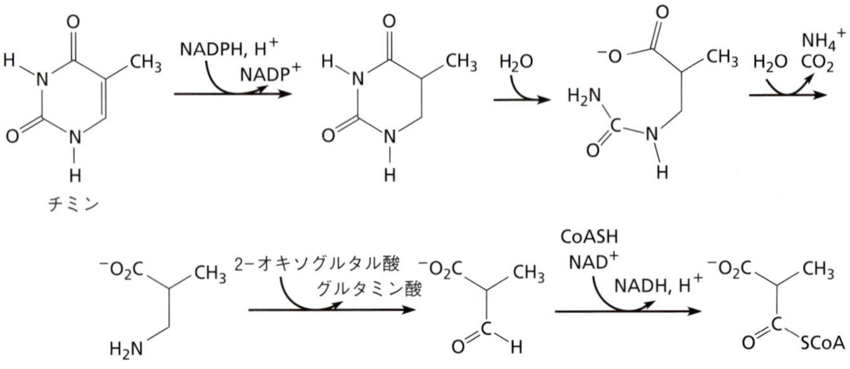

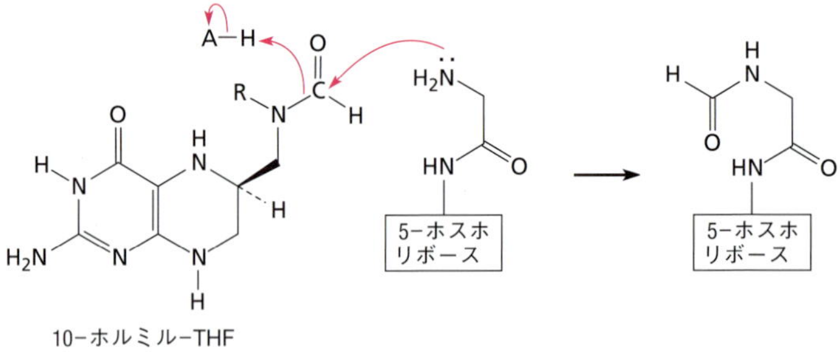

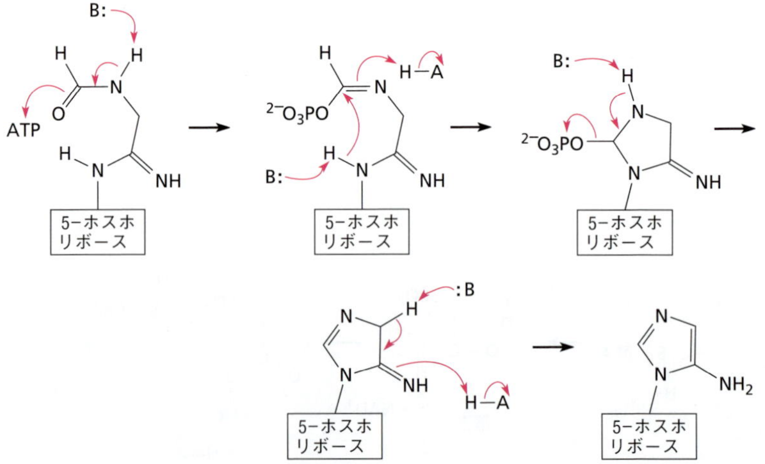

6・6

6・7

6・8

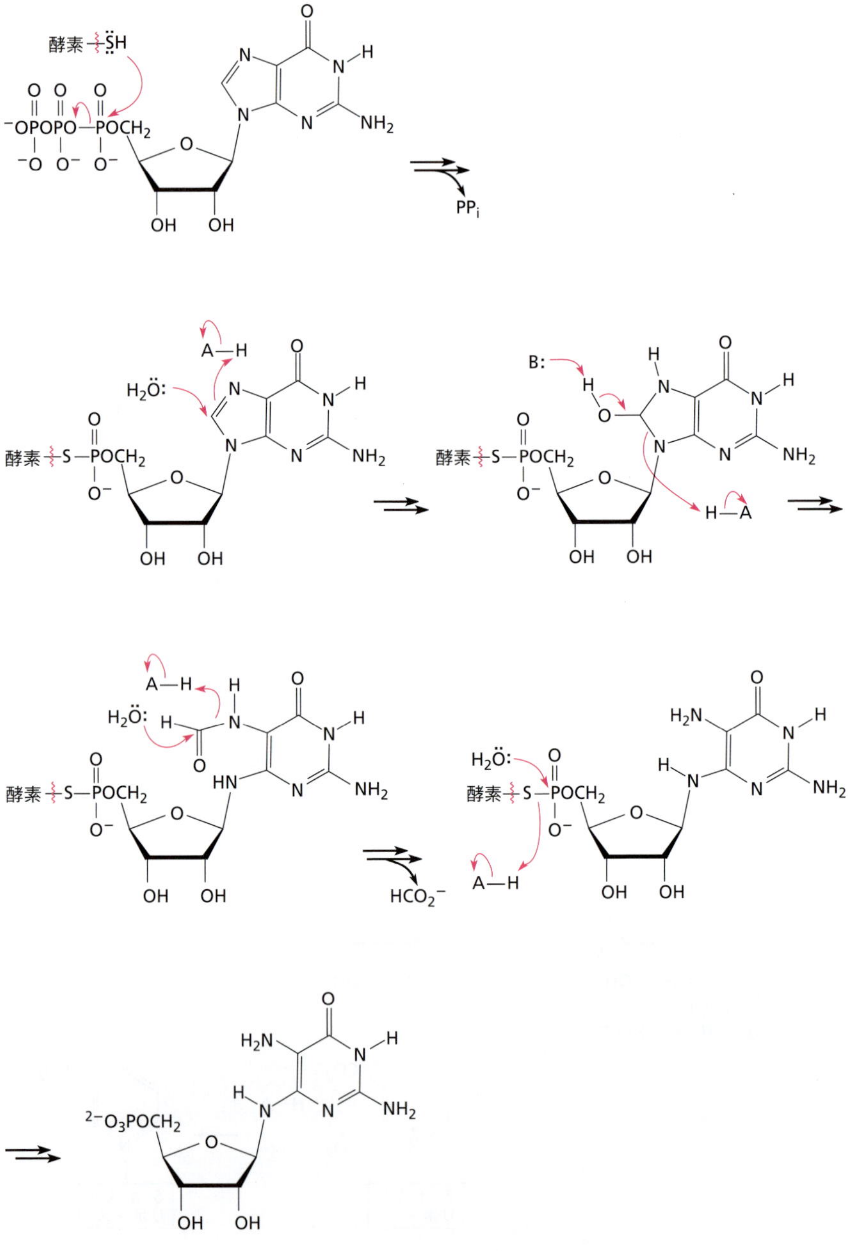
酵素
SH
OPOPO
POCH2
O
N
H
NH2
OH
PPi
A—H
H2O:
B:
S
H—A
HN
HCO2−
H2N
2−O3POCH2

6・9

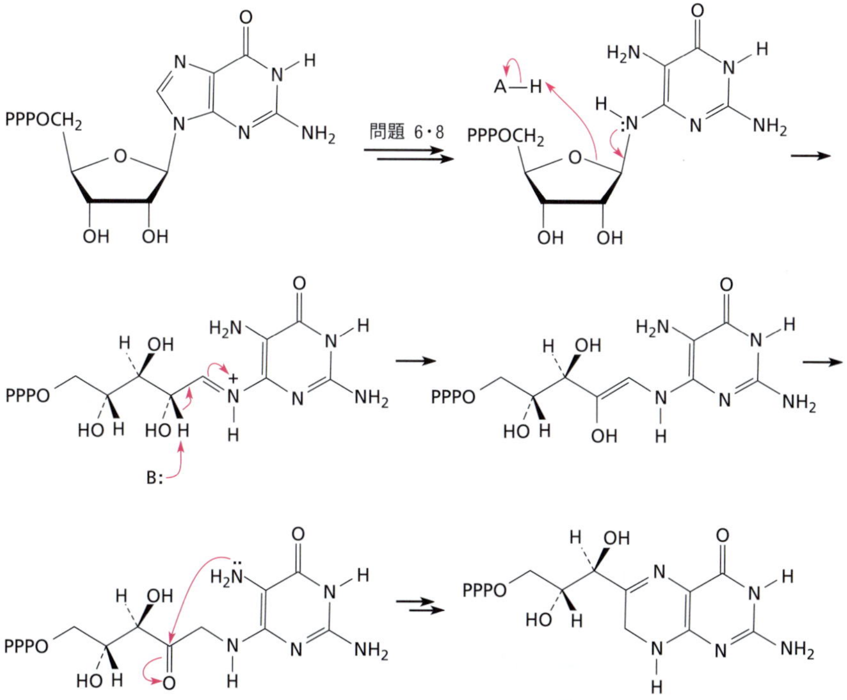

6・10 Aサブユニットでは56.2 Å，Bサブユニットでは55.8 Å，CおよびDサブユニットでは55.9 Å．長距離電子移動は四つの鉄−硫黄クラスターにより仲介される．

6・11

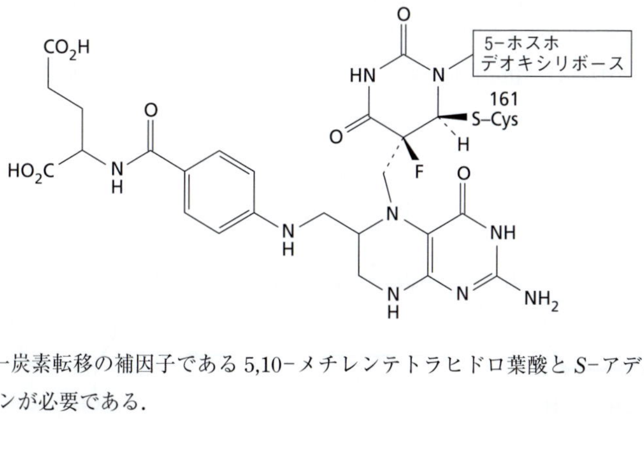

6・12 一炭素転移の補因子である5,10-メチレンテトラヒドロ葉酸とS-アデノシルメチオニンが必要である．

6・13 この反応機構はフラビンの触媒する酸化反応(図6・9)の逆反応である.

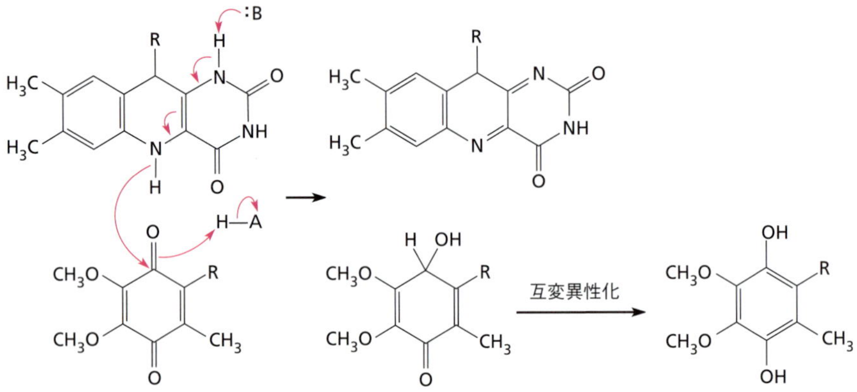

6・14 (a) 第39番目の残基はプソイドウリジンである.

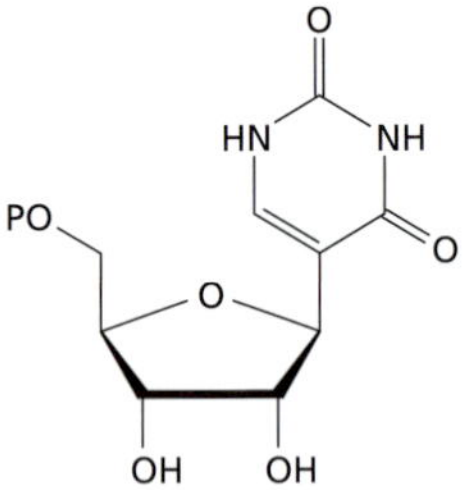

(b) 第40番目の残基は5-メチルシチジン,5′側の第38番目の残基はアデノシンである.
(c) 第10, 16, 17, 26, 32, 34, 37, 39, 40, 46, 49, 54, 55, 58番目の残基は修飾されている.

6・15 (a) C-C-G-G-C-G-C-C-G-G (b) それぞれの鎖の5′酸素原子と3′酸素原子の距離は,32.7Åと33.2Å.(c) 17.1Å

6・16 この反応は,10-ホルミルテトラヒドロ葉酸の求核アシル置換反応によって進行する.

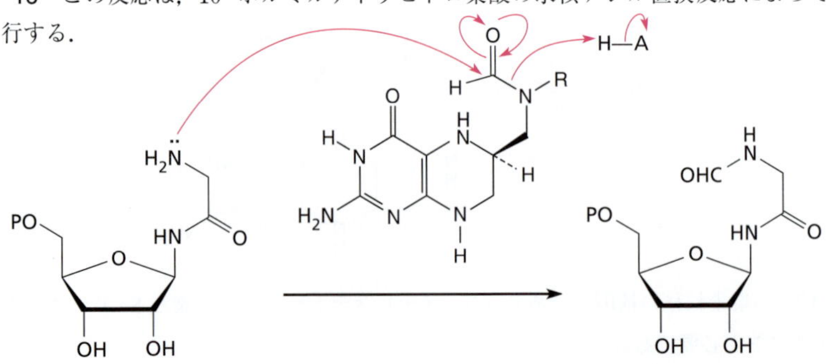

付録C: 章末問題の解答   453

6・17
(a) [構造式]

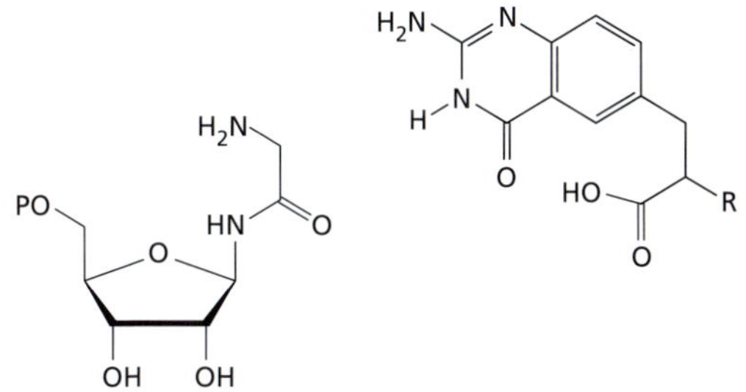

(b) カルボン酸へのアミン付加は起こらない．したがって中間体は生成しない．
(c) A サブユニットで計測した場合は 3.6 Å．B サブユニットで計測した場合は 4.2 Å．
(d) His-108, Asn-106, Asp-144 がアルデヒド基と水素結合している．
(e) Glu-173 のカルボン酸は，リボースの二つのヒドロキシ基と水素結合している．

7. 天然物の生合成

7・1
[反応機構図]

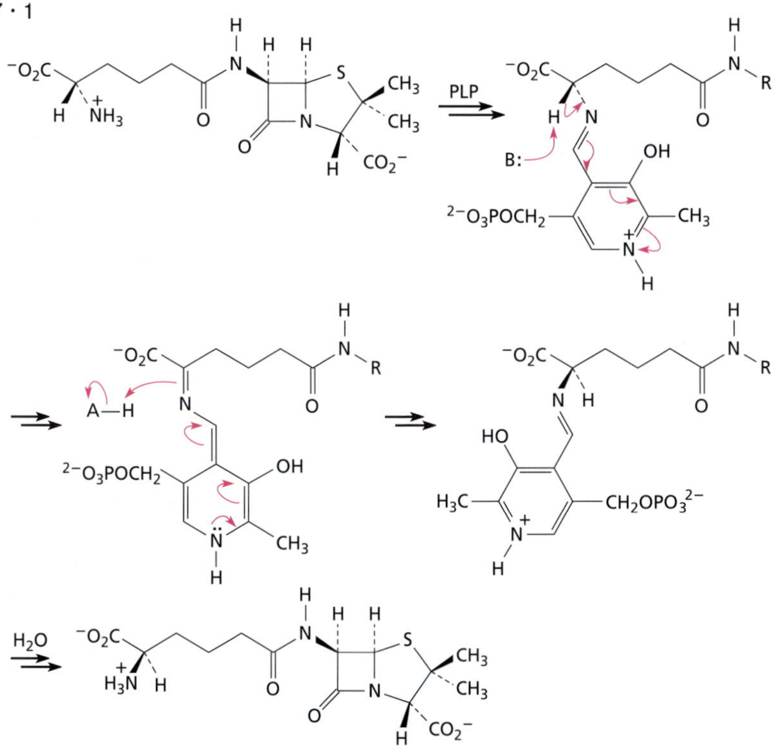

付録C: 章末問題の解答

7・2

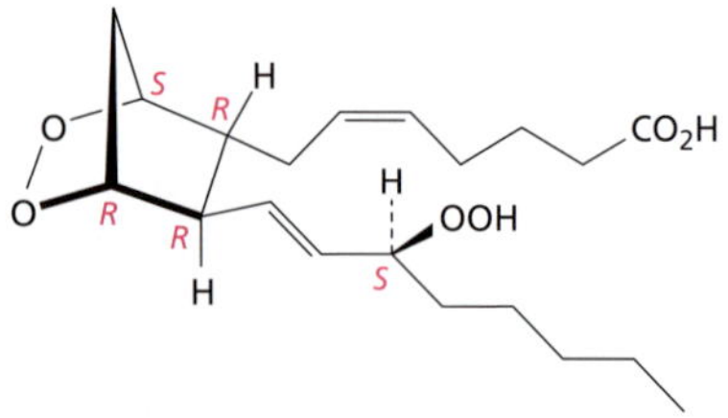

7・3 2R, 3S, 4R, 5S, 6S, 8R, 10R, 11S, 12S, 13R

7・4 KR1 の場合は Si 面; KR2 の場合は Re 面

7・5

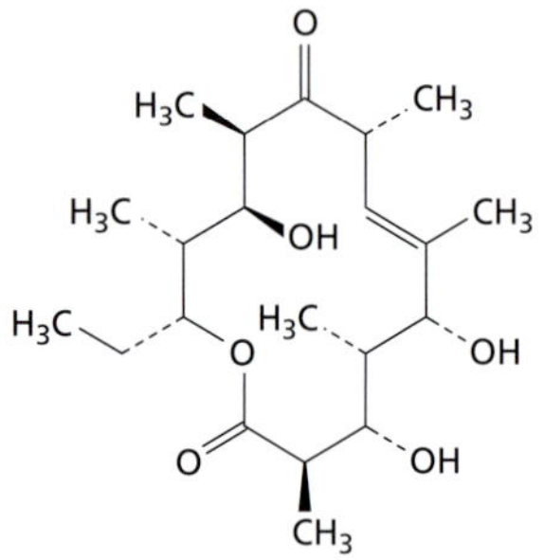

7・6

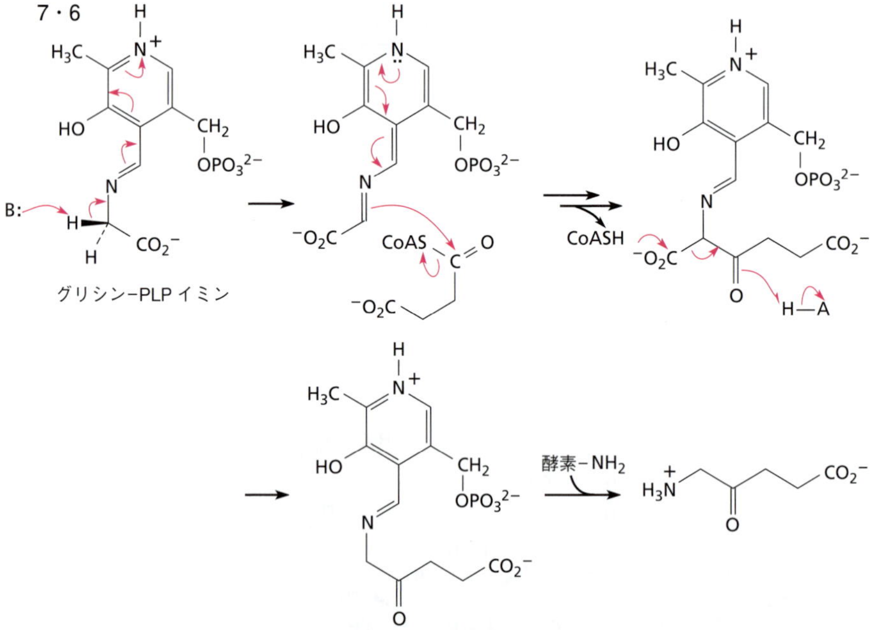

グリシン−PLP イミン

7・7 図 7・30 参照

付録C: 章末問題の解答　　　455

7・8

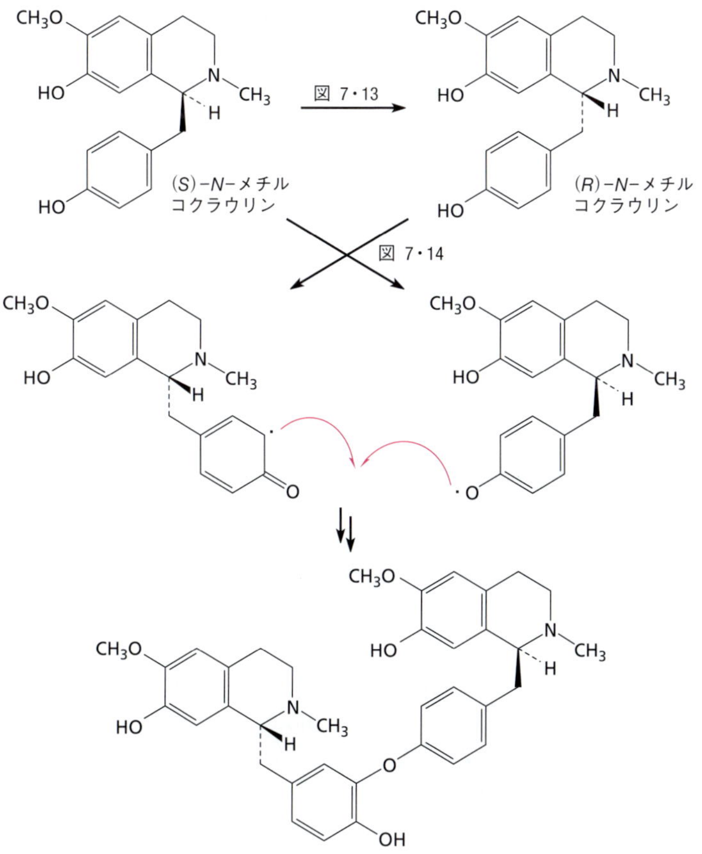

(S)-N-メチルコクラウリン　→（図7・13）→　(R)-N-メチルコクラウリン

図7・14

7・9

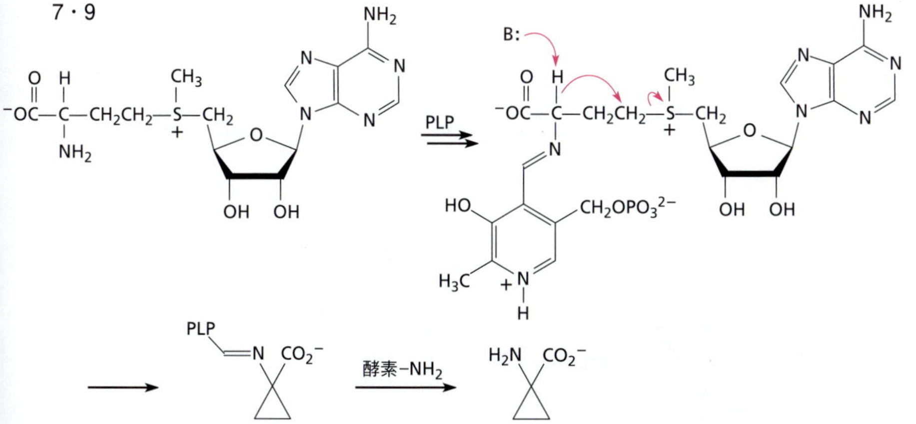

7・10

7・11

7・12

7・13

〈ステップ1〉

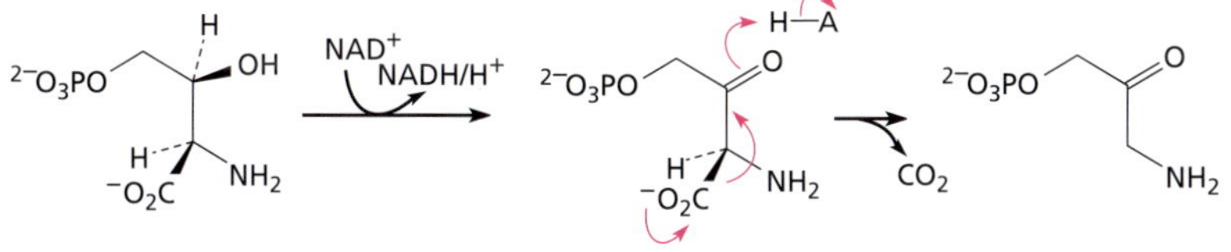

〈ステップ2〉

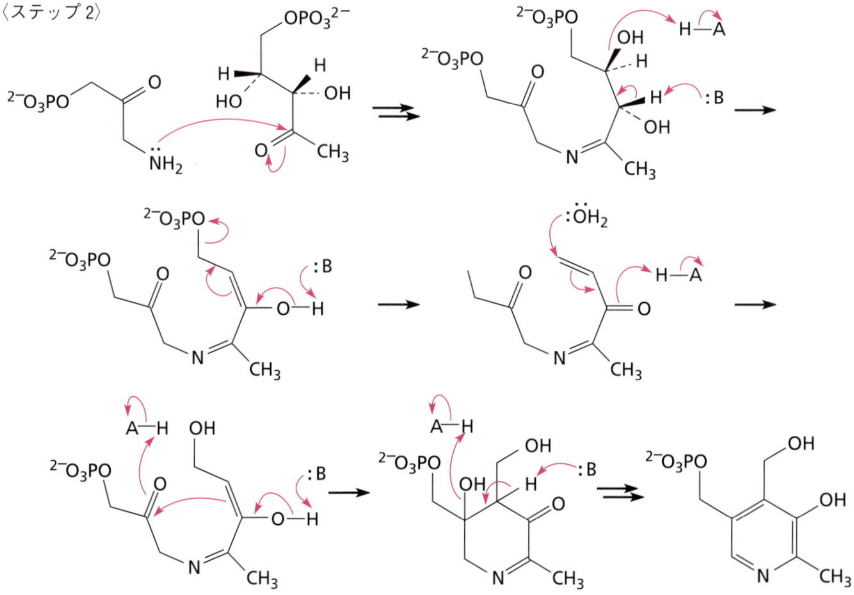

7・14 (a) アミドが互変異性体のイミダートに変化する可能性もある．水-738はカルボニルの酵素原子（O/O間の距離＝2.92Å）にプロトン化でき，水-731はアミド（O/N間の距離＝3.28Å）を脱プロトンする．
(b) 2.99Å
(c) より強いFe-S結合の形成と2番目の環の形成によりβ-ラクタムを捉えることが駆動力になっている．

7・15 (a) C13は2.84Åの距離にあり，図7・19と一致する． (b) 6.97Å

7・16 (a) 補酵素B_{12}
(b) ピリドキサールリン酸
(c) チアミン二リン酸
(d) 10-ホルミルテトラヒドロ葉酸

7・17

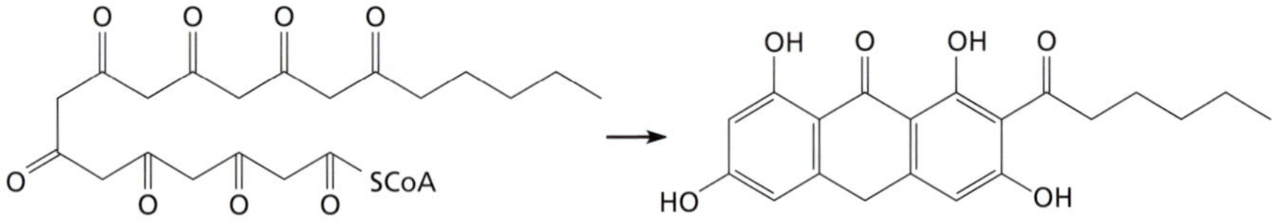

7・18

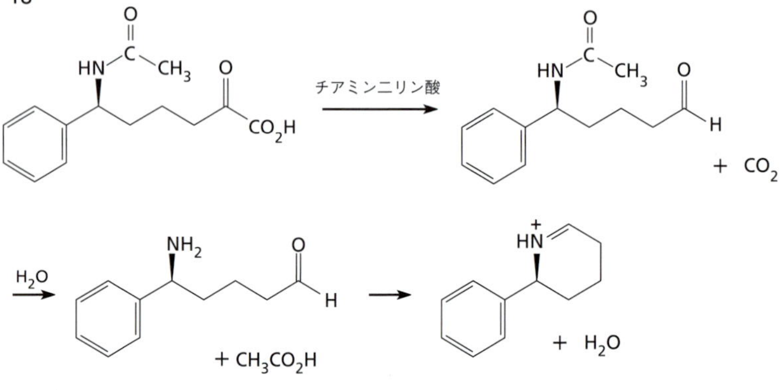
チアミン二リン酸

7・19

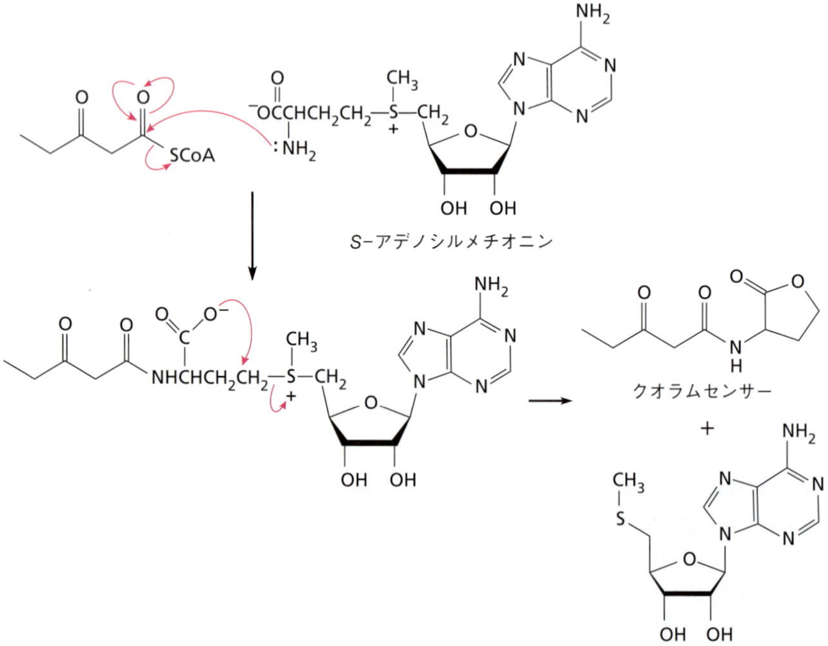
S-アデノシルメチオニン
クオラムセンサー

7・20

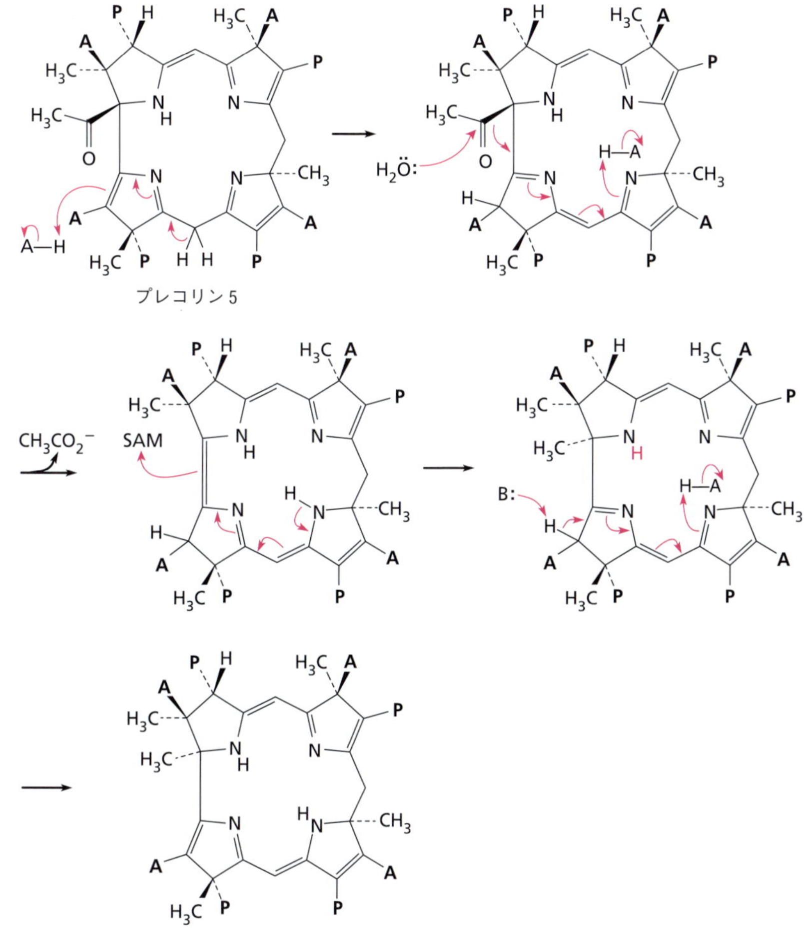

プレコリン5

$CH_3CO_2^-$ SAM

B:

プレコリン6A

付録 D

本書で用いる略号

A	adenine（アデニン）
ACP	acyl carrier protein（アシルキャリヤータンパク質）
ACV	L-δ-(α-aminoadipoyl)-L-cysteinyl-D-valine（L-δ-(α-アミノアジポイル)-L-システイニル-D-バリン）
ADP	adenosine 5′-diphosphate（アデノシン 5′-二リン酸）
AICAR	aminoimidazole carboxamide ribonucleotide（アミノイミダゾールカルボキサミドリボヌクレオチド）
AIR	aminoimidazole ribonucleotide（アミノイミダゾールリボヌクレオチド）
ALA	5-aminolevulinic acid（5-アミノレブリン酸）
AMP	adenosine 5′-monophosphate（アデノシン 5′-一リン酸）
ATP	adenosine 5′-triphosphate（アデノシン 5′-三リン酸）
C	cytosine（シトシン）
CoA	coenzyme A（補酵素 A）
CoQ	coenzyme Q（補酵素 Q）
CDP	cytidine 5′-diphosphate（シチジン 5′-二リン酸）
CMP	cytidine 5′-monophosphate（シチジン 5′-一リン酸）
COX	cyclooxygenase（シクロオキシゲナーゼ）
CTP	cytidine 5′-triphosphate（シチジン 5′-三リン酸）
d	deoxy（デオキシ）
DHAP	dihydroxyacetone phosphate（ジヒドロキシアセトンリン酸）
DHF	dihydrofolate（ジヒドロ葉酸）
DMAPP	dimethylallyl diphosphate（ジメチルアリル二リン酸）
DNA	deoxyribonucleic acid（デオキシリボ核酸）
DXP	deoxyxylulose phosphate（デオキシキシルロースリン酸）
E1cB	unimolecular elimination reaction via conjugate base（共役塩基を経る一分子脱離反応）
ER	enoyl reductase（エノイル還元酵素）
FAD	flavin adenine dinucleotide（フラビンアデニンジヌクレチド）
$FADH_2$	reduced flavin adenine dinucleotide（還元型フラビンアデニンジヌクレオチド）
FAICAR	formamidoimidazole carboxamide ribonucleotide（ホルムアミドイミダゾールカルボキサミドリボヌクレオチド）

FBP	fructose 1,6-bisphosphate	（フルクトース 1,6-ビスリン酸）
FGAM	formylglycinamidine	（ホルミルグリシンアミジン）
FMN	flavin mononucleotide	（フラビンモノヌクレオチド）
FMNH$_2$	reduced flavin mononucleotide	（還元型フラビンモノヌクレオチド）
FPP	farnesyl diphosphate	（ファルネシル二リン酸）
G	guanine	（グアニン）
GABA	γ-aminobutyric acid	（γ-アミノ酪酸）
GAP	glyceraldehyde 3-phosphate	（グリセルアルデヒド 3-リン酸）
GAR	glycinamide ribonucleotide	（グリシンアミドリボヌクレオチド）
GDP	guanosine 5′-diphosphate	（グアノシン 5′-二リン酸）
GMP	guanosine 5′-monophosphate	（グアノシン 5′-一リン酸）
GPP	geranyl diphosphate	（ゲラニル二リン酸）
GSH	glutathione	（グルタチオン）
GTP	guanosine 5′-triphosphate	（グアノシン 5′-三リン酸）
HETPP	hydroxyethylthiamin diphosphate	（ヒドロキシエチルチアミン二リン酸）
HMG-CoA	3-hydroxy-3-methylglutaryl-CoA	（3-ヒドロキシ-3-メチルグルタリル CoA）
IMP	inosine 5′-monophosphate	（イノシン 5′-一リン酸）
IPN	isopenicillin N	（イソペニシリン N）
IPNS	isopenicillin-N synthase	（イソペニシリン N 合成酵素）
IPP	isopentenyl diphosphate	（イソペンテニル二リン酸）
KR	ketoreductase	（ケト還元酵素）
KS	ketosynthase	（ケト合成酵素）
LPP	linalyl diphosphate	（リナリル二リン酸）
LT	leukotriene	（ロイコトリエン）
MEP	2C-methyl-D-erythritol 4-phosphate	（2C-メチル-D-エリトリトール 4-リン酸）
Mev	mevalonate	（メバロン酸）
MIO	4-methylideneimidazol-5-one	（4-メチリデンイミダゾール-5-オン）
miRNA	microRNA	（マイクロ RNA）
mRNA	messenger ribonucleic acid	（メッセンジャーRNA）
NAD$^+$	nicotinamide adenine dinucleotide	（酸化型ニコチンアミドアデニンジヌクレオチド）
NADH	reduced nicotinamide adenine dinucleotide	（還元型ニコチンアミドアデニンジヌクレオチド）
NADP$^+$	nicotinamide adenine dinucleotide phosphate	（酸化型ニコチンアミドアデニンジヌクレオチドリン酸）
NADPH	reduced nicotinamide adenine dinucleotide phosphate	（還元型ニコチンアミドアデニンジヌクレオチドリン酸）

OMP	orotidine 5′-monophosphate（オロチジン 5′-一リン酸）
P$_i$	phosphate ion（リン酸イオン），PO$_4^{3-}$〔または hydrogen phosphate ion（リン酸水素イオン），HOPO$_3^{2-}$〕
PBG	porphobilinogen（ポルホビリノーゲン）
PDB	Protein Data Bank（プロテインデータバンク）
PEP	phosphoenolpyruvate（ホスホエノールピルビン酸）
PG	prostaglandin（プロスタグランジン）
PKS	polyketide synthase（ポリケチド合成酸素）
PLP	pyridoxal phosphate（ピリドキサールリン酸）
PMP	pyridoxamine phosphate（ピリドキサミンリン酸）
PP$_i$	diphosphate ion（二リン酸イオン）
PRPP	5-phosphoribosyl diphosphate（5-ホスホリボシル二リン酸）
Q	ubiquinone（ユビキノン）
RNA	ribonucleic acid（リボ核酸）
RPP	reductive pentose phosphate（還元的ペントースリン酸）
rRNA	ribosomal ribonucleic acid（リボソーム RNA）
Rubisco	ribulose-1,5′-bisphosphate carboxylase/oxygenase（リブロース-1,5-ビスリン酸カルボキシラーゼ/オキシゲナーゼ，ルビスコ）
SAH	S-adenosylhomocysteine（S-アデノシルホモシステイン）
SAICAR	aminoimidazole succinylocarboxamide ribonucleotide（アミノイミダゾールスクシニロカルボキサミドリボヌクレオチド）
SAM	S-adenosylmethionine（S-アデノシルメチオニン）
S$_N$1	unimolecular nucleophilic substitution reaction（一分子求核置換反応）
S$_N$2	bimolecular nucleophilic substitution reaction（二分子求核置換反応）
sRNA	small ribonucleic acid（小分子 RNA）
T	thymine（チミン）
TCA	tricarboxylic acid（トリカルボン酸）
TE	thioesterase（チオエステラーゼ）
THF	tetrahydrofolate（テトラヒドロ葉酸）
TMP	thymidine 5′-monophosphate（チミジン 5′-一リン酸）
TPP	thiamin diphosphate（チアミン二リン酸）
tRNA	transfer ribonucleic acid（転移 RNA）
TX	thromboxane（トロンボキサン）
U	uracil（ウラシル）
UDP	uridine 5′-diphosphate（ウリジン 5′-二リン酸）
UMP	uridine 5′-monophosphate（ウリジン 5′-一リン酸）
UTP	uridine 5′-triphosphate（ウリジン 5′-三リン酸）
XMP	xanthosine 5′-monophosphate（キサントシン 5′-一リン酸）

索　　引

あ

アキラル　49
アコニターゼ　159, 184, 185
cis-アコニット酸　184
アシルアデノシルリン酸　101
アシル基転移酵素　80
アシル基転移酵素ドメイン　348
アシルキャリヤータンパク質
　　　　　　　　　→ ACP
アシルキャリヤータンパク質ド
　　　メイン　348
アシル酵素中間体　374
アシル CoA シンテターゼ　101
アシル CoA 脱水素酵素　107,
　　　108, 239
アシルリン酸　25, 81
アシロイン転位　132, 272, 383
アスパラギナーゼ　234
アスパラギン　66
　　──の異化　234
　　──の生合成　262
アスパラギン酸　67
　　──からリシンへの生合成経
　　　　　路　265
　　──の異化　234
　　──の生合成　262
アスパラギンシンテターゼ　262
アセタール　19, 21
　　──の生成　21, 22
アセタール結合　23, 58, 160
アセチル ACP　19, 114
アセチル CoA　110, 112, 114,
　　　117, 183
　　ピルビン酸から──への変換
　　　　　178
アセチル CoA カルボキシラーゼ
　　　116, 213
アセチルジヒドロリポアミド
　　　180

アセトアセチル ACP　19, 114,
　　　119
アセトアルデヒド　176
　　──の生成機構　177
アセトヒドロキシ酸イソメロ還
　　　元酵素　271
アデニロコハク酸シンテターゼ
　　　309
アデニロコハク酸リアーゼ
　　　308, 309
アデニン　73
アデノシルコバラミン
　　　　　　　　→ 補酵素 B_{12}
S-アデノシルホモシステイン
　　　16, 241, 335
　　──からホモシステインへの
　　　　　反応機構　242
S-アデノシルホモシステイン加
　　　水分解酵素　241
S-アデノシルメチオニン　16,
　　　83, 241, 335, 382
アデノシン　243, 297
　　──の異化　297
　　──の異化経路　297
アデノシン一リン酸　102, 309
　　──の生合成　309
　　──の生合成経路　309
アデノシン三リン酸 → ATP
アドレナリン　16
アノマー　61
α-アノマー　61
　　──の構造　61
β-アノマー　61
　　──の構造　61
アミド　3, 25, 28
　　──の加水分解　374
アミド化　374
アミド結合　69
L-δ-(α-アミノアジポイル)-
　　　L-システイニル-D-バリン
　　　　　　　　　　→ ACV

アミノイミダゾールカルボキサ
　　　ミドリボヌクレオチドホルミ
　　　ル基転移酵素　308
アミノイミダゾールスクシニロ
　　　カルボキサミドリボヌクレオ
　　　チドシンテターゼ　308
アミノイミダゾールリボヌクレ
　　　オチド　308
　　──のカルボキシ化反応機構
　　　　　308
アミノイミダゾールリボヌクレ
　　　オチドカルボキシラーゼ　307
アミノイミダゾールリボヌクレ
　　　オチドシンテターゼ　306
アミノ化　381
2-アミノ-3-カルボキシムコ酸
　　　セミアルデヒド脱炭酸酵素
　　　257
アミノ基転移　217
アミノ基転移酵素　80, 217, 218
アミノ酸　65, 66, 216
　　──のアミノ基転移反応　217
　　──の生合成　261
　　──の脱アミノ　217
　　──の分解反応　216
α-アミノ酸　68, 216
　　──から 2-オキソ酸の生成
　　　　　機構　218
　　第一級──　68
　　第二級──　68
アミノ酸炭素鎖
　　──の異化　225, 226
アミノ糖　64
2-アミノムコ酸化酵素　258
アミノムコ酸セミアルデヒド脱
　　　水素酵素　258
γ-アミノ酪酸　68
5-アミノレブリン酸　359
5-アミノレブリン酸合成酵素
　　　359
α-アミラーゼ　161

索引

あ

アミロース 63, 161
　　——の構造 162
アミロペクチン 161
　　——の構造 162
アラキドン酸 56
アラニン 20, 45, 66, 256
　　——の異化 226
　　——の生合成 260
　　3-ヒドロキシキヌレニンから
　　　　——への変換 256
アラニンラセマーゼ 400, 402
rRNA 76
Re 面 50
RNA 72, 76, 292
アルカロイド 323, 333
　　——の生合成 333
アルギナーゼ 225
アルギニノコハク酸 223
　　——の生成機構 224
アルギニノコハク酸合成酵素
　　　　223
アルギニノコハク酸リアーゼ
　　　　223
アルギニン 67, 223
　　——の異化 235
　　——の加水分解 225
　　——の生合成 263
アルコキシドイオン 10, 18, 29
アルコール
　　——の生成 19
　　NAD^+による——の酸化 35
アルコール脱水素酵素 176
アルドケト還元酵素 339
アルドース 58
D-アルドース
　　——の構造 60
アルドラーゼ 169, 170
アルドール縮合 376
　　メバロン酸経路の—— 124
アルドール反応 28
　　——の機構 28
R 配置 45
α,β-不飽和カルボニル化合物
　　　　23
α,β-不飽和ケトン 24
α ヘリックス 71
　　——の構造 71
アンチセンス鎖 75
アントラニル酸 276
アントラニル酸合成酵素 276
アンモニア 221

い

異　化
　　アスパラギンの—— 234
　　アスパラギン酸の—— 234
　　アデノシンの—— 297
　　アミノ酸炭素鎖の—— 225, 226
　　アラニンの—— 226
　　アルギニンの—— 235
　　イソロイシンの—— 239, 240
　　ウリジンの—— 294
　　グアノシンの—— 298
　　グリシンの—— 228
　　グルタミンの—— 235
　　グルタミン酸の—— 235
　　システインの—— 229
　　シチジンの—— 292
　　セリンの—— 227
　　セリンからグリシンへの——
　　　　228
　　チミジンの—— 296
　　チロシンの—— 247
　　トリアシルグリセロール
　　　　の—— 103, 107
　　トリプトファンの—— 252
　　トレオニンの—— 230
　　ヌクレオチドの—— 292
　　バリンの—— 239
　　ヒスチジンの—— 235, 236
　　フェニルアラニンの—— 247
　　プロリンの—— 239
　　β酸化経路によるミリスチン酸
　　　　の—— 112
　　メチオニンの—— 241
　　リシンの—— 245, 246
　　ロイシンの—— 239
異性化 385
異性化酵素 79
イソクエン酸 184
イソクエン酸脱水素酵素 185
イソペニシリン N 325, 328, 330
　　——からペニシリン N へのエ
　　　　ピマー化反応機構 331
　　——の生合成経路 329
イソペニシリン N エピメラーゼ
　　　　331
イソペニシリン N 合成酵素
　　　　328
イソペンテニル二リン酸 55, 122
　　——の生合成 123
　　——のテルペノイドへの変換
　　　　136
　　メバロン酸 5-二リン酸から
　　　　——の生成機構 127
イソペンテニル二リン酸イソメ
　　　　ラーゼ 136
イソロイシン 66
　　——の異化 239, 240
　　——の生合成 271
　　——の生合成経路 271
一炭素転移 382
イノシン一リン酸 304, 305, 309, 310
　　——の生合成 304
　　——の生合成経路 305
イノシン一リン酸シクロヒドロ
　　　　ラーゼ 309
イノシン一リン酸脱水素酵素
　　　　310
E1 反応 29
E1cB 反応 29
E2 反応 29
イミダゾール 8, 97
イミニウムイオン 19
イミノ基転移反応 402
　　アミノ基転移反応におけ
　　　　る—— 217
イミン 19
　　——の生成 19, 20
インドール-3-グリセロールリ
　　ン酸合成酵素 278

う

右旋性 45
ウラシル 73
　　——の還元反応機構 295
ウリジン 294
　　——の異化 294
ウリジン一リン酸 299, 303
　　——の生合成 299
ウリジンホスホリラーゼ 294
ウロカナーゼ 215
trans-ウロカニン酸 236
ウロポルフィリノーゲンⅢ
　　　　359, 360, 362

索　引

ウロポルフィリノーゲンIII合成
　　　　　　　　酵素　360
ウロポルフィリノーゲン脱炭酸
　　　　　　　　酵素　362

え

エイコサノイド　56, 342
　——の構造　57, 343
　——の生合成　344
　——の命名法　343
エクステンションモジュール
　　　　　　　　348, 351
エクストラジオールカテコール
　　ジオキシゲナーゼ　257
ACP (アシルキャリヤータンパ
　　ク質)　114, 348
ACPアシル基転移酵素　114
ACV (L-δ-(α-アミノアジポイ
　　ル)-L-システイニル-D-バ
　　リン)　325
　——の生合成機構　327
ACVシンテターゼ　325
Si 面　50
sRNA　77
S_N1 機構 (反応)　14〜16
S_N2 機構 (反応)　14〜16
エステル　3, 25, 27, 28
　——の加水分解　374
エステル化　374
S 配置　45
エタノール
　NAD^+ による——の酸化　51
　ピルビン酸から——への変換
　　　　　　　　176
ATP　81, 82, 85, 101, 190, 262
エナミン　131, 169
エナンチオマー　45
NIHシフト　248
NAD^+　34, 82, 110, 173, 181, 215,
　　　　　　　　237
NADH　175, 177
$NADP^+$　82, 199, 202, 221, 233,
　　　　　　　　244
NADPH　19, 36, 119, 198
N末端アミノ酸　69
エネルギー障壁　399, 403
エネルギー図
　触媒反応の——　79

エノイル還元酵素　350
エノイルCoAヒドラターゼ
　　　　　　　　109
エノラーゼ　174
エノラートイオン　23, 27
5-エノールピルビルシキミ酸-
　　3-リン酸合成酵素　275
エピアリストロケン　139
　——の生合成機構　140
エピマー　48
エピマー化　385
エピメラーゼ　80
FAD　82, 107, 180, 181, 187, 239,
　　　256, 295, 297, 363
miRNA　77
mRNA　76
エリスロノリドB　353
エリスロマイシンA　354
　——の生合成　348
　——の生合成経路　347
エリスロマイシンポリケチド合
　　成酵素　348, 349
エリトロース　47
エリトロース4-リン酸　203,
　　　　　　　　207
　——の生成機構　202
L糖　59
塩　基　5
塩基性度定数 (K_b)　7
エンディングモジュール　348,
　　　　　　　　353

お

オキサロコハク酸　185
オキサロ酢酸　181, 183, 187, 190
　——の生成機構　192
オキシダーゼ→酸化酵素
2,3-オキシドスクアレン　146
　——からラノステロールへの
　　　変換機構　147
2-オキソ吉草酸脱水素酵素複合
　　体　239
2-オキソグルタル酸 (α-ケトグ
　　ルタル酸)　185, 217, 220
2-オキソグルタル酸依存性酵素
　　　　　　　　390
2-オキソ酸 (α-ケト酸)　216
　α-アミノ酸から——の生成
　　　機構　218

3-オキソ酸 (β-ケト酸)　126,
　　　　　　　　131, 205
2-オキソ酸依存性ジオキシゲ
　　ナーゼ　248
オキソニウムイオン　21
2-オキソ酪酸　231, 241, 245,
　　　　　　　　271
　シスタチオニンからの
　　　変換機構　244
オクタノイルCoA　112
オクテット　32
オルニチン　222, 223, 225
オルニチンカルバモイル基転移
　　酵素　222
オレイン酸　53
オロチジン一リン酸　302
オロチジン一リン酸脱炭酸酵素
　　　　　　　　302
オロト酸　300, 302
　ジヒドロオロト酸から——へ
　　　の反応機構　301
オロト酸ホスホリボシル転移酵
　　素　302

か

解　糖　164, 190
　——の反応機構　167
解離速度定数　78
核　酸　72
加水分解
　アミドの——　374
　アルギニンの——　225
　エステルの——　374
　スクシニルCoAの——　186
　多糖類の——　161
　トリアシルグリセロール
　　　の——　97
加水分解酵素　79
活性化エントロピー　396
活性化自由エネルギー　396
活性部位　408
カテコール O-メチル基転移酵
　　素　1
カニッツァロ反応　35
カルバモイルアスパラギン酸
　　　　　　　　300
　——からジヒドロオロト酸へ
　　　の反応機構　301

索引

カルバモイルリン酸 221, 222
カルバモイルリン酸シンテターゼ I 221
カルバモイルリン酸シンテターゼ II 300
カルビノールアミン 19
カルビン回路 203
カルボアニオン 18, 31
カルボカチオン 11, 31
カルボカチオン転位 148
　　ラノステロール生合成過程における―― 148
カルボキシ化 377
N-カルボキシビオチン 116, 377
カルボキシペプチダーゼ 26
カルボキシラーゼ 80
カルボニル化合物 27
　　――の還元 386
　　――の酸化 386
カルボニル基 3
カルボニル縮合 26, 376
　　――の機構 26
カーン-インゴールド-プレローグ則 45
還元 34
　　カルボニル基の―― 36
還元型ニコチンアミドアデニンジヌクレオチド→NADH
還元型ニコチンアミドアデニンジヌクレオチドリン酸→NADPH
還元酵素 80
還元的ペントースリン酸回路 203
　　――の反応機構 204
環状ヘミアセタール 21
官能基 3, 4
γ,δ-不飽和アルデヒド 33

き

キサンチン 297
キサンチン酸化酵素 297
キサントシン一リン酸 309
　　――の生成機構 310
キシルロース 5-リン酸 199, 207
キナーゼ 80
キヌレニナーゼ 256
キヌレニン 253, 255
キヌレニン経路 252, 253
キヌレニン 3-モノオキシゲナーゼ 255
逆クライゼン(縮合)反応 107, 110, 111
　　トレオニン異化反応における―― 231
求核アシル置換反応 24
　　――の機構 25
求核カルボニル付加反応 17
求核剤 10
求核脂肪族置換反応 14
求核付加反応 18
求電子剤 10
求電子付加反応 10
　　アルケンへの―― 11
　　酸触媒による―― 12
　　水の―― 12
鏡像異性体 45
共役塩基 5
共役(1,4)求核付加 23
共役系 5
共役反応 80
共役付加反応 396
極性 3
　　官能基の――様式 3, 4
極性反応 32, 33
キラリティー 44
キラル 45
キラル中心 44
キロミクロン 103
金属錯体 388

く

グアニン 73
グアニジノ化合物 38
グアノシン 298
　　――の異化 298
グアノシン一リン酸 304, 309
　　――の生合成 309
　　――の生合成経路 309
グアノシン一リン酸シンテターゼ 310
グアノシン三リン酸→GTP
クエン酸 183
クエン酸回路 180, 182
クエン酸合成酵素 183

クライゼン縮合(反応) 29, 110, 375
　　――の機構 30
　　脂肪酸の生合成における―― 119
　　メバロン酸経路の―― 124
クライゼン転位 33, 34
クラス I アルドラーゼ 193
グリオキシル酸 211
グリオキシル酸回路 211
グリココール酸 96
グリコシダーゼ 161
　　――の反応機構 163
グリコシド結合 58, 160
グリシン 66
　　――の異化 228
　　セリンから――への異化 228
グリシンアミドリボヌクレオチドシンテターゼ 304
グリシンアミドリボヌクレオチドホルミル基転移酵素 306
グリシン開裂システム 229
　　――の反応機構 229
グリシンリボヌクレオチド 304
グリセリン 52
グリセルアルデヒド 3-リン酸 129, 169, 171, 203, 207
　　――の生成機構 201
グリセルアルデヒド 3-リン酸脱水素酵素 173, 193
グリセロリン脂質 52
グリセロール 52, 53, 104
　　――のリン酸化機構 104
グリセロールキナーゼ 104
sn-グリセロール 3-リン酸 104, 105
　　NAD+による――の酸化機構 105
sn-グリセロール 3-リン酸脱水素酵素 105
グルコサミン 64
グルコース 160
　　――の生合成 187
　　――の代謝 164
グルコース 6-リン酸 164, 194, 198
グルコース 6-リン酸イソメラーゼ 164
グルコース 6-リン酸脱水素酵素 198

索引

グルコピラノース 160
グルタチオン 251, 252, 346
グルタミナーゼ 235
グルタミン 66
　——の異化 235
　——の生合成 262
グルタミン酸 67, 263
　——の異化 235
　——の酸化的脱アミノ反応 220
　——の生合成 262
グルタミン酸脱水素酵素 220, 235
グルタミンシンテターゼ 262
グルタミン PRPP アミド基転移酵素 304
クレブス回路 181
クロトニル ACP 120

け

ケ シ 333
k_{cat}(触媒定数) 78, 394
KEGG データベース 417
β-ケトアシル ACP 還元酵素 120
3-ケトアシル CoA チオラーゼ 110
β-ケトエステル 27, 29, 376
ケト-エノール互変異性 165
ケト還元酵素 350
α-ケトグルタル酸→2-オキソグルタル酸
ケト原性 225
ケト合成酵素 350
α-ケト酸→2-オキソ酸
β-ケト酸→3-オキソ酸
ケトース 58
ゲラニオール 14
ゲラニル二リン酸 136
限界デキストリン 161
原子価殻 32
原子座標 407

こ

高エネルギー化合物 81
高エネルギー障壁 400
高エネルギー反応中間体 403
光合成 203
合成酵素 101
酵 素 33, 36, 77
　——の三次元構造の表示 99, 407
酵素反応速度論 394
酵素補因子 324
　——の生合成 355
酵 母 176
コクラウリン-N-メチル基転移酵素 337
5′末端 75
コデイノン還元酵素 341
コデイノン-O-脱メチル酵素 341
コデイン 333, 341
コード鎖 75
コハク酸 186
コハク酸脱水素酵素 187
コプロポルフィリノーゲンⅢ 360, 362
コプロポルフィリノーゲン酸化酵素 363
コリスミ酸 273
　——からトリプトファンへの生合成経路 277
　——からフェニルアラニンへの生合成経路 280
　——の生合成経路 274
　シキミ酸 3-リン酸から——への変換機構 276
コリスミ酸経路 273
コリスミ酸合成酵素 276
コリスミ酸ムターゼ 279
孤立電子対 14
コレステロール 56

さ

左旋性 45
サッカロピン 245
サッカロピン還元酵素酵素 245
サルタリジノール 339
サルタリジノール 7-O-アセチル基転移酵素 339
サルタリジン 339
サルタリジン還元酵素 339
サルタリジン合成酵素 339
酸 5
酸 化 34
酸化型ニコチンアミドアデニンジヌクレオチド→NAD$^+$
酸化型ニコチンアミドアデニンジヌクレオチドリン酸→NADP$^+$
酸化還元 34, 106, 259
酸化還元酵素 79
酸化酵素 80
酸化的脱アミノ反応
　グルタミン酸の—— 220
残 基 69
酸性度定数(K_a) 6
3′末端 75

し

ジアシルグリセロールアシル基転移酵素 103
ジアステレオマー 47
$meso$-2,6-ジアミノピメリン酸
　——からリシンの生成機構 267
ジアミノピメリン酸エピメラーゼ 266
ジアミノピメリン酸脱炭酸酵素 266, 335
ジオキシゲナーゼ 230, 340, 391
1,3-ジカルボニル化合物 28
シキミ酸 274
シキミ酸 3-リン酸 275
　——からコリスミ酸への変換機構 276
シクロオキシゲナーゼ 344
シクロプロピルカルビニルカチオン 142
脂 質 52
シスタチオニン 243, 244, 268
　——から 2-オキソ酪酸への変換機構 244
　——からシステインへの変換機構 244
　システインから——への反応機構 268

索引

シスタチオニン β-合成酵素 243
　——の反応機構　243
シスタチオニン γ-合成酵素 268
シスタチオニン β-リアーゼ 268
シスタチオニン γ-リアーゼ 245
L-システイニル-L(D)-バリル
　ACV シンテターゼ　328
システイン　66
　——からシスタチオニンへの
　　反応機構　268
　——の異化　229
　——の生合成　264
　シスタチオニンから——への
　　変換機構　244
　O-スクシニルホモセリンから
　　——への反応機構　268
システインジオキシゲナーゼ 230
ジスルフィド結合　70
シチジン　292, 294
　——の異化　292
シチジン三リン酸　302, 303
　——の生合成　302
シチジン三リン酸合成酵素　303
シチジン脱アミノ酵素　294
シッフ塩基　19
　——の生成　19, 20
GTP　81, 84, 186, 191
ジテルペン　122
シトクロム P450　337, 339, 340, 353, 391
シトシン　73
シトルリン　223
ジヒドロオロターゼ　300
ジヒドロオロト酸　300
　——からオロト酸への反応機構　301
　カルバモイルアスパラギン酸
　　から——への反応機構　301
ジヒドロオロト酸脱水素酵素 300
ジヒドロキシアセトンリン酸 103, 169, 171, 193, 207
ジヒドロピリミジン脱水素酵素 295
ジヒドロ葉酸　314
ジヒドロリポアミド　178, 229

脂肪アシル CoA　103
　脂肪酸から——の生成機構 102
脂肪酸　53, 97
　——から脂肪アシル CoA の
　　生成機構　102
　——の構造　54
　——の酸化　107
　——の生合成　113
　——の生合成経路　115
脂肪酸合成酵素　95
脂肪酸由来化合物　324
　——の生合成　342
C 末端アミノ酸　69
ジメチルアリル二リン酸　122
四面体中間体　99
主　溝　76
主　鎖　69
酒石酸　49
小分子 RNA　77
触媒残基　411
触媒定数 (k_{cat})　78, 394
触媒反応のエネルギー図　79
シンターゼ → 合成酵素
シンテターゼ　80, 101
シンの立体化学　32

す

膵臓リパーゼ　97
　——の活性中心　99
　——の反応機構　98
水素結合　414
　DNA 中の——　76
スクアレン　136, 141~144
　——からラノステロールへの
　　変換　142
　ファルネシル二リン酸から
　　——への変換　141
　プレスクアレン二リン酸から
　　——への変換機構　143
スクアレンエポキシダーゼ 142, 144
スクアレンオキシドシクラーゼ 404
スクアレン合成酵素　141
スクシニル CoA　113, 186
　——の加水分解　186
チグリル CoA から——への
　　変換機構　240

メチルアクリリル CoA から
　　——への変換　239
(R)-メチルマロニル CoA か
　ら——への転位反応機構 233
スクシニル CoA シンテターゼ 186
O-スクシニルホモセリン　268
　——からシステインへの反応
　　機構　268
スクロース　63, 161
ステアリン酸　53
ステロイド　55
　——の構造　57
　——の生合成　139
スフィンゴシン　53
スフィンゴミエリン　53

せ，そ

生合成
　アスパラギン酸の——　262
　アスパラギンの——　262
　アデノシン一リン酸の—— 309
　アミノ酸の——　261
　アラニンの——　260
　アルカロイドの——　333
　アルギニンの——　263
　イソペンテニル二リン酸
　　の——　123
　イソロイシンの——　271
　イノシン一リン酸の——　304
　ウリジン一リン酸の——　299
　エイコサノイドの——　344
　エリスロマイシン A の—— 348
　グアノシン一リン酸の—— 309
　グルコースの——　187
　グルタミンの——　262
　グルタミン酸の——　262
　酵素補因子の——　355
　システインの——　264
　シチジン三リン酸の——　302
　脂肪酸の——　113
　脂肪酸由来化合物の——　342
　ステロイドの——　139
　セファロスポリンの——　331

索引

セリンの—— 264
チミジン一リン酸の—— 313
チロキシンの—— 13
チロシンの—— 273, 279
デオキシリボヌクレオチド
　の—— 310
テトラピロールの—— 355
テルペノイドの—— 122
ドーパミンの—— 333
トリプトファンの—— 273, 276
トレオニンの—— 270
バリンの—— 272
ヒスチジンの—— 282
4-ヒドロキシフェニルアセト
　アルデヒドの—— 335
ヒドロキシメチルビランの—— 358
非リボソーム依存型ポリペプ
　チドの—— 324
ピリミジンリボヌクレオチド
　の—— 299
フェニルアラニンの—— 273, 279
プリンリボヌクレオチドの—— 304
プロリンの—— 263
ペニシリンの—— 325
ヘムの—— 360
ホモシステインからメチオニ
　ンの—— 269
ポリケチドの—— 346
メチオニンの—— 266
モルヒネの—— 333
リシンの—— 264
リナリル二リン酸からα-テ
　ルピネオールの—— 12
ロイシンの—— 272
生合成機構
　ACVの—— 327
　エピアリストロケンの—— 140
　チミジン一リン酸の—— 312
　トレオニンの—— 270
　プロスタグランジンH_2の—— 345
　ペニシリン N からデアセトキ
　　シセファロスポリン C へ
　　の—— 332
　ポルホビリノーゲンの—— 357

生合成経路
　アスパラギン酸からリシンへ
　　の—— 265
　アデノシン一リン酸の—— 309
　イソペニシリン N の—— 329
　イソロイシンの—— 271
　イノシン一リン酸の—— 305
　エリスロマイシン A の—— 347
　グアノシン一リン酸の—— 309
　コリスミ酸からトリプトファ
　　ンへの—— 277
　コリスミ酸からフェニルアラ
　　ニンへの—— 280
　コリスミ酸の—— 274
　脂肪酸の—— 115
　ニコチンの—— 373
　ヒスチジンの—— 281
　プレフェン酸からチロシンへ
　　の—— 280
　ヘムの—— 361
　メチオニンの—— 267
　モルヒネの—— 334
　ロイシンの—— 273
生成機構
　アセトアルデヒドの—— 177
　α-アミノ酸から 2-オキソ酸
　　の—— 218
　アルギニノコハク酸の—— 224
　エリトロース 4-リン酸の—— 202
　オキサロ酢酸の—— 192
　キサントシン一リン酸の—— 310
　グリセルアルデヒド 3-リン
　　酸の—— 201
　meso-2,6-ジアミノピメリン
　　酸からリシンの—— 267
　脂肪酸から脂肪アシル CoA
　　の—— 101
　セドヘプツロース 7-リン酸
　　の—— 201
　デオキシリボヌクレオシド二
　　リン酸の—— 311
　トリプトファンの—— 279
　(S)-ノルコクラウリンの—— 336

1,3-ビスホスホグリセリン酸
　の—— 172
4-ヒドロキシフェニルアセト
　アルデヒドの—— 336
フェニルアラニンからチロシ
　ンの—— 249
フルクトース 6-リン酸の—— 202
プレスクアレン二リン酸
　の—— 142
N-ホルミルキヌレニンの—— 254
ホルミルグリシンアミジン
　の—— 307
メバロン酸 5-二リン酸から
　イソペンテニル二リン酸
　の—— 127
リモネンの—— 139
セスキテルペン 122
セスタテルペン 122
セドヘプツロース 1,7-ビスリン
　酸 207
セドヘプツロース 7-リン酸 203, 207
　——の生成機構 201
セファロスポリン 325
　——の生合成 331
セリン 66
　——からグリシンへの異化 228
　——の異化 227
　——の生合成 264
　——の PLP 依存性脱水反応 227
セリン脱水酵素 227, 231
セリンヒドロキシメチル基転移
　酵素 227
セルロース 23, 63
遷移状態 396, 403
センス鎖 75

双性イオン 65
側　鎖 55, 68
速度促進度 395, 396, 398, 400
速度定数 78

た

代謝回転数 78, 394

索引

代謝経路　417
代謝マップ　418
タウロコール酸　96
脱アミノ　217, 381
脱水酵素　80
脱水素酵素　80
脱水素酵素複合体　186
脱炭酸　377, 399
脱炭酸酵素　80
脱離反応　29
多糖　62
　——の構造　63
　——の加水分解　161
炭水化物　58, 160
　——の構造　58
単糖　58, 60
タンパク質　69, 407
　——の一次構造　71
　——の二次構造　71
　——の三次構造　71
　——の四次構造　71

ち

チアゾリウム環　129
チアミン二リン酸　83, 129, 176, 178, 239, 271, 379, 399
Chain, Ernst　324
チオエステラーゼ　350
チオエステル　25
チオエステル化　374
チオエステル中間体　375
チオラートイオン　10
チグリル CoA　240
　——からスクシニル CoA への変換機構　240
チミジル酸合成酵素　312, 313
チミジン　296
　——の異化　296
チミジン一リン酸　311
　——の生合成　313
　——の生合成機構　312
チミジン二リン酸-D-デソサミングリコシル基転移酵素　354
チミジン二リン酸-L-ミカロシル基転移酵素　354
チミン　73
チロキシン　13, 68
　——の生合成　13

チロシン　67
　——の異化　247
　——の生合成　273, 279
　フェニルアラニンから——の生成機構　249
　プレフェン酸から——への生合成経路　280
チロシンアミノ基転移酵素　335
チロシン 3-モノオキシゲナーゼ　333

て

デアセトキシセファロスポリン C
　ペニシリン N から——への生合成機構　332
デアセトキシセファロスポリン C 合成酵素　331
デアミナーゼ→脱アミノ酵素
tRNA　77
DNA　72, 75, 292
DNA 二重らせん　77
D 糖　59
5′-デオキシアデノシルコバラミン　233
3-デオキシ-D-アラビノヘプツロソン酸 7-リン酸　273
　——の 5-デヒドロキニン酸への変換機構　275
6-デオキシエリスロノリド B　353, 354
6-デオキシエリスロノリド B 合成酵素　348
1-デオキシ-D-キシルロース 5-リン酸　133
デオキシキシルロース 5-リン酸還元異性化酵素　132
デオキシキシルロースリン酸経路　127
1-デオキシ-D-キシルロース-5-リン酸合成酵素　129
デオキシ糖　63
デオキシリボ核酸→DNA
2-デオキシリボース　63, 73, 292
デオキシリボヌクレオシド二リン酸　310
　——の生成機構　311
デオキシリボヌクレオチド　74
　——の生成　310

デカノイル CoA　112
デカルボキシラーゼ→脱炭酸酵素
鉄-硫黄クラスター　9, 134, 184
鉄(Ⅳ)-オキソ錯体　390
鉄錯体
　——の酸化状態　259
テトラテルペン　136
5,6,7,8-テトラヒドロビオプテリン　247, 248, 389
テトラヒドロ葉酸　83, 228, 234, 314
テトラヒドロ葉酸誘導体　382
テトラピロール　355
　——の生合成　355
　——の番号づけ　356
テバイン　340
　——の脱メチル反応機構　342
デヒドラターゼ→脱水酵素
5-デヒドロキニン酸　273
3-デオキシ-D-アラビノヘプツロソン酸 7-リン酸から——への変換機構　275
デヒドロキニン酸合成酵素　273
デヒドロゲナーゼ→脱水素酵素
α-テルピネオール　11, 13
　リナリル二リン酸から——の生合成　12
テルペノイド　55, 122, 322
　——の構造　56
　——の生合成　122
テルペンシクラーゼ　138
転位　383
転移 RNA　77
転移酵素　79
電気陰性度　3
電気陰性原子　17
天然物　322
　——の構造　323
デンプン　23, 161

と

糖原性　225
糖質　160
糖新生　190
　——の反応経路　189
ドーパミン　333, 335
　——の生合成　333
トランスアルドラーゼ　202, 203

索　引

トランスケトラーゼ　200, 201, 203, 207
トランスフェラーゼ→転移酵素
トリアシルグリセロール　53, 96, 103
　　――の異化　103, 107
　　――の加水分解　97
　　――の再合成　100
トリオースリン酸イソメラーゼ　171
トリカルボン酸回路　181
トリグリセリド　96
トリテルペン　122, 136
トリプトファン　67
　　――の異化　252
　　――の酸化的開裂　254
　　――の生合成　273, 276
　　――の生成機構　279
　　コリスミ酸から――への生合成経路　277
トリプトファン合成酵素　279
トリプトファン 2,3-ジオキシゲナーゼ　254
トリペプチド ACV シンテターゼ　328
トレオース　47
トレオニン　67
　　――の異化　230
　　――の生合成　270
　　――の生合成機構　270
トレオニンアルドラーゼ　230
トレオニン合成酵素　270
トレオニン脱水酵素　231
トレオニン脱水素酵素　230
トロンボキサン　56, 342

な 行

ニコチン　373
　　――の生合成経路　373
二次代謝物　322
二重らせん　75
二　糖　62
　　――の構造　63
乳　酸
　　ピルビン酸から――への変換　175
乳酸脱水素酵素　175
尿　酸　221

尿　素　221, 225
尿素回路　221～223
ヌクレアーゼ　80
ヌクレオシド　73, 292
ヌクレオチド　73, 292
　　――の異化　292
ノルアドレナリン　16
(S)-ノルコクラウリン　335
　　――の生成機構　336
(S)-ノルコクラウリン合成酵素　335
ノルコクラウリン 6-O-メチル基転移酵素　335

は

バリン　67
　　――の異化　239
　　――の生合成　272
パルミトイル ACP　121
パルミトイル酸　122
反応機構
　　S-アデノシルホモシステインからホモシステインへ――　242
　　イソペニシリン N からペニシリン N へのエピマー化――　331
　　解糖の――　167
　　カルバモイルアスパラギン酸からジヒドロオロト酸の――　301
　　還元的ペントースリン酸回路の――　204
　　グリコシダーゼの――　163
　　グリシン開裂システムの――　229
　　シスタチオニン β 合成酵素の――　243
　　システインからシスタチオニンへの――　268
　　ジヒドロオロト酸からオロト酸への――　301
　　膵臓リパーゼの――　98
　　O-スクシニルホモセリンからシステインへの――　268
　　テバインの脱メチル――　342

ヒドロキシメチルビランの環化――　360
ペントースリン酸経路の――　197
　　ルビスコの――　206

ひ

PRPP (5-ホスホリボシル二リン酸)　277, 282, 300, 304
PRPP アミド基転移酵素　304
PRPP シンテターゼ　302
ビオチン　83, 116, 191
pK_a　6, 7, 9
　　アミノ酸の――　66, 67
　　塩基の――　9
　　カルボニル化合物の――　27
　　酸の――　7
　　水の――　6
非コード鎖　75
ヒスチジン　67
　　――の異化　235, 236
　　――の生合成　282
　　――の生合成経路　281
ヒスチジンアンモニアリアーゼ　235
1,3-ビスホスホグリセリン酸　173, 193, 205
　　――の生成機構　172
ビタミン　80
必須アミノ酸　260
PDB (プロテインデータバンク)　99, 407
ヒドリドイオン　18, 34, 107
ヒドリドイオン供与体　19
ヒドリド転移　34, 405
β-ヒドロキシアシル ACP 脱水酵素　120
ヒドロキシアシル CoA 脱水素酵素群　109
β-ヒドロキシアルデヒド　26
3-ヒドロキシアントラニル酸　256
　　――の 2-アミノ-3-カルボキシムコ酸セミアルデヒドへの変換反応推定機構　257
3-ヒドロキシキヌレニンから――への変換機構　256

索引

3-ヒドロキシアントラニル酸
　3,4-ジオキシゲナーゼ　257
3-ヒドロキシイソブチリル CoA
　加水分解酵素　240
ヒドロキシイミニウムイオン
　131, 203
ヒドロキシエチルチアミン二リ
　ン酸　176, 271
ヒドロキシ化　388
β-ヒドロキシカルボニル化合物
　28, 31
3-ヒドロキシキヌレニン
　——からアラニンへの変換
　256
　——から 3-ヒドロキシアント
　ラニル酸への変換機構　256
　——の生成推定機構　255
4-ヒドロキシフェニルアセトア
　ルデヒド　333
　——の生合成　335
　——の生成機構　336
4-ヒドロキシフェニルピルビン
　酸　248, 280
　——からホモゲンチジン酸へ
　の変換機構　250
4-ヒドロキシフェニルピルビン
　酸ジオキシゲナーゼ　249
4-ヒドロキシフェニルピルビン
　酸脱炭酸酵素　335
3-ヒドロキシブチリル ACP
　(β-ヒドロキシブチリル ACP)
　19, 120
3-ヒドロキシ-3-メチルグルタ
　リル CoA　124〜126
　メバロン酸を生成する——の
　還元機構　126
3-ヒドロキシ-3-メチルグルタ
　リル CoA 還元酵素　125
3-ヒドロキシ-3-メチルグルタ
　リル CoA 合成酵素　124
(S)-3′-ヒドロキシ-N-メチル
　コクラウリン　335, 337
ヒドロキシメチルビラン　359
　——の環化反応機構　360
　——の生合成　358
ヒドロキシメチルビラン合成酵
　素　359
非必須アミノ酸　260
ヒポキサンチン　297
　——からキサンチンへの酸化
　反応の推定機構　298

ピラノース　61
ピリドキサミンリン酸　20, 217
ピリドキサールリン酸　83, 217,
　331, 380, 381, 401
　——依存性アミノ基転移機構
　381
　——の関与する反応　232
ピリドキシン　217
非リボソーム依存型ポリペプチ
　ド　322
　——の生合成　324
ピリミジン　73
ピリミジン環　292
ピリミジンリボヌクレオチド　299
　——の生成　299
ピルビン酸　129, 190
　——からアセチル CoA への
　変換　178
　——からアセチル CoA への
　変換機構　179
　——からエタノールへの変換
　176
　——から乳酸への変換　175
　——のカルボキシ化　192
　——の変換　175
ピルビン酸カルボキシラーゼ
　190
ピルビン酸キナーゼ　174
ピルビン酸脱水素酵素複合体
　178, 180, 229
ピルビン酸脱炭酸酵素　176, 177,
　399, 400
　——の活性部位　401
PyMOL　407

ふ

ファルネシル二リン酸　136, 139
　——からスクアレンへの変換
　141
ファルネシル二リン酸合成酵素
　138
フィッシャー投影式　59
フィトステロール　141
フェニルアラニン　66
　——からチロシンの生成機構
　249
　——の異化　247
　——の生合成　273, 279

　——のヒドロキシ化　248
コリスミ酸から——への生合
　成経路　280
フェニルアラニンヒドロキシ
　ラーゼ　247
フェラオキセタン　135
フェロケラターゼ　364
副溝　76
不対電子　32
部分的正電荷　3, 5
部分的負電荷　3, 5
不飽和脂肪酸　54
不飽和チオエステル　31
フマラーゼ　187, 396
　——の活性部位　397, 412
フマリルアセト酢酸加水分解酵
　素　252
フマル酸　187, 223, 412
フラノース　62
フラビンアデニンジヌクレオチ
　ド → FAD
フラビンヒドロペルオキシド
　145
フラビンモノヌクレオチド
　276, 300
プリン　73
プリン環　292
プリンヌクレオシドホスホリラー
　ゼ　297, 298
プリンリボヌクレオチド　304
　——の生合成　304
フルクトース　160, 165
フルクトース 1,6-ビスホスファ
　ターゼ　194
フルクトース 1,6-ビスリン酸
　165, 193, 207
フルクトース 6-リン酸　164,
　194, 203, 207
　——の生成機構　202
プレスクアレン二リン酸　141
　——からスクアレンへの変換
　機構　143
　——の生成機構　142
プレフェン酸
　——からチロシンへの生合成
　経路　280
Fleming, Alexander　324
ブレンステッド-ローリーの塩基
　5
ブレンステッド-ローリーの酸
　5

索　引

ブレンステッド-ローリーの定義
　　　　　　　　　　　　5
pro-R 51
pro-S 51
プロキラリティー　49
プロキラル　49
プロキラル中心　50
プロスタグランジン　56, 342
プロスタグランジン E 合成酵素
　　　　　　　　　　346
プロスタグランジン H 合成酵素
　　　　　　　　　　344
プロスタグランジン H_2　345
　——の生合成機構　345
プロテアーゼ　80
プロテインデータバンク→ PDB
プロトステリルカチオン　148
プロトポルフィリノーゲンIX
　　　　　　　　　　362
プロトポルフィリノーゲンIX酸
　　　　化酵素　363
プロトポルフィリンIX　362, 363
プロピオニル CoA　112
プロピオニル CoA カルボキシ
　　　　　ラーゼ　113
Florey, Howard　324
プロリン　66
　——の異化　239
　——の生合成　263
分枝アミノ酸アミノ基転移酵素
　　　　　　　　　　239

へ

ヘキソキナーゼ　79, 164
β酸化経路　106, 107, 112
β シート　72
　——の構造　72
ペニシリン　324
　——の生合成　325
ペニシリン N　325, 330, 331,
　　　　　　　　　　390
　——からデアセトキシセファ
　　ロスポリン C への生合成機
　　　　構　332
　イソペニシリン N から——へ
　　のエピマー化反応機構　331
ペニシリン G　324
ペプチド　69

ペプチド結合　69
ヘミアセタール　19, 21
　——の生成　22
ヘミチオアセタール中間体　386
ヘ　ム　355
　——の生合成　360
　——の生合成経路　361
ペリ環状クライゼン転位　384
ペリ環状反応　33
ヘロイン　333
ベンジルペニシリン　324
ペントースリン酸経路　195
　——の反応機構　197

ほ

補因子　36, 79
芳香族 L-アミノ酸脱炭酸酵素
　　　　　　　　　　335
芳香族求電子置換反応　13
飽和ケトン　24
飽和脂肪酸　54
補酵素　36, 80, 82
補酵素 A (CoA)　82, 101, 113
補酵素 B_{12}　233, 234, 269, 384
補酵素 Q　300
ホスファチジルコリン　52
ホスホエノールピルビン酸　81,
　　　　　　　　174, 191
ホスホエノールピルビン酸カル
　　ボキシキナーゼ　191
2-ホスホグリセリン酸　173, 191
3-ホスホグリセリン酸　173, 191,
　　　　　　　　　　205
ホスホグリセリン酸ムターゼ
　　　　　　　　　　173
ホスホグルコースイソメラーゼ
　　　　　　　　164, 168
6-ホスホグルコノラクトン
　　　　　　　　　　198
6-ホスホグルコン酸脱水素酵
　　　　　素　199
ホスホセリンホスファターゼ
　　　　　　　　　　264
ホスホパンテテイン　101, 114,
　　　　　　　　326, 351
ホスホフルクトキナーゼ　165
ホスホホモセリン　270

ホスホリボシルアントラニル酸
　　イソメラーゼ　278
5-ホスホリボシル二リン酸
　　　　　　　　→ PRPP
ホモゲンチジン酸　249
　——から 4-マレイルアセト酢
　　酸への変換機構　251
4-ヒドロキシフェニルピルビ
　　ン酸から——への変換機構
　　　　　　　　　　250
ホモゲンチジン酸ジオキシゲ
　　ナーゼ　250
ホモシステイン　68, 241～243,
　　　　　　　　267～269
　——からメチオニンの生合成
　　　　　　　　　　269
S-アデノシルホモシステイン
　　から——への反応機構　242
ホモセリントランススクシニラー
　　ゼ　266
ポリケチド　324, 346
　——の生合成　346
ポリケチド合成酵素　348
ポルホビリノーゲン　356, 359
　——の生合成機構　357
ポルホビリノーゲン合成酵素
　　　　　　　　　　359
ポルホビリノーゲン脱アミノ酵
　　素　321, 359
N-ホルミルキヌレニン　235, 255
　——の生成機構　254
ホルミルキヌレニンホルムアミ
　　ダーゼ　255
ホルミルグリシンアミジン　307
　——の生成機構　307
ホルミルグリシンアミジンシン
　　テターゼ　306
10-ホルミルテトラヒドロ葉酸
　　　　　　　　306, 383
ホルムアミドイミダゾールカル
　　ボキサミドリボヌクレオチド
　　　　　　　　　　309

ま

マイクロ RNA　77
マイケル反応　23
マルトース　161
マルトトリオース　161

4-マレイルアセト酢酸 251
　ホモゲンチジン酸から――への変換機構 251
マレイルアセト酢酸イソメラーゼ 251
マロニル ACP 119, 121
マロニル CoA 116
マロン酸 119
マンデル酸ラセマーゼ 398

み

ミカエリス定数(K_m) 394
ミカエリス-メンテン式 394, 395
水のイオン積定数(K_w) 6
ミリスチン酸 112
　――のβ酸化経路による異化 112
ミリストイル CoA 112

め

メソ化合物 49
メチオニン 66
　――の異化 241
　――の生合成 266
　――の生合成経路 267
　ホモシステインから――の生合成 269
メチオニン合成酵素 269
4-メチリデンイミダゾール-5-オン 235
メチルアクリリル CoA 238, 239
　――からスクシニル CoA への変換 239
$2C$-メチル-D-エリトリトール 2,4-シクロ二リン酸 134
$2C$-メチル-D-エリトリトール 4-リン酸 122, 127
$2C$-メチル-D-エリトリトール 4-リン酸経路 127
メチル基転移 405
(S)-N-メチルコクラウリン 337
N-メチルコクラウリン $3'$-ヒドロキシラーゼ 337

メチルコバラミン 269
メチルマロニル CoA 113
(R)-メチルマロニル CoA
　――からスクシニル CoA への転位反応機構 233
メチルマロニル CoA エピメラーゼ 113, 232
メチルマロニル CoA ムターゼ 113
メチルマロン酸セミアルデヒド脱水素酵素 240
5,10-メチレンテトラヒドロ葉酸 228, 382
メッセンジャーRNA 76
メバロン酸 122, 126
メバロン酸キナーゼ 125
メバロン酸経路 123
メバロン酸 5-二リン酸
　――からイソペンテニル二リン酸の生成機構 127

も

2-モノアシルグリセロール 97, 103
モノアシルグリセロールアシル基転移酵素 103
モノオキシゲナーゼ 145, 230, 388
モノテルペン 122
モノテルペンシクラーゼ 138
モルヒネ 333
　――の生合成 333
　――の生合成経路 334

ゆ

有機化学 2, 10
ユビキチン 43
ユビキノン 300

ら

ラウロイル CoA 112

β-ラクタム系抗生物質 325
ラクトース 63
ラジカル置換反応 33
ラジカル反応 32
ラセミ混合物 45
ラセミ体 45
ラノステロール 147
　2,3-オキシドスクアレンから――への変換機構 147
　スクアレンから――への変換 142
ラノステロール合成酵素 142, 403

り

リアーゼ 79
リガーゼ 79
リガンド 408
リシン 67
　――の異化 245, 246
　――の生合成 264
　アスパラギン酸から――への生合成経路 265
$meso$-2,6-ジアミノピメリン酸から――への生合成機構 267
律速段階 396
立体異性体 47
立体中心 44
立体特異の番号づけ 105
立体配置 45
リナリル二リン酸 11, 138
　――からα-テルピネオールの生合成 12
リノール酸 53
リノレン酸 54
リパーゼ 80
リブロース 1,5-ビスリン酸 205, 207
リブロースビスリン酸カルボキシラーゼ 213
リブロース 1,5-ビスリン酸カルボキシラーゼ/オキシゲナーゼ →ルビスコ
リブロース 5-リン酸 198, 207
リブロース 5-リン酸イソメラーゼ 199
リブロース 5-リン酸エピメラーゼ 199

リポアミド　229
リポアミド脱水素酵素　180
リボ核酸→RNA
リボ酸　83
リボース　73, 292
リボース5-リン酸　199, 207
リボソームRNA　76
リボタンパク質リパーゼ　103
リボヌクレオチド　74
リボヌクレオチド還元酵素
　　　　　　　291, 310
リモネン　139
　——の生成機構　139
両性イオン　65
リンゴ酸　187

リンゴ酸脱水素酵素　187
リン脂質　52

る〜わ

ルイス塩基　9
ルイス酸　9
ルイスの定義　5
ルビスコ　205
　——の反応機構　206
レクチリンエピメラーゼ　339
レダクターゼ→還元酵素

(R)-レチクリン　339
(S)-レチクリン　338
レドックス→酸化還元

ロイコトリエン　56, 342
ロイシン　66
　——の異化　239
　——の生合成　272
　——の生合成経路　273
ろう　52
ローディング過程　350
ローディングモジュール　348, 351

ワックス　52

<table>
<tr><td>

なが の てつ お
長 野 哲 雄

1949年 東京に生まれる
1972年 東京大学薬学部 卒
東京大学名誉教授
専門 ケミカルバイオロジー
薬 学 博 士

</td><td>

いの うえ ひで し
井 上 英 史

1957年 大阪に生まれる
1981年 東京大学薬学部 卒
現 東京薬科大学生命科学部 教授
専門 生化学,ケミカルバイオロジー,
　　　分子生物学
薬 学 博 士

</td></tr>
<tr><td>

うら の やす てる
浦 野 泰 照

1967年 東京に生まれる
1990年 東京大学薬学部 卒
現 東京大学大学院薬学系研究科 教授
　 および東京大学大学院医学系研究科 教授
専門 ケミカルバイオロジー
博士(薬学)

</td><td>

こ じま ひろ たつ
小 島 宏 建

1972年 大阪に生まれる
1995年 東京大学薬学部 卒
現 東京大学大学院薬学系研究科附属
　 創薬機構 特任教授
専門 ケミカルバイオロジー
博士(薬学)

</td></tr>
<tr><td>

すず き のり ゆき
鈴 木 紀 行

1974年 愛知県に生まれる
1997年 東京大学薬学部 卒
現 千葉大学大学院薬学研究院 准教授
専門 生物有機化学,生物無機化学
博士(薬学)

</td><td>

ひら の とも や
平 野 智 也

1974年 愛知県に生まれる
1997年 東京大学薬学部 卒
現 大阪医科薬科大学薬学部 教授
専門 ケミカルバイオロジー,医薬品化学
博士(薬学)

</td></tr>
</table>

第1版 第1刷 2007年9月15日 発行
第2版 第1刷 2018年3月28日 発行
　　　第3刷 2022年6月21日 発行

マクマリー 生化学反応機構
―ケミカルバイオロジーによる理解―
第 2 版

ⓒ 2 0 1 8

監訳者　　長 野 哲 雄
発行者　　住 田 六 連
発　行　　株式会社 東京化学同人
東京都文京区千石3丁目36-7(〒112-0011)
電話(03)3946-5311・FAX(03)3946-5317
URL：http://www.tkd-pbl.com/

印刷・製本　日本ハイコム株式会社

ISBN978-4-8079-0940-7
Printed in Japan
無断転載および複製物(コピー,電子データなど)の無断配布,配信を禁じます.